Bewertung und Planung im Umweltschutz

Umweltschutz – Grundlagen und Praxis

herausgegeben von

Professor Dr. Konrad Buchwald und
Professor Dr. Wolfgang Engelhardt

Band 2

Bewertung und Planung im Umweltschutz

von
Dr. Gerhard Albert, Professor Dr. Arnim Bechmann,
Professor Dr. Konrad Buchwald, Dipl.-Geogr. Gabriele Dunker,
Professor Dr. Lothar Finke, Dr. Erich Gassner,
Dr. Christina von Haaren, Professor Gerhard Hahn-Herse,
Dr. Joachim Hartlik, Professor Dr. Hartmut Jacob,
Professor Dipl.-Ing. Gunter Kappert, Professor Dr. Hans Kiemstedt,
Dr. Dietrich Kopp, Dipl.-Biol. Kurt Kreimes,
Dr. Ulfried Kühl, Professor Dr. Hans Langer,
Dipl.-Ing. Hans Meier, Professor Dipl.-Ing. Günter Nagel,
Dr. Jörg Schaller, Dipl.-Ing. Frank Scholles,
Dipl.-Ing. Gabriele Scholz, Dipl.-Ing. Christoph Schonhoff,
Professor Dipl.-Ing. Hans Lothar Schulz, Professor Dr. Michael Succow,
Dr. Rosemarie Umlauff-Zimmermann, Professor Dr. Hans Hermann Wöbse

Economica Verlag

Die deutsche Bibliothek – CIP-Einheitsaufnahme

Umweltschutz : Grundlagen und Praxis / hrsg. von Konrad Buchwald und Wolfgang Engelhardt. – Bonn : Economica Verl.
ISBN 3-87081-132-3
NE: Buchwald, Konrad [Hrsg.]

Bd. 2. Bewertung und Planung im Umweltschutz. – 1996

Bewertung und Planung im Umweltschutz / von Gerhard Albert ... – Bonn : Economica Verl., 1996
(Umweltschutz ; Bd. 2)
ISBN 3-87081-492-6
NE: Albert, Gerhard

Satz: Computersatz Bonn GmbH, Bonn
Druck: Druckerei Engelhardt, Neunkirchen Wolperath
Papier: hergestellt aus 100 % chlorfrei gebleichten Faserstoffen
ISBN 3-87081-492-6

Geleitwort der Herausgeber

Dieses Werk hat einen Vorläufer: Das „Handbuch für Planung, Gestaltung und Schutz der Umwelt“, das wir zusammen mit 76 Kolleginnen bzw. Kollegen zwischen 1978 und 1980 herausgebracht haben. Dieses vierbändige Werk hat zum ersten Mal den Versuch unternommen, auf insgesamt über 2 400 Seiten den Gesamtbereich der Gefährdung und des Schutzes der Umwelt in seinem vielfältigen Beziehungsgefüge darzustellen. Die Bände 2 und 3 sind seit Jahren vergriffen, von den Bänden 1 und 4 nur noch wenige Exemplare auf Lager. Das Werk steht heute in allen einschlägigen Bibliotheken und hat sicher wichtige Aufgaben erfüllt.

Seit 1980 sind ereignisreiche Jahre ins Land gezogen. Auf unserem Fachgebiet sind besonders folgende Entwicklungen festzustellen: In einer Reihe von Industrieländern, nicht zuletzt in der Bundesrepublik Deutschland, wurden beachtliche Erfolge auf dem Gebiet des technisch-hygienischen Umweltschutzes, z. B. der Gewässer- und Luftreinhaltung erzielt. Neue rechtliche Normen, neue Technologien und Produktionsverfahren haben diese Fortschritte ermöglicht.

Andererseits haben aber auch schwere Fehlentwicklungen stattgefunden: Eine weitgehend falsche EG-Agrarpolitik hat u. a. zur fortgesetzten Zerstörung zahlloser naturnaher Biotope und zu immer ernsterer Gefährdung vieler Pflanzen- und Tierpopulationen geführt. Eine völlig verfehlte Verkehrspolitik steuert unser Verkehrswesen schnell ins Chaos unter so erheblichen Umweltschädigungen, daß sie die Erfolge der Emissionsminderung im Bereich der Industrie zum großen Teil wieder wettmachen.

Ein verspätetes Reagieren auf das überbordende Abfallaufkommen unserer Wohlstandsgesellschaft hat zu einer maßlosen Verschwendung wertvoller Rohstoffe geführt und die Gemeinden vor nahezu unlösbare Aufgaben gestellt.

Die Vereinigung der beiden deutschen Staaten hat offenkundig gemacht, was die seinerzeitige DDR-Staatsführung der eigenen Bevölkerung und der Weltöffentlichkeit, so gut es eben ging, verheimlichen wollte: Eine geradezu unglaubliche Verschmutzung der Gewässer, der Luft, ja eine regelrechte Vergiftung und ökologische Zerstörung großer Landschaften. Andererseits sind in den neuen Bundesländern auch naturnahe Landschaftsgebiete erhalten geblieben, die in ihrer Naturausstattung und Schönheit ein kostbares Erbe sind.

Die eigentliche Umweltproblematik aber hat sich während der letzten Jahrzehnte immer mehr auf globale Probleme verlagert: Zerstörung des Ozonschildes, Klimaveränderung, Waldvernichtung und Artentod sind die wichtigsten Stichworte. Die einschlägige Literatur war schon in den Jahren, in denen wir das eingangs genannte Handbuch herausgebracht haben, auch für den Fachmann nicht mehr zu überblicken. Seither ist die Zahl spezieller und sehr spezieller Veröffentlichungen noch enorm angewachsen. Schließlich haben zahlreiche Gespräche mit Kollegen sowie unsere Erfahrungen in den neuen Bundesländern bewiesen, daß erneut großer Bedarf an einem einschlägigen zusammenfassenden Werk vorhanden ist.

Alle diese Tatsachen haben uns bewogen, ein neues Handbuch herauszugeben. Dabei haben wir natürlich unsere Erfahrungen mit seinem Vorgänger berücksichtigt. So wird das vorliegende Werk in 17 Einzelbänden erscheinen, die jeweils nur ein Sachgebiet behandeln. Diese Erscheinungsweise hat den großen Vorteil, daß jeder fertiggestellte Band unmittelbar veröffentlicht werden kann. Der Preis der Einzelbände wird auch für unsere Studierenden erschwinglich sein; ein Manko des ersten Handbuchs war der hohe Preis, was wir im Gespräch mit vielen Besuchern unserer Vorlesungen immer wieder feststellen mußten.

Inhaltlich werden die wissenschaftlichen Grundlagen der einzelnen Teilbereiche nur insoweit behandelt, als dies für das Verständnis der Schlußfolgerungen für die Praxis unerläßlich ist. Auf diese wird das Hauptgewicht gelegt. Außerdem wird jeder Band noch die einschlägigen wissenschaftlichen Forschungsinstitutionen, den zukünftigen Forschungsbedarf, die rechtlichen Grundlagen (Gesetze und Verordnungen mit Kurzkommentierung) sowie weiterführendes Schrifttum darstellen.

Letztendlich hoffen wir aber, daß dieses neue Handbuch auch eine starke umweltpolitische Schubkraft entfalten wird. Es soll mithelfen, zukünftige Entwicklungen umweltverträglich zu gestalten. Besonders soll es auch zur Verwirklichung eines neuen Wohlstandsmodells beitragen, das der großen Verantwortung der Industrienationen für die Erhaltung der ökologischen Lebensgrundlagen und damit für die Zukunft aller Bewohner unseres Planeten gerecht zu werden vermag.

Hannover/München, im Februar 1993
Konrad Buchwald — Wolfgang Engelhardt

Vorwort

Bereits im Vorläufer dieses Werkes, dem „Handbuch für Planung, Gestaltung und Schutz der Umwelt" (1978/80), wurde den Methoden und Instrumenten der Landschaftsbewertung und -planung sowie der Integration der Landschaftsplanung in Fach- und Gesamtplanungen entsprechend der Praxisnähe des Werkes ein breiter Raum gewidmet. In den seitdem vergangenen eineinhalb Jahrzehnten setzte sich die Umweltbelastung und Degradation von Landschaftsräumen mit noch immer wachsendem Ausmaß fort. Zugleich ist das Instrumentarium zur Verringerung und Vermeidung der Belastungen wesentlich weiter entwickelt worden.

Dies gilt nicht nur für Gesetze und Verordnungen, sondern auch für die Weiterentwicklung der Bewertungs- und Planungsmethodik sowie ihrer Umsetzung.

Der vorliegende Band behandelt deshalb zwei Themenkreise:

- die Erfassung und Bewertung des Leistungsvermögens (Naturpotentials) von Landschaftsräumen und ihrer Ökosysteme einschließlich der dieses mindernden Belastungen (Abschnitte 1 bis 7) und
- die Aufgabenstellung, die Methodik und Instrumente der Umweltplanung. Dabei geht es um die Integration von ökologisch-gestalterischen Planungen wie Landschafts- und Grünordnungsplanungen in Gesamt- und Fachplanungen (Abschnitte 8 bis 12).

Als Einleitung und Grundlage für die Beiträge des ersten Themenkreises gibt *K. Buchwald* einen Überblick über die Entwicklung des Landschaftsbegriffes seit Alexander von Humboldt, die Wandlungsprozesse in den mitteleuropäischen Landschaften in Abhängigkeit vom Gesellschaftswandel, die ökologische Fassung des Landschaftsbegriffes als Gefüge von Ökosystemen und die Entwicklung des Begriffes der naturräumlichen Gliederung und deren Dimensionen.

H. Langer stellt die heute üblichen methodischen Ansätze zur Erfassung und Bewertung von Natur und Landschaft vor:

- die ökologische Konfliktanalyse,
- die Strukturtypisierung und
- die naturräumliche Eignungsbewertung, die daran anschließend von *D. Kopp* und *M. Succow* im einzelnen behandelt wird.

Der Ansatz der ökologischen Konfliktanalyse wird am Beispiel einer Umweltverträglichkeitsstudie zu Trassenvarianten einer Bundesstraße eingehend und praxisnah verdeutlicht.

Das Konzept der Strukturtypisierung geht vom Muster der realen Raumnutzungen und -funktionen aus und verwendet die Strukturmerkmale als Indikatoren für die ökologische Bewertung mit dem Ziel einer Optimierung durch räumliche Ordnung. Dies wird am Beispiel der Innenstadt und der SO-Achse Hamburgs getestet.

Die Erfassung des Naturpotentials von Landschaftsräumen basierte noch vor eineinhalb Jahrzehnten im wesentlichen auf der Auswertung der Karten der naturräumlichen Gliederung (Geographische Landesaufnahme). Diese befindet sich in den letzten Jahrzehnten in der Entwicklung von einer vorwiegend geomorphologisch und durch das Gewässersystem geprägten Gliederung hin zu einer landschaftsökologischen Gliederung. Dieser Weg ist auf der Basis von groß- und mittelmaßstäbigen forstlichen und landwirtschaftlichen Standortkartierungen erfolgreich für ostdeutsche Landschaftsräume beschritten worden.

In dem Beitrag „Groß- und mittelmaßstäbige Naturraumkarten als Grundlage für eine ökologiegerechte Landnutzung" von *D. Kopp* und *M. Succow* wird dieser Ansatz konsequent für eine Auswertung im Hinblick auf Vielzweck- oder auch Allzwecknutzungen weiterentwickelt.

Die nötige Ergänzung hierzu ist die Erfassung der stofflichen Belastungen von Ökosystemen durch *Monitoring von Flora und Fauna.* Eine solche ist z. Zt. in Baden-Württemberg (ökologischer Wirkungskataster) am weitesten fortgeschritten. Dies wird von *U. Kühl, R. Umlauff-Zimmermann und K. Kreimes* als Planungsgrundlage für den Umweltschutz im Überblick dargestellt.

Als entscheidendes Instrument zur Erfassung, Bewertung und Verwaltung der Daten von Landschaftsräumen, ihres Naturpotentials und ihrer Belastungen wurde in den letzten beiden Jahrzehnten das *Geographische Informationssystem* (GIS) in den Formen des Landschafts- und Umweltinformationssystems entwickelt. *J. Schaller* stellt umfassend den heutigen Stand des instrumentellen Ausbaus und der Nutzungsmöglichkeiten dar. Die Grenzen des GIS liegen z. Zt. in lokalen und regionalen Defiziten der Datenerfassung.

Seit den 70er Jahren wurde die *Messung und Bewertung der Erlebnisqualität von Landschaften* als Grundlage der Erholungsplanung entwickelt. *H. H. Wöbse* stellt den heutigen Stand der Methodik dar. Im Zusammenhang damit steht häufig die *Erfassung und Bewertung historischer Kulturlandschaften* als Schutzobjekt. Sie wird abschließend von *H. H. Wöbse* auch in ihrer Methodik praxisnah dargestellt.

In *Teil 2* werden die *Aufgaben, die Methodik und die Instrumente einer integrierten Umweltplanung* behandelt. Hierzu erfolgt zunächst eine Darstellung der *räumlichen Gesamtplanungen* aus der Sicht umfassender Umweltplanung. Auf die *Fachplanungen* wird jeweils in den Bänden 4, 5, 6, 7, 8, 9, 10, 12, 13, 14 und 16 eingegangen.

G. Kappert und *H. L. Schulz* stellen zunächst die Ziele, Aufgaben und Instrumente der Raumordnung auf den Ebenen der *Landesplanung* dar. Im Zusammenhang damit wird wegen ihrer umweltpolitischen Bedeutung besonders auf das Raumordnungsverfahren in Verbindung mit der Umweltverträglichkeitsprüfung, ferner auf das *System zentraler Orte,* die *Entwicklungsachsen* und *ökologischen Ausgleichsräume* eingegangen. Aus der Sicht eines vorsorgenden Natur- und Umweltschutzes wird die *Integration von Landschaftsrahmenplanung und Regionalem Raumordnungsprogramm* zunächst skizziert. Diese wird dann am Beispiel des Kommunalverbandes Großraum Hannover aufgegriffen und in dem Beitrag von *L. Finke* kritisch in seiner heutigen Effektivität beleuchtet.

Auf der örtlichen Planungsebene, der *Bauleitplanung,* behandelt *H. Jacob* deren Ziele und Instrumente im Hinblick auf die Berücksichtigung von Umweltbelangen. Hier wird grundsätzlich die notwendige ökologische Orientierung des Städtebaues angeschnitten, die später von *H. Sukopp et al.* in Band 12 *(Stadt und Umwelt)* ausführlicher behandelt wird.

Entscheidend für die Ökologisierung von Gesamt- und Fachplanungen ist der Beitrag ökologisch-gestalterischer Planungen, d. h. die *Integration von Landschafts- und Grünordnungsplänen in die Gesamt- und Fachplanungen* auf den verschiedenen Planungsebenen. Zentrales Planungsinstrument einer in Entwicklung begriffenen integrierten Umweltplanung ist der Landschaftsplan (Beitrag von *K. Buchwald*) in Verbindung mit Umweltverträglichkeitsprüfung, Eingriffsregelung und Landschaftspflegerischem Begleitplan. Diese Instrumente werden am Ende dieses Bandes an Hand von praktischen Beispielen erläutert.

Für die örtliche Planungsebene stellt *G. Hahn-Herse* Auftrag und Aufgaben der *Landschaftsplanung* dar, für die regionale Ebene *H. Kiemstedt* den *Landschaftsrahmenplan* und für die Länderebene *E. Gassner* das *Landschaftsprogramm.* Am Beispiel des Landes Brandenburg erläutert *H. Langer* ein Konzept des Landschaftsprogrammes. Aufgrund der Erfahrungen von Nordrhein-Westfalen beleuchtet *L. Finke* die Integration von Landschaftsrahmenplan und Regionalplan, ihre Ziele, heutige Problematik, Anlaufschwierigkeiten und Umsetzung.

Im *innerstädtischen Bereich* tritt die *Freiraumplanung* an die Stelle der Landschaftsplanung. Übergeordnete planerische Entwicklungsgrundlage für die Stadtregion ist der Landschaftsrahmenplan. Planungsinstrument ist der dem Bebauungsplan zugeordnete Grünordnungsplan. Über heutige Methodik, Instrumente und Problematik berichten *G. Nagel, G. Scholz* und *Ch. Schonhoff.*

Eng mit der Durchführung der Landschaftsplanung gekoppelt sind die Instrumente der *Eingriffsregelung (H. Meier),* der *Landschaftspflegerischen Begleitplanung (Chr. von Haaren)* wie der *Umweltverträglichkeitsprüfung.* Letztere wird eingehend von *A. Bechmann* und *J. Hartlik* in einem grundsätzlichen Teil und von *F. Scholles* an Hand von Beispielen in einem angewandten Teil behandelt.

Für alle diese Verfahren liefert die Landschaftsplanung die entscheidenden Grundlagen (Daten zu Naturpotential und Belastungen, Bewertung, Entwicklung von Maßnahmen und ökologisch tragbaren Nutzungskombinationen). Abschließend berichten *G. Albert* und *G. Dunker* über die zur Umsetzung der umweltpolitischen Planungskonzepte heute entwickelten *Vermittlungs- und Verhandlungsverfahren (Mediation).*

Aus allen Beiträgen wird deutlich, daß die Landschaftsplanung und die mit ihr koordinierten Verfahren sich z. Zt. in einem raschen Optimierungs- und oft schwierigen Durchsetzungsprozeß befinden. Dabei ist aber – auch aus rechtlicher Sicht – absehbar, daß sie sich über die Naturschutzaufgaben im engeren Sinne hinaus zum *zentralen Planungsinstrument des Umweltschutzes* entwickeln. Einen Gesamtüberblick über die Stellung von Landschafts- und Freiraumplanung im System der Gesamt- und Fachplanungen geben die Abbildungen 64 und 66 in dem Beitrag „Der Landschaftsplan als zentrales Planungsinstrument vorsorgender, integrierter Umweltplanung" von *K. Buchwald.*

Hannover, den 18. Juni 1996
Konrad Buchwald

Inhaltsverzeichnis

Konrad Buchwald

1. Landschaften als Gegenstand nutzungs- und umweltbezogener Planungen

1.1 Landschaft und Landschaftsraum

Alexander von Humboldt hat von der Landschaft als dem „Totalcharakter einer Erdgegend“ gesprochen. Dies ist die erste, zugleich knappeste wie umfassendste qualitative Definition von „Landschaft“. Gemeint waren von Humboldt damit Gestalt, Leistungen und Nutzungsmuster eines Raumes der Erdoberfläche, der sich durch diese Qualität von anderen Raumeinheiten unterscheidet. Unter Weiterentwicklung des Begriffs bei Bobek und Schmithüsen (1949) („Landschaft“), Troll (1950) („Geographische Landschaft“), Berninger (1963) („Landschaftscharakter“) und Leser (1991) („Landschaft“) wird Landschaft im umfassenden Sinne als *Qualität eines Teilraumes der Erdoberfläche* unter Einschluß aller bebauten Flächen verstanden[1], wobei umfassend meint, daß die menschliche Gesellschaft in die funktionalen Verflechtungen und das Strukturgefüge dieses Raumes einbezogen ist, als Teil des Gesamtsystems Landschaft angesehen wird.

Wir sprechen von der „Bördelandschaft“ Nordwestdeutschlands und Mitteldeutschlands mit ihren fruchtbaren Schwarzerdeböden und Parabraunerden, ihrem kontinental getönten Klimatyp und den seit fünf Jahrtausenden ackerbaulich genutzten, weiträumigen und offenen Landschaftsräumen und kennzeichnen damit eine bestimmte Qualität, einen *Landschaftstypus* mit einer für ihn charakteristischen ökologischen, strukturellen, physiognomischen, historischen und sozialökonomischen Eigenart.

Räumliches Bezugsobjekt aller raumbezogenen Umweltplanungen (Gesamt- und Fachplanungen, Landschaftsplanung) sind jedoch konkrete *„Landschaftsräume“, die als zweckmäßig und je nach Größenordnung und Aufgabenstellung zielgerecht abgegrenzte oder abgrenzbare Ausschnitte aus der Geosphäre mit einer für sie spezifischen landschaftlichen Qualität fungieren*[2]. In diesem Zusammenhang sprechen wir von dem konkreten, für sich spezifischen Landschaftsraum etwa der Calenberger Lössbörde, Braunschweigisch-Hildesheimer Lössbörde, Magdeburger Börde, von Landschaftsräumen, die durch eine hier spezifische „Bördenqualität“ nach den obengenannten Kriterien von anderen, benachbarten Landschaftsräumen abgrenzbar sind.

Zur Veranschaulichung gibt Abb. 1 einen Überblick über die Lage einiger Landschaftsräume vom Bördetypus in Nordwestdeutschland.

---

1 Vgl. die diversen Begriffsbestimmungen zu „Landschaft“ und „Landschaftsraum“ in Tafel 1.
2 Vgl. Definitionen in Tafel 1.

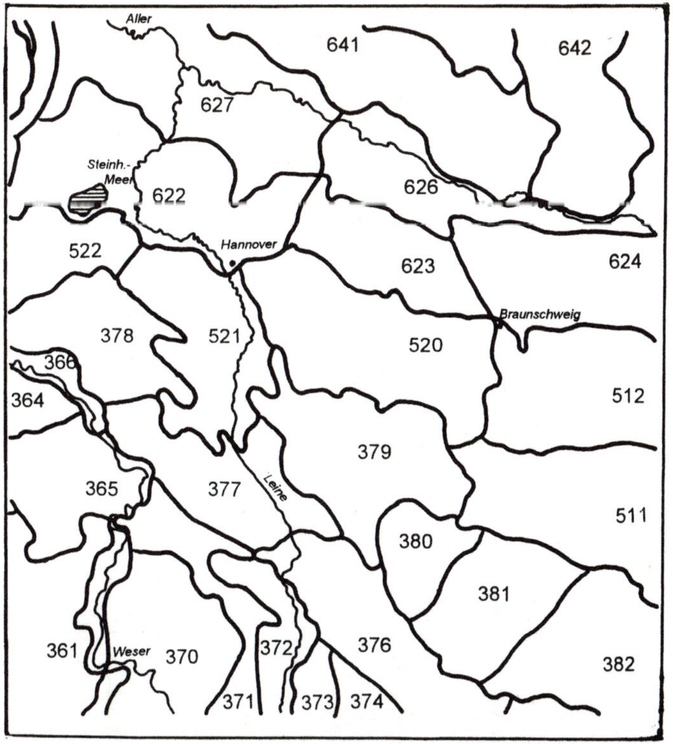

I	Naturräumliche Region: Weser-Aller-Flachland
622	Hannoversche Moorgeest
623	Burgdorf-Peiner Geestplatten
624	Ostbraunschweigisches Flachland
625	Drömling
626	Obere Allerniederung
627	Untere Allerniederung
II	Naturräumliche Region: Börden
501	Magdeburger Börde (überwiegend außerhalb des Blattes)
520	Braunschweig-Hildesheimer Lößbörde
521	Kalenberger Lößbörde
III	Naturräumliche Regionen: Weser- und Leinebergland, Harz
367	Holzmindener Wesertalung
370	Solling-Bramwald
378	Kalenberger Bergland
379	Innerste-Bergland
380	Oberharz mit Hochharz
382	Unterharz
511	Harzrandmulde
512	Ostbraunschweigisches Hügelland

Abb. 1: Lage der Landschaftsräume vom Bördetypus (Lößbörden) in Nordwestdeutschland zwischen den Geest- und Talsandflächen im Norden und der Mittelgebirgsschwelle im Süden (nach: Geographische Landesaufnahme – Naturräumliche Gliederung, Blatt Hannover (1959) und Blatt Braunschweig (1962). Die Ziffern beziehen sich auf die naturräumlichen Haupteinheiten[1] dieser Blätter)

Tafel 1

Landschaftsraum = Konkreter Ausschnitt der Erdoberfläche (Geosphäre), der nach seiner geschichtlichen Entwicklung (Landschaftsentwicklung), seiner Struktur (Landschaftsstruktur), seinem Bild (Landschaftsbild) und seinem Haushalt (Landschaftshaushalt)[1] eine Einheit bildet. Je nach Aufgabe einer Untersuchung oder Planung ist eine Berücksichtigung größerer oder kleinerer Einheiten von Landschaftsräumen zweckmäßig. Größte Einheit ist der *Landschaftsgürtel* (z. B. Wüstengürtel, Steppengürtel); kleinste, noch geographisch und planerisch relevante Einheit ist die *landschaftliche Grundeinheit*[2], bestehend aus einem Ökotop/Ökosystem[3].

Jeder Landschaftsraum besteht aus einem für ihn charakteristischen *Gefüge von Ökotopen,* die Grundeinheit aus einem Ökotop.

Über die verschiedenen Größenordnungen (Dimensionen) bzw. die zur Darstellung von Landschaftsräumen zu verwendenden Maßstäbe vgl. Abschnitt 1.7 *Dimensionen von Landschaftsgliederungen.*

Landschaft = *Qualität* eines Landschaftsraumes in historischer, struktureller, visueller und ökologischer Hinsicht. *Diese Qualität ist bedingt durch die Qualität der sie zusammensetzenden Ökosysteme, durch deren gegenseitige Beeinflussung wie Wirkungen auf andere Landschaften.* Jede Landschaft unterscheidet sich von anderen Landschaften durch ihre spezielle Qualität, also durch die Qualität ihrer Ökosysteme und deren Verbund (vgl. hierzu Abschnitt 1.4 *Landschaft als System*).

Vgl. die Definition in Abschnitt 1.2 *Zur Kennzeichnung von Landschaftsräumen*
Von Paffen (1948, 1953) treffend als „Landschaftszelle" bezeichnet. Die Größenordnungen, die in den landschaftlichen Grundeinheiten noch erfaßt werden, reichen etwa von der Größe eines Dorfteiches (< 1 ha) bis zu Flächen von mehreren km2.
Zur Definition der Begriffe „Ökotop" und „Ökosystem" siehe Tafel 2.

1.2 Zur Kennzeichnung von Landschaftsräumen

Die *Kennzeichnung eines Landschaftsraumes* kann erfolgen nach

- dem Landschaftshaushalt (ökologischer Aspekt),
- der Landschaftsstruktur (struktureller Aspekt),
- dem Landschaftsbild (physiognomischer Aspekt) wie nach
- der Landschaftsgeschichte (historisch-genetischer Aspekt) und
- der diesen Landschaftsraum bewohnenden und nutzenden Gesellschaft, ihren Produktions- und Reproduktionsstrukturen, den Arbeitskräfte-, Siedlungs- und Infrastrukturen (sozio-ökonomischer Aspekt).

Wir verstehen unter dem *Landschaftshaushalt* alle Wirkungsbeziehungen (Wirkungs- oder Kausalgefüge) zwischen den Landschaftsfaktoren Relief, Gestein, Boden, Klima, Wasser, Pflanzendecke, Tierwelt und menschliche Gesellschaft, die innerhalb eines Landschaftsraumes und zu denen benachbarter oder auch ferner liegender Landschaftsräume bestehen. Der *Haushalt einer Naturlandschaft* umfaßt lediglich die natürlichen Landschaftsfaktoren, der *Haushalt einer Kulturlandschaft* schließt die menschliche Gesellschaft als einen die Naturausstattung nutzenden, gestaltenden, bzw. die ökologischen Prozesse regelnden und Strukturen verändernden Faktor mit ein. Die natürliche Leistungskraft *(Naturpotential)* und das Bild eines Landschaftsraumes sind Ausdruck und Ergebnis des landschaftlichen Wirkungsgefüges. Die Wissenschaft vom Haushalt der Landschaftsräume nennen wir *Landschaftsökologie.* Wir verwenden diesen von Troll (1968) u. a. ursprünglich nur für die Wissenschaft vom Wirkungsgefüge der Naturausstattung geprägten Ausdruck entsprechend dem hier verwendeten Landschaftsbegriff für die Wissenschaft von den Mensch-Umwelt-Beziehungen in Landschaftsräumen.

Die Kennzeichnung des Haushaltes eines Landschaftsraumes erfolgt nach heutigem Wissensstand am eindeutigsten und zugleich differenziertesten durch die *Erfassung und Darstellung des Gefüges der einen Landschaftsraum zusammensetzenden Ökotope/Ökosysteme,* der Stoff- und Energieflüsse zwischen ihnen sowie mit benachbarten oder entfernteren Landschaftsräumen. Zur Veranschaulichung dienen die Abb. 1, 2, 7, 8, 9, 10, 11 und die sie erläuternden Texte.

Tafel 2

Ökosystem/Ökotop/Ökotopengefüge

Ökosystem = Funktionale Einheit von Lebensstätte (Biotop) und Lebensgemeinschaft (Biocönose), d. h. das Wirkungsgefüge von Stoffkreisläufen, Energieflüssen und biogenen Vorgängen.

Ökosystem ist ein qualitativ-funktionaler Begriff.

Ökotop[1] = räumliche Ausprägung eines Ökosystems in der topischen Dimension[2] der landschaftlichen (naturräumlichen) Grundeinheiten. Ein Ökotop *ist der konkrete, von einem bestimmten Ökosystem erfüllte Raum:* Seine Abgrenzung erfolgt nach der Ausdehnung der – häufig nicht deckungsgleichen – für dieses Ökosystem entscheidenden abiotischen[3] Strukturen (Bodentyp und -art, Bodenwasserhaushalt, Grundwasser, Relief, Geländeklima).

Mit dem Ökotop ist ein klarer räumlicher bzw. Ortsbezug des Ökosystems gegeben.

Ökotop ist ein qualitativ-räumlicher Begriff.

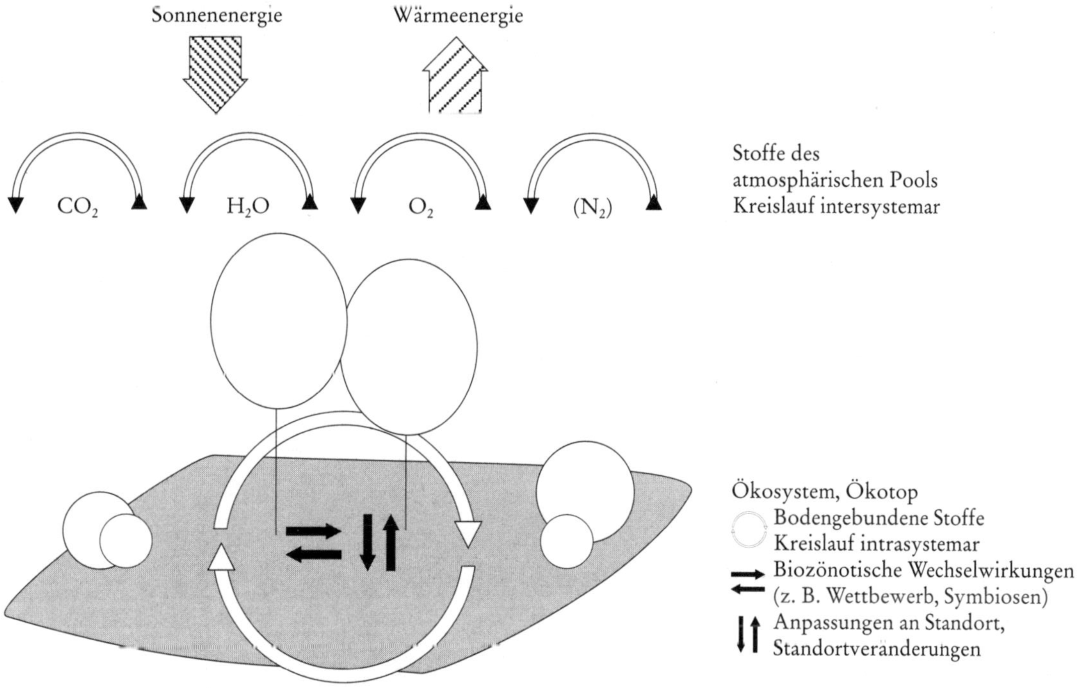

Abb. 2: Natürliches Ökosystem/Ökotop

Dargestellt sind die eingestrahlte Sonnenenergie (SE) und die abfließende Wärmeenergie (WE), die atmosphärischen, zwischensystemaren Stoffkreisläufe (Kohlensäure, Sauerstoff, Stickstoff, Wasser), die innersystemaren Kreisläufe bodengebundener Stoffe, die Wechselwirkungen innerhalb der Lebensgemeinschaft und die Anpassung an die abiotischen Faktoren .

(Nach Haber, 1984.)

Ökotopen-Gefüge = Räumliche Anordnung der einen Landschaftsraum zusammensetzenden Ökotope als der landschaftlichen Grundeinheiten. Ökotopen-Gefüge = Naturraummosaik in der topischen Dimension.

Der Begriff wurde von Troll (1950) eingeführt.
Unter topischer Dimension wird die Größenordnung der naturräumlichen Grundeinheiten = Ökotope verstanden.
Die ausschließliche Ausscheidung von Ökotopen für terrestrische Ökosysteme ist nicht sinnvoll und wohl nur aus der Entwicklung der Landschaftsökologie zu verstehen. Die Fassung naturräumlicher Grundeinheiten (Ökotope) zu semiterrestrischen und limnischen Ökosystemen wird seit langem praktiziert (Succow und Kopp, 1975). Grundsätzlich wird dies auch in marinen Ökosystemen (Wattenmeer) möglich.

In Abbildung 3 ist das Strukturmodell eines Ökosystems/Ökotopes dargestellt. Die Systemelemente oder Kompartimente, wie Mesoklima, Relief, Boden, Vegetation und Tierwelt, sind einmal durch systemeigene Beziehungen, wie Stoffkreislauf, Energiefluß und biogene Vorgänge miteinander verbunden, andererseits haben sie durch Eintrag und Austrag Beziehungen zu benachbarten Ökotopen des Landschaftsraumes. Die Kompartimente[1] Makroklima und Gestein sind mit allen Ökotopen des Landschaftsraumes sowie mit weiteren Landschaftsräumen funktionell verbunden. Die Punkt-Strich-Linie zeigt die Grenze des Landschaftsraumes an.

Unter der *Landschaftsstruktur* wird die stoffliche und formale Struktur eines Landschaftsraumes verstanden, also Größe, Formenwelt, Farben, stoffliche Zusammensetzung und damit der innere und äußere Aufbau eines Landschaftsraumes.[2] Auch hier empfiehlt sich heute, insbesondere bei Untersuchungen in mittleren und großen Maßstäben (1:100 000 bis 1:10 000), die Erfassung der Ökotope als Bausteine der Landschaftsräume. Hiermit werden mindestens die äußeren Strukturen erfaßt.

Unter dem *Landschaftsbild* verstehen wir das *visuell* wahrnehmbare Erscheinungsbild der Landschaft. Visuell wahrnehmbar sind in Landschaftsräumen Größe, Formen, Farben, stoffliche Beschaffenheit sowie die äußere Gliederung, Vielfalt und Abwechslungsreichtum, also diverse *Erlebniswerte der Landschaft.*

Erfaßt werden müssen aber auch die mit anderen Sinnesorganen wahrgenommenen Eigenschaften der Landschaft in ihrer Wirkung auf Psyche und Organismus des Menschen, deren Einbeziehung in die Beurteilung der Landschaftsqualität bisher stark vernachlässig wurde, wie etwa Düfte und Gerüche, Aerosole, Lufttemperaturen, Schwüle und Frische, Wind- und Sturmwirkungen u. a.

---

1 Kompartiment-Teilbereich eines Ökosystems, wie Boden, Gestein, Relief, Vegetation etc.
2 Unter der inneren Struktur wird z. B. der geologische Aufbau verstanden, unter der äußeren Struktur die Gliederung durch Strukturelemente wie Bergrücken, Gewässernetz, Wälder, Hecken, Baumreihen etc.

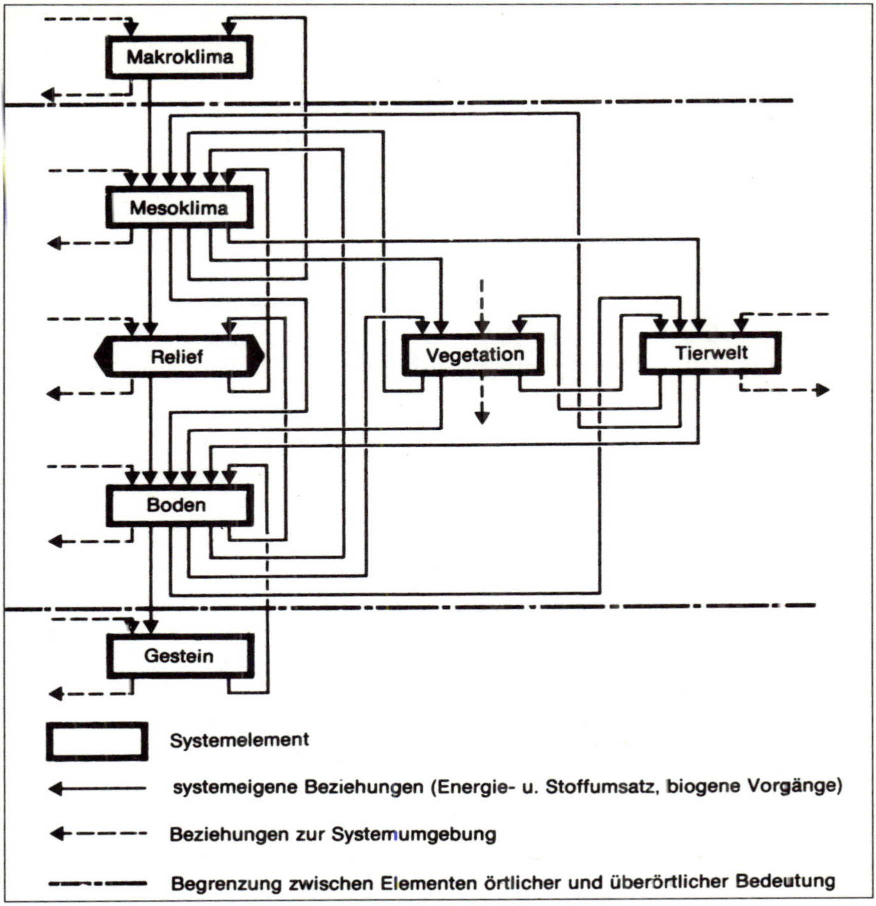

Abb. 3: Strukturmodell eines Ökosystems/Ökotops. (nach Richter, 1968 b)

In einem Landschaftsraum sind die natürlichen Landschaftsfaktoren (Naturausstattung) nicht nur säkular gesehen einer Entwicklung unterworfen (gebirgsbildende und abtragende Kräfte, Veränderungen der Land-Meer-Grenze, Klimaänderungen und -schwankungen, Wechsel von Pflanzendecke und Tierwelt), sondern auch in prähistorischen und historisch überschaubaren Zeiträumen in einem ständigen Gestaltwandel durch die Wechselbeziehung Naturausstattung : Gesellschaft begriffen. Unter der *Landschaftsgeschichte* verstehen wir demnach die geschichtliche Entwicklung, die zu dem gegenwärtigen Wirkungsgefüge, der derzeitigen Struktur und dem heutigen Erscheinungsbild geführt hat und darüber hinaus in die Zukunft weiterführt. So können Formen und Entwicklungszustände überkommen sein, die aus der gegenwärtigen Dynamik heraus keine Erklärung finden (z. B. glazialer Formenschatz in der heutigen Landschaft). Summe und Ergebnis der Wirkungsgefüge der Vergangenheit bestimmen maßgeblich das heutige Wirkungsgefüge mit.

1.3 Landschaft und Gesellschaft im Wandel

Sieht man von dem langfristigen, durch postglaziale Klimaveränderungen verursachten Wandel der Landschaftsräume und ihrer Ökosysteme ab, so setzen die entscheidenden landschaftlichen Veränderungen Mitteleuropas erst seit der jungsteinzeitlichen Revolution und in der Folge schwerpunktmäßig seit dem frühen Mittelalter ein, d. h. mit dem Wandel von der Natur- zur Kulturlandschaft. Beide, natürlich und gesellschaftlich bedingte Wandlungsprozesse überlagern sich und beeinflussen sich gegenseitig.

Tabelle 1 gibt skizzenhaft die großen Phasen des Wandels menschlicher Umwelt in Mitteleuropa in Abhängigkeit von der gesellschaftlichen Entwicklung wieder.[1]

Vorneolithische Phase	G: Jäger und Sammler
	L: Naturlandschaft
Neolithische Revolution (etwa 3000 vor Christus)	
Vorindustrielle Phase	G: Agrargesellschaft
	L: Naturlandschaft → naturnahe Kulturlandschaft
Erste Industrielle Revolution (in Mitteleuropa: zweite Hälfte des 19. Jahrhunderts)	
Industrielle Phase	G: Industriegesellschaft
	L: Naturferne Kulturlandschaft mit Resten naturnaher Kulturlandschaften. Gefährdung wichtiger natürlicher Lebensgrundlagen wie Wasser, Luft u. a.
Zweite industrielle Revolution (zweite Hälfte des 20. Jahrhunderts)	
Nachindustrielle Phase	G: „Nachindustrielle“ Gesellschaft
	L: ??

G = Entwicklungszustand der Gesellschaft
L = Entwicklungszustand der Landschaft

Tab. 1: Phasen des Wandels menschlicher Umwelt in Mitteleuropa.

1 Eine ausführliche Darstellung der Phasen des Landschaftswandels im Raum des heutigen Deutschlands seit der jungsteinzeitlichen Revolution gibt *Buchwald* (1978 b). Für den Raum Mitteleuropas mit den Alpen untersucht *Ellenberg* (1982) die Veränderungen der Vegetation und damit den Landschaftswandel in Abhängigkeit von sich verändernden Nutzungen seit dem Mittelalter. Für die Schweiz gibt *Ewald* (1978) eine sehr differenzierte Darstellung des Kulturlandschaftswandels im 20. Jahrhundert.

Jede der aufeinanderfolgenden Gesellschaften, die alt- und mittelsteinzeitlichen Jäger und Sammler, die verschiedenen Stufen der Agrargesellschaft wie die sie ablösende Industriegesellschaft, *hat ihr besonderes Verhältnis zur natürlichen Umwelt, der Landschaft als Lebensraum: ökonomisch* durch Art und Intensität der Nutzung, *psychisch-geistig* je nach dem Grad der Einfügung in die außermenschliche Natur oder der Entfremdung von ihr. Die menschliche Tätigkeit beeinflußt nutzend und gestaltend räumliche Strukturen, Wirkungsgefüge und Prozeßabläufe der Ökosysteme. Dies vollzieht sich zwischen zwei extremen Positionen: der Ausbeutung ohne Rücksicht auf das Naturpotential und das ökologische Wirkungsgefüge auf der einen Seite und zielbewußter Pflege und Gestaltung der Landschaft andererseits.

Landschaft als menschliche Umwelt ist auf das engste mit dem strukturellen Aufbau der Gesellschaft, ihren ökonomischen, sozialen, kulturellen und sonstigen Entwicklungsprozessen, aber auch mit dem ethnisch und historisch bedingten unterschiedlichen Grundverhältnis zur Natur verknüpft. Über die Nutzungsformen prägen und gestalten Mensch und Gesellschaft ihre natürliche und gebaute Umwelt und werden rückwirkend psychisch und – im Rahmen der genetischen Möglichkeiten – physisch von dieser beeinflußt und geformt. Jede der gesellschaftlichen Entwicklungsphasen steht stofflich wie psychisch-geistig in einem „Stoffwechselprozeß" mit der außermenschlichen Natur. *Zeiten sozialer Umbrüche wirken sich daher auch in einem Landschaftswandel aus. Ohne die Kenntnis der gesellschaftlichen Prozesse geistiger wie ökonomisch-sozialer Art bleibt der Landschaftswandel unverständlich.*

Tabelle 1 gibt den Wandel von der Naturlandschaft der vorneolithischen Phase über naturnahe Kulturlandschaften der Agrargesellschaften zu den naturfernen Kulturlandschaftsformen von heute mit Gefährdung wichtiger natürlicher Lebensgrundlagen wie Wasser, Boden, Luft und Klima wieder.

Zwei große gesellschaftlich-landschaftliche Umbrüche bestimmen den Wandel: die *neolithische Revolution* (in Mitteleuropa um 3000 v. Chr.) und die *erste industrielle Revolution* (in Mitteleuropa in der 2. Hälfte des 19. Jahrhunderts). Ob wir heute bereits in einem dritten großen Umbruch stehen („zweite industrielle Revolution"), ist wegen des zu geringen Abstandes zum Geschehen nicht zu entscheiden.

Zustandsformen der Landschaft: Naturlandschaft/Kulturlandschaft

Unter einer *Naturlandschaft* verstehen wir einen vom Menschen nicht beeinflußten Zustand der Landschaft. Die Naturlandschaft ist in ihrem Landschaftshaushalt, ihrer Struktur und ihrem Landschaftsbild nur durch die natürlichen Faktoren bestimmt. Die reale Vegetation ist identisch mit der potentiell natürlichen Vegetation, und die Landschaftsräume sind Gefüge ausschließlich natürlicher Ökosysteme wie z. B. Wälder, Moore, Fließ- und Stillgewässer, Dünen, küstennahe Heiden, Watten, alpine Matten und Felsfluren. Da die natürlichen Landschaftsfaktoren und ihr Wirkungsgefüge durch nutzende Eingriffe des Menschen wie auch unabhängig von ihm einer Entwicklung unterworfen sind, muß zwischen (rekonstruierbaren) *ehemaligen Naturlandschaften* zu einem Zeitpunkt (z. B. Naturlandschaft bestimmter postglazialer Perioden), *heute vorhandenen (realen) Naturlandschaften* und durch Abstrahierung des menschlichen Einflusses annäherungsweise faßbaren hypothetischen oder *potentiellen heutigen Naturlandschaften* unterschieden werden.

Abb. 4: Naturlandschaft in der alpinen Stufe (Drei-Zinnen-Gebiet, Sextner Dolomiten, Südtirol). Matten- und Felsregion. Schutthalden, Felswände, -spalten und -bänder sowie Schneetälchen sind nur spärlich von höheren Pflanzen besiedelt. Seit die Matten nicht mehr von Schafen beweidet werden, hat nahezu jeder menschliche Einfluß aufgehört. Abseits der Wege und Klettersteige ist die Trittwirkung durch Bergsteiger selten. Foto: K. Buchwald

So ist die Naturlandschaft an der Wende von der Mittleren zur Jüngeren Steinzeit, also dem Zeitpunkt vor der neolithischen Revolution mit dem Umbruch zur Agrargesellschaft, aufgrund pollenanalytischer und archäologischer Daten für Nordwestdeutschland annäherungsweise rekonstruierbar.

Auch die potentielle heutige Naturlandschaft etwa der Calenberger oder Hildesheimer Lößbörden ist annäherungsweise durch Abstrahierung des menschlichen Einflusses und vergleichende Sukzessions- und Bodenbeobachtungen faßbar. Heutige reale Naturlandschaften finden sich z. B. noch in begrenzten Teilen der alpinen Stufe der Ostalpen (Abb. 4).

Unter der *Kulturlandschaft* verstehen wir einen Zustand der Landschaft zu einem bestimmten Zeitpunkt, in dem sie durch menschliche Nutzung in ihrem Haushalt, ihrer Struktur sowie ihrem Bild mehr oder weniger stark beeinflußt ist.

Als *„naturnahe Kulturlandschaft“* bezeichnen wir eine vom Menschen gestaltete und genutzte Landschaft, deren Pflanzendecke als Indikator der Nutzungsintensität noch einen hohen Flächenanteil naturnaher und halbnatürlicher oder doch nur teilweise naturferner, z. T. sogar natürlicher Ökosysteme enthält. Die reale Vegetation ist auf großen Flächenanteilen der potentiell natürlichen Vegetation nahestehend, in selteneren Fällen auf begrenzten Flächen mit ihr identisch. Sinngemäß nennen wir die Kulturlandschaft, die durch intensive Nutzung, stärkste menschliche Eingriffe und Ausräumung von natürlichen, naturnahen und halbnatürlichen Ökosystemen völlig oder bis auf geringe Reste entblößt ist, „naturfern“. In der *„naturfernen Kulturlandschaft“* besteht keinerlei Übereinstimmung zwischen der realen und der potentiell natürlichen Vegetation.

Als naturnahe Kulturlandschaften können viele deutsche Mittelgebirgslandschaften, aber auch große Teile der montanen und subalpinen Stufe der Alpen bezeichnet werden (Abb. 5); so etwa die montane Stufe des Südschwarzwaldes, der Trauf und Teile der Hochfläche der Schwäbischen Alb. Naturferne Landschaften sind die agrarischen Vorranggebiete Deutschlands wie die Bördelandschaften, die „Stadtlandschaften“ der Großstädte und Verdichtungsräume.

Foto: K. Buchwald

Abb. 5: Naturnahe Kulturlandschaft (Naturpark Bayerische Rhön). Viele Mittelgebirgslandschaften zeichnen sich durch hohe Vielfalt an Ökosystemen wie Strukturen aus. Der Anteil an naturnahen Ökosystemen (Wälder, Bachtälchen, kleine Moore) sowie an extensiv genutzten Agrarökosystemen (Trockenrasen, Streuwiesen, ungedüngte einschnittige Bergwiesen) ist hoch. Im Bild geht der Blick von einer Basaltkuppe mit Trockenrasen und Buchenwald im Wechsel mit Grünland über ein Wiesental mit einzelnen Äckern, kleinräumig gegliedert durch bachbegleitende Gehölze, Hecken und Baumgruppen, zu den Buchen- und Buchenmischwäldern im Hintergrund.

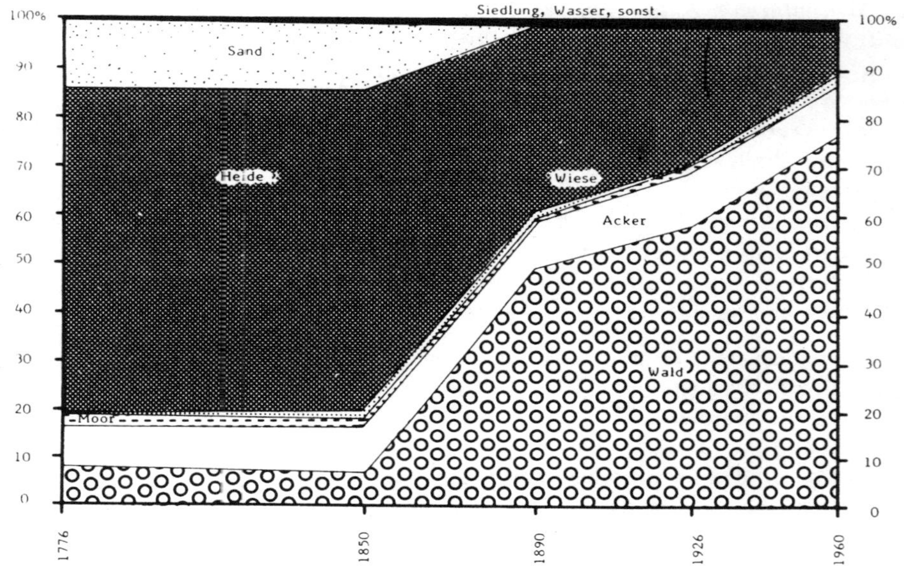

Abb. 6: Landschaftswandel als Nutzungswandel in der nordwestdeutschen Geest. Nutzungsdiagramm der Gemarkung Undeloh/Ldkrs. Harburg 1776–1960 (Peltzer, 1975). In der nordwestdeutschen Geest setzt der Umbruch von der Natur- zur Kulturlandschaft um 3000 v. Chr. mit der jungsteinzeitlichen Revolution, d. h. dem Beginn der Agrargesellschaft ein. Die Naturlandschaft der Wälder und Moore wird durch Brand, Rodung, Waldweide und Wanderfeldbau schrittweise in eine Kulturlandschaft mit abnehmendem Waldanteil, kleinen Acker- und weiten, von Schnuckenherden beweideten und zur Düngergewinnung geplaggten Heideflächen umgewandelt. Zur Zeit ihrer größten Ausdehnung am Ende des 18. Jahrhunderts nehmen diese 70–80 % der Markungsflächen ein. Die sie nutzende Heidebauernwirtschaft bricht aus wirtschaftlichen (Importe von Schafwolle aus Australien) und ökologischen Gründen (Übernutzung, Sandverwehungen, Dünenbildung) um die Mitte des 19. Jahrhunderts zusammen. Gemeinheitsteilung, Verkoppelung, Heidekultivierung und Aufforstungen setzen um die Mitte des 19. Jahrhunderts ein. Um 1960 (Diagramm) besteht das Nutzungsmuster der Kulturlandschaft auf Markung Undeloh aus 10 % Heideflächen, 3 % Grünland, rd. 10 % Ackerflächen und 77 % Wald (Kiefern- und Fichtenaufforstungen, Resten von Buchen-Eichenwäldern, Erlen- und Birkenbrüchen).

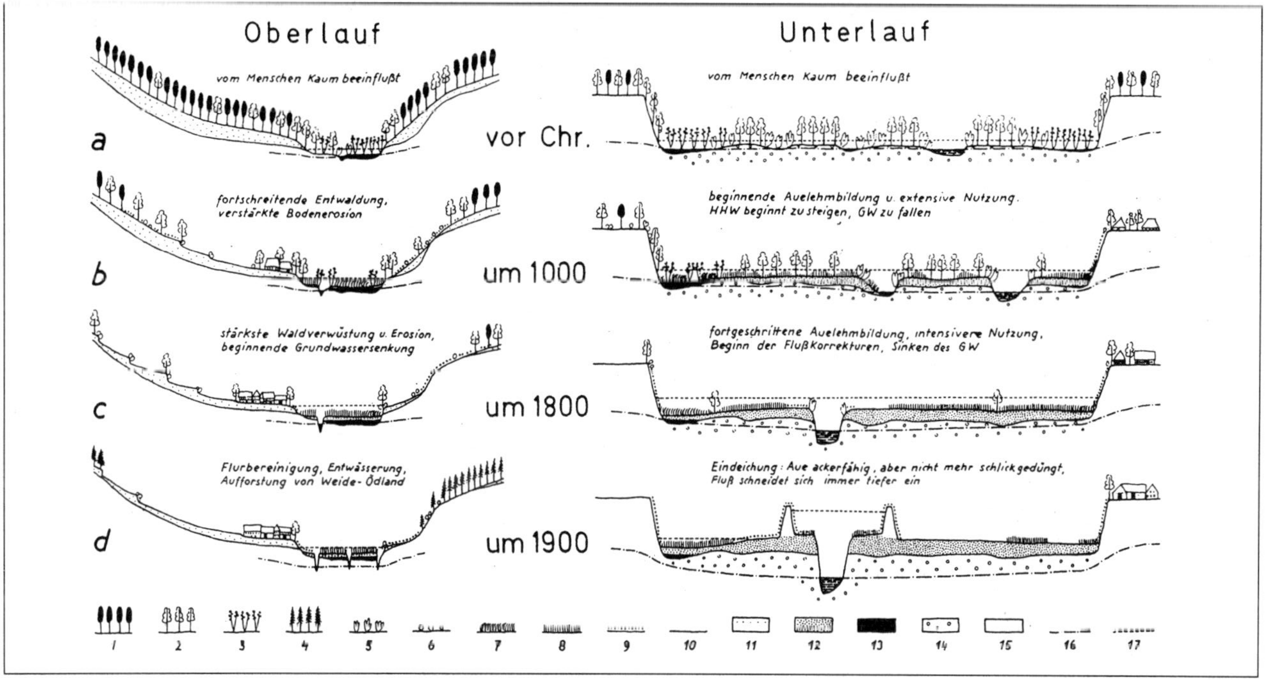

1 = Buchenwald, 2 = Eichen- u. a. Laubmischwälder, 3 = Erlenbruch, 4 = Nadelholz-Aufforstungen, 5 = Weidengebüsch, 6 = sonstige Gebüsche, 7 = Naßwiesen, 8 = Frischwiesen, 9 = Trockenwiesen, 10 = Äcker; 11 = Lößlehm, 12 = Auelehm, 13 = Moor, 14 = Kies, 15 = andere Bodenarten; 16 = mittlerer Grundwasserstand, 17 – mittlere Hochwasserhöhe. Die Signaturen 1–9 sind nicht maßstabgerecht, die Bodenprofile 11–14 stark überhöht.

Abb. 7: Entwicklung einer mitteleuropäischen Flußtal-Landschaft im Ober- (bzw. Mittel-) und Unterlauf bei zunehmender Entwaldung, Entwässerung, Erosion und Auelehmbildung. Schematisch, nach Ellenberg (1978).

Abb. 7 zeigt für Ober- und Unterlauf einer mitteleuropäischen Flußtallandschaft den mit der Agrargesellschaft einsetzenden Landschaftswandel (nach *Ellenberg*, 1978). Eine der Folgen der Zerstörung von Waldökosystemen auf Lößdecken der Mittelgebirge im Oberlauf der Flüsse ist die *Auelehmbildung* im Unterlauf. Sie setzte im Leine- und Wesertal mit der Rodungsperiode des 9. Jahrhunderts ein. Diese Folgen der Umwandlung der collinen und submontanen Eichen-Buchenwälder in Waldweide- und später in Ackerflächen mit folgender Erosion sind hier eingehend belegt. Ein großer Teil dieser Auelehme stammt aus dem Frühmittelalter.

Verarmung und Produktivitätsverlust der Ökosysteme in Landschaftsräumen des Oberlaufs hat Anreicherungsprozesse in den Landschaftsräumen der Flußauen im Unterlauf zur Folge. Weitere Eingriffe in den Landschaftsraum der Flußaue, wie *Flußkorrekturen* und *Eindeichungen*, bewirkten zunächst den Wegfall der Schlickdüngung durch Hochwässer, das *Absinken der Grundwasserstände* und ein *Steigen der Hochwasserstände.*

Ökosysteme verschiedenen Natürlichkeitsgrades

Landschaften als menschliche Umwelt bestehen aus *Ökosystemen unterschiedlicher menschlicher Beeinflussung* bzw. verschiedenen Natürlichkeitsgrades.

Natürliche Ökosysteme sind ausschließlich aus einheimischen standorteigenen Arten aufgebaut. Sie sind vom Menschen unbeeinflußt und zur Selbstregulation befähigt. Natürliche Ökosysteme finden sich in Mitteleuropa und im Alpenraum nur noch in den Kernzonen einiger Naturschutzgebiete, meist auf extremen Standorten, vor allem noch in begrenzten Räumen der alpinen Stufe.

Naturnahe Ökosysteme sind fast ausschließlich aus einheimischen standorteigenen Arten aufgebaut, sie zeigen geringe, durch menschliche Einwirkungen hervorgerufene Veränderungen bzw. Degradationserscheinungen, so manche Laubwaldgebiete Mitteleuropas, Flußauen, Stranddünen, Großseggenrieder, Schilfgürtel, nur noch einige wenige Hochmoore.

Halbnatürliche Ökosysteme bestehen zwar ebenfalls ausschließlich aus einheimischen Arten, die jedoch zu neuen charakteristischen Artenkombinationen und Mengenverhältnissen vereinigt sind. Sie können nur bei extensiver menschlicher Nutzung (Mahd, Weide) bestehen, wie etwa Streuwiesen, viele Niedermoore, Magerrasen, Zwergstrauchheiden in waldfähigen Gebieten.

Naturferne Ökosysteme sind aus einheimischen unter Beteiligung adventiver Arten gebildet, die oft dominieren können. Beide Artengruppen sind zu neuen Artenkombinationen zusammengefaßt. Sie sind vom Menschen intensiv genutzt, die Standorte mechanisch und chemisch erheblich verändert. Hierher gehören die Agrarökosysteme mit Fettwiesen, Fettweiden, Halm- und Hackfruchtbeständen mit ihren Ackerwildkrautgesellschaften, Gärten sowie Forstökosysteme mit Kunstforsten in allen Übergängen zu natürlichen Waldbeständen. Die Fähigkeit zur Selbstregulation ist in diesen Systemen begrenzt.

Künstliche oder abiotische Ökosysteme sind die urban-industriellen Ökosysteme der Wohnsiedlungen, Industrieanlagen, Kraftwerke und Verkehrsanlagen der Städte und Stadtregionen. Wesentlicher Unterschied zu allen biotischen Systemen ist ihre menschliche Steuerung und die Tatsache, daß sie auf die Zufuhr von Energie auf der Basis fossiler Brennstoffe, Wasserkraft oder Kernenergie angewiesen sind.

1.4 Landschaft als System

Das Verständnis einer Landschaft als System, ihres inneren Wirkungsgefüges mit Stoffkreisläufen, Energieflüssen und biogenen Vorgängen sowie ihren Wirkungen auf benachbarte oder ferner liegende Landschaften wird erleichtert, wenn man sich den Aufbau eines konkreten Landschaftsraumes aus seinen Grundeinheiten, den Ökotopen[1] deutlich macht. Das System eines jeden Landschaftsraumes wird bestimmt durch das für ihn charakteristische Gefüge von Ökotopen, d. h. deren Eigenart, Zahl und räumliche Anordnung.

Landschaftsräume als Gefüge von Ökotopen

Im folgenden werden Landschaftsräume als Gefüge von Ökotopen mit verschiedenem Natürlichkeitsgrade erläutert. Zunächst sind in Abb. 8 modellhaft vereinfacht die Wirkungsbeziehungen von vier *Ökotopen/Ökosystemen innerhalb eines Naturlandschaftsraumes* sowie die Wirkungen nach außen dargestellt. Dabei sind einige Ökotope (TK = Teilkomplexe) relativ isoliert (n), andere vorwiegend innerhalb des Landschaftsraumes (i) durch Stoff- und Energieflüsse mit anderen Ökotopen verbunden, weitere stehen auch mit Systemen außerhalb des Raumes (e) in Beziehung (vereinfacht nach Richter, 1968 b).

In den Abb. 9 und 10 werden die Wirkungsgefüge von Ökotopen/Ökosystemen in einer Naturlandschaft und einer Kulturlandschaft dargestellt. In Abb. 10 ist der Landschaftsraum einer landwirtschaftlich genutzten Kulturlandschaft aus fünf Agrarökosystemen zusammengesetzt. Die Kreisläufe sowie die Produktion an Biomasse sind überwiegend fremdgesteuert. Stoffentnahmen (Ernte, E.) und Energie- und Stoffzufuhren (Z), wie Dünger und Pestizide, sind häufig nicht im Gleichgewicht. Diese Fremdsteuerung reduziert die natürlichen Regelungspro-

1 Wenn im folgenden von *Ökotopen* gesprochen wird, so ist darunter der konkrete, von einem Ökosystem erfüllte Raum, d. h. die *räumliche Ausprägung eines Ökosystems* in der topischen Dimension der landschaftlichen Grundeinheiten verstanden (vgl. Abschnitt 1.2, Tafel 2). Vgl. Richter (1968 b) und das Strukturmodell eines natürlichen Ökotopes (Abb. 2, Abb. 3), eines Landschaftsraumes einer Naturlandschaft (Abb. 9) und einer Kulturlandschaft in ebener Lage (Abb. 10).

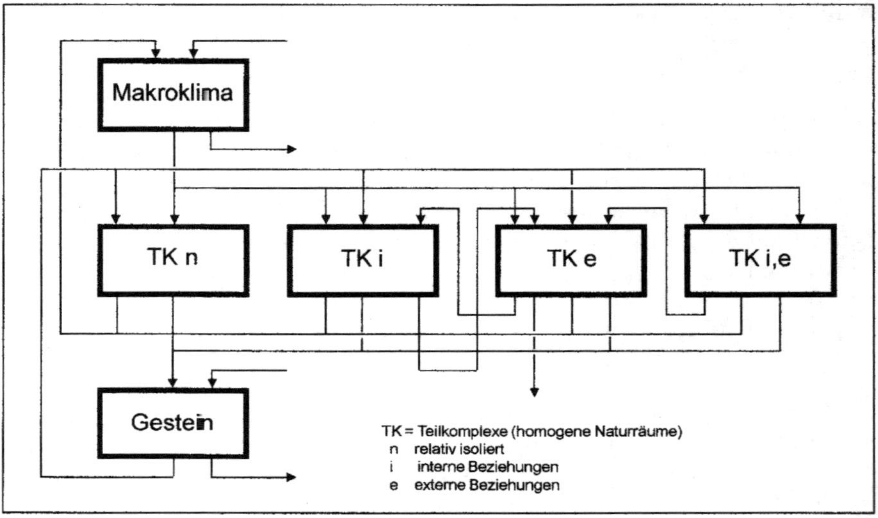

Abb. 8: Wirkungsbeziehungen von vier Ökotropen/Ökosystemen innerhalb eines Naturlandschaftraumes

zesse (senkrechte und waagerechte Pfeilpaare) oder schaltet sie völlig aus. So entstehen Neben- und Nachwirkungen (NW, dünne Pfeile) auf benachbarte Ökotope und Landschaftsräume, d. h. in der Regel Belastungen, wie z. B. der Nährstoffeintrag in Bäche, Flüsse und Meer (Eutrophierung).

In Abb. 10 ist ferner angenommen, daß sich in der intensiv genutzten Agrarlandschaft ein einzelnes naturnahes Ökotop, wie ein Waldstück oder ein Trockenrasen, befindet, das durch Dünger- und Pestizideinsatz aus den benachbarten Agrarökosystemen belastet wird. Die Belastungen durch die Neben- und Nachwirkungen aus den agrarisch genutzten Ökosystemen sind durch (dünne) Pfeile gekennzeichnet.

Abbildung 11 stellt in einem schematischen Schritt einen Landschaftsraum der nördlichen Lüneburger Heide mit dem charakteristischen Gefüge von acht Ökotopen dar. Diese sind hier gekennzeichnet durch: Bodentyp/Bodenart, Grundwasserstand, Wasserstufen (naß bis dürr), potentiell-natürliche und reale Vegetation. Dieser Landschafts-(Naturraum)-typ der nährstoffarmen Vorschüttsande und Altmoränen mit Übergangs- und Hochmooren wurde von *R. Tüxen* nach der dominierenden Waldgesellschaft der potentiell-natürlichen Vegetation treffend als „Eichen-Birkenwald-Landschaft" bezeichnet. Nomenklatur der Pflanzengesellschaften im wesentlichen nach *Tüxen* (1937) mit Abänderungen.

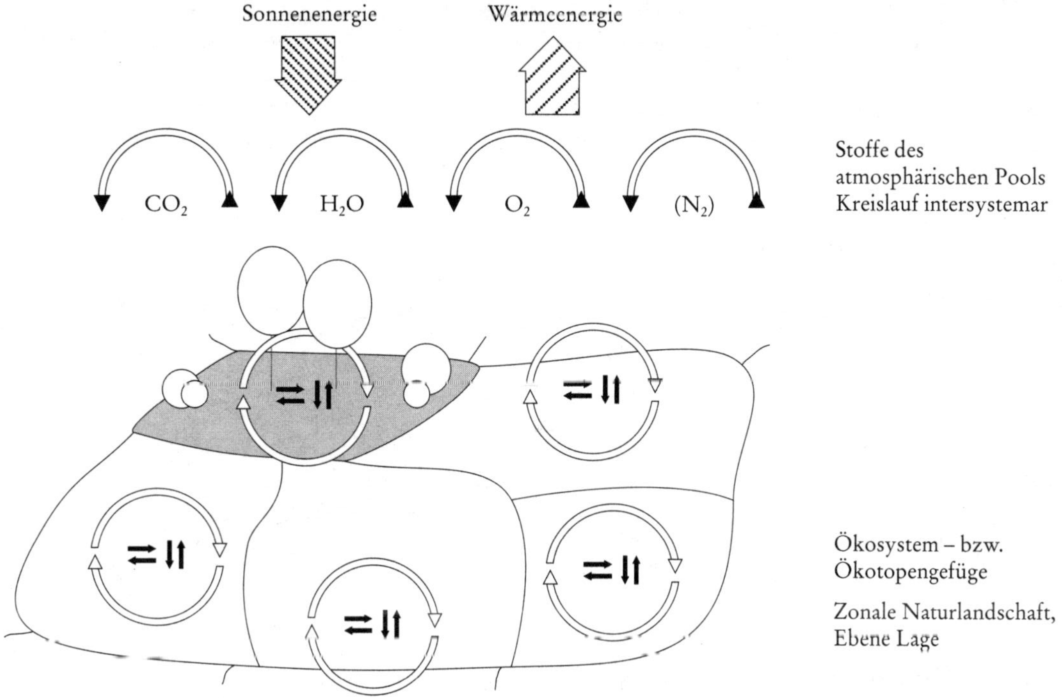

Abb. 9: Landschaftsraum einer Naturlandschaft mit dem Gefüge seiner Ökotope bzw. Ökosysteme. Angenommen ist eine ebene Lage des Landschaftsraumes sowie Unterschiede der Ökosysteme in ihrem bodengebundenen Stoffhaushalt. Gemeinsam sind allen die Einflüsse des Regionalklimas und der atmosphärischen Kreisläufe. Es wird ferner angenommen, daß angesichts der ebenen Lage der Stoffaustausch zwischen den Ökosystemen und mit benachbarten Landschaftsräumen relativ gering ist (vgl. die Legende Abb. 10). Nach Haber, 1984.

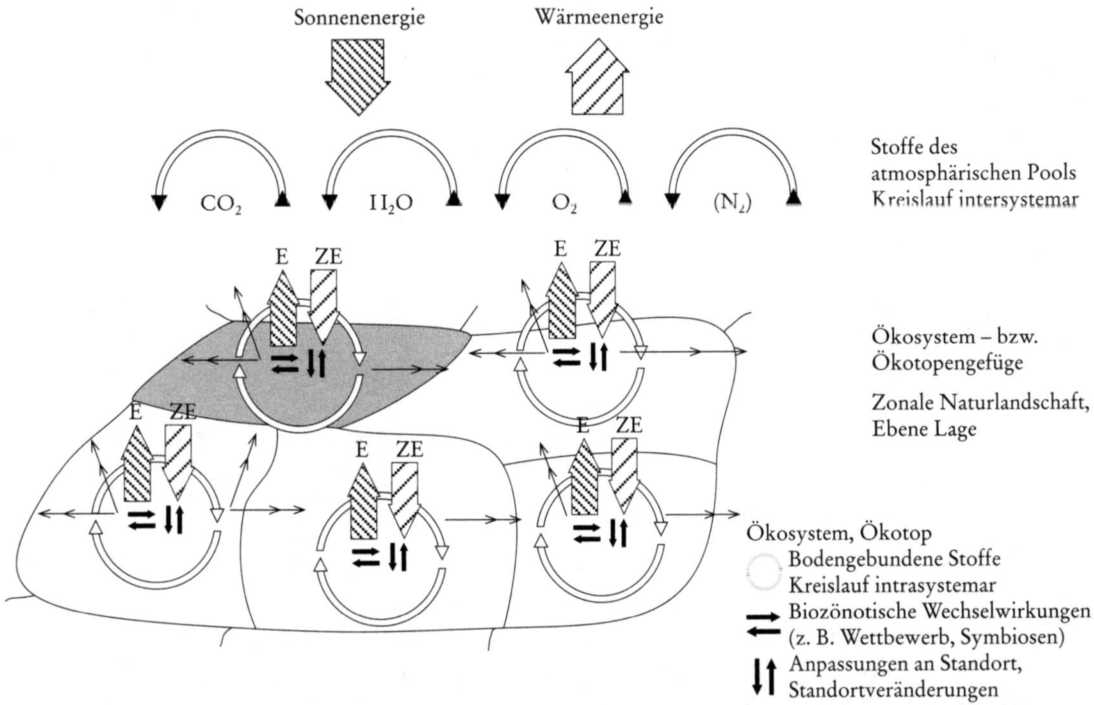

Abb. 10: Landschaftsraum einer ebenen Kulturlandschaft mit dem Gefüge seiner Ökotope bzw. Ökosysteme (nach Haber, 1984). Dargestellt sind die eingestrahlte Sonnenenergie (SE) und die abfließende Wärmeenergie (WE), die atmosphärischen, zwischensystemaren Stoffkreisläufe (Kohlensäure, Sauerstoff, Stickstoff, Wasser), die innersystemaren Kreisläufe bodengebundener Stoffe, die Wechselwirkungen innerhalb der Lebensgemeinschaft und die Anpassung an die abiotopischen Faktoren (siehe Legende).

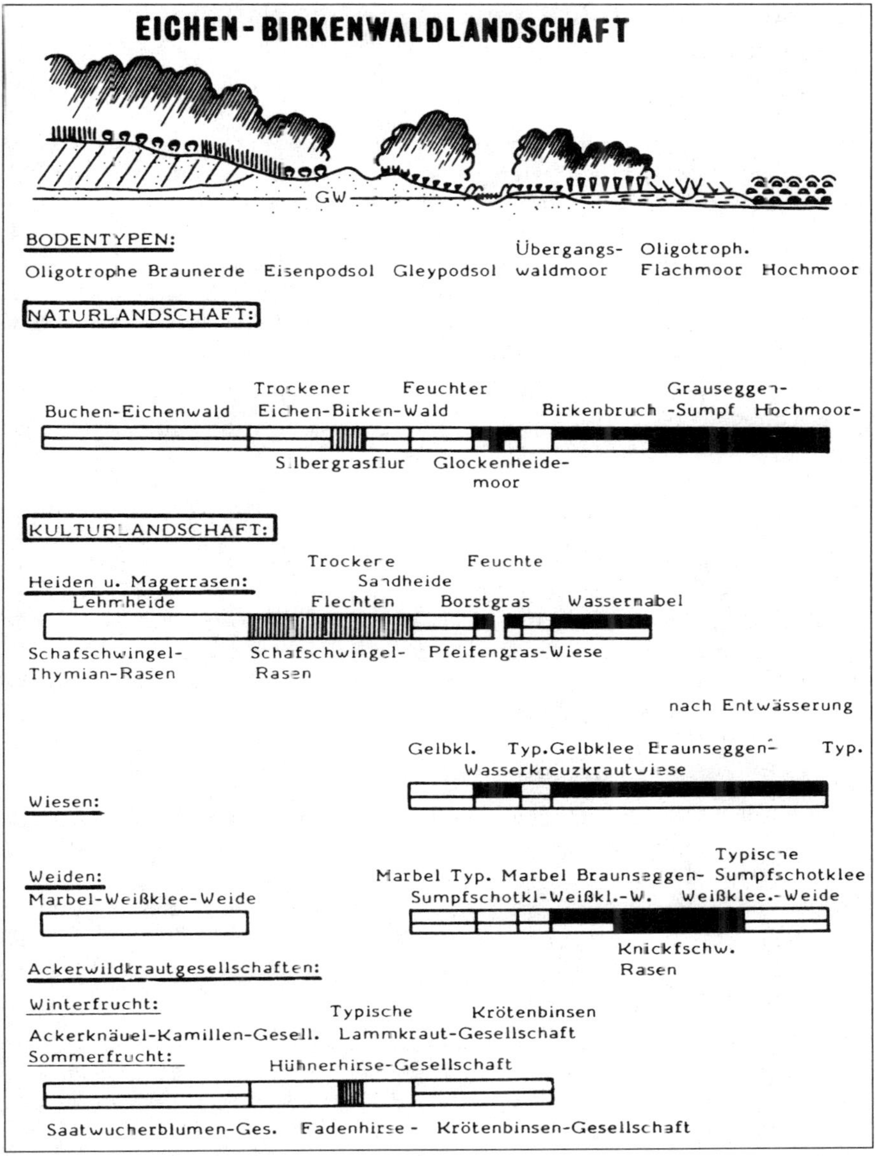

Abb. 11: Die Nummern entsprechen denen der beiliegenden Gesellschaftsbeschreibungen. Namen z. T. etwas geändert (abgeändert nach Preising, 1954).

1.5 Ökosysteme als Leistungsträger – die Naturraumpotentiale

1.5.1 Ökosysteme als Leistungsträger

Jedes Ökosystem bzw. jeder Ökotop vollbringt bestimmte für die menschliche Gesellschaft lebenswichtige materielle und immaterielle Leistungen. In der Planung und speziell in der Landschaftsplanung erfassen wir Ökosysteme als *Träger von Leistungen.* Dabei sind nicht nur die von unserer Gesellschaft direkt nutzbaren Leistungen von Interesse, sondern auch solche, die zur Stabilität des gesamten Mensch-Umwelt-Systems – von einzelnen Landschaftsräumen bis zur Ökosphäre – beitragen. Diese Leistungsfähigkeit von Ökosystemen bzw. Ökotopengefügen nennen wir ihr *Naturraumpotential.*

Wesentlich sind für uns vier Gruppen von Leistungen der Ökosysteme: Produktionsleistungen, Regulationsleistungen, Trägerleistungen und Informationsleistungen.

Beispiele für *Produktionsleistungen* sind u. a.:

- die Produktion an Biomasse in den Ökosystemen von Feldern, Wiesen und Weiden, Wäldern, Fließ- und Stillgewässern sowie Meeren,
- die Quellschüttung eines Baches aus einem Waldökosystem,
- die Grundwasserneubildung in der Weichholzaue eines Flusses oder
- die Produktion an salzhaltigen, therapeutisch wichtigen Aerosolen der Strandzone der ost- und nordfriesischen Inseln.

Beispiele für *Regulationsleistungen* sind u. a.:

- die biologische Selbstreinigungskraft eines naturnahen Bachökosystems,
- die Filterwirkung eines Auwaldökosystems bei Überflutung mit schadstoffhaltigem Flußwasser,
- die hochwasserrückhaltende Wirkung eines Fluß- oder Bachauenwaldes oder
- die Filterwirkung eines Waldökosystems durch Pflanzendecke und Waldboden bei Eintrag von Immissionen.

Von der Fähigkeit zu Regulationsleistungen ist der Grad der Belastbarkeit abhängig, d. h. das Vermögen eines Landschaftsraumes und seiner Ökotope Eingriffe und Belastungen abzupuffern **(Belastungspotential).** Damit hängt das Vermögen zusammen, Fremdstoffe aufzunehmen und abzubauen **(Entsorgungspotential).** Dies ist (z. B. bei Deponien) abhängig von der Sorptionsfähigkeit und der Dichte des geologischen Substrates sowie von der Grundwassertiefe.

Beispiele für *Trägerleistungen* sind u. a. die Stabilitäten eines Baugrundes für Gebäude, Verkehrswege usw.

Beispiele für *Informationsleistungen* sind u. a.:

- der Erlebniswert des Inneren eines Waldökosystems oder
- der Informationswert für Bildung und Wissenschaft, z. B. eines als Naturschutzgebiet gesicherten Hochmoorökosystems usw.

Von dem Erlebniswert eines Landschaftsraumes und seines Ökotopengefüges hängt der psychische Anteil des **Erholungspotentials** ab.

1.5.2 Anforderungen an eine planungsgerechte Naturraumgliederung

Das Bundesnaturschutzgesetz vom 20. 12. 1976[1] fordert in § 1 (1):

„Natur und Landschaft sind im besiedelten und unbesiedelten Bereich so zu schützen, zu pflegen und zu entwickeln, daß

1. die *Leistungsfähigkeit des Naturhaushaltes,*
2. die *Nutzungsfähigkeit der Naturgüter,*
3. die Pflanzen- und Tierwelt sowie
4. die Vielfalt, Eigenart und Schönheit von Natur und Landschaft als Lebensgrundlagen des Menschen und als Voraussetzung für seine Erholung in Natur und Landschaft nachhaltig gesichert sind."

Dies wird in § 2 BuNatSchG (Grundsätze des Naturschutzes und der Landschaftspflege) präzisiert und nochmals bestätigt.

Die Landschaftsplanung trägt zur Realisierung dieser Forderungen bei:

- durch die eigene Fachplanung „Naturschutz" sowie „Erhaltung und Entwicklung der Landschaft als Erlebnis- und Erholungsraum",
- durch den landschaftspflegerischen Begleitplan zu anderen Fachplanungen (nach § 8 (4) BuNatSchG) und
- durch den Beitrag zur Gesamtplanung, also zur Bauleit-, Regional- und Landesplanung (BNatSchG § 5 (2), § 6, BBauG § 1 (6).

Naturschutzplanung und Erholungsvorsorge sind traditionelle Aufgaben der Landschaftsplanung. *Angesichts des Belastungsdruckes auf die Landschaft reichen sie als Instrumente bei weitem nicht mehr aus.* Um gem. § 1 (1) BNatSchG „die Leistungsfähigkeit des Naturhaushaltes" und „die Nutzungsfähigkeit der Naturgüter" zu sichern, möglichst zu verbessern und zu entwickeln, *wird es notwendig, in der Landschaftsplanung das Naturpotential auf ganzer Fläche zu er-*

1 In der Fassung vom 10. 12. 1986, nicht geändert.

fassen, zu bewerten und planerische Aussagen für Schutz und Entwicklung zu machen. Das bedeutet von der „Inselplanung“ der bisherigen Landschaftsplanung als begrenzter Naturschutzplanung loszukommen.

Vielmehr müssen *Landschafts- bzw. Naturraumgliederungen, die den Zielen der Landschaftsplanung gerecht werden sollen,*

- eine *vollständige Erfassung* aller im Rahmen der Landschaftsplanung wesentlichen Naturraumpotentiale aufweisen,
- die *unterschiedliche Bedeutung der einzelnen natürlichen Potentiale* und die unterschiedliche Dringlichkeit ihrer Sicherung deutlich machen sowie
- die einzelnen natürlichen Potentiale in unterschiedlicher Betrachtungsweise darstellen.

Es müssen dabei

- die *Empfindlichkeit* der Ökosysteme,
- die bestehenden *Belastungen* und
- die Einschätzung der zu erwartenden *Reaktionen auf mögliche Belastungen* erfaßt werden (vgl. Tabelle 2)

Naturraumpotential \ notwendige Schritte	Ermittlung von Potential Leistungsfähigkeit	Empfindlichkeit	ökol. Auswirkungen, Wirkungsfelder	ökol. Konflikte im Bereich der Ressourcen
1. Naturschutzpotential/biot. Regenerationspotential	X	X	X	X
2. Erholungspotential	X	X	X	X
3. Biotisches Ertragspotential	X	X	X	X
4. Wasserdargebotspotential	X	X	X	X
5. Klimatisches Regenerationspotential	X	X	X	X
6. Rohstoffpotential	X	-	(X)[1]	(X)[1]

[1] Nur für den Fall einer Überbauung einer Lagerstätte

Tab. 2: Notwendige Auswertungsaspekte der Naturraumpotentiale (nach Bierhals, 1980).

1.5.3 Übersicht der zu erfassenden Naturraumpotentiale

a) *Naturschutzpotential/biotisches Regenerationspotential*
Darstellung der nach den Zielen des Naturschutzes wertvollen oder schutzwürdigen Flächen und Objekte. Zu erfassen sind Tier- und Pflanzenarten bzw. Lebensgemeinschaften und ihre Lebensstätten sowie abiotische Naturerscheinungen wie Gewässer, geologische und geomorphologische Bildungen und Landschaftsräume, die
- „aus wissenschaftlichen, naturgeschichtlichen oder landeskundlichen Gründen oder wegen ihrer Seltenheit, besonderen Eigenart oder hervorragenden Schönheit" (BNatSchG § 13 (1) und
- zur Erhaltung oder Wiederherstellung der Leistungsfähigkeit des Naturhaushaltes, also aus ökologischen Gründen, gesichert werden müssen.

b) *Erholungspotential*
Erfassung des Erholungspotentials als flächenhafte Darstellung der unterschiedlichen Eignung und Ausstattung für Erholung und Freizeit (natürliche und infrastrukturelle Erholungseignung). Dazu gehören auch Erfassungen des „Erlebniswertes" von Landschaftsräumen, u. a. mit Hilfe des „Semantischen Differentials".[1]

c) *Biotisches Ertragspotential*
Gliederung und Bewertung von Landschaftsräumen nach ihrer naturbedingten Ertragsfähigkeit für die land- und forstwirtschaftliche Produktion (Biomasse und Qualitätsbewertung).

d) *Wasserdargebotspotential*
Beurteilung von Landschaftsräumen nach Menge und Qualität der nutzbaren Grund- und Oberflächengewässer, d. h. Erfassung von Trinkwasser- und Heilquellenschutzgebieten, grundwasserhöffigen Gebieten, Flächen mit hoher Grundwasserneubildungsrate und Einstufung der Oberflächengewässer nach Saprobiensystem, Trophiegrad und Schadstoffbelastung.

e) *Klimatisches Regenerationspotential*
Landschaftsräume mit bestimmten Vegetationsstrukturen, Reliefverhältnissen und Lage können zur Staubfilterung, Erhöhung der Luftfeuchte, Temperaturminderung wie zur Frischluftzufuhr beitragen.

f) *Rohstoffpotential*
Darstellung der wirtschaftlich nutzbaren oberflächennahen Vorkommen von Steinen und Erden. Tieferliegende Bodenschätze, zu deren Gewinnung ein Untertagebau nötig ist, sind bei einer landschaftsplanerischen Potentialerfassung nur dann aufzunehmen, wenn durch Folgewirkungen des Abbaus ande-

---

1 Jacob, 1973 und Wöbse, 1974.

re Nutzungen beeinträchtigt werden bzw. dann, wenn die Nutzung der Bodenschätze durch Planungen an der Erdoberfläche erschwert oder verhindert werden könnte.

g) *Bebauungspotential*
Erfassung geeigneter (oder ungeeigneter) Flächen für die Anlage von Siedlungen, Industrieanlagen und Verkehrsflächen.

h) *Entsorgungspotential*
Erfassung von Standortqualitäten, die die Anlage von Deponien, die großflächige Ausbringung von Abfallstoffen (wie z. B. Klärschlamm) oder die Einlagerung von Abfallstoffen in geologischen Körpern ermöglichen oder verbieten.

1.6 Nutzungsspezifische, Mehrzweck- und Allzweckgliederungen

Entscheidend für die Beurteilung der Nutzungseignung wie auch der Empfindlichkeit gegenüber Belastungen auf örtlicher Ebene sind Landschafts- bzw. Naturraumgliederungen in der Größenordnung der landschaftlichen Grundeinheiten, also der *Ökotope* sowie der *Gefüge von Ökotopen.* Als Grundlage solcher Naturraumgliederungen liegen Standortkartierungen mit hohem Entwicklungsstand der Auswertungsmöglichkeiten vor:

- forstliche Standortkartierungen (vgl. Abb. 12),
- obstbauliche Standortkartierungen (*Ellenberg et al.*, 1956),
- landwirtschaftliche Standort- und Bodenkartierungen (*Weller*, 1980),
- landwirtschaftliche Bodenkartierungen aufgrund der Bodenschätzung (*Finke*, 1971),
- Gewässergütekartierungen für Fließgewässer (Saprobien-System) und
- Gewässergütebewertung von Seen (Trophie-System, Makrophytenindex),
- Kartierungen der Grundwasserhöffigkeit (meist kleine bis mittlere Maßstäbe),
- hydrologische Kartierungen (desgl.),
- Kartierungen des Geländeklimas (u. a. für Weinbau, Obstbau, Wohnen, Erholung),
- Biotopkartierungen,
- Kartierungen des geologischen Untergrundes als Baugrund wie der abbauwürdigen Steine und Erden (*Lüttig und Pfeifer*, 1974).

Eine Vorstellung von der Feingliederung eines Landschaftsraumes in Standorträume (Ökotope) vermittelt Abb. 12. Die charakteristischen Standortraumgefüge (Ökotopgefüge) der Altmoränenzone, der Jungmoränenzone sowie der Molasseberge im Landschaftsraum der Iller-Lech-Vorberge (naturräumliche Einheit 0.35) hat *Langer* (1970 b) für den Forstdistrikt Senkelewald dargestellt. Diese zwar spezifisch auf die waldbauliche Nutzung ausgerichtete Standortgliederung vermittelt jedoch allgemein eine Vorstellung von der Vielfalt des Musters der kleinsten, noch planungsrelevanten naturräumlichen Einheiten (Standorträume = Landschaftszellen = Ökotope).

Diese Gliederungen in Standorteinheiten sollen Aussagen machen über spezielle Nutzungseignungen für waldbauliche, obstbauliche, landwirtschaftliche Zwecke usw. Sie sind also *nutzungsspezifisch* auf eine Nutzung ausgerichtet *(Spezial-Zweck-Klassifizierungen)*[1] und dienen als Grundlage von Fachplanungen.

Darüberhinaus ist bald versucht worden, Standortkartierungen zur Beurteilung der Nutzungseignung für mehrere Nutzungen durchzuführen wie die Pflanzenstandortskarte durch *Ellenberg* (1951) und die landbau-ökologische Gliederung durch *Schreiber und Weller* (1966) *(Mehrzweck-Klassifizierungen).*

Parallel hierzu setzten von geographischer Seite seit den vierziger Jahren Versuche ein, eine naturräumliche Gliederung und Eignungsaussagen für möglichst viele Nutzungen durchzuführen *(Allzweck-Klassifizierungen).* Diese gewinnen heute als ökologische Planungsgrundlagen im Rahmen der Landschaftsplanung besondere Bedeutung für die Landes-, Regional- und Ortsplanung wie auch als Grundlagen zur Konfliktbeurteilung in Fachplanungen und insbesondere bei Umweltverträglichkeitsprüfungen. Den Anspruch darauf erhoben die „Naturräumliche Gliederung Deutschlands" (*Meynen und Schmithüsen,* 1949), die „Naturbedingten Landschaften der DDR" (*Schultze,* 1955) sowie methodisch verändert und z. T. differenzierter die Karte „Naturraumtypen" im Atlas der DDR, Blatt 17 von *Barsch und Richter* (1979). Diesen Gliederungen in kleinen Maßstäben (1:1 000 000) folgten solche in mittleren bis großen Maßstäben (1:100 000 bis 1:10 000).

Einen Überblick geben wir in Abschnitt 7 dieses Beitrages („Dimensionen von Landschaftsgliederungen"). Die Eignung der verschiedenen Gliederungsversuche für unterschiedliche Zwecke ist *weitgehend vom Maßstab abhängig.* Eine Vorstellung von heutigen naturräumlichen Gliederungen mittlerer und großer Maßstäbe und ihrer Auswertung für eine breite Amplitude von Nutzungen gibt der folgende Beitrag von *Kopp und Succow.* Darüber hinaus sind zur methodischen Einführung die Arbeiten von *Haase* (1967, 88, 91), *Leser und Klink* (1988) sowie *Mohrmann* (in *Leser* 1991) heranzuziehen.

1 Diese großmaßstäblichen nutzungsspezifischen Naturraumgliederungen und Bewertungen auf örtlicher Ebene sind heute zugleich Grundlage und Datenbasis für Mehr- und Allzweckgliederungen (topische und chorische Dimension).

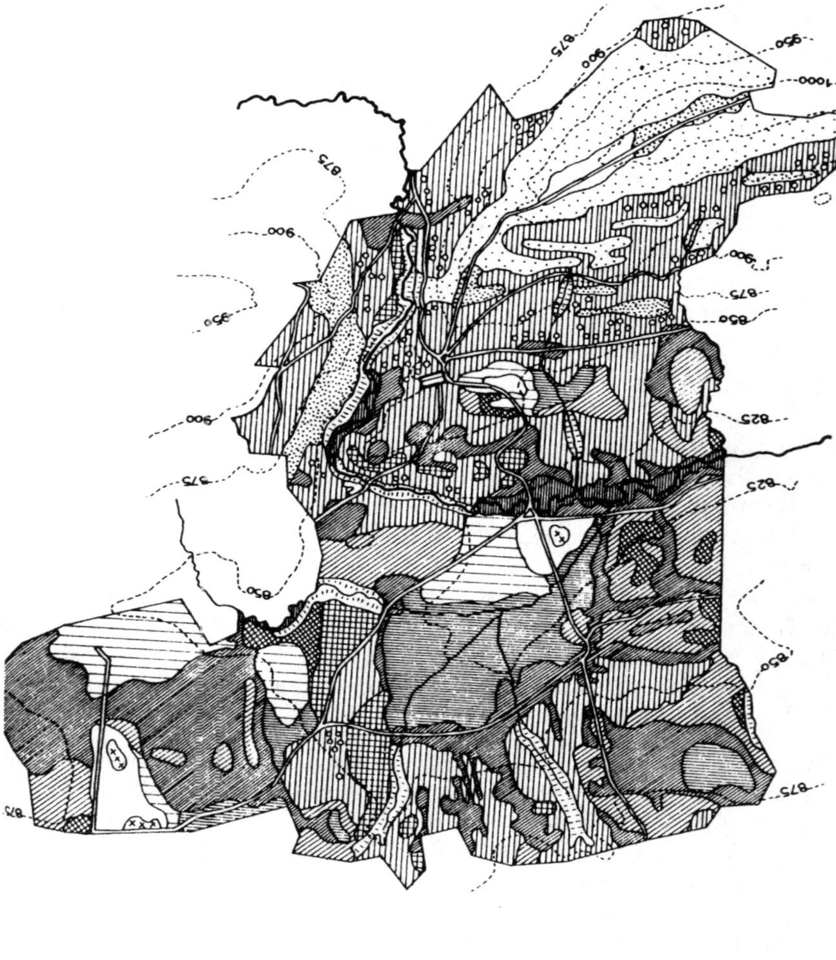

Abb. 12: Lokale forstliche Standortgliederung. Forstdistrikt Senkelewald. Nach Langer (1970).

(a) Altmoränenzone
(b) Jungmoränenzone
(c) Molasseberge der Jungmoränenzone

Nr.		a	b	c
1	Weißseggen-Bu-Wald auf mäßig frischen bis frischen, anlehmigen bis lehmigen Kiesböden (Rendzina, braune Rendzina) steiler Hanglagen.	(+)	+	+
2	mont. artenreicher (Fi-Ta-)Bu-Wald auf mäßig frischen bis frischen, kiesig-sandigen Lehmboden (Braunerde, Rendzina-Braunerde) hängiger und kuppiger Lagen	+	+	+
3	mont. artenreicher Fi-Ta-Bu-Wald frischer bis sehr frischer, kiesiger Lehmböden (Braunerde) hängiger Lagen.	+	+	+
4	mont. artenreicher Fi-Ta-Bu-Wald frischer Feinlehmböden und sandiger Lehmböden (Parabraunerde) hängiger Lagen.	+		
5	mont. edellaubholzreicher Fi-Ta-Bu-Wald auf sickerfrischen, kiesigen Lehmböden (Hanggley-Braunerde) der Hangfüße und Terrassen.	+	+	+
6	mont. artenarmer Fi-Ta-Bu-Wald auf frischen bis mäßig frischen, lehmigen Sand- und sandigen Lehmböden (podsolige Braunerde) hängiger Lagen.	+		
7	mont. artenarmer Fi-Ta-Bu-Wald auf frischen bis mäßig frischen, schweren Lehmböden (podsolige Braunerde, Podsol-Braunerde) hängiger und verebneter Lagen		+	
8	mont. artenarmer Fi-Ta-Bu-Wald auf frischen bis mäßig frischen, kiesigen Lehmböden (Podsol-Braunerde, Braunerde-Podsol) hängiger Lagen.			+
9	mont. artenreicher (Bu-)Fi-Ta-Wald auf frischen bis wechselfrischen, schweren Lehm- und Lettenböden (Pseudogley-Braunerde, Braunerde-Pseudogley) hängiger und verebneter Lagen.	+	+	+
10	mont. artenreicher Fi-Ta-Wald auf frischen bis wechselfrischen, schweren Letten- und Tonböden (Braunerde-Pelosol, Pseudogley-Pelosol) verebnete Lagen.	+	+	
11	mont. Heidelbeer-Schachtelhalm-Fi-Ta-Wald auf wechselfrischen bis wechselfeuchten, schweren Lehm- und Lettenböden (Pseudogley) verebneter Lagen.	+	+	
12	mont. Heidelbeer-Fi-Ta-Wald auf wechselfrischen, schweren Lehm- und Lettenböden (Pseudogley-Podsol) verebneter Lagen.			+
13	Es-Ah-Ul-Wald auf sickerfrischen bis sickerfreuchten, lehmigen Kies- und kiesigen Lehmböden (braune Rendzina, Rendzina-Braunerde) schluchtiger Einhänge.	+	+	+
14	Es-Ta-Wald auf grund- bis hangfeuchten Lehmböden (Hanggley) in Hangmulden und Rinnen	+	+	+
15	Bacheschenwald auf wasserzügigen (sickernassen) kiesig-sandigen Lehmböden(Gley) der Bachtälchen.	+	+	+
16	Erl-Fi-Wald auf (sandig-kiesigen) Lehmböden (Gley) in flachen Mulden mit geringem Wasserzug.	+	+	+
17	Erl-Fi-Wald auf schweren Lehmböden mit Naßhumusauflage (Anmoorgley) in flachen Mulden mit mehr oder weniger stagnierender Feuchtigkeit.	+	+	+
18	Fi-Wald auf mehr oder weniger mächtigen Naßhumusböden in Randlage der Hochmoore	(+)	+	+
19	Spirken-Hochmoore	(+)	+	+

Es muß heute offen bleiben, ob die Mehrzweck- und Allzweckgliederungen hinsichtlich der Methoden der Erfassung und Bewertung des Naturpotentials bereits ihre Grenzen erreicht haben oder weiter entwicklungsfähig sind.

Als Alternative besteht bei noch nicht vorhandener Naturraumgliederung die Möglichkeit, Untersuchung und Bewertung getrennt nach Kompartimenten oder einzelnen, für die Umweltproblematik des Raumes besonders relevanten Standortfaktoren vorzunehmen. Dies gilt z. B. für die Untersuchung der Empfindlichkeit für Belastungen.[1]

1.7 Dimensionen[2] von Landschaftsgliederungen

Werden Landschaftsräume nach den natürlichen Landschaftsfaktoren abgegrenzt, so sprechen wir von *Naturräumen.* In der *Naturräumlichen Gliederung* wird versucht, nach ihrer Landesnatur (Naturausstattung) möglichst homogene Raumeinheiten auszuscheiden. Dabei umfassen in einem hierarchischen System verschiedener Ordnungsstufen die Großeinheiten der geosphärischen Landschaftsgürtel mittlere und kleinere Einheiten wie

- naturräumliche Großregionen und
- Regionen,
- Gruppen von naturräumlichen Haupteinheiten und
- Haupteinheiten sowie
- naturräumliche Untereinheiten bis hin zu den
- naturräumlichen Grundeinheiten oder Ökotopen.

Die ökologische Homogenität des Naturraumes und die Einheitlichkeit der Struktur nimmt naturgemäß mit der Höhe der Ordnungsstufe ab.

Abb. 1 gibt die naturräumliche Gliederung mit den naturräumlichen Haupteinheiten für die Landschaftsräume vom Bördetypus (Lössbörden) in Nordwestdeutschland zwischen den Landschaftsräumen der Geest und Talsandflächen im Norden und der Mittelgebirgsschwelle im Süden wieder[3]. Abb. 13 zeigt die naturräumliche Gliederung für einen Ausschnitt der Nördlichen Oberrheinniederung im Raum Mannheim/Ludwigshafen/Heidelberg/Speyer zwischen Oden-

---

1 Ein solcher gelungener Versuch ist die Naturpotentialbewertung für den Landschaftsrahmenplan des Landkreises Peine (Langer, H. et al. 1989: Landschaftsrahmenplan Landkreis Peine).

2 Unter „Dimension" wird hier der Maßstabsbereich verstanden, bei dem gleiche inhaltliche Aussagen möglich sind und gleiche methodische Ziele verfolgt werden. Vgl. im folgenden topische, chorische, regionische und geosphärische Dimensionen.
Topos (griechisch) = Ort, Choros (griechisch) = Raum, Chore = ökologisch homogener Landschaftsraum.
Topische Dimension: 1:5 000, 1:25 000 (Große Maßstäbe)
Chorische Dimension: 1:100 000, 1:250 000 (Mittlere Maßstäbe)

3 Geographische Landesaufnahme – Naturräumliche Gliederung Blatt Hannover (1959), Blatt Braunschweig (1962).

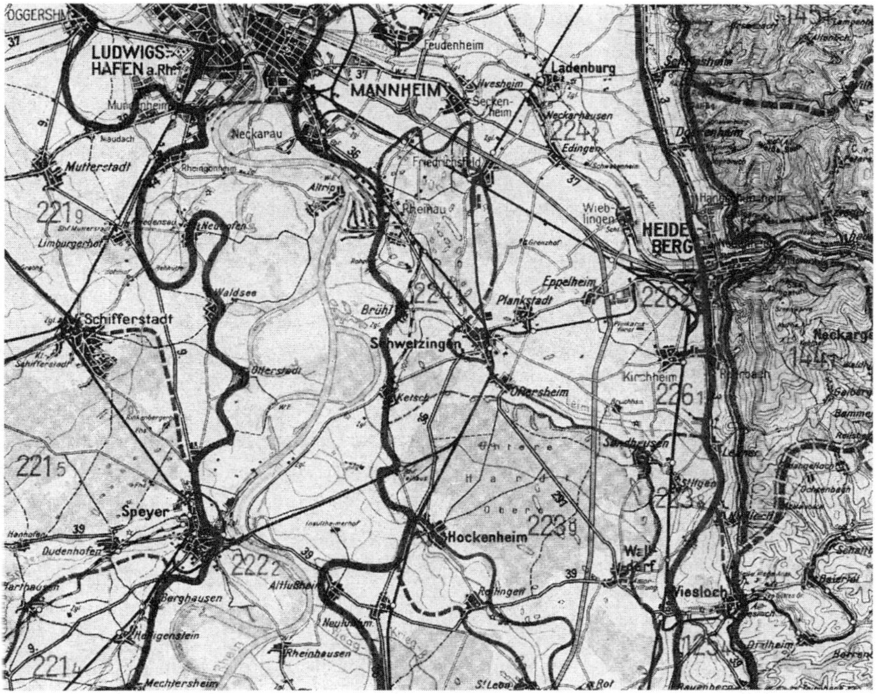

Abb. 13: Naturräumliche Gliederung 1:200 000, Blatt 161, Karlsruhe, Nord-Westteil. Bearbeiter: J. Schmithüsen, 1952/53.

Haupt- und Untereinheiten

221. *Vorderpfälzisches Tiefland*
221.3 Queichschwemmkegel
221.4 Schwegenheimer Lößplatte
221.5 Speyerbachschwemmkegel
221.9 Frankenthaler Terrasse

222. *Nördliche Oberrheinniederung*
222.1 Mannheimer-Oppenheimer Rheinniederung
222.2 Speyerer Rheinniederung

223. *Hardtebenen*
223.6 Lüsshardt
223.7 Kraichniederung
223.8 St. Ilgener Niederung
223.9 Hockenheimer Hardt

224. *Neckar-Rheinebene*
224.1 Schwetzinger Sand
224.2 Neckarschwemmkegel

226. *Bergstraße*
226.1 Gaisbergfuß
226.2 Heidelberger Taltrichter
226.3 Weinheimer Bergstraße

125. *Kraichgau*
125.15 Eichelbergvorland
125.18 Angelbachgäu
125.41 Rauenberger Bucht
125.42 Letzenberg
125.43 Rettigheimer Bucht

144. *Sandstein-Odenwald*
144.1 Westlicher Kleiner Odenwald
144.3 Odenwald-Neckartal
144.6 Zeitalter Sandstein-Odenwald

145. *Vorderer Odenwald*
145.1 Südlicher Grundgebirgs-Odenwald

wald und Kraichgau im Osten und dem Vorderpfälzischen Tiefland im Westen. Die Gliederung erfolgt bis zu den naturräumlichen Untereinheiten[1].

Ordnungsstufen und Einheiten der Naturräumlichen Gliederung[2]

– *Naturräumliche Grundeinheiten:* Die kleinste natur- oder landschaftsräumliche Einheit, die noch „geographisch relevant“, d. h. noch von landschaftlicher und zugleich von planerischer Bedeutung ist, wird *Ökotop* genannt.[3] Darunter verstehen wir den von einem Ökosystem erfüllten konkreten Raum. Er ist die landschafts- bzw. *naturräumliche Grundeinheit* (vgl. Abschnitt 1.4 *Landschaft als System*).

Im Gelände treten die Ökotope zunächst durch das dominierende Medium des Lebensraumes (terrestrische, semiterrestrische, limnische, marine Ökosysteme)[4], durch ihre charakteristische Anordnung im Gelände, Bodentyp, Bodenwasserhaushalt und die Lebensgemeinschaft, insbesondere die Vegetation, hervor. Beispiele für Ökotope sind in der naturräumlichen Gliederung, Blatt Karlsruhe (Abb. 13): Quellmulden und Bachläufe der Odenwaldtäler, offene Wasserkörper sowie Röhrichtgürtel der Altrheine, der Wasserkörper des Rheins, die Weich- und Hartholzaue der Rheinniederung, die Dünenzüge und Schotterflächen der Niederterrasse u. a.

Die bei der Kartierung der Ökotope benutzbaren Maßstäbe reichen von 1:5 000 bis zu 1:25 000. Damit ist auch die untere Grenze der zu erfassenden, noch planungsrelevanten Einheiten gegeben. Diese Grundeinheiten bilden die *topische Dimension* der naturräumlichen Gliederung.

Mehrere solcher Grundeinheiten in bestimmter Anordnung bilden ein naturräumliches Gefüge *(Ökotopgefüge). Landschaftsräume sind also Gefüge von Ökotopen und durch diese charakterisiert.*

– *Naturräumliche Untereinheiten* sind homogene Bereiche von Ökotopgefügen. Sie bestehen in der Regel aus wenigen, für die Einheit typischen Ökotopen in bestimmter Anordnung. Gegen benachbarte Untereinheiten wird die Abgrenzung dort vorgenommen, wo sich das Gefüge durch Wegfall einiger Ökotope und Auftreten neuer ändert. Beispiele naturräumlicher Untereinheiten sind im Falle der Abb. 13 die Mannheim-Oppenheimer und die Speyerer Rheinniederung (Einheiten 222.1, 222.2) oder der Neckarschwemmkegel (Einheit 224.2) zwischen Heidelberg und Ladenburg. Die natur-

1 Geographische Landesaufnahme – Naturräumliche Gliederung Blatt Karlsruhe (1952/3).
2 Darstellung in Anlehnung an Klink (1970) in Handwörterbuch der Raumforschung und Raumordnung II, p. 2047 ff.
3 Dieser konkreten räumlich-ökologischen Grundeinheit entspricht als qualitativ-funktionelle Einheit das Ökosystem. Paffen (1948) nennt diese landschaftliche Grundeinheit „Landschaftszelle“.
4 hier: Durchlüftete Böden, Naßböden, Süßwasser, Salzwasser als Medien.

räumlichen Untereinheiten entsprechen den *„Mikrochoren"* nach *Neef* (1963).

Die bei der Kartierung benutzbaren Maßstäbe reichen von 1:100 000 bis 1:250 000.

- *Naturräumliche Haupteinheiten* sind aus mehreren Untereinheiten mit oft unterschiedlichen Ökotopgefügen zusammengesetzt. Aufgrund der Lagebeziehungen der Untereinheiten, ihrer Landschaftsgenese und der ökologischen Verwandtschaft bilden sie eine naturräumliche Einheit. Beispiel einer Haupteinheit ist die nördliche Oberrheinniederung (22.2), d. h. die Stromaue des Rheins mit den Altläufen (Abb. 13). Die beiden Untereinheiten folgen in Stromrichtung aufeinander. Die naturräumlichen Haupteinheiten entsprechen den *„Mesochoren"* nach *Neef* (1963).

Die bei der Kartierung von Haupteinheiten benutzbaren Maßstäbe reichen von 1:200 000 bis 1:500 000.

- *Gruppen von naturräumlichen Haupteinheiten:* Sie werden von räumlich miteinander verbundenen Haupteinheiten gebildet, die durch entscheidende gemeinsame Geofaktoren charakterisiert sind. Solche können tektonisch-orographischer oder auch klimatischer Art sein. Gruppen naturräumlicher Haupteinheiten sind z. B. die deutschen Mittelgebirge wie Harz, Bayerischer und Oberpfälzer Wald, der Schwarzwald und die großen, ins Mittelgebirge eingreifenden Gräben und Tieflandsbuchten, wie der Oberrheingraben, die Niederrheinische Bucht oder das Thüringer Becken mit seinen Randplatten. Ökologische Differenzierungen, die sich aus der feineren Gliederung des Reliefs, der Bodenbeschaffenheit und -feuchte oder dem Mesoklima ergeben, treten in dieser Ordnungsstufe bereits zugunsten der großräumigen Formen und Strukturen des Geländes zurück. Die Gruppen von naturräumlichen Einheiten entsprechen den *„Makrochoren"* nach *Neef* (1963).
- *Naturräumliche Regionen* sind von großräumigen Bautypen des Reliefs und Klimaräumen innerhalb der Klimazonen der Erde geprägt.
- *Naturräumliche Großregionen* Mitteleuropas sind das nordmitteleuropäische Flachland, das Mittelgebirge, das Alpenvorland und die Alpen. Die gürtelförmig angeordneten Großregionen zeigen mit zunehmender Entfernung von der Westküste Europas eine Quergliederung, die klimatisch, in den Bodentypen und Pflanzenformationen deutlich wird.

Die bei der Kartierung benutzbaren Maßstäbe reichen von 1:500 000 bis 1:25 000 000.

- Die *naturräumlichen Regionen* stellen eine Untergliederung nach landschaftsökologischen Gesichtspunkten dar. So ist das nordmitteleuropäische Flachland in die Marschenküste, das Jungmoränenhügelland, das Urstromtä-

ler- und Plattenland im Altmoränengebiet und den Gürtel der Lößbörden vor der Mittelgebirgsschwelle gegliedert.
- Größte naturräumliche Einheiten sind die zonal angeordneten *Landschaftsgürtel* der Erde. Sie werden in den klimatisch bedingten Vegetationsgürteln der tropischen Regenwälder, Savannen, Steppen und Wüsten über die mediterrane Zone und die nordhemisphärisch gemäßigten Mittelgürtel mit der eurasiatischen Laub-Nadelwald-Zone bis hin zu den Polkappen deutlich.[1]

Bisherige Entwicklung der naturräumlichen Gliederung. Heutige Weiterentwicklung in der topischen und chorischen Dimension

Die Naturräumliche Gliederung ging in der Entwicklungsphase der 40er bis 60er Jahre von den physiognomisch im Gelände leicht erfaßbaren Landschaftsstrukturen wie Relief, Höhen, Gewässernetz und Vegetation sowie von den in vorhandenen Kartenwerken verfügbaren Daten über geologisches Ausgangsgestein, Bodenart und -typ sowie Klima aus.

Die Problematik der Naturräumlichen Gliederung lag darin begründet, daß sich die Methodik zu sehr auf die Ausweisung von Grenzen der Raumeinheiten konzentrierte, die in der landschaftlichen Realität vielfach mehr oder weniger breite Übergangsbereiche, „ökologische Säume" darstellen. Bei den Inhalten standen vorwiegend statische Merkmale im Vordergrund. Funktionell-ökologische und Leistungsaspekte wurden so nicht oder nur bedingt erfaßt[2] (Abb. 14). Die „Verlängerung" dieser Methode von kleinen und mittleren Maßstäben in große und größte Maßstäbe (d. h. in die untere chorische und die topische Dimension) führte nicht zu wirklichen landschaftsökologischen Grundeinheiten. Die so – *deduktiv* – erhaltenen Landschaftseinheiten sind nicht Räume homogener Stoff- und Energiehaushalte.

Es kommt vielmehr darauf an, „von unten", d. h. induktiv aufbauend, zunächst die ökologischen Grundeinheiten (Ökotope) zu erfassen und für diese die landschaftsökologischen Hauptmerkmale Boden, Bodenwasserhaushalt, Gewässerqualität, Geländeklima und reale wie potentiell natürliche Vegetation zu untersuchen sowie die Umsätze und Flüsse an Stoffen und Energien zu bilanzieren (Abb. 15, 16).

Können die hierfür nötigen Daten nicht in eigenen Bestandsaufnahmen erfaßt werden, so steht aus den forstlichen und landwirtschaftlichen Standortskartierungen sowie den gewässerkundlichen Untersuchungen ein in der Regel für erste Bewertungen ausreichendes Material zur Verfügung. Nur diese Erfassung der

1 Vgl. hierzu Walter, 1976.
2 Vgl. hierzu wie im folgenden Leser (1991), S. 211 f. Die folgende Kritik gilt für das Handbuch der Naturräumlichen Gliederung (1952) wie die „Geographische Landesaufnahme 1:200 000 – Naturräumliche Gliederung Deutschlands" – Bundesanstalt für Landeskunde.

naturräumlichen Grundeinheiten (topische Dimension) erlaubt eine Beurteilung von Nutzungseignungen wie der Empfindlichkeit für Belastungen und damit brauchbare Aussagen für Landschaftsplanung und Fachplanungen.[1]

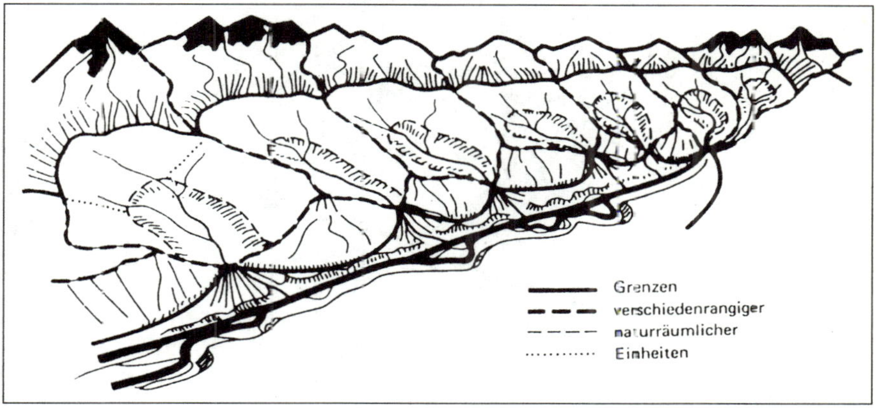

Abb. 14: Naturräumliche Gliederung des in den Abb. 15 und 16 in seinen chorischen und topischen Dimensionen näher untersuchten Alpentales. (Nach Leser, 1991)

Kriterien und Grundsätze für das Konzept einer Naturraumkartierung

Im Hinblick auf die im BNatSchG §§ 1, 2 gesetzten Ziele eines umfassenden Natur- und Umweltschutzes ergeben sich

- bei der Nutzung und beim Schutz des Naturraumpotentials (natürliche Ressourcen),
- beim Arten- und Biotopschutz sowie
- bei der Erhaltung eines ästhetisch wertvollen Landschaftsbildes (Erlebniswert)

folgende Kriterien für das Konzept einer Naturraumkartierung, also einer Erfassung des Naturpotentials von Landschaftsräumen:[2]

- Eine Naturraumkarte muß eine ausreichend detaillierte, nach objektiv zu ermittelnden Merkmalen gekennzeichnete und weitgehend reproduzierbare Inventur der Naturraumeigenschaften, d. h. der Ausstattung, der Arealstruktur und der Funktionsweise von Naturräumen vermitteln.

1 Zur Methodik der neueren geoökologischen Arbeiten zur Naturraumgliederung als Planungsgrundlage vgl. Haase, 1967, 1988, 1991; Leser und Klink, 1988 (KaGÖK 25); Leser, 1991; Kopp, Jäger, Succow, 1982; Succow, 1982; Kopp und Succow, 1991 sowie den folgenden Beitrag von Kopp/Succow.

2 Zitiert nach Haase, 1991, S. 924.

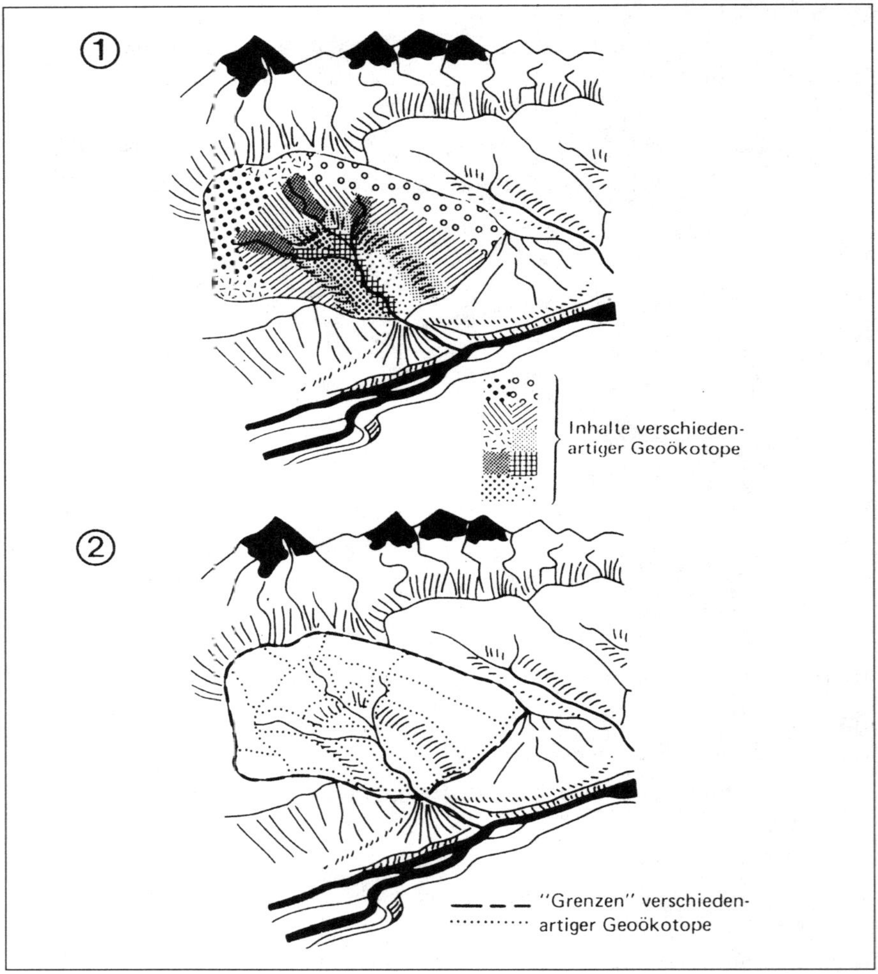

Abb. 15: Gefüge der Ökotope des Seitentals eines Hochgebirgstales als landschaftlicher Grundeinheiten (topische Dimension)
① Die Inhalte der verschiedenartigen Ökotope sind durch Signaturen dargestellt.
② „Grenzen" der Ökotope. Wegen der oft fließenden Übergänge haben Grenzlinien nur orientierenden Charakter.
Diese Abbildung ist ein Ausschnitt aus der Karte der naturräumlichen Gliederung des Alpentales (Abb. 14).
(Nach Leser, 1991).

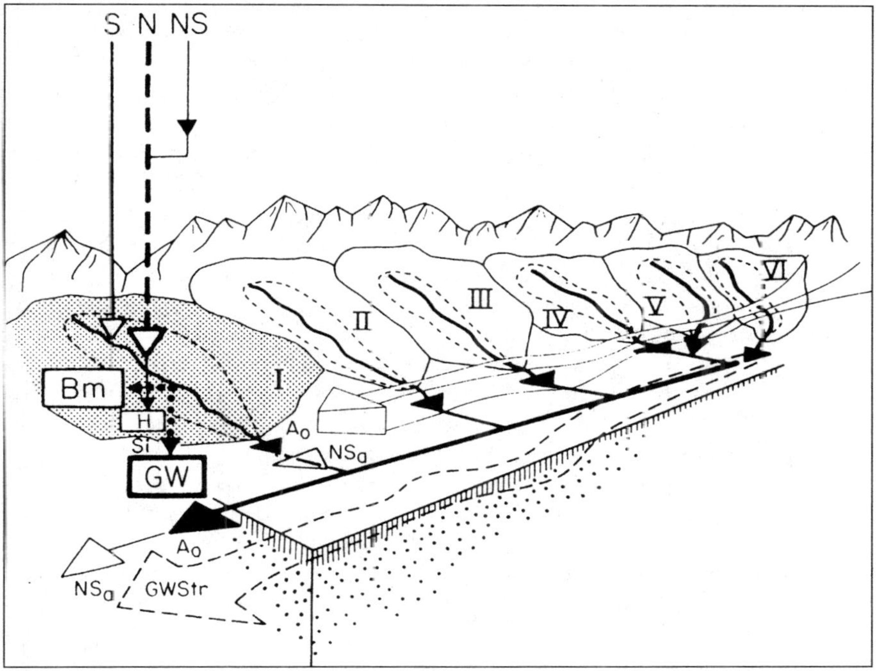

Abb. 16: Gegenseitige Beeinflussung von Landschaftsräumen
Landschaftsräume von Seitentälern (I–VI) eines Hochgebirgstales bilden zusammen mit dem Haupttal (VII) als landschaftliche Grundeinheiten (topische Dimension) eine Talschaft (chorische Dimension).
Die Talschaft ist ein Gefüge der landschaftlichen Grundeinheiten. Deren Haushalt wird gekennzeichnet durch den Oberflächenabfluß (Ao) in den Teileinzugsgebieten, die produzierte Biomasse (Bm), das Grundwasserdargebot (GW), Humus und tote organische Substanz (H), Niederschlag (N), Nährstoffeintrag auf dem Luftweg wie über den Niederschlag (NS), den Nährstoffeintrag durch die Seitenbäche (NSa), die Strahlung (S) und die Sickerung (S).
Prozesse der Gesamttalschaft (spezielle chorische Prozesse) sind der Talwind (blockartiger weißer Pfeil), der Grundwasserstrom in den Schottern des Haupttales (GWStr) sowie der Oberflächenabfluß (Ao Haupttal) einschließlich der Stoffrachten (NSa Haupttal). Die Gesamtheit der Haushaltsprozesse in der Talschaft (chorisch) basiert auf den Prozessen der landschaftlichen Grundeinheiten. Deren Gefüge ist in Abb. 15 dargestellt.
(Nach Leser, 1991).

- In der Naturraumkarte sind solche Merkmale der Naturraumstruktur hervorzuheben, *die das Systemverhalten des Naturraumes bei der Nutzung sowie bei (technischen) Eingriffen und (naturbedingten sowie technisch verursachten) Störungen einzuschätzen erlauben.*
- Aus Naturraumkarten sollen weitgehend die Konsequenzen abzuleiten sein, die sich aus der Entscheidung für eine (Haupt-)Nutzung gegenüber anderen Nutzungsformen ergeben, sowie *auf Rückwirkungen, die sich aus den Naturbedingungen auf beabsichtigte (geplante) Nutzungen einstellen können.* Naturraumkarten sollten deshalb auf Erscheinungen hinweisen, die *sich aus zeitlichen Folge-, kumulativen Summen- und unbeabsichtigten (zeitlichen und räumlichen) Nebenwirkungen im Naturraum und auf die Funktionsweise von Nutzungsprozessen* ergeben können.
- Eine Naturraumkarte muß – neben der *Orientierung auf das Gesamtsystem „Naturraum"* – auch zuverlässige *Aussagen über einzelne Teilstrukturen* (Geokomponenten, Kompartimente, Geo- und Ökofaktoren) vermitteln. Dabei sollten sowohl deren Einbindung in die Gesamtstruktur des Naturraumes als auch die Konsequenzen aus einer selektiven Nutzung der Teile und deren Folgewirkungen im Natursystem dargelegt werden. Damit wird die Beziehung der komplexen Naturraumkartierung zu den auf einzelne Teilstrukturen (Geokomponenten) ausgerichteten Kartierungen[1] deutlich gemacht."

1 Boden, Gewässergüte, Geländeklima u. a.

Inhalt und Dokumentation einer mittelmaßstäbigen Naturraumkarte lassen sich zweckmäßig in drei Teilen darstellen:[1]

1 Zitiert nach Haase, 1991, S. 924.

„1. *Naturwissenschaftliche Basiskarte:*[1] Sie dient der Abbildung von Naturraumstrukturen und deren Eigenschaften nach naturwissenschaftlichen Grundsätzen, wobei die Auswahl der Kriterien und Merkmale die spätere Interpretierung der Kartierungseinheiten nach Nutzungsanforderungen zu berücksichtigen hat.
Die Kartierungseinheiten stellen korrelative Merkmalskombinationen mehrerer Kompartimente (Komponenten) *des Naturraumes und ihrer Merkmale dar, sind also nach ihrem Inhalt Naturraum-Typen.* Die Aufgliederung der Typen in die einzelnen Merkmale und ihre Parameter muß durch geeignete Dokumentation und Darstellungsformen der Karte und in Legendenkatalogen[2] vorgenommen werden.
2. *Ergänzungskarten und -materialien:* Sie enthalten weitere Angaben zu naturräumlichen oder nutzungsstrukturellen Merkmalen sowie zu Elemen-

ten der landeskulturellen Infrastruktur, die in der Basiskarte, die als eine naturräumliche Komplexkarte konzipiert ist, nicht untergebracht werden können, aber für die Interpretationsanforderungen benötigt werden.

3. *Serie von Auswerte- und Interpretationsmaterialien, z. T. auch Auswerte- und Interpretationskarten:* Sie dienen der *Überleitung der Ergebnisse der Naturraumerkundung in die Volkswirtschaft und weitere Nutzungsbereiche.* Dafür sind insbesondere nutzungsfreundliche Formen der Ergebnisdarstellung anzuwenden. Die Auswerte- und Interpretationsmaterialien enthalten z. B. Aussagen über das Leistungsvermögen des Naturraumes, Belastungsgrade und Belastbarkeit, über Stabilitätseigenschaften und deren Persistenz, über korrespondierende oder neutrale Mehrfachnutzungen, über Störungen aus konkurrierenden Nutzungsformen, über die Verfügbarkeit von Nutzungsarealen, über noch ausschöpfbare natürliche Ressourcen u. a. Die Auswerte- und Interpretationsmaterialien können auf der Grundlage der naturwissenschaftlichen Basiskarte und ihrer Ergänzungen ständig neuen Anforderungen und Interpretationszielen angepaßt werden."

1 Zitiert nach Haase, 1991, S. 924.

2 Vgl. hierzu den folgenden Beitrag von Kopp/Succow: Groß- und mittelmaßstäbige Naturraumkarten als Grundlage für eine ökologiegerechte Landnutzung.

3 Boden, Gestein, Relief, Wasser, Klima, Vegetation.

Kartierungsanleitungen

Als Anleitung für die Durchführung der Kartierung von Naturraumtypen in *großen* Maßstäben liegt vor:

Leser, H. u. H. J. Klink (1988): Handbuch und Kartieranleitung Geoökologische Karte 1:25 000 (Forschungen zur deutschen Landeskunde 228) Trier, 1988.

Als Anleitung für die Durchführung der Kartierung von Naturraumtypen in *mittleren* Maßstäben liegt vor:

Haase, G., Diemann, R., K. Mannfeld u. H. Schlüter (1985): Richtlinien für die Bildung und Kennzeichnung der Kartierungseinheiten der „Naturraumtypenkarte der DDR im mittleren Maßstab (Wiss. Institut f. Geographie und Geoökologie der Akademie der Wissenschaften, Sonderheft 3) Leipzig 1985.

Kopp, D., Jäger, K. D. u. M. Succow (1982): Naturräumliche Grundlagen der Landnutzung, Berlin 1982 (erscheint in Kürze in überarbeiteter Form).

Einen Überblick über die Gliederung nach Naturraumtypen im Raum der ehem. DDR im *kleinen* Maßstab geben:

Barsch, H. u. H. Richter (1985): Naturraumtypen 1:750 000, in: Atlas der DDR, Hrsg. Akademie der Wissenschaften der DDR in Zusammenarbeit mit dem VEB Hermann Haack, Gotha-Leipzig 1985, Blatt 17.

Hans Langer

2. Erfassung und Bewertung von Natur und Landschaft – Methodische Ansätze und Beispiele

2.1 Landschaftsplanung als Umweltvorsorgeplanung

2.1.1 Gedanklicher Ansatz

Die Begriffe Ökologie und Umwelt unterlagen im Laufe der letzten Jahrzehnte einem starken Wandel. Heute besteht weitgehend Einigkeit darüber, daß den zentralen Interessensgegenstand der Ökologie alle Systeme bilden, die inhaltlich durch Leben-Umwelt-Zusammenhänge bestimmt werden.

Für den planerischen Bezugsrahmen ist insbesondere der Erklärungsansatz zur Ökologie der räumlichen Umwelt des Menschen von Bedeutung:

- Die reale räumliche Umwelt ist ein materielles System, in dem zwei scheinbar gegenläufige Organisations- und Ordnungsprinzipien Funktion und Struktur bestimmen – die natürliche Selbstorganisation und die menschorganisierte Ordnung.
- Der Mensch selbst ist materiell wie immateriell von der Leistungsfähigkeit der räumlichen Umwelt abhängig, die er deshalb in seinem Sinne zu beeinflussen und zu gestalten sucht. Zugleich ist die räumliche Umwelt aber ebenso existentielle Bedingung für nicht-menschliches Leben.
- Die reale räumliche Umwelt entspricht dabei einem Komplex ökologischer Strukturen, die sich inzwischen infolge der menschlichen Beanspruchung durch eine weitgehende Über- und Umformung sowie durch Instabilität und Ungleichgewichte hinsichtlich der menschlichen und nicht-menschlichen Lebensvoraussetzungen auszeichnen.
- Die zentrale Rolle verdankt der Mensch (als Individuum und Gesellschaft) seiner Fähigkeit zu bewußtem Handeln. Somit ist er aber auch verantwortlich für den Zustand wie für die Entwicklung der räumlichen Umwelt. Verantwortliches Denken und Handeln muß deshalb Eigenwert, Sensitivität und Leistungsfähigkeit der natürlichen Grundlagen voll mit einbeziehen.

Die Landschaftsplanung setzt bei diesen Überlegungen an. Dabei muß ihr heute eine zentrale Bedeutung bei der Umweltvorsorge und Umweltentwicklung innerhalb der räumlichen Planung zugesprochen werden. Ihre Aufgabe besteht darin, im räumlichen Zusammenhang und auf allen Planungsebenen bestehende sowie beabsichtigte Raumnutzungen und Eingriffe auf ihre Verträglichkeit mit der nachhaltigen Leistungsfähigkeit und Bedeutung der Naturgüter und der landschaftlichen Eigenart zu überprüfen und daraus Vorstellungen zum Schutz, zur Sanierung und zur Gestaltung zu entwickeln. Ihr Planungsansatz ist querschnittsorientiert und alle Medien umfassend angelegt. Durch ihren gutachterlichen Charakter ist sie auf Kooperation ausgerichtet, um ihren Beitrag zur Strukturierung und Festlegung umweltschonender Planungsentscheidungen zu leisten.

2.1.2 Methodenkonzepte

Die Diskussion zur praktischen Ausgestaltung der Landschaftsplanung verläuft auf sehr unterschiedlichen Ebenen. Eine der grundlegenden Fragen bleibt jedoch die Wahl der Methode zur Erfassung und Bewertung von Natur und Landschaft. Die entscheidenden Unterschiede in der Vorgehensweise spiegeln dabei folgende methodische Grundkonzepte wider:

- Wirkungsanalyse
- Strukturtypisierung
- Eignungsbewertung.

Methodische Ansätze auf der Grundlage des Konzeptes der **Wirkungsanalyse** (vgl. Bachfischer, 1978) richten ihr Interesse auf die Wirkungszusammenhänge zwischen den einzelnen Naturgütern und den Nutzungsansprüchen in einem Planungsraum (vgl. Forschungsgruppe Trent, 1973; Kiemstedt, 1979; Scharpf, 1982 u. a.) und umfassen Vorgehensweisen zur Bestimmung und Bewertung ökologischer Potentiale, von Betroffenheiten und Risiken bzw. Konflikten. Es handelt sich um Methoden, mit deren Hilfe sich die räumliche Ausprägung der einzelnen Natur- und Landschaftspotentiale, die darauf bezogenen Auswirkungen aktueller und/oder beabsichtigter Raumnutzungen sowie die dadurch erforderliche Schutz- und Sanierungsbedürftigkeit ermitteln und beurteilen lassen.

Das Konzept der **Strukturtypisierung** geht von den realen Raumnutzungen und Raumfunktionen aus und verwendet dafür geeignete Strukturmerkmale gleichzeitig als Indikatoren zur ökologischen Einschätzung. Strukturtypen in diesem Sinne beziehen sich gleichsam auf den ökologischen „Phänotyp der Landschaft“ (vgl. Amann u. Stehle, 1992). Sie entsprechen Raumeinheiten, denen aufgrund ihrer nutzungsbedingten Merkmale eine jeweils damit verbundene ökologische Qualität zugesprochen wird (vgl. Hage, Hoppenstedt u. Schemel, 1990). Die Überlegungen setzen an der Theorie der differenzierten Bodennutzung an (vgl. Odum, 1969; Haber, 1971, 1972; Schemel, 1975; Hampicke, 1977 u. a.) und zielen sowohl auf die ökologische Interpretation des Flächennutzungsmusters als auch auf seine Optimierung und Stabilisierung durch räumliche Ordnung.

Methodische Ansätze zur naturräumlichen **Eignungsbewertung** fragen nach der Ausstattung eines Gebietes mit Naturräumen, nach deren Ausprägung und der darin begründeten ökologischen Eignung für Nutzungen und andere Raumfunktionen (vgl. Haase, 1968, 1991; Spengler, 1973; Schmidt, 1975; Kopp, Jäger u. Succow, 1982; Kopp u. Succow, 1988). Vom Konzept Naturraum ausgehend, dem gleichsam ökologischen Genotyp der Landschaft, wird auf der Grundlage der naturräumlichen Gliederung (vgl. Leser u. Klink, 1988) eines Gebietes „die ökologische Funktionstüchtigkeit der Naturraumareale" ermittelt und ihre „zweigbezogene Nutzungsinterpretation" (Kopp u. Succow, 1991) für flächenbeanspruchende und flächenüberlagernde Nutzungen vorgenommen. Das Ergebnis sind flächendeckende komplexe Naturraumkarten, die als zusammenfassende Informationsträger für raumplanerische Entscheidungen verstanden werden. Über Bedeutung und Vorgehensweise informiert der folgende Beitrag von Kopp und Succow.

Doch das Problem besteht weniger in der Frage, welches Grundkonzept oder welcher konkrete methodische Ansatz besser ist. Denn von der in allen Fällen immer noch notwendigen Verbesserung abgesehen, wird die Wahl der Methode letztlich vom Zweck bestimmt. Das eigentliche Problem liegt vielmehr in der Neigung der institutionalisierten Planung zu standardisieren, d. h. in der damit verbundenen Gefahr, die methodische Vielfalt und Flexibilität und folglich auch die Inhalte einzuengen.

2.2 Risiko- bzw. konfliktanalytischer Ansatz

2.2.1 Methodenverständnis

Vor dem Hintergrund einer noch immer zunehmenden Intensivierung und Überlagerung von Raumnutzungen und Raumfunktionen sowie der damit zusammenhängenden Verdichtung ökologischer Probleme erlangen Methoden zur Bestimmung und Beurteilung solcher Situationen für die räumliche Planung besondere Bedeutung.

In der Methodendiskussion gibt es dafür u. a. die Bezeichnungen Wirkungsanalyse und ökologische Risiko- bzw. Konfliktanalyse. Sie werden sowohl in gleicher als auch in unterschiedlicher Bedeutung gebraucht. Doch aufgrund ihrer methodischen Gemeinsamkeiten – dem Grundsatz des Ursache-Wirkung-Zusammenhanges und dem Grundsatz des operationalen Denkens – verdeutlichen die Bezeichnungen letztlich nur zwei Konkretisierungsstufen:

- Wirkungsanalyse steht für das methodische Grundkonzept und
- ökologische Risiko- bzw. Konfliktanalyse bezeichnet eine planungspraktische Ausprägung.

Risiko- und Konfliktanalyse selbst sind synonyme Begriffe, die sich bestenfalls im zeitlichen Bezug unterscheiden.

Der **methodische Grundansatz Wirkungsanalyse** zielt darauf, Teilsysteme der räumlichen Umwelt in ihrer aktuellen Ausprägung und hinsichtlich beabsichtigter bzw. zu erwartender Veränderungen zu beschreiben und zu beurteilen (vgl. Bechmann, 1981; Scharpf, 1982). Die Verknüpfung der damit angesprochenen Erkenntnis- und Zeitebenen ergibt die in Abb. 17 dargestellte Grundstruktur der Wirkungsanalyse.

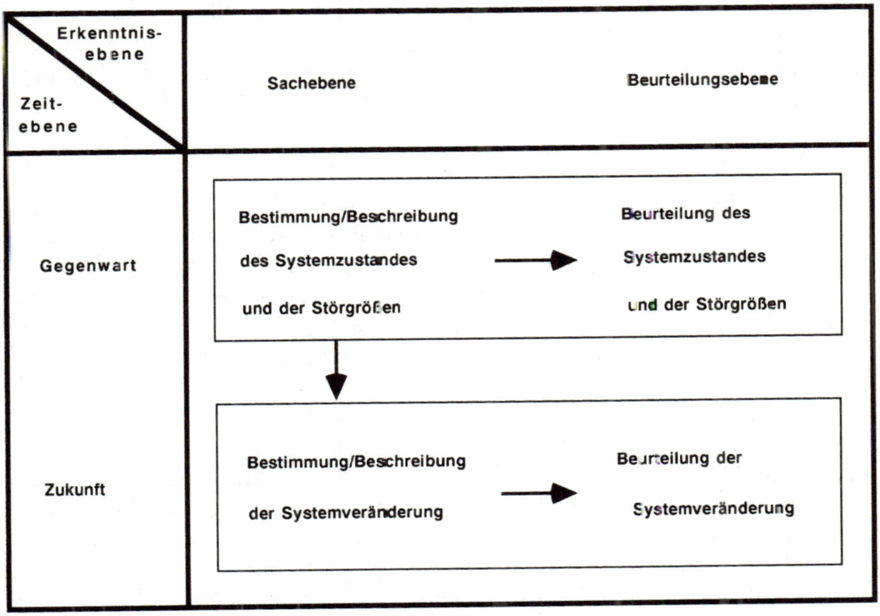

Abb. 17: Grundstruktur der Wirkungsanalyse.

Bei der planungspraktischen Umsetzung als ökologische Risiko- bzw. Konfliktanalyse liegt das eigentliche Problem in der hohen Komplexität ökologischer Systeme. Diese sind nur unvollständig beschreibbar, und Folgezustände entwickeln sich keineswegs nach deterministischen Gesetzmäßigkeiten (vgl. Meise u. Vohlwasen, 1980). In der praktischen Ausgestaltung handelt es sich deshalb um ein qualitatives, sogenanntes weiches Verfahren, mit dessen Hilfe aktuelle oder voraussichtliche Ursachen sowie deren Wirkungen systematisiert und wahrscheinliche Folgen und Entwicklungen eingegrenzt werden.

Die **ökologische Risiko- bzw. Konfliktanalyse** ist eine operationalisierte Form der Wirkungsanalyse im Kontext der räumlichen Umwelt (vgl. Bachfischer, 1978). Sie wird in naturschutzfachlichen Planungen angewandt, für die als Auftrag die nachhaltige Sicherung der Leistungsfähigkeit des Naturhaushaltes und der landschaftlichen Ausprägung im Vordergrund steht. Sie ist Bestandteil von Landschaftsplanungen auf allen Ebenen (vgl. Planungsgruppe Ökologie + Umwelt, 1988), sowohl bei solchen mit gesamträumlichem Bezug als auch bei Umweltverträglichkeitsstudien für unterschiedliche Eingriffsplanungen (vgl. Planungsgruppe Ökologie + Umwelt 1991, a, b).

Im vorliegenden Fall wird die Anwendung am Beispiel des aktuellen Zustands von Natur und Landschaft als Teil einer Umweltverträglichkeitsstudie für eine Ortsumgehung veranschaulicht (Planungsgruppe Ökologie + Umwelt Süd, 1991). In den Tabellen zur Operationalisierung der einzelnen Potentiale wird zugleich die oft unzureichende Datenlage deutlich.

2.2.2 Methodenstruktur

Entscheidende Rahmenbedingungen für die Struktur der ökologischen Risiko- bzw. Konfliktanalyse bilden zum einen der den naturschutzfachlichen Planungen zugewiesene Auftrag, zum anderen die Tatsache, daß Naturhaushalt und landschaftliche Ausprägung ein komplexes System darstellen, das nicht annähernd vollständig zu erfassen ist und dem sich lediglich über Teilsysteme genähert werden kann. Demnach ist auch die Leistungsfähigkeit von Natur und Landschaft nur sektoral als Teilleistungen über die einzelnen Natur- und Landschaftspotentiale im Zusammenhang mit den jeweiligen Raumnutzungen bzw. Eingriffen ermittelbar. Die Erfassung und Beurteilung von Natur und Landschaft erfolgt daher getrennt nach den Schutzgütern Boden, Wasser, Klima/Luft, Arten und Lebensgemeinschaften sowie landschaftliche Eigenart. Dabei wird von einem Wirkungs- und Indikatorenmodell ausgegangen, das sich auf den Zusammenhang Raumnutzung-Einwirkung-Schutzgut-Auswirkung bezieht und auf die Indikatoren, über die dieser Zusammenhang hergestellt, beschrieben und beurteilt werden kann.

Den Beurteilungshintergrund bilden die allgemeine Zielsetzung von Naturschutz und Landschaftspflege und die für die einzelnen Schutzgüter davon abgeleiteten Handlungsziele (vgl. Abb. 18). Zusammen mit der jeweiligen Planungsaufgabe, d. h. den entsprechenden ökologischen Problemfeldern in Abhängigkeit von Planungsebene und Planungsart, ergeben sich dann daraus die inhaltlichen, räumlichen, maßstäblichen und zeitlichen Anforderungen an die notwendigen Daten und Informationen.

Dieser Sichtungsrahmen bestimmt im jeweiligen Fall die zu untersuchenden Schutzgüter und Raumnutzungen, die zur Beschreibung und Beurteilung der Wirkungszusammenhänge benötigten Indikatoren und die hierfür nach Art und Detaillierungsgrad erforderlichen Daten und Informationen. Im Vergleich mit den verfügbaren Daten und Informationen läßt sich dann deren Verwendbarkeit bestimmen, für welche Sachbezüge Daten und Informationen vorhanden sind

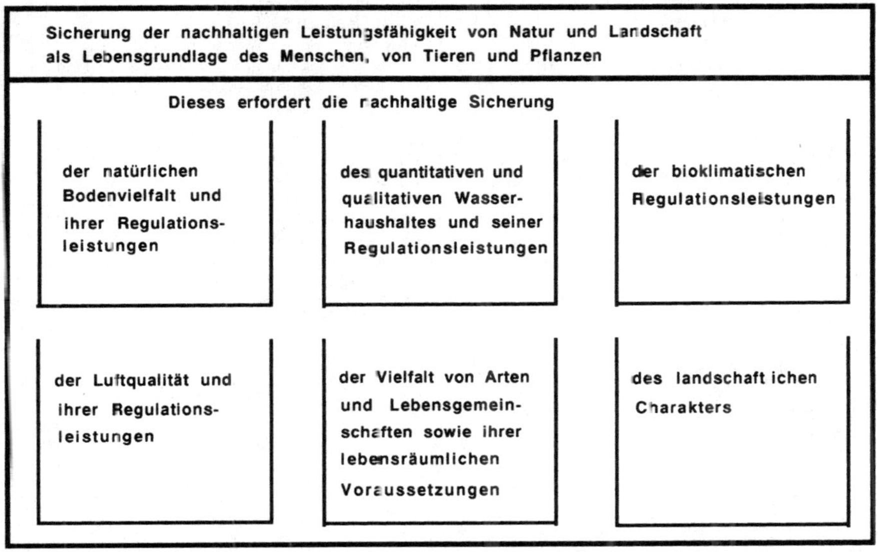

Abb. 18: Zielsetzung von Naturschutz und Landschaftspflege.

oder fehlen, ergänzt werden müssen oder nicht ergänzt werden können. In Abb. 19 ist die Datensituation dargestellt, wie sie bei einer Umweltverträglichkeitsstudie zunächst vorgefunden wurde.

Bei der ökologischen Risiko- bzw. Konfliktanalyse als Methode zur Beurteilung des vorhandenen und/oder zu erwartenden Zustandes von Natur und Landschaft wird dazu folgende Vorgehensweise unterschieden:

- Ermittlung und Beurteilung der für die einzelnen Schutzgüter (die Naturgüter und die landschaftliche Eigenart) bezeichnenden Eigenschaften (Funktionen und Merkmale): Für die einzelnen Naturgüter und die landschaftliche Eigenart werden die für wichtig erachteten Funktionen, die ihnen entsprechenden standörtlichen und strukturellen Indikatoren sowie ihre Empfindlichkeiten bestimmt und deren jeweilige Ausprägung beurteilt.
- Ermittlung und Beurteilung der für die jeweiligen Raumnutzungen bzw. Eingriffe bezeichnenden Nutzungs- und Einwirkungsmerkmale: Für die einzelnen Raumnutzungen bzw. Eingriffe werden die Einwirkungsfaktoren bestimmt, die als Belastungen der Leistungsfähigkeit der Schutzgüter verstanden werden, und hinsichtlich ihrer Intensität beurteilt.
- Beurteilung der Leistungsfähigkeit und Bedeutung der Schutzgüter: Für die einzelnen Naturgüter und für die landschaftliche Eigenart werden durch Verknüpfung ihrer jeweiligen Funktionsmerkmale mit den Einwirkungsfaktoren

Übergeordnete Planung		**Themenbereich Klima/Luft**	
– Regionalplan	0	– Klimaatlas Baden-Württemberg	0
– Landschaftsrahmenplan	0	– örtliche Klimadaten	–
		– bioklimatische Austauschbeziehungen	0
		– Emissionskataster Schadstoffe/ örtliche Luftbelastungssituation	–
Kommunale Ebene		**Themenbereich Arten und Lebensgemeinschaften**	
– Flächennutzungsplan	+		
– Landschaftsplan	0	– Landesweite Biotopkartierung (Inselkartierung)	0
– Umweltbericht	–	– Biotopverbundplanung	0
		– Flächendeckende Nutzungs- und Biotoptypenkartierung	–
Themenbereich Boden		**Themenbereich Landschaftsbildung/ Erholung**	
– Geologische Karte	+	– Landschaftsplan	0
– Bodenkarte	–	– Fremdenverkehrsentwicklungsplan	–
– Forstliche Standortkarte	+	– Wander- und Freizeitkarte	+
	0		
Angaben zur Empfindlichkeit bzw. der vorhandenen Bodenbelastung	–		
– Bodenerosion	0		
– Bodenverdichtung	–		
– Bodenentwässerung	–		
– Bindungsverhalten von Schadstoffen/ Altlasten	0		
Themenbereich Grundwasser		**Themenbereich Kulturelles Erbe**	
– Hydrogeologische Karte	–	– Liste der Bau- und Bodendenkmäler	+
– Karte der Wasserschutzgebiete	+		
Angaben zu			
– Grundwasserflurabständen	–		
– Grundwasserneubildung	–		
– Grundwasserverschmutzungs-empfindlichkeit	–		
– vorhandene Belastungen	–		
Themenbereich Oberflächenwasser		**Informationen zu den Flächennutzungen**	
– Einzugsgebiete	–	– Flurbilanz I und II	0
– Überschwemmungsgebiete	+	– Standörtliche Eignungskarte	0
– übrige Retensionsflächen/-funktionen	–	– Forstl. Betriebseinrichtungswerk	0
– Ausbauzustand der Fließ- und Stillgewässer	–	– Waldfunktionenkarte	0
– Gewässergüte der Fließ- und Stillgewässer	–	– Waldschadensbericht	0
		– Rohstoffsicherungskarte	+
Informationen zu Wohnen/ menschliche Gesundheit		**Daten zum geplanten Vorhaben**	
		– Verkehrsgutachten/-analyse	–
– Städtebauliche Kartierung (Baubestand, Freiräume, etc.)	–	– Generalverkehrsplan	0
		– Verkehrsmengenangaben	+
– Emissionskataster Schadstoffe	–	– Technische Planung bei Trassenvarianten	+
– Emissionskataster Lärm	–	– Immissionsbereiche Lärm	+
– Humantoxikologische Informationen	–	– Immissionsbereiche Schadstoffe	–

– keine Informationen vorhanden
0 Informationsgrundlage nur bedingt verwertbar (aufgrund unzureichendem Inhalts-, Maßstabs-, Raum- oder Zeitbezugs)
\+ Informationsgrundlage verwertbar

Abb. 19: Beispiel einer Datensituation für eine Umweltverträglichkeitsstudie zu einer Ortsumgehung (Planungsgruppe Ökologie + Umwelt Süd, 1991).

der Raumnutzungen die entsprechenden Beeinträchtigungen ihrer Leistungsfähigkeit bzw. Bedeutung bestimmt. Das Ausmaß einer Beeinträchtigung hängt von der Ausprägung der Funktionen sowie der Art und Intensität der Einwirkung ab. In Abhängigkeit davon, wo und welche Funktionen und Einwirkungsfaktoren räumlich aufeinandertreffen und sich verschiedene Beeinträchtigungen überlagern, lassen sich für ein Schutzgut Bereiche unterschiedlicher Konfliktart und Konfliktdichte bestimmen.

Die Abb. 20 zeigt die Grundstruktur der ökologischen Risiko- bzw. Konfliktanalyse als Bestandteil der Landschaftsplanung. Die Abb. 21 verdeutlicht den Bewertungsrahmen.

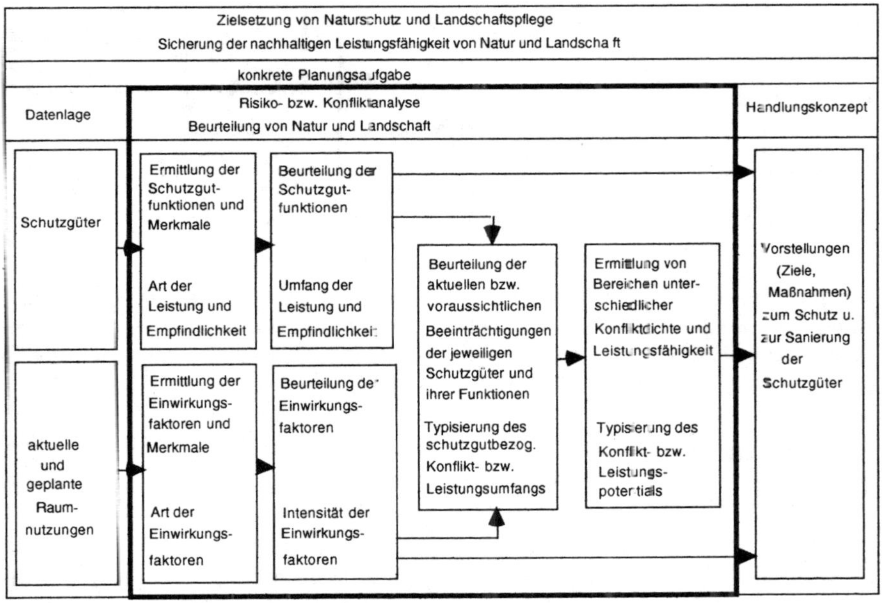

Abb. 20: Risiko- bzw. Konfliktanalyse als Bestandteil der Landschaftsplanung.

Derartige Einschätzungen durch die ökologische Risiko- bzw. Konfliktanalyse bilden dann die Grundlage, um Notwendigkeiten und Möglichkeiten aufzuzeigen

- zum Erhalt von Bereichen mit wenig beeinträchtigten, daher schutzbedürftigen Funktion der Naturgüter und/oder der landschaftlichen Eigenart und
- zur Verbesserung von Bereichen mit beeinträchtigten, daher sanierungsbedürftigen Funktionen der Naturgüter und/oder der landschaftlichen Ausprägung.

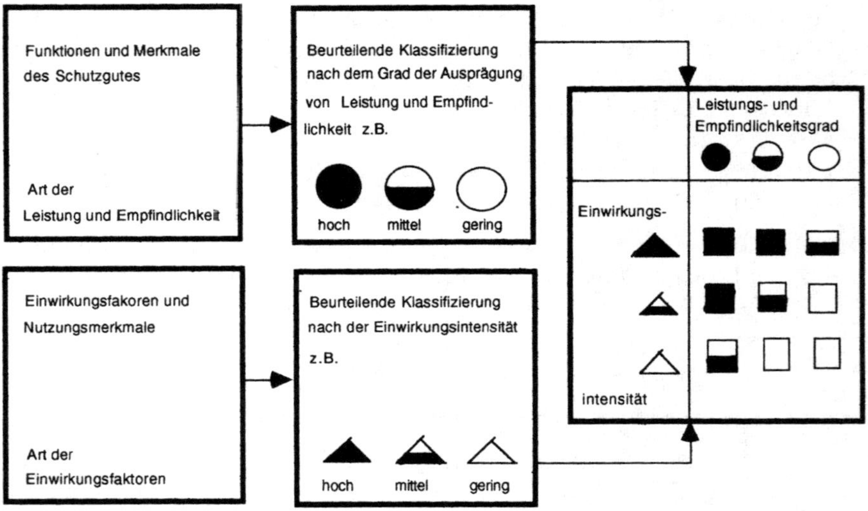

Abb. 21: Beurteilungsrahmen der ökologischen Risiko- bzw. Konfliktanalyse.

Sowohl die ökologische Konfliktanalyse in der vorgestellten Form (vgl. Planungsgruppe Ökologie + Umwelt, 1988) als auch Mischtypen aus dieser und der Nutzwertanalyse haben verstärkt Eingang in die planerische Praxis gefunden (vgl. Sporbeck et al., 1984).

2.2.3 Schutzgüter

2.2.3.1 Beurteilungskomplex Boden

Der Boden als Ergebnis langer und bis heute andauernder Entwicklungsprozesse ist ein nicht vermehrbares Gut. Die Bodendecke ist dabei durch eine außerordentliche Vielfalt gekennzeichnet. Allein in der Bundesrepublik Deutschland werden rund 70 verschiedene Bodentypen/Bodenformen unterschieden (vgl. Arbeitskreis Bodensystematik, 1985).

Böden sind Naturkörper und besitzen im ökologischen Kontext entscheidende Funktionen als

- Basiskomponente im Lebensraum von Wildpflanzen/Wildtieren,
- Speicherraum für Stoffe und Wasser und als
- Filter-, Puffer- und Transportsystem für Stoffe und Wasser.

Außerdem haben Böden zentrale Bedeutung als Nutzungsgrundlage für die organische (pflanzliche) Produktion.

Den **Beurteilungshintergrund** im Rahmen der ökologischen Risiko- bzw. Konfliktanalyse bilden folgendes Grundziel und daraus abgeleitete Teilziele:

Grundziel

- Nachhaltige Sicherung der natürlichen Bodenvielfalt und ihrer Regulationsfähigkeit

Teilziele

- Vermeidung/Verminderung der Inanspruchnahme durch Überbauung, Lagerstättenabbau und Deponierung
- Vermeidung/Verminderung von Schadstoffeinträgen
- Vermeidung/Verminderung von Substanzverlusten und Strukturveränderungen

Damit sind zugleich die wesentlichen Sachverhalte angesprochen, über die sich für die Bodenfunktionen Art und Ausmaß der Empfindlichkeiten als auch der Beeinträchtigungen bestimmen lassen:

- Bodenversiegelung
- künstlicher Bodenauftrag/Bodenabtrag
- Schadstoffanreicherung
- Bodenerosion
- Bodenverdichtung
- Bodenentwässerung/Bodenbewässerung

Das Ausmaß der Funktionsbeeinträchtigung kann dabei sehr unterschiedlich ausfallen. So führen Bodenversiegelung oder bestimmte Formen des Lagerstättenabbaues zum vollständigen Verlust aller Bodenfunktionen. Eingetragene Schadstoffe hingegen verhalten sich den jeweiligen chemisch-physikalischen Bodeneigenschaften entsprechend, sie werden gebunden und tendenziell akkumuliert oder bleiben mobil und werden tendenziell verlagert.

In Tabelle 3 ist die Aufbereitung der Empfindlichkeiten und der Belastungen an einem Beispiel dargestellt.

2.2.3.2 Beurteilungskomplex Wasser

Wasser, eine der einfachsten Substanzen der Welt, gehört zu den elementaren Lebensgrundlagen aller Organismen. Es ist unentbehrliches Betriebs-, Lösungs- und Transportmittel in den Körpern aller Lebewesen. In den Ökosystemen übernimmt es grundsätzliche Funktionen als

- unmittelbares und mittelbares Umweltmedium für Pflanzen und Tiere sowie als
- Speicher- und Transportsystem für Stoffe und Gase.

BETRACHTUNGSASPEKT EMPFINDLICHKEIT	INDIKATOR / ERLÄUTERUNGEN	BEWERTUNG DER EMPFINDLICHKEIT ● hoch ◒ mittel ○ vorhanden	NUTZUNGASPEKT UND MÖGLICHE AUSWIRKUNGEN	INDIKATOR ZUR ERFASSUNG DER BELASTUNG	BEWERTUNG DER BELASTUNGSINTENSITÄT ▲ hoch ◭ mittel △ vorhanden	INFORMATIONSGRUNDLAGEN
EMPFINDLICHKEIT GEGENÜBER SCHADSTOFFEINTRAG UND ANREICHERUNG	physiko-chemisches Filtervermögen von Böden Die Empfindlichkeit ist weitgehend abhängig von den Filtereigenschaften der obersten Bodenhorizonte. Grundlage der Empfindlichkeitseinstufung ist die weitgehend von der Bodenart bestimmte Kationenaustauschkapazität. Prinzipiell kann angenommen werden, daß je größer das Filtervermögen der jeweiligen Böden ist, desto höher auch die Empfindlichkeit gegenüber Schadstoffanreicherung.	● Pelosol, Auenböden (tonige und lehmige Schluffe; mittel und stark lehmige Sande; Tone) ◒ Parabraunerde-Pelosol Pararendzina-Pelosol Pelosol-Rendzina ◒ Rendzina, Pararendzina (sandige Schluffe, schwach lehmige und tonige Sande)	VERKEHR Schadstoffeintrag beiderseits der Straße bis zu 200 m in Abhängigkeit von der Verkehrsmenge; Schadstoffausstoß (Kohlenwasserstoffe, Kohlenmonoxid, Stickoxide, Schwermetalle, organische Verbindungen, etc.); Unfallgefahr	Verkehrsmengen KFZ /24 h	▲ 50 m beiderseits der Trasse bei DTV > 10.000 KFZ ◭ 50 - 100 m beiderseits der Trasse bei DTV > 10.000 KFZ 50 m beiderseits der Trasse bei DTV < 10.000 KFZ △ 100 - 200 m beiderseits der Trasse bei DTV > 10.000 KFZ 50 - 200 m beiderseits der Trasse bei DTV < 10.000 KFZ	Verkehrsmengenzählung
			GEWERBE, INDUSTRIE branchenabhängige Immissionen	Branchenzugehörigkeit emittierender Betriebe Abstandserlaß NRW (1982)	je nach Branchenzugehörigkeit mittlere bis hohe Belastungsintensität, Auswirkungszone in Anlehnung an Abstandserlaß NRW	Firmenliste IHK; Luftbilder
			SIEDLUNG Pestizid- und Düngereinsatz auf gärtnerisch genutzten Flächen	Art der Wohnbebauung	◭ auf gärtnerisch genutzten Flächen	Flächennutzungspläne; Luftbilder
			LANDWIRTSCHAFT, Pestizideinsatz, mineralischer und organischer Düngereinsatz	Art und Intensität der landwirtschaftlichen Nutzung	◭ auf ackerbaulich genutzten Flächen △ auf Grünlandflächen	Biotopstrukturkartierung; Anbaudaten der Landwirtschaftsämter
			ABFALLWIRTSCHAFT/ ALTLASTEN Stoffeintrag aus ungedichteten Deponien	Deponie- und Altlastenerfassung sowie Gefährdungsabschätzung	▲ unter Altlasten bzw. im Abstrombereich △ unter gedichteten Deponien	Altlastenkataster; Aufstellung in Betrieb befindlicher Deponien; Luftbilder

EMPFINDLICHKEIT GEGENÜBER FLÄCHENINANSPRUCHNAHME DURCH BODENVERSIEGELUNG BZW. ABBAU OBERFLÄCHENNAHER ROHSTOFFE	Daten zur Flächennutzung und deren Umfang: Wohnbauflächen Gewerbe- und Industrieflächen Verkehrsflächen Rohstoffabbauflächen Versiegelung des Bodens sowie Bodenabbau/-umlagerung bedeuten den vollständigen Verlust seiner ökologischen Funktionen	● im gesamten Untersuchungsraum	BEBAUUNG Verlust sämtlicher Bodenfunktionen	Versiegelungsgrad	▲ in Industrie und Gewerbegebieten ▲ in Gemeindeteilen mit hoher Verdichtung/Freiflächenversiegelung ◭ in Ortskernen mit unversiegelten Freiflächen und in Neubaugebieten	Flächennutzungspläne; Luftbilder
			VERKEHR Verlust sämtlicher Bodenfunktionen im Trassenbereich	Verkehrsflächen Straßen und Bahn	▲ für alle Verkehrstrassen	Verkehrsflächenangaben; Karten; Luftbilder
			ÖLSCHIEFERABBAU Verlust sämtlicher Bodenfunktionen durch Bodenabbau und -umlagerung	Abbauart, -umfang	▲ für Bodenabbau und Bodenumlagerung	Abbaugenehmigungen; Flächennutzungspläne; Luftbilder
EMPFINDLICHKEIT GEGENÜBER BODENEROSION	Bodenart Hangneigung Niederschlagsverhältnisse (R-Faktor) Grund- und Hangwassereinfluß Abtrag von Boden führt zu irreversiblen Veränderungen am Ort des Abtrags und z.T. auch im Akkumulationsgebiet	VORKOMMENDE BODENTYPEN – HANGNEIGUNG IN %: ≤ 3,5 / 3,5 - 5 / 5 - 9 / 9 - 12 / ≥ 12 Pelosol, Parabraunerde-Pelosol, Pararendzina-Pelosol, Pelosol-Rendzina, Terra fusca: 0 - 1 ○ / 1 ○ / 2 - 3 ◓ / 3 ◓ / 4 - 5 ● Rendzina, Auenböden: 1 - 2 ○ / 2 - 3 ◓ / 3 - 4 ◓ / 4 ● / 5 ● 0 - 2 ○ vorhanden, 3 ○ mittel, 4 - 5 ○ hoch	LANDWIRTSCHAFT insbesondere Kulturarten mit geringer oder sehr später den Boden schützenden Vegetationsdecke	Art und Intensität der ackerbaulichen Nutzung	◭ Ackerflächen △ Grünlandnutzung	Biotopstrukturkartierung; Luftbilder; Angaben der Landwirtschaftsämter
EMPFINDLICHKEIT GEGENÜBER BODENVERDICHTUNG	Bodenart, Bodenskelett, Bodenverdichtung führt zu teilweise irreversiblen Gefügeschäden mit negativen Veränderungen des Luft- und Wasserhaushalts	◒ im gesamten Untersuchungsraum	LANDWIRTSCHAFT durch intensive Bodenbearbeitung, Einsatz schwerer Maschinen und frühes sowie häufiges Befahren des Bodens	Art und Intensität der landwirtschaftlichen Nutzung	▲ Ackerflächen △ Grünland	Biotopstrukturkartierung; Luftbilder; Angaben der Landwirtschaftsämter

Tab. 3: Boden – ökologische Funktionen;
Problemorientierte Fragestellungen und Bewertungskriterien zur Ermittlung der aktuellen Belastungen und ökologischen Konflikte

Darüber hinaus sind Grund- und Oberflächenwasser unmittelbare Nutzungsvoraussetzungen

- zur Gewinnung von Trink- und Brauchwasser,
- als Grundlage organischer (tierischer und pflanzlicher) Produktion,
- als Vorfluter sowie
- für Freizeit und Erholung.

Bei der Betrachtung des Schutzgutes Wasser muß unterschieden werden zwischen

- unterirdischen Gewässern (Grundwasser),
- oberirdischen Gewässern (Fließ- und Stillgewässer) sowie
- Oberflächen- und Sickerwasserabfluß.

Die Grundwasser- und Oberflächengewässersysteme werden entscheidend von den geologischen Verhältnissen bestimmt. Sowohl Grundwasser als auch Oberflächengewässer sind außerdem besondere Lebensräume.

Den **Beurteilungshintergrund** im Rahmen der ökologischen Risiko- bzw. Konfliktanalyse bilden folgendes Grundziel und daraus abgeleitete Teilziele:

Grundziel

- Nachhaltige Sicherung eines qualitativen und quantitativen Wasserhaushaltes und seiner Regulationsleistungen

Teilziele

- Erhaltung/Verbesserung der Grundwasserneubildung
- Schutz des Grundwassers vor Schadstoffeinträgen
- Erhaltung/Entwicklung der Regulationsfähigkeit von Oberflächengewässern
- Verminderung des direkten Oberflächen- und Sickerwasserabflusses

Teilkomplex **Grundwasser**

Für das Naturgut Grundwasser von entscheidender Bedeutung sind die Funktionen

- Grundwasserneubildung und
- Grundwasserqualität.

Beide sind notwendige Voraussetzungen für die Erhaltung bzw. Erneuerung, d. h. für die nachhaltige Leistungsfähigkeit und damit Nutzbarkeit des Naturgutes Grundwasser.

Die Grundwasserneubildung aus dem Niederschlag, die vereinfacht als Differenz zwischen den langjährigen Werten des Niederschlages einerseits und der Verdunstung sowie dem Direktabfluß andererseits beschrieben werden kann, hängt im Einzelfall im wesentlichen von der Höhe und jährlichen Verteilung des Niederschlages, von den Boden- und Geologieverhältnissen sowie der Art und Intensität der Bodennutzung ab. Aufgrund erheblicher Datendefizite ist meist nur eine überschlägige Ermittlung der Grundwasserneubildung nach dem Verfahren Dörhöfer/Josopeit, (1980) und Modifikation entsprechender geologischer Wasserdurchlässigkeit bzw. -wegsamkeit möglich (vgl. Tabelle 3).

Die Bedingungen für die Veränderung bzw. Verringerung der Grundwasserneubildung ergeben sich vor allem aus der Art und Intensität der Nutzungen, wie beispielsweise dem Anteil überbauter und versiegelter Fläche, des Lagestättenabbaus oder der Grundwasserentnahmen.

Die Empfindlichkeit des oberen Grundwasserleiters gegenüber Schadstoffeintrag hängt vor allem von der Filterwirkung der Grundwasserüberdeckung ab, d. h. von der Art, der Mächtigkeit und dem hydraulischen Leitvermögen der Überdeckung. Die Ursachen für die Veränderung bzw. Erhöhung der Empfindlichkeit sind wiederum nutzungsbedingte Eingriffe wie z. B. der künstliche Abtrag oberflächennaher Boden- und Gesteinsschichten oder der Einfluß auf das hydraulische Leitvermögen durch Grundwasserentnahme.

Die Tabellen 5–8 geben einen Überblick über die Aufbereitung der Sachverhalte Grundwasserneubildung und Grundwasserqualität.

Teilkomplexe **Oberflächengewässer/Oberflächenwasser**

Für die Regulationsleistung eines Oberflächengewässers sind von Bedeutung

- die ökomorphologischen Gegebenheiten, d. h. der Ausbauzustand des Gewässers,
- die Wassergüte,
- die Überschwemmungsgebiete und
- die biotische Ausstattung des Fließgewässers.

Der Ausbauzustand ist zugleich Kriterium für die Empfindlichkeit gegenüber weiteren entsprechenden Maßnahmen. Bei Oberflächengewässern besteht gegenüber Schadstoffeintrag grundsätzlich eine hohe Empfindlichkeit. Die jeweilige Ausprägung der Überschwemmungsgebiete (z. B. Größe, Vegetationsstrukturen, Bodennutzung) bestimmt ebenso wie die der abiotischen Ausstattung des Gewässers, gegenüber welchen Maßnahmen oder Beanspruchungen Empfindlichkeiten bestehen.

Das Regulationsvermögen eines Raumes hinsichtlich des Oberflächen- und Sickerwasserabflusses hängt im wesentlichen ab

- von der Morphologie des Geländes,
- von den Bodenverhältnissen und

Ermittlung und Bewertung der Grundwasserneubildung (nach DÖRHÖFER/JOSOPEIT 1980)								
BODENART	**TON** (Pelosol-Rendzina; Parabraunerde/Parabraunerde-Pelosol; Pararendzina-Pelosol; Braunerde-Terra fusca)							
Niederschlag (N)	830 mm/ a							
Bewuchs	Acker/Grünland				Wald			
Verdunstung (ET)	575 mm/a				600 mm/a			
Gesamtabfluss A = N - ET	255 mm/a				230 mm/a			
A/A_U-Stufe [1]	2	3	4	5	2	3	4	5
A/A_U-Quotinet	1.4 - 1.6	1.6 - 1.9	1.9 - 2.2	2.2 - 2.4	1.4 - 1.6	1.6 - 1.9	1.9 - 2.2	2.2 - 2.4
Grundwasserabfluss A_U	~ 170	~ 150	~ 125	~ 110	~ 155	~ 130	~ 115	~ 100
Grundwasserneubildungsrate	mittel	mittel	mittel	mittel	mittel	mittel	mittel	mittel
BODENART	**LEHM** (Auenböden)							
Niederschlag	830 mm/a							
Bewuchs	Acker / Grünland				Wald			
Verdunstung (ET)	525 mm/a				550 mm/a			
Gesamtabfluss A = N - ET	305 mm/a				280 mm/a			
A/A_U-Stufe [1]	2	3	4	5	2	3	4	5
A/A_U-Quotient	1.4 - 1.6	1.6 - 1.9	1.9 - 2.2	2.2 - 2.4	1.4 - 1.6	1.6 - 1.9	1.9 - 2.2	2.2 - 2.4
Grundwasserabfluss A_U	~ 205	~ 175	~ 150	~ 130	~ 185	~ 160	~ 135	~ 120
Grundwasserneubildungsrate	hoch	mittel	mittel	mittel	hoch	mittel	mittel	mittel
BODENART	**SCHLUFFLEHM** (Rendzina)							
Niederschlag (N)	830 mm/a							
Bewuchs	Acker/Grünland				Wald			
Verdunstung (ET)	475 mm/a				525 mm/a			
Gesamtabfluss A = ET - N	355 mm/a				305 mm/a			
A/A_U-Stufe [1]	2	3	4	5	2	3	4	5
A/A_U-Quotient	1.4 - 1.6	1.6 - 1.9	1.9 - 2.2	2.2 - 2.4	1.4 - 1.6	1.6 - 1.9	1.9 - 2.2	2.2 - 2.4
Grundwasserabfluss A_U	~ 240	~ 205	~ 175	~ 155	~ 205	~ 175	~ 150	~ 130
Grundwasserneubildungsrate	hoch	hoch	mittel	mittel	hoch	mittel	mittel	mittel

[1] Verhältnis zwischen Gesamtabfluß und Grundwasserabfluß in Abhängigkeit von Geländeneigung
Stufe 2: ebene - leicht gewellte Gebietebis 3,5 % Hangneigung
Stufe 3: wellige Gebiete 3,5 - 5 % Hangneigung
Stufe 4: flach- mittelhängige Gebiete5 - 9 % Hangneigung
Stufe 5: mittel - steilhängige Gebiete > 9 % Hangneigung

Für die Bereiche mit mäßiger bis schwerer Durchlässigkeit wird das Leistungsvermögen herabgestuft

	Grundwasserneubildung nach DÖRHÖFER/ JOSOPAIT ohne Berücksichtigung der Deckschichten	**Modifizierung in Abhängigkeit von der Durchlässigkeit des Untergrundes** **geringe bis mäßige** Durchlässigkeit	**sehr hohe** Durchlässigkeit
Grundwasser-	mittel	gering	mittel
neubildungsrate	hoch	mittel	hoch

Tab. 4: Grundwasserneubildungsrate unter Einbeziehung des geologischen Untergrundes

BETRACHTUNGSASPEKT LEISTUNGSVERMÖGEN	INDIKATOR / ERLÄUTERUNG	BEWERTUNG DES LEISTUNGSVERMÖGENS	RÄUMLICHE SCHWERPUNKTE	BETRACHTUNGSASPEKT EMPFINDLICHKEIT	INDIKATOR / ERLÄUTERUNG	BEWERTUNG DER EMPFINDLICHKEIT ● hoch ◒ mittel ○ vorhanden
GRUNDWASSERNEUBILDUNG AUS DEM NIEDERSCHLAG	Niederschlagsmenge; Evapotranspiration (abhängig von Bodenart, Grundwasserflurabstand, Vegetation); Direktabfluß (Hangneigung, Bodenart)	Verfahren nach DÖRHÖFER/JOSOPEIT 1980 (Grundwasserneubildung = Niederschlag - Verdunstung - Direktabfluß) Modifizierung für schwer - mäßig durchlässigen geologischen Untergrund	Hoch bis mittel in den Hangschutt- sowie in den Auebereichen gering in den übrigen Bereichen	EMPFINDLICH GEGENÜBER VERLUST/VERMINDERUNG DER GRUNDWASSERNEUBILDUNG	Art und Intensität der Flächennutzung - Wohnbauflächen - Gewerbe- und Industrieflächen - Naßabbauflächen; Flächeninanspruchnahme durch Überbauung, Bodenversiegelung, Naßabbau und Bodenverdichtung führen zum Verlust bzw. zur Reduzierung der Grundwasserneubildung	● im gesamten Untersuchungsgebiet

Tab. 5: Wasser (Grundwasser) – ökologische Funktionen/Grundwasserneubildungsrate Problemorientierte Fragestellungen und Bewertungskriterien zur Ermittlung des Leistungsvermögens und der Empfindlichkeit

BETRACHTUNGSASPEKT	NUTZUNGSASPEKT UND MÖGLICHE AUSWIRKUNGEN	INDIKATOR ZUR ERFASSUNG DER BELASTUNG	BEWERTUNG DER BELASTUNGSINTENSITÄT ▲ hoch ◭ mittel △ vorhanden	INFORMATIONSGRUNDLAGEN
GRUNDWASSERNEUBILDUNG AUS DEM NIEDERSCHLAG	BEBAUUNG/OBERFLÄCHENVERSIEGELUNG: Verlust der Grundwasserneubildung; Reduzierung der Grundwasserneubildung auf unbebauten Flächen innerhalb des Siedlungsbereichs;	Versiegelungsgrad	▲ Industrie- und Gewerbegebiete sowie in Gemeindeteilen mit hoher Bebauungsdichte/ Freiflächenversiegelung ◭ in Siedlungsbereichen mit unversiegelten Freiflächen in Neubaugebieten und locker bebauten Dorfrändern	Flächennuztungspläne; Luftbilder
	VERKEHR: Verlust der Grundwasserneubildung im Trassenbereich durch Versiegelung; Reduzierung der Grundwasserneubildung im Umgebungsbereich durch Verdichtung	Verkehrsflächen	▲ für alle Verkehrstrassen	Verkehrsmengenzählungen
	NASSABBAU: Grundwasserfreilegung, Reduzierung bzw. Verlust der Grundwasserneubildung; Durch Freilegung der Grundwasseroberfläche wird die Evapotranspiration erhöht, sodaß die Grundwasserneubildungsrate bis auf 0 sinkt (LFU BW 1975, S. 11).	Abbauumfang	▲ für Naßabbaustellen	Abbaupläne, -genehmigungen
	LANDWIRTSCHAFT: Häufiges Befahren der Flächen mit schwerem Gerät kann aufgrund möglicher Bodenverdichtung zur Erhöhung des Oberflächenabflusses und damit zur Verringerung der Grundwasserneubildung führen	Art und Intensität landwirtschaftlicher Nutzung	◭ auf ackerbaulich genutzten Flächen △ auf Streuobstwiesen, Grünlandflächen	Biotopstrukturkartierung

Tab. 6: Wasser (Grundwasser) – ökologische Funktionen/Grundwasserneubildungsrate Problemorientierte Fragestellungen und Bewertungskriterien zur Ermittlung der aktuellen Belastungen und ökologischen Konflikte

BETRACHTUNGSASPEKT LEISTUNGSVERMÖGEN	INDIKATOR / ERLÄUTERUNGEN	BEWERTUNG DES LEISTUNGSVERMÖGENS	RÄUMLICHE SCHWERPUNKTE	BETRACHTUNGSASPEKT EMPFINDLICHKEIT	INDIKATOR / ERLÄUTERUNGEN	BEWERTUNG DER EMPFINDLICHKEIT ● hoch ◒ mittel ○ vorhanden			VORLÄUFIGE EINSCHÄTZUNG
GRUNDWASSERQUALITÄT	Durchlässigkeit der Grundwasserüberdeckung; Mächtigkeit der Grundwasserüberdeckung; Vegetation / Biotoptyp	s. Empfindlichkeit	s. Empfindlichkeit	VERSCHMUTZUNGSEMPFINDLICHKEIT	Durchlässigkeit der Grundwasserüberdeckung Mächtigkeit der Grundwasserüberdeckung Die Qualität des Grundwassers hängt neben den natürlichen Einflussfaktoren zunehmend von den Einflüssen menschlicher Nutzungen ab	Empfindlichkeit	GW-flur-abstand	Bodenart	
						●	< 2 m	sämtl. Bodenarten	Aueböden der Talniederungen überkiesen (P)
						●	> 2 m	schluffige Lehme	Rendzina über Weißjura Hangschutt (P)
									Rendzina über Lias α mäßiger Durchlässigkeit (K)
						◒	> 2m	lehmige Tone und Ton	Braunerde-Terra fusca über Schottern der Niederterrasse (P) Parabraunerde/Parabraunerde-Pelosol über Braunem Jura α (K) Pelosol-Rendzina über Lias $\beta, \delta, \gamma, \zeta$ (K) Pararendzina über Pelosol und Lias ε (K)

P = Porengrundwasserleiter / K = Kluftgrundwasserleiter

Tab. 7: Wasser (Grundwasser) – ökologische Funktionen/Grundwasserqualität
Problemorientierte Fragestellungen und Bewertungskriterien zur Ermittlung des Leistungsvermögens und der Empfindlichkeit

BETRACHTUNGSASPEKT	NUTZUNGSASPEKT UND MÖGLICHE AUSWIRKUNGEN	INDIKATOR ZUR ERFASSUNG DER BELASTUNG	BEWERTUNG DER BELASTUNGSINTENSITÄT ▲ hoch ◬ mittel △ vorhanden	INFORMATIONSGRUNDLAGEN
SCHADSTOFFEINTRAG INS GRUNDWASSER	SIEDLUNG/GEWERBE: Beeinträchtigung der Grundwasserqualität; insbesondere bei Lagerung und Verarbeitung grundwassergefährdender Stoffe; Infiltration von Abwasser aus defekten Kanalisationssystemen	Art und Intensität der baulichen Nutzung, Branchenzugehörigkeit	je nach Branchenzugehörigkeit mittlere bis hohe Belastungsintensität, Auswirkungszone in Anlehnung an Abstandserlaß NRW	Abstandserlaß NRW; Firmenliste IHK
	VERKEHR: Beeinträchtigung der Grundwasserqualität durch betriebsbedingten Schadstoffeintrag beiderseits der Straße in Abhängigkeit vom Verkehrsaufkommen; Schadstoffausstoß (Kohlenwasserstoffe, Kohlenmonoxid, Stickoxide, Schwermetalle, organische Verbindungen); Unfallgefahr	Verkehrsmengen	▲ 50 m beiderseits der Trasse bei DTV > 10.000 KFZ ◬ 50 - 100 m beiderseits der Trasse bei DTV > 10.000 KFZ 50 m beiderseits der Trasse bei DTV < 10.000 KFZ △ 100 - 200 m beiderseits der Trasse bei DTV > 10.000 KFZ 50 - 200 m beiderseits der Trasse bei DTV < 10.000 KFZ	Verkehrsmengenzählungen
	ÖLSCHIEFERABBAU: Nassabbauflächen stellen Grundwasserblänke dar. Aufgrund der Beseitigung der Grundwasserüberdeckelung können Schadstoffe ungehindert ins Grundwasser gelangen	Art und Umfang des Nassabbaus	▲ bei offengelegtem Grundwasser und im Abstrombereich	Abbaupläne/-genehmigungen
	LANDWIRTSCHAFT: Beeinträchtigung der Grundwasserqualität insbesondere durch Pestizid- und Düngereinsatz	Art und Intensität der landwirtschaftlichen Nutzung	◬ für Ackerflächen △ für Grünlandflächen	Bestandserhebungen
	FREIZEIT / ERHOLUNG: Verunreinigungen des Grundwassers durch Infiltration belasteter Oberflächenwasser sowie in offengelegten Grundwassern möglich	Art und Intensität der Freizeitnutzung insbesondere der Oberflächengewässer	△ für Abfluß des Schömberger Stausees	Bestandserhebungen
	FLÄCHENDECKENDER EINTRAG VON LUFTSCHADSTOFFEN: Verunreinigungen des Grundwassers möglich durch flächendeckenden, meist überregionalen Eintrag von Luftschadstoffen, problematisch insbesondere in Bereichen mit nur geringen Grundwasserflurabständen oder offengelegtem Grundwasser	Intensität der Waldschäden	△ bei Infiltration belasteten Oberflächenwassers ins Grundwasser ◬ bei offengelegtem Grundwasser	Waldschadenskartierung

Tab. 8: Wasser (Grundwasser) – ökologische Funktionen/Grundwasserqualität
Problemorientierte Fragestellungen und Bewertungskriterien zur Ermittlung der aktuellen Belastungen und öko-

– von der Art und dem Anteil der Vegetationsstrukturen in Verbindung mit der Bodennutzung.

Die jeweilige Ausprägung dieser Merkmale bestimmt zugleich die Empfindlichkeiten gegenüber Maßnahmen und Nutzungen, die das Regulationsvermögen verändern.

2.2.3.3 Beurteilungskomplex Klima/Luft

Das Raumpotential Klima/Luft hat grundlegende Bedeutung als

– unmittelbare Lebensgrundlage für Pflanze, Tier und Mensch sowie
– Produktionsbedingung für Land-, Forst- und Fischereiwirtschaft.

Bioklima und Lufthygiene sind dabei die zentralen Beurteilungskomplexe.

Den **Beurteilungshintergrund** im Rahmen der ökologischen Risiko- bzw. Konfliktanalyse bilden folgendes Grundziel und daraus abgeleitete Teilziele:

Grundziel

– Nachhaltige Sicherung bioklimatischer Regulationsleistungen und der Luftqualität

Teilziele

– Erhaltung/Entwicklung bioklimatischer Ausgleichsräume
– Vermeidung/Verringerung von Luftverunreinigungen

Für die bioklimatische Regulationsfunktion ist es von Bedeutung, inwieweit Landschaftsräume oder Teile davon eine ausgleichende Wirkung auf klimatisch belastete Siedlungsräume ausüben.

Die klima- und lufthygienischen Belastungen der Siedlungsräume sind insbesondere auf folgende Faktorenkomplexe zurückzuführen:

– veränderte Oberflächenstruktur und -gestalt (Überbauung u. a.),
– zusätzliche Wärmeproduktion (Heiz- und Prozeßwärme) und
– Luftverunreinigung.

Eine lufterneuernde und abkühlende Wirkung geht im wesentlichen von der Kalt- und Frischluftproduktion und dem Transport in die belasteten Gebiete aus. Träger solcher bioklimatischer Leistungen sind deshalb

– Kalt- und Frischluftentstehungsgebiete,
– Kalt- und Frischlufttransportflächen.

Das jeweilige Leistungsausmaß hängt dabei von der Ausprägung folgender Sachverhalte ab,

- der Bodennutzung und dem Bewuchs,
- der Größe des Entstehungsgebietes bzw. der Transportfläche,
- der Geländemorphologie und
- der Lage zum Wirkungsraum.

Für die Einschätzung der bioklimatischen Funktionsräume von Interesse ist ferner ihre Empfindlichkeit gegenüber

- Störungen der Kalt- und Frischluftentstehung,
- Störungen des Kalt- und Frischluftabflusses wie gegenüber
- Schadstoffeintrag.

Im Hinblick auf die Luftqualität kommt als entscheidendes Regulativ allerdings nur die Reduktion von Emissionen in Frage.

Die Aufbereitung der Beurteilungskomplexe ist für ein Beispiel in den Tabellen 9, 10 dargestellt.

2.2.3.4 Beurteilungskomplex Arten und Lebensgemeinschaften

Das Vermögen einer Landschaft, Wildpflanzen und Wildtieren bzw. entsprechenden Lebensgemeinschaften dauerhafte Existenzmöglichkeiten zu bieten, hängt entscheidend ab von

- der jeweiligen Ausprägung des abiotischen Milieus und
- der jeweiligen Art und Intensität der Flächennutzung.

Im Vorkommen bzw. Fehlen entsprechender Komponenten spiegelt sich der Zustand der lebensräumlichen Gegebenheiten wider. Daher gibt es zwischen Biotopen, in denen allein die Flächennutzung bestimmend ist, und Biotopen mit einer nutzungsunbeeinflußten Eigendynamik ihrer Biozönosen ein breites Spektrum unterschiedlichster Ausprägung.

Den **Beurteilungshintergrund** im Rahmen der ökologischen Risiko- bzw. Konfliktanalyse bilden folgendes Grundziel und daraus abgeleitete Teilziele:

Grundziel

- Nachhaltige Sicherung der Vielfalt der Arten und Lebensgemeinschaften sowie ihrer lebensräumlichen Voraussetzungen

Teilziele

- Erhaltung/Entwicklung des für einen Landschaftsraum charakteristischen Inventars an Arten und Lebensgemeinschaften
- Erhaltung/Entwicklung der hierfür erforderlichen Lebensraumgrößen und Lagebeziehungen

BETRACHTUNGSASPEKT LEISTUNGSVERMÖGEN	INDIKATOR/ ERLÄUTERUNGEN	BEWERTUNG DES LEISTUNGSVERMÖGENS	RÄUMLICHE SCHWERPUNKTE	BETRACHTUNGSASPEKT EMPFINDLICHKEIT	INDIKATOR	BEWERTUNG DER EMPFINDLICHKEIT ● hoch ◒ mittel ○ vorhanden
KALTLUFTPRODUKTION	Art des Bodenbewuchses/der Bodennutzung Kaltluft entsteht in Strahlungsnächten über Oberflächen, bei denen die Wärmenachlieferung aus dem Boden durch isolierende Eigenschaften gering ist	guter ↑ Unbewachsener Box Ackerbrache Hackfrüchte Getreide trockene Wiese Kaltluftproduzent feuchte Wiese Schonung oder Niederwald Trockenes Moor Hochwald ↓ schlechter	Flächen hoher Kaltluftproduktion sind die landwirtschaftlich genutzten Verebnungsflächen	EMPFINDLICHKEIT GEGENÜBER VERMINDERUNG DER KALTLUFTPRODUKTION	Art und Intensität der Flächennutzung	● gegenüber Flächenverlust/Versiegelung ◒ Aufforstungen
FRISCHLUFTPRODUKTION	Waldbereiche mit > 200 m Bestandsbreite Innerhalb von Waldflächen > 200 m Breite wird Frischluft, d.h. staubfreie, wenig schadstoffbelastete, rel. feuchte, kühle u. sauerstoffreiche Luft produziert.	Von Bedeutung sind v.a. Waldbestände > 200 m Breite, bei denen mit Zufluß zur Flur oder Siedlung zu rechnen ist.	Ein hohes Leistungsvermögen weisen die bewaldeten Albhänge außerhalb des Untersuchungsgebietes auf. Innerhalb des Untersuchungsraumes relevante Frischluftproduktionsflächen - Palmbühl - Degenhardt, - Blitzwäldle, - Wald im Gewann Uhlesburg - Wald südlich Gewann Bonland. Ohne Bedeutung für den Siedlungsraum ist das Schlichemtal	EMPFINDLICHKEIT GEGENÜBERVERMINDERUNG DER FRISCHLUFTPRODUKTIONSFLÄCHEN	Art der Flächennutzung	● gegenüber Flächenverlust/Versiegelung
HANGABFLUSS UND LEITBAHNEN	Geländemorphologie, klimaökologisch bedeutsame Leitbahnen und Hangbereiche Aufgrund höherer Dichte fließt Kaltluft bei ausreichendem Hanggefälle ab. Besondere Bedeutung kommt größeren Leitbahnen bei, zu denen die Frisch- und Kaltluft hinfließt	Hangabfluß: hoch bei Hangneigung > 20 %. Mittel bei Hangneigung > 20 %, jedoch von lockeren Strukturen gebremst. Vorhanden bei Hangneigung 5-20 %, z.T. von Strukturen gebremst Leitbahnen hoch in Tälern > 5% Gefälle	hoher bis mittlerer Hangabfluß an den Hängen des Wettbach-, Riedbach-, Katzenbach und Schlichemtales z.T. durch Streuobstwiesen gebremst bzw. durch Fichtenaufforstungen gestört. Wettbach-, Sulzgraben-, Haugenbach, Katzenbach-, Riedbachtal stellen wichtige Leitbahnen für Siedlungsbereiche dar.	EMPFINDLICHKEIT GEGENÜBER STÖRUNG DES KALT- UND FRISCHLUFTABFLUSSES	Art der Nutzung in den Hang- und Talbereichen	● Gegenüber Störungen der Täler und Hänge mit Bedeutung für den Frisch- und Kaltluftabflusses
IMMISSIONSSCHUTZ	Vegetation kann durch ihre filternde Funktion zum Immissionsschutz beitragen. Dieser Prozeß ist jedoch mit Schadstoffanreicherungen verbunden, die zu Schädigungen der Vegetation führen. Ein Leistungsvermögen der Vegetation bzw. von Abstandsflächen im Hinblick auf den Immissionsschutz wird daher nicht ermittelt.			SCHADSTOFFEINTAG UND ANREICHERUNG	Windverhältnisse, Eine Bewertung der Ausbreitung an die Atmosphäre abgegebener Schadstoffe ist mangels Informationen nicht möglich	● Täler mit verstärkter Neigung zur Nebelbildung u. Inversion; ● Waldflächen > 200 m Breite ● Kalt- und Frischluftabflußbereiche mit Bedeutung für Siedlungen ◒ Restliche Flächen

Tab. 9: Klima

Problemorientierte Fragestellungen und Bewertungskriterien zur Ermittlung des Leistungsvermögens und der Empfindlichkeit.

BETRACHTUNGSASPEKT	NUTZUNGSASPEKT UND MÖGLICHE AUSWIRKUNGEN	INDIKATOR ZUR ERFASSUNG	RÄUMLICHE SCHWERPUNKTE/ERLÄUTERUNGEN	BEWERTUNG DER BELASTUNGSINTENSITÄT ▲hoch ▲mittel △vorhanden	INFORMATIONSGRUNDLAGEN
SCHADSTOFFEINTRAG	SIEDLUNG/GEWERBE Erhöhung der Schadstoffkonzentration in der Luft duch Hausbrand, Prozessbedingte Emissionen (SO_2, NO_X und andere)	Siedlungs- und Emittentenstruktur	Die Ortschaften sind dörflich strukturiert und verursachen relativ gesehen nur geringe lufthygienische Belastungen	▲Zementwerk Dotternhausen ▲Gewerbegebiete △Wohn-, Misch- und Dorfgebiete	Flächennutzungspläne; Industrie- und Gewerbeliste IHK; Abstandserlaß NRW; Topographische Karte
	VERKEHR Straße/Bahn, betriebsbedingte Belastungsfaktoren. Schadstoffeintrag und -anreicherung in der Luft durch Emission von Stickoxiden, Schwefeldioxid, Kohlenmonoxid, Kohlenwasserstoffe, Schwermetalle etc.	Verkehrsaufkommen Zugaufkommen	Belastungen treten insbesondere im Nahbreich von Straßen auf. Die Schadstoffkonzentation hängt v.a. von Verkehrsaufkommen, der Geländemorphologie und den Wind-/Luftströmungsverhältnissen ab	▲50 m beiderseits der Trasse bei DTV > 10.000 KfZ ▲50 - 100 m beiderseits der Trasse bei DTV > 10.000 KfZ 50 m beiderseits der Trasse bei DTV < 10.000 KfZ △100 - 200 m beiderseits der Trasse bei DTV > 10.000 KfZ 50 - 200 m beiderseits der Trasse bei DTV < 10.000 KfZ	Verkehrszählungen
	FLÄCHENDECKENDER SCHADSTOFFEINTRAG Schadstoffeintrag und Anreicherung in der Luft	Intensität der Waldschäden			Waldschadenskartierung
STÖRUNG DES KALT- UND FRISCHLUFTABFLUSSES	SIEDLUNG/GEWERBE Beeinträchtigung/Verlust klimarelevanter Strukturen durch Baukörper Unterbrechung von Luftzirkulationen, Hangabflußbereichen und Leitbahnen Bei größeren Siedlungs-/Gewerbestrukturen Temperaturerhöhungen möglich	Siedlungsstruktur	Behinderung des Luftaustausches Balingens durch DB-Trasse Balingen- Albstadt, das Gewerbegebiet Balingen und den Schömberger Stausee		Flächennutzungspläne; Topographische Karten

STÖRUNG DES KALT- UND FRISCHLUFTABFLUSSES	VERKEHR Straße/Bahn, anlagebedingte Belastungen durch Trassen-/Gleiskörper: Veränderungen der Luftzirkulation möglich Temperaturerhöhung möglich	Straßenverkehrsnetz	Das Untersuchungsgebiet durchschneiden: B 27 (Balingen - Schömberg); L 442 (Dotternhausen - Rosswangen); L 435 (Deilingen - Schömberg - Dautmergen); L 436 (Schömberg - Zimmern); Die vorhandenen Straßen verlaufen weitgehend in Anlehnung an die Geländemorphologie; Dämme weist die L 435 neu Schömberg - Deilingen, kleinere Dämme die L 442 im Bereich Sulzgraben und Haugenbach, Brükkenbauwerke die B 27 über das Katzenbachtal auf	△ im Bereich von Dämmen ◭	
	FORSTWIRTSCHAFT Aufforstungen: Riegelförmige, dichte Aufforstungen in den für Kalt- und Frischluftabfluß bedeutsamen Hangbereichen und Leitbahnen stören bzw. unterbrechen Abfluß und Luftzirkulation	Aufforstungen	einzelne, z.T. flächenhafte Aufforstungen in allen für den Kalt- und Frischluftabfluß bedeutsamen Leitbahnen und Hangabflußbereiche sind in den letzten 30 Jahren erfolgt.	▲ bei riegelförmiger, dichter Aufforstung ◭ bei einseitiger, dichter Aufforstung	Biotopstrukturkartierung; Luftbilder
FLÄCHENVERLUST UND VERSIEGELUNG	SIEDLUNG/GEWERBE Flächenversiegelung: Verlust klimarelevanter Strukturen, z.B. Kalt- und Frischluftentstehungsflächen v.a. bei größeren Siedlungsstrukturen Temperaturerhöhungen möglich	Siedlungsstruktur	Bebauung der Verebnungs- und Übergangsflächen (Schömberg, Dotternhausen, Rosswangen)	▲ bei größeren Siedlungsstrukturen, Gewerbe- und Industriegebieten △ bei dörflicher Siedlungsstruktur und lockerer Einzelhausbebauung	Flächennutzungspläne; Luftbilder
	VERKEHR anlagebedingte Belastungsfaktoren: Störung bzw. Verlust klimarelevanter Strukturen z.B. von Kalt- und Frischluftentstehungsflächen Temperaturerhöhung möglich Veränderung der Luftzirkulation möglich	Straßenverkehrsnetz		▲ Kraftfahr- und Bundesstraßen ◭ allen anderen Straßenkategorien	

Tab. 10: Klima
Problemorientierte Fragestellungen und Bewertungskriterien zur Ermittlung der aktuellen Belastungen und ökologischen Konflikte

- Erhaltung/Entwicklung der hierfür erforderlichen Lebensraumqualitäten in stofflicher, hydrologischer und struktureller Hinsicht

Die Bedeutung der lebensräumlichen Funktion, des Leistungsvermögens eines Biotops, läßt sich einschätzen aufgrund

- der Standortmerkmale/Milieumerkmale,
- der Strukturmerkmale/Nutzungsmerkmale sowie
- der Artenzusammensetzung/Pflanzen und Tiere.

Für die Beurteilung der Empfindlichkeit eines Biotops gegenüber Störgrößen kommen somit folgende wesentliche Gesichtspunkte infrage:

- die Abhängigkeit des Lebensraumes von der Art und Ausprägung bestimmter standörtlicher und struktureller Eigenschaften, die für das Reaktionsverhalten des Lebensraumes maßgebend sind,
- die räumliche Größe und Lage im Raum und
- das Anspruchsverhalten der vorhandenen Arten bzw. Artengemeinschaft.

Im Vordergrund stehen deshalb insbesondere Fragen der Empfindlichkeit gegenüber

- Stoffeinträgen,
- Wasserhaushaltsveränderungen,
- Verlärmung,
- Zerstörung funktionaler Zusammenhänge oder
- Flächenverlust.

Bewertung der Biotopsituation

Die Bewertung wurde in drei Wertstufen auf drei Ebenen vorgenommen:

1. Bewertung der generellen Leistungsfähigkeit aufgrund von Nutzungsintensität, Struktur- und Standortmerkmalen sowie der allgemeinen floristischen und faunistischen Bedeutung.

   Hohes Leistungsvermögen
   - Naßwiesen, Seggenried, Röhricht
   - Flächen mit vorwiegendem Streuobstanbau
   - aufgelassene Streuobstwiesen
   - ungenutzte Flächen mit vorwiegend junger Sukzession
   - aufgelassene Schieferabbauflächen einschließlich ihrer Stillgewässer
   - weitgehend natürliche bis naturnahe Fließgewässerabschnitte einschließlich ihrer Begleitvegetation (Galeriewälder) sowie bedingt naturnahe Gewässerabschnitte im Siedlungsraum
   - Laub- und Mischwälder

- Galeriewälder, Wäldchen
- Flächen vorwiegend extensiver Grünlandnutzung

Mittleres Leistungsvermögen
- Flächen mit vorwiegender Grünlandnutzung mittlerer Nutzungsintensität
- Gebüsche, Hecken (+)
- Terrassenkanten, grasreich mit vereinzeltem Gehölzbestand (–)
- Terrassenkanten mit dichtem Gehölzbestand (+)
- Terrassenkanten mit Hangwäldchen (+)
- bedingt naturnahe Fließgewässerabschnitte (+)
- Ackerbrachen (+)

Vorhandenes Leistungsvermögen
- Flächen mit vorwiegender Ackernutzung mittlerer bis hoher Intensität
- Flächen mit vorwiegend intensiver Grünlandnutzung (Fettwiesen, -weiden) (+)
- Nadelwälder, Aufforstungen
- übrige Gewässerabschnitte
- Sonderflächen (Erwerbsgartenbau, Sportplätze, Friedhöfe)
- Kleingärten
- Flächen mit vorwiegend intensivem Obstanbau.

2. Aufwertung einzelner mit (+) gekennzeichneter Biotope, wenn diese
   - verglichen mit den anderen Biotopen des jeweiligen Biotopstrukturtyps eine besondere ökologische Ausprägung aufweisen;
   - besondere Funktionen wahrnehmen, insbesondere in bezug auf flächenhafte Vernetzung und Pufferung.

3. Abgrenzung von Bereichen besonders vielfältiger Biotopstruktur, in denen zur differenzierten Bewertung faunische Belegerhebungen der Brutvögel (siehe Beispiel eines Teilgebietes), Heuschrecken und Libellen durchgeführt wurden.

2.2.3.5 Beurteilungskomplex Landschaftliche Eigenart

In den vorhergehenden Abschnitten standen als Schutzgüter die Naturgüter und ihre ökologischen Funktionen im Vordergrund. Neben diesem Leistungsvermögen des Naturhaushaltes enthält die räumliche Umwelt aber auch ein strukturelles Schutzgut, das auf das sinnliche Erleben durch den Menschen gerichtet ist. Doch die heutige Art und Intensität der Raumnutzung weist einen immer geringer werdenden Bezug zu den natürlichen Voraussetzungen auf, so daß nicht nur die Naturgüter und ihre Leistungen starken Beeinträchtigungen unterliegen, sondern auch die natürlichen und nutzungsbedingten Charakteristika zwischen den verschiedenen Landschaftsräumen immer mehr verwischt werden.

Den **Beurteilungshintergrund** im Rahmen der ökologischen Risiko- bzw. Konfliktanalyse bilden folgendes Grundziel und daraus abgeleitete Teilziele:

Grundziel

- Nachhaltige Sicherung der landschaftlichen Eigenart

Teilziele

- Erhaltung/Entwicklung unterschiedlicher Landschaftsräume
- Erhaltung/Entwicklung der die spezifische Identität eines Landschaftsraumes kennzeichnenden strukturellen Voraussetzungen

Für die hier im Vordergrund stehende Frage nach der entsprechenden Bedeutung landschaftlicher Strukturen sind Vielfalt und Eigenart wesentliche Kriterien. Schönheit ist ein in diesem Zusammenhang ungeeignetes, weil subjektiv gefärbtes Merkmal. Vielfalt wird hier als Vielfalt von Landschaftsräumen verstanden, die sich aufgrund ihrer Eigenart unterscheiden. Die Eigenart eines Landschaftsraumes selbst ergibt sich aus den sinnlich wahrnehmbaren Strukturen, die einen Landschaftsraum in besonderer Weise charakterisieren und unverwechselbar machen. Sie stehen in Zusammenhang mit seiner natürlichen Entstehung und/oder den bestehenden bzw. ehemaligen Raumnutzungen.

Als wertbestimmende Grundmerkmale gelten

- die Geländemorphologie,
- die Vegetation und
- die Gewässer.

Geländemorphologie und Vegetation bilden eine entscheidende Grundlage für die räumliche Abgrenzung. In der Vegetation kommen außerdem die standörtlichen und nutzungsbedingten Wirkungen zum Ausdruck, d. h. das Ausmaß der anthropogenen Überformung.

Von besonderer wertbestimmender Art sind Merkmale, die das kulturelle Erbe in der Landschaft widerspiegeln, historische Nutzungs- und Siedlungsstrukturen sowie einzelne Elemente der historischen Kulturlandschaft. Weitere kennzeichnende Kriterien sind Lärmfreiheit sowie Merkmale lufthygienischer und bioklimatischer Art.

Aus Art, Ausprägung, Anteil, räumlicher Anordnung sowie räumlicher und zeitlicher Konstanz solcher Strukturen ergibt sich die Wertbestimmung der jeweiligen landschaftlichen Eigenart.

2.3 Strukturtypen-Ansatz

2.3.1 Methodenverständnis

Die Theorie der differenzierten Bodennutzung (vgl. Odum, 1969, Haber, 1972, Schemel, 1976, 1979) betrachtet die räumliche Umwelt als ein System von Nutzungsbereichen und Nutzungskomplexen, die in sehr unterschiedlicher Weise miteinander in Beziehung stehen. Zugleich weisen sich diese Bereiche in Abhängigkeit von Art und Intensität ihrer Nutzung durch sehr unterschiedliche ökologische Qualitäten aus. Vor diesem Hintergrund sind verschiedentlich Überlegungen angestellt worden, eine solche raumstrukturelle Gliederung nicht nur als Basis einer Bewertung von Natur und Landschaft zu verwenden, sondern auch zu einem für Umweltveränderungen offenen, planungsrelevanten Informationssystem zu erweitern. Als Beispiel eines solchen Ansatzes muß die im Auftrag der Landesanstalt für Umweltschutz Baden-Württemberg durchgeführte Studie zur „Naturraumbewertung auf der Grundlage von Strukturtypen auf der Planungsebene der Regional- und Landesplanung“ (Hage, Hoppenstedt u. Schemel, 1990) verstanden werden. Im Zusammenhang mit der Stadtentwicklung wurden weitergehende Konzepte entworfen.

Bis hin in die 80er Jahre spielten Umweltbelange in planerischen Abwägungen der Stadtentwicklung nur eine untergeordnete Rolle. Ökologische Auswirkungen räumlicher Stadtentwicklungskonzepte waren kaum ein Thema. Sicher lag eine Ursache in der bis dahin allgemein geringen Sensibilität gegenüber Umweltbelangen. Ausschlaggebend war aber ebenso eine oftmals nur lückenhafte und heterogene Informationsbasis über die Ausprägung der Umweltqualitäten. In der folgenden Zeit sind verschiedene Versuche unternommen worden, Arbeitsgrundlagen zu schaffen, um die ökologischen Auswirkungen und die Erheblichkeit räumlicher Stadtentwicklungsvorhaben beurteilen zu können. In diesem Zusammenhang stehen die in den 80er Jahren in verschiedenen bundesdeutschen Städten durchgeführten Vorhaben zur Entwicklung und Installation stadtökologischer Informationssysteme (vgl. Müller, 1982; Schulz, 1982; Senator für Stadtentwicklung und Umweltschutz Berlin, 1985; Ellermann, 1987). Für die Stadt Dortmund wurde mit dem **Handbuch zur Umweltbewertung** (Schemel, Langer, Albert, Baumann, 1990) ein Konzept und eine Arbeitshilfe für die kommunale Umweltplanung und Umweltverträglichkeitsprüfung erstellt. In einer weiteren Studie (Langer, Albert, Baumann, Petersen, 1994) wurde das Konzept zur Entwicklung und räumlichen Umsetzung von Umweltqualitätszielen und -standards für die Planung in Hamburg weiterentwickelt.

Im Vordergrund steht ein inhaltlich-methodisches Konzept zur systematischen Eingrenzung und Darstellung planungsentscheidender, umweltrelevanter Merkmale als **Grundlage für eine vergleichende ökologische Flächenbewertung** sowie als **Hilfe zur Entwicklung und Aufstellung konsensfähiger Umweltqualitätsziele.**

2.3.2 Methodenstruktur

Voraussetzung für eine umfassende Umweltplanung ist die systematische Erfassung der aktuellen Umweltsituation. Dies erfordert die Beschreibung und Bewertung des Umweltzustandes. Zugleich muß die Vielzahl der Umweltmerkmale so gefaßt und geordnet sein, daß eine Beschreibung und Bewertung der Umweltqualität praktikabel und mit hinreichender Genauigkeit vorgenommen werden kann.

Das Konzept kennzeichnet folgende Grundstruktur (vgl. Abb. 22):

- Das Stadtgebiet wird in **Raumeinheiten** gegliedert, womit die räumliche Bezugsbasis vorgegeben wird. Die Abgrenzung erfolgt auf der Grundlage von Nutzungsstrukturen zu Raumtypen mit vergleichbarer struktureller Ausprägung (vgl. Tabelle 11).

Wohnbebauung und Einrichtungen für den Gemeindebedarf
- dichte Wohnbebauung, Blockbebauung
- Zeilenbebauung, Neubaugebiet mit Hochhäusern
- Einzel- und Reihenhausbebauung
- Villen, sonstige Bebauung mit großen Grünflächen
- dörfliche Bebauung
- dichte Bebauung für Verwaltung und Dienstleistung
- Gemeinbedarfsflächen

Industrie und Gewerbe
- Gleisanlagen incl. Bahnhöfen
- Hauptverkehrsstraßen, Fernstraßen einschließlich Begleitgrün
- Flugplatz

Ver- und Entsorgung
- Deponie, Spülflächen, Schlickhügel, Anlagen für Abfallentsorgung und -verwertung
- Kläranlagen, Energieversorgung, Fernheizwerk, Gaswerk, Wasserwerk

Landwirtschaft, Gartenbau
- Ackerland
- Grünland
- Gemüsegartenbau, Baumschule
- Obstanbauflächen

Tab. 11: Liste der Raumeinheiten.

- Die **Abbildung der Umweltsituation** erfordert eine Reduktion der Komplexität, um ihre Vielfalt überschaubar und planerisch effektiv zu gestalten. Da-

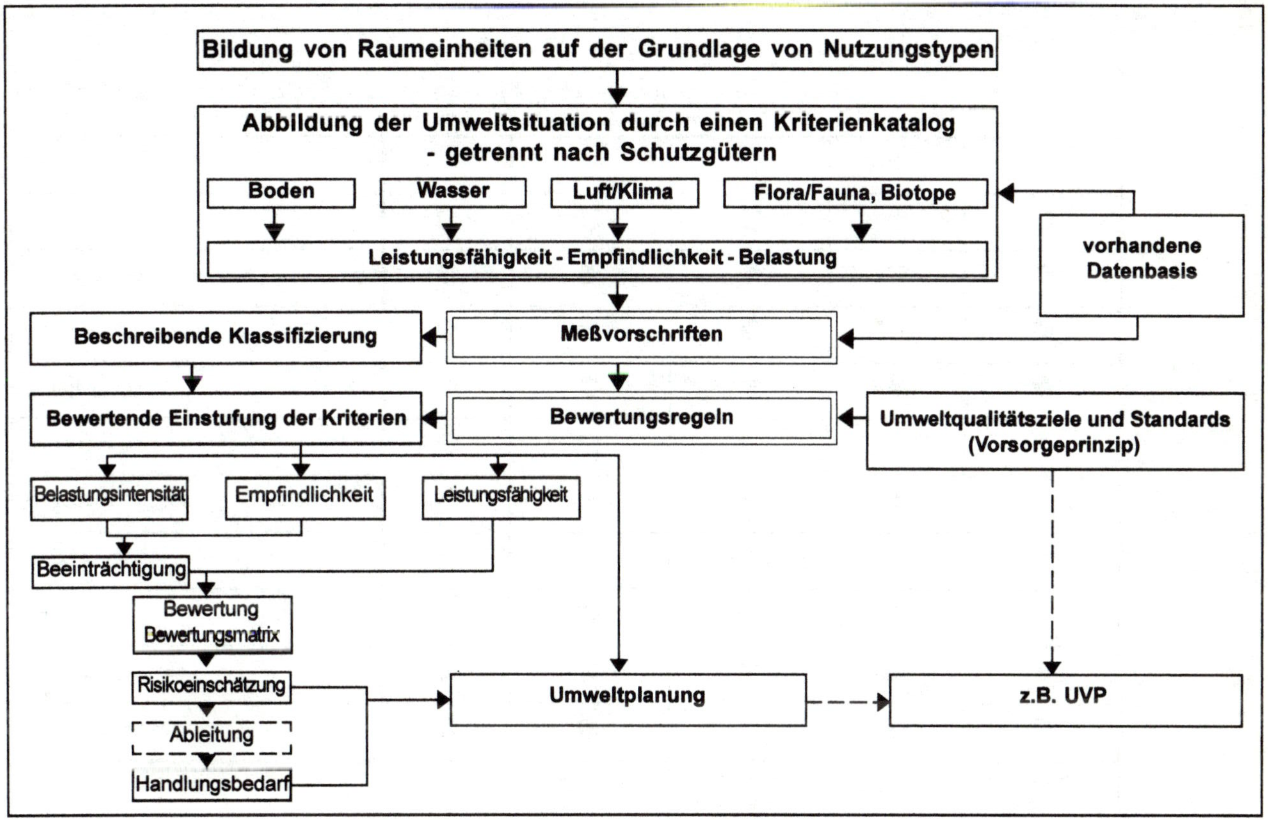

Abb. 22: Methodisches Konzept

Raumeinheit	Schutzgüter				
	Boden	Grundwasser	Oberflächen-wasser	Luft/Klima	Flora,Fauna/-Biotope
Wohnbebauung	●	●	●	●	O
Industrie/Gewerbe	●	●	●	●	●
Verkehr	●	●	O	●	●
Brachen	+	●	O	+	+
naturnahe Flächen	+	+	+	+	+
Gewässer	O	O		+	+
Sonderflächen	●	●	●	●	●
Ver- und Entsorgung	●	●	●	●	●
Landwirtschaft/Gartenbau	●	●	●	●	●
Grünflächen	O	O	O	+	O
Wald	+	+	O	+	+

Tab. 12: Beeinflussung der Schutzgüter durch die Raumeinheiten.

bei werden fünf Bereiche zur Erfassung, Systematisierung und Einordnung der Umweltfunktion und Umweltqualität zugrundegelegt: die **Schutzgüter** Boden, Wasser (Grundwasser und Oberflächenwasser), Luft/Klima, Arten/Biotope, Natur- und Landschaftserleben.

- Zur Kennzeichnung der Umweltsituation in den Raumeinheiten dient ein **Kriterienkatalog**, der die Leistungsfähigkeit, Empfindlichkeit und Belastung der Schutzgüter darstellt (vgl. Tabelle 13). Die Kriterien werden durch meßbare Parameter beschrieben, die diese ausreichend abbilden. Für Parameter, für die keine ausreichenden Daten zur Verfügung stehen, werden Ergänzungsparameter eingeführt, die auf bestimmte, jedoch nicht gemessene oder meßbare Sachverhalte hinweisen und damit eine gewisse Leistungsfähigkeit, Empfindlichkeit oder Belastung implizieren. Grundsätzlich ist jede Raumeinheit hinsichtlich dieses Katalogs abzuprüfen, gleichzeitig zeigt es sich aber, daß die verschiedenen Kriterien für die jeweiligen Raumeinheiten unterschiedliche Relevanz besitzen, d. h. den einzelnen Raumeinheiten in Abhängigkeit von ihrem Strukturcharakter bestimmte ‚Kriterien-Sets' zugeordnet werden können (vgl. Tabelle 14).
- Um Aussagen über die Umweltsituation treffen zu können, müssen diese Kriterien bzw. Parameter auch bewertet werden. Die **Bewertung** muß systematisch und nachvollziehbar sein, da in dieser Bewertung neben Sachinformationen auch normativ-subjektiv-politische Werthaltungen eingehen. Sach- und Wertebene muß klar unterscheidbar sein. Auf gesellschaftlichem Konsens beruhende Umweltqualitätsziele und -standards bilden für eine solche Einstufung entscheidende Vorgaben, die „aus einer fachlichen Aussage und einer politischen Wertung" (Fürst et al., 1992) bestehen. Sie verbinden Sachinformationen und Empfehlungen mit gesellschaftlichen Zielen, Werthaltungen und Entscheidungen darüber, „... wieviel Natur wir uns leisten wollen bzw. wieweit Umweltbelastungen wir bereit sind zu akzeptieren. Sie beschreiben den vom Menschen gewünschten Grad der Ausschöpfung oder des Zustandes von Umweltfunktionen" (Kiemstedt, Müller-Bartusch, Baumann, 1992).
- Die im Rahmen der Studie durchgeführte Bewertung erfolgte jedoch noch nicht auf der Grundlage solcher vorgegebener, einen gesellschaftlichen Konsens darstellender Umweltqualitätsziele, sondern bereitet ihre Definition lediglich vor, indem vorsorgeorientierte Maßstäbe für die Bewertung eingeführt werden. Unter **Umweltvorsorge** wird dabei die „Vermeidung oder Verminderung von ‚Risiken' für die Umwelt im Vorfeld der Gefahrenabwehr und Gefahrengrenze bereits bei einem Gefahrensverdacht oder ‚Besorgnispotential'" (Kühling, 1986) verstanden.
- Die Bewertung erfolgt über Bewertungsstufen, die in der Regel nicht mehr als eine fünfgliedrige Skala umfassen, so daß die Überschaubarkeit gewährleistet

Schutzgut	Kriterium	Parameter	Ergänzungsparameter
Boden	Bodeneigenschaften	Naturnähe	
		Grundwasserbeeinflußung	
	Bodenversiegelung	Versiegelungsgrad	
	Bodenkontamination	Konzentration an org. und anorg. Schadstoffen	Altlastverdachtsflächen
			Seitenstreifen-Altlastverdachtsflächen
Grundwasser	Grundwasserneubildung	Grundwasserneubildungsrate	Wasserschutzgebiete
	Grundwasserempfindlichkeit	Anfälligkeit gegenüber Verunreinigungen nach Flurabstand und Deckschichten	
	Grundwasserbeschaffenheit	Konzentration an org. und anorg. Schadstoffen im Grundwasser	Altlastverdachtsflächen
			nutzungsbedingte potentielle Belastungen
			Systembeeinträchtigung
	Grundwasserentnahme	Grundwasserentnahmen	
Oberflächenwasser	Naturnähe	Gewässerstruktur/Ausbauzustand	
	Wässerqualität	Gewässergüte	Art der Besielung
		Gewässerchemie	Direkteinleitung
		Sedimentchemie	
Luft/Klima	Klimafunktion	Klimatope	Kaltluftentstehung
			Frischluftentstehung, Reduzierung von Luftverunreinigungen
			Kaltluftabfluß/Kaltlufttransport
			Durchlüftungsverhältnisse/Luftaustausch
			Frischluftsicherungsgebiete
	Gas- und partikelförmige Immissionen	Konzentration an organischen/anorganischen Schadstoffen in der Luft	Schwermetallgehalte in Weidelgraskulturen
			Genehmigungsverfahren nach BImSchG
			Lage an stark befahrenen Straßen
	Schallimmissionen	Schalldruckpegel	Verkehrsmengen
	Thermische Belastung	Wärmebelastung	
Flora, Fauna/ Biotope	Lebensraumfunktion für Pflanzen und Tiere	Nutzungstypenbewertung	Schutzgebiete
	Empfindlichkeit von Flora/-Fauna, Biotope	Nutzungstypenbewertung	Wertvolle Einzelbiotope
	Belastungen von Flora/-Fauna, Biotope	Belastungen der Schutzgüter Boden, Wasser, Luft/Klima	Verbindungsbiotope

Tab. 13: Kriterienkatalog aller Schutzgüter.

bleibt. Leistungsfähigkeit, Empfindlichkeit und Belastung der Schutzgüter werden anhand der Kriterien bzw. Parameter und ihrer Bewertung zunächst einzeln betrachtet und erst dann zueinander in Beziehung gesetzt. „Die Bewertung der Schutzgüter wird in der Regel durch eine Überlagerung der eingeschätzten **Belastung** mit der ermittelten **Empfindlichkeit** vorgenommen.

Kriterium			dichte Wohnbebauung, Blockbebauung	Zeilenbebauung, Neubaugebiet mit Hochhäusern	Einzelhaus- und Reihenhausbebauung	Villen, sonstige Bebauung mit großen Grünflächen	dörfliche Bebauung	Dichte Bebauung für Verwaltung und Dienstleistung	Gemeindebedarfsflächen	Gewerbeflächen, Industrieflächen, Hafenanlagen	Gleisanlagen incl. Bahnhöfe	Hauptverkehrsstr., Fernstr. einschl. Begleitgrün	Flugplatz	Deponie, Spülflächen, Abfallentsorgung etc.	Kläranlagen, Energieversorgung	Ackerland	Grünland	Gemüsegartenbau, Baumschule, Obstanbauflächen	Parkanlagen	Kleingartenanlagen	Freizeitanlagen (Sportplatz, Freibad, Camping etc.)	Waldfläche	Industrie- und Siedlungsbrachen	Landwirtschaftliche Brache, Gartenbrache	Heiden und Grasfluren	Moore, Feuchtflächen, Vordeichsflächen	fließende Gewässer (Fluß, Bach, Kanal, Fleet etc.)	stehende Gewässer (Teich, Weiher, Brack etc.)	Deich	Abbauflächen in Betrieb/stillgelegt	sonstige
Boden	Leistungsfähigkeit	Bodeneigenschaft	-	-	-	●	-	-	-	-	-	-	●	-	●	●	●	●	●	●	●	+	-	●	●	●	○	○	●	●	●
	Belastung	Bodenversiegelung	●	●	●	●	●	●	●	●	○	-	●	●	●	+	+	●	+	●	●	+	●	+	+	+	○	○	●	●	●
		Bodenkontamination	●	●	●	●	●	●	●	●	●	○	●	●	●	●	●	●	●	●	●	●	●	●	●	●	○	○	○	○	●
Grundwasser	Leistungsfähigkeit	GW-Neubildung	-	●	●	●	●	-	●	●	●	-	●	●	●	●	●	●	●	●	●	●	●	●	●	●	○	○	○	●	●
	Empfindlichkeit	GW-Empfindlichkeit	○	●	●	●	●	○	●	●	●	○	●	●	●	●	●	●	●	●	●	●	●	●	●	●	○	○	○	●	●
	Belastung	GW-Beschaffenheit	-	-	-	-	●	-	●	●	-	-	●	●	●	●	●	●	-	●	●	●	●	●	●	●	○	○	-	●	●
		GW-Entnahmen	○	○	○	○	●	○	○	●	○	○	●	●	●	●	●	●	○	●	●	●	○	●	●	●	○	○	○	●	●
Oberflächenwasser		Gewässerqualität	○	○	○	○	○	○	○	○	○	○	○	○	○	○	○	○	○	○	○	○	○	○	○	○	●	●	○	○	○
Luft/Klima	Leistungsfähigkeit	Klimafunktion	●	●	●	●	●	●	●	●	●	●	●	●	●	●	●	●	●	●	●	●	●	●	●	●	●	●	●	●	●
	Belastung	Gas, partikl. Imissionen	●	●	●	●	●	●	●	●	●	●	●	●	●	●	●	●	●	●	●	●	●	●	●	●	○	○	●	●	●
		Schallimmissionen	●	●	●	●	●	●	●	●	●	●	●	●	●	●	●	●	●	●	●	●	●	●	●	●	○	○	○	●	●
		Therm. Belastung	●	●	●	●	●	●	●	●	●	●	●	●	●	●	●	●	●	●	●	●	●	●	●	●	○	○	●	●	●
Flora, Fauna/Biotope	Leistungsfähigkeit	Lebensraumfunktion	●	●	●	●	●	●	●	●	●	●	●	●	●	●	●	●	●	●	●	●	●	●	●	●	●	●	●	●	●
	Empfindlichkeit	Empf. von Flo., Fau., Biot.	●	●	●	●	●	●	●	●	●	●	●	●	●	●	●	●	●	●	●	●	●	●	●	●	●	●	●	●	●

(Kopfzeile: Raumeinheit / Kriterium)

Tab. 14: Kriterien-„Set“ für die Raumeinheiten

Das Ergebnis dieser Überlagerung bewertet die **Beeinträchtigung** des Schutzgutes ... Die **Leistungsfähigkeit** des Schutzgutes wiederum wird zu dieser ermittelten Beeinträchtigung in Beziehung gesetzt, woraus sich ein bestimmtes **Risiko**, d. h. ein bestimmter Leistungsverlust bzw. ein bestimmter Handlungsbedarf für das Schutzgut in der betrachteten Raumeinheit ergibt." (Langer, Albert, Baumann, Petersen, 1994).

2.3.3 Fallbeispiel

Das Konzept wurde an einem Beispielsraum (Süd-Ost-Achse und Innenstadt Hamburg) auf seine praktische Anwendbarkeit hin getestet:

- Auf der Basis einer Nutzungskartierung wurden die Strukturtypen bestimmt und räumlich abgegrenzt (vgl. Tabelle 15).

Raumeinheit	**Flächengröße in ha (gerundet)**
Einzel- u. Reihenhausbebauung	325
Villen	82
Zeilenbebauung	181
Geschlossene Bebauung	72
Dörfliche Bebauung	4
Bebauung	**664**
Gemeinschaftsflächen	73
Dichte Bebauung für Verwaltung	183
Einrichtung für den Gemeinbedarf	**256**
Gewerbeflächen, Industrieflächen und Hafenanlagen	1182
Gewerbe und Industrie	**1182**
Gleisanlagen incl. Bahnhöfe	159
Hauptverkehrsstraßen, Fernstraßen einschließlich Begleitgrün	277
Flugplatz	46
Verkehr	**482**
Deponie, Spülflächen, Schlickhügel in Betrieb, Anlagen für die Abfallentsorgung und -verwertung	95
Kläranlagen, Energieversorgung, Fernheizwerk, Gaswerk, Wasserwerk	noch nicht berücksichtigt
Ver- und Entsorgung	**95**
Ackerland	763
Günland	436
Gemüsegartenbau, Baumschule	80
Obstanbaufläche	–

Raumeinheit	Flächengröße in ha (gerundet)
Landwirtschaft, Gartenbau	**1279**
Parkanlagen	239
Kleingärtneranlagen	56
Grünflächen, Freizeit und Erholung	576
Waldfläche	132
Wald	132
Landwirtschaftliche brachen, Gartenbrache	84
Industrie- und Siedlungsbrachen	302
Brachen	386
Heiden und Grasfluren	12
Moore, Feuchtflächen, Vordeichsflächen	36
Naturnahe Flächen	**48**
Fließende Gewässer (Elbe bis Westufer)	ca. 660
Stehende Gewässer	30
Gewässer	**690**
Deich	ca. 10
Abbauflächen in Betrieb/stillgelegt	–
sonstige Flächen	–
Sonderflächen	**16**
Raumeinheiten	**5800**

Tab. 15: Flächengrößen der Raumeinheiten im Beispielraum

- Aus dem Beispielsraum wurden die Strukturtypen Einzelhaus- und Reihenhaus-Bebauung, Gewerbe und Industrie, Ackerland und Grünland herausgenommen und näher untersucht.
- Für die ausgewählten Strukturtypen wurden die Schutzgüter Boden, Grundwasser, Luft/Klima und Arten/Biotope analysiert und bewertet. Jeder Raumeinheit wurde eine Nummer zugeordnet, um jede Fläche identifizieren zu können. Für jede Fläche wurden, getrennt nach Schutzgütern, die Kriterien bzw. Parameter ihrer Leistungsfähigkeit, Empfindlichkeit und Belastung ermittelt und bewertet. Aus dem Verhältnis zwischen Beeinträchtigung und Leistungsfähigkeit wurde die Einschätzung des Potentialverlustes hergeleitet.
- Für ausgewählte Flächen bestimmter Strukturtypen verdeutlicht eine Übersicht das jeweilige Gesamtergebnis (vgl. Tabelle 16).

Gesamtübersicht, Analyse und Bewertung

RAUMEINHEIT:	Gewerbe und Industrie	FLÄCHENNUMMER:	9

Boden

Bodeneigenschaft (1-3)		Bodenversiegelung (1-5)	Bodenkontamination (1-2)		Altlastverdachten (1-3)	Seitenstreifen-Altlast (1-4)
Naturnähe	GW-Beeinflußung		Schwermetall	CKW		
1	2	4	-	-	1	1

Grundwasser (GW)

GW-Neubildung (1-5)	Wasserschutzgebiet	GW-Empfindlichkeit (1-3)	GW-Beschaffenheit (1-3)		Altlasten-verdacht (1-2)	Nutzungsbedingte pot. Belastung			Systembeeinträchtigungen (urb. Gewässerhaushalt, Uferfiltrat)	GW-Entnahmen (1-2)
			Chlorid	Sulfat		Gewerbe u. Industrie (1-2)	Verkehrsfläche/ Seitenstreifen (1-4)	intensive Landwirtschaft (1)		
1	-	2	1	2	-	-	1	-	-	-

Oberflächenwasser

Gewässerstruktur/ Ausbauzustand (1-5)	Wasserqualität			Art der Besielung (Misch, Trenn, Hafen)	Direkteinleitungen (kommunal/gewerblich)
	Gewässergüte (1-7)	Gewässerchemie (1-7)	Sedimentchemie (1-7)		
-	-	-	-	-	-

Luft/Klima

Klimafunktion (1-3)	Kaltluftentstehung (1-3)	Frischluftentstehung (1-3)	Kaltluftabfluß (vorh.)	Durchlüftungsverhältnisse (1-3)	Freiflächensicherungsgebiet (1-2)	Immissionen (1-5)	Schwermetall im Weidelgras (1-5)	BImSchG Genehmigungsverfahren (1-3)	Lage an stark befahrener Straße (1-4)	Schallimmissionen		thermische Belastung
										DIN 18005/1 (t/n)	VDI (t/n)	Wärme (1-3)
1	-	-	-	-	-	-	-	-	1	-	-	-

Flora, Fauna/Biotope

Lebensraumfunktion/ Empfindlichkeit (1-5)	Schutzgebiete	wertvolle Einzelbiotope	Verbindungsbiotope	Belastung: Boden/Grundwasser/Luft/Klima
1	LSG	-	-	siehe doppelte Umrandung

Menschliche Gesundheit	Bemerkungen:
Belastungen: Boden/Grundwasser/Luft/Klima	
siehe Schattierungen	

Bewertungsmatrix Boden

Belastungen	Bewertungsstufen	Bodeneigenschaften: hohe	mittlere	geringe
Bodenversiegelung	1			
	2			
	3			
	4			⊖
	5			
Bodenkontamination Schwermetalle: (Arsen, Blei, Cadmium, Chrom, Kupfer, Nickel, Quecksilber, Zink)	1			
	2			
BTEX: (PCB, Dioxine und Furane) PAK: (Benzol, Toluol, Xylol)	1			
	2			
Ergänzungsparameter Altlastenverdachtsflächen	1			◘
	2			
	3			
Seitenstreifen-Altlastverdachtsflächen	1			⊙
	2			
	3			
	4			
durch benachbarte Raumeinheiten	Angabe			

Potentialverlust: keiner/gering ⊙, erheblich ⊖, schwerwiegend ●
Risiko: vorhanden □, hoch ◘, sehr hoch ■

Bewertungsmatrix Grundwasser

Belastungen	Stufen	Empfindlichkeiten: hoch	mittel	gering
Grundwasserbeschaffenheit Chlorid-Gehalt	1		⊙	
	2			
	3			
Bullat-Gehalt	1			
	2		⊖	
	3			
Ergänzungsparameter: Altlastverdachtsflächen	1			
	2			
Nutzungsbed. pot. Belast. Gewerbe und Industrie	1			
	2			
Verkehrsflächen/Seitenstreifen	1		⊙	
	2			
	3			
	4			
Intensive Landwirtschaft	vorhand			
Systembeeinträchtigungen	A			
	B			
Grundwasserentnahmen	1			
	2			

Beeinträchtigung: hoch ●, mittel ⊖, gering ⊙

Risiko durch Beeinträchtigung des Schutzgutes Grundwasser

Beeinträchtigung	Leistungsfähigkeit Grundwasserneubildungs - Stufen: 1	2	3	4	S/WSG
hoch ●					
mittel ⊖	□				
gering ⊙					

Risiko: vorhanden □, hoch ◘, sehr hoch ■

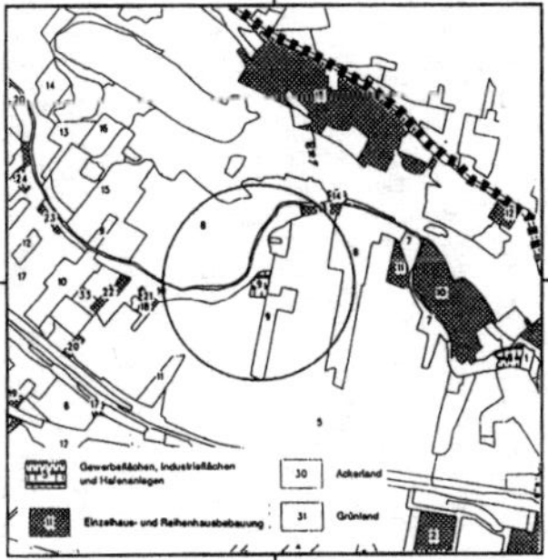

Bewertungsmatrix Luft/Klima

	Bewertungsstufe	klimatisches Potential: sehr hoch	hoch	mittel	gering
Lufthygienische Belastung					
gas- u. partikelförmige Schadstoffe (Immissionen)	1				
	2				
	3				
	4				
	5				
Schwermetallgehalt in Waldeigraskulturen	1				
	2				
	3				
	4				
	5				
Genehmigungsverfahren nach BImSchG (Emission)	1				
	2				
	3				
Lage an stark befahrener Straße	1				□
	2				
	3				
	4				
Schallimmissionen					
Schallimmissions - Orientierungswert nach DIN 18005/1 überschritten	tags				
	nachts				
VDI Immissionsrichtwert Verkehr überschritten	tags				
	nachts				
thermische Belastung					
Wärmebelastung	1				
	2				
	3				

Risiko: sehr hoch ■■, hoch ■, mittel □□, gering □

Bewertung Flora, Fauna/Biotope

	höchst mögliche Bewertungsstufe	ermittelte Bewertungsstufe
Lebensraumfunktion	5	1
Schutzgebiet	Angabe	LSG
Wertvolles Einzelbiotop	Angabe	-
Verbindungsbiotope	Angabe	-
Empfindlichkeit	5	1
Belastungen		
Boden		
Bodenversiegelung	5	4
Bodenkontamination	2	-
Altlastverdachtsflächen	3	1
Grundwasser		
Chlorid/Sulfat-Gehalt	3	2
pot. Belast. durch: Industrie	2	-
Intens. Landwirtschaft	1	-
Oberflächenwasser		
Gewässerqualität	5	-
Art der Besiedlung	Angabe	-
Direkteinleiter	Angabe	-
Luft/Klima		
Gas- und partikelförmige Immissionen	5	-
Schwermetallgehalte von Waldeigraskulturen	5	-
Genehmigungsverfahren nach BImSchG	3	1
Lage an stark befahrener Straße	4	1
Schallimmissionsorientierungswert überschritten	tags/nachts	-
Verkehrslärmorientierungswert überschritten	tags/nachts	-
[illegible]	3	-

Tab. 16: Bewertungsübersicht der Raumeinheit Gewerbe und Industrie Nr. 9.

Dietrich Kopp und Michael Succow

3. Die mittelmaßstäbige Naturraumkarte als Grundlage für eine ökologiegerechte Landnutzung

Die künftige Landnutzung muß viel mehr als bisher dem Leistungsvermögen des Naturraumes angepaßt werden. Das wird langfristig erhebliche Veränderungen gegenüber der gegenwärtigen Landnutzung zur Folge haben. Um diese erwarteten Veränderungen optimal gestalten zu können, ist eine zweigübergreifende[1], flächendeckende Naturraumkarte erforderlich, die wegen der Dringlichkeit der Aufgabe nur mittelmaßstäbig sein kann, sich jedoch auf die verfügbaren großmaßstäbigen Kartierungen stützen muß.

Ein solches auf der großmaßstäbigen forstlichen Standortserkundung aufbauendes und durch die mittelmaßstäbige landwirtschaftliche Standortskartierung (Schmidt, 1975) sowie Beispielskartierungen aus der physischen Geographie (Haase et al., 1991) ergänztes Kartierungsvorhaben ist für das nordostdeutsche Tiefland in seinem Basisteil zu 80 % der Fläche umgesetzt und soll hier als Gesamtkonzept mit Methode und Beispielsergebnissen vorgestellt werden (Kopp, Jäger, Succow et al., 1982, Kopp, Succow et al., 1988, Kopp, Linke, 1992).

Die Karte der Naturraummosaike (als Basiskarte) ist Kern der ersten der folgenden vier Arbeitsstufen:

1. Ausgrenzen von Naturraummosaiken nach naturräumlichen Strukturmerkmalen in einer Basiskarte und inhaltliche Kennzeichnung im Basisteil eines tabellarisch gestalteten Legendenbandes, bei den mineralischen Landflächen getrennt nach Stamm- und Zustandseigenschaften.
2. Kennzeichnung der Naturraummosaike nach der ökologischen Funktionstüchtigkeit.
3. Zweigbezogene Nutzungsinterpretation für Pflanzenbau (Waldbau, Dauergrasland, Feld-, Obst- und Gartenbau), landwirtschaftliche Tierhaltung, Fischerei, für die Nutzung als Wohn- und Produktionsstätte, für die Wassernutzung und das Erholungswesen.
4. Zweigübergreifende Nutzungsinterpretation durch Kennzeichnung des naturräumlichen Wirkanteils an der Landnutzung aus zweigübergreifender Sicht einschl. der Interpretation für den Naturschutz.

Die Arbeitsstufen 2 bis 4 sind Ableitungen aus der Basiskarte. Die Basiskarte muß daher alle für diese Ableitungen erforderlichen Primärmerkmale enthalten.

---

1 Siehe Erläuterungen im Glossar.

Die Ergebnisse der Arbeitsstufen 2 bis 4 werden entweder auf Ableitkarten und entsprechenden Teilen des Legendenbandes oder nur im Legendenband dargestellt.

Die Arbeitsstufen 3 und 4 bestehen aus je zwei Interpretationsteilstufen: zuerst unter Vernachlässigung der Zustandseigenschaften und danach unter Berücksichtigung dieser Eigenschaften. Die erste Stufe ist für mehrere Nutzungszweige schon ziemlich gut ausgereift, für weitere ist sie bald erreichbar. Die zweite Stufe wurde bisher nur bei der forstlichen Interpretation erreicht.

3.1 Basiskarte mit Naturraummosaiken

Das Naturraummosaik der Landflächen setzt sich nach Tabelle 16 aus den Mosaiktypen der vier Standortskomponenten Relief, Boden, Substratwasser und Lufthülle sowie der Vegetation zusammen. Beim Boden, bei der Lufthülle und bei der Vegetation ist der Gesamttyp untergliedert nach Teiltypen für Stamm- und Zustandseigenschaften. Der Substratwassermosaiktyp steht dazwischen, beim Grund- und Stauwasser ist das Vorhandensein zwar eine Stammeigenschaft, die Grundwassertiefe bzw. Stauwassermenge ist aber durch Regulierung beeinflußbar.

Komponente		**Komponententypen** Stamm-Eigenschaften		Zustandseigenschaften		besond. durch Fremdstoffe
Vegetation		Stamm-Vegetationsmosaiktyp		Zustands-Vegetationsmosaik		besondere Unterglied.
Standort	Lufthülle	Stamm-Standortsmosaik	Stamm-Klimamosaik: Makroklimaeigensch. Mesoklimaeigensch.: relief- und bodenbedingte Abweichungen in Abstufungen	Zustands-Standorts-mosaik	(Zustands-Klimamosaik mit bestandesbedingten Abweichungen)	Immissionsmosaik 1)
	Boden		Stamm-Bodenmosaiktyp		Mosaik der Humusformen	Sonder-Unterglied.
	Grund- und Stauwasser		Grund- und Stauwassermosaiktyp			
	Relief	Reliefmosaiktyp				

1) oder Depositionsmosaik.

Tab. 17: Naturraummosaiktyp, gegliedert nach Komponenten und Beeinflußbarkeit der Eigenschaften.

Bei der Typisierung und Arealabgrenzung haben die Stammeigenschaften Vorrang. Die Erfassung der Zustandseigenschaften ist zwar angelaufen, aber mit Ausnahme der bewaldeten Naturraumteile noch nicht ausgereift.

Die entsprechenden See-Naturräume werden nach den gleichen Komponenten erfaßt wie die Naturraummosaike der Landflächen. Nur ist die Bedeutung der Komponenten anders: weit voran steht die Komponente Wasser. Auch treten die Zustandseigenschaften stärker in den Vordergrund, weil die Stammeigenschaften – vor allem bei den Komponenten Wasser, Boden und Vegetation – vielfach nur hypothetisch ansprechbar sind.

Die Naturraummosaike werden in der Basiskarte unmittelbar nur in der Ebene des Haupttyps sichtbar gemacht, und zwar durch ein Symbol sowie durch Flächenfarbe und Rasterung. Alle Feinheiten werden – vermittelt durch eine Arealnummer – im Legendenband nachgewiesen. Symbole, Farben und Rasterung des Haupttyps werden in einer Kartenrandlegende erklärt.

Abbildung 23 (Seite 80) ist ein Beispielsausschnitt aus dieser mittelmaßstäbigen Naturraumkarte mit der zugehörigen Blattrandlegende, in der der in die Kartenareale als Symbol eingeschriebene naturräumliche Haupttyp erklärt wird. Die sonst mit Kolorit gestaltete Karte kann hier nur in Schwarz-Weiß abgebildet werden. Der Kartenausschnitt stammt aus dem Nordostbrandenburger Jungmoränenland im Randbereich des Pommerschen Stadiums der Weichsel-Kaltzeit. Er umfaßt etwa die Choriner „klassische geologische Quadratmeile“ der alten Berliner Quartärgeologie mit der glazialen Serie aus (von NO nach SW): kuppiger Grundmoräne mit Zungenbeckenseen, Endmoränenbogen, Vorschüttsander und Talsand des Eberswalder Urstromtals. Im Süden und Westen folgen Grundmoränenebenen und Stauchmoränen der Frankfurter Staffel, und im Südosten reicht das Niederoderbruch in den Kartenausschnitt hinein mit seinem Durchströmungs- und Überflutungsmoor am Eintritt der Finow in das Oderbruch.

Der Legendenband ist eine Tabellensammlung. Er gliedert sich in dem zur Basiskarte gehörenden Teil 1 in je einen Unterteil für Stamm- und Zustandseigenschaften, d. h. in Unterteile mit schwer veränderbaren und leicht veränderbaren Naturraumeigenschaften. Geordnet nach Haupttypen und vermittelt durch die Arealnummer erscheinen bei den Stammeigenschaften:

- die Arealstruktur als Zusammensetzung aus Teilmosaiken und die topische Arealstruktur innerhalb der Teilmosaike,
- die Flächenangaben,
- die Arealkennzeichnung durch feingegliederte Komponententypen für Boden, Relief, Substratwasser, Klima und Vegetation und
- der landschaftsgenetische Hintergrund.

Inhalt des Legendenteils mit Zustandseigenschaften sind der Flächenanteil der gegenwärtigen Landnutzungszweige, zweigübergreifende Zustandseigenschaften sowie die zweigdifferenzierten Zustandseigenschaften des Naturraums. Dazu gehören für den Wald das Mosaik der Humusformen und das Zustands-

Vegetationsmosaik. Für die anderen Nutzungszweige müßten entsprechende Zustandseigenschaften noch erarbeitet werden, für den Feldbau z. B. Krumenzustandsformen.

Alle diese Informationen sind gegliedert nach übergreifenden, das Gesamtmosaik kennzeichnenden Merkmalen und nach der Formenausstattung, so z. B. beim Boden nach dem Hydromorphie- und Substratrahmen sowie der Formengesellschaft als übergreifende Kennzeichnung und nach der Ausstattung mit Bodenformen.

Auch für die Seen enthält die Basiskarte eine Arealnummer und ein Symbol für den Haupttyp. In einem Sonderteil des Legendenbandes zur Basiskarte wird arealweise nachgewiesen:

- der Haupttyp des See-Naturraums,
- die Arealstruktur der topischen Bausteine,
- die Arealkennzeichnung durch feingegliederte Komponententypen für Wasserkörper, Gewässerboden, Relief, Klima und Makrophytenvegetation und
- der landschaftsgenetische Hintergrund.

Der Legendenband entspricht einem naturräumlichen Informationssystem.

Die Naturraummosaike sind aus einer flächendeckenden Kartierung ihrer topischen Bausteine im Maßstab 1:10 000 in den bewaldeten Naturraumteilen des nordostdeutschen Tieflandes hervorgegangen. Die topische Basis umfaßt damit reichlich ein Viertel der Gesamtlandschaft und dies zudem in ihren am naturnahesten gebliebenen Teilen. Die topischen Bausteine sind Naturraumformen, die entsprechend den Naturraummosaiken sich aus Komponentenformen des Bodens, Reliefs, Substratwassers, Klimas und – stellvertretend für die biotischen Komponenten – aus der Vegetationsform zusammensetzen (vgl. Tabelle 16). Besonders bei der Boden- und Vegetationsform ist die Trennung in Stamm- und Zustands-Form sehr weit ausgebaut (Kopp, 1986, Kopp, Kirschner, 1992).

Abbildung 24 (Seite 82–88) zeigt ein Beispielsblatt einer zur Naturraumformenkarte im Maßstab 1:10 000 erweiterten forstlichen Standortskarte.

Diese weist aus:

1. die Stammeigenschaften,
   mit Stamm-Naturraumformen dargestellt im Arealinnern durch dünn geschriebene Symbole und deren Erklärung in einer listenartigen Blattrandlegende es, ferner mit Stamm-Naturraumformengruppen, d. h. einer waldökologischen Gruppierung der Naturraumformen, dargestellt im Arealinnern durch fett gedruckte Symbole und deren Erklärung in einer Blattrandlegende in Ökogrammanordnung, aus der zugleich die Stamm-Vegetationsform ablesbar ist, sowie

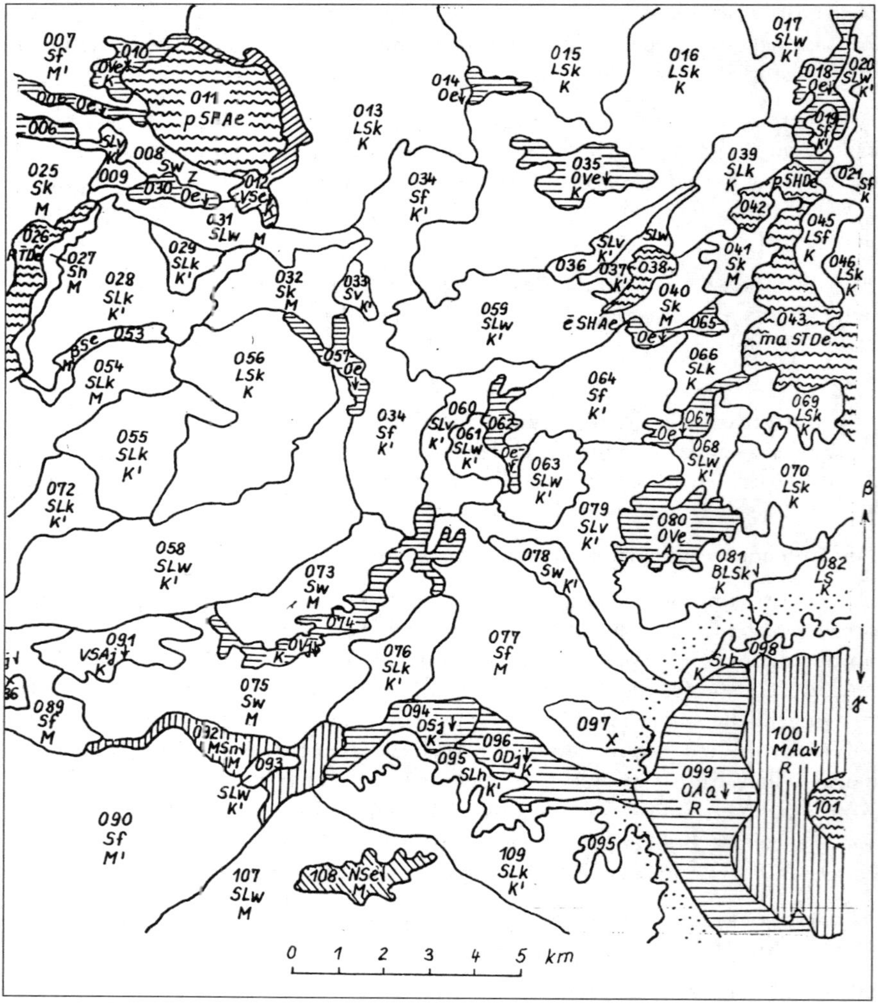

Abb. 23: Ausschnitt aus Blatt Eberswalde als Beispiel einer mittelmaßstäbigen Naturraumkarte.

Boden- und Reliefmosaik

Bodenmosaik Name und Signum		flächenhafte Reliefs: flache Platten	wellige Platten	kuppige Platten	Altdünenfelder	Jungdünenfelder	Altniederungen	Moräneneinsenkungen	Auen	Jungniederungen	Voll-, Hang- u. Hohlreliefs: Vollreliefs (Berge, Rücken, Riedel)	Hänge	Täler	Nischen	Senken
		f	w	k	d	u	n	e	a	j	v	h	t	i	s
anhydromorphe															
Sand-Mosaike	S	×		×							×	×			
Sand-Geschiebelehm-Mosaike	SL		×	×							×	×			
Geschiebelehm-Sand-Mosaike	LS	×		×											
Geschiebelehm-Mosaike	L														
Sand-Auenlehm-Mosaike	SA														
Auenlehm-Mosaike	A														
mäßig hydromorphe															
Sand-Mosaike	MS						|||								
Sand-Geschiebelehm-Mosaike	MSL														
Geschiebelehm-Sand-Mosaike	MLS														
Geschiebelehm-Mosaike	ML														
Sand-Auenlehm-Mosaike	MSA														
Auenlehm-Mosaike	MA								|||						
stark hydromorphe															
Sand-Mosaike	NS							\\\\\\							
Sand-Geschiebelehm-Mosaike	NSL														
Geschiebelehm-Sand-Mosaike	NLS														
Geschiebelehm-Mosaike	NL														
Sand-Auenlehm-Mosaike	NSA														
Auenlehm-Mosaike	NA														
vollhydromorphe															
Sand-Mosaike	VS							///		///					
Sand-Geschiebelehm-Mosaike	VSL														
Geschiebelehm-Sand-Mosaike	VLS														
Geschiebelehm-Mosaike	VL														
Sand-Auenlehm-Mosaike	VSA									///					
Auenlehm-Mosaike	VA														
Moormosaike (Auswahl)															
Versumpfungsmoor, sandunterl.	O/S									≡					
Auenüberflutungsmoor	OA								≡						
Durchströmungsmoor	OD									≡					
Verlandungsmoor	OV							≡		≡					

Erklärung des Arealsignums für den Haupttyp von See-Naturräumen

ma STDe	mesotroph-alkalischer Schalentiefsee, durchflossen, in Moräneneinsenkung
eRTDe	eutropher Rinnentiefstsee, durchflossen, in Moräneneinsenkung
ēSHAe	hocheutropher Schalenhalbtiefsee, nur mit Abfluß, in Moräneneinsenkung
pSHDe	polytropher Schalenhalbtiefsee, durchflossen, in Moräneneinsenkung
pSHAe	..., nur mit Abfluß in Moräneneinsenkung

Nährkraftstufe nach flächengewogenem Mittel:
R = Reich Z = Zieml. arm
K = Kräftig A = Arm
M = Mittel
Apostrophe bezeichnen Zwischenstufen zur nächstärmeren

Sekundäre Entwässerung nach flächengewogenem Mittel:
↓ gering entwässert (um 0,5 Stufe)
↓ mäßig entwässert (um 1 Stufe)
↓ zieml. stark " (um 1,5 Stufen)
↓ stark " (um 2 Stufen)
↓ sehr stark " (um 2,5 Stufen)

Großklimabereiche
β = schwächer maritim beeinflußt (Neubrandenburger Klima)
γ = kontinental beeinflußt (südmärkisches Klima)

Legende zum Kartenbeispiel in Abb. 23

Kennzeichnung nach Zustandseigenschaften
04100
MSLw1'lf
UP
11215
VSLe1lf
UE
10213
Sw1'lf
UP
11214
Sw1'lf
UP
11219
MSw1'lf
UP
11215
VSLe1'lf
UE
11220
Sw1'lf
MP
Plastbach
2625
2620
2619
2618
Redentiner
Mühle
Hof Redentin
Krusenhagen

Abb. 24

Symbolerklärung der Stamm-Naturraumformengruppe

Stamm-Feuchtestufe		Reich	Kräftig	Mäßig nährhaltig	Ziemlich arm	Arm
		Stamm-Nährkraftstufe				
			Stamm-Standortsformengruppe			
Trocken		R 3	K 3	M 3	Z 3	A 3
Mäßig frisch		**R 2**	**K 2**	**M 2⁺ M 2**	Z 2⁺ Z 2	A 2⁺ A 2
Frisch	wechsel-...	WR 2	WK 2	WM 2	WZ 2	
Frisch	dauer ...	**R 1**	**K 1**	**M 1**	**Z 1**	A 1
Feucht	mineralisch	**NR 2**	NK 2	NM 2	NZ 2	NA 2
Feucht	organisch	OR 4	OK 4	OM 4	OZ 4	OA 4
Naß	mineralisch	**NR 1**	**NK 1**	NM 1	NZ 1	NA 1
Naß	organisch	**OR 3**	OK 3	OM 3	OZ 3	OA 3
Sehr naß			**OK 2**	OM 2	OZ 2	OA 2

	Reich	Kräftig	Mäßig nährhaltig	Ziemlich arm	Arm
	Stamm-Vegetationsform[1] nach Hauptwaldphase (jeweils oben), Zwischen- und Vorwaldphase (Mitte und unten)				
Trocken	Lungenkraut-	Goldnessel-	Hainrispen-	Schattenblumen-Drahtschmielen-	Drahtschmielen-
	Buchenwald			Stieleichen-Buchenwald	
	Lungenkraut-	Goldnessel-	Hainrispen-	Schattenblumen-Drahtschmielen-Birken-Stieleichen-zwischenwald	Drahtschmielen-Stieleichen-Kiefern-zwischenwald
	Hainbuchen-Stieleichenzwischenwald[2]				
	–	–	–	–	Birken-Kiefern-Vorwald
		Birken-Vorwald			
Mäßig frisch	Lungenkraut-	Riesenschwingel-	Hainrispen-	Sauerklee-Blaubeer-	Blaubeer-
		Buchenwald		Stieleichen-Buchenwald	
	Lungenkraut-	Riesenschwingel-	Hainrispen-	Sauerklee-Blaubeer-Birken-Stieleichen-zwischenwald	Blaubeer-Stieleichen-Birken-Kiefern-zwischenwald
	Stieleichenzwischenwald (mit Bergahorn)				
	Birkenvorwald				Birken-Kiefernvorwald

Frisch	wie bei Mäßig frisch			Pfeifengras-Sauerklee-Blaubeer-Stieleichen-Buchenwald	Pfeifengras-Blaubeer-Stieleichen-Buchenwald
				Pfeifengras-Sauerklee-Blaubeer-Stieleichen-Birkenzwischenwald	Pfeifengras-Blaubeer-Stieleichen-Birken-Kiefernzwischenwald
				Birkenvorwald	Pfeifengras-Kiefern-Birkenvorwald
Feucht	Rasenschmielen-Lungenkraut-Eschen-(Stieleichen-) Buchenwald	Rasenschmielen-Riesenschwingel-Buchenwald	Rasenschmielen-Buchenwald	Sauerklee-Pfeifengras-Stieleichen-Buchenwald	Pfeifengras-Buchen-Stieleichenwald
	Rasenschmielen-Lungenkraut-Stieleichenzwischenwald (mit Bergahorn)	Rasenschmielen-Riesenschwingel-Stieleichenzwischenwald (mit Bergahorn)	Rasenschmielen-Stieleichenzwischenwald (mit Bergahorn)	Sauerklee-Pfeifengras-Birken-Stieleichenzwischenwald	Pfeifengras-Birken-Stieleichenzwischenwald
	– Birkenvorwald	– Birkenvorwald	– Birkenvorwald	– Birkenvorwald	– Birkenvorwald
Naß	Rohrglanzgras-Lungenkraut-Erlen-Eschenwald	Rohrglanzgras-Riesenschwingel-Stieleichen-Erlenwald	Rohrglanzgras-Stieleichen-Erlenwald	Sauerklee-Torfmoos-Stieleichen-Moorbirkenwald	Torfmoos-Moorbirkenwald
	– Birkenvorwald	– Birkenvorwald	– Birkenvorwald	– Moorbirkenwald	
Sehr naß	Großseggen-Erlenwald	Großseggen-Erlenwald	Walzenseggen-Erlen-Birkenwald	Kleinseggen-Moorbirkenwald	Wollgras-Moorbirkenwald
	– Birkenvorwald	– Birkenvorwald	– Birkenvorwald		
Schätzstufe der Phytomasseproduktivität (dt/ha. a) in der Hauptwaldphase					
Trocken	80	70	60	50	40
Mäßig frisch	97	90	80	70	60
Frisch	107	100	93	85	75
Feucht	112	106	100	92	78
Naß	113	106	96	86	68
Sehr naß		105	93	75	55

1 Vor- und Zwischenwaldphase als Wiederbewaldung naturbedingter Blößen, bei einer der Hauptwaldphase entsprechenden Zustands-Nährkraft und -Feuchte auf reifen, nicht degradierten Böden. Auf unreifen Böden geringer Nährkraft (Anfangsstadium beim Sand-Ranker u. a.) beginnt die Vegetationsentwicklung mit dem Flechten-Kiefernwald bzw. entsprechenden Vegetationsformen auf Küstendünen.

Kennzeichnung nach Stammeigenschaften

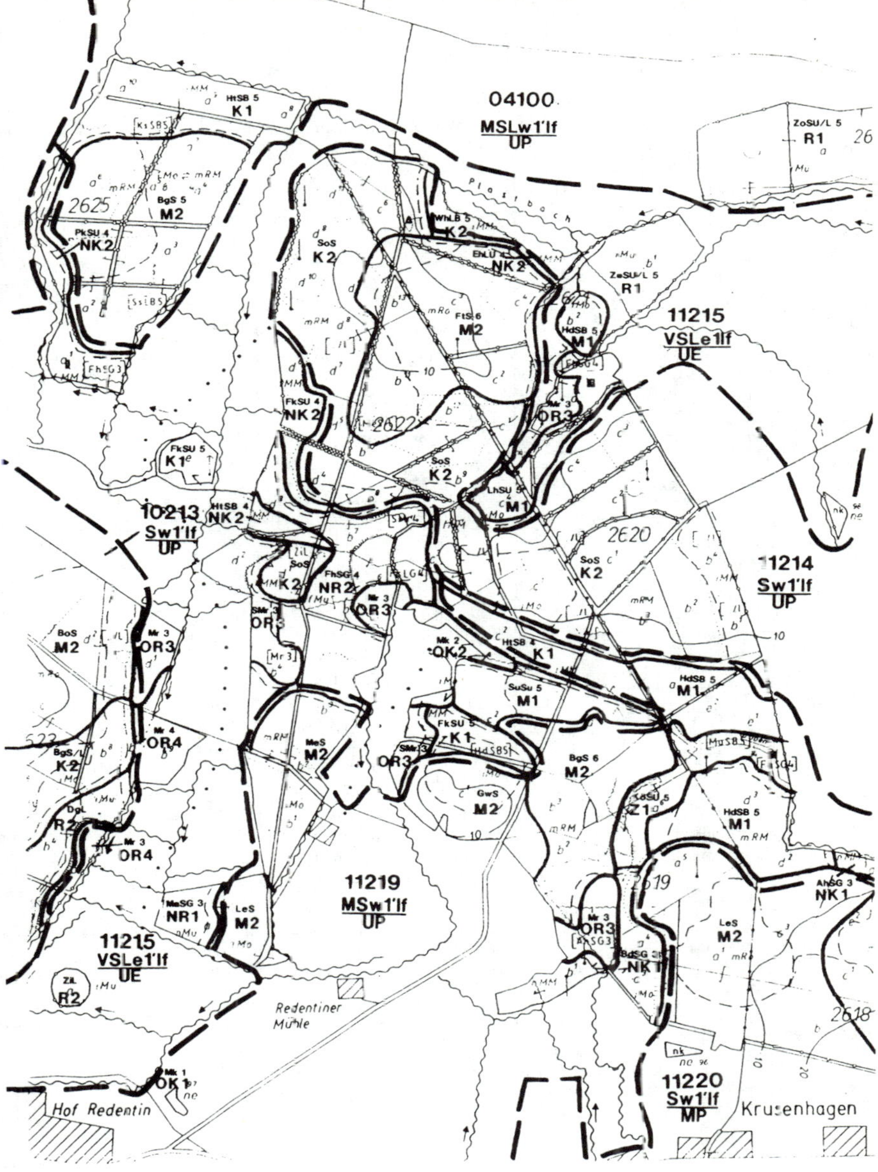

Symbolerklärung der Zustands-Naturraumformengruppe (Zustand von 1983)

Zustands-Feuchtestufe	Zustands-Nährkraftstufe reich	kräftig	mäßig nährhaltig	ziemlich arm	arm	sehr arm (dystroph)
Zustands-Standortsformengruppe, abgeleitet aus der Humusform[1]						
zugleich Feuchtestufe d. Humusform	Nährkraftabstufung der Humusform Mull	mullartiger Moder	Moder	rohhumusart. Moder	(Normal-) Rohhumus	Magerrohhumus
trocken	tMu rt	tMM kt	tMo mt	tRM zt	tRo at	tMa dt
mäßig frisch	iMu	iMM	iMo	mRM[2] zm	mRo am	mMa dm
frisch	ri	ki	mi	iRM zi	iRo ai	iMa di
feucht	fMu rf	fMM kf	fMo mf	fRM zf	fRo af	
naß	nMu m	nMM kn	nMo mn	nRM zn	nRo an	
Zustands-Vegetationsform (als Formengruppe ohne Baumschicht)						
trocken	Duftprimel-Formengruppe					
mäßig frisch	Lungenkraut-Formengruppe	Riesenschwingel-Formengruppe	Sauerklee-Formengruppe	Sauerklee-Blaubeer-Formen gruppe	Blaubeer-Formengruppe	Zypressenmoos-Formengruppe
frisch				Pfeifengras-Sauerklee-Blaubeer-Formengruppe	Pfeifengras-Blaubeer-Formengruppe	Pfeifengras-Zypressenmoos-Formengruppe
feucht	Rasenschmielen-Lungenkraut-Formengruppe	Rasenschmielen-Riesenschwingel-Formengruppe	Rasenschmielen-Formengruppe	Sauerklee-Pfeifengras-Formengruppe	Pfeifengras-Formengruppe	
naß	Iris-Lungenkraut-Formengruppe	Kohldistel-Formen gruppe	Sumpfreitgras-Formengruppe	Sauerklee-Torfmoos-Formengruppe	Torfmoos-Formengruppe	

1 Obere Zeile links: Abkürzung der Humusform bei flächenhafter Darstellung
Obere Zeile rechts: Signatur der Humusformen bei punkthafter Darstellung
Untere Zeile: Symbol der Zustands-Standortsgruppe, aus oberem abzuleiten.

2 Einschließlich mHRM – mäßig frischer rohhumusartiger Hagermoder.

Stufen der Zustandsabweichung[1] abgeleitet aus der Gegenüberstellung von Stamm-Standortsgruppe und Zustands-Standortsgruppe (Zustand von 1983)

Stamm-Standorts-gruppe	Zustands-Standortsgruppe																			
	rf	ri	rt	kf	ki	kt	mf	mi	mt	zf	zi	zm	zt	af	ai	am	at	di	dm	dt
NR 2, ÜR 21	0 0	0 –1		–1 0	–1 –1															
R 1, ÜR 22, WR 2, R 2		0 0			–1 0			–2 0												
R 3			0 0			–1 0			–2 0											
NK 2, ÜK 21	+1 0			0 0	0 –1		–1 0	–1 –1		–2 0	–2 –1	–2 –2								
K 1, ÜK 22, WK 2		+1 0			0 0			–1 0			–2 0	–2 –1			–3 0	–3 –1		–4 0	–4 –1	
K 2		+1 0			0 0			–1 0				–2 0				–3 0			–4 0	–4 –1
K 3			+1 0			0 0			–1 0				–2 0				–3 0			–4 0
NM 2				+1 0			0 0	0 –1		–1 0	–1 –1	–1 –2		–2 0	–2 –1	–2 –2		–3 –1	–3 –2	
M 1, WM 2					+1 0			0 0			–1 0	–1 –1			–2 0	–2 –1		–3 0	–3 –1	–3 –2
M 2 +, M 2					+1 0			0 0				–1 0				–2 0			–3 0	–3 –1
M 3						+1 0			0 0				–1 0				–2 0			–3 0
NZ 2							+1 0			0 0	0 –1	0 –2		–1 0	–1 –1	–1 –2		–2 –1	–2 –2	
Z 1, WZ 2								+1 0			0 0	0 –1			–1 0	–1 –1		–2 0	–2 +1	–2 –2
Z 2, Z 2 +								+1 0				0 0				–1 0			–2 0	–2 –1
Z 3									+1 0				0 0				–1 0			–2 0
NA 2										+1 0	+1 –1	+1 –2		0 0	0 –1	0 –2		–1 –1	–1 –2	
A 1											+1 0	+1 –1			0 0	0 –1		–1 0	–1 –1	–1 –2
A 2, A 2 +												+1 0				0 0			–1 0	–1 –1
A 3													+1 0				0 0			–1 0

1 Ausgedruckt durch Zahlensymbole. Die obere Ziffer bezeichnet die Stufe der Nährkraftabweichung und die untere Ziffer die Stufe der Feuchteabweichung. Durch 0 wird die Gleichgewichtsstufe symbolisiert, durch Pluszeichen die Aggradationsstufen, durch Minuszeichen die Degradationsstufen bzw. negative Veränderung der Feuchtestufen.

Abb. 24 (Seite 82): Beispiel einer zu Naturraumformen, -formengruppen und -mosaiken erweiterten forstlichen Standortskarte, bestehend aus einem Blatt mit Stammeigenschaften und einem Blatt mit Zustandseigenschaften, jeweils mit Legende, und Stufen der Zustandsabweichung in Tabellenform.

Erläuterungen der Abkürzungen und Symbole
Abkürzungen und Symbole der großmaßstäbigen Naturraumformen

			Grund- und Stauwasserstufe
Mr	3	reiches Moor	3
SMr	3	reiches Sand-Gleymoor	3
Mr	4	reiches Moor	4
SMr	4	reiches Sand-Gleymoor	4
Mk	1	kräftiges Moor	1
MaSG	3	Mannhauser Sand-Gleymoor	3
FhSG	3	Falkenhäger Sand-Humusgley	3
FsLG	4	Falkenseer Decklehm-Humusgley	4
FhSG	4	Falkenhäger Sand-Humusgley	4
BdSG	3	Bohldammer Sand-Moorgley	3

			Grund- und Stauwasserstufe
FkSU	4	Finkenkruger Sand-Graugley	4
PkSU	4	Poggenhofer Klocksand-Graugley	4
HtSB	4	Hüttermühler Sand-Braungley	4
EhLU	4	Elmenhorster Tieflehm-Staugley	4
AhSG	3	Altheider Sand-Moorgley	3
TsLU	5	Triebseeser Tieflehm-Staugley	5
ZoSU/L	5	Zootzener Sand-Graugley, lehmunterlagert	5
DgL		Darguner Lehm-Fahlerde	
ZiL		Ziethener Kalklehm-Rendsina	
FkSU	5	Finkenkruger Sand-Graugley	5
HtSB	5	Hüttermühler Sand-Braungley	5
KsSB	5	Kossiner Sand-Braungley	5
SsTB	5	Schwanseer Tieflehm-Braunstaugley	5
BgS/L		Bergrader Sand-Braunerde, lehmunterlagert	
SoS		Sonnenburger Bändersand-Braunerde	
SuSU	5	Sumter Sand-Graugley	5
HdSB	5	Henningsdorfer Sand-Braungley	5
BgS	6	Bergrader Sand-Braunerde	6
FtS	6	Finowtaler Sand-Braunerde	6
BoS		Bodenseichener Sand-Braunerde	
LeS		Leistener Sand-Braunerde	
MeS		Melchower Bändersand-Braunerde	
GwS		Gerswalder Bändersand-Braunerde	
KöSU	5	Köplitzer Sand-Graugley	5
MuSB	5	Mullberger Sand-Braungley	5
nk		nicht kartiert	
[ ]		kleinflächige Einsprenung einer anderen Bodenform	
[. . ./L]		kleinflächig lehmunterlagert	
[. . ./l]		kleinflächig tieflehmunterlagert	
↓		kleinstflächig Grundwasser höher	
⇣		kleinstflächig Grundwasser um 2 Stufen höher	
↑		kleinstflächig Grundwasser tiefer	
◡		kleinstflächig stärkere Staunässe	
▽		kleinstflächig nährstoffärmer	
△		kleinstflächig nährstoffreicher	
⧋		kleinstflächig Karbonatkalk in Oberboden	
⊻		kleinstflächig moorig, bruchartig	
⊔		kleiner offener Tümpel	
——		Grenze der Stamm-Standortsform	
- - -		Grenze der Zustands-Standortsform	

Grund- und Stauwasserstufen

1	sehr sumpfig
3	grund- bzw. stauwasserbeherrscht
4	grundwassernah[1] bzw. halbzeitig stauwassernah[2]
5	grundwasserbeeinflußt[1] bzw. kurzzeitig stauwasserbeherrscht[2]
6	schwach grundwasserbeeinflußt

Abkürzungen und Symbole der Naturraummosaike

Sw1'lf / UP	Anhydromorphes Sandmosaik in welligen Platten, Nährstufe kräftig, in küstenfeuchtem Klima in der Unterplatte
MSW1'lf / UP	Mäßig hydromorphes Sandmosaik in welligen Platten, Nährkraftstufe kräftig, in küstenfeuchtem Klima in der Unterplatte
MSLw1'lf / UP	Mäßig hydromorphes Sand-Geschiebelehmmosaik in welligen Platten, Nährkraftstufe kräftig, in küstenfeuchtem Klima in der Unterplatte
VSLe1'lf / UE	Vollhydromorphes Sand-Geschiebelehmmosaik in Moräneneinsenkung, Nährkraftstufe kräftig, in küstenfeuchtem Klima in der Unterebene
— —	Grenze des Naturraummosaiks

1 bei der Substratgruppe Sand

2 bei den Substratgruppen Lehm und Tiellehm bzw. Ton und Tiefton

2. die Zustandseigenschaften mit Humusformen,
   dargestellt im Arealinnern durch Symbole der Humusform und erklärt durch eine Blattrandlegende in Ökogrammanordnung, aus der zugleich die waldökologische Gruppierung der Zustandseigenschaften mit den Zustands-Vegetationsformen hervorgeht.

Hinzu kommt ein Ableitschema für die Abweichung der Zustands-Formengruppe von der Stamm-Naturraumformengruppe in Stufen.

In Abbildung 24 sind die beiden Karten nur in schwarz-weiß dargestellt. Im Normalfall wird für beide Darstellungen die gleiche Grundkarte verwendet mit zweifarbigem Druck der Naturraumgrenzen und Symbole: in rot für die Stammeigenschaften, in grün für die Zustandseigenschaften. Im ersten Exemplar wird der rot gedruckte Inhalt nach Stamm-Naturraumformengruppen koloriert, in dem zweiten Exemplar der grün gedruckte Inhalt in analoger Farbgebung nach Zustands-Formengruppen. In den Karten der Naturraumformen werden zusätzlich auch die Naturraummosaike dargestellt.

Das Beispielsblatt der Abbildung 24 enthält bewaldete Naturraumteile aus einem Schmelzwassersandgebiet in der Jungmoränenlandschaft südlich von Wismar mit vorwiegend anhydromorphen Sand-Mosaiken in welliger Mittel- und Unterplatte, das stark von einem Entwässerungsrinnensystem mit vollhydromorphem Sand-Geschiebelehm-Mosaik durchzogen ist. Die Vielfalt ist schon bei den Stamm-Naturraumformen recht groß. Besonders bei den mittelfrischen Naturraumformen kommen mit mäßig frischem Rohhumus Zustandsabweichungen bis zu –2 Stufen hinzu. Bei den Naturraumformen der Feuchtestufen feucht (N. . .2), naß (N. . .1) und sumpfig fehlen Zustandsabweichungen nahezu.

3.2 Kennzeichnung der ökologischen Funktionstüchtigkeit

Die in der Basiskarte dargestellten Naturraummosaike spiegeln – zunächst noch bewertungsfrei – die naturräumliche Struktur wider. Sie werden nach Merkmalen definiert, die zur Abgrenzung von Unstetigkeiten in der lateralen Struktur des naturräumlichen Hauptstockwerkes führen (naturräumliche Strukturmerkmale). Bei der Auswahl der naturräumlichen Strukturmerkmale ist die landschaftsgeschichtliche, besonders die morphogenetische Fundierung besonders wichtig. In der nun folgenden zweiten Arbeitsstufe gilt es, diese Naturraummosaike ökologisch zu kennzeichnen. Dazu ist es erforderlich, die naturräumlichen Strukturmerkmale in ökologisch aussagefähige Merkmale (Ökomerkmale) überzuleiten.

Zur Beurteilung des naturräumlichen Leistungsvermögens muß man die ökologische Funktionstüchtigkeit der Naturraumareale kennen. Zuerst wird sie nach dem bioökologischen Potential beurteilt, das nach der Produktivität der Vegetation und ihrer Vielfalt angesprochen wird. Dann werden wichtige Funktionen der abiotischen Naturraumkomponenten dargestellt, wie Oberflächenstabilität, Wasser-, Humus-, Stickstoff- und Säure-Basenhaushalt. Eine Kennzeichnung nach dem Energiehaushalt muß noch erarbeitet werden.

Für die Vegetation und die abiotischen Funktionen des Naturraums gehen wir vom natürlichen Status aus, bei dem vielfach zwischen primär natürlich (vor wesentlichen menschlichen Eingriffen, z. B. durch Entwässerung und Bodenumlagerung) und rezent natürlich unterschieden wird. Dem (primär und rezent) natürlichen Zustand steht die Folge der Realzustände gegenüber. Im Ausblick soll der Realzustand durch periodische Kartierung der Zustandseigenschaften mit 10. . .20 Jahren Periodenlänge kartiert werden; für den Rückblick ist anzustreben, den Realzustand zumindest für die Zeit vor der letzten Intensivierungswelle in der Landwirtschaft und Industrie vor zwei bis drei Jahrzehnten zu erfassen. Dafür werden alle verfügbaren Quellen zur Rekonstruktion herangezogen. Für den Wald sind überwiegend flächendeckende Altkartierungen verfügbar.

Die ökologische Funktionstüchtigkeit ist arealweise aus Teil 2 des Legendenbandes ablesbar.

3.3 Zweigbezogene Nutzungsinterpretation

Eine zweigbezogene Nutzungsinterpretation ist für folgende Landnutzungszweige vorgesehen:

- Waldbau
- Dauergraslandnutzung
- Feldbau
- Obstbau
- Gartenbau
- landwirtschaftliche Tierhaltung

} zusammengefaßt unter Pflanzenbau

- Fischerei
- Nutzung als Wohn- und Produktionsstätte
- wasserwirtschaftliche Nutzung
- Erholungswesen
- Naturschutz

Die erstgenannten sind flächenbeanspruchende Landnutzungszweige, die wasserwirtschaftliche Nutzung und das Erholungswesen sind stets oder vorwiegend flächenüberlagernde Nutzungszweige. Die Landnutzung für den Naturschutz ist teils flächenbeanspruchend, wie bei Totalreservaten und Naturschutzgebieten im engeren Sinn, teils flächenüberlagernd bei Landschaftsschutzgebieten.

Für den Waldbau liegt eine solche Nutzungsinterpretation ausgereift vor (Kopp, Schwanecke, et al., 1995). Für die meisten anderen Nutzungszweige wurden Wege für die Interpretation erörtert (Kopp, Succow et al., 1988), für die Dauergraslandnutzung, den Feldbau, die Nutzung als Wohn- und Produktionsstätte (unter biotischem Ertragspotential bzw. Bebauungspotential bei Kopp, Jäger, Succow et al., 1982) sowie für die Wassernutzung (Autorenkollektiv, 1980) in Ansätzen dargestellt.

Auch das Ergebnis dieser dritten Arbeitsstufe wird in einem Teil des Legendenbandes (Teil 3) arealweise nachgewiesen. Für die waldbauliche Interpretation auf der Waldfläche – als Beispiel – sind dort folgende Informationen zu finden:

- eine forstökologische Gruppierung in Standortsmosaikgruppen, getrennt nach Stamm- und Zustandseigenschaften und Abweichungen zwischen beiden,
- Fruchtbarkeitsziffern für nutzbare Holzmasse und oberirdische Phytomasse, ebenfalls für die Stamm-Fruchtbarkeit, für die Zustands-Fruchtbarkeit und die Differenz zwischen beiden,
- das langfristige Bestockungsziel im Vergleich mit dem gegenwärtigen Bestockungszustand und die Abweichung zwischen beiden,
- die Bedürftigkeit für die Nährkraftmelioration unter Berücksichtigung der fremdstoffbedingten Disharmonien und
- die Bedürftigkeit für die Grund- und Stauwasserregulierung.

Alle diese arealbezogenen Informationen sind gegliedert in eine übergreifende Kennzeichnung und die Ausstattung mit topischen Einheiten, bei der forstökologischen Gruppierung z. B. in Standortsmosaiktypen und die Ausstattung mit Standortsformengruppen.

3.4 Zweigübergreifende Nutzungsinterpretation

Zweigübergreifendes Denken war bei der Landnutzung bisher stark unterentwickelt, und dieser Mangel verursachte überwiegend die Einbußen im Leistungsvermögen unserer Naturräume. Bei unserem Verfahren wird zwar schon bei der zweigbezogenen Landnutzung im Abschnitt zuvor Rücksichtnahme auf das Leistungsvermögen des gesamten Naturraums und somit auch auf benachbarte Landnutzer gefordert. In dieser vierten Arbeitsstufe aber steht die Wirkung der Landnutzung auf den Naturraum als Ganzes im Vordergrund. Es ist hier zu prüfen, wie die Landnutzung als Ganzes verbessert werden kann, wenn sich die zweiglichen Interessen dem Gesamtinteresse unterordnen.

Zunächst wird ein Langfristziel einer zweigübergreifenden Landnutzung entworfen, und dann wird diesem Ziel der gegenwärtige Landnutzungszustand gegenübergestellt. Daraus sind Annäherungsschritte an das Langfristziel abzuleiten.

Nutzungseignung für Landnutzungszweige aus zweigübergreifender Sicht auf der Basis von Naturraummosaiken an Beispielen der mittelmaßstäbigen Naturraumkarte Blatt Eberswalde (s. Abb. 2)

Zeilen-Nummer	Kartensignum für Haupttyp	Arealnummer	Suchfeld	flächenbeanspruchende Landnutzungszweige: Pflanzenbau: Waldbau 1)	Dauergraslandnutzung (Weidenutzung)	Feldbau	Obstbau	Gartenbau	landwirtschaftl. Tierhaltung: mit Weidegang	nur mit Stallhaltung in geringer Konzentration	mäßiger Konzentration	Fischerei: bei gegenwärtigem Zustand	nach Wiederherstell. d. ökol. Funktionstüchtigkeit	Nutzung als Wohn- und Produktionsstätten: Wohnstätten mit geringer Bebauungsdichte (> 1 ... 5 % versiegelte Fläche)	mäßiger (> 5 ... 25)	hoher (> 25)	Industrie und Gewerbe mit mäßiger (> 50)	hoher (> 25 ... 50)	sehr hoher (> 5 ... 25)	Verkehrstrassen (Bahn und Straße)	neben anderen auf gleicher Fläche einsetzbare Landnutzungszweige: Wassernutzung aus 2) Landnaturräumen in Flächenüberlagerung auf Waldbau 3)	Dauergraslandnutzung	Feldbau	Seefischerei bei gegenwärtigem Zustand	nach Wiederherst. d. ökol. Funkt.-tücht.	Erholungswesen bei gegenwärtigen Naturraumzustand mit geringerer Besatzdichte	höherer Besatzdichte	nach Wiederherstell. der ökol. Funktionstüchtigkeit mit geringerer Besatzdichte	höherer Besatzdichte	Nutzung für den Naturschutz: flächenbeanspruchend (TR, NSG)	flächenüberlagernd (LSG)	gegenwärtiger Schutzstatus	landschaftlicher Name soweit auf dem Areal etwa dekkungsgleich
1	SLh K't	38098	24													×																LSG	
2																																	
3	LSf Km	38045	22																													LSG	
4	Kt	38021	22																													tw. LSG	
5		" A																															
6		" a			•							•														•							Schleisee
7	LSk Km	38016	22													×																tw. LSG	
8		" a...d		•		×			×					o	o	o						×										"	
9		" A										•										×				•							Plunzsee
10		38069	24													×															•	LSG	
11		" a		•		×			×					×	o	o						×										"	
12		38046	22													×																tw. LSG	Krummer See Dammsee
13		" b...d																														•	Tief See (Bölk)
14		38082	24													×																LSG	
15		" a		×		o			×					o	o	o					×											"	
16		" b		×		o			×					o	o	o					×											"	
17		38070	24													×																LSG	
18		" A,B																				×		×o								"	Brodowin- u. Wesensee

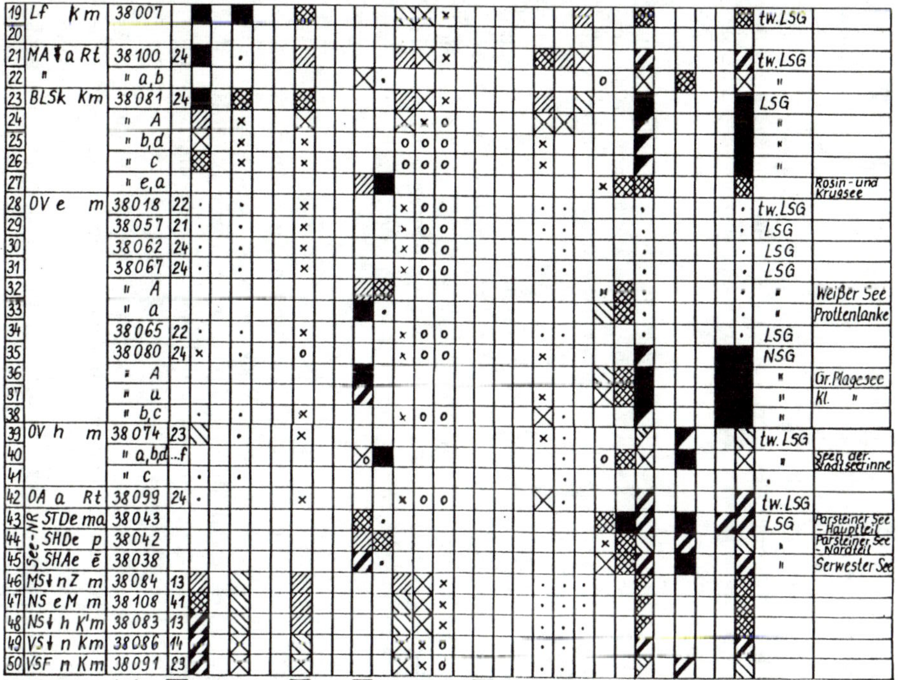

1) Eignungsstufe: ■ sehr gut ◩ gut ▦ zieml. gut ▨ mäßig ▧ zieml. gering ☒ gering × sehr gering o ohne
Bei halb aufgeführtem Karo, z. B. ◩, vorwiegend nur durch Ansicht vom Rand her wirksam; Arealinneres meist wenig zugänglich.

2) Die Eignungsstufen sind auf Trinkwasseranforderungen ausgerichtet.

3) Gilt für immissionsbelastete Areale für einen Zustand nach Wiederherstellung der ökologischen Funktionstüchtigkeit.

Tab. 18: Nutzungseignung für Landnutzungszweige aus zweigübergreifender Sicht auf der Basis von Naturraummosaiken an Beispielen der mittelmaßstäbigen Naturraumkarte Blatt Eberswalde (s. Abb. 2)

In Tabelle 17, einem Auszug aus dem zugehörigen Teil 4 des Legendenbandes zu dem in Abb. 23 dargestellten Beispielblatt, wird ein solches naturraumgerechtes Langfristziel entworfen. Die Nutzungseignung ist darin für jeden Landnutzungszweig nach einer 7teiligen Schätzskala angegeben. Soweit notwendig, wird die Nutzungseignung getrennt nach gegenwärtigem Naturraumzustand und dem Zustand nach Wiederherstellung der ökologischen Funktionstüchtigkeit.

Bei der Nutzungseignung für die Zweige des Pflanzenbaus liegen hier, bei der zweigübergreifenden Betrachtung, die Stammeigenschaften der Basiskarte zugrunde. Die Zustandseigenschaften werden als beeinflußbar angesehen und daher bei dieser Betrachtung vernachlässigt.

Bei der Eignungsbeurteilung für die landwirtschaftliche Tierhaltung werden auch Zustandseigenschaften berücksichtigt. Die Eignung wird nach der Tierhaltung mit Weidegang und mit Stallhaltung untergliedert und bei jener mit Stallhaltung nach der Tierkonzentration. Angegeben wurde im zugehörigen Legendenteil nur die Eignung mit Weidegang. Für die Stallhaltung wurden im Legendenteil 4 nur die Konzentrationsstufen gering und mäßig aufgeführt. Für Tierhaltung mit starker Konzentration besteht nirgends Nutzungseignung, sie kommt aber gegenwärtig vor.

Die Fischerei ist einer jener Nutzungszweige, bei denen die Nutzungseignung für den gegenwärtigen Zustand und den Zustand nach Wiederherstellung der ökologischen Funktionstüchtigkeit getrennt angegeben wurde. Denn der Unterschied zwischen beiden Zuständen ist oft sehr groß.

Die Nutzung als Wohn- und Produktionsstätte ist – ihrer starken Differenzierung in der Naturraumabhängigkeit wegen – in die Nutzung als Wohnstätte, als Produktionsstätte von Industrie und Gewerbe und als Verkehrstrasse aufgegliedert. Die beiden erstgenannten sind nach der Bebauungsdichte jeweils dreifach untergliedert. Der Legendenteil 4 enthält vorerst nur die Nutzungseignung für Wohnstätten.

Die Wassernutzung auf Landnaturräumen erscheint als Nutzungszweig nicht allein, sondern in Kombination mit den sich überlagernden Nutzungszweigen des Pflanzenbaus. Die Überlagerung mit dem Waldbau wird mit Ausnahme der nicht waldfähigen unentwässerten Moore auch für jene Areale angegeben, die gegenwärtig nicht oder nur gering bewaldet sind. Die Wassernutzung ist hier für den Anteil aus dem naturräumlichen Hauptstockwerk gefragt. Dazu zählt in erster Linie der Anteil des Hauptstockwerks an der Grundwasserneubildung. Die Zustandseigenschaften gehen neben den Stammeigenschaften mit großem Gewicht in die Bewertung ein. Die Wassernutzung aus Seen wurde wiederum getrennt für den gegenwärtigen Naturraumzustand und für den Zustand nach Wiederherstellung der ökologischen Funktionstüchtigkeit angegeben. Sie ist auf

Trinkwasser ausgerichtet, wobei die Abstufung der Eignungsstufe vom Aufbereitungsaufwand bestimmt wird.

Die Nutzungseignung für das Erholungswesen wird nach der Nutzungseignung für eine höhere Besatzdichte, d. h. mit stationären Erholungseinrichtungen, und für eine geringere Dichte ohne solche Einrichtungen eingeschätzt. Der Legendenteil enthält vorerst nur Angaben für die jeweils geringere Dichte. Auch hier haben die naturräumlichen Zustandseigenschaften großes Gewicht bei der Eignungseinstufung, und auch hier wird die Eignung getrennt für den gegenwärtigen Naturraumzustand und den Zustand nach Wiederherstellung der ökologischen Funktionstüchtigkeit angegeben.

Die Landnutzung für den Naturschutz wird in flächenbeanspruchende und flächenüberlagernde Teilzweige gegliedert. Bei dem Teilzweig mit Flächenüberlagerung gilt die Schätzstufe stets unter Einfluß der überlagerten Landnutzungszweige.

Die im Legendenteil befindlichen Eignungsstufen sind – streng genommen – nur innerhalb der Zweige vergleichbar und beruhen auch hier auf einem nur teilweise quantifizierten Schätzrahmen. Der Vergleich zwischen den Zweigen beruht dagegen noch auf freier Schätzung. Diese Schätzung hat zwischen verwandten Zweigen, so zwischen Waldbau, Dauergraslandnutzung und Feldbau, in der Produktivität an nutzbarer Phytomasse und im Bedarf an technogener Zusatzenergie noch gemeinsame Schätzkriterien und daher einen hinreichenden Aussagewert. Zwischen den Zweigen des Pflanzenbaus, der landwirtschaftlichen Tierhaltung, der Nutzung als Wohn- und Produktionsstätte und dem flächenbeanspruchenden Naturschutz gibt es zur Zeit keine theoretische Grundlage für gemeinsame Schätzkriterien. Das gilt auch für die neben anderen auf gleicher Fläche einsetzbaren Landnutzungszweige, für die Wassernutzung, das Erholungswesen und den flächenüberlagernden Naturschutz. Hier geht die Konkurrenz nicht um die Fläche, sondern um die Nutzung auf gleicher Fläche. Diese theoretischen Grundlagen müssen von zweigübergreifend und zukunftsorientiert denkenden Ökonomen erst noch erarbeitet werden.

Bis dahin kann man aber trotzdem mit den im Legendenteil 4[1] dargestellten Eignungsstufen bei Optimierungen der Flächenlenkung für Nutzungszweige arbeiten. Im Rahmen eines vorgegebenen Flächenanteils für jeden Nutzungszweig könnte man bereits jetzt mit dem als Matrix aufzufassenden Legendenteil 4 der „Nutzungseignung für Landnutzungszweige aus zweigübergreifender Sicht" (Tabelle 18) eine Optimalverteilung der Landnutzungszweige über die Naturraumareale als Denkmodell erarbeiten (Näheres dazu bei Kopp, Succow et al., 1988).

1 Verkürzt dargestellt in Tabelle 18.

Dieses Langfristziel einer ökologiegerechten Landnutzung wird der gegenwärtigen Nutzungszweigverteilung gegenübergestellt. Bei hinnehmbarer Abweichung werden Empfehlungen erarbeitet, wie Nutzungskonkurrenzen überwunden und mit Blick auf die Funktionstüchtigkeit des Naturraums als Ganzem optimal gestaltet werden können. Ist die Abweichung stark, ist ein Nutzungswechsel in Richtung auf das aus Tab. 18 ersichtliche Langfristziel unvermeidlich.

Die zweigübergreifende Nutzungsinterpretation, wie sie sich hier aus einem geschlossenen Vierstufenverfahren der Naturraumerkundung als vierte Arbeitsstufe ergibt, bietet sich als naturräumliche Grundlage der Raumordnung und Landschaftsplanung geradezu an, besonders für Regionalpläne der Raumordnung und für Landschaftsrahmenpläne auf Kreisebene sowie für das Landesentwicklungsprogramm der Raumordnung und das Landschaftsprogramm auf Landesebene.

Gegenwärtig erproben wir an Beispielen die Anwendbarkeit für Landschaftsrahmenpläne auf Kreisebene. Dabei zeigt sich ein gewisser Abstimmungsbedarf; denn die gegenwärtigen Gliederungsvorgaben des Landschaftsrahmenplans konnten noch nicht eine geschlossene Naturraumerkundung voraussetzen.

Forschungsinstitutionen auf dem Gebiet der Erfassung und Bewertung von Natur und Landschaft:

- die Dezernate Standortserkundung in den Forstplanungsämtern/-anstalten der Länder Mecklenburg-Vorpommern und Brandenburg, Landesämter/-anstalten mit forstl. Forschungsanstalten Sachsen-Anhalt, Sachsen und Thüringen
- Landesumweltämter in Brandenburg, Mecklenburg-Vorpommern, Sachsen-Anhalt in Anfängen auf der Basis unserer Naturraumerkundung
- Bundesanstalt für Geowissenschaften und Rohstoffe, Außenstelle Berlin
- Forschungs-, Beratungs- und Projektierungs-GmbH für Ökologie, Natur- und Umweltschutz, 15345 Prädikow
- Potsdam-Institut für Klimafolgenforschung.

Die erstgenannten forstlichen Planungsämter arbeiten seit langem mit einem tiefgegliederten Datenspeicher Waldfonds, in dem für jeden Waldbestand umfangreiche standortlich-naturräumliche Daten geführt werden. Die kartographische Grundlage ist erst in Anfängen auf Computerkartographie umgestellt.
Alle anderen Institutionen arbeiten mit geographischen Informationssystemen oder Vorstufen dazu.
Unsere für Brandenburg und Sachsen-Anhalt in 1:100 000 vorhandenen Naturraumkarten wurden in Zusammenarbeit mit den Landesumweltämtern bereits flächendeckend digitalisiert; die Aufbereitung steht aber noch aus.

---

1 Siehe die Erläuterung im Glossar.

Ulfried Kühl, Rosemarie Umlauff-Zimmermann, Kurt Kreimes

4. Monitoring von Flora und Fauna – Erfassung der stofflichen Belastungen von Ökosystemen

Schadstoffbelastungen der Umwelt sind, sofern der Schadstoff bekannt ist, durch chemisch-physikalische Messungen qualitativ und quantitativ erfaßbar. Über Grenz- und Richtwerte kann die Belastung durch den Einzelstoff beschränkt und überwacht werden. Jedoch umfassen die Messungen von Schadstoffen zur Umweltüberwachung nur eine kleine Auswahl von Stoffen. Hingegen sind Belastungen und eventuell damit einhergehende Wirkungen durch unbekannte Stoffe über technische Meßgeräte nicht zu erfassen. Die Schadensursache ist nicht auf einen Einzelstoff zurückzuführen, sondern auf eine Vielzahl von Stoffen und Faktoren.

Das Beispiel der SO_2-Grenzwerte bezüglich der Immissionsbelastung aus Verbrennungsanlagen sowie die Einhaltung dieser Grenzwerte über die „hohe Schornstein-Technik" hat gezeigt, daß zwar Grenzwerte eingehalten werden, aber dadurch Wirkungen nicht verhindert werden können (Abb. 25). Selbst weniger SO_2 empfindliche Arten wie Eichen (Tabelle 19) zeigen seit den 80er Jahren durch die chronische Belastung in der ganzen Bundesrepublik Schadsymptome.

weniger empfindliche	empfindlich	sehr empfindlich
Eiche	Linde	Walnuß
Pappel	Rotbuch	Johannisbeere
Ahorn	Hainbuche	Stachelbeere
Erle	Haselnuß	Tanne
Schwarzkiefer	Kiefer	Fichte
Eibe	Lärche	Klee
Kartoffel	Gerste	Lupine
Mais	Hafer	Spinat
Rose	Weizen	Begonie
Tulpe	Dahlie	Wicke

Tab. 19: Beispiele für die SO_2-Resistenz von Pflanzen.

Die neuartigen Walderkrankungen seit Ende der 70er Jahre traten unerwartet und überraschend auf. Daraus wird erkennbar, daß die chemisch-physikalischen Schadstoffmessungen seit den 50er Jahren nichts über Wirkungen an Organis-

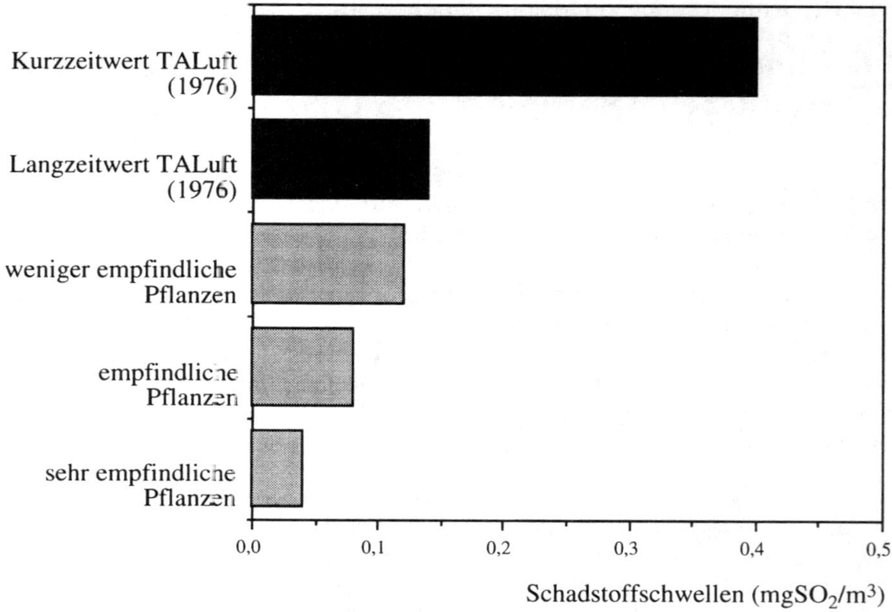

Abb. 25: Schwefeldioxid (mg SO_2/m^3) – Schadschwellen (verändert nach Bossel, 1990).

men und Ökosystemen oder über den Anreicherungsprozeß innerhalb einer Nahrungskette aussagen.

Der Pflanzenbestand wird u. a. durch das Klima, die Bewirtschaftung und den Boden, aber auch durch Immissionen beeinflußt. Es besteht ein Zusammenhang zwischen Streß- und Umweltfaktoren und dem Zustand der Vegetation (Abb. 26).

Zur Erfassung der von stofflichen Belastungen ausgehenden Wirkungen an Organismen und Ökosystemen ist ein grundlegend anderer Ansatz erforderlich:

Nicht technische Meßgeräte, sondern Teile der Natur werden als lebende „Meßinstrumente“ oder Bioindikatoren eingesetzt. Bioindikatoren reagieren auf die Gesamtheit aller Schadstoffe und Faktoren. Sie zeigen neben Höchstbelastungen auch langandauernde geringe chronische stoffliche Belastungen an. Bioindikatoren bieten eine Möglichkeit, die Wirkungen von Umweltschadstoffen auf natürliche Systeme zu erfassen und zu bewerten (Umlauff-Zimmermann, Kreimes, 1987). Entsprechend diesem Ansatz betreibt die Landesanstalt für Umweltschutz Baden-Württemberg seit 1983 ein „Ökologisches Wirkungskataster“.

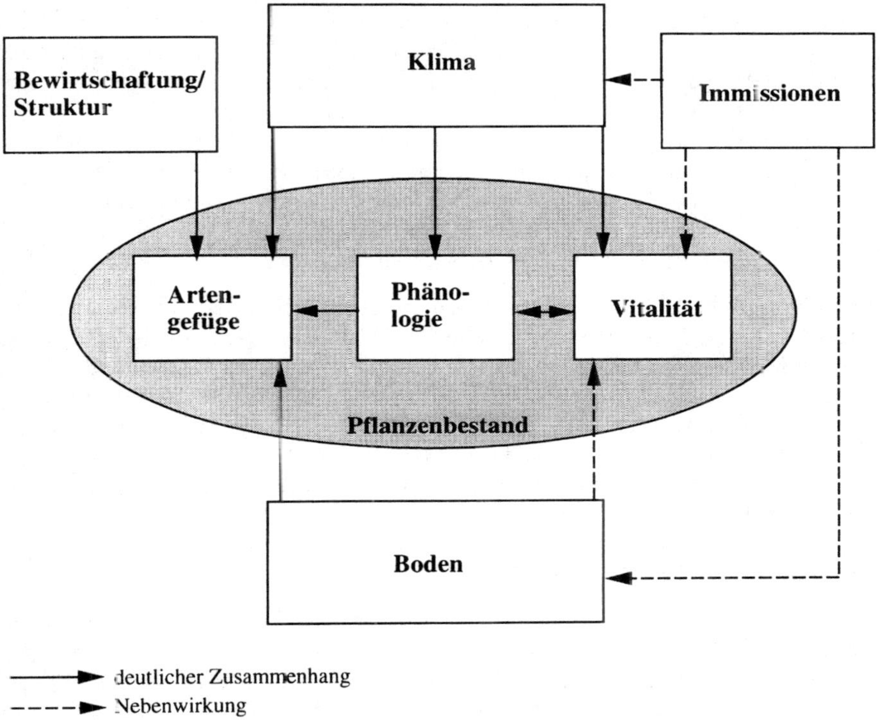

Abb. 26: Zusammenhänge zwischen Vegetationsparametern und den verschiedenen Einflußfaktoren.
Die Arten der Krautschicht im Wald sind gute Indikatoren für die Standortbedingungen bezüglich Nährstoff- und Wasserhaushalt, Bodenreaktion und Lichtbedingungen. Bei wiederholter Erhebung der Parameter Artengefüge, Vitalität und Phänologie ist eine Einschätzung des Schädigungsgrades möglich.

Damit steht einerseits ein Frühwarnsystem für unbekannte anthropogene Schadstoffe und Schadstoffgemische bzw. deren Langzeitwirkung und andererseits ein Kontrollsystem für erfolgte Maßnahmen zur Verfügung. Die räumliche Differenzierung der Belastungssituation von Baden-Württemberg entsprechend der naturräumlichen Gliederung steht dabei im Vordergrund (Umlauff-Zimmermann, Kühl, 1989).

Ausgangsbasis für den Flächenbezug ist die Auswahl von insgesamt 60 Dauerbeobachtungsflächen mit standortstypischen und möglichst naturnahen Waldgesellschaften. Die Zahl von 60 Walddauerbeobachtungsflächen entspricht der

Anzahl der naturräumlichen Haupteinheiten von Baden-Württemberg und stellt für die meisten Aussagen über ökologische Zustände auf Landesebene eine gute räumliche Auflösung dar. Diese Walddauerbeobachtungsflächen für den Bereich der terrestrischen Ökosysteme werden durch 15 extensiv genutzte bzw. ungenutzte Grünlandflächen meist in Naturschutzgebieten ergänzt. Hinzu kommen 38 nicht durch anthropogene Einleitungen belastete Oberläufe von Fließgewässern als aquatische Ökosysteme. Die Auswahl der Untersuchungsstellen erfolgt bewußt abseits von lokalen Emittenten, um so die diffuse Gesamtbelastung bzw. Hintergrundbelastung des Landes zu erfassen (Abb. 27).

Das ökologische Wirkungskataster besteht neben den Dauerbeobachtungsstellen aus weiteren verschiedenen Einzelmeßnetzen. Die Daten aus den verschiedenen landesweiten Untersuchungen werden unter Bezug auf Beurteilungsräume ausgewertet, gewichtet und graphisch dargestellt. Die räumliche Ergebnisdarstellung erfolgt auf der Basis einer geometrischen Flächenaufteilung entsprechend der naturräumlichen Gliederung von Baden-Württemberg. Es kommen das aktive Monitoring und das passive Monitoring als zwei unterschiedliche Verfahrensansätze zur Anwendung.

4.1 Aktives Monitoring

An ausgewählten Beobachtungsstandorten werden Bioindikatoren in einem standardisierten Verfahren exponiert. Nach einem vorgegebenen Zeitraum wird der Zustand erfaßt und bewertet. Im Rahmen des ökologischen Wirkungskatasters werden zwei landesweite Meßnetze im aktiven Monitoring betrieben:

1. Klon-Fichten-Meßprogramm
   Fichten werden durch Stecklingsvermehrung aus einer einzigen Mutterpflanze herangezogen. Durch dieses Klonen sind alle daraus hervorgehenden Indikatorpflanzen genetisch identisch. Neben der Untersuchung auf sichtbare Schäden werden die Proben von den 30 Untersuchungsstandorten auf Schad- und Nährstoffgehalte analysiert (Zimmermann, Rudolph, 1986). Im Rahmen dieses Klon-Fichten-Meßprogramms wurden 1990 alle Proben auf PAK, PCB und Hexachlorbenzol untersucht. Die Ergebnisse geben einen landesweiten Überblick zur Belastung der Vegetation durch organische Luftschadstoffe. Auffällig sind die hohen Gehalte von PAK und PCB in der nördlichen Oberrheinebene.

2. Photooxidantien-Indikatorprogramm
   Photooxidantien werden durch charakteristische Flecken an Pflanzenblättern angezeigt. Ozon ist dabei Leitsubstanz. Die Empfindlichkeit der Pflanzen hängt stark von den jeweiligen klimatischen Gegebenheiten ab (Keitel, Erhardt, 1987). Bei Trockenheit und Hitze ist der Gasaustausch der Pflanzen vermindert. Entsprechend gering ist der Schädigungsgrad. Daher besteht

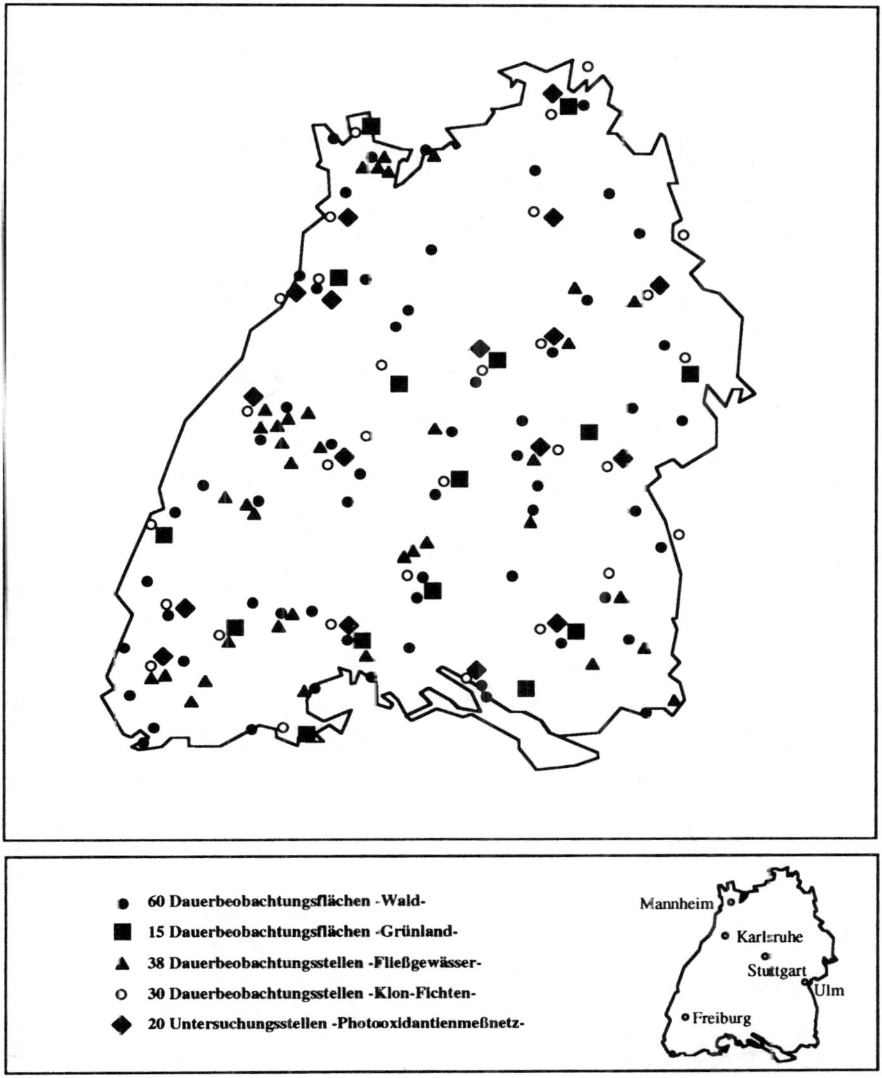

Abb. 27: Untersuchungsflächen- und -stellen des Ökologischen Wirkungskatasters.

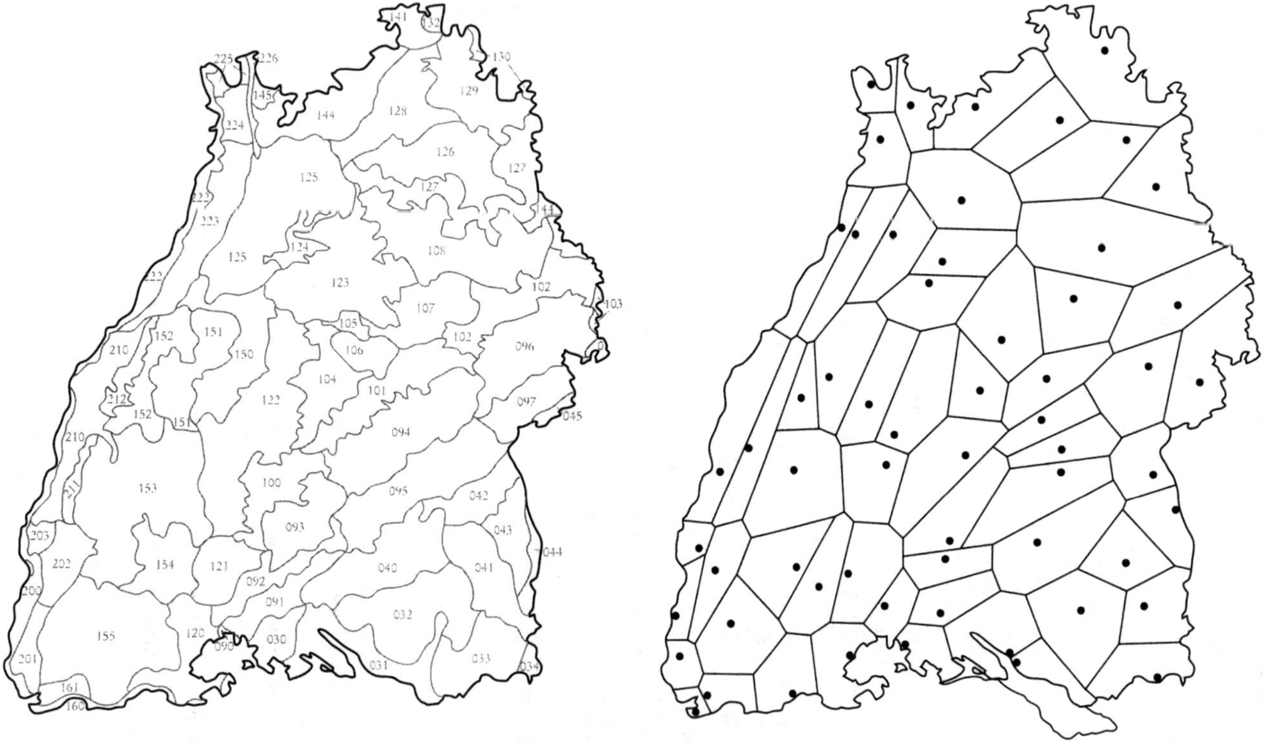

Abb. 28: Beurteilungsräume – Geometrische Flächenaufteilung (vgl. LfU, 1988) mit Wald-Dauerbeobachtungsflächen.

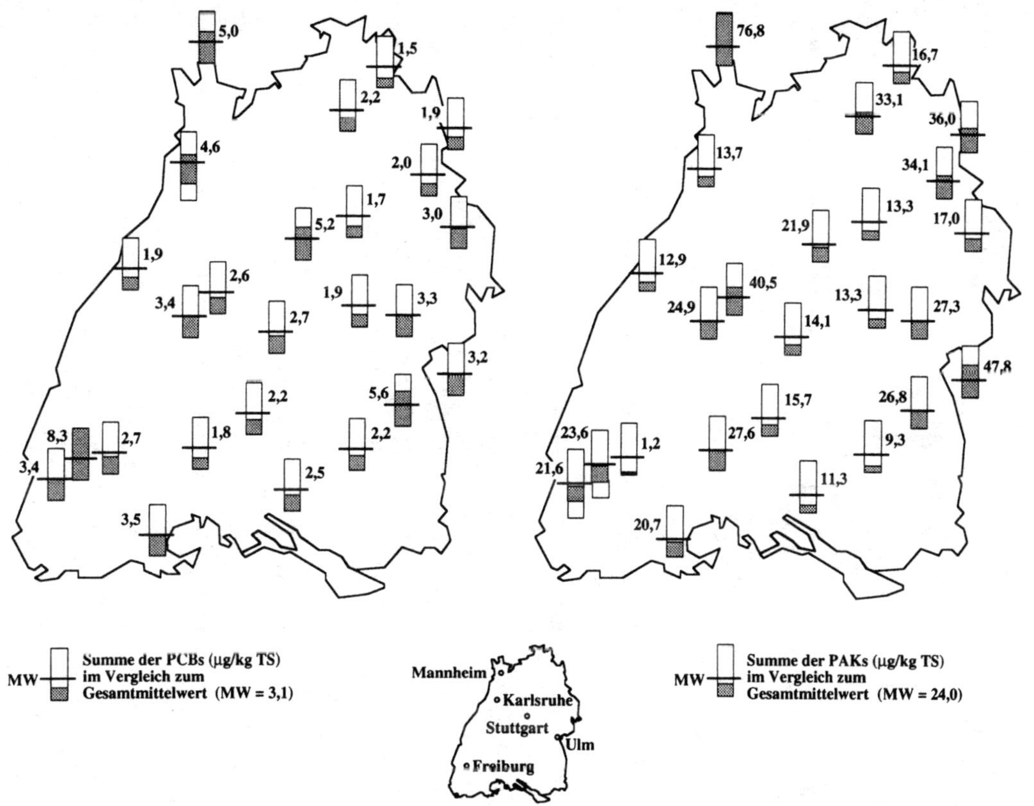

Abb. 29: AK- und PCB-Belastung der Vegetation.

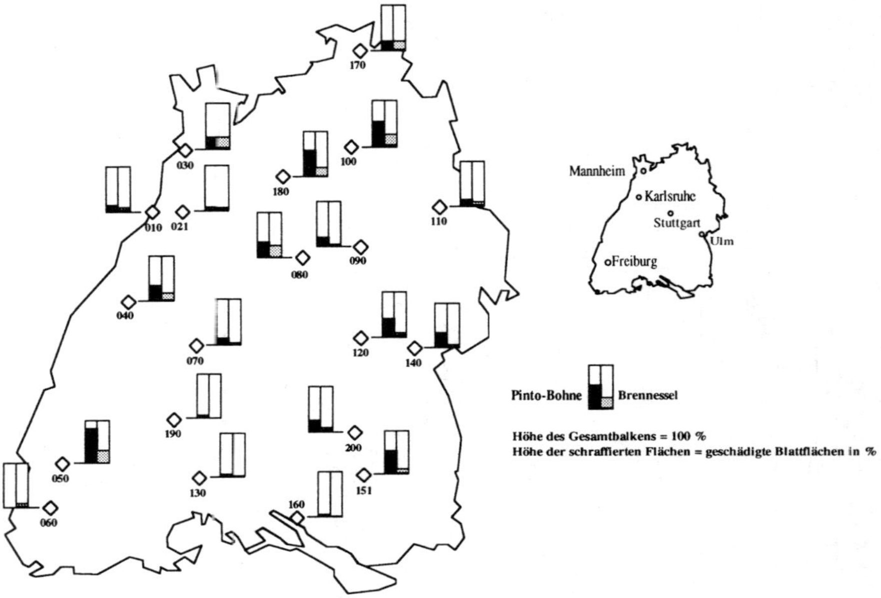

Abb. 30: Wirkung von Ozon auf Vegetation. August 1991

zwischen gemessener Konzentration und den daraus resultierenden Schäden kein linearer Zusammenhang. Im Rahmen des ökologischen Wirkungskatasters wird die Belastung der Vegetation durch Ozon mit Hilfe von Buschbohne, kleiner Brennessel und Klee an den 20 Untersuchungsstellen erfaßt (Arndt et al., 1985). Der Anteil an Blattschäden wird als Maß für die Photooxidantienbelastung angegeben. Während der Sommermonate 1991 traten in allen Teilen des Landes sehr hohe Schäden durch Ozon auf.

4.2 Passives Monitoring

Mit diesem Verfahrensansatz werden Schadstoffwirkungen auch über längere Zeiträume an terrestrischen und aquatischen Ökosystemen erfaßt (Umlauff-Zimmermann, Kühl, 1991).

Der Biotoptyp Wald nimmt in Baden-Württemberg den größten Flächenanteil ein. Von daher eignet sich die Waldvegetation mit den ursprünglich typischen Buchenwäldern außer in den Höhenlagen des Schwarzwaldes als Kernstück des Ökologischen Wirkungskataster. In jedem Naturraum sind typische und naturnahe Flächen vorhanden.

An Schadstoffen werden Schwermetalle und Schwefel sowie organische Schadstoffe in den verschiedenen Kompartimenten untersucht (LfU, 1985, 1986, 1987).

	Kompartiment	**Parameter**
Abiotik	Klima Boden	Mikroklima Feuchte, Temperatur Gesamtuntersuchung
Akkumulationsindikator	Moose Krautschicht Baumschicht Lumbriciden (Regenwürmer) Rehe	Schadstoffe Schad- und Nährstoffe Schad- und Nährstoffe Schadstoffe Schadstoffe
Reaktionsindikator	epiphytische Flechten Moose Krautschicht Baumschicht Lumbriciden (Regenwürmer) Gastropoden (Schnecken) Collembolen (Springschwänze)	Artabundanzen Artabundanzen Artabundanzen, Vitalität Vitalität Artabundanzen, Biomasse Artabundanzen Artabundanzen

Tab. 20. Untersuchungsparameter an den Dauerbeobachtungsflächen – Wald – des Ökologischen Wirkungskataster.

In Waldökosystemen werden Luftschadstoffe vor allem über das Laub (Laubfall pro Jahr 2,8 t/ha) sowie nasse und trockene Deposition im Boden und hier vor allem in der Streuauflage und den oberen Bodenhorizonten angereichert.

Die Bleigehalte des Bodens können zur Abschätzung der externen Schwermetallbelastung herangezogen werden. Dabei werden die Gesamtgehalte der einzelnen Horizonte mit den geogenen Gehalten verglichen. Blei reichert sich besonders in der Auflage an. So sind 30 % der 60 Walddauerbeobachtungsflächen aufgrund der Gesamt-Bleigehalte in der Auflage als belastet einzustufen (Abb. 32).

Über die Gesamt-Blattoberfläche der Bäume werden Schadstoffe ausgefiltert, mit dem herbstlichen Laubfall auf den Boden transportiert und dort über Jahre hinweg angereichert.

Die Schadstoffanreicherung in Grünlandflächen ist daher nicht so stark wie in Wäldern. Bestimmte Typen, wie nährstoffarme Halbtrockenrasen und Moore, reagieren jedoch sehr empfindlich auf Schadstoffeinträge. Hier ist besonders

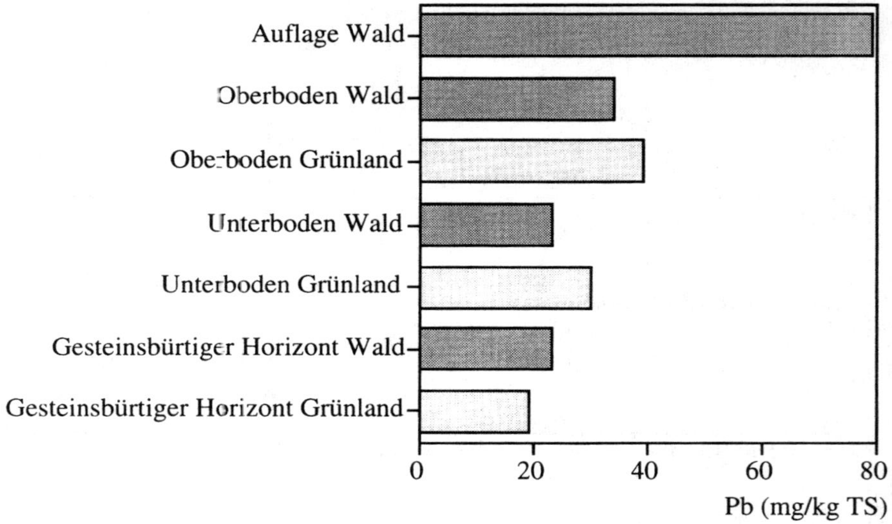

Abb. 31: Blei in Böden (mg Pb/kg TS) Mittelwerte Baden-Württemberg.

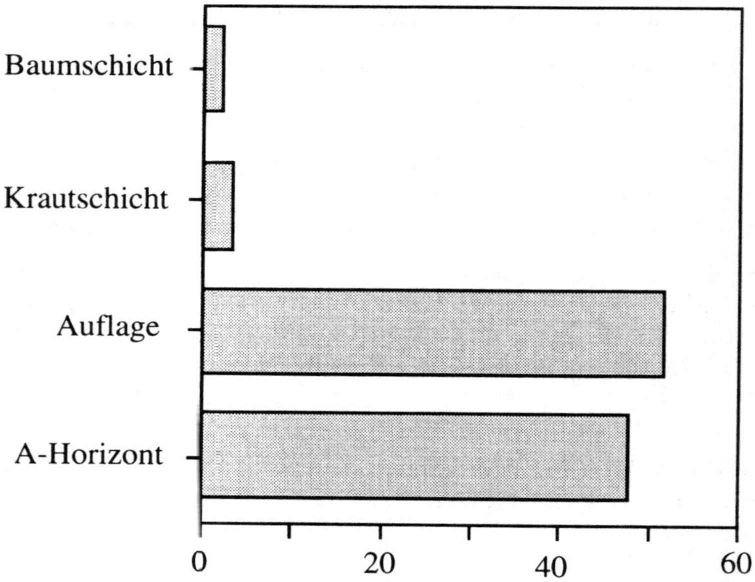

Abb. 32: Bleigehalte (Mittelwerte aller Beobachtungsflächen) unterschiedlicher Kompartimente der Walddauerbeobachtungsflächen.

Stickstoff hervorzuheben, der aufgrund seiner Düngewirkung tiefgreifende Veränderungen von nährstoffarmen Ökosystemen bewirkt.

Der Boden hat im Nährstoffkreislauf des Wald-Ökosystems eine fundamentale Funktion. Der Bestandsabfall wird durch Bodenorganismen wieder zerlegt und in den Stoffkreislauf zurückgeführt. Bei der Zersetzung von Laub haben bodenlebende Tiere (z. B. Collembolen) neben anderen Organismengruppen eine wichtige Funktion (Schick, Kreimes, 1993). Sie vergrößern durch mechanische Zerkleinerung die Angriffsfläche für Bakterien und Pilze. Die Lebensräume der Collembolen sind der Auflagehorizont und der Oberboden. In diesen Schichten findet eine vermehrte Schadstoffanreicherung statt. Die Untersuchungen haben einen statistisch belegbaren Zusammenhang zwischen Blei-Belastung und Collembolen-Artenzahl ergeben (Kreimes, 1991). Mit zunehmender Anreicherung von Blei kommt es zur Schädigung und Artenverarmung der Collembolengesellschaften. Ähnliche Entwicklungen sind auf andere Tiergruppen übertragbar und müssen bei der Beurteilung des allgemeinen Artenrückgangs berücksichtigt werden.

Die Abnahme der Blei- und Schwefelanreicherung in den Blättern der Baum- und Krautschicht spiegelt den allgemeinen Immissionstrend wider. Die Luftverunreinigungen durch Schwefeldioxid (SO_2) und Schwebstaub (Blei) sind deutlich zurückgegangen (LfU, 1993). Immer noch hohe Gehalte finden sich vor allem im Bereich der nördlichen Oberrheinebene und im Großraum Mannheim (Abb. 34). Hier müssen Risiken für das Ökosystem angenommen werden. In der Vergangenheit ist es bereits zu enormen Schadstoffanreicherungen in bestimmten Ökosystemkompartimenten gekommen. Von daher müssen alle weiteren Einträge als zusätzliche Belastung gewertet werden.

Die Zunahme der Baumschäden zwischen dem Untersuchungsturnus 87/88 (LfU, 1989) und 90/91 (LfU, 1993) ist besonders in der nördlichen Oberrheinebene (Abb. 35) deutlich. Der Blattverlust der Bestände erreicht hier Werte über 30 %.

Die Befunde der Vitalitäts- und Phänologie-Erhebung (Abb. 36) zeigen, daß für den nördlichen Landesteil eine eindeutige Belastung durch ungünstige Klimabedingungen, verbunden mit einer hohen Ozonbelastung, angenommen (Murmann-Kristen, 1991) werden muß.

Erholung der Flechtenvegetation nach Rückgang der Schwefeldioxidbelastung: Erste Anzeichen für die Wirkung von Stickstoff-Immissionen

Flechten reagieren sehr empfindlich auf Luftschadstoffe und werden deshalb in vielen Bereichen als Bioindikator zur Beurteilung der Luftqualität herangezogen. Auf den Dauerbeobachtungsflächen – Wald – erfolgte 1985/86 eine erste

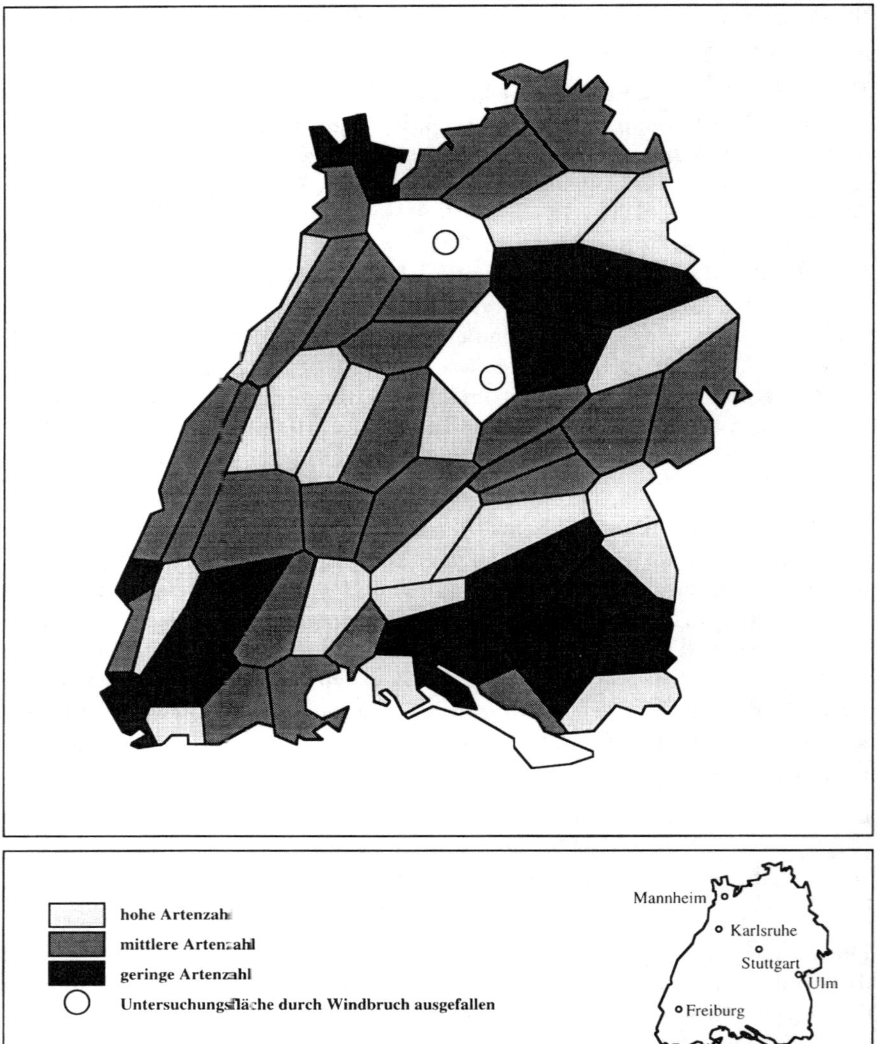

Abb. 33: Artenzahlen der Collembolengesellschaften.

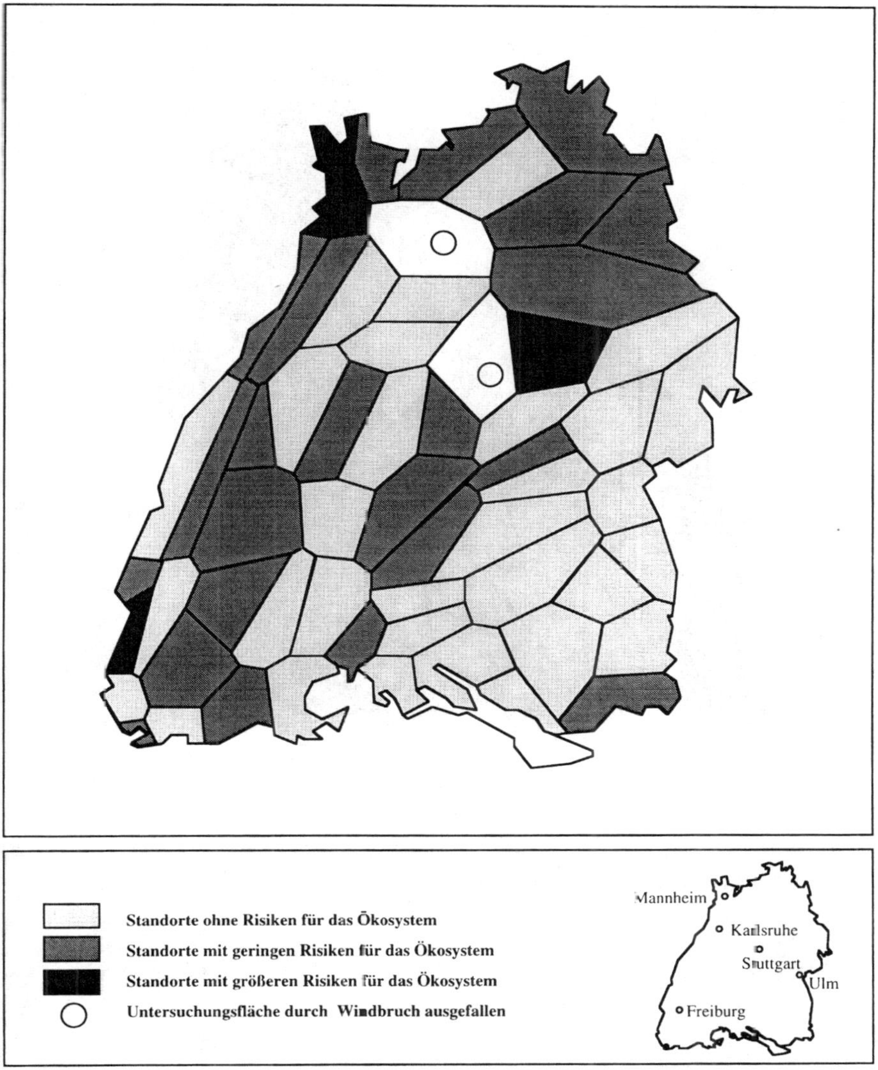

Abb. 34: Stoffakkumulation in der Baumschicht (Einschätzung der Ökosystemgefährdung aufgrund auffälliger Schwermetall- und/oder Nährstoffgehalte).

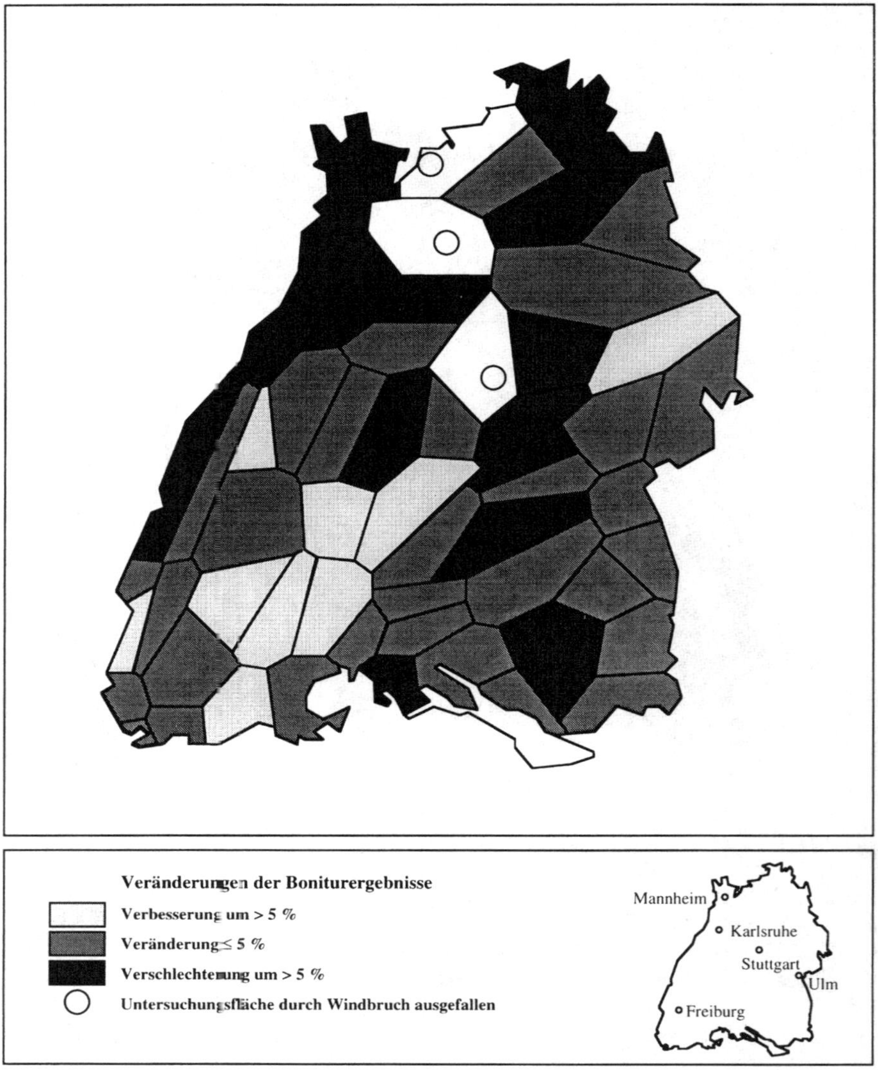

Abb. 35: Veränderung der Boniturergebnisse (Blatt- und Nadelverlust der Baumbestände an den Wald-Dauerbeobachtungsflächen) zwischen 1987/88 und 1990/91.

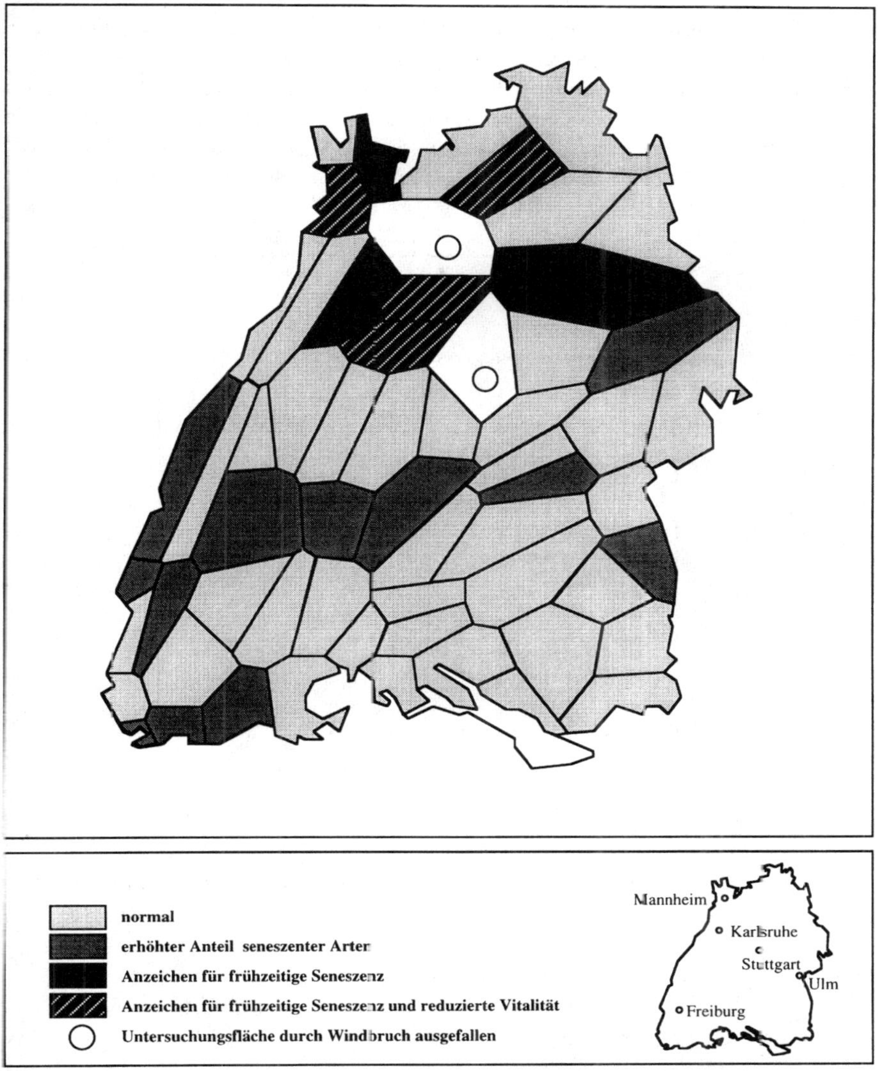

Abb. 36: Beeinträchtigung der Bodenvegetation durch Vitalitätsrückgang und zunehmender Seneszenz

und 1990/91 eine zweite Aufnahme der Flechtenvegetation. Der Vergleich der beiden Untersuchungsergebnisse hat gezeigt, daß ein Rückgang der säuretoleranten Arten zu verzeichnen ist. Gleichzeitig sind erste Tendenzen der Zunahme von stickstoffliebenden Flechtenarten vorhanden, die im Zusammenhang mit der Zunahme von Stickstoff-Immissionen zu sehen sind. Die Reduzierung von Stickoxiden in Großfeuerungsanlagen wurde durch erhöhtes Verkehrsaufkommen kompensiert (Abb. 37).

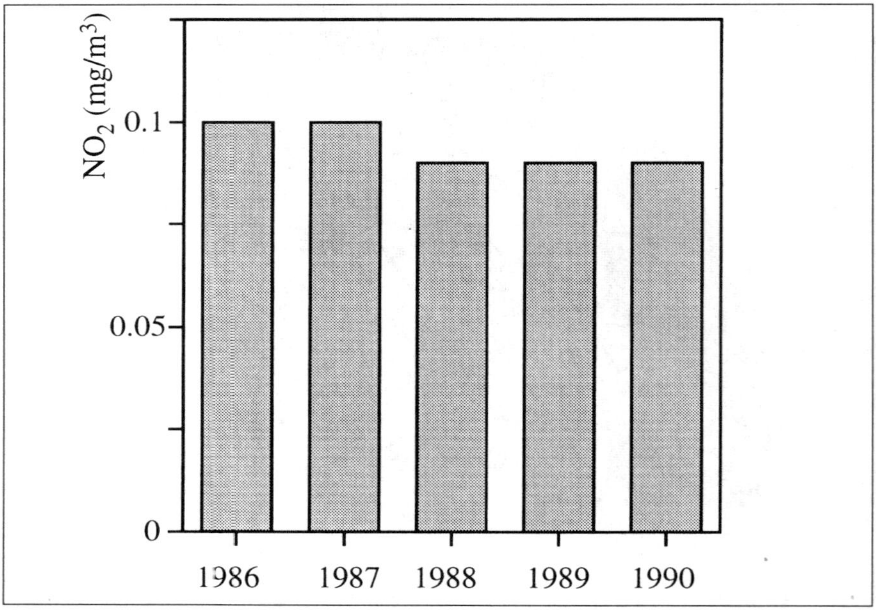

Abb. 37: Stickstoffdioxid-Jahresmittelwerte (Immissionen) – berechnet aus den Jahresmittelwerten ausgewählter Stationen (Quelle: UM/LfU, 1992)

Die zusammenfassende Darstellung der Flechtenergebnisse auf den Dauerbeobachtungsflächen – Wald – zeigt im nördlichen Landesteil und hier ganz besonders im Bereich der nördlichen Oberrheinebene zwischen Karlsruhe und Mannheim, einen Belastungsschwerpunkt (Abb. 38). Ein weiterer befindet sich im Osten von Stuttgart.

Die geographische Lage der Belastungsräume wird in der Zusammenschau mit Industriestandorten bzw. Verdichtungsräumen als Emissionsquelle verständlich. Bei der vorherrschenden West- und Südwest-Wind-Wetterlage sind in östlicher bzw. nordöstlicher Richtung von den Emissionszonen die Räume mit Immissionsbelastungen. Im nördlichen Bereich der Oberrheinebene liegt der

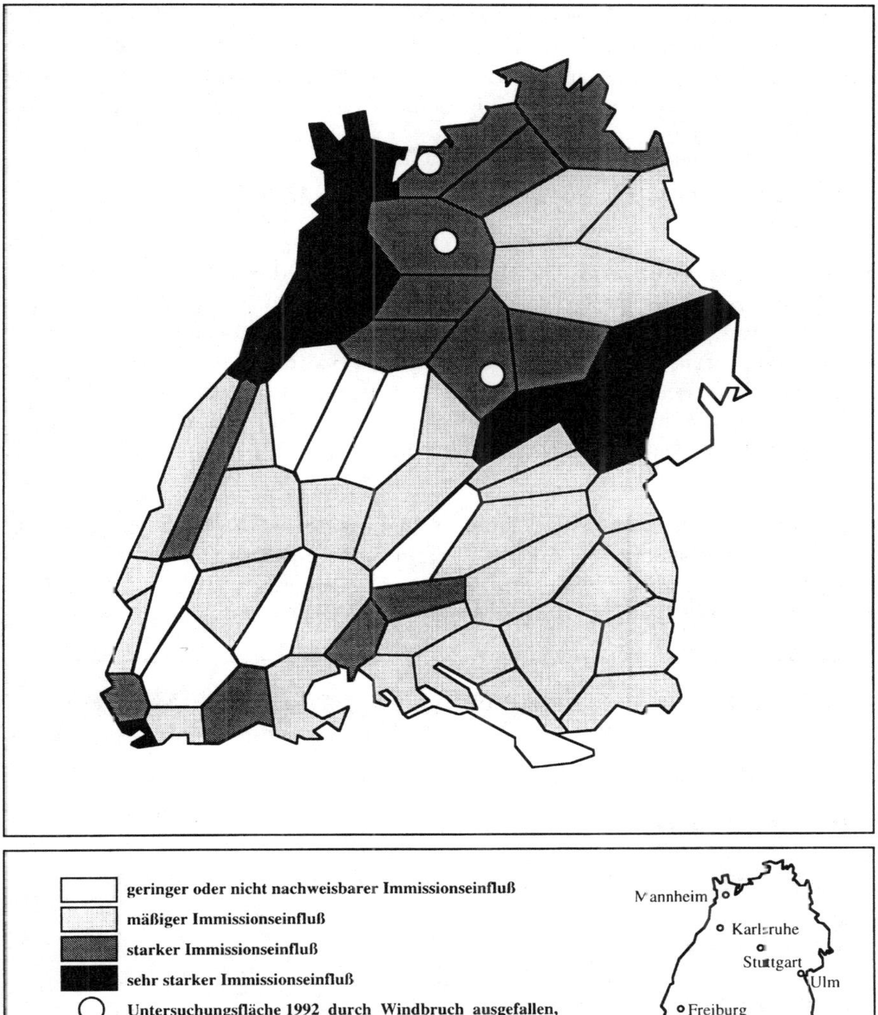

Abb. 38: Ergebnisse der Flechtenkartierung 1990/91.

Verdichtungsraum Ludwigshafen/Mannheim, etwas südlich Karlsruhe. Weiter im Süden des Oberrheingrabens folgt der Raum Offenburg/Kehl/Straßburg und ganz im Süden liegt die Industriezone von Rheinfelden/Basel. Als weiterer Verdichtungsraum mit entsprechenden Emissionen ist der Mittlere Neckarraum um Stuttgart anzusehen.

Fließgewässer: 35 % aller Gewässer im Nordschwarzwald sind sehr stark versauert

Fließgewässer sind Ökosysteme, die besonders durch den Chemismus der Wassereinzugsgebiete geschädigt werden können. Insbesondere Bäche, die in kalkarmen Einzugsgebieten wie Buntsandstein und Urgestein (v. a. Granit) fließen, puffern die durch Niederschläge eingetragenen Säuren nicht mehr ab. Mit zunehmender Versauerung gehen Metalle in Lösung und werden in die Fließgewässer eingeschwemmt. Hervorzuheben ist hierbei Aluminium, das als Al^{3+} besonders bei pH 5 toxisch wirkt (Marthaler, Gebhardt, Linnenbach, Segner, 1988).

Im Rahmen von drei intensiven Sonderuntersuchungen wurde die Auswirkung der Gewässerversauerung auf die Fischfauna und Moosflora in den Regionen Odenwald, Nordschwarzwald und Mittlerer Schwarzwald (LfU, 1991a, 1991b, 1992a, 1992b, 1992c) an insgesamt 150 Fließgewässern untersucht (Tabelle 21).

Säuregrad	Odenwald	Nord-Schwarzwald	Mittlerer Schwarzwald
sehr stark sauer	10	35	12
stark sauer	3,3	19	2
kritisch sauer	6,6	11	5
nicht sauer	80	35	81

Tab. 21: Gewässerversauerung im Odenwald, Nordschwarzwald und Mittleren Schwarzwald. Anteil der Bäche in % der Gesamtzahl

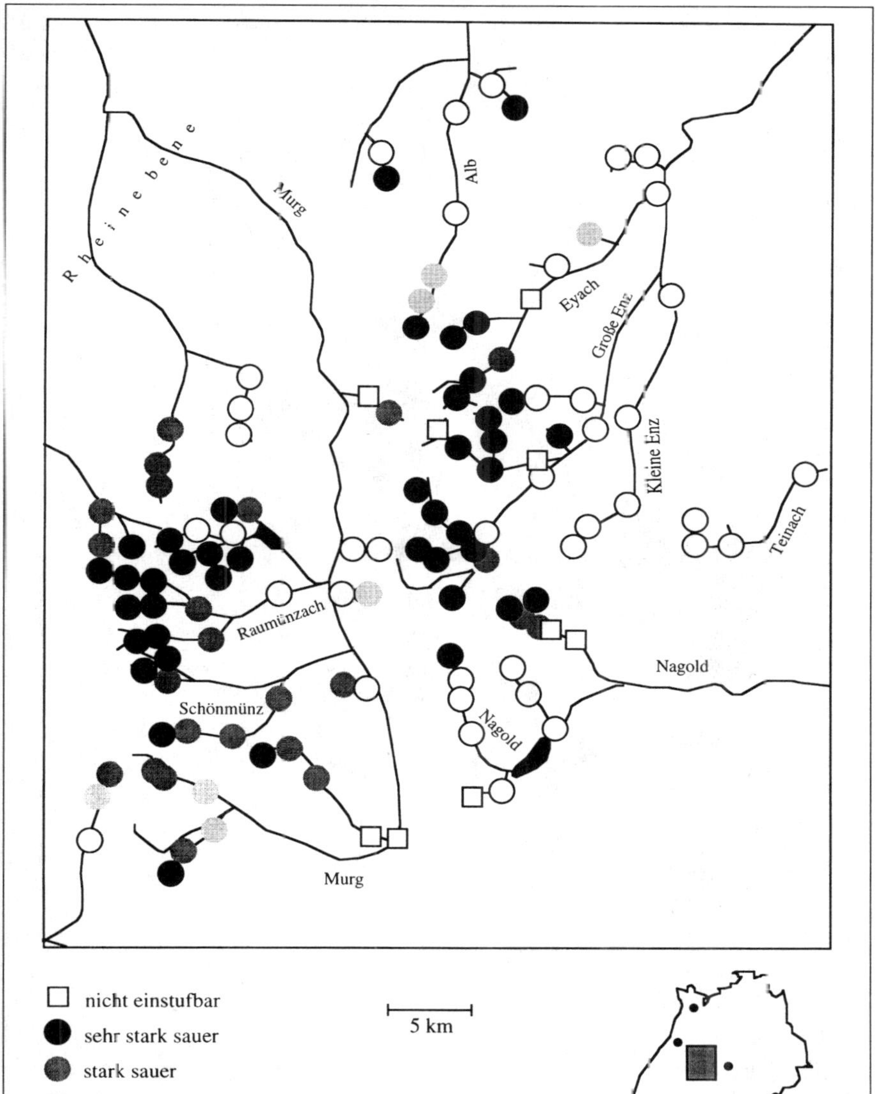

Abb. 39: Bewertung des Säurezustands von Fließgewässern im Nordschwarzwald anhand ihrer Moosflora.

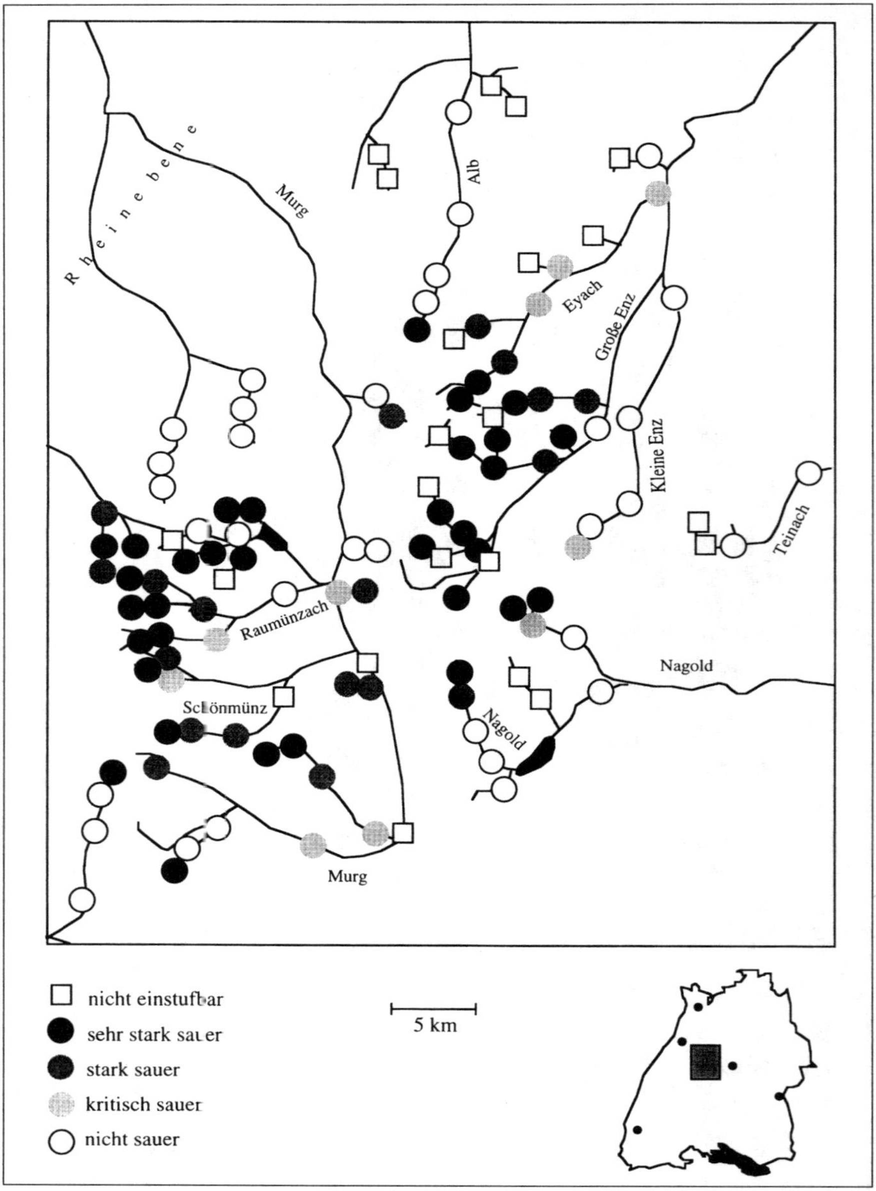

Abb. 40: Bewertung des Säurezustands von Fließgewässern im Nordschwarzwald anhand ihrer Fischfauna.

Die Ergebnisse zeigen, daß die Fließgewässeroberläufe des Nordschwarzwaldes besonders stark durch Gewässerversauerung betroffen sind. 35 % aller Gewässer sind bereits so stark versauert, daß sie keine Forellenpopulationen mehr beherbergen (Abb. 41).

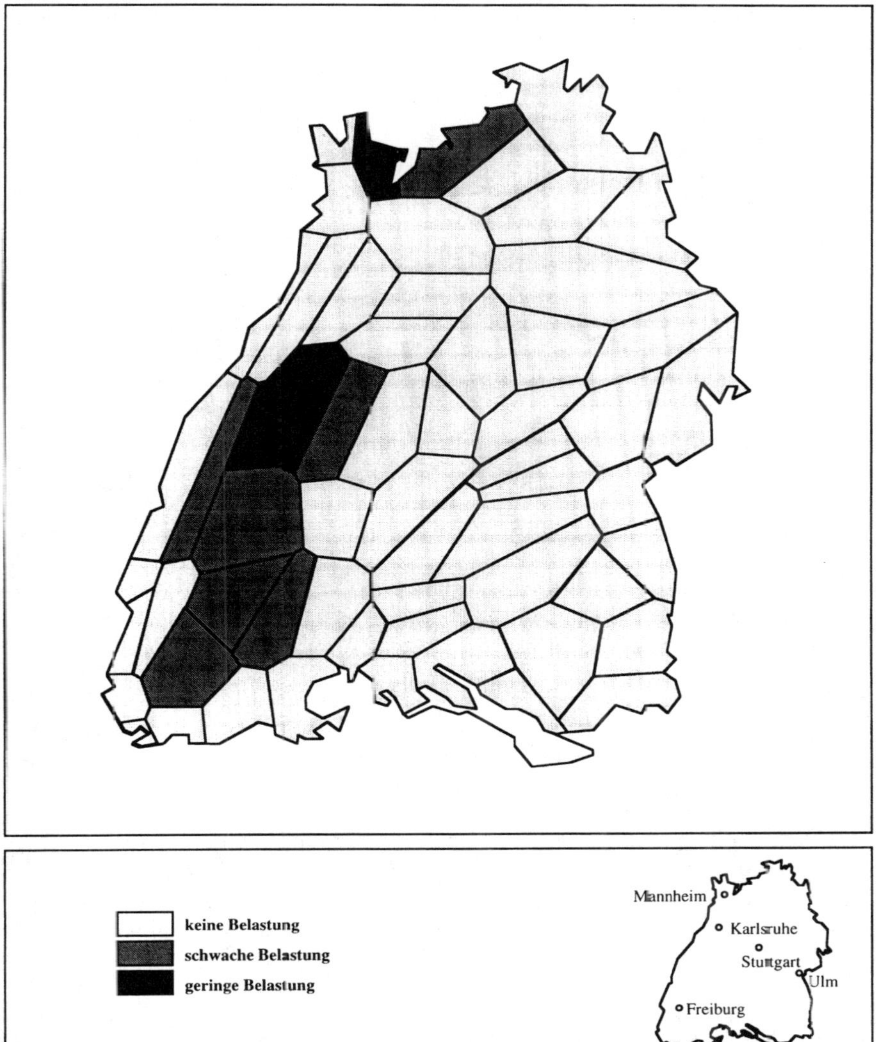

Abb. 41: Einfluß der Gewässerversauerung auf Bachforellenbestände.

Die Bedrohung von Amphibienbeständen hat u. a. auch durch immissionsbedingte Gewässerversauerung ein weitreichendes Ausmaß erreicht. Bei den Untersuchungen wurden Feuersalamander, Grasfrosch und Erdkröte berücksichtigt. Larven und Laich der einzelnen Amphibienarten haben eine unterschiedliche Säuretoleranz (Gebhardt, Kreimes, Linnenbach, 1987). Es besteht eine zunehmende Säureempfindlichkeit in der Reihenfolge Feuersalamander, Grasfrosch, Erdkröte (Abb. 42).

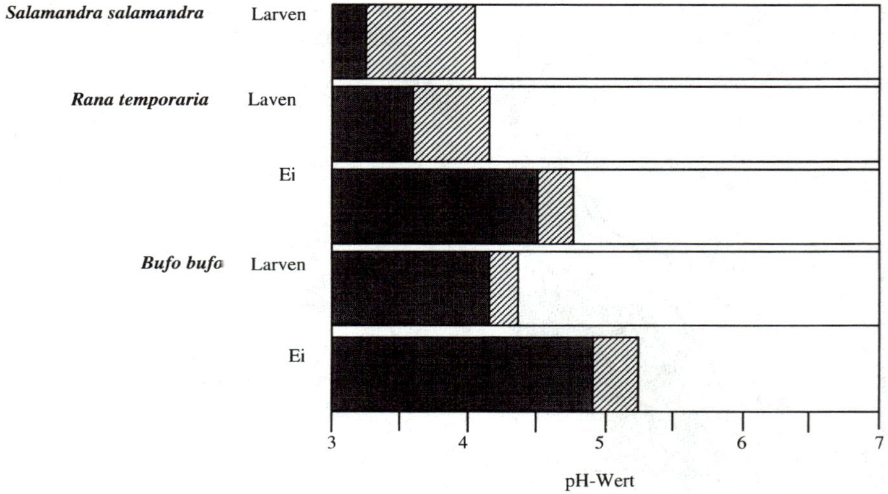

Abb. 42: Schädigungsgrenzwerte von Amphibien verschiedener Arten in Abhängigkeit vom pH-Wert

Von maßgeblicher Bedeutung für eine Schädigung von Laich und Larven ist das Puffermilieu, das mit dem Pufferungsvermögen des Untergrundes zusammenhängt. Als versauerungsgefährdet gelten demnach Teile des Odenwaldes, des Nord-, Mittel- und Südschwarzwaldes (Abb. 43).

Vergleichbare wirkungsbezogene Untersuchungen mit dem großräumigen Flächenbezug und in dem dargestellten Umfang der erfaßten Parameter sowie von der Dauer der Laufzeit her existieren in anderen Bundesländern nicht bzw. nur in Ansätzen.

Für Berlin und Umland wurde 1990 mit einem „Monitoringprogramm Naturhaushalt" begonnen, das mit dem „Ökologischen Wirkungskataster Baden-Württemberg" vergleichbar erscheint. In Sachsen-Anhalt ist vor allem von der Laufzeit her das bereits 1982 begonnene DDR-landesweite Biomonitoring-Meßnetz ein Programm, das im Ansatz das Ziel verfolgt, die Grundimmissions-

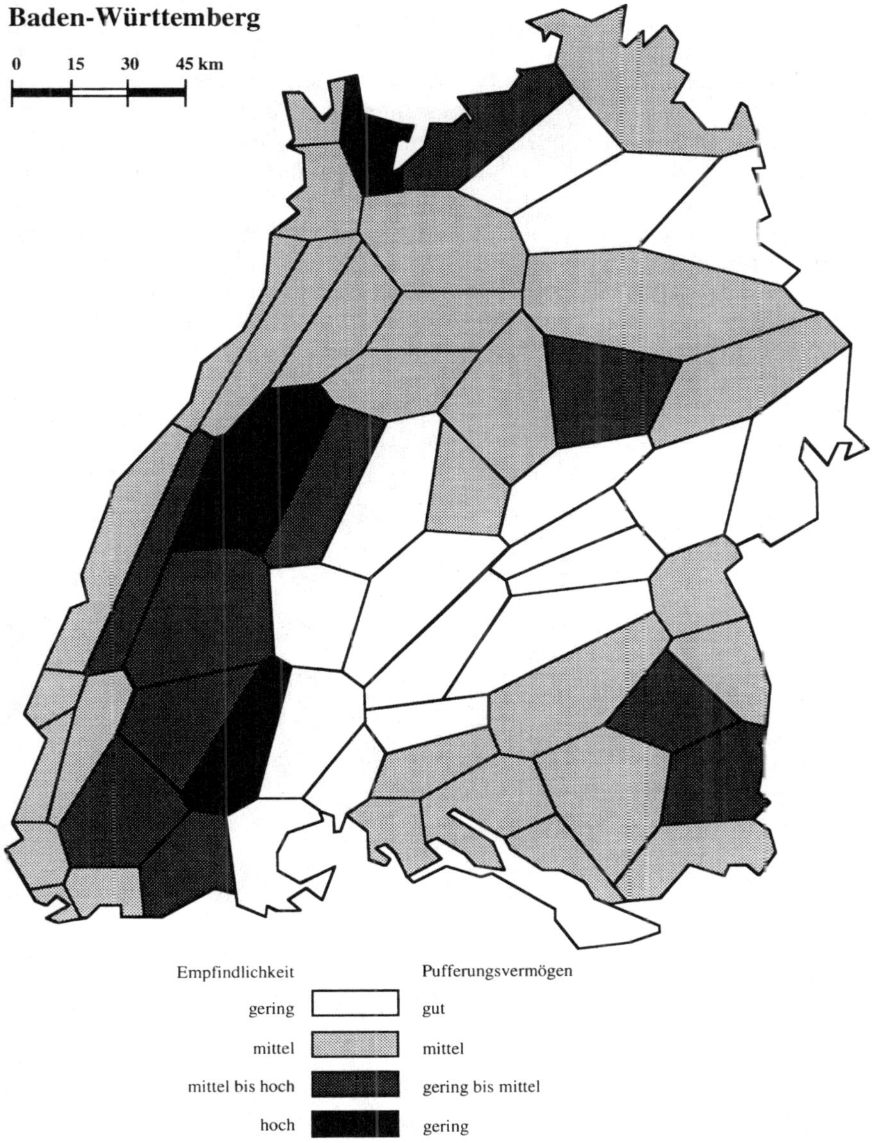

Abb. 43: Gefährdung naturnaher Ökosysteme aufgrund natürlicher hoher Empfindlichkeit – abgeleitet aus dem Pufferungsvermögen der Böden – (verändert nach Lehmann, Schmitt, 1987)

belastung sowie deren Wirkung auf der Grundlage des passiven Biomonitoring von Waldökosystemen für mittel- und langfristige Aussagen zu erfassen. Im Zuge der Vereinigung ging die Verantwortlichkeit dieses ursprünglich DDR-weiten Programms auf die jeweiligen Bundesländer über. Wie etwa in Sachsen-Anhalt wurden teilweise die Testgebiete übernommen und die Untersuchungen bis heute weitergeführt. Gelegentlich wurde das Programm auch vollkommen eingestellt. In den europäischen Nachbarländern werden mit sehr unterschiedlichen Methoden und Verfahren, aber auch in sehr unterschiedlicher Intensität Umweltbelastungen und Umweltveränderungen erfaßt. Beispielhaft ist das Projekt „Vegetationsövervakning“ in Schweden zu nennen, das unter dem Aspekt ökologischer Wirkungen vom Umfang der Untersuchungsparameter, der Methoden und von der zeitlichen Dauer dem „Ökologischen Wirkungskataster“ ähnlich angelegt ist.

Hans Hermann Wöbse

5. Erfassung und Bewertung des Erlebnispotentials

Das Erlebnispotential von Natur und Landschaft zu erfassen und zu bewerten ist deshalb so schwierig, weil dabei (im Gegensatz zum Arten- und Biotoppotential) neben objektiven (dem Objekt anhaftenden) in erheblichem Maße subjektive Gegebenheiten und Dispositionen eine Rolle spielen. Gleichwohl gehört es zu den menschlichen Grundbedürfnissen, Natur und Landschaft mit Hilfe der Sinnesorgane wahrzunehmen. Immer ist mit diesem Prozeß eine ganz spontane Wertung verbunden, die uns noch heute auf die ursprünglich überlebenswichtige Bedeutung sinnlicher Wahrnehmung hinweist. Bedürfnisse treten immer dann besonders deutlich in unser Bewußtsein, wenn ihre Befriedigung nicht ohne weiteres möglich ist. Schöne Landschaft beginnt zu einem knappen und damit wertvollen Gut zu werden.

Der Städter erwartet in der Natur frische Luft, Ruhe, Abwechslung, die Möglichkeit zum Ausspannen. Entscheidend für das ästhetische Erleben ist die Befriedigung der Sehnsucht nach Seinsfülle; denn das über alle Sinne vermittelte Einswerden mit der Natur ist ein entscheidendes Moment ästhetischen Erlebens. So ganz neu ist das freilich nicht: Beethoven umschrieb den Inhalt des ersten Satzes seiner Pastorale mit dem „Erwachen heiterer Empfindungen bei der Ankunft auf dem Lande“.

5.1 Bedürfnis nach Schönheit

Daß uns ein ästhetisches Bedürfnis eingegeben ist, zeigt sich darin, daß wir offensichtlich eine feste Vorstellung von Schönheit in uns tragen, die wir in bestimmten Situationen realisiert sehen möchten. Diese Vorstellung, vielleicht zu verstehen als die Idee, von der der griechische Philosoph Plato postulierte, daß sie allen Dingen zugrunde liege, zeigt sich darin, daß wir um eines erstrebten Schönheitserlebnisses willen selektiv wahrnehmen. Wir sehen nicht das, was ist, sondern das, was unserer Ansicht nach sein sollte. Das Wahrgenommene ist nicht die Realität, sondern eine Mischung aus Gegebenem, Erinnertem und Erwartetem (Borgeest 1977). Wir bezeichnen etwas Wahrgenommenes dann als schön, wenn ein uns innewohnendes ästhetisches Bedürfnis am rechten Ort zur rechten Zeit auf die rechte Weise befriedigt wird.

Das selektive Wahrnehmen wird ganz deutlich beim Fotografieren. Immer wieder können wir an uns selbst oder an anderen beobachten, daß oft unter erheblichem zeitlichen Aufwand ein Standpunkt, ein Bildausschnitt gesucht wird, der einen Teil des tatsächlich Vorhandenen wiedergibt. Störendes oder Unpassendes wird eliminiert. Derartige Anstrengungen kann man auch in den Werbebroschüren von Reiseveranstaltern beobachten, denen es darum geht, landschaftliche Schönheit als Ware zu vermarkten, und immer wieder hört man von verärgerten Kunden, die sich darüber beklagen, daß ihnen an Stelle der Realität ein Wunschbild, eine Illusion verkauft wurde. Das Häßliche wurde verschwiegen.

Daß ein ästhetisches Bedürfnis sich in ganz konkreten Anforderungen an die Umwelt äußern kann, zeigt sich darin, daß sich Städter nicht etwa mit einem niedrigeren Qualitätsstandard in der Natur zufrieden geben als Landbewohner. Ihre Wünsche machen deutlich, daß sie infolge mangelnder Gelegenheit zur Bedürfnisbefriedigung Ansprüche eines qualitativ höheren Niveaus formulieren. Dies wurde bereits vor 20 Jahren bei einer Besucherbefragung im Solling deutlich (Wöbse, 1971, S. 142). Man kann das damit erklären, daß das Bedürfnis umso größer ist und der Reiz einer naturnäheren Landschaft umso deutlicher empfunden wird, je naturferner die tägliche Umwelt ist. Der Städter ist mit zunehmender Naturferne also nicht mit immer weniger Natur zufrieden, sondern versucht, die verringerte Quantität durch (zumindest den Wunsch nach) mehr Qualität zu kompensieren.

Hierin mag eine der Ursachen dafür liegen, daß man gelegentlich auf die Vorstellung trifft, der Erholungswert müsse umso höher eingeschätzt werden, je naturnäher eine Landschaft sei, das heißt, daß eine Naturlandschaft höher bewertet werden müsse als eine Kulturlandschaft. Daß dies sicherlich so nicht ohne weiteres behauptet werden darf, wird deutlich, wenn man sich mit Art und Verteilung raumbildender und gestalterischer Landschaftsfaktoren von Naturlandschaft und Kulturlandschaft auseinandersetzt. Vergleicht man etwa anhand eines Landschaftsausschnittes die Karte der potentiell natürlichen mit der realen Vegetation, so stellt man fest, daß durch die Tätigkeit des Menschen die Landschaft sehr viel abwechslungsreicher und interessanter geworden ist als sie in ihrem natürlichen Zustand war oder sein würde.

Schönheit und Naturnähe

Damit sind wir bei einem Punkt, der immer wieder in die Diskussion gebracht wird, wenn es um die Novellierung des Bundesnaturschutzgesetzes geht. Es gibt ja Bestrebungen, den Schönheitsbegriff aus dem Gesetz zu streichen und ihn durch den Begriff Naturnähe zu ersetzen. Das Argument, das in diesem Zusammenhang immer wieder vorgetragen wird, ist, daß Schönheit nicht operationalisierbar sei.

Ich halte die Begriffstrinität Vielfalt, Eigenart und Schönheit für einen großen Wurf der Gesetzesväter und möchte eindringlich davor warnen, den Schönheitsbegriff durch Natürlichkeit oder Naturnähe zu ersetzen. Es gibt nämlich Teile unserer Umwelt, die vom Menschen geschaffen sind, ein Stück Kulturgeschichte repräsentieren, die ebenso schön und wichtig sind wie an anderer Stelle naturnahe und vom Menschen wenig beeinflußte Landschaftsteile. So kann man einen französischen Barockgarten sicher nicht als naturnah bezeichnen. Wer aber wollte behaupten, er sei nicht schön?

5.2 Subjektive Komponenten beim Erleben von Landschaft

Daß dasselbe ästhetische Phänomen unterschiedlich wahrgenommen, empfunden und bewertet wird, hat sehr unterschiedliche Gründe. Einerseits ist es abhängig von der Sozialisation des Individuums, von Assoziationen, die sich in Verbindung mit ästhetischen Phänomenen einstellen. Man bezeichnet die unterschiedlichen Einschätzungen des objektiv Gegebenen durch verschiedene Menschen als Intervarianzen. Auf die Schönheit der Natur bezogen, kann man deshalb eigentlich nicht von der Schönheit sprechen; denn es gibt unterschiedliche Schönheiten, unterschiedliche Präferenzen und Werturteile.

Darüber hinaus, und da wird es (sehr zum Leidwesen unserer wissenschaftsorientierten, meßwütigen und bewertbarkeitsfordernden Denkungsart) noch komplizierter, gibt es die sogenannten Intravarianzen. Das heißt, dasselbe Phänomen wird von demselben Individuum in verschiedenen Situationseinbettungen sehr unterschiedlich wahrgenommen und bewertet. Die Schönheit einer Landschaft wird nicht unwesentlich dadurch beeinflußt, ob das wahrnehmende Subjekt müde, durchgefroren, hungrig oder aber ausgeruht, wohlig warm und gerade von einer Mahlzeit aufgestanden ist.

Die subjektive Komponente landschaftlicher Schönheit ist darüber hinaus durch Erziehung, Lernen, Wissen, Erfahrung beeinflußbar und veränderbar. Die Beeinflussung der Naturbetrachtung und des Landschaftsverständnisses kann sich durch Erziehung und Lernen auf zwei Schwerpunkte erstrecken: die Vermittlung und das Erkennen von Naturzusammenhängen und naturwissenschaftlichen Gesetzmäßigkeiten, die hinter den Phänomenen stehen, einerseits und die Vermittlung von Wertmaßstäben bezüglich der Schönheit, also die sehr umstrittene Geschmacksbildung oder -beeinflussung andererseits. Umstritten deshalb, weil der Geschmack eine stark ausgeprägte subjektive Komponente hat und „es folglich anmaßend wäre, dem eigenen Maßstab überindividuelle Bedeutung zuzuschreiben . . . Es kann folglich allenfalls eine Erziehung zu einem anderen Geschmack geben, nicht aber Erziehung zum guten Geschmack. In Fragen des Geschmacks gibt es weder Kundige noch Erziehungsbedürftige." (Borgeest, 1977, S. 172)

Aber selbst wenn man auf eine bewußte Geschmacksbeeinflussung verzichtet, findet sie laufend statt, und zwar durch Beispiel und Vorbild. Wie anders wäre es zu erklären, daß bestimmte Dinge nachgeahmt werden, daß etwa auf dem Lande bestimmte städtische Architekturelemente einziehen, über deren Zweckmäßigkeit oder Schönheit man sehr geteilter Meinung sein kann, daß bestimmte Pflanzenarten sich in den Hausgärten breitmachen, von denen man dasselbe sagen kann. Oft handelt es sich dabei um die Übernahme der Prestige- und Statussymbole einer bestimmten Schicht, das kritiklose Akzeptieren ästhetischer Normen. Aber auch das (scheinbar) wertfreie Lernen naturwissenschaftlicher Gesetzmäßigkeiten verändert das Sehen und damit das Urteil.

Lernen, Erziehung und Vorbild, also der Einfluß durch andere, schaffen das Wissen, das durch eigene Erfahrungen ergänzt wird. Da Wissen und Erfahrung sich im Lauf des Lebens ständig erweitern, ist das ästhetische Verhalten im Alter zwangsläufig ein anderes als in der Jugend.

Welche Rolle Wissen und Erfahrung beim Erleben und Bewerten landschaftlicher Schönheit spielen, mag folgendes Beispiel erläutern. Ein Wald wird von verschiedenen Besuchern unterschiedlich wahrgenommen, erlebt und auch hinsichtlich seiner Schönheit sehr verschieden bewertet, und zwar in Abhängigkeit vom Sehen, das vom Wissen beeinflußt wird. Der Botaniker etwa sieht einige wenige Exemplare einer seltenen Pflanzenart, der Zoologe ein ideales Biotop für bestimmte Tierarten, der Pflanzensoziologe vielleicht die außergewöhnliche Abfolge bestimmter Pflanzengesellschaften, außergewöhnliche endogene und exogene Einflüsse bestimmter Stadien einer primären oder sekundären progressiven Sukzession, der Forstwirt die Leistungsfähigkeit des Standortes, die Zuwachsleistung, den Gesundheitszustand, die Astfreiheit und die Qualität des Holzes, der Pilz- und Beerensammler die Reichhaltigkeit der begehrten Sammelobjekte, was vor einigen Jahren durch die Ereignisse in Tschernobyl wieder in einer ganz bestimmten Weise eine Beeinflussung erfuhr, der Spaziergänger die gute Begehbarkeit der Wege, die Mutter mit Kinderwagen das „Wachrüttelpotential" der Baumwurzeln.

Auch wenn keine der genannten Personen ausschließlich unter dem Aspekt eines zielgerichteten Interesses durch diesen Wald geht und allen die Üppigkeit der Vegetation, das Vogelgezwitscher, die angenehme Kühle, die würzige Luft, vielleicht die Farbenpracht der Geophyten oder des Laubes bewußt ist, so wird doch ihr Urteil in unterschiedlicher Weise mitbeeinflußt von dem, was sie darüber hinaus sehen, weil sie es aufgrund ihrer fachlichen Vorbildung sehen können oder aufgrund ihres Interesses erwarten. Das Wissen ermöglicht in vielen Fällen erst das Sehen bestimmter natürlicher Gesetzmäßigkeiten. Und das Erkennen dieser Gesetzmäßigkeiten eröffnet neue ästhetische Reize.

Die Wahrnehmung eines ästhetischen Gegenstandes ist keineswegs identisch mit seiner Anschauung. Die aktuelle Anschauung kann Erinnerungen an frühere Anschauungen wecken und Gefühle hervorrufen, die frühere und gegenwärtige Anschauung zur Wahrnehmung verschmelzen. Derartige Assoziationen nehmen mit den Erlebnissen und dem Lebensalter zu. Die ersten Wahrnehmungen eines Menschen (Grunderlebnisse) sind reine Wahrnehmungen, das heißt, sie sind mit der Anschauung identisch und werden noch nicht von früheren Erlebnissen überlagert. Man könnte darin eine Ursache dafür sehen, daß diese Wahrnehmungen besonders prägend und fest verankert sind. Das macht zugleich auch die ungeheure Bedeutung klar, die der Umwelt des Kindes (und ihrer Gestaltung) für spätere ästhetische Maßstäbe und das Verhalten eines Menschen zuzuschreiben ist.

Ob eine Assoziation negativer oder positiver Art ist, hängt von der ersten bewußten Wahrnehmung ab. Assoziiert man beispielsweise Lindenblütenduft mit einem schönen Feriensommertag bei den Großeltern auf dem Lande, so ist er positiv, hat man ihn dagegen erstmals bewußt wahrgenommen, nachdem man bei einem Verkehrsunfall aus dem Auto geschleudert wurde, wird er negativ besetzt sein. Der Duft allein ruft bei geschlossenen Augen ein Erinnerungsbild hervor. An solchen Assoziationen wirken alle Sinnesorgane mit, nicht nur das Auge. Interessant ist dabei, daß Assoziationen sich vorrangig in visueller und akustischer Hinsicht einstellen, das heißt, bei einem bestimmten Geruch stellt sich leichter ein Bild ein als ein Geruch bei der Betrachtung eines Bildes. Der Auslöser ist dabei meist schwächer als die ausgelöste Assoziation, die aus einer ganzen Kette bestehen kann. Es ist also nicht nur ein Bild, sondern die Ganzheit des Erlebnisses. Und doch steht das Bild im Vordergrund.

Assoziationen, die sich beim Erleben eines Kunstwerkes einstellen, schöpfen aus erlebter Realität. Und je nach zur Verfügung stehender Assoziationsfülle und -intensität wird das Kunstwerk aufgefaßt. Wir werden auch immer wieder feststellen können, daß bestimmte Kunstwerke oder Natureindrücke an uns vorübergehen ohne uns anzusprechen, um uns dann bei einer späteren erneuten Begegnung voll in ihren Bann zu ziehen. Erst die zwischen beiden Begegnungen liegenden Erfahrungen und die dadurch später möglich werdenden Assoziationen verschaffen uns den Zugang.

Das, was wir in der Natur als schön bezeichnen, ist uns psychisch und physisch zuträglich, lebensförderlich. Wenn wir etwas als schön bezeichnen, dann kommt darin eine zusammenfassende Bewertung sinnlich wahrnehmbarer Phänomene zum Ausdruck, die oft in Sekundenschnelle und irrational erfolgt (was nichts Negatives ist, sondern nichts weiter bedeutet, als daß hier etwas ohne logisch zergliederndes Nachdenken erfolgt). Seit alters her gibt es die Unterteilung unserer Sinnesorgane im Fernsinne (Gesichtssinn, Gehör) und Nahsinne (Geruch, Geschmack und Tastsinn). In der zusammenfassenden Bewertung von Außenweltphänomenen als schön oder häßlich dokumentiert sich, so hat Picht (1974, S. 710) es einmal ausgedrückt, ein sehr sensibler Beurteilungsmaßstab für Zusammenhänge, „die für die plumpen Mechanismen unseres rationalen Denkens viel zu komplex sind."

5.3 Landschaftsbild und landschaftliche Schönheit

Um sich zu verdeutlichen, daß Landschaftswahrnehmung und Landschaftserleben mehr ist als die Betrachtung eines Landschaftsbildes, mag man den folgenden Gedankenablauf nachvollziehen: Da ist das Bild einer blühenden Wiese am Oberlauf eines Baches, umgeben von Laubmischwald. Die morgendliche Sonne erzeugt Licht und Schatten. Das Bild birgt viel Geheimnisvolles in sich, vermittelt aber zugleich das Gefühl von Geborgenheit. Die Farben reichen vom zarten Gelb bis zum Tiefdunkelgrün: ein schönes Bild.

Dazu kann man sich jetzt verschiedene akustische Signale vorstellen, also Reize für den zweiten unserer Fernsinne. Die Kombination von optisch und akustisch ist ja zu einer in unserem sogenannten audio-visuellen Zeitalter üblichen Darstellung scheinbarer Realität geworden, im Film etwa oder im Fernsehen.

Und über die optischen und akustischen Signale hinaus mag man sich dann noch bestimmte Gerüche denken. Da gibt es viele Kombinationsmöglichkeiten. Greifen wir drei heraus (Wöbse, 1991, S. 32):

1. Das Bild der eben skizzierten wunderschönen Landschaft. Frühsommerliches Vogelgezwitscher, Meisen, Zilpzalp, Buchfinken, Amseln, Tauben, in der Ferne ein Kuckuk, dazu, ebenfalls im Hintergrund das Plätschern des Baches, der im Bild gar nicht sichtbar ist. Dazu die Gerüche: frischer Erdgeruch, Laub, Holunderblütenduft, Gras, kühle Frische.
2. Dasselbe wunderschöne Bild. Kein einziges Geräusch, Totenstille, kein Vogel, kein Wasserplätschern. Auch die Nase nimmt nichts wahr.
3. Immer noch dasselbe schöne Bild. Unsere Ohren registrieren in nicht allzu großer Entfernung eine Schnellstraße oder Autobahn. Der LKW-Anteil vermittelt den Eindruck von Alltäglichkeit nach Öffnung des europäischen Binnenmarktes. Plötzlich das anschwellende Geheule von Düsentriebwerken. Offensichtlich beginnt nicht allzu weit hinter diesem Bild die Landebahn eines Flughafens, in dessen Nähe sich nicht nur eine chemische Fabrik, sondern auch eine Kafferösterei zu befinden scheinen. Jedenfalls lassen organische, kohlenwasserstoffhaltige Gerüche vergessen, was man von dieser Landschaft eigentlich erwartet.

Dreimal dasselbe Bild, aber drei grundlegend verschiedene Eindrücke. Am Erleben einer Landschaft sind eben wesentlich mehr Faktoren beteiligt als das Landschaftsbild. Landschaftsplaner sehen sich immer wieder in der mißlichen Situation, dies festzustellen, gleichzeitig aber ständig nach Operationalisierungsmöglichkeiten, nach handhabbaren Verfahren zur Feststellung der Erlebnisqualität, nach Bewertungsmöglichkeiten anhand objektiver ästhetischer Kriterien gefragt zu werden.

Das Naturschutzgesetz erteilt den Auftrag, landschaftliche Schönheit zu erhalten. Landschaftliche Schönheit ist ein aus sehr unterschiedlicher sinnlicher Wahrnehmung resultierender Komplex. Landschaftliche Schönheit hat sowohl eine räumliche als auch eine zeitliche Komponente. Sie ist demzufolge etwas Vierdimensionales. Ein Bild aber ist flächig, also zweidimensional.

Landschaftliche Schönheit ist mehr als die Schönheit des Landschaftsbildes. In § 1 des Naturschutzgesetzes ist vom Landschaftsbild folgerichtig nicht die Rede; denn es geht um mehr.

Der Landschaftsbildbegriff in § 8 stellt eine Einschränkung des Schönheitsbegriffs dar. Dies hat sicher seine Gründe, pragmatische Gründe, aber es muß immer wieder gesagt werden.

Die Frage muß gestellt werden, ob es genügt, darauf hinzuwirken, daß Eingriffe das Landschaftsbild nicht mehr als unbedingt notwendig beeinträchtigen. Kann der Erhalt des Totalcharakters damit gewährleistet werden? Beeinflußt Lärm ein Bild? Kann die TA Lärm Stille garantieren? Beeinflussen Gerüche ein Bild? Kann die TA Luft gewährleisten, daß es riecht wie auf dem Lande? Viele Fragen. Probleme, die mit naturwissenschaftlichen Methoden kaum lösbar sind. Die Schizophrenie des wissenschaftlich arbeitenden Landschaftsplaners, der das eine weiß und das andere tut.

Immer wieder die Frage, ob die oft recht komplizierten methodischen Ansätze eine Landschaftsbildbewertung mit vertretbarem Aufwand und akzeptabler Aussagekraft zulassen. Man kann darüber lang und ausführlich lesen, etwa bei Schwahn (1990) oder in dem bisher unveröffentlichten Gutachten „Synopse der Methoden zur Erfassung des Landschaftsbildes, das Krause und Klöppel 1991 für das Land Rheinland-Pfalz angefertigt haben. Erfahrungsgemäß ist nach solcher Lektüre für eine konkrete Umsetzung guter Rat teuer.

Vielleicht ist durch das bisher Gesagte deutlich geworden, daß es eine große Zahl teils dem Objekt, teils dem Subjekt zuzuordnende Faktoren gibt, die Wahrnehmen, Erleben und Bewerten beeinflussen. Nun sieht sich der Landschaftsplaner immer wieder mit der Forderung konfrontiert, die Erlebnisqualität der Landschaft in logisch nachvollziehbarer Weise darzustellen und zu bewerten. Es gibt eine ganze Reihe methodischer Ansätze (vgl. Schwahn 1990), die man in nutzerabhängige und nutzerunabhängige Verfahren untergliedern kann (vgl. Asseburg, Hühn, Wöbse, 1985).

Anknüpfend an die bereits zitierte Feststellung Pichts, wir besäßen mit unserer Unterscheidung in schön und häßlich einen Beurteilungsmaßstab für Zusammenhänge, die für die plumpen Mechanismen unseres rationalen Denkens viel zu komplex seien, ist die grundsätzliche Frage zu stellen, ob die bisher erarbeiteten Bewertungsverfahren mehr sind als der Versuch, diesen in der rechten (emotionalen) Gehirnhälfte angelegten Beurteilungsmaßstab durch nachvollziehbare Kriterien geringerer Komplexität der linken (rationalen) Gehirnhälfte zu ersetzen, um so zu einer allgemeinen Akzeptanz einer Landschaftsbildbewertung beizutragen.

In der Folge soll kurz auf zwei nutzerunabhängige Verfahren eingegangen werden.

5.4 Flächendeckende Bewertung landschaftlicher Schönheit

Im Rahmen meiner Landschaftsästhetik-Vorlesung habe ich an der Universität Hannover seit einigen Jahren mit mehreren hundert Studenten unserer Fachrichtung eine vergleichende Landschaftsbildbewertung folgender Art durchgeführt. Den Probanden wurden Fotos unterschiedlicher Landschaften vorgelegt. Diese sollten hinsichtlich ihrer Schönheit spontan mit einer von fünf zur Verfügung stehenden Noten (1 = beste, 5 = schlechteste) bewertet werden. Für dieselben Bilder wurde im Anschluß nach der von Nohl (1977) entwickelten Methode der We-Wert ermittelt. Die Unterschiede bei den Ergebnissen der beiden Bewertungen (Zeitaufwand bei der Notengebung ca. 10 Sekunden, bei Ermittlung des We-Wertes ca. 10 Minuten pro Bild) dürfen als unerheblich bezeichnet werden.

Bild-Nummer	We-Wert	Note
1	1,72	1,55
2	1,84	1,56
3	2,53	2,34
4	2,59	2,37
5	4,32	3,65
6	5,74	4,64

Daß die Notengebung durchgehend etwas günstiger ausfällt, dürfte damit zusammenhängen, daß beim semantischen Differential des We-Wertes sieben Wahlmöglichkeiten zur Verfügung stehen, während dem nur fünf Noten gegenüberstehen. Entscheidend ist, daß die Rangfolge der Bilder in beiden Bewertungen dieselbe bleibt.

Im Auftrag des Landes Rheinland-Pfalz haben wir 1994 ein Pilotprojekt für eine flächendeckende Landschaftsbildkartierung bearbeitet. Für ein Meßtischblatt wurden, ausgehend von der Grobeinteilung der naturräumlichen Gliederung, Landschaftsbildeinheiten abgegrenzt und im Gelände korrigiert. Wir haben uns aus arbeitstechnischen Gründen aufgrund der eben geschilderten Übereinstimmung für eine Bewertung nach fünf Noten entschieden. Diese Noten werden unter Berücksichtigung positiver oder negativer Außeneinflüsse (Lärm – es war erschreckend, daß die überwiegende Zahl der Einheiten des Meßtischblattes aufgrund der Kraftfahrzeug- und Fluglärmbelastung heruntergestuft werden mußte –, Gerüche, Wirkung von Nachbareinheiten, landschaftsbildrelevante Entwicklungspotentiale) ab- oder aufgewertet, so daß letztlich eine 9-stufige Einteilung zum Tragen kommt.

Dazu wurde ein Erfassungsbogen entwickelt, aus dem u. a. die auf- oder abwertenden Faktoren zu entnehmen sind, was im Rahmen von Eingriffen konkrete Hinweise auf sinnvolle Ausgleichs- und Ersatzmaßnahmen liefern kann. Die Bewertung wurde von zwei Bearbeitern jeweils vor Ort für die betreffende Einheit durchgeführt.

Der Arbeitsaufwand betrug für die Feldarbeit inklusive der vorangehenden Raumabgrenzung etwa drei Arbeitskraft-Monate. Sicher gibt es bei dieser Vorgehensweise Kritikmöglichkeiten im Sinne der „exakten" Wissenschaft, jedoch führt der Ansatz rascher zu Ergebnissen und zu brauchbaren Grundlagen für Planungsentscheidungen als möglicherweise exaktere, dafür aber arbeits-, zeit- und kostenaufwendigere Methoden, an denen Fachkollegen zur Zeit arbeiten. Die hier ermittelten Ergebnisse sind tendenziell sicher richtig, und es spricht natürlich nichts dagegen, sie zu gegebener Zeit mit Hilfe neuer Verfahren zu verfeinern.

5.5 Die Raumgestaltanalyse

Die Raumgestaltanalyse ist ein weiteres nutzerunabhängiges Verfahren, das sich auf einer anderen Maßstabsebene zur Erfassung von Raumeindrücken und deren Bewertung als leicht anwendbar erwiesen hat (Asseburg, Hühn, Wöbse, 1985). Die Erlebniswirkung läßt sich mit Hilfe von Kartenmaterial (Maßstab 1:10 000 und größer) ermitteln und darstellen, das die raumbildenden Vegetationsstrukturen möglichst genau wiedergeben sollte. Für die Darstellung rezenter Zustände leisten Luftbilder und Luftbildpläne wertvolle Dienste. Die Raumgestaltanalyse ist in besonderer Weise geeignet, frühere und gegenwärtige Zustände sowie Planungsvarianten miteinander zu vergleichen.

Erfaßt werden Raumeindrücke des Spaziergängers, Radfahrers oder Reiters entlang eines Weges. Auf der zu untersuchenden Strecke wird ein erster Punkt festgelegt, von dem aus der wahrnehmbare Raum in einem Winkel von 180° abgegrenzt wird. Diesen Raum kann der Betrachter bei leichtem Drehen des Kopfes als Einheit erleben. Der Raum kann unterschiedlich groß und verschieden strukturiert sein, je nach Art der begrenzenden oder gliedernden Elemente (Bäume, Baumgruppen, Baumreihen, Hecken, Waldränder). Dieser erste Raum (vgl. Abb. 44) wird kartenmäßig dargestellt. Der zweite Punkt wird dort angesetzt, wo der erste Raum sein optisches Ende hat und sich für den Nutzer ein neuer, inhaltlich anders gearteter Raum öffnet.

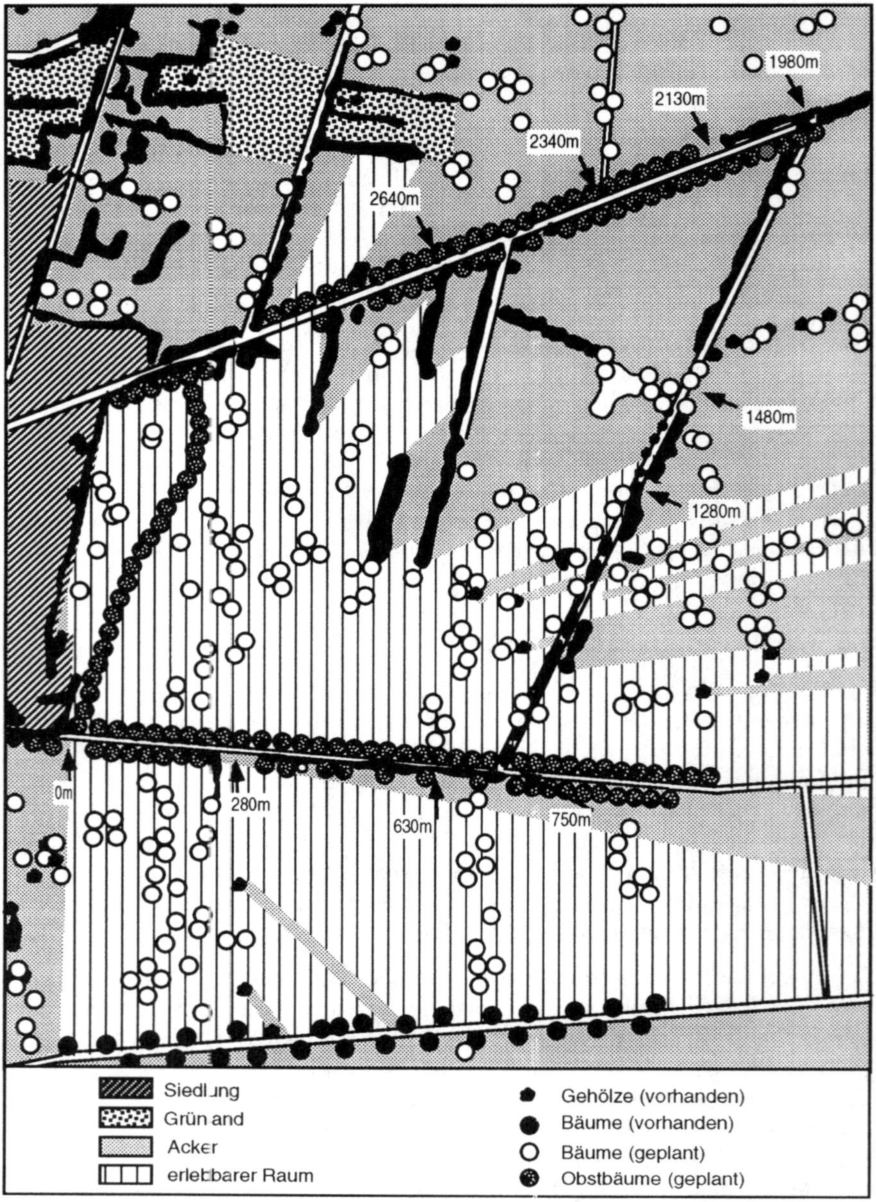

Abb. 44: Der erste als optische Einheit erlebbare Landschaftsraum auf dem Beispielsweg in der Gemarkung Bordenau (vergl. Abb. 45) schraffiert dargestellt.

Umfangreiche Tests dieses Verfahrens haben bestätigt, daß der Erlebniswert einer Landschaft umso größer ist, je höher die Zahl der Räume entlang eines Weges, je unterschiedlicher der Aufbau der Einzelräume und je differenzierter (Richtungstendenz, Größe) die aufeinanderfolgenden Einzelräume sich darstellen.

Um die Wirksamkeit vorgeschlagener landschaftsgestalterischer Maßnahmen auf die Steigerung des Erlebnispotentials zu bewerten, läßt sich beispielsweise ein etwa 3 km langer (1-stündiger) Weg – hier in der Gemarkung Bordenau, westlich von Hannover – untersuchen. Das Ergebnis ist in Abb. 45 dargestellt.

Der derzeitige Zustand (linke Spalte) zeigt fünf verschiedene Räume, wobei der erste aufgrund der Ausgeräumtheit der Landschaft das unbefriedigendste Bild abgibt. Nicht viel anders ist der Abschnitt des Querweges. Bei allen Räumen wird deutlich (Pfeile), daß die Blickbeziehungen über das Dargestellte hinaus zum Teil weit in die Ferne reichen. Ästhetische Bedürfnisse wie Abwechslung, Neugierbefriedigung und Überraschung bleiben deshalb weitgehend unbefriedigt. Die durchschnittliche Entfernung von einem Raum zum nächsten beträgt 660 Meter, die zu Fuß in etwa 13 Minuten zurückgelegt werden. Während dieser Zeitspanne kann bei nahezu gleichbleibendem Raumeindruck leicht ein Eindruck von Langweiligkeit entstehen.

Der geplante Zustand (rechte Spalte) bietet ein völlig anderes Bild. Die Zahl der als Einheit erlebbaren Räume verdoppelt sich, sie werden kleiner und strukturreicher. Die durchschnittliche Entfernung von einem Raum zum nächsten beträgt nur noch 250 Meter, die in fünf Gehminuten zurückgelegt werden. Aufgrund der in die Landschaft einzubringenden raumwirksamen Vegetationselemente werden die Räume geschlossener, ohne jedoch bestimmte Sichtachsen auszuschließen, die in den Einzelräumen immer ein Nebeneinander von optischer Nähe und Raumtiefe zulassen. Insgesamt werden dabei Ausblicke in weitere Ferne (Pfeile) reduziert, so daß der Weg künftig eher das Gefühl von Geborgenheit vermitteln kann als bisher. Zahl und Vielfalt der Einzelerlebnisse nehmen dabei zu.

Das Beispiel macht deutlich, daß die vorgeschlagenen Pflanzmaßnahmen wesentlich dazu beitragen, das Erlebnispotential zu erhöhen, wobei mit dieser Methode nur der optisch-räumliche Eindruck bewertet werden kann. Hinzu kommt dann noch die Vielfalt der Arten (standortgemäße Laubholzarten und Obstgehölze und die dadurch gegebene Vielfalt an Farbe, Duft, Früchten, Tieren usw.) sowie die infolge von vorgeschlagenen Flächennutzungsänderungen sich ergebende Steigerung der Vielfalt (Farben, Zäune, Weidevieh, Wiesenvögel usw.). Auf die gegenseitige Ergänzung von ästhetischen und ökologischen Wirkungen (z. B. Biotopvernetzung) braucht dabei nicht besonders hingewiesen zu werden.

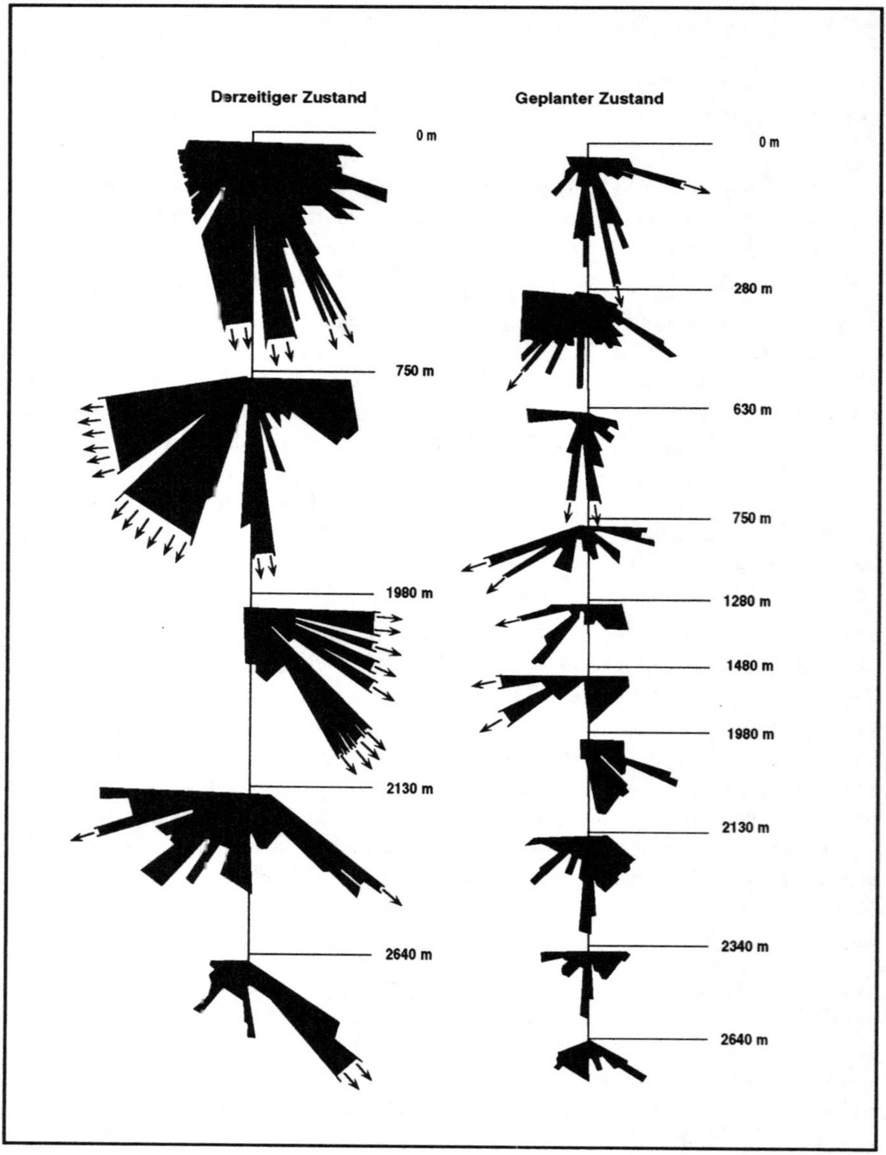

Abb. 45: Raumgestalt-Analyse Gemarkung Bordenau (Ortsteil der Stadt Neustadt am Rübenberge). Weglänge ca. 3 km.

Sicher tragen solche Verfahren dazu bei, den Eindruck entstehen zu lassen, die Erlebnisqualität der Landschaft sei etwas Quantifizierbares. Dieser Eindruck ist jedoch nur zum Teil richtig. Entscheidendes, nämlich die außeroptische sinnliche Erfahrbarkeit, vermögen sie nicht zu erfassen, geschweige denn zu quantifizieren.

Da aber alle unsere Entscheidungen und Werturteile auch von der spontanen Bewertung des sinnlich Wahrnehmbaren als schön oder häßlich wesentlich bestimmt werden, sollten wir uns unabhängig von wissenschaftlichen Methoden zur Präferenz des Schönen bekennen. Natürlich ist dies kein Plädoyer für die Abschaffung des Denkens. Vielleicht aber ist es ein Plädoyer für etwas mehr Mut, einen allgemein praktizierten Wertmaßstab als solchen anzuerkennen und zu benutzen.

Hans Hermann Wöbse

6. Erfassung und Bewertung historischer Kulturlandschaften

Es ist noch gar nicht so lange her, daß der Mensch die Natur als Gegner betrachtete, dem – zumeist unter erheblichen Strapazen – der Lebensunterhalt abgerungen werden mußte. Und so war es das Bestreben aller unserer Vorfahren, mit allen ihnen zur Verfügung stehenden Mitteln eine möglichst große Unabhängigkeit von der Natur zu erreichen. Dieses Ziel ist heute scheinbar erreicht. Der Weg dahin war verbunden mit unermüdlicher Arbeit, Entbehrungen und Leiden, mit bitteren Erfahrungen, mit dem Erkennen eigener Grenzen, mit Erfindungsgeist, Phantasie und der Realisierung des in der jeweiligen Zeit Machbaren. Alle diese Auseinandersetzungen fanden ihren Ausdruck in der Veränderung von Natur, in der Gestaltung von Landschaft. Was sich bewährt und als nützlich erwiesen hatte, wurde überliefert, weitergegeben an die nächste Generation.

Die Schaffung von Kulturlandschaft ist ein Prozeß, der sich aus der Vergangenheit bis in die Gegenwart hinein erstreckt und sich auch in Zukunft fortsetzen wird. Wissenschaft und Technik haben dem Menschen unseres Jahrhunderts Möglichkeiten an die Hand gegeben, die in früheren Jahrhunderten außerhalb jeder Vorstellung lagen. Naturverändernde und -zerstörende Eingriffe sind leichter geworden und vollziehen sich mit ständig zunehmender Geschwindigkeit.

Die Notwendigkeit des Arten- und Biotopschutzes hat im allgemeinen Bewußtsein seinen Platz gefunden. Die Vertreter des amtlichen Naturschutzes sind mit den täglichen Aufgaben dieses „klassischen“ Naturschutzes voll ausgelastet. Aber wer nimmt den gesetzlichen Auftrag zur Erhaltung historischer Kulturlandschaften wahr? Sind historische Kulturlandschaften als Wert im allgemeinen Bewußtsein und im Bewußtsein der Behördenvertreter verankert? Denn dies ist ja die Voraussetzung für ein Tätigwerden. Was überhaupt ist historische Kulturlandschaft und was macht ihren Wert aus? Ist Kulturlandschaft lebendige Geschichte und deshalb ein Wert an sich? (vgl. Konold, 1987, S. 175 f. und 477 ff.).

Ein Plädoyer für die Erhaltung von historischen Kulturlandschaften beinhaltet nicht die Forderung nach der Errichtung von „Kulturlandschaftsmuseen“, in denen man, vielleicht gar nach Entrichtung einer Eintrittsgebühr, die „gute alte Zeit“ studieren und sich an ihr erbauen kann, während „draussen“ das feindliche Leben tobt, die Realität ihren Lauf nimmt.

Genau dies darf nicht passieren. Die Erhaltung kulturlandschaftlicher Reste in unserer Wirtschaftslandschaft soll deutlich werden lassen, wie in einem fein abgestimmten System zwischen Mensch und Natur über lange Zeit ein Gleichgewicht bestanden hat, von dem wir lernen, an dem wir unser Verhalten orientieren können, ja, orientieren müssen, wenn wir überleben wollen, wenn wir diese Erde nicht unter fortwährender Berufung auf ein falsch verstandenes Fortschrittsdenken, für das das Wirtschaftswachstum der entscheidende Wertmaßstab zu sein scheint, zugrunderichten wollen. Es geht um die Kontinuität, um das Hereinnehmen von bewährten früheren Erfahrungen in unser Leben.

Aus der Beschäftigung mit historischen Kulturlandschaften können wir lernen, wie man den Naturgesetzen gemäß mit Lebendigem umgehen sollte. Unsere Vorfahren hatten uns da manches voraus: nicht, weil sie besser waren als wir, sondern weil sie es schwerer hatten, weniger Technik und weniger Chemie einsetzen konnten, dafür (oder vielleicht gerade deshalb) aber in vielen Bereichen mehr Sensibilität und mehr Phantasie entwickelten. Mit Technik und Chemie und der daran gekoppelten Wahnvorstellung von der alles umfassenden Machbarkeit behindern wir in vielen Fällen kulturelle Kontinuität.

Die lokale Identität des Menschen bedarf einer Vertrautheit mit seiner Umgebung, die unter anderem dadurch entsteht, daß er als Kind in eine Landschaft hineinwächst, die damit zu seiner Heimat wird. In jedem Menschen ist der tiefgreifende Wunsch verankert, an den Ort seiner Jugend, seiner Eltern, Vorfahren, zurückkehren zu können. Dies ist nur möglich, wenn er wiedererkennbar bleibt, wenn Veränderungen sich in behutsamer Kontinuität vollziehen. Erst in der Erlebbarkeit so möglich werdender Identität ist der Einzelne bereit, sich für „seine“ Landschaft einzusetzen, sie vor Zerstörungen zu bewahren.

6.1 Gegenstand und Schutzauftrag

Nicht alles, was der Mensch hervorbringt, ist Kultur, und nicht jede durch menschliche Eingriffe veränderte Naturlandschaft ist eine Kulturlandschaft. Das Bundesnaturschutzgesetz befaßt sich demzufolge nicht mit dem, was in unserem allgemeinen Sprachgebrauch mit diesem Begriff umschrieben wird, sondern geht mit seiner Formulierung von einer ganz spezifischen Wertkategorie aus. Paragraph 2, Grundsatz 13 erteilt der Gesellschaft den Auftrag, „historische Kulturlandschaften und -landschaftsteile von besonders charakteristischer Eigenart“ zu erhalten.

Die Eigenart einer Landschaft wird maßgeblich von zwei Faktoren bestimmt: von der Landschaftsgenese, den natürlichen Standortfaktoren einerseits und von den anthropogenen Einflüssen, der planmäßigen Pflege, Bebauung und Nutzung des Vorgefundenen andererseits. Kultur im ursprünglichen Wortsinn bedeutet pfleglichen Umgang, Nutzung in dem ständigen Bemühen, die Grundlagen und die nachhaltige Leistungsfähigkeit dieser Grundlagen zu erhalten.

Historische Kulturlandschaften, -landschaftsteile oder landschaftsbildende Einzelelemente geben Zeugnis vom Umgang früherer Generationen mit Natur und

Landschaft und vermitteln damit ein Bild des seinerzeitigen Standes von Wissenschaft und Technik. Sie lassen Rückschlüsse auf das Mensch-Natur-Verhältnis unserer Vorfahren zu, geben Ausdruck von ihrem Lebensstil, ihren Bedürfnissen und Möglichkeiten. Sie liefern anschauliche Beispiele von Kultur und Geschichte, vermitteln Bilder früheren Lebens, früherer Umwelt des Menschen und sind bei entsprechend erfahrbarer Kontinuität ein wichtiger Bestandteil heutiger Heimat. Kontinuität bedeutet Fortsetzung und Weiterentwicklung, Entwicklung, die auf Überliefertes, also Tradition, aufbaut. Kulturlandschaft hat einen wesentlichen Anteil an der Persönlichkeitsentwicklung des Individuums. Ihre Zerstörung, die in der Regel nicht aus Vorsatz oder böser Absicht, sondern aus mangelnder Kenntnis oder nicht entsprechend ausgebildetem Bewußtsein geschieht, ist Zerstörung von Kultur.

Wenn das Naturschutzgesetz besonderen Wert auf die Erhaltung historischer Kulturlandschaften und -landschaftsteile legt, wird deutlich, daß es dem Gesetzgeber um mehr ging als um den Arten- und Biotopschutz. Es geht nicht allein um die Erhaltung von Pflanzen und Tieren und ihrer Lebensräume, sondern auch um die Bewahrung von Landschaft als Ausdruck und Grundlage von Kultur, deren Voraussetzung immer eine bestimmte Art des Zusammenwirkens von Mensch und Natur ist.

Daß trotz des gesetzlichen Auftrages zum Schutz und zur Erhaltung historischer Kulturlandschaften bisher so wenig zu seiner Umsetzung geschehen ist, hat eine Ursache auch darin, daß die Bedeutung derartiger Objekte oft nicht unmittelbar erkennbar ist. Einen Schutzstatus erhalten sie in der Regel nur dann, wenn andere, eindeutig definierbare Schutzkriterien erfüllt sind. So wird etwa eine Lehmgrube von der Naturschutzbehörde nicht deshalb unter Schutz gestellt, weil sie ein kulturhistorisch wertvolles Zeugnis für die Verwendung ortstypischer Baustoffe darstellt, sondern weil sie sich im Laufe der Zeit zu einem wertvollen Biotop für gefährdete Tier- und Pflanzenarten entwickelt hat. Eine Gerichtslinde ist nicht als Naturdenkmal geschützt, weil sie ein Relikt überlieferter Rechtssprechungspraxis darstellt, sondern weil sie inzwischen zu einem markanten Prachtexemplar dieser Baumart geworden ist. Mühlenteiche können dagegen der Obhut der Baudenkmalpflege unterliegen, wenn sie mit einem denkmalwürdigen Mühlengebäude ein Ensemble bilden, nicht aber, wenn das Mühlengebäude nicht mehr vorhanden ist. Rieselwiesen, die mit ihrem Grabensystem und den baulich oft wenig wertvollen kleinen Staueinrichtungen Zeugnis von einer ressourcenschonenden Wiesen- und Weidewirtschaft ablegen, sind weder Natur-, noch Bau- oder Bodendenkmal und daher unter Umständen zwar Gegenstand wissenschaftlicher Forschung wasserbaulicher Hochschuleinrichtungen, genießen deshalb aber noch keinerlei Schutz. Diese wenigen Beispiele mögen zeigen, wie wichtig die Beschäftigung mit solchen Relikten aus der Alltagsvergangenheit unserer Vorfahren ist.

Die Begriffe der im Naturschutzgesetz vorgegebenen Schutzkategorien sind für den Schutz historischer Kulturlandschaften und -landschaftsteile nicht immer ganz logisch (vgl. Brink, Wöbse, 1989 und Wöbse 1991b). Am einleuchtendsten dürfte die Schutzkategorie „geschützter Landschaftsbestandteil" sein. Davon sollte überall, wo es notwendig und sinnvoll erscheint, Gebrauch gemacht werden. Bei Unterschutzstellungen sind die inhaltlichen Aussagen der Verordnungen von großer Bedeutung, weil durch sie auch die Pflege- und Erhaltungsmaßnahmen dargestellt und festgeschrieben werden.

Auflistung von Beispielen für schutzfähige Landschaftsbestandteile:

Ackerrain	Hofbaum	Sandfang
Allee	Hohlweg	Schafwäsche
Anger	Hudewald	Schlafdeich
Bauerngarten	Hülbe	Schneitelbaum
Bewässerungsgraben	Immenzaun	Schwedenschanze
Bienenzaun	Kanal	Spurenstrang
Bohlenweg	Kieselgurabbau	Stauteich
Brunnen	Kirchhof	Steinbruch
Buckelwiese	Kirchweg	Steinriegel
Deich	Knick	Sternbusch
Deichhufe	Kopfbaum	Streuobst
Dorfteich	Kopfsteinpflaster	Streuwiese
Eichenkratt	Kopfsteinpflasterstraße	Tanzbaum
Eisenbahntrasse	Kopfweide	Tanzplatz
Entwässerungsgraben	Landwehr	Teerkuhle
Eschacker	Lehmgrube	Terrassenacker
Eschflur	Lehmkuhle	Tingplatz
Feldrain	Leitpfosten	Tonkuhle
Feuerlöschteich	Marschhufe	Torfstich
Findlingsmauer	Mauer	Treidelpfad
Fischteich	Meilenstein	Treppelweg
Flachbeet	Meilerstelle	Trift
Fleuthkuhle	Mergelgrube	Trockenmauer
Frachtweg	Mittelwald	Vesperbaum
Furt	Moorhufe	Viehtränke
Gedenkbaum	Mühlgang	Wacholderheide
Gerichtsbaum	Mühlgraben	Wässerwiese
Gewannflur	Mühlenteich	Wagengeleise
Grenzbaum	Niederwald	Waldhufe
Grenzgraben	Obstbaumallee	Waldweide
Grenzstein	Obsthof	Wallanlage

Grenzwall	Obstweide	Wallhecke
Gutspark	Obstwiese	Warft
Handelsstraße	Park	Wegemarkierung
Handtorfstich	Pinge	Wegespur
Hausbaum	Plaggenesch	Wehr
Hecke	Poststraße	Weiher
Heerstraße	Rieselei	Weinberg
Heide	Rieselwiese	Wölbacker
Heideweg	Rötelkaule	Wüstung
Heideaufforstung	Rötelpinge	Wurt
Hochacker	Rottekuhle	Zelge

6.2 Allgemeine Empfehlungen für den effektiven und sachgerechten Schutz

Am Institut für Landschaftspflege und Naturschutz der Universität Hannover wurde 1989 eine vom Bundesminister für Umwelt, Naturschutz und Reaktorsicherheit in Auftrag gegebene bundesweite Untersuchung fertiggestellt, die den Umgang der Unteren Naturschutzbehörden mit historischen Kulturlandschaften zum Inhalt hatte (Brink, Wöbse, 1989). Hierbei wurden erschreckende Defizite festgestellt, die u. a. mit der Arbeitsüberlastung der unter chronischem Personalmangel leidenden Naturschutzbehörden zu erklären sind. Andererseits befindet sich gerade der Kulturlandschaftsschutz in einer „Bewußtseins-Grauzone" zwischen den allgemein bekannten und anerkannten Aufgaben des Denkmalschutzes (Schutz von Gebäuden, Bodendenkmälern usw.) und des „klassischen" Naturschutzes (Ausweisung von Naturdenkmälern, Naturschutzgebieten und geschützten Landschaftsbestandteilen zum Zwecke des Arten- und Biotopschutzes).

Zur besseren Umsetzung des gesetzlichen Auftrages „Erhaltung historischer Kulturlandschaften und -landschaftsteile" in der Praxis wurden im Anschluß an die Untersuchung folgende Empfehlungen formuliert:

Die **gesetzlichen Grundlagen** für die Erhaltung historischer Kulturlandschaften müßten ergänzt bzw. verbessert werden,

a) indem der § 2, Grundsatz 13 des BNatSchG in allen Ländergesetzen wörtlich wiederholt wird;
b) indem der Kulturlandschaftsbegriff, der bisher nur in § 2, Grundsatz 13 des BNatSchG auftaucht, an anderer Stelle des Gesetzes bzw. auch der Ländergesetze wieder aufgegriffen wird, und zwar entweder als eigene neue Schutzkategorie („Kulturlandschaftsschutzgebiet") im Anschluß an die §§ 13 bis 18

des BNatSchG, oder in Formulierungen innerhalb dieser Paragraphen, zum Beispiel als ein zusätzlicher Grund für die Ausweisung von Naturschutzgebieten usw.;

c) indem der Kulturlandschaftsbegriff und eventuelle konkrete Schutzbestimmungen auch in die Gesetze anderer Fachplanungsbereiche eingeführt werden.

Die Verbreitung von **Sachinformationen** als Grundlage für den Kulturlandschaftsschutz muß verbessert werden. Kenntnisse in diesem Bereich sind Voraussetzung für jegliche Aktivitäten der Unteren Naturschutzbehörden. Zu empfehlen ist

a) die Verbreitung einer Anleitung/Richtlinie für eine einheitliche, systematische Bestandsaufnahme in allen Landkreisen;
b) die Einbeziehung von regional und örtlich vorhandenem Sachverstand in der teilweise sehr interessierten Bevölkerung.

Es stellt sich hier allerdings die Frage, wem die notwendigen Bestandsaufnahmen als Aufgabe zugewiesen werden können bzw. zugewiesen werden sollten. Die Erstellung durch die Unteren Naturschutzbehörden selbst wäre sinnvoll, sie ist jedoch unter den heutigen finanziellen und personellen Verhältnissen nicht zu leisten.

Die **finanziellen Grundlagen** für die Erhaltung historischer Kulturlandschaften müßten verbessert werden, d. h. es müßte eine ausreichende personelle/finanzielle Ausstattung aller Unteren Naturschutzbehörden erreicht werden. Da die Mittelverteilung auf Landkreisebene in die Zuständigkeit der Kreistage fällt, muß die Frage geklärt werden,

a) ob von Seiten der Landes- oder Bundesbehörden Möglichkeiten gegeben sind (oder geschaffen werden müssen), auf die diesbezüglichen Entscheidungen der Landkreise Einfluß zu nehmen, und/oder
b) ob von Seiten des Bundes Sondermittel bereitgestellt werden können, die den Unteren Naturschutzbehörden für diesen speziellen Aufgabenbereich direkt zugewiesen werden können.

Bestehende Planungsinstrumente (Raumordnungsprogramme, Landschaftsrahmenpläne, Dorferneuerungspläne usw.) sollten mehr als bisher als Möglichkeit für Bestandsaufnahmen und Erhaltung historischer Kulturlandschaften genutzt werden.

Die diesen Themenkomplex betreffende **Öffentlichkeitsarbeit** sollte intensiviert werden, wobei dem vorhandenen Wissen über kulturlandschaftliche Besonderheiten in den Regionen mehr Aufmerksamkeit als bisher zu schenken ist.

6.3 Das Kulturlandschaftskataster als Erfassungsmethode

Um die derzeit in Resten noch vorhandene Substanz historischer Kulturlandschaften oder -landschaftsteile zu erhalten, ist es dringend erforderlich, umgehend bundesweit mit einer flächendeckenden Bestandsaufnahme auf Landkreisebene zu beginnen. Dabei sind drei unterschiedliche Größenordnungen zu unterscheiden:

1. Die **historische Kulturlandschaft,** ein als Einheit erlebbarer Teil der Erdoberfläche im Humboldt'schen Sinne, ist als Ganzheit geprägt von menschlichen Aktivitäten der Vergangenheit, wobei Flächengröße, Anordnung raumbildender natürlicher Landschaftselemente, Bodennutzung, Siedlungsstruktur und Verkehrswege im Wesentlichen erhalten geblieben sind. Solche Landschaften (etwa Reste der bäuerlichen Kulturlandschaft des 19. Jahrhunderts) sind sehr selten geworden und heute durchweg nur noch in peripheren (sogenannten „benachteiligten") Räumen, beispielsweise im Thüringer Wald, anzutreffen.
   Das Problem für die Erhaltung solcher Landschaften liegt in erster Linie darin, Arbeits- und Einkommensmöglichkeiten für die ansässige Bevölkerung sicherzustellen, überkommene Landnutzungsformen weiterzuführen und bei der Entwicklung von Wohnbebauung und Infrastruktureinrichtungen landschaftstypische Bauweisen weiterzuentwickeln. Kombinationen von Naturschutz, biologischem Landbau, Nebenerwerb, Entwicklung eines umweltverträglichen Fremdenverkehrs (wie zum Beispiel im Naturschutzpark Lüneburger Heide) sowie die Nutzung bestimmter Förderprogramme werden in Einzelfällen die Erhaltung gewährleisten können.
2. Die **historischen Kulturlandschaftsteile** sind flächenhafte oder linienförmige Bestandteile von Landschaften, die auf bestimmte frühere Wirtschafts- oder Umgangsweisen von Menschen mit der Landschaft hinweisen, also beispielhafte Anhaltspunkte dafür liefern, wie das Landschaftsbild in der Vergangenheit ausgesehen haben könnte (zum Beispiel Knicks, Obstbaumalleen, Fischteiche usw.)
3. **Historische Kulturlandschaftselemente** sind Bausteine, aus deren Kombination sich historische Kulturlandschaften oder -landschaftsteile zusammensetzen. Für eine Bestandsaufnahme stellen sie nach unseren bisherigen Erfahrungen die am besten handhabbaren Grundeinheiten dar.

Es sollten Kataster angelegt werden, die bei Gewinnung neuer Erkenntnisse und Informationen jederzeit fortschreibbar sind und als Nachschlagewerk sowohl bei aktuellen Planungsentscheidungen als auch für die historisch und kulturlandschaftsrelevante Informationsvermittlung wertvolle Dienste zu leisten vermögen. Solche Bestandsaufnahmen fehlen bisher bis auf ein einziges Beispiel. Der Landkreis Soltau-Fallingbostel hat 1991 als erster Landkreis Deutschlands ein solches flächendeckendes Kataster erstellen lassen (Wöbse, Reith 1992). In der einjährigen Arbeit wurden, nachdem der Landkreis bei der bundesweiten Untersuchung zwei Jahre zuvor keine Objekte melden konnte, über 200 historische Kulturlandschaftselemente gefunden und dokumentiert. Die gewonnenen Erfahrungen deuten darauf hin, daß hiermit durchaus noch nicht alles erfaßt werden konnte. Das Kulturlandschaftskataster ist vielmehr als ein permanenter Prozeß zu verstehen, dessen Fortführung eine der ständigen Aufgaben der Unteren Naturschutzbehörde wäre. Die erste Bestandsaufnahme ist hierbei jedoch ein ganz entscheidender Schritt. Die Behörde ist bei den Erhebungen auf die Mitarbeit von Einzelpersonen, Vereinen usw. angewiesen.

Aufbau und Inhalt des Erfassungsbogens

In dem Kataster werden die historischen Kulturlandschaften, -landschaftsteile oder -elemente erfaßt, wobei jedes Objekt auf (mindestens) zwei Seiten beschrieben wird. Dieses Material wird zweckmäßigerweise in Aktenordnern gesammelt, so daß eine Fortführung mit neuen Objekten oder ergänzendem Material jederzeit problemlos möglich ist. Das Formblatt enthält folgende Informationen (siehe Abb. 47):

Abb. 47: Seite 142 + 143

Seite 1:
- *letztes Bearbeitungsdatum und Name des Bearbeiters,*
- *Verzeichnisnummer*
- *Lage des Objektes (Bundesland, Landkreis, Gemeinde, Ortschaft)*
- *Blattnummer der Topographischen Karte 1:25 000*
- *Hoch- und Rechtswerte des Objekts*
- *Blattbezeichnung des Historischen Kartenwerks*
- *Kurzbezeichnung des Objektes (z. B. Immenzaun)*
- *nähere Beschreibung des Objektes*
- *kulturhistorische Bedeutung*
- *Seltenheit oder Einmaligkeit*
- *Erhaltungszustand*
- *Schutz-, Pflege- und Entwicklungsmöglichkeiten*

Seite 2:
- *Verzeichnisnummer*
- *Foto (9 × 13) vom Objekt mit Aufnahmedatum, Quellenangabe und Foto-Archiv-Nummer*
- *Kartenausschnitt oder Skizze mit näherer Bezeichnung (Kartenblatt, Ausgabejahr der Karte, Maßstab)*
- *Hinweise auf allgemeine Literatur*
- *Hinweise auf Literatur über das Objekt*
- *Ansprechpartner, der nähere Angaben zum Objekt machen kann*

KATASTER HISTORISCHER KULTURLANDSCHAFTEN
ERFASSUNGSBOGEN 022/10 - WAL

Datum : 6.11.1991 **Bearbeiter :** Reith **Seite :** 1

Verzeichnisnummer : 03 - 358 - 022 / 10 - WAL

Lage des Objektes : Niedersachsen, **Landkreis :** Soltau-Fallingbostel,
Gemeinde : Walsrode **Ortschaft :** Meinerdingen, Tietlingen
Blattnr. TK25 : 3123 **Koord. rechts :** 35 44 78 **hoch :** 58 58 82
Fläche in ha : ca 60

Kurzbezeichnung des Objektes : WALLEINFRIEDIGUNG BADENHOP

Entstehungszeit : vor 1778

Beschreibung : Zwischen Fallingbostel und Meinerdingen/Honerdingen an der B 209 (km 5,3) im Staatsforst Walsrode (Flurbezeichnung Badenhop) ein bis zu zwei Meter hoher Wall, stellenweise mit seitlichen Gräben, der das "Badenhop", eine ca. 60 ha große Waldfläche mit altem Buchenbestand, komplett umschließt. Schon die Kurhannoversche Landes aufnahme von 1778 zeigt einen in seiner Form weitgehend der von dem Wall heute umschlossenen Fläche entsprechenden Laubwaldbestand ("Königl."). Daraus kann mit großer Sicherheit geschlossen werden, daß der Wall schon zu jener Zeit vorhanden war.

Kulturhistorische Bedeutung : Erdwälle und Gräben dienten in Waldgebieten seit dem frühen Mittelalter zur deutlichen Abgrenzung herrschaftlicher Forste und Jagdreviere gegenüber Allmendeflächen oder Bauernwäldern. Damit sollte verhindert werden, daß Weidevieh von den angrenzenden Allmendeflächen her in die Waldbereiche einbrach oder von den Hirten dort hineingetrieben wurde. In solchen Fällen hatten die Hirten empfindliche Strafen zu erwarten.

Seltenheit / Einmaligkeit : Solche Einfriedungswälle waren infolge der zunehmenden Waldarmut gerade im Bereich der Lüneburger Heide weit verbreitet. Die Kurhannoversche Landesaufnahme zeigt, daß zu jener Zeit im Landkreisgebiet größere Waldbestände mit wenigen Ausnahmen nur dort erhalten geblieben waren, wo sie sich in herrschaftlichem Besitz befanden. In einigen Waldgebieten sind solche Grenzmarkierungen bis heute erhalten geblieben. Sie kennzeichnen nach den umfangreichen neuzeitlichen Aufforstungen die ältesten Waldparzellen.

Erhaltungszustand : Der Wall ist auf seiner gesamten Länge deutlich erkennbar, stellenweise sogar in seiner wahrscheinlich ursprünglichen Form mit parallelen Gräben noch weitgehend erhalten. Leider wurde bei der Neutrassierung der B 209 vor einigen Jahren im nördlichen Bereich die Straße aus unverständlichen Gründen durch den von dem Wall eingefriedeten Fläche geführt. Dadurch wurde nicht nur das Gebiet zerschnitten, sondern auch der Wall an zwei Stellen auf jeweils etwa 100 m unwiederbringlich zerstört.

Schutz-, Pflege- und Entwicklungsmöglichkeiten : Es ist zu prüfen, ob das gesamte Waldgebiet die Kriterien eines Kulturdenkmals erfüllt und als solches geschützt werden kann. Der Erhalt der Wallanlage sollte bei Forstarbeiten im Vordergrund stehen. Eine Beibehaltung der derzeitigen Nutzung (Buchenbestand) würde das Objekt hinreichend schützen und kulturgeschichtlich interessierten Besuchern die Besichtigung ermöglichen. Bei einer späteren Nadelholzaufforstung wäre das nicht mehr möglich.

KATASTER HISTORISCHER KULTURLANDSCHAFTEN
ERFASSUNGSBOGEN

Datum : 6.11.1991 **Bearbeiter :** Reith **Seite :** 2

Verzeichnisnummer : **03 - 358** - 022/10 - WAL

Datum :
7.6.91
Aufn., Quelle :
Wöbse
Fotoarchivnr. :
SFA 72

Kartenausschnitt / Skizze :

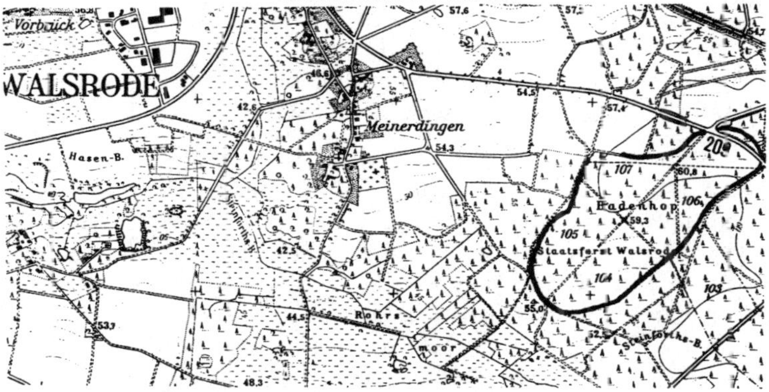

Bezeichnung des Kartenausschnittes/ der Skizze : TK 25
Blatt : 3124 Walsrode (1985) **Maßstab :** 1 : 25.000

Literatur allgemein : BORN, M., 1970: Studien zur spätmittelalterlichen und neuzeitlichen Siedlungsentwicklung in Nordhessen. In: Marburger Geogr. Schr. Heft 44; Marburg/Lahn.

Literatur über das Objekt :

Ansprechpartner : Forstverwaltung, 3030 Walsrode

Soweit darüber hinausgehende Informationen zu einzelnen Objekten vorliegen, können sie auf Zusatzblättern, die den Erfassungsbögen angehängt werden, festgehalten werden.

Die Verzeichnisnummer läßt eine EDV-gestützte Erfassung zu, so daß später (wenn einmal die Daten für alle Landkreise erfaßt sind) auch bundesweit mit diesem Material wissenschaftlich oder planerisch im Verbund weitergearbeitet werden kann.

Beispiel: **03 – 358 – 022/10 – WAL**

Diese Kennzeichnung gibt Auskunft über

- das Bundesland, hier Niedersachsen = 03
- den Landkreis, hier Landkreis Soltau-Fallingbostel = 358
- die Gemeinde, hier Walsrode = 022
- die fortlaufende Objektnummer in der Gemeinde, hier = 10 und
- die Inhalte, hier Walleinfriedigung = WAL

Die Numerierung der jeweiligen Gemeinde im betreffenden Landkreis ist den amtlichen Statistiken zu entnehmen.

Welche Informationen gibt es?

Um Kenntnisse über die im jeweiligen Landkreis vorhandenen Kulturlandschaften und -landschaftsteile zu erlangen, müssen möglichst alle zur Verfügung stehenden Quellen ausgewertet werden. Sie sollen nachfolgend kurz angesprochen werden.

Literaturstudium und die Auswertung des verfügbaren historischen Kartenmaterials erbringen erfahrungsgemäß eine Vielzahl wertvoller Hinweise. Alte Landkarten wie die Erstausgabe der Meßtischblätter (z. B. die Preußische Landesaufnahme um 1900) enthalten viele konkrete Angaben über historische Kulturlandschaften oder -landschaftsteile: ehemalige Wegetrassen, alte Ackerkämpe, Hudewälder, Triften oder künstliche Teiche, Lehmgruben, Tonkuhlen, Rieselwiesen mit den zugehörigen Grabensystemen und Stauwehren, Alleen und die damals noch zahlreich vorhandenen Immenzäune sind in solchen Karten meist lagerichtig dargestellt. Erkennbar sind außerdem Wallsysteme, alte Grenzgräben aus der Zeit vor den Verkoppelungen und Reste alter Wegesysteme. Eine weitere wichtige Quelle sind die in historischen Karten überlieferten, heute vielfach nicht mehr gebräuchlichen alten Flurbezeichnungen.

Um sich einen ersten Überblick über die in einem Landkreis oder einer kreisfreien Stadt vorhandenen historischen Kulturlandschaften, -landschaftsteile und -elemente zu verschaffen, ist es sinnvoll, die Gemeinde- bzw. Samtgemeinde- und Mitgliedsgemeindeverwaltungen um Mithilfe bei der Erfassung zu bitten.

Ein Anschreiben bei Beginn solcher Erfassungsarbeit sollte neben einer kurzen Darstellung der Untersuchungsziele eine Erläuterung des Begriffes „Historische Kulturlandschaft", eine Liste mit Beispielen erfassungswürdiger Objekte und einen zweiseitigen Erfassungsbogen enthalten. Es kann die Arbeit sehr erleichtern, wenn in den Gemeinden von der Verwaltung Ansprechpartner benannt werden, die mit den landschaftshistorischen Gegebenheiten vertraut sind und möglicherweise über weitergehende Informationen verfügten.

Empfehlung an die Unteren Naturschutzbehörden

Nach der ersten Erstellung des Kulturlandschaftskatasters sollte dieses unbedingt fortgeschrieben werden. Bereits im Verlauf der Erhebungen tun sich in der Regel laufend neue Informationsquellen auf, so daß die Ergänzung dieser Bestandserfassung ein permanenter Prozeß sein dürfte.

Dabei sollte sorgfältig allen Hinweisen unterschiedlichster Vereine, Gruppierungen und Einzelpersonen nachgegangen werden; denn es stellt sich auch bei sorgsamen Recherchen immer wieder heraus, daß neue Objekte gefunden oder bekannt werden. Das Gespräch mit Arbeitskreisen (etwa zur Flurnamenforschung) wird zeigen, daß die dort zusammenarbeitenden Personen über viele wertvolle Kenntnisse über historische Kulturlandschaften verfügen, die unbedingt nutzbar zu machen sind. Auch das in bestimmten regelmäßigen Abständen wiederholte Aufsuchen der bekannten Objekte dürfte nicht unwesentlich zu ihrem Schutz beitragen, da Veränderungen unter Umständen rechtzeitig bemerkt werden, es sich andererseits herumsprechen wird, daß die Naturschutzbehörde sich um die Objekte kümmert. Dies dürfte in gewisser Weise zur Bewußtseinsbildung bezüglich ihres Wertes und zu einer nicht zu unterschätzenden sozialen Kontrolle beitragen.

Für die Untere Naturschutzbehörde bedeutet das auf dem neuesten Stand gehaltene Kataster in Fällen aktueller Eingriffe oder Eingriffsabsichten der Vertreter konkurrierender Nutzungsansprüche und damit erforderlich werdenden Stellungnahmen eine unmittelbare Reaktionsbereitschaft und Handlungsfähigkeit, was sich bei der Erfüllung des gesetzlichen Auftrages in hohem Maße als zweckdienlich erweisen dürfte. Die Wirksamkeit des Schutzes historischer Kulturlandschaften hängt entscheidend davon ab, ob das Kataster jeweils auf dem neuesten Stand der Erkenntnisse gehalten wird. Dies gehört zu den Routinearbeiten der Unteren Naturschutzbehörde.

6.4 Bewertung

Aus verschiedenen Gründen, etwa im Zuge des Abwägungsprozesses unterschiedlicher Nutzungsansprüche, ist eine Bewertung historischer Kulturlandschaften unerläßlich. Ihr Wert wird erheblich beeinflußt der von Seltenheit bzw.

Einmaligkeit des jeweiligen Objektes, von seinem Erhaltungszustand sowie den Pflege- und Entwicklungsmöglichkeiten.

Überzeugende methodische Ansätze für eine Bewertung sind bisher noch nicht entwickelt. Die Diskussion hierüber wird von den an dem sehr komplexen Gegenstand interessierten Disziplinen (zum Beispiel Bodendenkmalpflege, Baudenkmalpflege, Landschaftspflege und Naturschutz, Geschichte, Kunstgeschichte, Kulturgeschichte, Volkskunde, Geographie, Soziologie) in nächster Zeit breit angelegt und interdisziplinär zu führen sein. Bis eine überzeugende Bewertungsmethode entwickelt ist, muß eine verbale Beschreibung, wie auf dem vorgestellten Erfassungsbogen dargestellt, näherungsweise den Wert zum Ausdruck bringen.

Jörg Schaller

7. Geographische Informationssysteme – Landschafts- und Umweltinformationssysteme

Landschaftsplaner und Landschaftsökologen gehörten zu den Pionieren auf dem Gebiet der Anwendung von geographischen Informationssystemen. Aufgrund der komplexen Fragestellungen zur Erfassung und Bewertung des Leistungsvermögens von Landschaftsräumen für die Planung wurde schon in den frühen 70er Jahren nach Datenverarbeitungsmethoden gesucht, die geeignet waren, komplexe flächenbezogene Analysen durchzuführen.

Die frühen Konzepte zur Landschaftsanalyse durch Überlagerung von thematischen Karten von Mc Harg (1969) und deren erste EDV-technische Umsetzung von Steinitz mit dem SYMAP-Programm in den 60er Jahren und Fabos mit seiner Metland-Studie in den 70er Jahren (Steinitz, 1993, Fabos, Caswell, 1977) zeigten die Wege auf, wie mit Hilfe von Computertechnik eine Vielzahl von flächenbezogenen Daten über die natürlichen Ressourcen und ihre Belastungen bearbeitet, bewertet und ausgewertet werden können. Ursprünglich waren diese Ansätze noch an Großrechner gebunden und standen bei weitem noch nicht für die allgemeine Planungspraxis zur Verfügung. Erst Anfang der 80er Jahre wurden Rechnersysteme und Computerprogramme entwickelt, die auch in erheblichem Maße in die Praxis der Umwelt- und Landschaftsplanung und der Landschaftsbewertung Eingang gefunden haben.

Mittlerweile sind geographische Informationssysteme weit verbreitete und allgemein akzeptierte Hilfsmittel für die Bearbeitung komplexer Umweltfragestellungen geworden und werden vielfach als zentraler Bestandteil von Umweltinformationssystemen und im Rahmen von Landschaftsplanungen, Umweltverträglichkeitsprüfungen und ganz allgemein auch in Form von Landschaftsinformationssystemen eingesetzt.

7.1 Was sind geographische Informationssysteme?

Geographische Informationssysteme (GIS) sind computergestützte Werkzeuge und Methoden, die in der Lage sind, flächenbezogene geographische Daten zu erheben, zu verwalten, abzuändern und auszuwerten. Solche Daten liegen in Form **räumlicher Daten** und **beschreibender Informationen** vor. Räumliche Daten befassen sich mit der **Lage, Ausprägung** und den Beziehungen von geometrischen Informationen untereinander wie z. B. Entfernungen, Nachbarschaftsbeziehungen, Flächengrößen etc. Die **beschreibenden** Daten (Merkmale oder Attribute) beziehen sich auf die näheren Eigenschaften der geometrischen

Daten. Mit GIS kann die reale Welt modellhaft in Form von flächenbezogenen Daten beschrieben werden, wobei normalerweise unterschiedliche thematische Karten wie z. B. topographische Karten, Grundwasserkarten, Bodentypen, Landnutzungstypen, Infrastrukturkarten oder z. B. auch Verwaltungsgrenzenkarten herangezogen werden können. Werden alle solche flächenbezogenen Daten zusammen in einem Informationssystem abgespeichert, spricht man von einem Geographischen Informationssystem oder GIS. Der Anwender analysiert und wertet die geographische Datenbasis mit geeigneten Software-Werkzeugen aus. In Abb. 48 sind zwei Beispiele solcher modellhaften Darstellungen der Umwelt durch Aufgliederung in thematische Ebenen geographischer Informationen aufgezeigt.

Ein GIS umfaßt mehrere Komponenten:

Hardware: geeignete Computer mit graphikfähigen Ein- und Ausgabegeräten – dies können Großrechner, Minicomputer, Workstations oder Personalcomputersysteme sein.

Software: GIS-Computerprogramme mit folgenden Funktionen:

- Dateneingabe für Geometrie- und Sachdaten (Attribute)
- Datenverarbeitung
- Datenverwaltung
- Datenanalyse (geographisch und geostatistisch)
- Kartographische und graphische Datenausgabe

Daten: flächenbezogene, geometrische Daten in Form von Punkten, Linien, Flächen, Oberflächen, Vektoren, Rastern und alfanumerische Sachdaten.

Know how: Fachliches Wissen über die Dateninhalte und Methoden zu deren Verarbeitung und Auswertung

Erst die Kombination dieser Elemente führt zu einem funktionsfähigen GIS.

7.2 Aufbau und Anwendung von GIS

Abb. 49 stellt den Arbeitsablauf einer GIS-Erstellung aus verschiedenen Datenquellen dar. Projektbezogene Daten unterschiedlicher Herkunft werden inhaltlich zusammengefaßt und in Form von thematischen Bereichen aufbereitet.

Nach Auswahl des Untersuchungsgebietes und bezogen auf die grundsätzlichen Fragestellungen eines Projektes, werden unterschiedliche Informationen gesam-

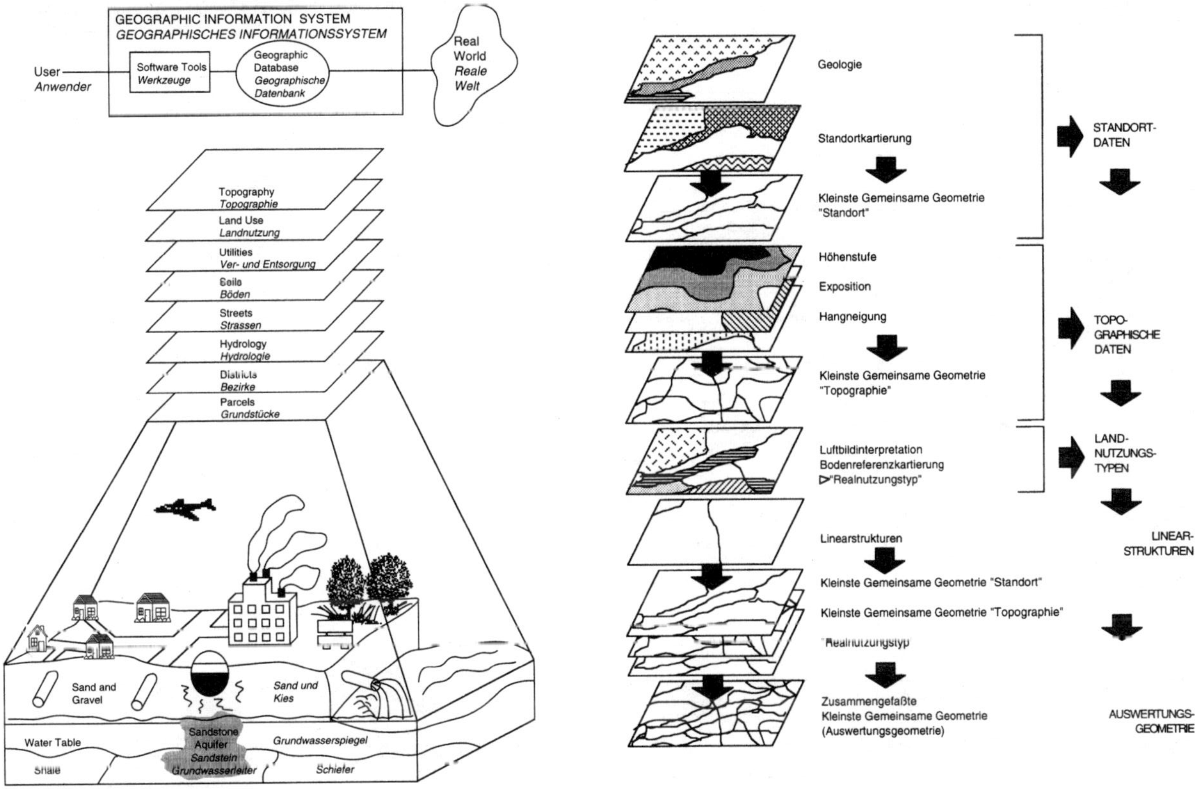

Abb. 48: Modellhafte Darstellung der realen Welt in geoaphischen Informationssystemen

Quellen: ESRI, 1991, Schaller, Spandau, 1987, leicht verändert

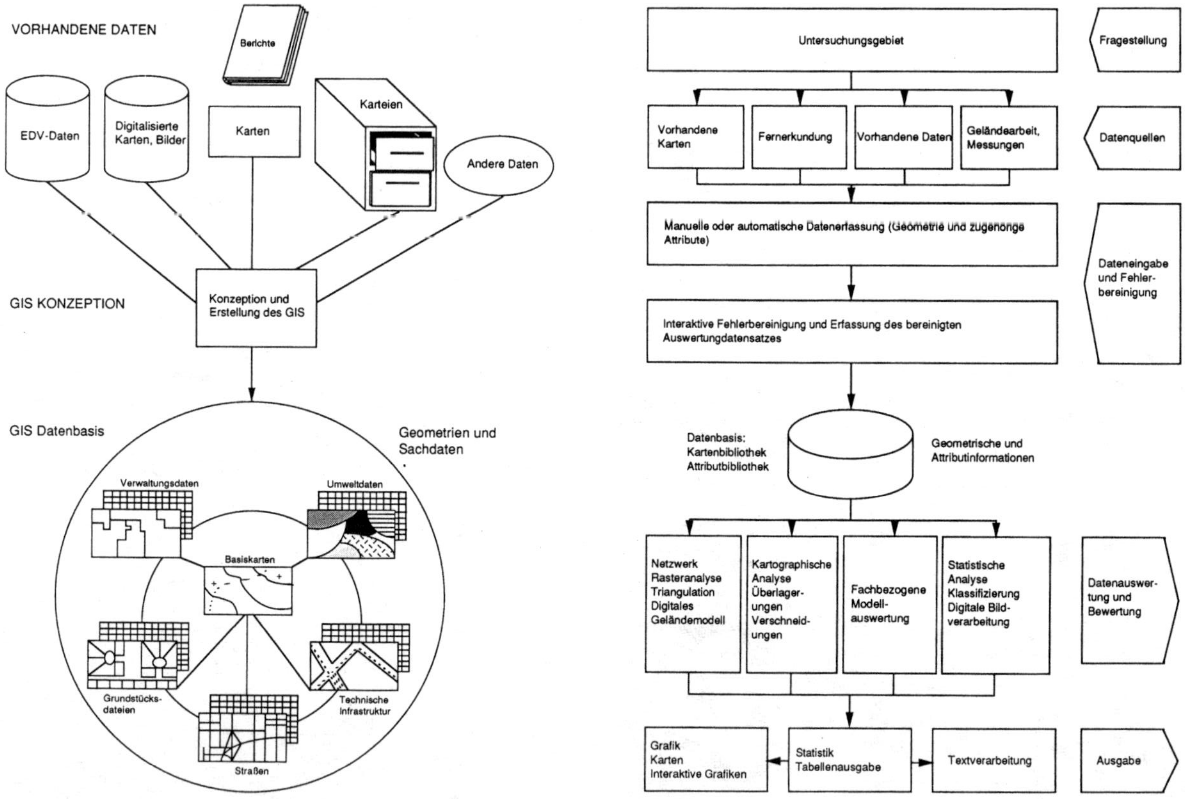

Abb. 49: GIS Konzeption, Aufbau und Struktur

Quelle: Schaller, Dangermond, 1991

melt. Meistens werden vier Datentypen als Grundlage für eine GIS-Datenbasis herangezogen:

- Vorhandene Karten (Thematische Karten, Topographische Karten, Flurstücke etc.),
- Fernerkundungsdaten (Luft- und Satellitenbilder),
- Existierende automatisierte Datenbasen und
- Geländeerhebungsdaten oder Meßdaten über den Umweltzustand.

Alle diese Datentypen müssen projektbezogen ausgewählt, definiert und klassifiziert werden. Nach der Dateneingabe (Digitalisierung) und Fehlerbereinigung wird letztendlich eine abgespeicherte GIS-Datenbasis erzeugt, die die geometrischen und Sachdateninformationen enthält. Eine so erstellte GIS-Datenbasis stellt die Grundlage für die Auswertung und Bewertung durch GIS-Methoden dar, wobei unterschiedliche Auswertungstechniken in Frage kommen wie z. B.:

- kartographische Analysen wie Verschneidungen, Überlagerungen, thematische Abfragen etc.
- Netzwerkanalysen, digitale, dreidimensionale Geländeanalysen,
- Modellanwendungen, die mit der GIS-Datenbasis verknüpft sind,
- statistische- oder geostatistische Analysen und Klassifizierungen sowie
- digitale Bildverarbeitungstechniken.

Die Ergebnisse dieser analytischen Arbeiten können dann in Form von Graphiken, Karten, Plots, Statistiken oder auch Textverarbeitungstechniken dargestellt werden.

7.3 Struktur räumlicher Daten und ihre Darstellung in geographischen Informationssystemen

Wie eingangs erwähnt bestehen geographische Informationen aus drei grundsätzlichen Teilen: Erstens **die aktuelle Sachinformation, das Datum oder Merkmal** wie eine Variable, ihre Klassifizierung, ihr Wert, ihr Name etc. und zweitens die **räumliche Lage** (also die geometrische Lageinformation, in dem das Datum vorkommt). Ein weiteres drittes wichtiges Merkmal ist die **Zeit.**

Aus der Verknüpfung dieser Elemente wird ersichtlich, daß die Verwaltung räumlicher Daten sehr komplex sein kann, weil sich sowohl die räumlichen Daten als auch ihre Attribute oftmals unabhängig voneinander und darüberhinaus in Abhängigkeit der Zeit ändern können. Das Management räumlicher Daten erfordert daher, daß räumliche und nicht räumliche Daten unabhängig voneinander verwaltet werden müssen, d. h. daß Attribute zeitpunktbezogen verändert werden können, aber ihren gleichen räumlichen Bezug behalten oder umgekehrt.

Für die räumliche Darstellung werden drei Typen geometrischer Information unterschieden: **Punkte, Linien** (Netzwerke) und **Polygone.** Eine Sonderform der Polygone stellen **Raster, Dreiecke oder regelmäßige Vielecke** dar.

Punkte, Linien und Polygone werden normalerweise auf Karten dargestellt, wobei kartesische (x,y) Koordinaten wie z. B. Längen- oder Breitengrade verwendet werden. Das kartesische Koordinatensystem ist das am häufigsten benutzte System um räumliche Messungen, Lagebeziehungen und ähnliche Datenanalysen vorzunehmen. Abb. 50 zeigt links die prinzipielle Form, wie eine Karte mit Punkten, Linien oder polygonalen Elementen in kartesischen Koordinaten dargestellt und konsequenter Weise in einen x,y-Koordinaten-GIS-Datensatz umgewandelt werden kann.

7.3.1 Vektordatenmodell

Unter Einsatz der Graphentheorie können aus den gespeicherten Koordinaten Vektoren gebildet werden, d. h. durch die Bildung gerichteter Linienstücke entsteht ein sogenanntes topologisches Vektordatenmodell, in dem alle räumlichen Elemente in der Karte miteinander logisch verknüpft sind. Diese Datenstruktur erlaubt nicht nur die räumliche Darstellung der x,y-Koordinaten, sondern auch alle mathematischen Möglichkeiten, die mit der Graphentheorie verknüpft sind wie z. B. Netzwerkanalysen, Nachbarschaftsanalysen, räumliche Aggregation, Disaggregation etc.. Topologische Kodierungen definieren also die räumlichen Beziehungen geographischer Informationen relativ zu anderen Lageinformationen (vgl. Abb. 50 rechts).

Topologische Vektordatenmodelle haben den Vorzug, daß die Daten einerseits präzise dargestellt und verarbeitet werden, und daß andererseits Flächen-, lineare- und punktuelle Informationen in ihren räumlichen Abhängigkeiten untereinander leicht analysiert werden können. Im Gegensatz zu Rasterverarbeitungen müssen die zugehörigen Sachdaten auch bei hoher räumlicher Auflösung pro geographischem Element (Punkt, Linie, Polygon) nur einmal abgespeichert werden.

Eine wesentliche Erleichterung in der Sachdatenverwaltung stellen die relationalen Datenbanken dar, bei denen Merkmalsdaten in verschiedenen Dateien mit unterschiedlichen Hierarchien verwaltet werden können. Die Kombination relationaler Datenmodelle für die Attributdatenverwaltung mit dem Vektormodell zur Speicherung der Geometrien wird als **topologisch-relationales Datenmodell** zur Verwaltung von GIS-Daten bezeichnet und ist heute Stand der Technik. Über eine Weiservariable (Pointer) wird hier die Verbindung zwischen dem geometrischen Datenelement (Punkt, Linie, Polygon oder Raster) und der Attributdatenbank hergestellt. Diese Datenstruktur erlaubt daher Merkmalsanalysen in der Datenbank bei gleichzeitiger Erstellung thematischer Karten (vgl. Abb. 51).

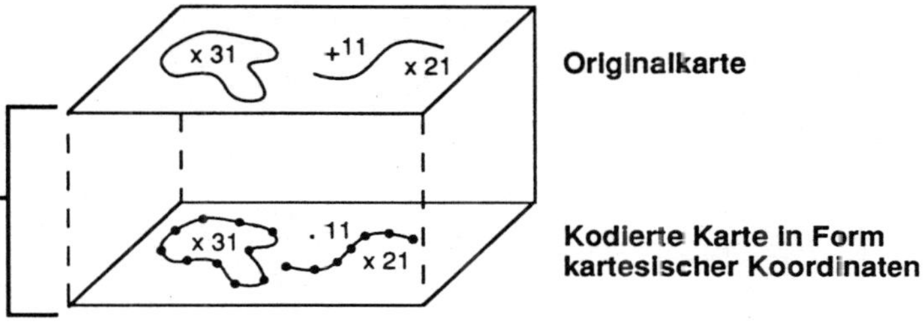

	Merkmals-Nummer	Örtliche Festlegung
Punkt	11	X, Y (Einzelner Punkt)
Linie	21	$X_1Y_1, X_1Y_2, \dots\dots\dots\ X_nY_n$ (Strang)
Polygon	31	$X_1Y_1, X_2Y_2, \dots\dots\dots\ X_1Y_1$ (Geschlossene Schleife)

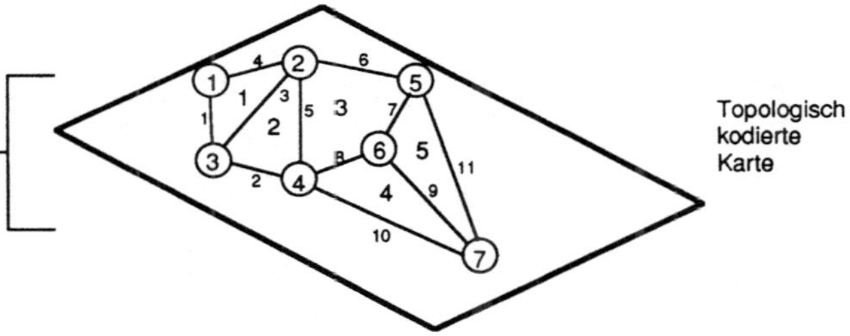

Topologische Kodierung

Linienstück Nummer	Rechtes Polygon	Linkes Polygon	vom Knoten	zum Knoten
1	1	0	3	[illegible]
2	2	0	4	3
3	2	1	3	2
4	1	0	1	2
5	3	2	4	2
6	3	0	2	5
7	3	5	5	6
8	4	3	4	6
9	5	4	7	6
10	4	0	7	4
11	5	0	5	7

Abb. 50: Überführung von Karteninformationen in einen x,y-Koordinatendatensatz und dessen topologische Kodierung

Quellen: Ashdown, Schaller, 1990, Dangermond, 1990

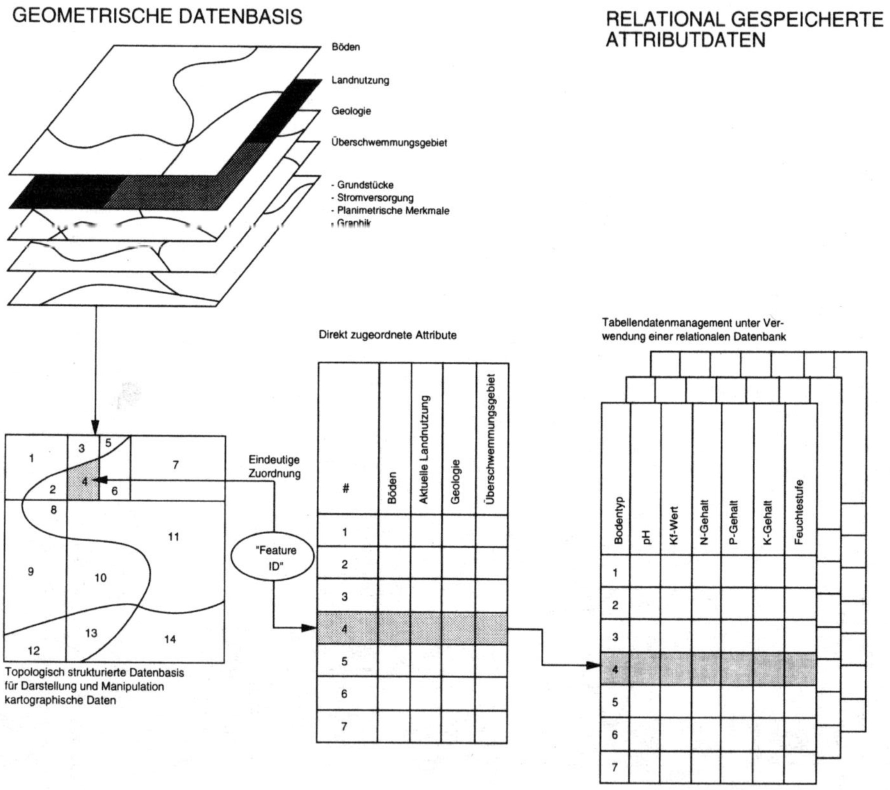

Abb. 51: Struktur des topologisch-relationalen GIS-Datenmodells

Quelle: Ashdown, Schaller, 1990 (verändert)

7.3.2 Rasterdatenmodell

Die ersten Prototypen geographischer Informationssysteme wurden auf rasterbasierten Systemen entwickelt. Das Programm SYMAP und die Nachfolger GIRD und IMGRID sind Beispiele für die Verwendung von MATRIX-Verarbeitungen in rasterbezogenen GIS. Die Rasterinformation kann über die x,y-Definition eines Rasterpunktes auch zu einem Koordinatensystem in Beziehung gesetzt werden, aber erlaubt damit nicht notwendigerweise eine präzise Abbildung der räumlichen Information. Das Rastersystem verwendet eine i, j Matrix zur Repräsentation der verschiedenen geographischen Informationen im Computer. Abb. 52 zeigt beispielhaft die Überführung einer Original-Polygon-Karte in einen Rasterdatensatz, wobei die räumliche Lage abstrahiert in Form von Zeilen und Spalten abgespeichert wird. Die zugehörige Attributinformation wird dabei jeder Rasterzelle zugeordnet.

Der Vorteil dieser Speichertechnik liegt in der für Computer sehr leicht und schnell verarbeitbaren einheitlichen Datenstruktur, die sowohl horizontal wie vertikal (d. h. für Überlagerungen) leicht auswertbar ist. Der Nachteil ist darin zu sehen, daß bei zunehmender räumlicher Präzision das Raster sehr verfeinert werden muß und dadurch die Anzahl der zu verarbeitenden Raster exponential zunimmt. Durch besondere Komprimierungstechniken wie z. B. Lauflängencodierung oder Quad-trees kann allerdings die Menge der zu speichernden Daten reduziert werden (vgl. Abb. 52, rechts).

Neuere Versionen von Rasterdatenmodellen in GIS-Systemen besitzen auch die Möglichkeit, ähnlich wie beim topologisch relationalen Modell, von einer Rasterzelle auf eine Attributinformation in einer relationalen Datenbank zu verweisen.

7.4 Spezielle Analyse- und Auswertungstechniken

7.4.1 Digitale Geländemodelle

Bei digitalen Geländeanalysen werden neben den x,y-Koordinaten noch die Höheninformation also die z-Koordinaten verarbeitet. Die z-Koordinaten können auf Punkte, Linien (Isolinien), Raster, Polygone oder auf Dreiecke (sog. TIN'S = **Triangulated Irregular Networks**) bezogen sein.

Auf der Basis solcher digitalen Höhendaten können dreidimensionale Geländedarstellungen, Neigungs- und Expositionsberechnungen, Isolinienberechnungen sowie Sichtbarkeitsanalysen von verschiedenen Standorten durchgeführt werden. Vor allem bei der Planung von Geländeveränderungen werden Volumen bei Abtrag und Auftrag ermittelt, Profile und Geländeschnitte können errechnet werden und durch Simulation geplanter Zustände können auch drei-

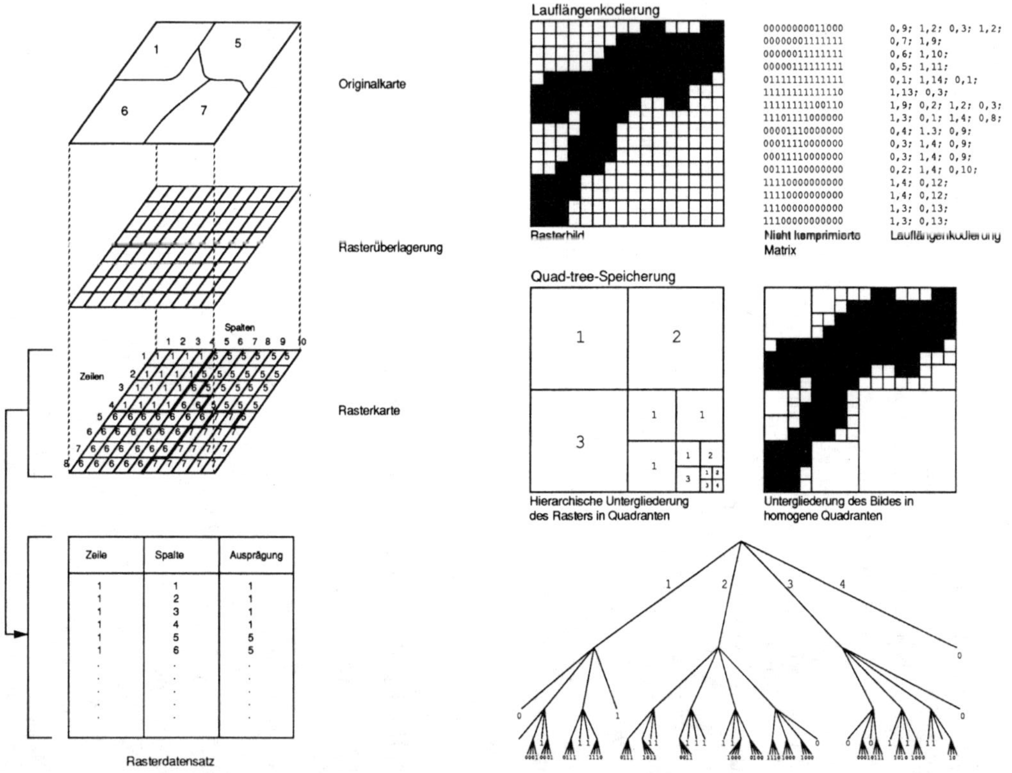

Abb. 52: Rasterbezogenes GIS (GRID-Datensätze)

Quellen: Ashdown, Schaller, 1990, Muhar, 1992

dimensionale Landschaftsbilder erstellt werden. Abb. 53 zeigt als Ergebnis einer Dreiecksvermaschung und Interpolation der Höhen eine dreidimensionale Geländedarstellung mit entsprechenden Geländeschnitten.

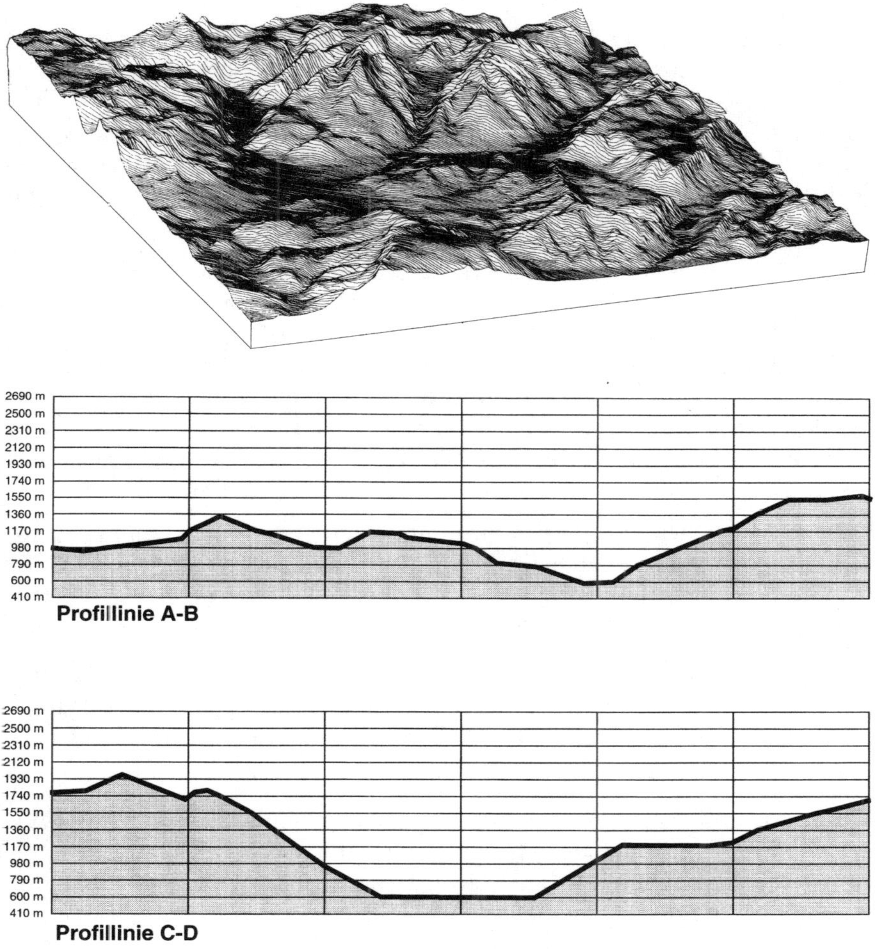

Abb. 53: Digitale Geländemodelle

Quellen: MAB-Projekt 6, Ökosystemforschung Berchtesgaden, 1989

7.4.2 Digitale Bildverarbeitung und Fernerkundung

Rasterorientierte Datenverarbeitungstechniken werden auch für die **digitale Bildverarbeitung** eingesetzt. Sie werden vor allem für die Auswertung von Fernerkundungsdaten eingesetzt.

Als Fernerkundung bezeichnet man all die Verfahren, mit denen meist vom Flugzeug oder Satelliten aus Informationen über Zusammensetzung und Beschaffenheit der Atmosphäre, der Erdoberfläche oder von Objekten auf der Erdoberfläche erfaßt werden. Fernerkundungsdaten sind daher äußerst wichtige Datenquellen für die Beurteilung des Umweltzustandes. Gegenüber einer Geländedatenerhebung haben Fernerkundungsdaten ganz allgemein eine Reihe von Vorteilen:

- Unsichtbares wird sichtbar gemacht; Sensoren und Filmemulsionen sind auch für andere Wellenlängenbereiche des elektromagnetischen Spektrums als das menschliche Auge sensibel (z. B. Farbinfrarotfilme).
- Sie geben einen synoptischen Überblick über große Räume und bieten flächenhafte Informationen, z. B. die aktuelle Flächennutzung.
- Sie erschließen zeitliche Abläufe; Zeitreihen von Luft- und Satellitenbildern werden insbesondere bei der Analyse und Dokumentation von dynamischen Vorgängen auf der Erdoberfläche und in der Atmosphäre eingesetzt.

Diese Eigenschaften ermöglichen nicht nur eine Ersterfassung von Informationen, sondern vor allem durch die in regelmäßigen Zeitintervallen aufgezeichneten Satellitendaten eine ständige Aktualisierung und Überwachung von Zuständen der Umwelt.

Da Fernerkundungsdaten häufig bereits in digitaler Form und bildpunktbezogen (sog. PIXELS = Picture Elements), also letztlich auch in Matrixform aufgezeichnet werden, erfolgt die Verarbeitung und Analyse mit den rasterbezogenen Methoden der digitalen Bildverarbeitung.

Mit dem Begriff digitale Bildverarbeitung können sämtliche digitale Operationen, die mit Fernerkundungsaufnahmen vorgenommen werden, zusammengefaßt werden. Grundsätzlich lassen sich bei der digitalen Bildverarbeitung drei wesentliche Arten von Operationen unterscheiden:

Spektrale Analysen: Hierzu zählen die Operationen in den verschiedenen Grauwertbereichen, wie etwa die Verknüpfung einzelner Kanäle miteinander, z. B. eine Differenzenbildung, die gute Ergebnisse über Vitalitätszustand der Vegetation oder über den Biomassengehalt liefert. Die Transformation der Grauwerte im Merkmalsraum wird zur Datenreduktion eingesetzt (Hauptkomponententransformation).

Geometrische Entzerrung: Die Verwendung geometrischer Entzerrung ist die Voraussetzung für die Verknüpfung von Fernerkundungsdaten mit anderen digitalen Daten oder ihre Integration in ein GIS: durch eine Entzerrung bzw. Georeferenzierung werden die Bilddaten in ein Kartenkoordinatensystem transformiert. Erst dann können sie flächentreu mit geographischen Daten überlagert werden.

Klassifikation: Klassifikationen werden zur Interpretation der Fernerkundungsdaten verwendet. Dabei werden die einzelnen Bildelemente einer Aufnahme anhand ihrer Grauwerte gruppiert und mit einem Klassenwert belegt. Unterscheiden lassen sich sog. überwachte und unüberwachte Verfahren. Bei den überwachten Verfahren werden einzelne Gebiete innerhalb der Aufnahme abgegrenzt und ihre Zuordnung zu einer Interpretationsklasse mit Hilfe von Zusatzinformationen durch den Bearbeiter vorgenommen. Unüberwachte Verfahren gruppieren die Bildelemente automatisch nach ihren Grauwerten mit verschiedenen statistischen Verfahren. Eine Zuordnung zu Interpretationsklassen muß nachträglich für jede gefundene Gruppe vorgenommen werden. Ergebnis jeder digitalen Bildverarbeitung ist wiederum eine Matrix, die Raster bzw. „pixelbezogen" einzelne Informationen abspeichert. Zur Anwendung kommt eine Klassifikation zum Beispiel bei der Erhebung der räumlichen Verteilung von Baumarten, gewonnen aus Flugzeugscannerdaten.

7.4.3 Modellierungstechniken für Landschaftsanalyse und Bewertung

Für die Bewertung des Leistungsvermögens und der ökologischen Empfindlichkeit von Landschaftsräumen in der Planung, müssen Prognosen über Ressourcenzustände gemacht werden. Hierzu werden die Vielzahl von Fachmodellen eingesetzt, die z. B. mit mathematischen Verfahren die Auswirkungen unterschiedlicher Maßnahmen darstellen und simulieren können. Im Umweltbereich spielen hier insbesondere medienbezogenen Modelle eine große Rolle, die in der Lage sind, Veränderungen der Umweltsituation darzustellen.

Für die Bilanzierung von Umwelt- und Ressourcenbelastungen werden meist INPUT-OUTPUT-Ansätze gewählt, die Veränderungen von Stoffen, Energie, Informationen incl. genetischer Informationen und ökonomische Größen umfassen. In Abb. 54 ist prinzipiell dargestellt, welche Modelltechniken mit GIS-Unterstützung eingesetzt werden können:

- mehr oder weniger statische, flächenbezogene Überlagerungsanalysen thematischer Karten wobei Attributinformationen ausgewertet und bewertet werden.
- quasi dynamische, zeitpunktbezogene räumliche Analysen (topologische Abhängigkeiten wie z. B. Einzugsgebiete, Ausbreitungsberechnungen, Netzwerkanalysen und Typenübergänge)

- dynamische Analysen, d. h. Zeitreihenberechnungen von Veränderungen und ihre flächenbezogene Darstellung in Zeitkarten (vgl. Grossmann, Schaller 1986)

Die Fülle der umweltbezogenen Daten, die heute mit den verschiedensten Methoden erhoben werden, erfordern geradezu schnelle und wirksame Modellierungstechnik zu ihrer Auswertung und Zugänglichkeit. GIS-basierte Umweltinformationssysteme werden z. T. umfassend und ressourcenbezogen aufgebaut wie z. B. für Boden, Wasser, Luft, Vegetation und Fauna. Ebenso werden Umweltbelastungs- und Überwachungsinformationen verwaltet wie Daten zur Luftqualität, Schadstoffbelastung, Schadstoffausbreitung, Emissions- und Immissionskataster mit laufender Fortschreibung in Form von Monitoring und Umweltbeobachtung. Für die fachbezogene Verarbeitung und Auswertung solcher Daten werden eine ganze Reihe von Modellen zusammen mit GIS-Datenbasen eingesetzt:

- Grundwassermodelle (Grundwasserdynamik, Fließrichtung, Schadstoffausbreitung)
- Hydrologische Modelle, Einzugsgebiets- und Abflußmodellierung
- Bodenbelastung (Stofftransport, Bodenwasserhaushalts- und Erosionsmodelle)
- Oberflächengewässergütemodelle, Wasserqualität
- Klimamodelle (Temperatur, Luftaustausch)
- Luftbelastungsmodelle (Emissionsmodelle, Schadstoffausbreitung in der Luft, Immissionsmodelle)
- Biotopvernetzungs- und Artenausbreitungsmodelle
- Lärmausbreitungsmodelle etc.

In der praktischen Planung werden solche fachbezogenen Modelle mit geographischen Informationssystemen verknüpft, da sie einerseits als Eingabe GIS-Informationen benötigen (wie z. B. Lage eines Ermittenten, Topographie des Geländes etc.) und andererseits die Ergebnisse der Modellrechnung wiederum flächenbezogen dargestellt werden, um sie mit anderen Informationen aus dem GIS (z. B. Empfindlichkeit der Vegetation gegen Luftschadstoffe) zu überlagern.

Viele solcher fachbezogener Auswertungsverfahren werden heute bereits standardisiert und zum Teil in Form von wissensbasierten (Experten)Systemen und fachlich dokumentierten Auswertungstechniken und Modellen in einem breiten Anwendungsspektrum verfügbar gemacht.

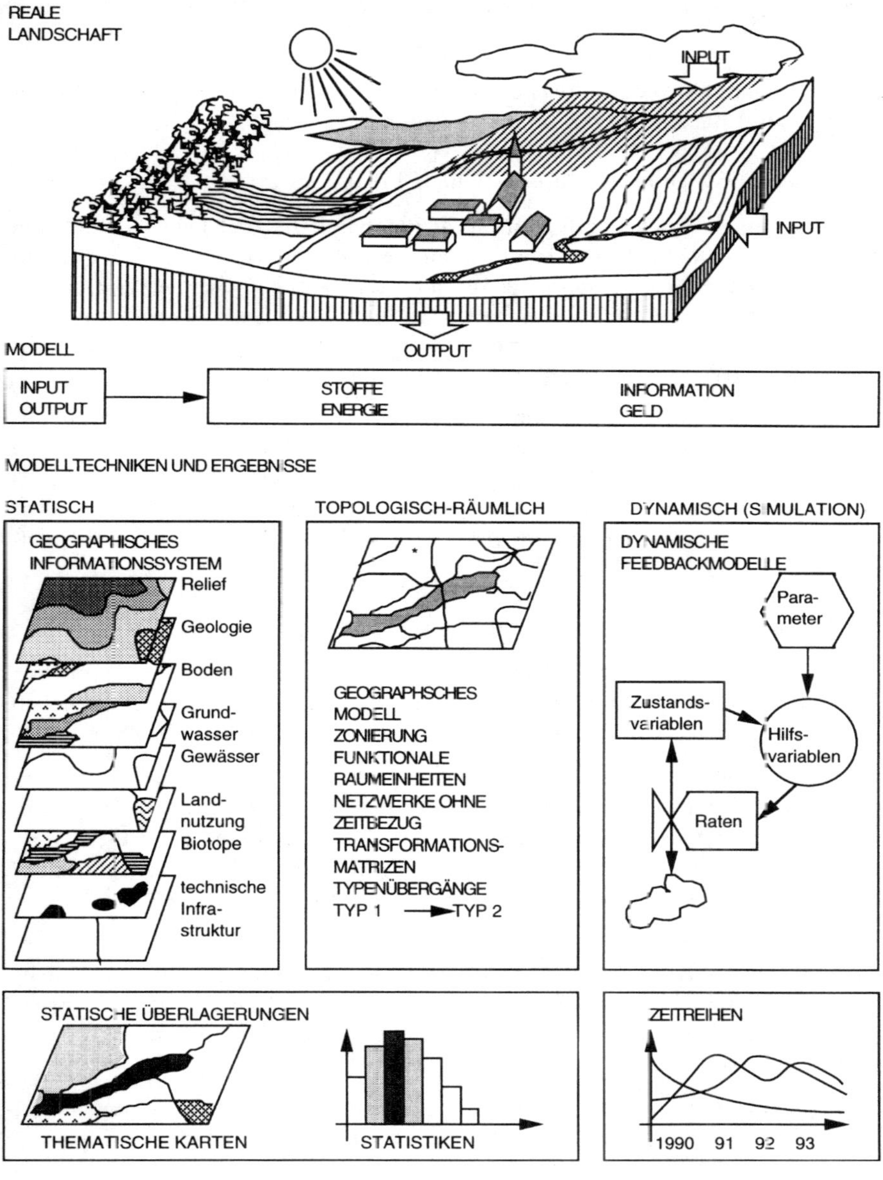

Abb. 54: Modellierungstechniken mit GIS-Unterstützung

Quelle: Schaller, Spandau, 1987, leicht verändert

7.5 Integration von Landschafts- und Umweltinformationssystemen

Geographische Informationssysteme werden im praktischen Umweltschutz vor allem in zwei Bereichen eingesetzt:

7.5.1 Landschaftsinformationssysteme (LIS)

Sie bilden die physischen und strukturellen Eigenschaften der Landschaft ab und dienen als wesentliche Datengrundlage für die Landschaftsplanung. Die flächenbezogenen Datenbasen beschreiben die abiotischen und biotischen Landschaftspotentiale in ihrem Zustand und ihrer Empfindlichkeit gegen Belastungen. Außerdem werden sämtliche Informationen zur Landnutzung und zur Nutzungsintensität flächenhaft und linear beschrieben.

Abbildung 48 zeigt in der rechten Hälfte ein typisches Beispiel eines Landschaftsinformationssystems, wie es für die Ökosystemforschung Berchtesgaden im Maßstab 1:10 000 digital aufgebaut und eingesetzt wurde. In zunehmendem Maße werden heutzutage solche Landschaftsinformationssysteme für die praktische Landschaftsplanung und vor allem für Umweltverträglichkeitsstudien eingesetzt.

7.5.2 Umweltinformationssysteme (UIS)

Umweltinformations- oder Monitoringsysteme beschreiben im wesentlichen Umweltbelastungen und deren Intensität sowie ihre räumlichen und zeitlichen Veränderungen in den verschiedenen Maßstäben der Umweltbeobachtung.

Solche Umweltinformationssysteme stellen zunächst Umweltdaten für die Verwaltung, in zunehmenden Maße aber auch der Öffentlichkeit und den Planern für die verschiedenen Planungsebenen bereit. Schwerpunkte bilden hier Informationssysteme zu Boden, Wasser, Luft, Vegetation und Fauna sowie Systeme für die Dauerbeobachtung (Monitoring) von Veränderungen der Landnutzung bzw. der Umweltfaktoren.

In der folgenden Abbildung 55 ist dargestellt, welche Informationen und Datenquellen in Umweltinformationssystemen für die ökologische Dauerbeobachtung, bezogen auf verschiedene Beobachtungsgegenstände und Betrachtungsebenen, genutzt werden.

Als typisches Beispiel für eine städtische Anwendung ist in Abbildung 56 der Aufbau des Umweltinformationssystems für den Senat der Stadt Berlin gezeigt (vgl. Bock, Knauer, 1993).

Die wesentliche Funktion dieses speziellen UIS besteht darin, vorhandene Datengrundlagen in verschiedenen Maßstäben verfügbar zu machen und durch

INFORMATIONS-GEWINNUNG		BEOBACHTUNGS-PROGRAMME	MASSTABS-EBENE	DATENQUELLEN, DATENERHEBUNG	AUSWERTUNGS-METHODEN	BEOBACHTUNGS-GEGENSTÄNDE
1. Global, Continental EU, BRD, z.B. Satellitendaten 		GEMS (Global Environmental Monitoring System) GRID (Global Resource Information Database) CORINE	Kleinmaßstäblich 1:5 Mio. bis 1.1 Mio. Regionale Datenbasen 1:1 Mio. bis 1 200.000	Satellitendaten (Landsat, TM, Spot, etc.) Nationale und internationale flächenbezogene Nutzungsdaten (Bodenkarten, Nutzungskarten, etc.)	Klassifizierungsmethoden, Globale Modelle, Ausbreitungsmodelle, Statistische Verfahren, Szenarien, Globale geografische Datenbankentwicklung	Luft und Niederschlag, Boden- und Grundwasser, Oberflächengewässer, Vegetation, Fauna Ökosphäre - Stoffflüsse - Energieflüsse - Informationsflüsse
2.Hauptforschungsräume BRD (Luftbild) 		MAB Ökosystemforschung, Waldschadensforschung, Monitoringprojekte FMP	Kleinmaßstäblich 1:200.000 bis 1: 10.000	Satellitendaten Luftbilddaten Flugzeugscannerdaten (FMP) flächenbezogene Ressourcen- u. Nutzungsdaten, Meßprogramme, weitere verfügbare Daten	Szenarien, Regionale Modelle Ausbreitungsmodelle Statistische Verfahren	Luft und Niederschlag, Boden- und Grundwasser, Oberflächengewässer, Vegetation, Fauna Ökosystemkomplexe - Stoffflüsse - Energieflüsse - Interaktionen
3.Testgebiete in Hauptforschungs-Räumen (Geländeerhebung) 	BOTTOM UP TOP DOWN	Berchtesgaden Frankfurt Vechta Wattenmeer Solling Hils Fichtelgebirge Schwarzwald u.a.	mittlere Maßstabsebene 1:10.000 bis 1:5.000	Luftbilder, Orthophotos, flächendeckende Ressourcen- u. Nutzungsdaten aus Forschungsprogrammen	Feedbackmodelle Bilanzmodelle, Zeitkarten, Risikokarten, Statistische Verfahren	Luft und Niederschlag, Boden- und Grundwasser, Oberflächengewässer, Vegetation, Fauna Ökosysteme: - Stoffflüsse - Energieflüsse - Informationsflüsse
4.Aufnahmeflächen und Transsekte in Testgebieten 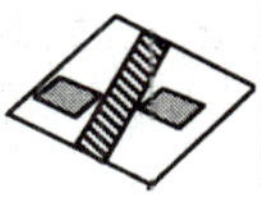		Dauerbeobachtungsprogramme etc.	Großmaßstäblich 1:5.000 bis 1: 100	Luftbilder, Photos, Transektkartierungen, wiederholte Kartierungen während der Vegetationsper., Tierbeobachtungen, -fänge etc., Probennahmen	Parametergruppen, Dauerbeobachtungsmethoden, Variogrammanalysen, Ableitung von Schlüsselindikatoren, Statistische Verfahren	Luft und Niederschlag, Boden- und Grundwasser, Oberflächengewässer, Vegetation, Fauna, Biozönosen, Populationen Struktur, Veränderungen
5.Messungen und Probenahmen z.B. in Dauerbeobachtungsflächen 		ökologische Beweissicherungen, Schadstoffkataster, Umweltmeßprogramme, Dauerbeobachtungsprogramme, etc.	Großmaßstäblich 1:5.000 bis 1: 100 x,y - Koord. Standorte Meßpunkte Markierung Dauerbeobachtungsflächen	Meßstationen (Klima etc.), phys., chem. Meßwerte (Gewässer, Boden, Luft, Grundwasser), Proben, Bioindikatoren, Umweltprobenbank	Methoden der Indikatorbildung, Prozessanalysen, Trendanalysen, Korrelationen, Zeitreihenanalyse, Statistische Verfahren	Luft und Niederschlag, Boden- und Grundwasser, Oberflächengewässer, Vegetation, Fauna, Individuen Anzahl, Veränderungen

Abb. 55: Einsatz von Umweltinformationssystemen in verschiedenen Betrachtungsebenen

Quelle: Schaller, Dangermond, 1991, leicht verändert

geeignete Methoden, Bewertungsverfahren und flächenbezogene Analysen zusammenzufassen und die Ergebnisse der Öffentlichkeit, den Planern und der Verwaltung bereitzustellen.

Ein wichtiges Ergebnis des Einsatzes dieses Informationssystems ist z. B. die laufende Erstellung und Fortschreibung des Umweltatlasses der Stadt Berlin.

Um Aussagen zu den Leistungen des Naturpotentials wie z. B. Produktion, Information, Regeneration bzw. zur Empfindlichkeit von natürlichen Ressourcen gegen Belastungen zu machen, müssen Daten aus Landschafts- und Umweltinformationssystemen verknüpft und mit geeigneten Fachmodellen und Methoden integriert ausgewertet werden. Ein gutes Beispiel einer solchen Anwendung ist das Umweltinformationssystem des Umlandverbandes Frankfurt (UVF), das in Abb. 57 dargestellt ist. Neben den flächenbezogenen Daten der Landschaftsinformation stützt es sich in der Methodik im wesentlichen auf medienbezogene Ausbreitungsmodelle.

Die Ergebnisse der Modellrechnungen werden in thematischen Karten dargestellt und dienen den Planern als Entscheidungsgrundlage für die medienübergreifenden Planungsvorgänge (vgl. UVF 1989). In der praktischen Planung werden hierzu sogenannte Projektinformationssysteme aufgebaut und angewendet, die zum Teil Daten aus Umweltinformationssystemen übernehmen und kombinieren, aber vor allem auch projektbezogene eigene Daten oder Daten aus Landschaftsinformationssystemen in das entsprechende GIS überführen. Dies geschieht vor allem auf der Ebene der Landschaftsplanung und allen umweltbezogenen Fachplanungen, die in verschiedenen Maßstäben durchgeführt werden.

Ein großes Anwendungsspektrum finden kombinierte GIS und UIS vor allem bei Umweltverträglichkeitsprüfungen, bei denen oft verschiedene Projekt- oder Planungsvarianten auf ihre Umweltauswirkungen hin beurteilt werden müssen.

7.5.3 Integrationsbeispiel Waldsterben

In den vergangenen Jahren wurde das Waldsterben zu einer der Hauptfragen zur Umweltqualität und auch daher Gegenstand vieler Untersuchungen über die potentiellen Ursachen. Allgemein herrscht nunmehr Übereinstimmung, daß das Waldsterben seine Ursache in der Kombination verschiedener Umweltbelastungen und Schadstoffe hat. Es ist jedoch oft sehr schwierig vorherzusagen, wie diese synergetischen Effekte zusammenwirken und wie sich das Waldsterben über ein bestimmtes Gebiet in einer bestimmten Zeit ausbreiten wird. Das folgende Beispiel soll aufzeigen, wie Informationssysteme integriert eingesetzt werden können, um auf diese Fragen Antworten zu finden (Bachhuber, et al., 1989).

Auf der Grundlage intensiver Literaturanalysen zum Waldsterben und den Ergebnissen von interdisziplinären Expertenworkshops und Anhörungen wurden folgende Ursachen- und Wirkungsmechanismen bestimmt:

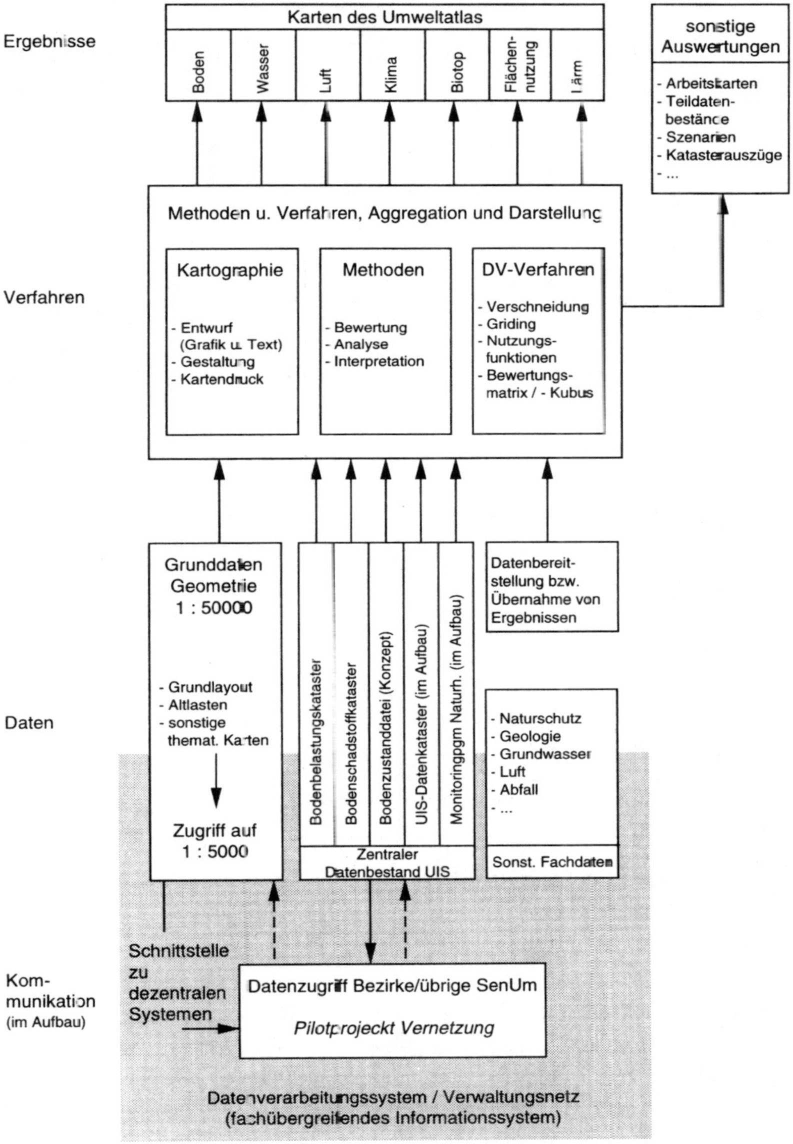

Abb. 56: Umweltinformationssystem Senat Stadt und Umland Berlin – Bereitstellung von ökologischen Planungsgrundlagen –

Quelle: Bock, Knauer, 1993

	Lärmminderung	Luftreinhaltung	Bodenschutz	Altablagerung
Datenebene	Emissions- und Immissionsdaten Realnutzung	SO_2NO_x Werte der Immissionen u. Emissionen	Bodenschadstoffe Bodenkernwerte Bodentypen	Altablagerungskat. Schadstoff-kataster
Modellebene	Ausbreit.-Modell für Straßen und Schienen Gewerbelärm	Ausbr.-Modell für Schadstoffe von Str.verkehr Haus u. Industrie	Modell zur Ber. d. Schwermetall-mobilität	Pro. z. Berechn. Gefährd. v. Altabl. Grundwasser-Modell
GIS, Grafikebene	Aufbereitung der Eingangsdaten Isopnonenkarte Vergleichskarten	Belastungskarten Vergleichskarten Diagramme etc.	Bodenschadstoff-karten Gefährdungs-potentiale-Karten	Konflikkarten: Boden, Wasser Darstellung Altabl.

Abb. 57: Die GIS-gestützten Modelle des UVF

Quelle: UVF, 1989

- Bodenversauerung,
- Photooxidantien,
- Stickstoffüberschuß und
- Organische Schadstoffe.

Im Gebiet der Bundesrepublik Deutschland wurden vier Testgebiete überwiegend Fichtenforste mit signifikanten Schadzuständen ausgewählt:

- Südniedersächsisches Bergland,
- Fichtelgebirge,
- Südost-Oberbayern (mit Berchtesgaden) und
- Schwarzwald.

Die Komplexität der Ursachen für Waldgesundheit, Wachstum oder Schäden machte es erforderlich, für jedes Testgebiet eine sehr große landschaftsökologische Datenbasis zu entwickeln und aus verschiedenen Quellen aufzubauen. Diese Datenbasis umfaßt Standortdaten, Höhendaten, Klimadaten und Landnutzungs- bzw. Waldzustandsdaten. Umweltinformationssysteme stellten Belastungsdaten (Emissions- und Immissionsdaten) bereit. Sämtliche Daten wurden statistischen Auswertungen unterzogen, d. h. auf ihre Abhängigkeit untereinander sowie zu den Waldschäden. Aufgrund dieser Ergebnisse konnten Risikofaktoren bestimmt und ein digitales Modell entwickelt werden, das die zeitliche

Entwicklung bestimmter Risikofaktoren zum Waldsterben simuliert. In Kombination mit dem Landschaftsinformationssystem konnten die errechneten Zeitreihen als zeitpunktbezogene Risikokarten für die räumliche Verteilung von Waldschäden übersetzt werden (sogenannte Zeitkarten).

Ein Vergleich dieser Zeitkarten mit dem aktuellen Gesundheitszustand des Waldes in den entsprechenden Jahren erlaubte die Analyse der Signifikanz der unterstellten Risikofaktoren und der Qualität der Schadensvorhersage. Mit dieser Methode ist es daher auch möglich, eine räumliche und zeitliche Überprüfung der aktuellen Waldsterbenshypothesen vorzunehmen.

7.6 Ausblick

Die rasante Technologieentwicklung in Hard- und Software bestimmt die zukünftige Entwicklung der Geo- und Umweltinformationssysteme. Einerseits werden Datengewinnungsmethoden über die Umwelt immer weiter verbessert und automatisiert (Satelliten- und Fernerkundungssysteme, Navigationssysteme und halbautomatische und automatische Meßverfahren), andererseits werden die Techniken zu ihrer Verarbeitung und Auswertung sowohl in der Datenverwaltungstechnik als auch bei den Softwareinstrumenten laufend verbessert.

7.6.1 Hybride GIS

Aufgrund der unterschiedlichen Anforderungen in der Datenbereitstellung und Datenauswertung setzen sich zur Zeit die „Hybriden GIS" durch, d. h. Geographische Informationssysteme, die sowohl Raster- als auch Vektorinformationen und auch die verschiedenen Datenformate ineinander umwandeln können (Raster-Vektor-Konvertierung). Mit hybriden GIS können Bildhintergründe wie z. B. Satelliten- oder Luftbilder bzw. gescannte Karten dargestellt und mit thematischen Vektordaten überlagert werden. Vektorierungssoftware spielt heute eine wichtige Rolle bei der automatischen Datenerfassung durch Scanner, also der optisch-elektronischen Abtastung von Karten und Plänen und Umwandlung dieser rasterbezogenen hell-dunkel-Informationen in Vektorstrukturen. Diese Technik beginnt langsam die manuelle Digitalisierung am Tablett (Erfassung von Koordinaten über ein Fadenkreuz) abzulösen.

7.6.2 Objektorientierte Datenmodelle

Die mit dem heutigen Stand der Technik einsetzbaren GIS-Datenmodelle beruhen, wie in den vorhergehenden Kapiteln erläutert, auf zwei unterschiedlichen Elementen, den **geometrischen Informationen** in Form gemessener Lagebeziehungen von x- und y-Koordinaten und deren topologisch definierten, geographischen Abhängigkeiten in Form von Punkt- und Linienbeziehungen, Netzwerken, Polygonbenachbarungen oder Rasterfrequenzen.

Die den geometrischen Informationen zugehörigen **Sachdaten (Attribute)** sind oft sehr umfangreich und werden daher in relationalen Datenbanken verwaltet, die als bewährte Softwareinstrumente zur Attributdatenverwaltung für viele Bereiche in der EDV-Anwendung entwickelt wurden. Um das Problem der beiden grundsätzlich verschiedenen Datenstrukturen, die mit verschiedenen Speichertechniken und Methoden bearbeitet werden müssen, effektiver zu lösen, werden zur Zeit Entwicklungen durchgeführt, die Geometrie- und Sachdaten zu gemeinsam zu verarbeitenden und auswertbaren Objekten zusammenzufassen. Um diese theoretischen Ansätze in die Praxis einzuführen, müssen noch neue, praxisgerechte Datenbanktechniken und objektorientierte Programmierungs- und Auswertungsroutinen entwickelt werden (vgl. Bill, Fritsch, 1991).

7.6.3 Netzwerke, verknüpfte Technologien, Multimedia GIS

Eine besonders große Rolle in der Ausbreitung der GIS-Technik spielte in den letzten Jahren der Wechsel von den Großrechnern über die Minirechner zu den für jedermann einfach zu bedienenden Workstations und PC's, d. h. zu den Arbeitsplatzrechnern, die über zunächst **lokale Netzwerke** mit internen Datenbanken verbunden sind (Client-server-Konzept). Umweltdaten werden aber in Zukunft auch über große lokale, regionale und auch globale, leistungsfähige **Datennetze** von den verschiedensten öffentlichen und privaten Anbietern zu verschiedenen Bedingungen bereitgestellt werden und können damit für Forschung, Wissenschaft und Planung sowie für die Information der Öffentlichkeit im Bereich Umwelt immer effektiver und kostensparender eingesetzt werden.

Darüber hinaus wird aber auch in Zukunft die Verknüpfung verschiedener Technologien unter Einschluß wissensbasierter Systeme eine wesentliche Rolle spielen.

Abbildung 58 zeigt schematisch, welche Informationsverknüpfungstechniken zur Zeit schon kombiniert und dem GIS-Anwender zur Verfügung gestellt werden können. Diese Verknüpfungsmöglichkeiten führen zur Multimedia Nutzung von GIS- und Umweltinformationen durch jeden interessierten Anwender.

Einer der Haupteffekte des Einsatzes von leistungsfähigen Computern, Workstations, Betriebssystemen und lokalen wie globalen Netzwerken wird die Entwicklung von anspruchsvollen, flexiblen und gut gestalteten Anwenderoberflächen sein, die parallel und unabhängig auf die Vielfalt der Datenbasen, Strukturen und Methoden der in Abb. 58 gezeigten, verknüpften Technologien zugreifen können.

VERKNÜPFTE TECHNOLOGIEN

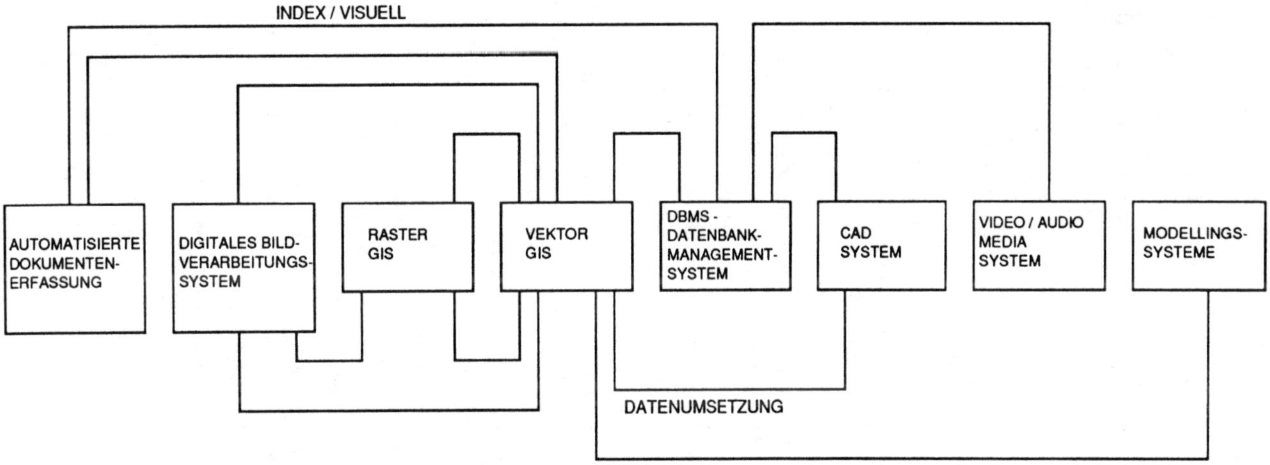

Abb. 58: Verknüpfte Technologien

Quelle: Schaller, Dangermond, 1991

7.7 Glossar[1]

Attribute kennzeichnen jeweilige thematische Inhalte von raumbezogenen Objekten. Siehe hierzu die Ausführungen zu den *Sachdaten.*

CPU ist die Zentraleinheit eines Rechners. Sie ist das Kernstück einer EDV-Anlage und besteht aus Rechenwerk, Steuerwerk und Arbeitsspeicher.

Dateisystem unterscheidet sich vom Datenbanksystem dadurch, daß keine zentralen, sondern parallele, von der Anwendung abhängige Datenbestände geführt werden. Hinsichtlich der Datenstruktur und -sicherheit werden keine allzu hohen Anforderungen gestellt.

Datenbank (DB) kennzeichnet die zentrale Komponente eines Geo-Informationssystems. In ihr sind die raumbezogenen Daten geordnet hinsichtlich ihrer Position, Topologie und Thematik – das *Datenbankmanagementsystem (DBMS)* sorgt für die Datenkonsistenz und den Datenschutz.

Datenbankmanagementsystem (DBMS) trägt zu einer reibungslosen Übertragung der Daten eines Datenbanksystems innerhalb der externen, konzeptuellen und der internen Ebene bei. Es sichert die Daten bei Mehrfachzugriffen, sorgt für die Datenkonsistenz und gewährleistet somit einen funktionsfähigen Datenbestand. Eine andere Bezeichnung ist mit dem *Datenbankverwaltungssystem* gegeben.

Datenbanksystem ergibt sich aus der Kombination des Datenbankmanagementsystems mit den Daten, die in mehreren Datenbanken abgespeichert sein können. Als Datenbanksystem sollte nur ein System bezeichnet werden, das über Mechanismen wie ein *Transaktionskonzept,* Objektdefinitionen sowie -relationen usw. verfügt.

Digitale Bildverarbeitung (DBV) ist der Sammelbegriff für ein Fachgebiet, zu deren Entwicklung viele Einzeldisziplinen wie z. B. Elektro- und Nachrichtentechnik, Physik, Mathematik, Informatik, Optik und Optoelektronik sowie die Ingenieurwissenschaften beigetragen haben. Ihre Methoden und damit verbunden entsprechende Softwarewerkzeuge werden zur Auswertung von digitalen Bildern herangezogen. Andere Bezeichnungen für die DBV sind *Pixelverarbeitung* und *Rasterdatenverarbeitung.*

Geographisches Informationssystem (GIS) ist die Bezeichnung für ein *raumbezogenes Informationssystem (RIS)* seitens der Geographen, Forstwirte, Ökologen, Raumplaner und Demoskopen. Mittlerweile scheint sich der Ausdruck *Geo-Informationssystem* auch hier zu etablieren – zum Inhalt eines GIS wird auf die Ausführungen zum RIS verwiesen.

---

1 nach Bill, Fritsch, 1991.

Geometriedaten sorgen für den Raumbezug sowie die geometrische Definition eines raumbezogenen Objekts. Für die geometrische Darstellung können sowohl *Vektordaten* als auch *Rasterdaten* dienen. Die *äußere* Geometrie (Metrik) sorgt für die maßstabsgerechte Abbildung, wobei die *innere* Geometrie (Topologie) Nachbarschaftsbeziehungen aufzeigt.

Geometrisches Modell bildet die Grundlage für die geometrische Beschreibung der i. d. R. komplexen raumbezogenen Objekte. Hier ist hinsichtlich fünf verschiedenen Verfahren zu unterscheiden: Der Parametrisierung, dem Enumerationsverfahren, der Zellenzerlegung, der Randbeschreibung und der Konstruktion mit Raumprimitiven.

Graphentheorie ist ein Bestandteil der algebraischen Topologie, in der Nachbarschaftsbeziehungen mathematisch formuliert und analysiert werden. Innerhalb der raumbezogenen Datenhaltung trägt die Graphentheorie zum Aufbau von topologischen Datenmodellen und zur Formulierung von Konsistenzbedingungen bei.

Graphikdaten erhält man aus der Geometrie, indem graphische Beschreibungsinformationen hinzugefügt werden. Beispiele für graphische Beschreibungen sind Symbole, Schraffur, Grauwerte und Texte. Früher waren die Anweisungen zur Erzeugung von Graphikdaten in *Zeichenvorschriften* vorhanden.

Hardware ist der Sammelbegriff für die physikalischen Komponenten eines Computersystems. Bei Geo-Informationssystemen wird ebenso die gesamte Peripherie vom Digitizer bis hin zum Filmbelichter unter diesen Ausdruck subsumiert.

Hierarchisches Modell ist ein logisches Datenmodell zur Strukturierung von Datenbanksystemen. Dabei sind 1:n Beziehungen zugelassen, d. h. ein Vater kann n Söhne haben, und jeder Sohn n Kinder. Das hierarchische Modell muß feste Wege einhalten, was zwangsläufig zur redundanten Datenhaltung führt.

Hybrides Modell ist ein logisches Datenmodell zur Strukturierung von Datenbanksystemen. Dabei werden voneinander verschiedene logische Modelle zu *einem* Modell kombiniert. Ein hybrides Modell liegt vor, wenn z. B. Geometriedaten als *Netzwerk* und Sachdaten in einem *relationalen* Modus organisiert sind.

Informatik bezeichnet eine wissenschaftliche Studienrichtung der Informationsverarbeitung, die sich insbesondere mit dem Einsatz von digitalen Rechenanlagen (Computern) auseinandersetzt. Innerhalb der Geo-Informationssysteme kommt der Informatik eine besondere Rolle zu, da sie u. a. Datenbanken und dazugehörige Abfragesprachen entwickelt.

Informationssystem (IS) ist ein *Frage-Antwort-System* zum rechnergestützten Behandeln und Analysieren von Daten und Informationen. Seine Funktionen können durch ein Vierkomponentenmodell wiedergegeben werden: Aufnahme, Speicherung, Verarbeitung und Wiedergabe der Daten und Informationen.

Künstliche Intelligenz (KI) bezeichnet die Fähigkeit von Computerprogrammen, komplexe Probleme der realen Welt mit logischem Kalkül – als heuristischen und nicht funktionalen – Regeln zu lösen. Ein wichtiger Aspekt innerhalb KI ist der systematische Umgang mit Unschärfe. KI wird dann zur Lösung von Problemstellungen eingesetzt, wenn es keine exakten oder nur mit sehr großem Aufwand berechenbare mathematische Lösungen gibt. Im übertragenen Sinne ist mit KI die Umschreibung eines Forschungsgebietes zur Entwicklung von die menschlichen Fähigkeiten nachvollziehenden Computern bezeichnet.

Landinformationssysteme (LIS) sind eine besondere Ausprägung von Geo-Informationssystemen. Sie werden von den Vermessungsbehörden aufgebaut und geführt, wobei sie sich in erster Linie auf die vermessungstechnische Abbildung der Erdoberfläche in der Form von digitalen Karten und Eigentumsnachweisen beziehen.

Landschaftsinformationssysteme (LIS), nicht zu verwechseln mit Landinformationssystemen, bilden die physischen und strukturellen Eigenschaften der Landschaft in verschiedenen Ebenen ab, und dienen als wesentliche Datengrundlage für die Landschaftsplanung, Landschaftsanalyse und -bewertung sowie für Umweltverträglichkeitsprüfungen in verschiedenen Maßstäben.

Netzwerkmodell ist ein logisches Datenmodell zur Strukturierung von Datenbanksystemen. Dabei sind 1 : *n*, *n* : 1, *n : m* und *m : n* Beziehungen zwischen den verschiedenen Ebenen zugelassen, d. h. *n* Eltern können *m* Kinder haben und *n* Kinder *m* Eltern. Das Netzwerkmodell zeichnet sich durch *Redundanzfreiheit* der Daten und hohe *Flexibilität* aus. Es ist besonders als Organisationsform von topologisch geordneten Vektordaten geeignet.

Objekt ist die Bezeichnung für ein raumbezogenes Element – auch Geo-Element genannt –, dem eine Geometrie und Thematik zugeordnet werden kann. Jedes Objekt gehört zu einer *Objektklasse,* deren Eigenschaften das Objekt kennzeichnen.

Objektklassenprinzip kennzeichnet eine Methode des thematischen Modellierens in der raumbezogenen Datenhaltung. Dabei gibt es eine Hierarchie zwischen Objektklasse, Objekt und Objektteil, die nach oben offen ist. Diese Hierarchie kann streng eingehalten werden, was zu einem *thematischen Baum* führt, oder aber es werden netzwerkartige Verknüpfungen zugelassen – dies resultiert in dem *thematischen Netzwerk.*

Objektorientiertes Programmieren ist eine neue Technik in der Informatik, die nicht mehr zwischen Daten und Methoden unterscheidet. Ein Objekt besteht hierbei aus einem Datensatz und einer Anzahl von Anweisungen, die es ausführen kann. Dies führt zu *Metadatenbanken*, die optimal die Abbildungen der Realwelt aufnehmen können.

Quadtree ist eine regelmäßige Unterteilung eines Basisquadrats. Er dient der flächenhaften Strukturierung von Rasterdaten sowie als Zugriffsmechanismus in Datenbanksystemen. Ein Quadtree ist definiert durch die sukzessive Viertelung des Basisquadrats, d. h. ein Vater hat *vier* Söhne, jeder Sohn hat wiederum *vier* Söhne usw.

Rasterdaten bezeichnen die Art der geometrischen Darstellung von raumbezogenen Objekten, bei denen das Objekt äquidistant diskretisiert und dann quantisiert wird: Das Grundelement ist das Pixel. Hauptanwendungen der Rasterdatenerfassung liegen in der digitalen Photogrammetrie, der Fernerkundung und der thematischen Kartographie.

Rastergraphik ist die jüngste Form der Computergraphik. Das zentrale Element ist das Pixel. Durch die hohe Auflösung der Rasterbildschirme werden diese heute überwiegend bei der *passiven* und der *interaktiven* Visualisierung eingesetzt.

Rasterzelleneinteilung stellt eine hierarchische Zugriffsmethode in der raumbezogenen Datenhaltung dar, wobei das zu bearbeitende Gebiet in Rasterzellen von gleicher Größe unterteilt wird.

Relationales Modell ist ein logisches Datenmodell zur Strukturierung von Datenbanksystemen. Dabei werden gleichberechtigte Tabellen aufgebaut, deren Spalten (Domänen) über die Spaltennummern, und deren Zeilen (Tupel) über die Zeilennummern erreicht werden können. Das relationale Modell wird wegen seiner Mächtigkeit (verfügbare SQL) gerne in der raumbezogenen Sachdatenhaltung eingesetzt – es gibt auch Geo-Informationssysteme, die die Geometrie/Topologie vollständig relational abspeichern.

RISC steht für Reduced Instruction Set Computer und bezeichnet eine neue Computergeneration mit einem auf die meisten Anwendungen eingeschränkten, dafür aber schnellerem Befehlssatz (Gegensatz: CISC – Complex Instruction Set Computer).

Runlength-(Lauflängen)-Kodierung ist eine Datenkomprimierungstechnik, die gleiche Eigenschaften der abzuspeichernden Daten ausnutzt. Dadurch können aufeinander folgende Funktionswerte zu Gruppen zusammengefaßt und somit komprimiert gespeichert werden. Anwendungen findet die Runlength-Kodierung in der Rasterdatenverarbeitung.

Sachdaten geben den thematischen Inhalt eines raumbezogenen Objekts wieder, und stellen somit die Klasse der *nichtgeometrischen Daten* dar. Hiermit können verschiedene thematische Zuordnungen z. B. eines Flurstücks beschrieben werden: Lage, Eigentümernachweis, Bodenschätzung, Baumkataster etc.

Software ist der Sammelbegriff für die logischen Komponenten eines Computersystems, die erst den Umgang mit der Hardware ermöglichen. Die Software enthält alle Verarbeitungsanweisungen und Prozeduren, um das Vierkomponentenmodell eines Geo-Informationssystems so effizient wie möglich auszufüllen.

Structured Query Language (SQL) bezeichnet eine *Abfragesprache* eines relationalen Datenbanksystems, bei der ein festvorgegebener Sprachumfang vorliegt. Gängige Begriffe sind dabei: SELECT, FROM, WHERE, AND u. a., mit denen neue Tabellen erzeugt und das gewünschte Ergebnis extrahiert werden kann.

Topologie ist eine Fachrichtung der Mathematik, die sich mit den Eigenschaften geometrischer Gebilde beschäftigt, die bei umkehrbar eindeutigen stetigen Abbildungen invariant bleiben. Die metrischen Verhältnisse spielen dabei keine Rolle; es kommt lediglich auf die gegenseitige Lage der Figuren an.

Topologisches Subsystem besteht aus der Grundgesamtheit der Kanten- und Knotenlisten, die evtl. noch durch Flächenlisten und Raumkörper ergänzt werden können. Es bildet die Grundlage zur Abspeicherung der Nachbarschaft von raumbezogenen Daten.

Thematisches Modell bildet die Grundlage zur Definition einer Objektebene. Dabei kann rein relational vorgegangen werden, was zum *Ebenenprinzip* führt, oder es wird in Objektklassen, Individualobjekte und Objektteile unterteilt. Die letztere Vorgehensweise wird als *Objektklassenprinzip* bezeichnet. Das thematische Modell wird häufig auch durch die Anwendung vorgegeben.

Umweltinformationssysteme (UIS) sind Informationssysteme der Umweltbehörden wie z. B. des Umweltbundesamtes (UBA) in Berlin oder des Umweltministeriums von Baden-Württemberg. Ihre Aufgaben erstrecken sich von der Erfassung von Radioaktivität, der Kontrolle von Luft, Wasser und Boden.

Vektorgraphik ist die älteste Form der Computergraphik. Ihre Grundprimitive sind der Punkt (Knoten), die Linie (Kante) und die Fläche. Da der Punkt wie auch die Fläche Sonderfälle einer Linie darstellen, spricht man auch von *Liniengraphik.*

Wissensbasiertes System ist der Ausdruck für ein Programm, das in einer Wissensbasis Informationen zu einer bestimmten Domäne speichert und aufgrund dieser Informationen im begrenzten Rahmen Probleme löst und Entscheidungen fällt. Eine andere Bezeichnung ist mit dem *Expertensystem* oder auch *regelbasiertes* System gegeben.

8. Gesamtplanungen aus der Sicht umfassender Umweltplanung: Raumordnung, Landes-, Regional- und Bauleitplanung

Gunter Kappert, Hans Lothar Schulz

8.1 Ziele und Instrumente der Raumordnung und Landesplanung

8.1.1 Ziele

Die Ziele der Raumordnung und Landesplanung gehen von den im Bundesraumordnungsgesetz niedergelegten Grundsätzen für die räumliche Entwicklung aus. Diese sind gekennzeichnet durch zwei übergeordnete Gesichtspunkte, nämlich durch die Forderung nach der *Gleichwertigkeit der Lebensverhältnisse und der sparsamen Verwendung der Ressourcen.*

Die Forderung nach gleichwertigen Lebensverhältnissen weicht in der Formulierung bewußt von dem Begriff einheitlicher Lebensverhältnisse ab, der im Grundgesetz im Zusammenhang mit dem Finanzausgleich zwischen Bund und Ländern verankert ist. Allerdings läßt die Forderung nach gleichwertigen Verhältnissen eine große Interpretationsbreite zu, da die Gewichtung der einzelnen die Lebensqualität bestimmenden Faktoren oft recht unterschiedlich ist. Besseren Verdienst- und Aufstiegschancen in den Verdichtungsräumen stehen beispielsweise günstigere Umweltbedingungen und Erholungsmöglichkeiten in den sogenannten ländlichen Räumen gegenüber; beides läßt sich nicht miteinander verrechnen.

Dennoch ist die Forderung nach gleichwertigen Lebensverhältnissen zu interpretieren durch die Zielsetzung für den Abbau der Unterschiede zwischen den einzelnen Teilräumen der Bundesrepublik. Das bedeutet insbesondere, die jeweils schwächer entwickelten Räume so auszustatten, daß dort die Voraussetzungen für eine über dem Durchschnitt liegende soziale, kulturelle und ökonomische Entwicklung gegeben sind. Bei den schon heute über dem Durchschnitt liegenden Räumen, also besonders den Verdichtungsgebieten, steht demgegenüber die Sicherung der Entwicklung und die Verbesserung der Umweltbedingungen im Vordergrund. Insgesamt kann hierfür die Raumordnung und Landesplanung allerdings nur die entsprechenden Voraussetzungen und den Rahmen mit den ihr zur Verfügung stehenden Instrumenten schaffen. Konkrete Programme, beispielsweise für die erwähnte nötige Ausstattung der schwächer entwickelten Räume, bleiben in der Regel den einzelnen Fachplanungen überlassen.

Ihre Integration wäre nur im Rahmen einer entsprechenden (regionalen) Entwicklungsplanung möglich.

Obgleich die Zielsetzung nach gleichwertigen Lebensverhältnissen durch die Situation in den neuen ostdeutschen Bundesländern wieder an Bedeutung gewonnen hat, hat die Forderung nach sparsamer Verwendung der Ressourcen zunehmend weltweit Priorität. Die Entwicklung von Bevölkerung und Arbeitsplätzen ist durch erhebliche strukturelle Verschiebungen gekennzeichnet. Einem Rückgang bei der sogenannten natürlichen Bevölkerungsentwicklung (Bilanz von Geburten und Sterbefällen) steht bei den Wanderungen ein bedeutendes Potential gegenüber, das große Forderungen an eine sinnvolle räumliche Verteilung, aber auch Chancen für eine entsprechende Entwicklung beinhaltet. Bei den Arbeitsplätzen vollzieht sich weiterhin die langfristige Verschiebung vom produzierenden Sektor zum Dienstleistungsbereich, und zwar bei unterschiedlicher Entwicklung der Produktivität. Dies führt tendenziell zu erhöhtem Flächenverbrauch der Produktion und (trotz zunehmender Telekommunikation) zur räumlichen Konzentration der Dienstleistungen. Zwischen den einzelnen räumlichen Nutzungen, beispielsweise zwischen Wohnen und Arbeiten, besteht die Forderung nach einem die Mobilität garantierenden Leistungsaustausch. Dies bedingt aber bestimmte räumliche Anordnungen von Flächennutzungen und Verkehrswegen, so daß die Einheit von Siedlungs- und Verkehrsplanung innerhalb der anzustrebenden räumlichen Ordnung besonders geboten ist. Dabei ist die Ressource Fläche beziehungsweise Raum eine endliche, also nicht vermehrbare Größe.

Die Zielsetzung sparsamer Verwendung der Ressourcen betrifft auch die *Notwendigkeit der Aufrechterhaltung einer ausgeglichenen Umwelt* im Sinne der Ökologie. Wenn auch Veränderungen innerhalb des ökologischen Systems im Zuge der Entwicklung im Prinzip nicht vermeidbar sind, so muß eine wichtige Zielsetzung für die Gesamtentwicklung ebenso die Forderung sein, die Ausgeglichenheit dieses Systems nicht zu stören, sondern Strukturen zu entwickeln, die zu seiner Stabilisierung beitragen. Konflikte, insbesondere mit ökologischen Zielsetzungen, müssen gelöst beziehungsweise entschieden werden, wobei die Forderung nach der Ausgeglichenheit innerhalb des ökologischen Systems als eine nicht zu verändernde Rahmenbedingung erhalten bleiben muß. Der Erfolg einer solchen, auch ökologisch orientierten Raumordnung wird im übrigen dadurch bestimmt sein, daß sie nicht nur dazu beiträgt, Umweltschäden zu beseitigen, sondern vielmehr eine gesunde Umwelt gestalterisch konzeptieren will.

8.1.2 Instrumente

Die Analyse der räumlichen Entwicklung und die Darstellung von Entwicklungstendenzen erfolgt in *Raumordnungsberichten.* Die Ziele der Raumordnung werden in *Raumordnungsprogrammen und -plänen* festgelegt. Für die Koordinierung der Fachplanungen in bezug auf die Ziele der Raumordnung und Landesplanung steht das sogenannte *Raumordnungsverfahren*, in dem die einzelnen öffentlichen Interessen abgewogen werden, zur Verfügung.

Von den vielfältigen Instrumenten der Raumordnung und Landesplanung sollen hier nur die wichtigsten beschrieben werden. Das *System der Zentralen Orte* ist über den Standort von zentralen Einrichtungen zur Verbesserung der Daseinsvorsorge definiert. Zentrale Einrichtungen sind hierbei in erster Linie öffentliche Einrichtungen, zum Beispiel Krankenhäuser, Schul- und Sportstätten. Im Zusammenhang hiermit stehen private zentrale Einrichtungen, beispielsweise des Einzelhandels. Ausgehend davon, daß zentrale Einrichtungen von sich aus an bestimmten Standorten gebündelt auftreten, sind folgende Gesichtspunkte für die angestrebte Konzentration in zentralen Standorten wesentlich:

- bessere Versorgung der Einwohner des betreffenden Einzugsbereichs durch günstigere Erreichbarkeit bei entsprechender Ausrichtung des Verkehrssystems,
- bessere Entwicklung, insbesondere der privaten Dienstleistungseinrichtungen, durch gegenseitige Fühlungsvorteile,
- bessere Ausnützung der öffentlichen Infrastruktur.

Dabei sind die Zentralen Orte entsprechend der Bedeutung der einzelnen zentralen Einrichtungen und ihres jeweiligen Einzugsbereichs in *Ober-, Mittel- und Unter- bzw. Grundzentren* eingeteilt. Allerdings entspricht ein solches hierarchisches System von zentralen Standorten nur bedingt der Realität, und zwar besonders in Verdichtungsräumen, in denen sich die einzelnen Einzugsbereiche der verschiedenen zentralen Orte stark überlagern. Dennoch ist das gesamte Bundesgebiet durch die einzelnen Raumordnungsprogramme mit dem System der Zentralen Orte und ihren jeweiligen Einzugsbereichen flächendeckend überzogen.

Während bei den Zentralen Orten ihre Funktion als Standort zentraler Einrichtungen im Vordergrund steht, sind bestimmte Orte als *Schwerpunkte* für die vorrangige Sicherung und Entwicklung von Arbeitsstätten, insbesondere auch des produzierenden Bereichs, und von Wohnstätten definiert. Allerdings wird dieses Instrument nicht wie das der Zentralen Orte einheitlich verwendet, teilweise wird die genannte Definition der Schwerpunkte auch den Zentralen Orten unmittelbar zugeordnet. Ihrer Größenordnung nach kommen hierfür neben den Oberzentren grundsätzlich die Mittelzentren in Frage. Praktisch werden

Schwerpunkte immer Zentrale Orte sein müssen, aber nicht alle Zentralen Orte können wegen der Größe des Einzugsbereichs Schwerpunkte sein.

Für die Bildung von Schwerpunkten kommen außer den für die Zentralen Orte genannten Gesichtspunkten in Frage:

- mehr Wahlmöglichkeiten für den Arbeitnehmer auf einem größeren Arbeitsmarkt, damit geringere Abhängigkeit vom einmal gewählten Arbeitsplatz, bessere Aufstiegschancen, Arbeitsmöglichkeiten für Familienmitglieder mit unterschiedlichen Interessen,
- breiteres und differenziertes Arbeitskräfteangebot für die Wirtschaft,
- größerer Markt mit mehr Wettbewerb und Transparenz zum Vorteil von Hersteller, Verteiler und Verbraucher und letztlich
- Verhinderung der Zersiedlung und Gewährleistung eines gesunden Ausgleichs zwischen Räumen unterschiedlicher Nutzung.

Mit der Anwendung des Schwerpunktprinzips kann somit sowohl sozialen und ökonomischen als auch ökologischen Gesichtspunkten entsprochen werden. Kennzeichnend für die Bestimmung der Einzugsbereiche von Schwerpunkten sind die Arbeitsmarktbereiche, die durch die Entfernung zwischen Wohnplatz und Arbeitsplatz (Pendlerentfernung), in der Regel nicht über eine halbe Stunde, begrenzt sind. Oft werden übrigens mehrere Schwerpunkte in einem Arbeitsmarktbereich zusammen liegen und sich gegenseitig beeinflussen. Da wegen der notwendigen Differenziertheit eines Arbeitsmarktbereiches eine bestimmte Mindestbevölkerungszahl in einem entsprechenden Gebiet vorhanden sein muß, kann es bei geringer Bevölkerungsdichte dazu kommen, daß einzelne Teile des Raumes außerhalb von Schwerpunktbereichen liegen. Dies bedeutet aber auch, daß so die Voraussetzung für den Ausgleich zwischen intensiv besiedelten Räumen und Freiräumen erleichtert wird.

Ohne auf die besonderen Probleme der städtischen Verdichtungsräume hier näher eingehen zu können, ist deutlich, daß das System der Entwicklung von Schwerpunkten im Einzugsbereich der *Kernstädte* mit entsprechender Funktionsteilung zwischen Kernstadt und den neuen Schwerpunkten eine optimale Struktur für diese Räume darstellt. Im Sinne der Raumordnung wird hierbei oft von Entlastungsorten gesprochen, die im sogenannten Ordnungsraum des betreffenden Verdichtungsraumes liegen. Allerdings sind solche Entlastungsorte keineswegs als Schlafstädte zu konzipieren, sondern mit zentralen Einrichtungen und Arbeitsstätten gut auszustatten, so daß sie wesentliche städtische Funktionen wahrnehmen können. Kernstadt und Entlastungsorte bilden somit eine durch die Funktionen Wohnen, Arbeiten sowie soziale und kulturelle Versorgung einschließlich Freizeit gekennzeichnete Struktur mit reger Kommunikation untereinander im Sinne einer Regionalstadt.

Neben dieser im Prinzip punktuellen Entwicklung haben sich andererseits ausgehend von einer Kernstadt, oder auch zwischen mehreren großen Städten, sogenannte *Siedlungsachsen* entwickelt. Als Soll-Vorstellung haben sie auch Eingang in die Raumordnung gefunden, so zum Beispiel in der Konzeption für die Entwicklung des Hamburger Umlandes. Prinzipiell bietet das System der Siedlungsachsen die gleichen Vorteile wie das Schwerpunktsystem, allerdings nimmt bei der achsialen Betrachtung die Forderung nach Kommunikationen beziehungsweise Leistungsaustausch zwischen den einzelnen Siedlungsbereichen eine besondere Rolle ein. Träger eines solchen Austausches im Zuge einer Siedlungsachse kann zum Beispiel eine S-Bahn sein, an der die einzelnen Siedlungseinheiten wie Perlen an einer Kette angeordnet sind. Ein solches System setzt allerdings ein erhebliches Bevölkerungs- und Arbeitsplatzpotential voraus, wie es nur in größeren Verdichtungsräumen gegeben ist.

Zentrale Orte, Schwerpunkte und Entwicklungsachsen haben gemeinsam, daß sie alle von einer bestimmten Konzentration von Siedlungs-, Versorgungs- und Verkehrsbereichen, also letztlich baulichen Nutzungen, ausgehen. Es nimmt im Grunde Wunder, daß diese gewissermaßen klassischen Instrumente der Raumordnung erst jetzt durch entsprechende Instrumente für die Entwicklung der weniger intensiv genutzten Bereiche beziehungsweise Freiräume ergänzt werden. Mindestens ist der bislang verwendete Begriff der ländlichen Räume, der für alle Bereiche außerhalb der Verdichtungsräume gilt, viel zu pauschal und ungenau, um als Instrument verwendet zu werden. Schließlich liegen gerade die zu entwickelnden Schwerpunkte in diesem ländlichen Raum, der zumindest konzeptionell hier ein städtischer Raum ist.

Als neuer Begriff tritt nunmehr der sogenannte „*Ausgleichsraum*", auch „*ökologischer Ausgleichsraum*", womit seine wesentliche Bestimmung erklärt ist, hinzu. Unter Ausgleichsräumen sind dünner besiedelte Räume mit naturnaher Landschaftsstruktur und hohen Luft- und Wasserressourcen zu verstehen. Oft sind sie agrarische Problemgebiete, meist gehören auch diejenigen Räume dazu, die außerhalb der genannten Arbeitsmarktbereiche der Schwerpunkte liegen. Sie sind in der Regel gut geeignet, den verschiedenen und stark wachsenden Ansprüchen der Freizeitgestaltung zu genügen.

Insgesamt sind die Ausgleichsräume somit nicht nur in ökologischer, sondern ebenso in sozialer und gesamtwirtschaftlicher Hinsicht im Zusammenhang mit der Sicherung und Entwicklung von Schwerpunkten notwendig. Um ihre entsprechenden Aufgaben als Ausgleichsräume auch künftig erfüllen zu können, müssen diese Räume nicht nur vor schädlichen Nutzungen freigehalten, sondern für ihre Aufgabe auch entsprechend weiterentwickelt werden, insbesondere durch gezielte landespflegerische Maßnahmen. In diesem Zusammenhang wird allerdings deutlich, daß dem Instrument Ausgleichsraum wie den übrigen raumordnerischen Instrumenten Grenzen gesetzt sind, und zwar weil es wohl zur räumlichen Koordinierung von Fachplanungen durchaus tauglich, andererseits aber zur Integration der Fachplanung im Sinne eines Entwicklungskonzepts zu wenig operationabel ist. Typisch hierfür ist die Diskussion über große (also mehr überregionale) und kleine (mehr regionale bis örtliche) Ausgleichsräume. Die Struktur und die Erfordernisse der Entwicklung sind gerade auch räumlich zu differenziert, als daß solche Räume für die Darstellung eines Entwicklungskonzepts ausreichend sein würden. Selbst allein unter räumlicher Betrachtung werden sie bis zur Größe eines Landkreises beschrieben werden können, die aber im Zusammenhang des Gesamtsystems, also auch mit den den Schwerpunkten unmittelbar zugeordneten kleineren Ausgleichsräumen gesehen werden müssen. Typisch hierfür mag auch ein System mit den von einer Kernstadt ausgehenden Siedlungsachsen und dazwischen liegenden Ausgleichsräumen sein, deren Dimension mit dem Abstand vom Zentrum wächst. Entwicklungspolitisch, das heißt also letztlich in der Zusammenfassung von finanziellen Möglichkeiten und Handlungskompetenzen, sollten Schwerpunkte und Ausgleichsräume regional zusammen gesehen werden, auch wenn hiermit bei geringer Bevölkerungsdichte eine entsprechend große räumliche Ausdehnung einer Region verbunden sein sollte.

Die räumliche Entwicklungsplanung für eine Region, die Regionalplanung, stellt die zweite Ebene der Landesplanung dar, sie konkretisiert die in den landesweiten Programmen enthaltenen räumlichen Entwicklungsziele. Die Planung auf „mittlerer" Ebene stellt das wesentliche Verbindungsgelenk zwischen übergeordneten Entwicklungsvorstellungen und der konkreten Festlegung der Raumnutzung auf der örtlichen Ebene durch die Bauleitplanung und Fachplanungen dar, ist selbst aber nur in Ausnahmefällen parzellenscharf. Sie trägt damit sowohl zur tatsächlichen Umsetzung raumordnerischer Leitvorstellungen als auch zur Lösung konkreter Probleme vor Ort bei. Im bisherigen Gebiet der Bundesrepublik haben sich für die Regionalplanung verschiedene Organisationsformen herausgebildet, die von der rein staatlichen Wahrnehmung (in Schleswig-Holstein) über Mittelformen bis zu rein kommunal verfaßten Formen (Baden-Württemberg und Niedersachsen) reichen.

8.1.3 Landschaftsrahmenplanung und Raumordnung[1]

Raumordnung wie Naturschutz werden in der Bundesrepublik Deutschland durch Gesetz auf Bundes- und Landesebene geregelt. Dabei geht das Rahmenrecht des Bundes in der Raumordnung und im Naturschutz über allgemein gehaltene Grundsätze und Ziele inhaltlich nicht wesentlich hinaus. Das entsprechende Landesrecht enthält dagegen unterschiedlich stark ausgeprägte Konkretisierungen der allgemeinen und fachlichen Ziele. Diese konkreten Rechtssetzungen sind jedoch vom Gegenstand her begrenzt.

1 Siehe hierzu auch die Abschnitte 9., 10.3 und 10.4.

Für das Verhältnis von Raumordnung, Naturschutz und Landschaftspflege sind zweifellos deren Programme und Pläne von besonderer Bedeutung. Hier ergeben sich, nicht zuletzt vom Maßstab her, inhaltliche Gemeinsamkeiten. Dies gilt beispielsweise in Niedersachsen für

- das Landes-Raumordnungsprogramm und das Landschaftsprogramm,
- das Regionale Raumordnungsprogramm und den Landschaftsrahmenplan sowie
- die Flächennutzungsplanung und den Landschaftsplan.

Aus raumordnerischer Sicht ist es ein Hauptanliegen, vorrangig auf der regionalen Planungsebene die räumlichen Voraussetzungen für einen vorsorgenden Landschafts-, Natur- und Umweltschutz zu schaffen. Die Integration von wichtigen Aussagen des Landschaftsrahmenplanes in das Regionale Raumordnungsprogramm ist nicht zuletzt unter dem Gesichtspunkt der Verbindlichkeit regionaler Ziele gegenüber Bauleit- und Fachplanungen unabdingbar. Es gibt daher in Niedersachsen keine Regionalplanung ohne Berücksichtigung ökologischer und landschaftsgestalterischer Belange. Dabei ist der Charakter beider Planungsdisziplinen zu beachten.

- Das *Regionale Raumordnungsprogramm* (Regionalplan) ist nicht nur ein überörtlicher Plan, sondern auch ein überfachlich zusammenfassender Plan für die räumliche Gesamtentwicklung einer Region. Er hat die übergeordneten raumordnungspolitischen Vorgaben des Landes zu berücksichtigen. Er dient der Koordinierung der Raumansprüche in der Region; er trifft Vorrangentscheidungen bei konkurrierenden und kollidierenden Nutzungen und Funktionen. Er ersetzt jedoch nicht weitergehende Fachplanungen und Entscheidungen über Einzelfälle.
- Der *Landschaftsrahmenplan* hat dagegen alle Erfordernisse und Maßnahmen für den Naturschutz und die Landschaftspflege auf der regionalen Ebene darzustellen.
  - Seine erste Funktion ist die eines fachlichen Rahmenplanes für diesen Politik- und Verwaltungsbereich.
  - Er ist zweitens ein Instrument dafür, *eine möglichst weitgehende ökologische Orientierung der regionalen Entwicklung zu erreichen*, indem viele seiner Ziele, Grundsätze und Vorschläge in das Regionale Raumordnungsprogramm übernommen werden und damit an dessen Rechtswirkung teilhaben.[1]

1 In das Regionale Raumordnungsprogramm des Zweckverbandes Großraum Hannover (1990) wurden in ihren wesentlichen Aussagen übernommen (vgl. Abb. 59):
- Der Landschaftsrahmenplan für den Landkreis Hannover (1990) und
- Der Landschaftsrahmenplan für die Landeshauptstadt Hannover (1989).

- Darüber hinaus stellt der Landschaftsplan drittens für die Fachbehörden des Naturschutzes und der Landschaftspflege eine wichtige Grundlage für die Mitwirkung bei anderen Fachplanungen dar; das gilt besonders für die *Eingriffsregelung* und die *Umweltverträglichkeitsprüfung*.

Auf seiten der Regionalplanung bedeutet die sach- und fachgerechte Integration der Landschaftsrahmenplanung eine insgesamt stärkere ökologische Ausrichtung des Regionalplanes in seinem Gesamtinhalt einerseits und die entsprechende Gewichtung bei der regionalplanerischen Beurteilung von Einzelplanungen andererseits. Dazu ist erforderlich

- ein neues Verständnis der Knappheitsbedingungen der Ressource Raum/Fläche für menschliche Aktivitäten, die nicht mehr – wie früher fast ausschließlich – nur durch die quantitativen direkten Nutzungsansprüche, sondern vielmehr in wachsendem Maße durch mittelbare Wirkungen des Siedlungsprozesses des Raumes und der Naturgüter bestimmt werden;
- eine höhere Bewertung von Naturräumen an sich, als Lebensräume von Fauna und Flora, insbesondere auch aus humanökologischen Erwägungen;
- *eine weitgehende Offenlegung der Abwägungskriterien für Prioritätsentscheidungen von Raumnutzungen, die den Zustand, die Qualität, die nachhaltige Nutzung der natürlichen Faktoren tangieren, beeinträchtigen, schädigen.*

8.1.4 Raumordnungsverfahren mit integrierter Umweltverträglichkeitsprüfung

Neben den nach Raumordnungsrecht aufzustellenden Programmen und Plänen kommt der Sicherung der hierin enthaltenen landesplanerischen Ziele in der Praxis der Landes- und Regionalplanung eine starke Bedeutung zu. Hierzu zählen landesplanerische Stellungnahmen und Testate zu Bauleit- und Fachplanungen ebenso wie das Raumordnungskataster und die Untersuchung raumordnungswidriger Planungen und Maßnahmen.

Eine herausgehobene Bedeutung hat das *Raumordnungsverfahren*:

Das Raumordnungsgesetz (§ 6 a ROG) versteht das Raumordnungsverfahren (ROV) als ein Instrument der Landesplanung, mit dem raumbedeutsame Planungen und Maßnahmen untereinander und mit den Erfordernissen der Raumordnung abgestimmt werden. Zugleich soll das Verfahren die erste Stufe einer Umweltverträglichkeitsprüfung (UVP) für das zugrundeliegende Projekt sein. Die Verfahrensergebnisse sind bei nachfolgenden Entscheidungen, beispielsweise bei Zulassungs- oder Planfeststellungsverfahren, als sonstige Erfordernisse in die Abwägung einzustellen. Damit bestimmt das Rahmenrecht dieses Verfahren als ein Instrument zur projektbezogenen Einzelkoordination, auf das auch im Rahmen eines beschleunigten Planungsverfahrens nicht verzichtet werden sollte.

Das Raumordnungsverfahren ist kein Planungsverfahren – man kann damit keine neuen Plansätze schaffen; vielmehr ist es ein Abwägungsverfahren im Rahmen bestehender Pläne. Hier liegt auch seine Grenze. Es ersetzt keine Erlaubnisse, Bewilligungen, Genehmigungen. Das Ergebnis, die *„Landesplanerische Feststellung"*, hat Gutachtencharakter.

Als Koordinationsverfahren ist das ROV so auszugestalten, daß in einem sehr frühen Planungsstadium die Raum- und Umweltwirkungen des beabsichtigten Projektes geprüft werden können. Diese Klärung ist nur dann möglich, wenn sich der Fachplanungsträger noch nicht verbindlich festgelegt hat; denn die Untersuchung möglicher Alternativen – einschließlich der Nullvariante – sind ein wesentlicher Inhalt des ROV. Dazu sind berührte Fachplanungen untereinander abzustimmen; die Übereinstimmung mit den Zielen der Landesplanung ist zu bestätigen oder herbeizuführen. Durch diese frühe Prüfung der Raum- und Umwelterheblichkeit können erkennbare Konflikte aufgezeigt und Lösungen rechtzeitig angeboten werden. Das ROV dient damit der Vorabklärung. Es nimmt mit dieser Funktion einen wichtigen Standort in einem gestuften Planungsprozeß ein.

Raumordnungsverfahren sind geeignet, den Anforderungen in besonderer Weise Rechnung zu tragen, welche an eine in einem möglichst frühen Planungsstadium einsetzende Umweltverträglichkeitsprüfung zu stellen sind:

- Die raumordnerische Überprüfung von Projekten erfolgt in einem Stadium, in dem die Projektplanung noch nicht verfestigt ist.
- Die Projektträger und die an Raumordnungsverfahren beteiligten Stellen sind gehalten, sich mit den Umweltauswirkungen des betreffenden Projektes auseinanderzusetzen und erforderlichenfalls Veränderungen oder Ausgleichsmaßnahmen vorzuschlagen.
- *Die raumordnerische Überprüfung erstreckt sich auf alle umweltrelevanten Faktoren, die überörtlich raumbedeutsam sind.*
- Maßstab der raumordnerischen Überprüfung sind die Ziele, Grundsätze und sonstige Erfordernisse der Raumordnung und Landesplanung; sie enthalten durch frühzeitige Integration auch Belange des Umweltschutzes einschließlich des Naturschutzes und der Landschaftspflege und räumen diesen unter bestimmten Voraussetzungen einen Vorrang vor anderen Belangen ein. Durch Ergänzung der Grundsätze bzw. Fortschreibung der Ziele kann dieser Prüfungsmaßstab noch weiter verbessert werden.

Gunter Kappert, Hans Lothar Schulz

8.2 Regionale Raumordnung, dargestellt am Raum Hannover

8.2.1 Regionaler Planungsraum Hannover

In Niedersachsen sind zunächst die Landkreise und die kreisfreien Städte für ihr Gebiet Träger der Regionalplanung. Sie nehmen diese Aufgabe als Angelegenheit des eigenen Wirkungskreises wahr. Für die Großräume Braunschweig und Hannover hat der Landesgesetzgeber die Regionalplanung dem Zweckverband Großraum Braunschweig (1992) und dem Kommunalverband Großraum Hannover (1963) übertragen.

Der Verband Großraum Hannover zählt zu den regionalen Organisationsansätzen, die nach dem 2. Weltkrieg vorrangig in allen größeren Verdichtungsräumen entstanden sind. Wesentliche gemeinsame Kennzeichen dieser regionalen Lösungen sind

- zunächst Planungsaufgaben, vorrangig die Regionalplanung,
- in der Folge übergemeindliche Durchführungsaufgaben, zum Beispiel des öffentlichen Nahverkehrs, der Ver- und Entsorgung, der Wirtschaftsförderung und der Naherholung.

Der Großraum Hannover versteht sich als einheitliche strukturpolitische Entwicklungsregion

- mit der Landeshauptstadt Hannover als Kern einer monozentrischen Region: Die interregionalen Verflechtungen lassen eine verhältnismäßig klare Grenzziehung gegenüber den benachbarten Räumen Celle, Braunschweig, Hildesheim, Hameln, Minden/Bückeburg und Nienburg zu;
- in einer mittleren Größenordnung und Verdichtung: Innerhalb dieses Raumes gab es 1987 auf einer Gesamtfläche von 2.288,57 qkm (4,8 % der Fläche Niedersachsens) rd. 1.055.000 Einwohner (14,9 % der Bevölkerung Niedersachsens) und rd. 492.000 Arbeitsplätze (18 % der Arbeitsplätze Niedersachsens);
- mit unverkennbaren, aber nicht dramatischen Wachstums- und Strukturproblemen: Die Bevölkerung war seit 1974 rückläufig und stagniert jetzt; die zentrale wirtschaftliche Entwicklungsschwäche der Region liegt in den Strukturproblemen des industriellen Sektors mit deutlichen Auswirkungen auf den Dienstleistungsbereich.

8.2.2 Verband Großraum Hannover

Der Bildung des Verbandes Großraum Hannover waren in den 50er Jahren Untersuchungen und Gutachten vorausgegangen, aus denen deutlich wurde, „daß die Stadtentwicklung Hannover zukünftig, der sozialen und räumlichen Wirklichkeit folgend, überlieferte administrative Grenzen sowie Zuständigkeiten überspringen muß und Planungsvorstellungen für den größeren Raum, die Region zu entwickeln sind" (Hillebrecht).

In der Folge wurde 1963 durch Gesetz der „Verband Großraum Hannover" gebildet. Aufgaben dieses ersten Verbandes standen unter den Generalklauseln:

- „durch einheitliche Planung die Entwicklung der Verbandsglieder" fördern,
- mit der Aufstellung eines Verbandsplanes „in eigener Verantwortung Grundsätze für die Nutzung des Bodens festlegen" und
- „die Erhaltung größerer, von der Bebauung freizuhaltender Flächen" ... sowie die „Vorhaltung von Baugelände ... für die Verbandsglieder sichern".

Im übertragenen Wirkungskreis wurde der Verband untere Naturschutzbehörde.[1] Im Jahr 1970 übernahm der Verband die Organisation und Geschäftsführung eines Verkehrsverbundes im öPNV.

Die sondergesetzliche Regelung von 1962 wurde zwischenzeitlich mehrfach verändert, ohne die Aufgabenstellung wesentlich zu verändern. 1992 hat der Zweckverband eine neue eigenständige gesetzliche Grundlage erhalten, die ihn befähigen soll, sich neuen Herausforderungen zu stellen und künftigen Entwicklungen Rechnung zu tragen. Das soll in seiner neuen Bezeichnung „Kommunalverband" zum Ausdruck kommen:

- Wie bisher wird der Verband für die Regionalplanung und den öPNV zuständig sein.
- Die Verbandsglieder können darüber hinaus dem Kommunalverband künftig uneingeschränkt weitere Aufgaben übertragen (zum Beispiel Wirtschaftsförderung, Abfallwirtschaft, Naturschutz).
- Schließlich soll die Möglichkeit eröffnet werden, daß der Kommunalverband mit benachbarten Gemeinden und Landkreisen, die mit ihm gleichgerichtete Interessen teilen, die gemeinsame Erfüllung von Aufgaben vereinbaren kann.

Die Verbandsversammlung spiegelt in ihrer Zusammensetzung die politischen Mehrheitsverhältnisse bei den Trägern des Verbandes, das heißt der Landeshauptstadt Hannover und des Landkreises Hannover, wider. Sie tragen den Haushalt des Verbandes über eine Verbandsumlage, die sich nach deren Steuerkraft bemißt. Dies trägt zu einem regionalen Finanzausgleich bei, was insbesondere für die Subventionierung des öffentlichen Nahverkehrs bedeutsam ist.

1 Diese Funktion ist heute dem Landkreis Hannover und der Landeshauptstadt Hannover übertragen.

8.2.3 Regionales Raumordnungsprogramm

Die 1965 von der Verbandsversammlung verabschiedeten Grundsätze zur Entwicklung des Großraums Hannover sind bis heute Richtschnur für die Siedlungsentwicklung, die Verkehrsplanung, die Freiraumsicherung und den Ressourcenschutz. Das „Regionale Raumordnungsprogramm für den Großraum Hannover" konkretisiert diese regionalpolitischen Zielsetzungen heute wie folgt *(vgl. Abb. 59)*:

- Der Großraum Hannover bildet einen regionalen Siedlungs- und Arbeitsmarktbereich innerhalb des landesplanerischen Ordnungsraumes Hannover. Seine Integration und innere Funktionsfähigkeit basieren maßgeblich auf der auf das Oberzentrum Hannover ausgerichteten Siedlungsstruktur mit einem abgestimmten System grund- und mittelzentraler Standorte. Diese günstigen raum- und siedlungsstrukturellen Voraussetzungen sind zu sichern. Siedlungs- und Verkehrsplanung bilden eine Einheit.
- Unter den Gesichtspunkten der Auslastung bestehender öffentlicher und privater Infrastrukturen und des Schutzes der Freiräume ist die Siedlungsentwicklung auf die Bestandssicherung, Erneuerung und Arrondierung der vorhandenen zentralörtlichen Siedlungsbereiche zu konzentrieren. Die anhaltende Tendenz zur Auflockerung der Siedlungsdichte soll auf das zur Verbesserung der Wohnqualität notwendige Maß beschränkt bleiben. Die sich verändernden Standortanforderungen der Wirtschaft erfordern Umstrukturierungen im bestehenden Siedlungsgefüge sowie eine funktions- und nachfragegerechte Weiterentwicklung der Arbeitsstättenschwerpunkte.
  Die ländlichen Siedlungen sind unter Beachtung ihrer jeweiligen Ausgangslage, Ausstattung und Eignung als Wohnstandorte zu sichern; die Belange der Landwirtschaft sind dabei angemessen zu berücksichtigen.
- Entsprechend der bisherigen raumstrukturellen Entwicklung sind die zentralörtlichen Siedlungsbereiche untereinander durch ein leistungsfähiges Verkehrsnetz verknüpft. Diese Vorleistungen sollen bei allen mobilitätserzeugenden Maßnahmen und Planungen genutzt werden. Der öffentliche Verkehr, insbesondere auf der Schiene, hat Vorrang. Zusätzliche, durch die vorhandenen Nahverkehrsangebote nicht erschlossene, gesamträumliche Verkehrsbedürfnisse sollen verhindert werden.
- In und zwischen den dicht besiedelten und besonders belasteten Siedlungsbereichen kommt der Sicherung, Verbesserung und Weiterentwicklung der Freiräume besondere Bedeutung zu.
  Die bauliche und sonstige Inanspruchnahme von Landschaftsflächen ist auf ein möglichst geringes Maß zu beschränken. Vor der Inanspruchnahme sind Alternativen zu prüfen. Auf die Wiederverwendung brachliegender Siedlungsflächen sowie vorhandener Baulandreserven ist dabei besonders zu achten.

- Ziele des Umwelt- und Ressourcenschutzes sind bei allen raumbeanspruchenden Maßnahmen zu beachten. Dies gilt für einen sparsamen, umweltverträglichen Umgang mit den natürlichen Ressourcen Boden, Wasser und Luft ebenso wie in bezug auf Altlasten, Abfall, Sondermüll und Gewässergüte, Luftreinhaltung und den Bodenschutz.

8.2.4 Umsetzung des Programms

Für die Umsetzung regionalplanerischer Ziele des Regionalen Raumordnungsprogramms besteht folgendes Verständnis regionaler Raumordnung:

- Regionalplanung als Beitrag von Stadt-Umland-Kooperation ist umso erfolgreicher, je ausgeprägter es gelingt, bei den wichtigen Meinungs- und Entscheidungsträgern ein gemeinsames regionales Problembewußtsein zu wecken und darauf eine gemeinsame Zielsetzung oberhalb des unmittelbaren Stadt-Umland-Interessenausgleichs zu definieren.
- Regionalplanung wird der Planungsfreiheit gebietliche und inhaltliche Grenzen setzen, ohne die örtlichen Entwicklungsperspektiven von sich aus zu definieren, zu lokalisieren, zu quantifizieren oder zu differenzieren.
- Regionalplanung ist zudem weniger ein Bestandteil der Verwaltungshierarchie als eine Ebene der Kooperation und Moderation.
- Die Wirksamkeit der Regionalplanung hängt nicht zuletzt von der politischen und administrativen Einbeziehung in Vollzugsaufgaben und in entwicklungsbestimmte Politikfelder ab.

Bei den Vollzugsaufgaben ergeben sich eine Reihe von Ansätzen im Stadt-Umland-Verhältnis, wie ein Blick auf die bestehenden Stadt-Umland-Organisationen in der Bundesrepublik zeigt. Es sind dies der öffentliche Nahverkehr, die Wirtschaftsförderung und Naherholung, die Abfall- und Abwasserbeseitigung, Energie- und Wasserversorgung, kulturelle Einrichtungen und anderes.

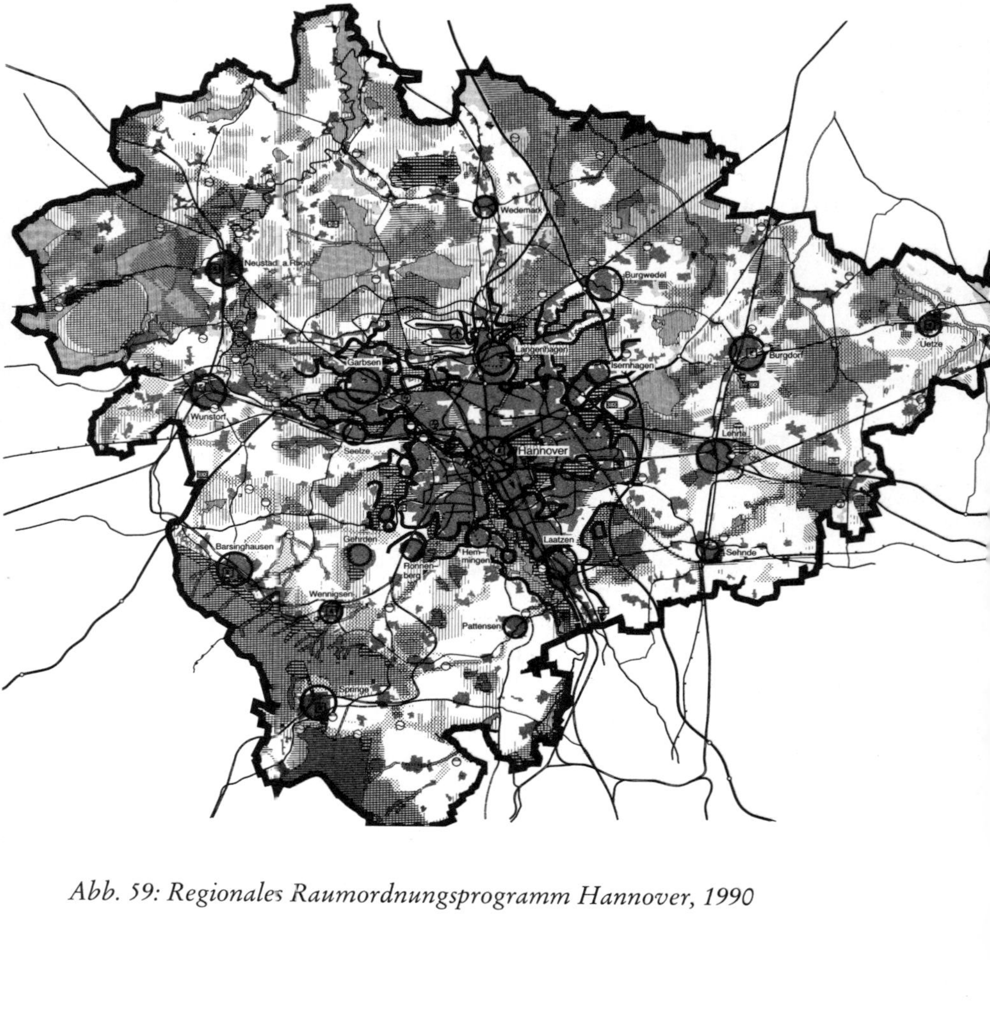

Abb. 59: Regionales Raumordnungsprogramm Hannover, 1990

HANNOVER REGION

KOMMUNALVERBAND
GROSSRAUM HANNOVER

REGIONALES RAUMORDNUNGSPROGRAMM 1990

–GENERALISIERT–

RAUM- UND SIEDLUNGSSTRUKTUR

Oberzentrum
Mittelzentrum
Grundzentrum

Nach Wohnbauflächen und gewerblichen Flächen zusammengefaßte Darstellung der rechtsverbindlichen und rechtserheblichen Flächennutzungspläne

Freiraum im dichtbesiedelten Ordnungsraum

LANDSCHAFT UND ERHOLUNG

Gebiet mit besonderer Bedeutung für Natur- und Landschaft
Vorranggebiet für Natur- und Landschaft
Gebiet mit besonderer Bedeutung für Erholung
Vorranggebiet für Erholung
E Gemeinde mit der besonderen Entwicklungsaufgabe Erholung
Gebiet zur Vergrößerung des Waldanteils
Gebiet zur Verbesserung der Landschaftsstruktur

LANDWIRTSCHAFT UND FORSTWIRTSCHAFT

Gebiet mit besonderer Bedeutung für die Landwirtschaft
Gebiet mit besonderer Bedeutung für die Forstwirtschaft

LAGERSTÄTTEN

Gebiet mit besonderer Bedeutung für oberflächennahe Rohstoffe
Vorranggebiet für oberflächennahe Rohstoffe

VERKEHR

–STRASSE

Autobahn
Hauptverkehrsstraße von überregionaler Bedeutung
Hauptverkehrsstraße von regionaler Bedeutung

–SCHIENE

Haupteisenbahnstrecke
Stadtbahn

–WASSERSTRASSE

Schiffbarer Kanal

–LUFTVERKEHR

Flughafen mit Start- u. Landebahnen
Fluglärmbereiche, Zonen 1 – 3

VERSORGUNG

Wasserwerk
Kläranlage
Mülldeponie /-beseitigung
Kraftwerk

Hartmut Jacob

8.3 Umweltplanung in der Bauleitplanung – Ziele und Instrumente der Berücksichtigung von Umweltbelangen in der Bauleitplanung[1]

8.3.1 Ziele einer umweltorientierten Bauleitplanung nach dem Baugesetzbuch

Allgemeine rechtliche Grundlagen

Die Aufgabe der Bauleitplanung ist es, bauliche und sonstige Nutzungen von Grundstücken innerhalb einer Gemeinde nach Maßgabe des Baugesetzbuches (BauGB) vorzubereiten und einzuleiten. Die sogenannten Bauleitpläne mit dem Flächennutzungsplan als vorbereitender und dem Bebauungsplan als verbindlicher Bauleitplan entscheiden heute darüber, ob Grund und Boden in umweltverträglicher Weise genutzt werden. Die rechtlichen Voraussetzungen für eine angemessene, umfassende Berücksichtigung umweltrelevanter Belange sind erstmalig mit dem im Jahre 1987 in Kraft getretenen Baugesetzbuch geschaffen worden. Zwar hat die Baurechtsnovelle des Bundesbaugesetzes (BBauG) aus dem Jahre 1976 die Bedeutung des Bauplanungsrechts für den Umweltschutz mit einigen wenigen umweltschützerischen Regelungen (die allesamt normierte Umweltbelange aus anderen Fachgebieten waren) erkannt, doch erst das Baugesetzbuch entwickelt mit dem „Gebot der sparsamen und schonenden Bodennutzung“ eine eigene spezifische Umweltperspektive und schafft gleichzeitig baurechtliche Darstellungs- und Festsetzungsmöglichkeiten für umwelt- und naturschützerische Forderungen in Bauleitplänen.

Als Ziele und Grundsätze der Bauleitplanung nennt § 1 Abs. 5 S. 1 BauGB eine geordnete städtebauliche Entwicklung und eine dem Wohl der Allgemeinheit entsprechende, sozialgerechte Bodennutzung. Beide Ziele sollen dazu beitragen, eine menschenwürdige Umwelt zu sichern und die natürlichen Lebensgrundlagen zu schützen und zu entwickeln. Die zunächst sehr allgemein gehaltenen umweltschützerischen Ziele werden in einem exemplarischen Katalog von Planungsleitsätzen konkretisiert.

Zunächst muß auf den Leitsatz des § 1 Abs. 5 S. 2 Nr. 7 BauGB hingewiesen werden, wonach bei der Aufstellung der Bauleitpläne die Belange des Umweltschutzes, des Naturschutzes und der Landschaftspflege, insbesondere des Naturhaushaltes, des Wassers, der Luft und des Bodens einschließlich seiner Rohstoffvorkommen, sowie des Klimas zu berücksichtigen sind. Dies bedeutet, daß

---

1 Siehe hierzu auch die Abschnitte 10.6, 11.1 und 12.1, ferner in dieser Reihe den Band 12 Stadt und Umwelt von Sukopp et al.

die Bauleitplanung gerade auch aufgrund der umfassenden Bezugnahme auf die Belange des Umweltschutzes sämtliche Umweltbelange, so z. B. auch die nicht ausdrücklich erwähnten Lärmschutzmaßnahmen, beachten muß.

Die sogenannte Bodenschutzklausel gebietet einen möglichst geringen Flächenverbrauch (sparsamer Umgang), eine möglichst weitgehende Vermeidung von Bodenvergeudung und -vernichtung (durch Versiegelung) sowie von Bodenbelastungen und umweltgefährdenden Stoffen (schonender Umgang). Baurechtliche Festsetzungen zur Durchsetzung der Bodenschutzklausel eröffnen dem Stadtplaner – wie später näher ausgeführt wird – vielfältige Möglichkeiten für Umweltqualitätsverbesserungen in der Kommune.

Zusammenfassend kann festgestellt werden, daß sich Umweltschutz im Städtebau nach Baurecht vor allem auf die Vermeidung und Minimierung von Umweltschäden zum Schutz von Menschen, Tieren, Pflanzen, Boden, Wasser, Luft, Atmosphäre sowie von Kultur- und sonstigen Sachgütern orientiert, aber auch auf eine Umweltpolitik im Sinne einer umfassenden Umweltvorsorge ausgerichtet ist.

Abwägungsgebot

Nach § 1 Abs. 6 BauGB besteht bei der Aufstellung der Bauleitpläne die Verpflichtung, öffentliche und private Belange gegeneinander und untereinander gerecht abzuwägen.

Da der Umweltschutz per se keine Vorrangstellung einnimmt, müssen die umweltschützerischen Forderungen mit den sonstigen Belangen (z. B. des Verkehrs, der Wirtschaft und des Wohnungsbaues) abgewogen werden. Das Abwägungsgebot ist einerseits Ausdruck von planerischer Gestaltungsfreiheit, andererseits aber auch eine rechtliche Schranke. Räumliche Planung erfordert deshalb in der Regel einen Ausgleich (Kompromiß) zwischen verschiedenen Belangen.

Harmonisierung von Naturschutz- und Baurecht

In der Vergangenheit hat die Praxis der Zusammenarbeit von Bauverwaltungen und Naturschutzbehörden bei der Aufstellung von Bauleitplänen immer wieder gezeigt, daß Konflikte zwischen den Erfordernissen der baulichen Entwicklung und denen des Naturschutzes und der Landschaftspflege unvermeidbar sind. Strittig ist hierbei die Handhabung der sogenannten „Eingriffsregelung“, weil sie Konfliktlösungen erschwert, indem einerseits Planungsvorhaben „blockiert“ oder andererseits Ziele des Naturschutzes „umgangen“ werden.

Auch die Diskussion zur verstärkten Ausweisung und Mobilisierung von Wohnbauland mit der sogenannten „Bauland-Initiative“ des Bundesministerium für Raumordnung, Bauwesen, und Städtebau im Jahre 1992/93 macht deutlich, daß sich naturschutzrechtliche Regelungen im bestehenden Baurecht zwar grundsätzlich bewährt haben, die weitergehenden Länderregelungen jedoch für „untragbare Verschleppungen“ bei den Genehmigungsverfahren von Bebauungsplänen und möglicherweise auch für die drastische Baulandverteuerung verantwortlich sind (Pressemitteilung des Bundesbauministeriums vom 6. Mai 1992).

Als Konsequenz aus dieser Diskussion hat der Bund am 1. 5. 1993 im Rahmen des „Investitions- und Wohnungsbaugesetzes“ den § 8 des Bundesnaturschutzgesetzes (Eingriffe in Natur und Landschaft) um die §§ 8 a bis 8 c erweitert und in Kraft gesetzt. Die Änderungen der naturschutzrechtlichen Eingriffsregelung (z. B. abschließende Festlegung von Ausgleichs- und Ersatzmaßnahmen in der Bauleitplanung; Darstellungen oder Festsetzungen sowohl auf den Grundstücken, auf denen Eingriffe zu erwarten sind, als auch im sonstigen Geltungsbereich des Bauleitplanes; Durchführung der Festsetzungen durch den Verursacher oder die Gemeinde; Satzungen über die Ausgestaltung von Ausgleichs- und Ersatzmaßnahmen durch die Gemeinde; Bundesländer können bis 1998 die Eingriffsregelung für B-Pläne außer Kraft setzen) sollen das Verhältnis von Naturschutz und Bauplanungsrecht harmonisieren und helfen, die zuvor geschilderten Konfliktpotentiale abzubauen (nähere Ausführungen zur Eingriffsregelung siehe Abschnitt 11.1).

8.3.2 Instrumente einer umweltorientierten Bauleitplanung

Ökologische Orientierung des Städtebaus

Mitte der 70er Jahre war für die meisten Planer der Begriff „Siedlungsökologie“ fast noch ein Fremdwort. Inzwischen hat sich ein spürbarer Wandel in Richtung auf eine „ökologische Orientierung des Städtebaus“ vollzogen. Die Stadtplaner haben erkannt, daß besonders in größeren Siedlungsräumen das Gleichgewicht zur Umwelt, zur Natur und Landschaft stark beeinträchtigt oder total verloren gegangen ist. Die Störungen treten auf, weil entsprechende Lebensräume und die Umweltqualität durch Siedlungsstrukturen und Siedlungskonzentrationen verloren gegangen sind. Das Verhältnis zwischen Nutzbarkeit und Nutzung ist aus dem Gleichgewicht geraten. Städte und andere Agglomerationen importieren wertvolle Ressourcen, wie saubere Luft, sauberes Wasser, Rohstoffe und Energie u. a. in erheblichen Mengen und exportieren enorme Mengen an belasteten Umweltmedien (Abfälle u. a.). Diese Importe und Exporte sind selbst regional nicht mehr zum Ausgleich zu bringen.

Sehr vereinfacht zeigt Tabelle 22 die durch Bebauung am häufigsten auftretenden Belastungen der unterschiedlichen Umweltmedien auf. In der Zusammenstellung wird auf mögliche Wechselwirkungen zwischen den Umweltmedien und den biotischen und abiotischen Gütern nicht näher eingegangen.

Umweltmedien	Belastungen durch Bebauung
Boden	– Verlust des Naturschutzpotentials und des biotischen Ertragspotentials durch Flächen- und Landschaftsverbrauch – Veränderungen der Bodenstruktur durch Versiegelung und Verdichtung – Einträge umweltbelastender Stoffe aus der Luft, durch Lagerung von Abfallstoffen, u. a..
Wasser	– Beeinträchtigung des Bodenwasserhaushalts (Grundwasserabsenkung) – Verringerung / Verhinderung der Grundwasserneubildung – Beeinträchtigung der Grundwasserqualität
Luft - Immissionen	– Vergrößerungen des Schadstoffausstoßes und des Lärms, Immissionsquellen sind u. a. Industrie- und Gewerbegebiete, Kraftfahrzeugverkehr, Sportplätze – Vermehrte Konflikte beim Zusammenwachsen störungsintensiver und -empfindlicher Nutzungen
Klima	– Verschlechterung der bioklimatischen Situation in verdichteten Bereichen oder industriell geprägten Gebieten – Verlust von Flächen mit klimaökologischer Ausgleichsfunktion
Naturhaushalt	– Verlust von Freiräumen, insbesondere von land- und forstwirtschaftlichen Flächen oder ökologisch bedeutsamen Landschaftsteilen und damit Zerstörung von Lebensräumen der Tier- und Pflanzenwelt – Bei nicht ausreichend vorhandenen Freiräumen im Gemeinde- / Stadtgebiet und bei gleichzeitig verstärkter Bautätigkeit stehen keine Flächen für neu sich entwickelnde ökologische Potentiale und Funktionen zur Verfügung
Landschaftsbild / Naturerleben / Erholung	– Verlust an Landschaftsstrukturen und -elementen für ein vielfältiges, abwechslungsreiches Landschaftsbild – Verlust von Flächen für die siedlungs- und landschaftsgebundene Erholung
Energie	– Erhöhter Energiebedarf bei Bebauung von exponierten Lagen (Nebelgebieten, Kuppenlagen) – Erhöhter Bedarf an nicht regenerativen Energien

Tab. 22: Umweltbelastungen unterschiedlicher Umweltmedien durch Bebauung

Vergleicht man ältere und neuere Bauleitpläne, wird das Bemühen der Planer weg vom ausschließlichen Reglementieren und den das Bauen unmittelbar betreffenden Festsetzungen hin zu Ausweisungen für Maßnahmen zur Verbesserung der siedlungsökologischen Situation deutlich. Es fällt dabei auf, daß bis heute vorrangig Einzelaspekte eines ökologisch orientierten Städtebaus berücksichtigt werden und sich nur zögerlich eine ganzheitliche Betrachtungsweise des Wirkungsgefüges „Stadt und Umland als Ökosystem“ durchsetzt.[1]

Hauptaufgabe der Stadtplaner ist es, vorhandene Übernutzungen abzubauen und keine neuen umweltschädigenden Siedlungsstrukturauswirkungen entstehen zu lassen. Hierzu bedarf es spezieller Handlungsbereiche einer ökologisch orientierten Siedlungsentwicklung, die bei allen städtebaulichen Überlegungen beachtet werden sollten. Sie sind in Tabelle 23 zusammengefaßt.

Ressourcen schonen	– Flächen sparen, z.B. durch flächensparendes Bauen, Flächenrecycling – Importe mindern, z.B. Wasser, Energie, sparen, Baustoffe sparen (Altbauten nutzen) – Vorhandene Ressourcen schützen, z.B. Arten- und Biotopschutz
Belastungen mindern bzw. vermeiden	– Schädliche Einträge vermeiden, z.B. Bodenschutz, Wasserschutz, Abgase und Staub – Lärm vermeiden, z.B. motorisierten Individualverkehr beschränken, Gewerbe- / Industrielärm vermeiden
Regeneration ermöglichen	– Luftaustausch ermöglichen, z.B. Freiflächenanteil erhöhen, Kaltluftregeneration ermöglichen – Wasser schonen, z.B. weniger Grundwasser entnehmen, oberirdische Gewässer erhalten und renaturieren, Flächenentsiegelung – Grün schützen, z.B. Grünflächen naturnah entwickeln und pflegen, naturnahe Land- und Forstwirtschaft

Tab. 23: Handlungsbereiche einer ökologisch orientierten Siedlungsentwicklung (verändert nach Adrian, 1992)

Die genannten Handlungsbereiche werden grundsätzlich von den Planern anerkannt. Dennoch wird eine ganzheitliche Betrachtungsweise „Stadt und Umland als Ökosystem“, die z. B. auch die Wechselbeziehungen und Wirkungszusam-

1 In der Literatur polarisieren sich zwei Auffassungen zum Begriff Stadtökologie:
1. Stadtökologie, die im Zusammenhang eines eigenständigen Ökosystems Stadt gesehen wird und
2. Stadtökologie, als urban-industrielles System, welches lediglich einen Beitrag zum gesamten Ökosystem der Biosphäre leistet.

menhänge unterschiedlicher Umweltmedien beinhaltet, gegenwärtig nicht bei der Erarbeitung von Bauleitplänen angewandt. Vielleicht auch deshalb nicht, weil bisher zu wenige ökologische Planungskonzepte und Umweltplanungen als Grundlage für eine ökologische Stadtentwicklung zur Verfügung stehen.

Umweltqualitätszielkonzept

Eine kommunale Umweltplanung erfordert zunächst Zielvorgaben für Umweltqualitäten, die erhalten bzw. wieder hergestellt werden sollen. Sie müssen vorsorgeorientiert und auf eine langfristige Sicherung der natürlichen Lebensgrundlagen ausgerichtet sein. Derartige Zielvorgaben werden in kommunalen Umweltqualitätszielkonzepten, die über Leitbilder und Leitlinien Umweltqualitätsziele und Umweltstandards abgeleitet haben, zusammengefaßt (weiterführende Literatur: Fürst et al., 1989; Hennerkes, 1989). Umweltqualitätsziele sind qualitative Aussagen, die für ihre Umsetzung in aller Regel einer Konkretisierung, d. h. quantitativer Aussagen der Umweltstandards bedürfen. Standards sind genau definierte Bewertungsmaßstäbe (mittels Parameter und Indikatoren festgelegt, vorzugsweise als Grenz- und Richtwerte) zur Bestimmung einer angestrebten Umweltqualität.

Gerade auch für die Erstellung von kommunalen Umweltqualitätszielkonzepten ist es von besonderer Wichtigkeit, daß die Stadt mit ihrem Umfeld als Ökosystem begriffen wird und entsprechend den allgemeinen ökologischen Grundprinzipien, wonach eine vorhandene Lebensgemeinschaft aus Menschen, Tieren und Pflanzen (Biozönose) stets nur in Einheit mit ihrem Lebensraum (Biotop) vorkommt, im Zielkonzept berücksichtigt wird.

Zielvorgaben zur Umweltqualitätsverbesserung unterschiedlicher durch Bebauung beeinträchtigter Umweltmedien sind als Beitrag zum kommunalen Umweltqualitätszielkonzept in Tabelle 24 dargestellt. Besonders herausgestellt werden die Umweltmedien Boden, Wasser, Luft/Immissionen, Naturhaushalt, Landschaftsbild/Naturerleben/Erholung und Energie.

Der Aufbau eines Umweltqualitätszielkonzeptes wird von Braun und Kleinert (1991) am Beispiel der Stadt Hagen ausführlich dargestellt und erörtert.

Die Vorgaben der Umweltqualitätsziele sind für die Erarbeitung von Bauleitplänen, von Landschaftsplänen und anderen Fachplänen von herausragender Bedeutung. Wie könnte z. B. Transparenz und Nachvollziehbarkeit der Ergebnisse einer Umweltverträglichkeitsprüfung oder der naturschutzrechtlichen Eingriffsregelung erreicht werden, wenn keine auf die Kommune bezogenen Umweltbewertungsmaßstäbe (Umweltqualitätsziele) vorliegen.

Tab. 24: Zielvorgaben zur Umweltqualitätsverbesserung unterschiedlicher durch Bebauung beeinträchtigter Umweltmedien als Beitrag zum kommunalen Umweltqualitätszielkonzept.

Umweltmedium	Vorgaben zur Entwicklung kommunaler Umweltqualitätsziele
Boden	**Hauptziel:** Sparsamer und schonender Umgang mit Grund und Boden (§ 1 Abs. 5 S. 3 BauGB) bedeutet vorrangig Erhalt/Wiederherstellung der Bodenfunktionen für alle Stadtgebietsflächen *Unterziele:* Einschränkung des Freiflächenverbrauchs (flächenschonende Zuordnung der Bodennutzung, flächensparendes Bauen, Vorrangflächennutzung im Innenbereich, flächensparende Erschließung mit Begrenzung der Straßenquerschnitte) Erhalt/Wiederherstellung der Bodenfunktionen in Siedlungs-, Gewerbe- und Verkehrsbereichen (Entsiegelung, Einschränkung der Versiegelung) Erhalt/Wiederherstellung der Regelungsfunktion des Bodens (Beseitigung von Bodenkontaminationen, Beachtung der Empfindlichkeit gegenüber stofflichen Einträgen) Erhalt/Wiederherstellung der langfristigen Produktionsfunktion landwirtschaftlich/gärtnerisch genutzter Böden (Schutz erosionsgefährdeter Böden, Erhalt schadstoffunbelasteter Böden, Abbau produktionsbedingter Bodenbelastungen) *Planungsunterlagen:* Kommunale Bodenschutzprogramme Kommunale Umweltinformationssysteme (KUIS) Umweltdatenbank Altlastenkataster
Wasser	**Hauptziel:** Erhalt/Wiederherstellung des Wasserangebots *Unterziele:* Quantitativer Schutz und Schonung von Grundwasservorkommen (Erhalt der natürlichen Grundwasserstände, keine Versiegelung in Gebieten mit hohen Grundwasserneubildungsraten)

Umweltmedium	Vorgaben zur Entwicklung kommunaler Umweltqualitätsziele
	Qualitative Sicherung der Grundwasservorkommen (besonderer Schutz, Erhalt der Wasserqualität) Schutz der oberirdischen Gewässer (besonderer Schutz, naturnaher Gewässerausbau, Erhalt der Selbstreinigungskraft) Nutzung von Regenwasser (Verrieselung, Nutzung als Brauchwasser) *Planungsunterlagen:* Gewässergütekarte Gewässerbewirtschaftungspläne Leitlinie für den Umgang mit Regenwasser in Baugebieten
Luft/Immissionen	**Hauptziel:** Erhalt/Wiederherstellung/Verbesserung der Luftqualität *Unterziele:* Beachtung menschlicher Gesundheit und Empfindlichkeit der Vegetation gegenüber Luftschadstoffen Beachtung lufthygienischer Anforderungen unterschiedlicher Nutzungen (bei der Ausweisung empfindlicher Nutzungen, Zuordnung und Gliederung von Industrie-/Gewerbegebieten) Erhalt und Sicherung von Flächen mit lufthygienischen Ausgleichsfunktionen (Frischluftproduktionsflächen, Frischluftschneisen) *Planungsunterlagen:* Kommunales Aktionsprogramm Luft Immissionsgrenzwerte der TA-Luft Flechtenkartierung
Klima	**Hauptziel:** Erhalt/Wiederherstellung/Verbesserung der Klimafunktion *Unterziele:* Erhalt/Verbesserung der bioklimatischen Situation in verdichteten städtischen Bereichen (Vermeidung von Wärmeinseln durch oberflächenbedingte Aufheizung, ausreichende nächtliche Abkühlung, gute Belüftungssituation, Vermeidung von Düseneffekten)

Umweltmedium	Vorgaben zur Entwicklung kommunaler Umweltqualitätsziele
	Verbesserung der bioklimatischen Situation in industriell geprägten Bereichen (Verhinderung von produktionsbedingter Aufheizung, s. o.) Erhalt von Flächen mit klima-ökologischen Ausgleichsfunktionen (Kaltluftproduktionsflächen, Flächen für Hangabwinde) *Planungsunterlagen:* Gemeinde-/stadtbezogene Klimafunktionskarte
Naturhaushalt	**Hauptziel:** Erhalt/Wiederherstellung/Verbesserung der Biotop- und Artenschutzfunktionen *Unterziele:* Erhalt/Verbesserung der Biotop- und Artenschutzfunktion auf land- und forstwirtschaftlich genutzten Flächen, in Landschaftsschutzgebieten und in geschützten Landschaftsbestandteilen Erhalt/Wiederherstellung der Biotop- und Artenschutzfunktion im gesamten Siedlungsraum (Durchgrünung gewerblicher Flächen, Innenhofbegrünung, Fassaden-/Dachbegrünung, Förderung naturnäherer Gestaltung privater und öffentlicher Grünflächen, Erhöhung des Grünflächenanteils) Verbesserung des Biotop- und Artenschutzes durch Vernetzung auf dem gesamten Stadtgebiet, (Entwicklung eines Grünflächennetzes, lineare Vernetzung im Außenbereich, Verbindung der Biotope im besiedelten Bereich mit den Außenbereichen) *Planungsunterlagen:* Landschaftsplan Grünordnungsplan Pflege- und Entwicklungspläne
Landschaftsbild/ Naturerleben/ Erholung	**Hauptziel:** Erhalt/Wiederherstellung/Verbesserung der Erholungsfunktion und des Landschaftsbildes im gesamten Stadtgebiet *Unterziele:* Erhaltung und Schaffung stadt-/stadtteilbezogener wohnungsnaher Freiflächen für die Erholung (bedarfs-

Umweltmedium	Vorgaben zur Entwicklung kommunaler Umweltqualitätsziele
	deckendes Flächenangebot, unterschiedlich nutzbare Freiräume) Erhalt und Entwicklung größerer Freiflächen für landschaftsbezogene Erholung (Flächensicherung zusammenhängender Freiräume mit unterschiedlichen Landschaftsstrukturen, landschaftsgerechtes Wanderwegenetz) Erhalt und Verbesserung der Erreichbarkeit der siedlungsbezogenen Erholungsbereiche (fußläufige Erreichbarkeit, gute ÖPNV-Anbindung) Erhalt und Wiederherstellung des Landschaftsbildes und der Möglichkeit von Naturerleben in städtischen Freiräumen und in landschaftsbezogenen Erholungsbereichen (Erhalt strukturreicher Wälder, Erhalt vielfältiger Landschaftsnutzung, Erhalt des Reliefs, von Kuppen und Hängen, Beseitigung visueller Störfaktoren) *Planungsunterlagen:* Landschaftsplan Grünordnungsplan Landschaftsbilduntersuchungen
Energie	**Hauptziel:** Schonender und sparsamer Umgang mit Energien *Unterziele:* Verminderung des Energiebedarfs Sparsamer, rationeller Umgang mit Energie Umweltfreundliche Gewinnung und Nutzung von Energieträgern Nutzung aller Einsatzmöglichkeiten für regenerative Energiequellen *Planungsunterlagen:* Energieversorgungskonzepte

Umweltplanung in ihrem Verhältnis zur Bauleitplanung

Kommunaler Umweltschutz ist keine isolierte Fachplanung. Vielmehr müssen die Kommunen ihre Politikbereiche wie Städtebau-, Wohnungsbau-, Stadtverkehrs- und öffentliche Versorgungspolitik konzeptionell und zugleich umweltverträglich untereinander verbinden und aufeinander abstimmen. Dies geschieht in erheblichem Maße im Rahmen der örtlichen Raumplanung, also in den beiden

Bauleitplänen, dem Flächennutzungs- und dem Bebauungsplan. Die hierbei durch häufig sehr unterschiedliche Interessenlagen hervorgerufenen Konflikte müssen im Zuge des Ausgleichs mit Konfliktlösungen beseitigt werden. Zur Konfliktbeseitigung und besser noch zur Konfliktvermeidung bieten sich umweltspezifische Fachplanungen (und im begrenzten Umfang auch umweltrelevante Fachplanungen) an, weil diese qualifiziertes Umweltabwägungsmaterial für die Festsetzungen der Bauleitpläne bereit stellen.

Umweltschutzspezifische Fachplanungen (Umweltplanungen i. e. S.) sind Planungen, bei denen der planungsprägende Sachzweck dem Umweltschutz entstammt. Zu diesen umweltplanerischen Instrumenten zählen

- im Naturschutz- und Landschaftspflegerecht:
  Landschaftsplanung (§§ 5 ff. BNatSchG), z. B. mit dem Landschaftsplan und dem Grünordnungsplan auf der kommunalen Ebene (in Niedersachsen) und Schutzgebietsausweisungen (§§ 12 ff. BNatSchG)
- im Immissionschutzrecht:
  Festsetzung von Belastungsgebieten (§ 44 BImSchG), Emissionskataster (§ 46 BImSchG), Luftreinhaltepläne (§ 47 BImSchG), Schutzgebietsfestsetzungen (§ 49 BImSchG)
- im Gewässerschutzrecht:
  Wasserwirtschaftliche Rahmenpläne (§ 36 WHG),
  Bewirtschaftungspläne (§ 36 WHG),
  Schutzgebietsfestsetzungen (§ 19 WHG)
- im Abfallrecht:
  Abfallentsorgungspläne (§ 6 AbfG), Planfeststellungsverfahren für Abfallentsorgungsanlagen (§§ 7 ff. AbfG).

Umweltrelevante Fachplanungen sind solche, bei denen die Gesichtspunkte des Umweltschutzes (immerhin) als abwägungserhebliche Belange berücksichtigt werden (z. B. bei der Fernstraßen- und Wasserstraßenplanung, bei der Flurbereinigungsplanung).

Die Kommunen sollten bemüht sein, Umweltplanungen im engeren Sinne in ausreichender Anzahl mit möglichst hohem qualitativen und quantitativen Inhaltsanspruch bei der Abwägung von Nutzungen für die Bauleitpläne zur Verfügung zu haben.

Für die Kommunen (z. B. in Niedersachsen) sollte es Verpflichtung sein, den Landschaftsplan und den Grünordnungsplan als Beitrag des Naturschutzes und der Landschaftspflege spätestens für die Bauleitplanung erstellen zu lassen.

Umweltverträglichkeitsprüfung und naturschutzrechtliche Eingriffsregelung

Das Gesetz über die Umweltverträglichkeitsprüfung (UVPG) vom 12. Februar 1990 soll für eine frühzeitige und stärkere Berücksichtigung von Umweltbelangen im Sinne des vorbeugenden Umweltschutzes durch Vermeidung oder Minderung möglicher schädlicher Umweltauswirkungen (Umweltvorsorgefunktion) sorgen. In der Anlage zu § 3 UVPG werden vorrangig sogenannte UVP-pflichtige Großvorhaben genannt. Aber auch bei Bauleitplanverfahren (vorgelagerte Verfahren), die für anschließende Zulassungsverfahren eines UVP-pflichtigen Vorhabens relevant bzw. die Grundlage für Entscheidungen über ein UVP-pflichtiges Vorhaben sein können, kommt das UVPG zur Anwendung. Dies gilt auch für Bebauungspläne, die Planfeststellungen ersetzen können, sowie für Bebauungspläne, die für die Errichtung von Feriendörfern und Hotelkomplexen aufgestellt werden.

Insgesamt muß festgestellt werden, daß nur eine verhältnismäßig geringe Anzahl von Bauleitplänen dieser Prüfung unterliegt, so daß eine überwiegende Mehrheit der Bauleitpläne eben keiner speziellen Umweltschutzprüfung unterzogen werden muß. Aus diesem Grund haben Städte und Gemeinden per Dienstanweisung oder mit Ratsbeschluß die sogenannte „Kommunale UVP“ mit den beiden Prüfstufen Umwelterheblichkeitsprüfung (UEP) und Umweltverträglichkeitsprüfung (UVP) eingeführt, weil sie mit der vollkommen freien Ausgestaltung der kommunalen UVP (kein Zwang durch Gesetze und Verordnungen in irgendeine Richtung) eine gezielte Umsetzung ihrer kommunalen UVP-Bemühungen und -Konzepte (kommunale Umweltplanung mit vorhandenen Umweltinformationssystemen, Umweltqualitätszielkonzepte und umweltschutzspezifischen Fachplanungen) bei Einzelvorhaben und bei Durchsetzung in der Fläche erwarten und erreichen wollen.

Exemplarisch wird an dieser Stelle die Allgemeine Dienstanweisung der Stadtverwaltung Hannover (ADA) 36/1 (Stand 1. 12. 1992) für die Kommunale Umweltverträglichkeitsprüfung erwähnt, die, wenn Auswirkungen auf die Umwelt zu erwarten sind, für alle Vorhaben der Stadt und für alle Vorhaben, an denen die Stadt beteiligt ist, die UVP vorschreibt.

Abbildung 60 ist dieser entnommen und veranschaulicht die hannoverschen Verfahrensschritte zur Berücksichtigung der UVP bei der Erstellung der Bauleitpläne. In Hannover entfällt die Vorstufe UEP, weil jeder Bauleitplan einer UVP unterzogen werden muß.

Nach einer Umfrage bei hessischen Städten und Gemeinden bestätigt die Hessische Landesanstalt für Umwelt (1993) die kommunale UVP ausdrücklich als ein Instrument der Planungsoptimierung und ökologischen Selbstkontrolle.

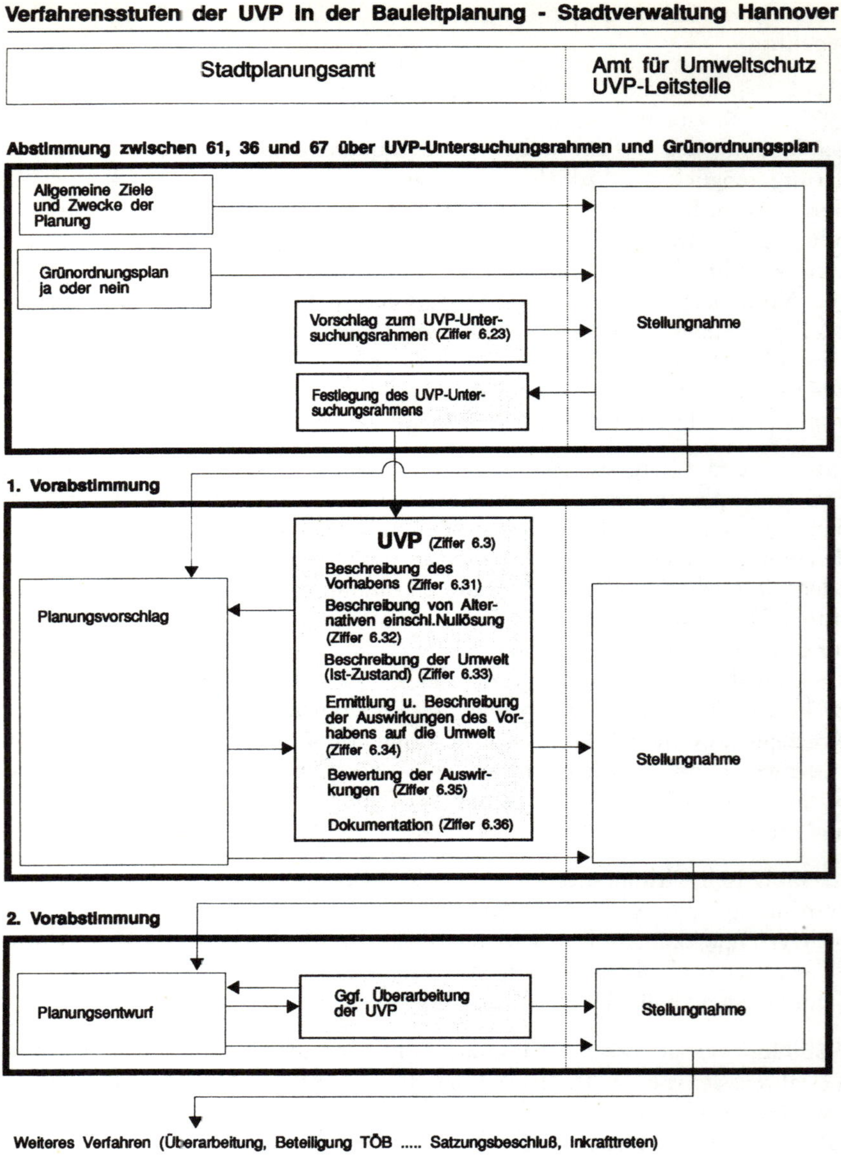

Abb. 60: Berücksichtigung der UVP bei Bauleitplanverfahren innerhalb der Stadtverwaltung Hannover (Landeshauptstadt Hannover – Der Oberstadtdirektor – Umweltdezernat, 1992, S. 125)

Ein UVP-pflichtiges Vorhaben unterliegt im Genehmigungsverfahren immer auch der Anwendung der Eingriffsregelung, wenn im Einzelfall der Eingriffstatbestand erfüllt ist (nähere Ausführungen zur Eingriffsregelung siehe Abschnitt 11.1).

Die Städte und Gemeinden sind verpflichtet im Rahmen der bauleitplanerisch zu regelnden Bodennutzung Naturschutzziele als eigenständige Aufgabe zu verfolgen, weil das BauGB die Kommunen mit § 1 Abs. 5 S. 1 verpflichtet, das Instrumentarium der Bauleitplanung zum Schutz der natürlichen Lebensgrundlagen einzusetzen. Zur Erreichung dieses Ziels müssen die Bauleitpläne auch den Anforderungen der naturschutzrechtlichen Eingriffsregelung genügen.

In der Verwaltungspraxis war bisher die Anwendung der Eingriffsregelung bei der Aufstellung der Bauleitpläne „vorgelagert" und erst danach erfolgte die Umsetzung der Eingriffsregelung im Baugenehmigungsverfahren für Einzelbauvorhaben. Die Bauleitplanung bereitete bisher also Vorhaben planerisch vor, die der Eingriffsregelung unterlagen. Mit der erwähnten Novellierung des Bundesnaturschutzgesetzes (im Zusammenhang mit der Harmonisierung zum Baugesetzbuch) ist nunmehr abschließend festgelegt worden, daß die Eingriffsregelung ausschließlich bei der Bauleitplanung anzuwenden ist und ausschließlich hier die Beurteilung von möglichen Eingriffen und die Maßnahmenfestlegung detailliert stattfinden muß. Ferner schreibt § 8 a BNatSchG vor, daß die Darstellungen der Landschaftspläne bei der Eingriffsbeurteilung und den Festsetzungen von Kompensationsmaßnahmen zu berücksichtigen sind. Für die Beurteilung des Eingriffstatbestandes ist die Landschaftsplanung mit dem Landschaftsplan und dem Grünordnungsplan der entscheidende Maßstab. Seit gut 10 Jahren ist die Eingriffsregelung nicht nur ein ambitioniertes, sondern auch sehr taugliches Instrument zur Berücksichtigung der Ziele wie Grundsätze des Naturschutzes und der Landschaftspflege (Jacob, 1991b). Es stimmt jedoch sehr bedenklich, daß mit der Novellierung des Bundesnaturschutzgesetzes den Bundesländern die Möglichkeit eines Aussetzens der Eingriffsregelung bis 1998 eingeräumt wird. Das Land Niedersachsen geht diesen Weg nicht und plädiert mit seinen inzwischen erscheinenden „Hinweisen zur Anwendung der Eingriffsregelung in der Bauleitplanung" (Landesamt für Ökologie und Naturschutz, Niedersachsen, 1993), die die gesetzlich vorgeschriebenen Einzelschritte der Eingriffsregelung zum Grundgerüst für eine Standardisierung der Eingriffsregelung machen, für eine engagierte Naturschutzarbeit.

Die Diskussion des Verhältnisses UVP und Eingriffsregelung in der Bauleitplanung ist in der Literatur sehr unterschiedlich, weil es viele rechtliche und fachliche Gemeinsamkeiten, aber auch große Unterschiede gibt. Die Anwendung beider Rechtsinstrumente muß in der praktischen Handhabung so aufeinander abgestimmt werden, daß sie sich ergänzen können und sich nicht gegenseitig neutralisieren. Abbildung 61 zeigt den kombinierten Verfahrensablauf von UVP und Eingriffsregelung im Genehmigungsverfahren (für Bauleitpläne) in Niedersachsen.

8.3.3 Umweltrelevante Darstellungs- und Festsetzungsmöglichkeiten in Bauleitplänen

Bauleitpläne haben die originäre Aufgabe Umweltschutz und Umweltvorsorge zu fördern. § 5 Abs. 2 und § 9 Abs. 1 BauGB u. a. nennen eine größere Anzahl von Planaussagen, die spezifische Umweltziele verfolgen (z. B. § 5 Abs. 2 Nr. 6, 7, 10; § 9 Abs. 1 Nr. 16, 20, 23, 24 BauGB).

Darüber hinaus müssen Bauleitpläne dazu beitragen, die Umwelt z. B. durch sparsamen und schonenden Umgang mit Grund und Boden (weniger Flächenversiegelung), durch Festsetzungen über die Stellung der baulichen Anlagen (Begünstigung des Lokalklimas), durch Ausweisung von Grünzügen u. v. m. zu schützen und zu entwickeln.

Die Instrumente einer umweltorientierten Bauleitplanung sind oben näher beschrieben worden. Selbstverständlich sind Bauleitpläne nicht das einzige Instrument des kommunalen Umweltschutzes.

Dennoch eröffnen sie die Chance, längerfristige Konzeptionen zum Umweltschutz (entsprechend den programmatischen Aussagen der Verkehrs-, Energie-, Immissionsschutz-, Naturschutz-, Bodenschutzkonzepte wie der Konzepte zur Verbesserung des Stadtklimas) durchzusetzen.

In Tabelle 25 sind baurechtliche Darstellungs- und Festsetzungsmöglichkeiten bezogen auf Umweltmedien zusammengestellt. Die Bezugsgröße Umweltmedien wird deshalb gewählt, weil Regelungen in den Bauleitplänen sich mittelbar auf Umweltgüter (positiv oder negativ) auswirken. Natürlich darf man bei dieser Art der tabellarischen Aufbereitung die Wechselwirkungen, die Vernetzung der einzelnen Umweltmedien untereinander nicht außer acht lassen. So tragen etwa Festsetzungen nach § 9 Abs. 1 Nr. 23 BauGB, die die Verwendung bestimmter luftverunreinigender Stoffe verbieten, auch zum Schutz des Bodens, des Grundwassers und des Naturhaushaltes bei.

Eine kritische Beurteilung aller baurechtlichen Darstellungs- und Festsetzungsmöglichkeiten muß zu dem Schluß kommen, daß für die Bereiche Immissionsschutz, Naturschutz und Landschaftspflege die Möglichkeiten für umweltbezogene Aussagen in der Bauleitplanung relativ günstig sind (Jacob, 1991b). Beim Bodenschutz handelt es sich eher um eine Art Querschnittsaufgabe, weil praktisch bei jeder baurechtlichen Festlegung darauf zu achten ist, daß mit Grund und Boden sparsam und schonend umgegangen wird. Der Bereich Gewässer-

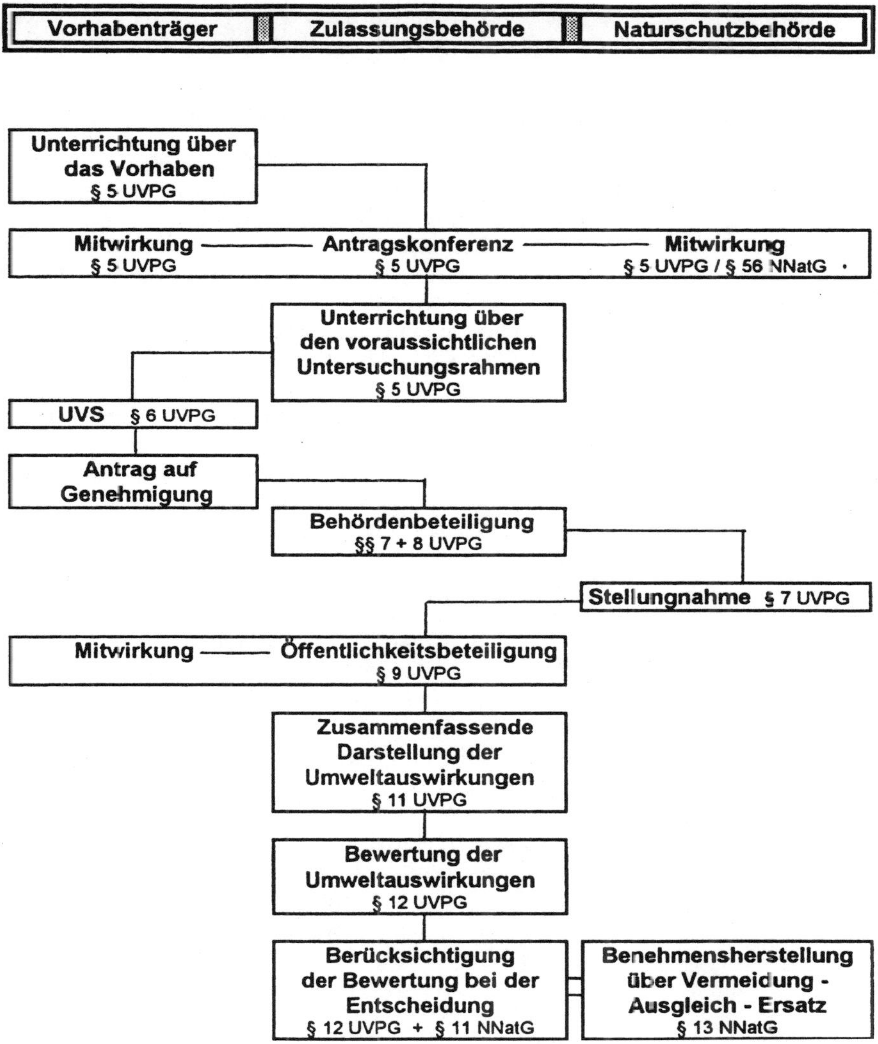

Abb. 61: UVPG und NNatG im Genehmigungsverfahren (Umweltministerium des Landes Niedersachsen, 1993, S. 40)

Tab. 25: Baurechtliche Darstellungs- und Festsetzungsmöglichkeiten für Umweltschutzmaßnahmen zur Verbesserung der Umweltqualität

Umweltmedium	Baurechtliche Darstellungs- und Festsetzungsmöglichkeiten
Boden	Kennzeichnung von Flächen für bauliche Nutzungen mit Kontaminationen gemäß §§ 5 Abs. 3 Nr. 3 u. 9 Abs. 5 Nr. 3 BauGB Besondere Beachtung der Ausweisung der Art und des Maßes der baulichen Nutzung zum Zwecke des sparsamen und schonenden Umganges mit Grund und Boden, §§ 5 Abs. 2 Nr. 1 u. 9 Abs. 1 Nr. 1 BauGB; §§ 16 ff. BauNVO Festsetzung eines Größenhöchstmaßes von Wohnbaugrundstücken, § 9 Abs. 1 Nr. 14 BauGB Ausweisung von Mischgebieten/Dorfgebieten/besonderen Wohngebieten, §§ 4 a, 5, 6 BauNVO Verstärktes Festsetzen mehrgeschossiger Bauweisen, Festsetzung von Höchstmaßen für den Wohnungsbau und die Gewerbeflächenausweisung, § 9 Abs. 1 Nr. 3 BauGB, § 16 Abs. 4 BauNVO Möglichst weite Ausschöpfung der Obergrenzen für die GFZ. Gegebenenfalls Obergrenzenüberschreitung, wenn besondere städtebauliche Gründe (z. B. flächensparendes, ökologisches Bauen oder energiesparendes, ressourcenschonendes Bauen), dieses erfordern, § 17 Abs. 2 + 3 BauNVO Ausschluß oder Beschränkung der Zulässigkeit von Nebenanlagen, § 14 Abs. 1 BauNVO Ausschluß oder Einschränkung der Zulässigkeit von Garagen und Stellplätzen auf Baugrundstücken, zwingende Festsetzung von Garagengeschossen im Hauptgebäude, § 14 Abs. 4 + 6 BauNVO Festsetzungen für weniger versiegelte Flächen für Stellplätze und Garagenzufahrten (Rasengittersteine, wassergebundene Decken), § 9 Abs. 1 Nr. 20 BauGB Ausschluß oder Einschränkung von Nutzungen und Anlagen, die durch Schadstoffverhalten, durch Belastungen des Grundwassers oder durch Verunstaltungen nachhaltige Auswirkungen auf Natur und Landschaft haben (z. B. bestimmte BImSch-Anlagen, Lagerplätze, Schrottverwertungen, Tankstellen), § 1 Abs. 4–10 BauNVO oder allgemein § 9 Abs. 1 Nr. 23 BauGB

Umweltmedium	Baurechtliche Darstellungs- und Festsetzungsmöglichkeiten
	Siehe auch Ausweisungen unter Umweltmedium „Naturhaushalt“
Wasser	Flächenversiegelung auf das unbedingt notwendige Maß beschränken (Ausweisungsmöglichkeiten siehe unter Umweltmedium „Boden“) Festsetzung von Flächen für die Abwasserbeseitigung zum Zweck der Anlegung zentraler Versickerungsanlagen auf privaten und öffentlichen Grundstücken, §§ 5 Abs. 2 Nr. 4 u. 9 Abs. 1 Nr. 14 oder 20 BauGB Festsetzung von Wasserflächen und deren naturnahe Gestaltung (z. B. für Fließgewässer mit angemessen breiten Uferstreifen, §§ 5 Abs. 2 Nr. 7 u. 9 Abs. 1 Nr. 16 BauGB, ggfls. Ergänzung durch Festsetzung nach § 9 Abs. 1 Nr. 25 Festsetzen von Versickerung auf Stell-/Parkplätzen, Garagenzufahrten, § 9 Abs. 1 Nr. 20
Luft/Immissionen	Ausweisung von Freiflächen zur Luftreinhaltung, als Klimaschneisen, § 9 Abs. 1 Nr. 10 BauGB Ausweisung von Grünflächen für die Luftreinhaltung, §§ 5 Abs. 2 Nr. 5 u. 9 Abs. 1 Nr. 15 BauGB Festsetzung von Gebieten, in denen zum Schutz vor schädlichen Umwelteinwirkungen i. S. d. BImSchG bestimmte luftverunreinigende Stoffe nicht oder nur beschränkt zugelassen werden, § 9 Abs. 1 Nr. 23 BauGB, § 15 Abs. 1 S. 2 BauNVO Darstellung und Festsetzung von sogenannten Immissionsschutzflächen und -vorkehrungen, (z. B. Lärmschutzeinrichtungen an Verkehrsstraßen oder bei Industriegebieten mit Schutzwänden, Schutzwällen, Schutzanpflanzungen, Doppelfenster), §§ 5 Abs. 2 Nr. 6 u. 9 Abs. 1 Nr. 24 BauGB Festsetzung von Verboten für bestimmte Heizstoffe, § 9 Abs. 1 Nr. 23 BauGB i. V. m. § 49 Abs. 2 S. 2 BImSchG
Klima	Die große Mehrzahl der zur Luftqualitätsverbesserung aufgeführten möglichen Festsetzungen finden auch Anwendung für die Klimafunktionsverbesserung, insbesondere mit den Festsetzungen des § 9 Abs. 1 Nr. 1, 10, 18, 23–25 BauGB

Umweltmedium	Baurechtliche Darstellungs- und Festsetzungsmöglichkeiten
Naturhaushalt	Ein Großteil der unter den Umweltmedien „Boden, Wasser, Luft, Landschaftsbild" näher bezeichneten Festsetzungen kann auch zum Erhalt, zur Verbesserung der Biotop- und Artenschutzfunktion übernommen werden. Darstellungen und Festsetzungen von Flächen und Maßnahmen für Naturschutz und Landschaftspflege (als Flächen für Ausgleichs- und Ersatzmaßnahmen), § 5 Abs. 4 Nr. 10 u. 9 Abs. 1 Nr. 20 BauGB Festsetzung von Grünflächen aus stadtökologischen Gründen (z. B. naturnahe Pflege- und Unterhaltung, Sukzessionsflächen), § 9 Abs. 1 Nr. 15 BauGB, ggfls. i. V. m. Nr. 20 und 25 Festsetzung zur Vermeidung von Fehlnutzungen (z. B. Verbot von Pflanzenschutzmitteln), zur Beseitigung von Landschaftsschäden (z. B. Ersetzen von Nadelgehölzen durch Laubgehölze) oder zur Durchführung von Pflegemaßnahmen (z. B. Anzahl der jährlichen Mahdfolgen, artgerechter Rückschnitt), § 9 Abs. 1 Nr. 20 BauGB, ggfls. i. V. m. Nr. 15 und 25 Pflanzregelungen für Baugrundstücke, Nebenanlagen, Verkehrsflächen, Wasserflächen, einschließlich Uferzonen, Immissionsschutzanlagen, § 9 Abs. 1 Nr. 25 BauGB, als Wiederanpflanzungsverpflichtung und Pflanzenerhaltungsverpflichtung, so z. B. Anpflanzen von Bäumen, Sträuchern und sonstigen Bepflanzungen (z. B. Straßenränder, Vorgärten, Dächer und Fassaden) nach Nr. 25 a oder Bindungen für Pflanzungen (Art, Stärke der Bäume und Sträucher, Pflanzabstände, Artenliste) oder Nadelgehölze können begrenzt werden, indem Koniferenanteil z. B. auf maximal 10 % festgelegt wird nach Nr. 25 b oder Bindungen für die Erhaltung von Bäumen, Sträuchern und sonstigen Bepflanzungen, einschließlich der Unterhaltungsmaßnahmen (z. B. Erhalt alter Bäume als Lebensraum für Tiere) nach Nr. 25 b.
Landschaftsbild/ Naturerleben/ Erholung	Begrenzung der Bauhöhe aus Gründen des Landschaftsbildes, § 18 BauNVO Festsetzung von Grünflächen aus stadtökologischen Gründen und für das Landschaftsbild (naturnahe Pflege

Umweltmedium	Baurechtliche Darstellungs- und Festsetzungsmöglichkeiten
	und Unterhaltung) § 9 Abs. 1 Nr. 15 BauGB, ggfls. ergänzt um Festsetzungen nach Nr. 20 und 25 Festsetzung von Flächen für Ausgleichs- und Ersatzmaßnahmen (Schutzpflanzungen um Gewerbe- und Industriegebiete, Ortsrandbepflanzungen), § 9 Abs. 1 Nr. 20 BauGB, ggfls. in Kombination mit Festsetzungen nach Nr. 15 und 25
Energie	Festsetzungen von Grünflächen, von Flächen für die Landwirtschaft, damit keine Kaltluftmulden, Nebelgebiete, Kuppenlagen bebaut werden, § 9 Abs. 1 Nr. 15 und 18a BauGB Ausrichtung und Struktur von Gebäuden festsetzen, z. B. Stellung der baulichen Anlagen, § 9 Abs. 1 Nr. 2 BauGB i. V. m. § 23 BauNVO Staffelung mehrerer Häuser in „Zugvogelanordnung" zur Verringerung der Windgeschwindigkeit, § 9 Abs. 1 Nr. 1 BauGB i. V. m. §§ 22, 23 BauNVO Vermeidung von Verschattungen der Häuser durch Festlegung der Höhe der baulichen Anlagen, § 9 Abs. 1 Nr. 1 BauGB i. V. m. § 16 BauNVO Festsetzung von Versorgungsflächen wegen Ausschluß- und Benutzungszwang an umweltschonende Energie- und Wärmeversorgungssysteme (z. B. Blockheizkraftwerke), § 9 Abs. 1 Nr. 12 BauGB Festsetzung von Versorgungsflächen als Flächen für Windkrafträder, um umweltschonende und regenerative Energiequellen zu nutzen, § 9 Abs. 1 Nr. 12 und 13 BauGB Festsetzungen für Windschutzpflanzungen gemäß § 9 Abs. 1 Nr. 10 und 15 BauGB

schutz besitzt bei der baurechtlichen Berücksichtigung dagegen noch nicht den Stellenwert, der ihm gebührt.

Das nachstehende Praxis-Beispiel für einen Bebauungsplan (Abb. 62) verdeutlicht das eben beschriebene hohe Maß der Berücksichtigung von naturschutz- und landschaftspflegerischen Forderungen in der Bauleitplanung.

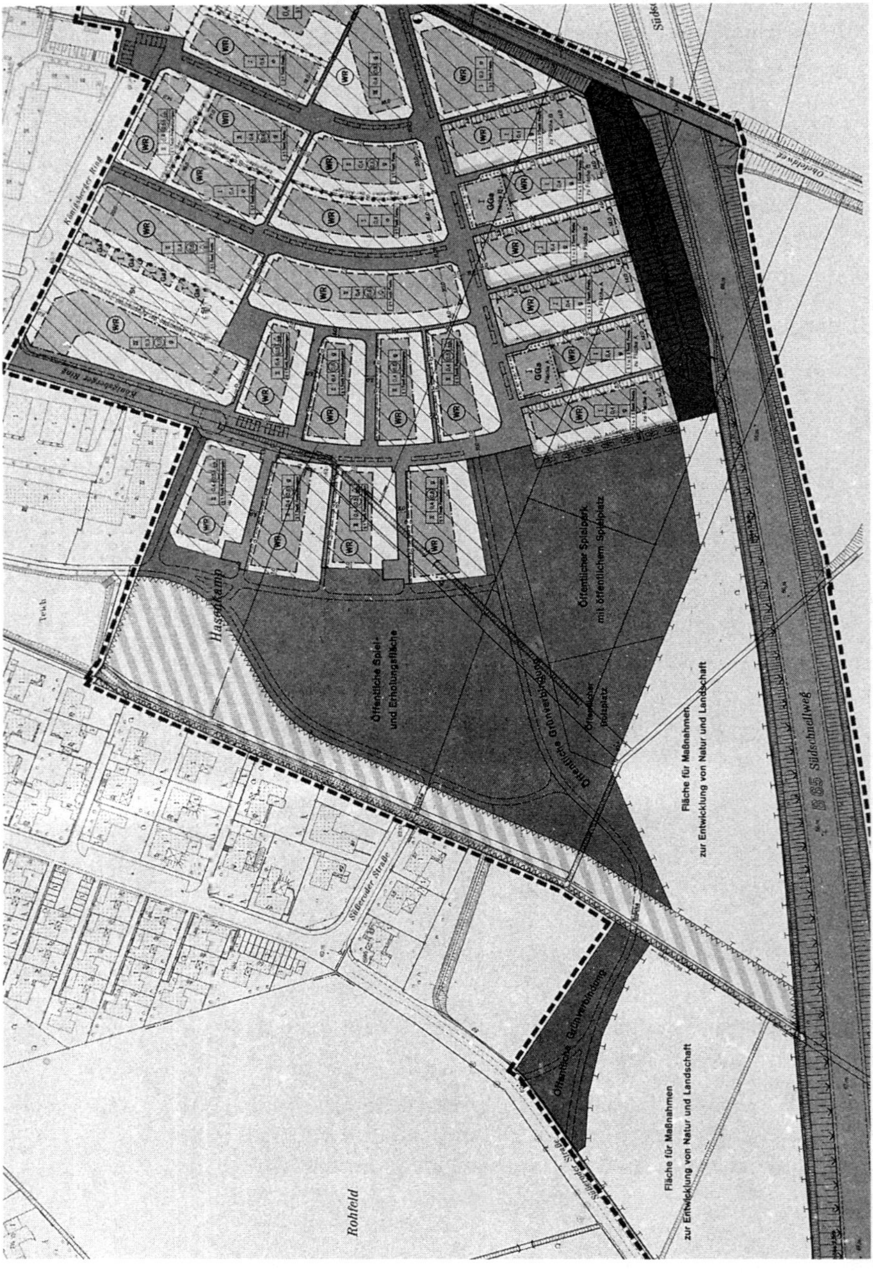
Öffentliche Spiel- und Erholungsfläche
Öffentlicher Spielpark mit öffentlichem Spielplatz
Öffentliche Grünverbindung
Fläche für Maßnahmen zur Entwicklung von Natur und Landschaft
Öffentliche Grünverbindung
Fläche für Maßnahmen zur Entwicklung von Natur und Landschaft
B 65 Südschnellweg
Hasenkamp
Rohfeld

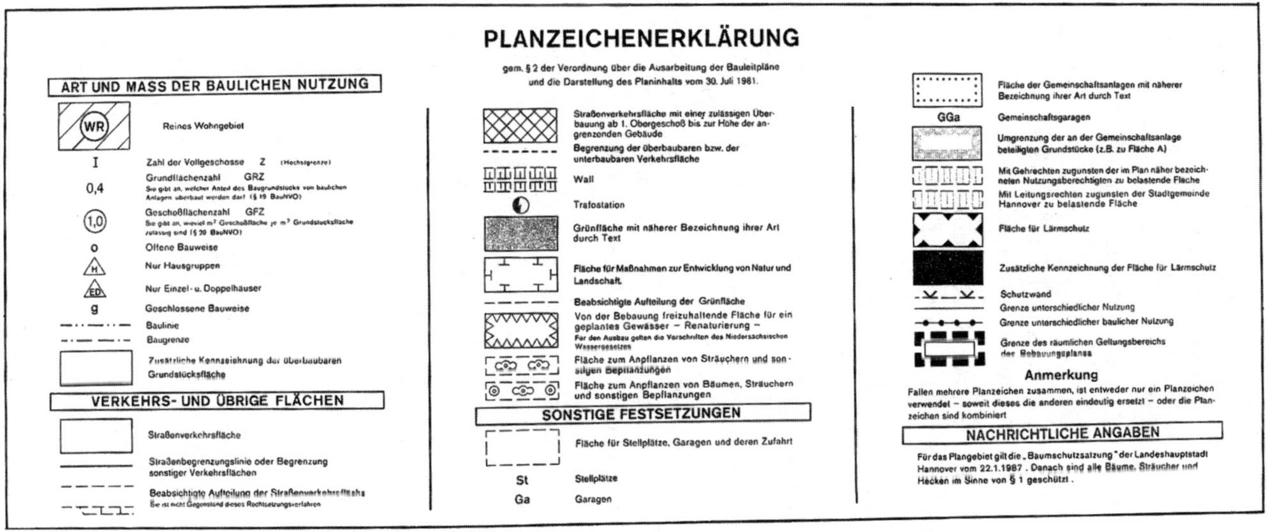

Abb. 62: Praxisbeispiel Bebauungsplan mit umweltrelevanten Festsetzungen

Resümee

Die Revision des Bundesbaugesetzes und seine Umformung in das Baugesetzbuch hat eine Vielzahl neuer umweltbezogener Änderungen hervorgebracht, die die gewandelte Einstellung des Gesetzgebers für einen fortschrittlichen Umweltschutz in der Kommune deutlich wiederspiegelt.

In diesem Zusammenhang gewinnt auch das Instrument der naturschutzrechtlichen Eingriffsregelung und die Erarbeitung der Umweltverträglichkeitsprüfung im Zuge der Erstellung der Bauleitpläne immer mehr an Bedeutung.

Es gibt durchaus positiv zu beurteilende Beispiele für die Berücksichtigung umweltplanerischer Forderungen in Bauleitplänen. Diese sind heute leider nur Einzelbeispiele, weil die größte Mehrheit der Kommunen den umweltschützerischen Forderungen bislang zu wenig Aufmerksamkeit bei der Erarbeitung der Bauleitpläne schenkt.

In der Regel fehlt diesen Kommunen auch ein umfassendes Umweltprogramm und ein Umweltqualitätszielkonzept, welche die gegenwärtige Umweltsituation und die bevorstehenden Umweltprobleme darstellen, die Ursachen der Probleme analysieren, Umweltschutz- und Vorsorgeziele formulieren und die erforderlichen Maßnahmen zur Umsetzung dieser Ziele nennen. Als Vorstufe zum Umweltprogramm und zum Umweltqualitätszielkonzept ist es unumgänglich, vorab programmatische Aussagen mit Verkehrskonzepten, Energiekonzepten, Immissionsschutzkonzepten, Bodenschutzkonzepten, Naturschutzkonzepten und Konzepte zur Verbesserung des Stadtklimas erarbeiten zu lassen. Erst das Vorhandensein derartiger Grundlagen erlaubt den Kommunen sämtliche Handlungsmöglichkeiten für einen effektiven Umweltschutz zu nutzen und aufeinander abzustimmen. Dabei ist die Bauleitplanung ein wesentliches Instrument zur Durchsetzung einer ausgewogenen kommunalen Umweltpolitik. Die umweltrelevanten Aussagen in Bauleitplänen werden in Zukunft erheblich an Bedeutung gewinnen.

Konrad Buchwald

9. Der Landschaftsplan als zentrales Planungsinstrument vorsorgender, integrierter Umweltplanung

9.1 Landschaftsplanung in Deutschland – Entwicklung und gesetzliche Grundlagen

Die Anfänge der Landschaftsplanung in Deutschland gehen auf den Übergang von der Agrargesellschaft zur Industriegesellschaft vom Ende des 18. bis zum Beginn des 19. Jahrhunderts zurück. In dieser Vorläuferphase der Landschaftsplanung standen im Raum Berlin/Potsdam, der Mark Brandenburg und in Mecklenburg sowie im Raum des heutigen Sachsen-Anhalt neben ästhetisch-gestalterischen Aspekten – angeregt von den englischen Landschaftsgärten – Gesichtspunkte der Sicherung und Optimierung des Naturhaushaltes und der nachhaltigen Leistung der Landschaft im Vordergrund fortschrittlicher Bemühungen.

Dem Fürsten *Franz von Anhalt-Dessau* (1740–1817) ging es um Gestalt und Funktion der Landschaft. Sein weitgestecktes Ziel war es, diese Landschaft zu einem großen, schönen und fruchtbaren Garten zu machen, so die Worte der Zeit. Der Wörlitzer Park war nur ein starkes Glied in der langen Kette der Schutzpflanzungen, Wälder, Deiche zum Hochwasserschutz und Vorfluter zur Optimierung der Wasserstände in dem einst von flämischen Siedlern urbar gemachten Land.

Ähnliches gilt auch für *Peter Joseph Lenné* (1789–1866) im Berliner Raum. Er hat neben den Gestaltungen der Königlichen Parks in und um Berlin und Potsdam auch zehn Dorfmarkungen gestaltet – und zwar auch ökologisch-optimal zu einem Zeitpunkt, zu dem der Begriff „ÖKOLOGIE“ durch Ernst Haeckel noch nicht geprägt war. Lennés Arbeiten im ländlichen Raum waren durch die enge Zusammenarbeit mit Albrecht Thaer, dem Begründer einer modernen, auf wissenschaftlichen Erkenntnissen basierenden Landwirtschaft[1] stark beeinflußt – derselbe Thaer, der engster Berater des Freiherrn vom Stein bei der Vorbereitung der Bauernbefreiung war.

Die Wiederentdeckung der Arbeiten des Dessauers und Lennés und damit die Beschäftigung mit der Bewegung zur „Landesverbesserung und Landesverschönerung“ hat eine ganze Generation von Landespflegern nach Kriegsende moti-

1 Grundzüge der rationellen Landwirtschaft (1809–10).

viert – vorwiegend im ländlichen Raum – „Landschaftspflegepläne“ im Sinne der „Landesverbesserung und Landesverschönerung“ aufzustellen. Agrarökologische Kenntnisse flossen stets in diese Arbeiten ein. Die frühen „Perspektivpläne“ von Landespflegern in der ehemaligen DDR lagen in derselben Richtung. Alles dies erfolgte ohne gesetzliche Grundlagen nur über interne Erlasse.

Ein erstes, für die damalige Zeit umfassendes umweltpolitisches Konzept wurde im Jahr 1960 in dem freien Gremium der Mainauer Gespräche konzipiert, im Jahre 1961 als *„Grüne Charta von der Mainau“* beschlossen und publiziert. In der Charta heißt es u. a.: „Deshalb ist zu fordern: 1. eine rechtlich durchsetzbare Raumordnung für alle Planungsebenen unter Berücksichtigung der natürlichen Gegebenheiten. 2. die Aufstellung von Landschaftsplänen, von Grünordnungsplänen in allen Gemeinden für Siedlungs-, Industrie- und Verkehrsflächen. 3. verstärkte Maßnahmen zur Erhaltung und Wiederherstellung eines gesunden Naturhaushaltes, insbesondere durch Bodenschutz, Klima- und Wasserschutz.“ Zum ersten Male wird hier *Landschaftsplanung als umweltpolitisches Instrument* zur Sicherung des Naturhaushalts gefordert, und zwar noch in einer Phase des nicht abgeschlossenen wirtschaftlichen Wiederaufbaues und extremen Wachstumsdenkens.

Es hat dann noch fast ein Jahrzehnt gebraucht, bis eine Bundesregierung, die Regierung Willy Brandts, den Natur- und Umweltschutz zur vordringlichen gesellschaftlichen Aufgabe erklärte und die Forderungen der „Charta“ zu den ihren machte.

Verankerung der Landschaftsplanung in den deutschen Naturschutzgesetzen – Institutionalisierung der Landschaftsplanung

Das Reichsnaturschutzgesetz (RNG) von 1935 kannte den Begriff und das Instrument „Landschaftsplan“ nicht. Die Naturschutzgesetze in der ehemaligen DDR, die in vielem auf der Materie des RNG aufbauten, kennen das Instrument „Landschaftsplan“ als Fachplanung für Naturschutz und Erholung ebenfalls nicht, weder das „Gesetz zur Erhaltung und Pflege der heimatlichen Natur“ von 1954, noch das „Landeskulturgesetz“ von 1970.

Eine Regelung erfolgte im Bundesnaturschutzgesetz (BNatSchG) vom 20. 12. 1976 in den §§ 5, 6 und 7 (Landschaftsplanung), gültig in der Fassung vom 12. 3. 1987. Der Landschaftsplan ist danach das Planungsinstrument, um Maßnahmen zum Schutz und zur Entwicklung von Natur und Landschaft im Sinne der im Bundesnaturschutzgesetz genannten „Ziele des Naturschutzes und der Landschaftspflege“ (§ 1 (1)) durchzusetzen:

Bundesnaturschutzgesetz, § 1 (1) (Ziele des Naturschutzes):

„Natur und Landschaft sind im besiedelten und nicht besiedelten Bereich so zu schützen, zu pflegen und zu entwickeln, daß

1. Die Leistungsfähigkeit des Naturhaushaltes,
2. die Nutzungsfähigkeit der Naturgüter,
3. die Pflanzen- und Tierwelt sowie
4. die Vielfalt, Eigenart und Schönheit von Natur und Landschaft als Lebensgrundlagen des Menschen und als Voraussetzung für seine Erholung in Natur und Landschaft nachhaltig gesichert sind".

Bundesnaturschutzgesetz, §§ 5, 6, 7 (Landschaftsplanung)

§ 5. Landschaftsprogramme und Landschaftsrahmenpläne. (1) Die überörtlichen Erfordernisse und Maßnahmen zur Verwirklichung der Ziele des Naturschutzes und der Landschaftspflege werden unter Beachtung der Grundsätze und Ziele der Raumordnung und Landesplanung für den Bereich eines Landes in Landschaftsprogrammen oder für Teile des Landes in Landschaftsrahmenplänen dargestellt.

(2) Die raumbedeutsamen Erfordernisse und Maßnahmen der Landschaftsprogramme und Landschaftsrahmenpläne sollen unter Abwägung mit den anderen raumbedeutsamen Planungen und Maßnahmen nach Maßgabe der landesplanungsrechtlichen Vorschriften der Länder in die Programme und Pläne im Sinne des § 5 Abs. 1 Satz 1 und 2 und Abs. 3 des Raumordnungsgesetzes aufgenommen werden.

(3) Werden in den Ländern Berlin, Bremen und Hamburg die Erfordernisse und Maßnahmen des Naturschutzes und der Landschaftspflege für den Bereich des Landes in Landschaftsplänen dargestellt, so ersetzen die Landschaftspläne die Landschaftsprogramme und Landschaftsrahmenpläne.

§ 6. Landschaftspläne. (1) Die örtlichen Erfordernisse und Maßnahmen zur Verwirklichung der Ziele des Naturschutzes und der Landschaftspflege sind in Landschaftsplänen mit Text, Karte und zusätzlicher Begründung näher darzustellen, sobald und soweit dies aus Gründen des Naturschutzes und der Landschaftspflege erforderlich ist.

(2) Der Landschaftsplan enthält, soweit es erforderlich ist, Darstellungen

1. des vorhandenen Zustandes von Natur und Landschaft und seine Bewertung nach den in § 1 Abs. 1 festgelegten Zielen,

2. des angestrebten Zustandes von Natur und Landschaft und der erforderlichen Maßnahmen, insbesondere
   a) der allgemeinen Schutz-, Pflege- und Entwicklungsmaßnahmen im Sinne des Dritten Abschnittes,
   b) der Maßnahmen zum Schutz, zur Pflege und zur Entwicklung bestimmter Teile von Natur und Landschaft im Sinne des Vierten Abschnittes und
   c) der Maßnahmen zum Schutz und zur Pflege der Lebensgemeinschaften und Biotope der Tiere und Pflanzen wildlebender Arten, insbesondere der besonders geschützten Arten, im Sinne des Fünften Abschnittes.

(3) Bei der Aufstellung des Landschaftsplanes sind die Ziele der Raumordnung und Landesplanung zu beachten. Auf die Verwertbarkeit des Landschaftsplanes für die Bauleitplanung ist Rücksicht zu nehmen.

(4) Die Länder bestimmen die für die Aufstellung der Landschaftspläne zuständigen Behörden und öffentlichen Stellen. Sie regeln das Verfahren und die Verbindlichkeit der Landschaftspläne, insbesondere für die Bauleitplanung. Sie können bestimmen, daß Darstellungen des Landschaftsplanes als Darstellungen oder Festsetzungen in die Bauleitpläne aufgenommen werden.

Wie das Zielkonzept der §§ 1 und 2 zu realisieren ist, darin gehen die Bundesländer in ihren Naturschutzgesetzen allerdings verschiedene Wege. Diese Wege sind zu diskutieren und zu bewerten. Maßstab unserer Bewertung wird sein, inwieweit die Länder mit den von ihnen entwickelten Landschaftsplänen in der Lage sein werden, der aufgrund der heutigen Umweltsituation erforderlichen umweltpolitischen Aufgabenstellung gerecht zu werden (vgl. Abschnitt 9.2).

Die Unterschiede sind heute so groß, daß von der Novellierung des Bundesnaturschutzgesetzes dringend eine stringentere Fassung des Rahmens gefordert werden muß. Die sich heute in den Landesgesetzen darstellenden Alternativen sollen im folgenden hinsichtlich der Aufgabenstellung der §§ 1 und 2 BNatSchG bewertet werden. Welche Alternativen werden dieser am besten gerecht?

1. Flächendeckende Planung oder „Nischenplanung“?
2. Setzen von Umweltqualitätszielen, Vorschläge für Nutzungskombinationen und Standards für Belastungen auf ganzer Fläche oder Beschränkung auf Arten- und Biotopschutz, d. h. Naturschutzplanung im engeren Sinn?
3. Verbindlichkeit der Planung oder lediglich Gutachtencharakter?
4. Wirkung nur als Bestandteil von raumordnerischer Planung bzw. Bauleitplanung oder Wirkung als eigenständige Planung lediglich im Benehmen mit Gesamt- und Fachplanungen?

Es ist hier nicht möglich, alle Ländergesetze zu bewerten. Wir greifen deshalb drei heraus.

Landespflegegesetz Rheinland-Pfalz vom 5. 2. 1979 (4. 3. 1983)

a) Hier wird das Landespflegeprogramm (Landesebene) bereits abgefaßt unter Berücksichtigung der Ziele der Raumordnung, es wird Bestandteil des Landesentwicklungsprogramms.
b) Die Landschaftsrahmenpläne für die Regionen werden unter Beteiligung der regionalen Planungsgemeinschaften aufgestellt und werden Bestandteil der regionalen Raumordnungspläne.
c) Die Landschaftspläne gehen in die gemeindlichen Flächennutzungspläne ein.

Insgesamt erfolgt eine vollständige Integration in die Gesamtplanung aller Ebenen.

Landschaftsgesetz Nordrhein-Westfalen vom 26. 6. 1980 (19. 3. 1985)

a) Der Landesentwicklungsplan erhält lediglich Beiträge des Naturschutzes (LÖLF)
b) Die Gebietsentwicklungspläne sollen zugleich die Funktionen von Landschaftsrahmenplänen erfüllen. Die Fachstelle für Naturschutz (LÖLF) liefert Beiträge.
c) Der Landschaftsplan der Kreise und kreisfreien Städte ist eigenständige Fachplanung des Naturschutzes.

Der Landschaftsplan wird nur außerhalb des Bebauungsplanes aufgestellt und ist „Nischenplanung" des Naturschutzes außerhalb der Siedlungsbereiche.

Da als Satzung erlassen, ist der Landschaftsplan rechtsverbindlich.

Niedersächsisches Naturschutzgesetz vom 20. 3. 1984 (2. 7. 1990)

a) Das Landschaftsprogramm wird von der Obersten Naturschutzbehörde selbständig aufgestellt. Es hat gutachtlichen Charakter.
b) Die Landschaftsrahmenpläne werden von Kreisen und kreisfreien Städten aufgestellt und sind in den Regionalen Raumordnungsprogrammen zu berücksichtigen.
c) Die Landschaftspläne werden von den Gemeinden aufgestellt. Sie werden in den Erläuterungsbericht zum Flächennutzungsplan und in die Begründung für den Bebauungsplan eingegliedert.

Insgesamt ist in Niedersachsen die Unabhängigkeit der nicht rechtswirksamen Landschaftsplanung am größten, die Bindung an die Landes- und Regionalplanung am geringsten. Ihre Durchsetzung ist abhängig von der Intensität des Umsetzungsprozesses zwischen den Planungspartnern.

9.2 Die umweltpolitische Aufgabenstellung der Landschaftsplanung

Die Landschaftsplanung dient der vorausschauenden und nachhaltigen Sicherung der natürlichen Lebensgrundlagen (Naturpotentiale, Ressourcen) für alle Nutzungen, d. h. der Landschaftsfunktionen[1]. Sie soll diejenigen Nutzungsfunktionen eines Raumes aufzeigen, die unter ökologischen und gestalterischen Aspekten optimal, d. h. möglichst konfliktarm sind. Eine optimale Nutzungsverteilung ist die, bei der sich die Raumnutzungen so wenig wie möglich hinsichtlich ihrer Auswirkungen auf den Landschaftshaushalt und die Landschaftsstruktur beeinträchtigen.

Der Landschaftsplan ist das Planungsinstrument einer sich schnell entwickelnden integrierten Umweltplanung. Landschaftsplanung ermittelt und beurteilt das Naturraumpotential eines Landschaftsraumes in seiner Nutzungseignung. Sensitivität und Belastungsfähigkeit sowie die auf Haushalt und Struktur der Landschaft wirkenden wirtschaftlichen und sozialen Nutzungen. Sie leitet daraus Vorschläge für eine gezielte ökologische und gestalterische Sicherung und Entwicklung der Landschaft als Lebensraum der Gesellschaft ab. Landschaftsplanung ist in rascher Entwicklung von zunächst nur begrenzten planerischen Aussagemöglichkeiten zu einer umweltpolitischen Querschnittsplanung (siehe Abschnitt 9.3) unter ökologischen und strukturell-gestalterischen Aspekten herangewachsen. Die Verankerung in der Gesetzgebung für Naturschutz und Landschaftspflege der letzten beiden Jahrzehnte macht Landschaftsplanung zum gesetzlichen Auftrag (BNatSchG in der Fassung vom 12. 3. 87). Entscheidend ist der methodische Ansatz, menschliche Umwelt als ökologisch-strukturelles Wirkungsgefüge zu erfassen und im Hinblick auf nachhaltige und optimale Nutzung durch die Gesellschaft zu steuern, d. h. zu sichern und neu zu gestalten. Hierdurch gewinnt sie zunehmend gegenüber den Fachplanungen als Planungen von Umweltteilbereichen an Bedeutung als integrierte Umweltplanung.

9.3 Integration des Landschaftsplanes in Gesamt- und Fachplanungen, Planungsebenen

Landschaftspläne haben keine eigene Rechtswirksamkeit (Ausnahmen hiervon sind das Land Nordrhein-Westfalen und die Stadtstaaten). Sie können daher nur realisiert werden durch die Integration in rechtswirksame Gesamtplanungen (Landesraumordnungsprogramm, Regional- und Bauleitpläne) oder in Fachplanungen wie Verkehrs-, Wasserwirtschafts- und Agrarplanung.

---

1 In Anlehnung und Fortentwicklung von Planungsgruppe Ökologie + Umwelt, 1982 sowie Buchwald, 1980.

Dasselbe gilt für die Integration in Genehmigungsverfahren für Einzelvorhaben wie Bodenabbau und andere Rohstoffentnahmen.

Schließlich können Landschaftsplanungen Rechtswirksamkeit im Rahmen naturschutzrechtlicher Regelungen wie Unterschutzstellungen von Landschaftsräumen oder Artenschutzregelungen nach den Naturschutzgesetzen der Länder erlangen (eigene sektorale Fachplanung des Naturschutzes) (Abb. 63).

Wenn Landschaftsplanung diejenigen Nutzungsfunktionen und -kombinationen eines Raumes aufzeigen und möglichst realisieren soll, die unter ökologischen und gestalterischen Aspekten optimal sind und Konflikte zwischen den verschiedenen Nutzungsansprüchen durch Belastungen minimieren, so erfordert dies:

- die Auseinandersetzung mit den ökonomisch-technischen Nutzungsansprüchen der Fachplanungen unter ökologisch-gestalterischen Gesichtspunkten (Landschaftsplanung als ökologisch-gestalterischer Beitrag zur Fachplanung) und
- die „Ökologisierung" der Gesamtplanung in den betreffenden Räumen (ökologisch-gestalterischer Beitrag der Landschaftsplanung zur Gesamtplanung).

Wir sprechen hier von der querschnittsorientierten Funktion der Landschaftsplanung. Als „querschnittsorientiert" oder fachgebietsübergreifend kann diese dann bezeichnet werden, wenn sie sich bei ihrer Integration in die räumliche Gesamtplanung und die Fachplanungen mit der Verträglichkeit der Nutzungen eines Raumes untereinander in ökologischer und gestalterischer Hinsicht befaßt (s. o.).

Ziel ist eine umweltpolitisch optimale Kombination der Nutzungen. Landschaftsplanung als querschnittsorientierte Planung hat demnach auf ökologisch-gestalterischem Gebiet eine „Filterfunktion" für die räumliche Gesamtplanung verschiedener Ebenen zu erfüllen (Buchwald, 1980). Bisher hat die räumliche Gesamtplanung diesen Auftrag des Bundesraumordnungsgesetzes, der Landesplanungsgesetze wie des Baugesetzbuches – vor allem im Hinblick auf die fortschreitende Belastung – nur unzureichend erfüllt. In Abb. 64 ist diese querschnittsorientierte Funktion der Landschaftsplanung in schematisch vereinfachter Form dargestellt. Aufgabe der Gesamtplanungen ist es, die sektoral orientierten Fachplanungen des Raumes koordinierend in räumlicher, ökonomischer, sozialer und ökologischer Hinsicht mit Hilfe der querschnittsorientierten Planungen zu steuern.

Im Interesse nachhaltigen Wirtschaftens muß der ökologisch steuernde Beitrag der Landschaftsplanung weiter entwickelt und intensiver verstärkt werden. Den gesamten, vielschichtigen Prozeß der Integration der Landschaftsplanung in Gesamtplanung wie Fachplanungen veranschaulicht Abb. 65. In diesem Integrati-

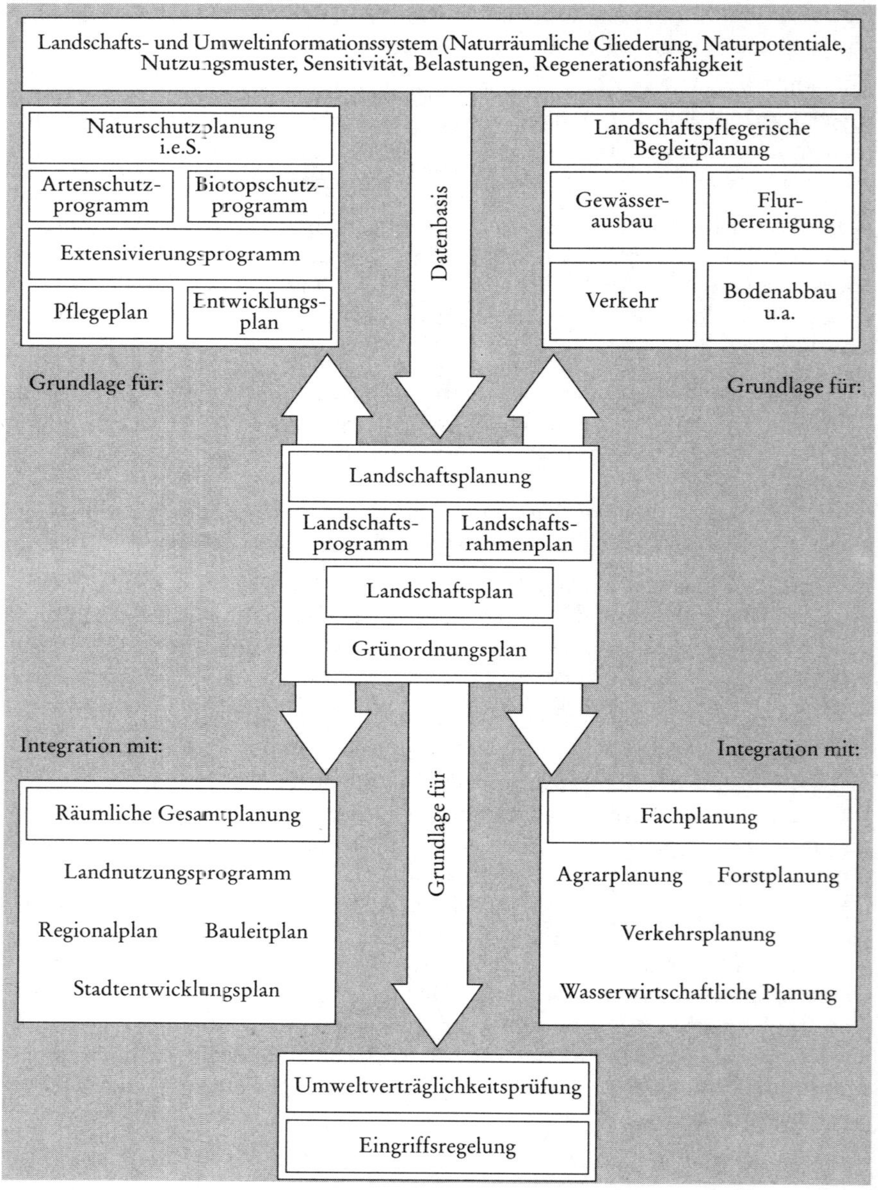

Abb. 63: Landschaftsplanung als zentrales Planwerk integrierter Umweltplanung

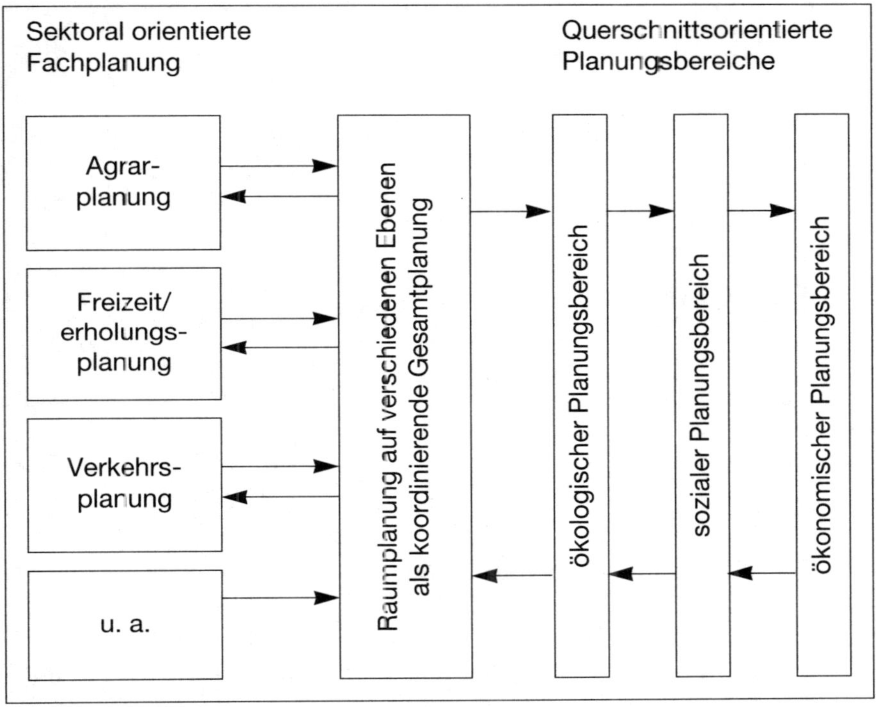

Abb. 64: Sektorale Fachplanungen, querschnittsorientierte Planungsbereiche und Raumordnung als koordinierende Gesamtplanung (nach Kiemstedt, Scharpf, 1976)

onsprozeß kommt es im Interesse einer ökologisch wie ökonomisch nachhaltigen Gesamtentwicklung des Raumes auf eine optimale Abwägung der Belange von Naturschutz und Landschaftspflege mit den anderen öffentlichen und privaten Ansprüchen an den Landschaftsraum an. Auf die Formen und Möglichkeiten des Abwägungsprozesses bei der Umsetzung der Landschaftsplanungen wird in Abschnitt 9.7 eingegangen.

Aufgabenstellung, rechtliche Situation und Möglichkeiten der Durchsetzung in diesem Integrationsprozeß werden im folgenden am Beispiel des schleswig-holsteinischen Gesetzes zum Schutz der Natur – Landesnaturschutzgesetz – in der Fassung vom 16. Juni 1993 auszugsweise dargestellt:

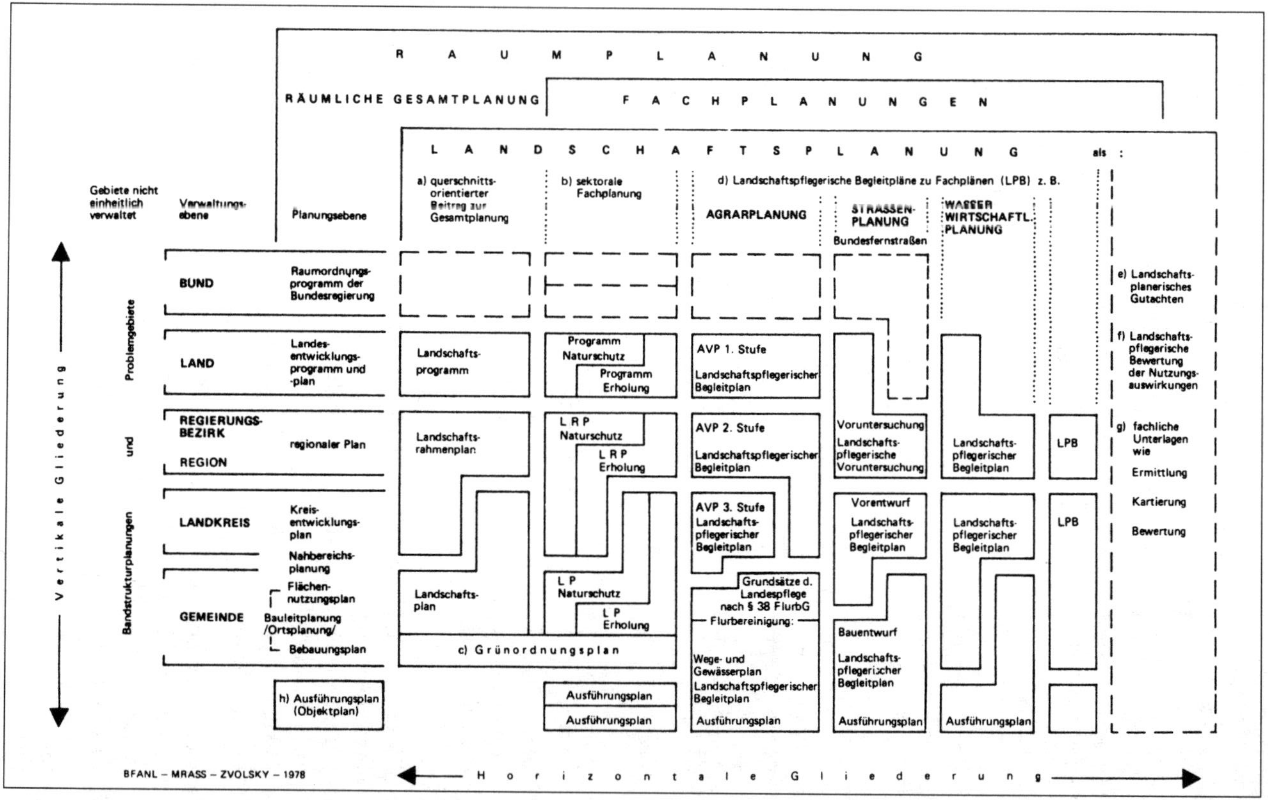

Abb. 65: Die Stellung der Landschaftsplanung im System der raumbezogenen Planungen (nach Mrass und Zvolsky [1977])

„§ 4. Aufgaben der Landschaftsplanung

(1) Die Landschaftsplanung hat die Aufgabe, die Erfordernisse und Maßnahmen zur Verwirklichung der Ziele des Naturschutzes auf Landes-, Regional- und Gemeindeebene zu ermitteln und darzustellen.
(2) Die Landschaftsplanung dient der Verwirklichung der Ziele des Naturschutzes auch in den Planungen und Verwaltungsverfahren anderer Behörden und Stellen, deren Planungen und Entscheidungen sich auf die Natur im Planungsraum auswirken können. Die Inhalte der Landschaftsplanung sind in diesen Planungen und Verwaltungsverfahren sowie bei der Beurteilung der Umweltverträglichkeit der zur Entscheidung gestellten Maßnahmen zu berücksichtigen.
(3) Abweichungen von den Ergebnissen der Landschaftsplanung sind nur zulässig, wenn dadurch die Ziele des Naturschutzes nicht oder nicht erheblich beeinträchtigt werden oder andere Belange bei der Abwägung den Belangen des Naturschutzes bei Würdigung aller Umstände im Range vorgehen. Abweichungen sind in den Entscheidungen darzustellen und zu begründen; dabei ist darzulegen, wie Beeinträchtigungen der Natur vermieden und unvermeidliche Beeinträchtigungen ausgeglichen werden sollen.

§ 5. Landschaftsrahmenpläne (zu § 5 Bundesnaturschutzgesetz)

(2) Die Landschaftsrahmenpläne werden von der obersten Naturschutzbehörde festgestellt und veröffentlicht.
(3) ... Die raumbedeutsamen Inhalte der Landschaftsrahmenpläne sind nach Maßgabe des Landesplanungsgesetzes und des § 4 (2) (3) in die Regionalpläne zu übernehmen.
(4) ... sind dem Landschaftsprogramm anzupassen.

Entscheidend für die Handhabung in Konfliktsituationen zwischen den Planungspartnern ist § 4 (3). Er zeigt die Möglichkeiten an, falls im gemeinsamen Planungsprozeß Abweichungen von den Ergebnissen der Landschaftsplanung bevorzugt werden, verlangt diese zu begründen und gegebenenfalls Ausgleichsmöglichkeiten zu suchen (siehe Abschnitt 9.6). Diese Möglichkeiten zur weitgehenden Durchsetzung der Inhalte der Landschaftspläne sind in den Naturschutzgesetzen der Bundesländer bisher noch kaum entwickelt (neben Schleswig-Holstein in Rheinland-Pfalz).

Planungsebenen der Landschaftsplanung im Verhältnis zur räumlichen Gesamtplanung

Abbildung 66 stellt die Planwerke der Landschaftsplanung auf den drei Planungsebenen der räumlichen Gesamtplanung dar. In den einzelnen Bundesländern werden die Planwerke zum Teil unterschiedlich bezeichnet. Einige Bundesländer haben auf ein Landschaftsprogramm verzichtet.

Planungsraum	**Gesamtplanung**	**Landschafts-planung**	**Planungsmaßstab Landschaftsplanung**
Land	Landesraumordnungsprogramm*	Landschafts-programm*	1:500 000 bis 1:200 00
Region Reg.Bez Kreis	Regionalplan*	Landschafts-rahmenplan*	1:50 000 bis 1:25 00
Gemeinde	Flächennutzungs-plan	Landschaftsplan	1:10 000 bis 1:5 000
Teil des Gemeindegebietes	Bebauungsplan	Grünordnungs-plan	1:2 500 bis 1:1 000

* Die Planwerke werden in den Bundesländern z. T. anders bezeichnet

Abb. 66: Planungsebenen der Landschaftsplanung im Verhältnis zur räumlichen Gesamtplanung.
Planungsräume und Maßstäbe

Landschaftsrahmenpläne sind in der Regel flächendeckend für das gesamte Bundesland und Landschaftspläne für alle Gemeinden zu erstellen. Einige Bundesländer machen dies zwar vom Bestehen „besonderer Erfordernisse" abhängig. Aber nur eine flächendeckende Landschaftsplanung, auf die bei entstehenden Planungs- und Nutzungsänderungen zurückgegriffen werden kann, wird den Anforderungen an eine Grundlage für Vorsorgemaßnahmen gerecht, etwa für Umweltverträglichkeitsprüfungen, Eingriffsregelungen und Landschaftspflegerische Begleitplanungen (siehe Abschnitt 9.5).

9.4 Ablauf der Landschaftsplanung

Im Sinne des in Abschnitt 9.2 entwickelten Konzeptes der umweltpolitischen Aufgabenstellung der Landschaftsplanung ist in Tabelle 26 der sich daraus ergebende Planungsablauf in fünf Arbeitsschritten (I–V) dargestellt.

In Arbeitsschritt I wird die umweltpolitische Problematik, die Nutzungsansprüche an den Planungsraum sowie zu erwartende Nutzungskonflikte und die planerischen Rahmenbedingungen umrissen. In Arbeitsschritt II erfolgt die Erfassung und Bewertung des Naturraumpotentials, seiner Belastungen und die möglichst konkrete Fassung der Nutzungskonflikte.[1]

In Arbeitsschritt III werden die Zielvorstellungen (Zielkonzept) und die Möglichkeiten zur Lösung der Konflikte erarbeitet. In Tabelle 27 wird auf die in Mitteleuropa mit seiner Belastungsintensität notwendige Differenzierung des Zielkonzeptes nach Zieltypen eingegangen. Die Maßnahmen des Landschaftsplanes konzentrieren sich danach:

1. auf die Erhaltung von wenig beeinträchtigten Landschaftsräumen und
2. auf den Schutz der Naturpotentiale und die Verbesserung der aktuellen Leistungsfähigkeit in beeinträchtigten Landschaftsräumen (Konflikträumen).

Daraus ergibt sich eine räumliche und inhaltliche Differenzierung in drei Zieltypen, deren Zuordnung getrennt nach den einzelnen Naturpotentialen erfolgt.

In Arbeitsschritt IV wird ein Handlungsprogramm auf den verschiedenen Planungsebenen (Landschaftsprogramm, Landschaftsrahmenplan, Landschaftsplan) entworfen und in Arbeitsschritt V die Umsetzung der Planung konzipiert und durchgeführt.

Tab. 26: Ablauf der Landschaftsplanung
–Arbeitsschritte –

I. Problembestimmung und Rahmenbedingungen
   1. Gesamtplanerische Zielvorgaben für die Entwicklung des Raumes in ökonomischer, sozialer und ökologischer Hinsicht.
   2. Nutzungsansprüche an den Raum und deren ökologische Problematik.
   3. Planerische Rahmenbedingungen: Integration in Gesamt- und Fachplanungen, Planungsebene, Maßstäbe.

II. Problemorientierte Bestandsaufnahme und Bewertung von Landschaftshaushalt, -struktur und -bild; d. h.:

1 Einen Überblick über die heutigen Möglichkeiten der Datenermittlung und -bewertung vermitteln die Abschnitte 1 bis 7.

1. Erfassung und Bewertung der Naturraumpotentiale nach Leistung, Sensitivität und Regenerationsvermögen.
2. Erfassung und Bewertung der Belastungen durch bestehende und geplante Nutzungen innerhalb und außerhalb des Planungsraumes.
3. Gegenüberstellung von Naturraumpotentialen und Nutzungsansprüchen. Nutzungskonflikte. Alternative Möglichkeiten zur Konfliktlösung.

III. Zielvorstellungen
aus der Sicht von Naturschutz und Landschaftspflege im Sinne integrierter Umweltplanung, d. h. einer vorausschauenden und nachhaltigen Sicherung der natürlichen Lebensgrundlagen im Sinne ökologisch optimaler Nutzungsverteilung und Raumnutzung (vgl. Abschnitt 9.2).
Zielkonzept für den gesamten Planungsraum; unterschiedliche Zieltypen (Tabelle 27).

IV. Handlungsprogramm (Maßnahmenkatalog) auf verschiedenen Planungsebenen
- Landschaftsprogramm (siehe 10.1)
- Landschaftsrahmenplan (siehe 10.3)
- Landschaftsplan (siehe 10.6)

V. Umsetzung der Planung
1. Dialog mit den Planungspartnern der gesamträumlichen Planung und der Fachplanungen im Sinne querschnittsorientierter Planung bzw. integrierter Umweltplanung. Feststellung der Nutzungskonflikte, Konfliktlösungen, Eingriffsregelungen, Ausgleichsmaßnahmen. Begleitung des Planungsprozesses und der Umsetzung durch Arbeitsgruppen/Beteiligung der Öffentlichkeit.
2. Durchführung der Maßnahmen durch
   - Gemeinden
   - Fachverwaltungen
   - Naturschutzbehörden
   - Landschaftspflege- und Naturschutzverbände
   - Öffentliche Institutionen
   - Private

(siehe zu Methodik und Problematik der Umsetzung Abschnitt 9.6).

3. Effektivitätskontrolle
Bewertung des Planungserfolges. Überprüfung der Maßnahmen. Notfalls Abänderung von Zielsetzungen und Maßnahmen.

Tab. 27: Zieltypen der Landschaftsplanung (nach Planungsgruppe Ökologie + Umwelt, 1982)

Zieltyp „Vorrangige Erhaltung der Leistungsfähigkeit des Naturhaushaltes" (E) Die aktuelle Leistungsfähigkeit im Hinblick auf die jeweilige Naturgrundlage ist durch die Sicherung der wesentlichen Standort- und Milieubedingungen zu erhalten (und nur in geringerem Umfang zu verbessern). Bestehende Beeinträchtigungen/Beeinträchtigungsrisiken sind zu beseitigen bzw. zu vermindern. Künftige Beeinträchtigungen sind zu vermeiden. Die in den einzelnen Zielbereichen aufgeführten Ziele zum Erhalt der jeweiligen Naturgrundlage bestimmen die Nutzungsweise.
Zieltyp „Erhaltung/Verbesserung der Leistungsfähigkeit des Naturhaushaltes" (E/V) Vorhandene schutzbedürftige Leistungen der jeweiligen Naturgrundlage sind zu erhalten, ihre aktuelle, bereits beeinträchtigte Leistungsfähigkeit ist durch Optimierung und Ausweitung vorhandener Strukturen/Leistungen zu verbessern. Bestehende Beeinträchtigungen/Beeinträchtigungsrisiken sind zu vermindern, künftige Beeinträchtigungsrisiken zu vermeiden. Die in den einzelnen Zielbereichen aufgeführten Ziele weisen auf die notwendige Art und Intensität der Nutzungen hin.
Zieltyp „Vorrangige Verbesserung der Leistungsfähigkeit des Naturhaushaltes" (V) In den ökologischen Konfliktbereichen ist die aktuelle Leistungsfähigkeit des Naturhaushaltes durch Maßnahmen zum Abbau bestehender Beeinträchtigungen/Beeinträchtigungsrisiken und zur Entwicklung neuer Strukturen deutlich zu verbessern. Künftige Beeinträchtigungsrisiken sind zu vermeiden. Die Zielsetzung der Verbesserung richtet sich vor allem an die Nutzungen als die Verursacher der Beeinträchtigungen.

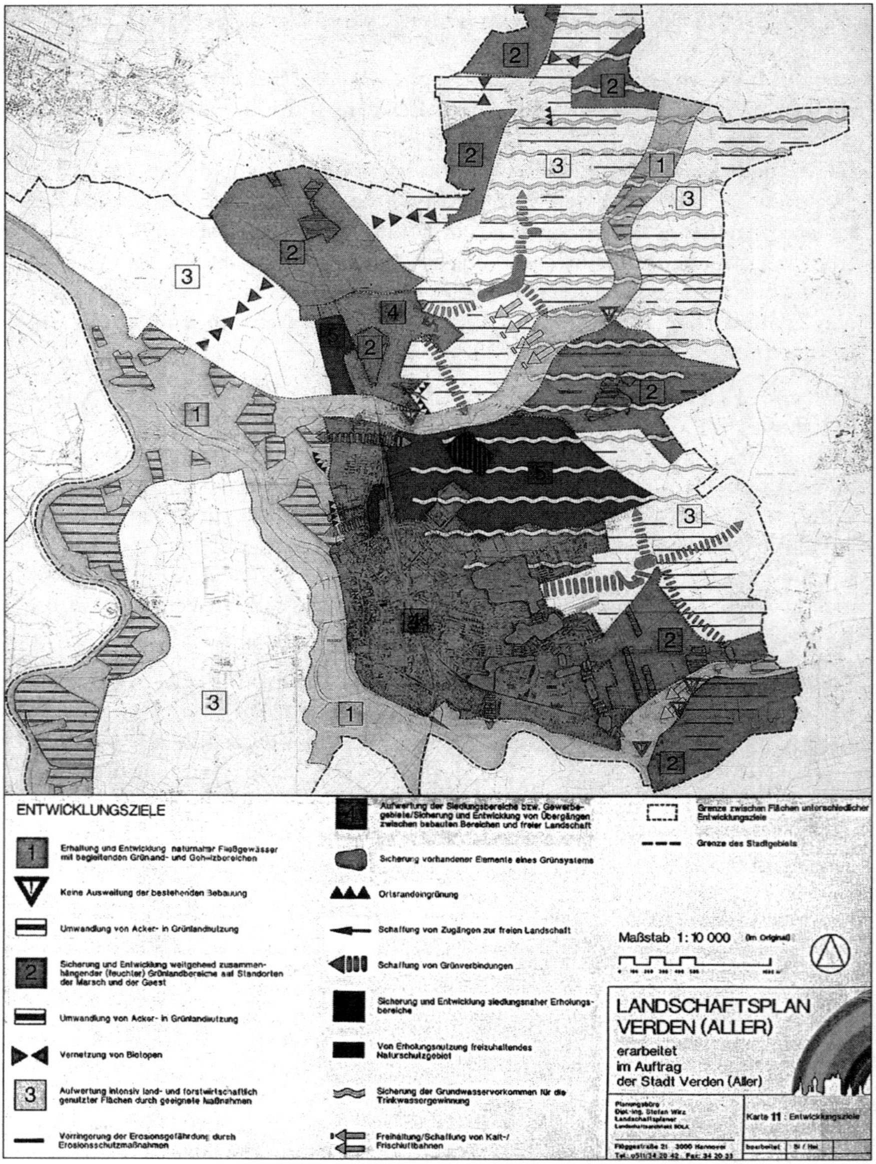

Abb. 67 a: Entwicklungsziele von Landschaftsplänen, dargestellt am Beispiel des Landschaftsplanes Verden/Aller (1992, Planungsbüro Stefan Wirz, Hannover)

Abb. 67 a veranschaulicht am Beispiel des Gemeindegebietes Verden die Festschreibung von Entwicklungszielen in Landschaftsplänen. Der aufgegriffene Beispielsraum zeigt sich in seinem Potential charakterisiert durch zwei in Kontakt liegende naturräumliche Regionen: das Weser-Aller-Flachland und die Staader Geest. Die erstere ist ökologisch durch die als Grünland oder z. T. auch ackerbaulich genutzten Flußauen von Weser und Aller (fluviatile Sedimente) sowie durch die Niederterrasse (Stedorfer Lehmplatte) geprägt. Die Staader Geest ist aus Grundmoränen, fluvioglazialen Ablagerungen, Dünen, Flugsanden, Aumoor und Lauenburger Tonen aufgebaut. Soweit nicht städtischer Siedlungsraum, steht sie in ackerbaulicher, Grünland- und forstlicher Nutzung. Heiden sind nur kleinflächig erhalten.

Aus der Erhebung des Naturraumpotentials und der vorherrschenden Belastungen wie Nutzungskonflikte wurden folgende Entwicklungsziele abgeleitet und im Landschaftsplan verankert (vgl. Legende Abb. 67 a):

1. Erhaltung und Entwicklung naturnaher Fließgewässer mit begleitenden Grünland- und Gehölzbereichen
   dazu:
   - Umwandlung von Acker- in Grünlandnutzung
   - keine Ausweitung der bestehenden Bebauung (Talrand der Aller)
2. Sicherung und Entwicklung weitgehend zusammenhängender (feuchter) Grünlandbereiche auf Standorten der Flußauen und der Geest
   dazu:
   - Umwandlung von Acker- in Grünlandnutzung
   - Vernetzung von Biotopen
3. Aufwertung intensiv land- und forstwirtschaftlich genutzter Flächen durch geeignete Maßnahmen
   dazu
   - Verringerung der Erosionsgefährdung durch Erosionsschutzmaßnahmen
4. Aufwertung der Siedlungsbereiche bzw. Gewerbegebiete/Sicherung und Entwicklung von Übergängen zwischen bebauten Bereichen und freier Landschaft
   dazu:
   - Sicherung vorhandener Elemente eines Grünsystems
   - Ortsrandeingrünung
   - Schaffung von Zugängen zur freien Landschaft
   - Schaffung von Grünverbindungen
5. Sicherung und Entwicklung siedlungsnaher Erholungsbereiche
   dazu:
   - von Erholungsnutzung freizuhaltende Naturschutzgebiete
   - Sicherung der Grundwasservorkommen für die Trinkwassergewinnung
   - Freihaltung/Schaffung von Kaltluftbahnen

Diese Entwicklungsziele berücksichtigten die Planungsvorgaben und -hinweise des Landschaftsprogrammes des Landes Niedersachsen sowie Vorüberlegungen

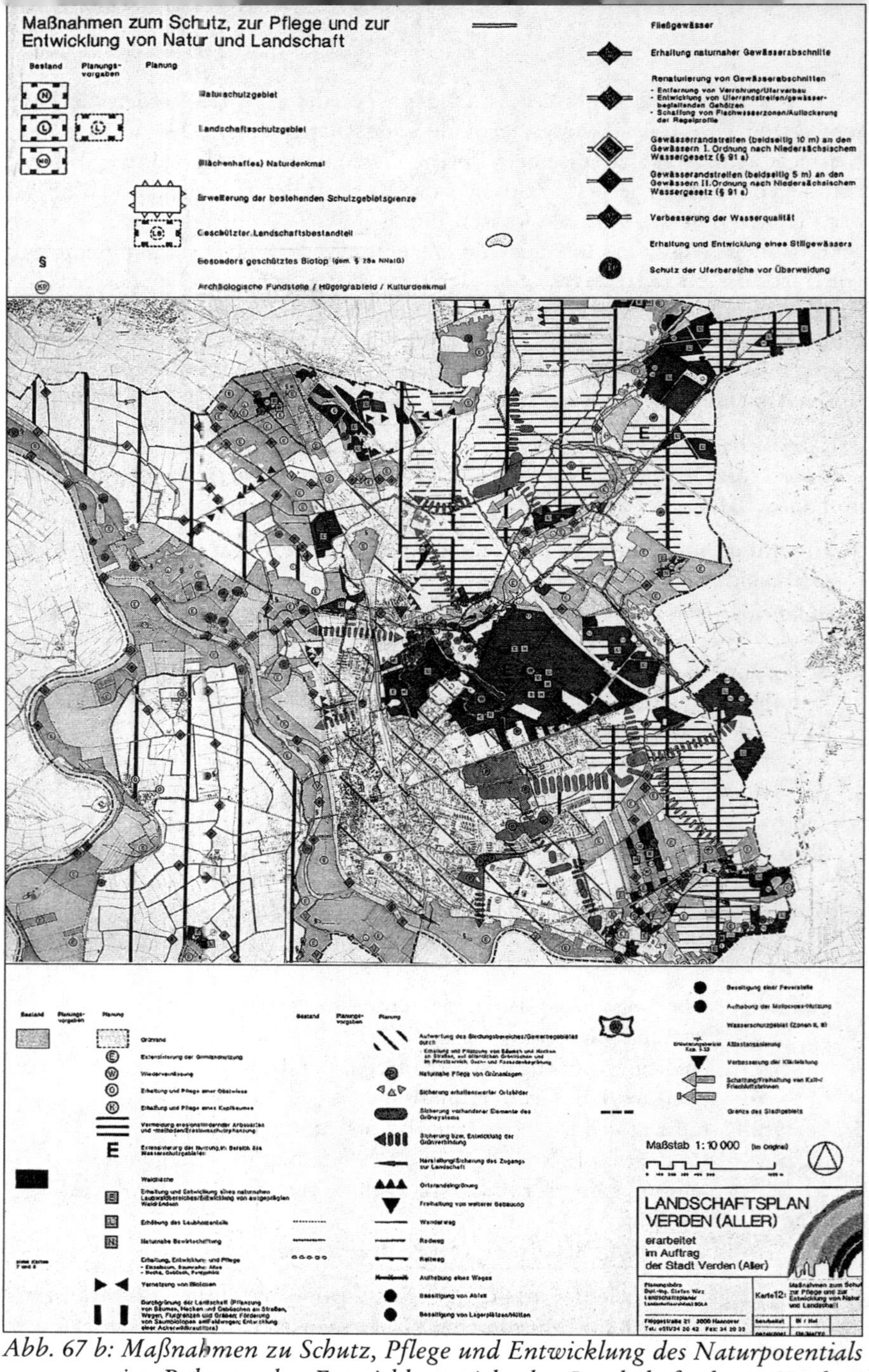

Abb. 67 b: Maßnahmen zu Schutz, Pflege und Entwicklung des Naturpotentials im Rahmen der Entwicklungsziele des Landschaftsplanes Verden/ Aller (1992, Planungsbüro Stefan Wirz, Hannover)

zum Landschaftsrahmenplan des Landkreises Verden und differenzierten sie gemäß den lokalen Gegebenheiten.

Die nächste Stufe des Landschaftsplanes weist schließlich die im Sinne der aufgestellten Entwicklungsziele zu veranschlagenden Maßnahmen zu Schutz, Pflege und Entwicklung des Naturpotentials aus (vgl. Abb. 67 b).

9.5 Die zentrale Stellung der Landschaftsplanung

Die Landschaftsplanung ist in ihren drei Planungsebenen (Landschaftsprogramm, Landschaftsrahmenplan und Landschaftsplan) heute das zentrale Planwerk integrierter, vorsorgender Umweltplanung. Sie ist dabei aufs engste verknüpft mit

- den Instrumenten der Datenerhebung und -bewertung wie den Landschafts- und Umweltinformationssystemen, den groß- und mittelmaßstäbigen Naturraumkarten, der Erfassung und Bewertung von Landschaftsstrukturen (siehe die Abschnitte 1 bis 7),
- der Umweltverträglichkeitsprüfung (siehe 12.1, 12.2),
- der Eingriffsregelung (siehe 11.1) und
- dem Landschaftspflegerischen Begleitplan (siehe 11.2).

Für die drei letzten Instrumente sind die Landschaftspläne in ihrem Grundlagen- und Bewertungsteil eine noch ständig an Bedeutung gewinnende Quelle für Daten der Naturraumpotentiale, der Belastungen, der Sensitivität und der Nutzungsmuster.

Abb. 63 verdeutlicht einerseits die zentrale Stellung der Landschaftsplanung zwischen räumlicher Gesamtplanung, Fachplanung, Naturschutzplanung (im engeren Sinne), Landschaftspflegerischer Gesamtplanung, Umweltverträglichkeitsprüfung und Eingriffsregelung, andererseits ihre Abhängigkeit von den Landschafts- und Umweltinformationssystemen sowie weiteren, nicht dargestellten Informationsquellen.

9.6 Umsetzung der Landschaftsplanung

Die Umsetzung der Landschaftsplanung, d. h. ihre Realisierung durch Maßnahmen wie Sanierung und Renaturierung, strukturelle Neuordnung, Gestaltung und Durchsetzung umweltverträglicher Nutzungskombinationen ist die letzte und entscheidende Phase des Planungsprozesses.

Landschaftspläne haben keine eigene Rechtswirksamkeit (siehe Abschnitt 9.3), Ausnahmen bestehen nur in Nordrhein-Westfalen und den Stadtstaaten. Rechtsverbindlichkeit können Landschaftspläne daher nur durch Integration in rechtswirksame Gesamtplanungen (Landesraumordnungsprogramme, Regional- und

Bauleitpläne) oder in Fachplanungen wie Verkehrs-, wasserwirtschaftlichen oder Flurbereinigungsplanungen erlangen. Dasselbe gilt für die Integration in Genehmigungsverfahren zu Einzelvorhaben wie Bodenabbau und anderen Rohstoffentnahmen. Schließlich können Landschaftsplanungen Rechtswirksamkeit im Rahmen naturschutzrechtlicher Regelungen (Unterschutzstellung von Landschaftsräumen oder Artenschutzregelungen nach den Naturschutzgesetzen der Länder) erlangen.

Beim Integrationsprozeß kommt es in den Entscheidungsgremien im Gespräch mit den Partnern (Vertreter von Gesamt- und Fachplanungen, Verbände, Grundeigentümer) auf die im Interesse der Gesamtentwicklung des Raumes sinnvolle Abwägung der Belange von Naturschutz und Landschaftspflege mit den anderen öffentlichen und privaten Belangen an. Dieser Entscheidungsprozeß wird umso ausgewogener und zugleich positiver für die Belange des Naturschutzes ausfallen, je früher die partnerschaftliche Kommunikation einsetzt. Die Formen hierfür (Gespräche am runden Tisch, Mediation[1]) sind noch in ständiger Entwicklung. Diese möglichst frühen Kontaktgespräche werden in erhöhtem Maße nötig bei der Durchsetzung von Landschaftsplänen für zu schützende und zu regenerierende Flächen über den Grunderwerb oder über vertragliche Vereinbarungen zur extensiven bzw. pflegerischen Nutzung (Pacht-, Pflege- und Bewirtschaftungsverträge). So geht der Weg heute häufig über privatrechtliche Verträge mit Landwirten, Waldbesitzern oder Naturschutzverbänden, um die Ausführung der in den Plänen vorgeschlagenen Pflege- und Entwicklungsmaßnahmen zu sichern. Die wachsende Akzeptanz und Wirksamkeit von Landschaftspflegeverbänden sind Nachweis für die Chancen dieses Weges.

Zur Umsetzung gehört auch die rechtzeitige Beschaffung der erforderlichen Mittel für Grunderwerb bzw. für Vergütung der Pflegeverträge und Maßnahmen aus den Förderprogrammen von Bund, Ländern und Kreisen.

Begleitung des Planungsprozesses und der Umsetzung durch Arbeitsgruppen – Öffentlichkeitsarbeit

Aufstellung und Umsetzung der Landschaftspläne ist nicht allein Aufgabe der Naturschutzbehörden und -stellen. Insbesondere kommt es auf der Ebene der kommunalen Landschaftspläne wie der regionalen Landschaftsrahmenpläne darauf an, die Planungsträger (Gemeinden, Kreise), alle fachlich Beteiligten, die von der Planung Betroffenen sowie interessierte Gruppen (Naturschutzverbände, Bürgerinitiativen) zu Information, Erörterung und Zusammenarbeit in Arbeitsgruppen zusammenzuführen. Da die fachliche Bearbeitung der Planung kaum noch von den Naturschutzverwaltungen durchgeführt werden kann, son-

1 Eingehende Darstellung in Abschnitt 12.3.

dern hiermit meist Planungsbüros oder Institute beauftragt werden, entfällt auf diese auch ein wesentlicher Beitrag zur Koordinierung.

Am Planungsprozeß sind somit zu beteiligen:

- die Planungsträger,
- die zuständige Naturschutzverwaltung,
- die beauftragten Planer (Planungsbüros),
- mitarbeitende bzw. beteiligte Fachverwaltungen und/oder Verwaltungen der räumlichen Gesamtplanung (Die Fachverwaltungen sind nach § 3 (2) BNatSchG verpflichtet, über ihre eigenen Planungen und Planungsabsichten Auskunft zu geben. Sie sind darüber hinaus gehalten, die Ziele von Naturschutz und Landschaftspflege zu unterstützen und die für die Landschaftsplanung wichtigen Daten zur Verfügung zu stellen. Diese Zusammenarbeit ist in den Bundesländern z. T. durch Erlasse und Richtlinien geregelt. Sie kann u. U. durch die Lieferung von Fachbeiträgen geschehen),
- Landesämter, die die Naturpotential erfassende Grundlagenforschung betreiben (wie u. a. Geologische Landesämter),
- Grundeigentümer und sonstige Vertreter von Landnutzern und Interessenten,
- sonstige Interessierte und zu interessierende Bürger sowie
- Natur- und Umweltschutzverbände.

Wichtig ist die frühzeitige Informierung der Öffentlichkeit, u. a. über die Presse, wie auch die Vorstellung der Planung in den Gemeinde- und Kreisräten.

9.7 Notwendige Weiterentwicklung und Integration der Landschaftsplanung

1. Die Umweltsituation erfordert die Weiterentwicklung der Landschaftsplanung, die den zentralen Bestandteil einer integrierten Umweltplanung bildet. Der Auftrag zur Weiterentwicklung ergibt sich aus dem Bundesnaturschutzgesetz § 1 (1) (Vgl. Abschnitt 9.1).
   Eine Naturschutzplanung im engeren Sinne mit dem alleinigen Ziel des Arten- und Biotopschutzes reicht heute nicht mehr aus.
2. Künftige Umweltpolitik und -planung muß alle Bereiche der Naturaneignung und -veränderung durch die Gesellschaft erfassen und begleiten. Die Integration der Landschaftsplanung mit den Gesamt- und Fachplanungen bedeutet deren Ökologisierung. Sie soll ein nachhaltiges und vorsorgliches Wirtschaften im Sinne des Brundlandt-Berichtes[1] sichern.

1 Vgl. hierzu Deutscher Rat für Landespflege, 1994 sowie den Abschlußbericht der Enquete-Kommission „Schutz des Menschen und der Umwelt“ des Deutschen Bundestages, 1994.

3. Voraussetzung hierfür ist die mit der mittel- und langfristigen Umweltpolitik und -planung abgestimmte Umstellung der industriellen und landwirtschaftlichen Produktion mit dem Ziel der Umweltverträglichkeit[1]. Sie erfordert innovative Technologien.
4. Diese umfassende Aufgabenstellung der Landschaftsplanung als dem zentralen Bestandteil integrierter Umweltplanung erfordert eine Reihe grundlegender Weiterentwicklungen (Ziffer 5–9).
5. In den Landschaftsplänen sind regionalisiert bzw. lokalisiert
   - Umweltqualitätsziele mit Angaben von
   - Schutz- und Vorsorgestandards und
   - ökologisch wie gestalterisch optimierte Nutzungskombinationen und -verteilungen festzulegen.
6. Dies gilt mindestens für die jeweiligen Bereiche folgender ökologischer Ziele:
   - Arten- und Biotopschutz
   - Schutz von Grundwasser und Oberflächengewässern einschließlich der marinen Ökosysteme
   - Schutz des Bodens
   - lufthygienisches und geländeklimatisches Ausgleichspotential
   - Sicherung von Naturerlebnis und Landschaftsbild
7. Ziel müssen flächendeckende Angaben zu Umweltqualität und Umweltqualitätszielen in den Landschaftsplänen sein. Die bisherige „Nischenplanung" des Naturschutzes wird der veränderten Nutzungs- und Umweltsituation nicht gerecht.
8. Die Landschaftsplanung muß rechtlich so ausgestattet sein, daß sie verbindliche Vorgabe für
   - Umweltverträglichkeitsprüfungen,
   - Eingriffstatbestände und für die
   - Bauleitplanung ist.
9. Die heutige Dynamik in den Veränderungen des Naturhaushaltes durch natürliche Prozesse wie anthropogene Eingriffe und Belastungen erfordert eine laufende Aktualisierung durch Fortschreibung der Pläne und damit erneute Integration mit Gesamt- und Fachplanungen.

1 Vgl. hierzu Deutscher Rat für Landespflege, 1994 sowie den Abschlußbericht der Enquete-Kommission „Schutz des Menschen und der Umwelt" des Deutschen Bundestages, 1994.

10. Landschaftsplanung verschiedener Planungsebenen und ihre Integration

Erich Gassner

10.1 Das Landschaftsprogramm

10.1.1 Der bundesrechtliche Rahmen

Der Bezug zur Raumordnung und Landesplanung

Das Landschaftsprogramm ist als rechtlich verfaßtes Instrument des Naturschutzes 1976 (als Teil des Bundesnaturschutzgesetzes) durch § 5 BNatSchG eingeführt worden. Diese Vorschrift, die der Landesgesetzgebung nach § 4 BNatSchG einen Rahmen zur näheren Ausfüllung setzt, nimmt ausdrücklich und von ihrer Konzeption her Bezug auf die Raumordnung und Landesplanung. § 5 Abs. 1 Satz 1 und 2 ROG bildet das Grundmodell, das ebenso wie § 5 Abs. 1 BNatSchG zwischen übergeordneten und zusammenfassenden Programmen oder Plänen sowie räumlichen und sachlichen Teilprogrammen und Teilplänen unterscheidet.

Worum es bei den Landes-Programmen geht, ist die Entwicklung des Gesamtraumes nach bestimmten Leitvorstellungen, und zwar – dies hebt auch § 1 Abs. 1 ROG hervor – unter Berücksichtigung der natürlichen Gegebenheiten Es handelt sich um Makroplanungen, die dort, wo raumbedeutsame Entscheidungen zu treffen sind soweit Ziele der Raumordnung und Landesplanung vorgegeben werden, zu beachten (§ 5 Abs. 4 ROG) bzw. in allen anderen Fällen immerhin abwägungserheblich sind (§ 5 Abs. 2 BNatSchG). Die Ziele der Raumordnung und Landesplanung entfalten ihre Bindungswirkung je nach dem Grad ihrer inhaltlichen Konkretisierung. Nicht entscheidend ist in welcher Rechtsform die Ziele vorgegeben werden (BVerwG, Beschl. v. 18. Febr. 1991 – 4 N B 37.90). Raumbedeutsame Belange sind nach § 2 Abs. 1 Nr. 8 ROG u. a. der Schutz, die Pflege und Entwicklung von Natur und Landschaft, insbesondere des Naturhaushalts, des Klimas, der Tier- und Pflanzenwelt.

Der Schutz, die Pflege und Entwicklung der natürlichen Lebensgrundlagen ist nach der Änderung des Raumordnungsgesetzes vom 25. 7. 1991 sogar Leitvorstellung, die bei der Entwicklung des Gesamtraumes zu beachten ist (§ 1 Abs. 1 Nr. 2 ROG). Dies ist mehr als ein bloßer Abwägungsbelang und beruht auf der Fundamentalität dessen, was § 1 Abs. 1 BNatSchG als Leistungsfähigkeit des Naturhaushalts bezeichnet und nunmehr Art. 20a GG als Staatsziel vorgibt.

Diese Aspekte haben auch im „Leitbild Umwelt und Raumnutzung“ des Raumordnungspolitischen Orientierungsrahmens Eingang gefunden, der das neue räumliche Leitbild und die Strategie für Gesamtdeutschland darstellt. Mit ihm sollen auch die natürlichen Lebensgrundlagen geschützt werden. An dem vom Bundesministerium für Raumordnung, Bauwesen und Städtebau herausgegebenen Orientierungsrahmen haben die Länder im Rahmen der Ministerkonferenz für Raumordnung mitgewirkt. Erfahrung mit Landschaftsprogrammen konnten dabei eingebracht werden.

Der obligatorische Fachplanungsauftrag

Das Landschaftsprogramm soll nach dem Bundesnaturschutzgesetz mehr sein als ein Beitrag zur Raumordnung und Landesplanung. Darauf weist nicht nur der Einschluß des Artenschutzprogramms hin, das in seinen spezifischen Maßnahmen nur zu einem geringen Teil in landesplanerische Festlegungen umgesetzt werden kann. Gesetzlicher Auftrag des Landschaftsprogrammes ist umfassend die Darstellung der überörtlichen Erfordernisse und Maßnahmen *zur Verwirklichung der Ziele des Naturschutzes und der Landschaftspflege*. Damit ist eine Aufgabe beschrieben, die sich an den naturschutzfachlichen Zielen auszurichten hat. Diese bestimmen das, was erforderlich ist, und damit Anlaß, Gegenstand und Umfang des planerischen Tätigwerdens. Beispielhaft umschreibt § 4 Abs. 2 Satz 2 Nds NatSchG die inhaltliche Reichweite des Landschaftsprogramms; es enthält insbesondere Aussagen über geschützte, schutzwürdige und schutzbedürftige Teile von Natur und Landschaft, über schutzbedürftige wildlebende Tier- und Pflanzenarten, über die Sicherung der Leistungsfähigkeit des Naturhaushalts, über die Nutzbarkeit der Naturgüter sowie über die Vielfalt, Eigenart und Schönheit von Natur und Landschaft.

Das Landschaftsprogramm muß sich also auf alles erstrecken, was den Fachzielen dient oder diese (negativ) berührt. Dem entsprechen agierende und reagierende Planungsaktivitäten.

Auf alle Fälle ist damit eine eigenständige Aufgabe festgelegt, deren Grundlagen im ersten Abschnitt des BNatSchG beschrieben sind, insbesondere durch die Ziele des Naturschutzes und der Landschaftspflege festgelegt und die Grundsätze des § 2 BNatSchG im einzelnen entfaltet werden.

Der Fachplanungsauftrag ist obligatorisch, woran der Wortlaut des § 5 Abs. 1 BNatSchG keinen Zweifel läßt. Die Erfordernisse und Maßnahmen werden nach dieser Norm ohne Wenn und Aber dargestellt. Dies ist eine gängige Muß-Vorschrift.

Damit ist das Landschaftsprogramm nicht dem Belieben der Länder überstellt. Vielmehr haben die Länder nach § 4 Satz 2 BNatSchG entsprechende Ausführungs- bzw. Umsetzungsvorschriften zu erlassen. Daß eine Reihe von Ländern dies nicht getan hat, zählt zu den Vollzugsdefiziten – hier der Gesetzgebung.

Länder (alphabetisch)	gesetzlich vorgeschrieben	faktisch vorhanden	gesetzlich vorgeschrieben	faktisch vorhanden	Länder (alphabetisch)
Baden-Württemberg	x	x	x	x	Niedersachsen
Bayern	x	x	[1]–	[1a] x	Nordrhein-Westfalen
Berlin	x	x	–	–	Rheinland-Pfalz
Brandenburg	x	–	x	x	Saarland
Bremen	x	x	x	–	Sachsen
Hamburg	x	–	x	–	Sachsen-Anhalt
Hessen	–	–	[2]–	–	Schleswig-Holstein
Mecklenburg-Vorpommern	x	x	[3]O	O	Thüringen

O = Das Land hat noch kein Naturschutzgesetz x = ja – = nein

1 Vgl. jedoch den Landesentwicklungsplan III – Umweltschutz durch Sicherung von natürlichen Lebensgrundlagen (Freiraum, Natur und Landschaft, Wald, Wasser, Erholung), LEP III '87 –, der sich auf § 2 sowie § 35 i. V. m. § 22 des Gesetzes zur Landesentwicklung (LEPro) stützt.

1a In Form des Fachkonzepts „Natur 2000".

2 Der vorliegende Regierungsentwurf für Änderung des Landschaftspflegegesetzes will auch für Schleswig-Holstein ein eigenständiges Landschaftsprogramm einführen (§ 4 a).

3 Der vorliegende Regierungsentwurf für ein Thüringisches Naturschutzgesetz sieht die Darstellung des Landschaftsprogramms im Landesentwicklungsprogramm vor.

Abb. 68: Landschaftsprogramme in den Ländern

Die Bedeutung der Raumordnungsklausel

Die Raumordnungsklausel besagt, daß das Landschaftsprogramm unter Beachtung der Grundsätze und Ziele der Raumordnung und Landesplanung aufzustellen ist. Damit soll die Widerspruchsfreiheit beider Planungen gewährleistet werden. Jedoch ist hinsichtlich der Bindungswirkung der Ziele und der Grundsätze zu differenzieren. Nach § 5 Abs. 4 ROG sind die Ziele der Raumordnung und Landesplanung von den Behörden des Bundes und der Länder, den Gemeinden und Gemeindeverbänden, den öffentlichen Planungsträgern sowie den öffentlich-rechtlichen Körperschaften, Anstalten und Stiftungen strikt zu beachten. Sie stellen also (begrenzt) normativ wirkende Vorgaben dar, eine bestimmte Art von Rahmenbedingungen. Die Grundsätze der Raumordnung unterliegen dagegen dem Abwägungsvorbehalt nach § 2 Abs. 3 ROG. Sie entfalten die Bindungswirkung des § 4 Abs. 5 ROG erst dann, wenn sie sich zu Zielen konkretisiert haben.

Im übrigen erscheint eine weitere Unterscheidung vertretbar und sachgerecht, nämlich die, ob ein Landschaftsprogramm nach außen, d. h. wenigstens anderen Behörden gegenüber Verbindlichkeit beansprucht. Ist dies nicht der Fall, wird man den lediglich gutachtlichen Aussagen nicht verwehren können, auch solche Forderungen zu erheben und zu begründen, die Ziele der Raumordnung und Landesplanung als fortschreibungsbedürftig erkennen lassen.

Die Sonderregelung für die Stadtstaaten

Ähnlich wie das Raumordnungsgesetz sieht auch § 5 Abs. 3 BNatSchG vor, daß die Stadtstaaten die Planungskategorie insbesondere der Landschaftsprogramme substituieren können. Indes haben gerade diese Länder spezielle Regelungen für Landschaftsprogramme erlassen und solche auch bereits aufgestellt. Offenbar besteht gerade auch in überschaubaren Räumen ein Bedürfnis für übergreifende Planaussagen. Die Stadtstaaten sind an derartigen Regelungen durch § 5 Abs. 3 BNatSchG nicht gehindert.

10.1.2 Die Aufgabe des Landschaftsprogramms

Die fachliche Ableitung der Erfordernisse und Maßnahmen zur Verwirklichung der Ziele des Naturschutzes und der Landschaftspflege auf Landesebene

a) Sinn und Zweck des Landschaftsprogramms

Die durch § 5 Abs. 1 BNatSchG vorgeschriebene Darstellung der überörtlichen Erfordernisse und Maßnahmen zur Verwirklichung der Ziele des Naturschutzes und der Landschaftspflege schließt zwei Aufgaben ein, die den Sinn und Zweck des Landschaftsprogramms erst erfüllbar machen. Worauf es ankommt, ist die Durchsetzung der raumbedeutsamen Erfordernisse und Maßnahmen zum einen in der Raumordnung, so daß sie als Ziele der Raumordnung und Landesplanung die Verbindlichkeit nach § 5 Abs. 4 ROG erreichen; zum anderen in all den Planungen, Verfahren und realen Vorgängen, für die die Darstellung der o. g. überörtlichen Erfordernisse und Maßnahmen als abwägungserheblicher Belang von Bedeutung ist, die also Natur wird Landschaft berühren. Eine Darstellung, die der Verwirklichung bestimmter Ziele dient, wendet sich an alle, die es angeht, d. h. an alle, die zur Verwirklichung der Ziele beitragen können. Dazu gehören z. B. neben einschlägigen Fachplanungen auch öffentliche oder private Institutionen, die Bodenvorratspolitik betreiben. Ist das Landschaftsprogramm ziel- und damit durchsetzungsorientiert, dann muß es mehr als eine informierende Planung sein. Dann ist wesentlich, daß es Ziele konkretisiert und daraus Maßnahmen oder Erfordernisse ableitet. Folglich kommt es auf Argumente, d. h. sachlogische Ableitungszusammenhänge an. Solche Ableitungszusammenhänge sind nur unvollkommen und wenig überzeugend, wenn sie lediglich punktuell, gleichsam zufällig aus Anlaß eines fachfremden Planungsvorhabens entwickelt werden. Dem wird nur durch ein rechtzeitig, d. h. auf Vorrat erstelltes Landschaftsprogramm vorgebeugt, welches die Ziel des Naturschutzes und der Landschaftspflege umfassend und in ihrem inneren Zusammenhang darstellt.

b) Methodische Anforderungen

Die Ziele des Naturschutzes und der Landschaftspflege, die § 1 Abs. 1 Nr. 1–4 BNatSchG abstrakt-generell vorgibt, verweisen auf Sachbezüge, die meist sehr komplex sind und, wie etwa der Naturhaushalt, sowohl durch ganzheitliche als auch durch Einzelaspekte konstituiert werden (Gassner, Winkelbrandt, 1992). Diese Komplexität muß daher methodisch folgerichtig aufgearbeitet werden, sollen die Programmaussagen nicht beliebig getroffen werden. Die Methodik kann nur bei den Faktoren beginnen, die im Raume – aktuell oder potentiell – vorhanden sind. Folglich zeichnet sich die Landschaftsplanung generell dadurch vor anderen Planungen aus, daß bei ihr Bestandsaufnahme und Analyse einen besonderen Stellenwert einnehmen, daß ihr Wert vor allem darin liegt, „Informationen zu geben und Überzeugungsarbeit zu leisten" (Schmidt-Aßmann, 1990).

Überzeugend sind die Ableitungszusammenhänge nur, wenn sie systematisch erfolgen, d. h. den gesamten Raum erfassen und das, was an biotischen und abiotischen Faktoren in ihm vorzufinden ist, nach seiner Eignung zur Verwirklichung der Ziele des Naturschutzes und der Landschaftspflege bewerten.

Aus dem Eignungsurteil lassen sich in einem weiteren Schritt die Leitbilder entwickeln. Die noch sehr grobmaschigen Aussagen des Landschaftsprogrammes helfen sich dort, wo sie noch nicht in der Lage sind, konkrete Leitbilder zu formulieren, mit Leitlinien. In jedem Fall aber sind die Ziel- bzw. Programmaussagen über die Stufen Bestandsaufnahme und Bewertung zu entwickeln (Gassner, 1995). Dies geschieht in der Praxis in unterschiedlicher Art und Weise.

c) Beispiele

So nimmt z. B. im Landschaftsprogramm Berlin (1988) die Zustandsbeschreibung des Lebensraumes Berlin als Ökosystem einen zentralen Platz ein. Wie selbstverständlich gliedert das Landschaftsprogramm Niedersachsen (1989) nach dem gegenwärtigen Zustand von Natur und Landschaft sowie den voraussichtlichen Änderungen, nach der Bewertung des Zustandes und der Entwicklung eines Leitbildes. Das vorläufige gutachtliche Landschaftsprogramm Mecklenburg-Vorpommern (1992) weist als Planungsgrundlagen die natürlichen und die kulturbedingten Grundlagen aus, die die Besonderheiten des Landes und die Gefährdungsursachen aufführen.

Minimale bis gar keine Bestandsaufnahmen enthalten tendenziell die Landschaftsprogramme, welche (wie in Bayern und Sachsen) als Teil der Landesplanung konzipiert sind. Diese Länder postulieren Ziele, die sie begründen, in Bayern als Landschaftsrahmenprogramm, das Teil des Landesentwicklungsprogrammes ist. In Sachsen werden die Maßnahmen des Naturschutzes und der Landschaftspflege dem Landesentwicklungsplan als Anlage beigefügt (§ 5 Abs. 3 Sächs. NatSchG). Dadurch wird deren Gewicht zweifellos gestärkt. Ohne das Fundament der Bestandsaufnahme wirken die Begründungen jedoch nicht in jeder Hinsicht als zwingende Ableitungen.

Daß das Landschaftsprogramm im Hinblick auf seine Aufgabe und Struktur gleichsam von der Natur der Sache her geboten ist, beweist das Land Nordrhein-Westfalen. Ohne daß das Landschaftsgesetz ein Landschaftsprogramm vorsieht, hält die Landesregierung ein (diesem entsprechendes) großräumiges naturraumbezogenes Fachkonzept für die Entwicklung von Natur und Landschaft für notwendig. In den Leitlinien und Leitbildern für Natur und Landschaft im Jahre 2000 (Natur 2000) hat sie bereits 1990 das präsentiert, was den Kern eines Landschaftsprogrammes ausmacht. Darin wird u. a. für jede der acht Großlandschaften in einer Art Steckbrief das Charakteristische gesagt und in etwa einem Dutzend Punkten aufgeführt, was jeweils an repräsentativen Typen der Landschaft zum einen zu bewahren ist und zum andern behutsam entwickelt und rekonstruiert werden soll. Neben den landschaftlichen Leitbildern werden die sachlichen, räumlichen und zeitlichen Vorstellungen für einen landesweiten Biotopverbund entwickelt, Schutzprogramme für die bäuerliche Kulturlandschaft, für Wälder, für Gewässerauen und für den Naturschutz im Ballungsraum vorgestellt, regionale Biotop- und Artenschutzprogramme in einen landesweiten Verbund einbezogen sowie Naturerlebnisräume in die Naturschutzpolitik integriert.

In den neuen Ländern sind bereits methodische Fortentwicklungen erkennbar; so schlägt das Konzept zur Aufstellung des Landschaftsprogramms für das Land Brandenburg[1] eine sog. problemorientierte Raumgliederung vor, die die naturräumlichen Charakteristika durch die vorherrschenden Nutzungsstrukturen ergänzt, um so zu konkreteren Zielaussagen zu gelangen.

Weder von der Sache noch von der rechtlichen Begründung her ist deshalb die Aufhebung der gesetzlichen Verpflichtung zur Erstellung eines Landschaftsprogramms in Rheinland-Pfalz plausibel, das „wegen des notwendigerweise hohen

---

1 Vgl. hierzu Abschnitt 10.2.

Abstraktionsgrades keinen wirksamen Beitrag zur konkreten Verwirklichung der Belange der Landespflege erbringen" könne (Gesetzentwurf der Landesregierung, Landtags-Drucks. 10/2453 vom 4. 6. 1986, S. 18). Es wird im Gegensatz zu dieser Behauptung de facto lediglich der Abstraktionsgrad verlangt, der u. a. für Aussagen im Landesentwicklungsprogramm benötigt wird und dieses ist in Rheinland-Pfalz doch auch nicht abgeschafft worden.

Die rechtliche Reichweite des Optimierungsgebots

Der Planungsauftrag enthält durch die Festlegung auf das, was zur Verwirklichung der Ziele des Naturschutzes und der Landschaftspflege erforderlich ist, rechtlich ein Optimierungsgebot (BVerwG E71, 163/165). Zunächst ist – exklusiv – nur nach diesen Zielen zu optimieren. Natürlich darf dieses Optimieren kein illusionäres sein, vielmehr muß es realistischerweise erfolgen, da es auf die Verwirklichung der Ziele ankommt. Eingeschränkt ist das Optimierungsgebot durch die Raumordnungsklausel (vgl. oben 10.1.1).

Keinesfalls generell eingeschränkt ist das planerische Optimierungsgebot durch das Abwägungsgebot des § 1 Abs. 2 BNatSchG (a. A. Hoppe).

Insoweit ist zu unterscheiden, ob das Landschaftsprogramm Verbindlichkeit beansprucht, wenigstens gegenüber anderen Behörden. Ist dies nicht der Fall, will es nur Gutachten sein, nur die Meinung des Fachressorts wiedergeben, sachlich gerade Forderungen, Änderungsvorschläge an andere Fachbehörden richten, dann wäre es verfehlt, eine Abwägung mit gegenläufigen Anforderungen an Natur und Landschaft zu verlangen. Dazu wäre das Fachressort weder berufen noch in der Lage. Vielmehr verweist § 5 Abs. 2 BNatSchG selbst auf eine spätere, die fachliche Optimierung voraussetzend, umfassende Abwägung, die erst anhand eines über den naturschutzrechtlichen Rahmen hinausreichenden Prüfungsmaßstabs vorzunehmen ist. Entscheidend ist der Maßstab und die Kompetenz zur Maßstabskonkretisierung; denn Abwägung ist ein Rechtsvorgang, der an Maßstäbe gebunden ist (Gassner, 1993). Dem Gebot des § 1 Abs. 2 BNatSchG wird deshalb dort – systematisch richtig – Rechnung getragen, wo die zunächst optimierten Ziele in eine Realisierungsstufe übernommen und damit verbindlich abgewogen werden, z. B. nach § 7 Abs. 6 BlnNatSchG vom Senat mit Zustimmung des Abgeordnetenhauses, nach § 6 Abs. 4 BremNatSchG und § 4 Abs. 3 HmbNatSchG von der Bürgerschaft. Das vom Fachminister bekanntgemachte Landschaftsprogramm des Saarlandes weist – trotz des Beachtensgebotes für die öffentlichen Planungsträger (§ 8 Abs. 7 SNG) – selbst darauf hin, daß Abwägung erst bei der Realisierung des Programmes stattfindet.

Bei Landschaftsprogrammen, die Teil des Landesentwicklungsprogrammes sind, geschieht die Abwägung bei der Übernahme dieses Teiles in das Gesamtprogramm.

Schließlich ist der Tendenz, das Rechtsgebot der Abwägung allzuweit in planerische Prozesse vorzuverlagern, entgegenzuhalten, daß auch das Landschaftsprogramm in erster Linie eine Planung und erst in zweiter Linie ein Rechtsakt ist. Zunächst muß feststehen, was zur Abwägung zu stellen ist, ehe überhaupt abgewogen werden kann. Erst wenn dargelegt worden ist, wie ein Belang nach Auffassung des zuständigen Fachressorts bestmöglich verwirklicht werden kann, ist es möglich, sein objektives Gewicht in die Waagschale der Abwägung zu werfen.

Im übrigen sichert erst die volle Ausschöpfung des Optimierungsgebotes auch die Rollenverteilung zwischen Gesamtplanung und Fachplanung, eine Rollenverteilung, die voraussetzt, daß die Fachplanung auf den Punkt bringt, was der Fachbelang zu seiner – natürlich zunächst einmal vollen – Realisierung erfordert.

10.1.3 Die Inhalte des Landschaftsprogramms

Allgemeine Aspekte

Die Inhalte des Landschaftsprogrammes sind im Prinzip die gleichen wie diejenigen der (regionalen) Landschaftsrahmenpläne und der (örtlichen) Landschaftspläne. Dies folgt aus dem Grundsatz der Durchgängigkeit der Landschaftsplanung (Gassner, 1995). Jedoch werden die Inhalte auch vom Maßstab der Darstellung bestimmt. Dieser muß notgedrungen sehr grob sein, will er z. B. mit der Ebene der Raumordnung und Landesplanung kompatibel sein. So werden sich die Aussagen in den Flächenstaaten im wesentlichen auf Räume beziehen, die nach naturräumlichen und ergänzend – so neuere Vorschläge – nach vorherrschenden Nutzungsstrukturen abgegrenzt werden, während in den Stadtstaaten z. B. „Landschaftsachsen" (Hamburg) eine größere Rolle spielen werden.

Auch ist zwischen der raumbezogenen Planung (dem Flächen- und Objektschutz) und der mehr maßnahmenbezogenen Planung des Artenschutzes zu unterscheiden. Letzterer folgt seiner eigenen Maßstäblichkeit.

Die Bestandsaufnahme

Das Landschaftsprogramm muß den Bogen nicht nur in räumlicher, sondern auch in zeitlicher Hinsicht weit spannen, will es die großen Linien erfassen, die den vergangenen, gegenwärtigen und künftigen Zustand von Natur und Landschaft prägen. Dabei sind nicht nur die natur-, sondern auch die kulturbedingten – leider auch die durch Unkultur bedingten – Entwicklungen zu erfassen. Auch für die Feststellung der typischen Strukturen des Landschaftsbildes geben die Steckbriefe von Natur 2000 eine gute Anregung.

Die Zielkonkretisierung

Der weitmaschigen Aussagedichte des Landschaftsprogrammes entspricht es, die Ziele in Form von Konzepten und Leitbildern zum Ausdruck zu bringen. Oft werden konkrete, unverwechselbare Leitbilder noch zu wenig erkennbar sein, als daß lediglich Leitlinien postuliert werden könnten. Dies ist allerdings nur dann vertretbar, wenn die Leitlinien nicht ein Ausweichen vor einer konkreten Entscheidung bedeuten, sondern ihrerseits so viel Leitsatzcharakter, d. h. Sachsubstanz haben, daß Erfordernisse und Maßnahmen zur Verwirklichung der Ziele des Naturschutzes und der Landschaftspflege nicht nur ableitbar sind, sondern dort, wo dies nicht möglich ist, wenigstens – z. B. durch Gewichtungsregeln – vorgeprägt werden. Denn die Erfordernisse und Maßnahmen – nicht etwa nur Grundsätze – sind die gesetzliche Bringschuld des Landschaftsprogramms. Einschlägige Beispiele sind Leitlinien für Biotopverbundsysteme oder für integrierte Schutzgebietssysteme durch Bezugnahme auf bestimmte reale Gegebenheiten.

Zur Zielkonkretisierung gehören auch sachliche und zeitliche Prioritäten, die möglichst naturraumbezogen festzulegen sind.

Die Erfordernisse und Maßnahmen des Naturschutzes und der Landschaftspflege

Während *Maßnahmen* des Naturschutzes und der Landschaftspflege ein Tätigwerden des eigenen Fachbereichs bezeichnen, wenden sich die *Erfordernisse* an fachfremde Bereiche, z. B. „eingreifende" Projektplanungen. Sie wenden sich an diese Bereiche mit Anforderungen, die aus der Sicht und zum Schutz von Natur und Landschaft bestehen und die nur durch Maßnahmen des betroffenen (fremden) Fachbereiches selbst realisiert werden können.

Sowohl die Erfordernisse als auch die Maßnahmen des Naturschutzes und der Landschaftspflege müssen inhaltlich alle Ziele abdecken, die durch § 1 Abs. 1 BNatSchG und die entsprechenden Vorschriften des Landesrechts einschließlich der einschlägigen Staatszielbestimmungen einiger Landesverfassungen und nunmehr auch des Grundgesetzes (Art. 20a GG) vorgegeben sind.

Der Wert des Landschaftsprogrammes steht und fällt mit der ökologischen Substanz der Erfordernisse und Maßnahmen. Gehen diese nicht über die herkömmlichen Aussagen zum Flächen- und Objektschutz sowie zum Artenschutz hinaus, dann werden die Ziele der Nr. 1 und 2 des § 1 Abs. 1 BNatSchG nicht voll umgesetzt. Denn zur Sicherung der Leistungsfähigkeit des Naturhaushaltes und der nachhaltigen Nutzungsfähigkeit der Naturgüter gehören auch Boden, Wasser, Luft und Klima als unverzichtbare Komponenten. Deshalb müssen auch sie in die Vorsorge des Landschaftsprogrammes mit einbezogen werden. Erforderlich sind für bestimmte Naturräume und Nutzungsstrukturen Aussagen z. B. zur Erhaltung der natürlichen Vielfalt unterschiedlicher Bodentypen oder zur Vermeidung der Erosion oder Schadstoffdegradation von Böden, zur Sicherung der Regulations- und Regenerationsleistung von Oberflächengewässern in einem großräumigen Oberflächengewässersystem. Beispielgebend ist etwa die Zielsetzung des niedersächsischen Fließgewässerprogramms, das in einer ersten Phase ein Netz naturnaher Fließgewässer wiederherstellen will, das alle in Niedersachsen von Natur aus vorkommenden Fließgewässer repräsentiert. In bezug auf Luft und Klima sind u. a. Gebiete mit günstiger bioklimatischer Wirkung, sind Kaltluftentstehungs- und -abflußgebiete sowie sonstige Luftregenerationsräume zu schützen.

Soweit für diese Güter spezielle Gesetze und Kompetenzen bestehen, gehen diese dem Naturschutzrecht vor, jedoch nur soweit sie die speziellen Zwecke, etwa der Wasserwirtschaft, Luftreinhaltung oder des Bodenschutzes regeln. Soweit trotz dieser Spezialregelungen die Leistungsfähigkeit des Naturhaushaltes beeinträchtigt wird, verpflichtet das Bundesnaturschutzgesetz, zur Verwirklichung seiner Ziele entsprechende Erfordernisse und Maßnahmen in der Landschaftsplanung darzustellen. Das Landschaftsprogramm hat auf seiner Ebene für Ökosysteme großräumige Vorsorge zu treffen und dabei allen relevanten Belastungspfaden Rechnung zu tragen. So ist den Immissionen über die Luft, das Wasser oder den Boden ebenso zu begegnen wie direkten Beeinträchtigungen. Ein Beispiel, wie dies auf der Programmebene geschehen kann, gibt die Festsetzung von drei Zonen unterschiedlicher Belastungsgrenzen der bayerischen Alpen im Hinblick auf die Verkehrserschließung (Landesentwicklungsprogramm Bayern, 1976, B IX 8.8 sowie Anlage 9, nunmehr LEP v. 25. 1. 1994, Bayer. G VBL, 25, BX 7.2.1 sowie – Erholungslandschaft Alpen Anhang). Das Beispiel sollte ermuntern, die Forderungen an andere Fachbereiche konkret zu stellen. Wie vorliegende Landschaftsprogramme zeigen, werden selbst dort, wo evident Grenzen der Boden-, Wasser- und Luftbelastung bspw. für empfindliche Ökosysteme erreicht sind, Forderungen mehr oder weniger nur in Form von Grundsätzen erhoben. Es liegt auf der Hand, daß unter diesen Umständen Durchsetzungserfolge gegenüber den betroffenen Gesamt- und Fachplanungen nicht zu erwarten sind.

Konkrete Forderungen müssen nicht immer in Zahlen ausgedrückt werden. Das Landschaftsachsenmodell für Hamburg ist zugleich konkret und im Sinne eines Landschaftsprogrammes zielführend, allerdings ist es bislang dennoch nicht über das Entwurfsstadium hinaus gediehen. Dies spricht nicht gegen das Modell, sondern beweist nur die Konfliktträchtigkeit und damit – indirekt – die sachliche Ergiebigkeit konkreter Leitbilder.

Leitbildkonkretionen können auch auf bestimmte Faktenkombinationen und Indikatoren bezogen werden.

Die Optimierung lediglich eines Nutzungsverbundes unter Beachtung ökologischer oder visuell-struktureller Parameter kann für ein bestimmtes Gebiet konkret genug sein. Die Forderungen können an Indikatoren festgemacht werden, etwa der Wiedereinbürgerung des Lachses in einem Flußsystem. In einem Landschaftsprogramm ist auch Platz für die Forderung nach der Sicherung ökologischer Vorranggebiete. Der Vorrang muß nicht ausschließlich sein. Er kann durchaus standortgerechte Mehrzwecknutzungen zulassen. Gründe für Vorranggebiete können z. B. der Erhalt größerer noch unzerschnittener verkehrsarmer Räume sein, die wenigstens grobmaßstäblich in bundesweiten Karten des Bundesamtes für Naturschutz ausgewiesen sind. Weitere Gründe für Vorranggebiete liegen in der Notwendigkeit, überregional bedeutsame Schutzgebiete und Vernetzungssysteme auszuweisen. So schreibt die 1992 erlassene sog. FFH-Richtlinie des Rates (92/43 EWG) vor, daß für die Erhaltung natürlicher Lebensräume von gemeinschaftlichem Interesse besondere Schutzgebiete ausgewiesen werden müssen. Das gleiche gilt für Tier- und Pflanzenarten von gemeinschaftlichem Interesse. Hierfür bietet das Programm CORINE der EG technische Hilfe, das Lebensraumtypen erfaßt und hierarchisch einstuft. Die überregional bedeutsamen Flächenanforderungen allein aufgrund EG- und völkerrechtlicher Standards können hier nicht alle angeführt werden. Es möge der Hinweis auf die EG-Vogelschutzrichtlinie und die Ramsar-Konvention genügen.

Vorsorgegebiete, wie sie der Entwurf 1992 des Landesraumordnungsprogramms Niedersachsen vorsieht, vermögen die EG- und völkerrechtlichen Zielvorgaben nur bedingt zu realisieren, weil sie unter dem Vorbehalt abweichender Entscheidungen im Einzelfall stehen. Indes ist die verbindliche Ausweisung von Schutzflächen – jedenfalls in den Flächenstaaten – nicht die Aufgabe des Landschaftsprogramms. Dies tritt von vornherein unter dem Gesetz an, daß seine Vorgaben noch weitere Konkretisierungen auf nachgelagerten Realisierungsstufen bedürfen. Folglich ist die Ausweisung von Vorsorgegebieten in Landschaftsprogrammen eine beispielgebende Vorgehensweise.

Die Besonderheiten der Artenschutzprogramme

Die modernen Artenschutzprogramme gehen über den engen gesetzlichen Begriff hinaus und verstehen sich als Arten- und Biotopschutzprogramme. Oft werden sie durch eine Reihe weiterer Schutzprogramme ergänzt.

Als Beispiel eines Arten- und Biotopschutzprogrammes sei dasjenige Baden-Württembergs seiner Struktur nach vorgestellt. Es enthält neben den Roten Listen der gefährdeten Tiere und Pflanzen des Landes vor allem ein langfristiges Konzept für flächenbezogene Handlungsziele (Sicherung der ökologisch wertvollsten Flächen, Verbesserungsvorschläge gegenüber den Bereichen landwirtschaftlicher Raumnutzung, Wald, Gewässer, Siedlung) und für artenbezogene

Maßnahmen (Artenerfassung, Artenmonitoring, Artenhilfsprogramme, Gefangenschaftshaltung und Domestikation, Grundlagenforschung), sowie ferner für die Öffentlichkeitsarbeit. Zusätzlich sei – ebenfalls im Sinne von Beispielen, die genausogut anderen Ländern entnommen sein könnten – auf die Pflegeprogramme des bayerischen und die Biotophilfs- und Artenhilfsprogramme des nordrhein-westfälischen Arten- und Biotopschutzprogramms hingewiesen. Es ist evident, daß sich derartige Programme durch eine hohe Spezialisierung und damit fachliche Tiefenschärfe auszeichnen und stark maßnahmenorientiert sind.

Die Arten- und Biotopschutzprogramme sind daher für den Abschnitt Landschaftsplanung des BNatSchG atypisch. Die raumplanerische Komponente ist wichtig, aber nicht systemprägend. Die Arten- und Biotopschutzprogramme stellen Sonderprogramme dar. Sie sind daher von den Landschaftsprogrammen zu unterscheiden; sie ersetzen letztere nicht, noch machen sie diese in Bezug auf den Arten- und Biotopschutz überflüssig. Das belegt die Ergänzung des Inhalts der Landschaftsprogramme und die schutzbedürftigen wildlebenden Tier- und Pflanzenarten und das Nds NatSchG 1990 gegenüber dem Nds NatSchG 1981 in § 4 Abs. 2 Satz 2.

10.1.4 Das Verfahren

Hinsichtlich des Verfahrens ist zwischen den gutachtlichen und den verbindlichen Landschaftsprogrammen zu unterscheiden. Für letztere ist das Verfahren in den Landesnaturschutzgesetzen strikt geregelt (vgl. § 7 BlnNatSchG, § 6 BremNatSchG, § 7 HmbNatSchG; vgl. ferner als Zwischenform § 8 SNG).

Was die Aufnahme – von Teilen des Landschaftsprogramms – in die Landesplanung betrifft, so gelten die Verfahrensregeln der Landesplanungsgesetze. Für die Aufstellung aller Landschaftsprogramme, also auch die gutachtlichen, gilt § 3 Abs. 3 BNatSchG, der vorschreibt, daß die Naturschutzbehörden die anderen Behörden schon bei der Vorbereitung der Planung zu beteiligen haben, soweit deren Aufgabenbereich berührt werden kann.

Die verbindlichen Landschaftspläne der Stadtstaaten sehen auch eine Öffentlichkeitsbeteiligung durch Auslegung der Pläne vor.

Eine Mitwirkung der Verbände nach § 29 Abs. 1 Nr. 2 BNatSchG bei Landschaftsprogrammen ist, soweit ersichtlich nicht aktuell, da ein Fall der Verbindlichkeit von Landschaftsprogrammen als solchen gegenüber dem Einzelnen nicht gegeben ist.

Verfahrensweise der Länder:
§ 8 Abs. 1 NatSchG Bad-Württ., Art. 3 Abs. 1 Nr. 1 Bay. NatSchG, § 7 NatSchG Bln, § 5 Bbg NatSchG, § 6 Brem. NatSchG, § 4 Hmbg. NatSchG, § 13 Erstes

NatSchG M–V, § 4 Nds. NatSchG, § 7 SNG, § 5 Sächs. NatSchG, § 5 NatSchG LSA, § 4a LNartSchG SH, § 4 Vorl. Thür. Nat G.

Die Länder Hessen, Nordrhein-Westfalen und Rheinland-Pfalz verfügen nicht über ein Landschaftsprogramm; sie vergeben die Chance, die darin besteht, daß „eine gesetzlich anerkannte Kompetenz zu eigenständiger Planung ein Darstellungs- und Artikulationsprivileg verleiht" (Schmidt-Aßmann, 1990). Ihre Gesetze sind gegenüber § 5 BNatSchG defizitär.

10.1.5 Ausblick

Der Landschaftsplanung insgesamt steht die entscheidende Bewährungsprobe noch bevor, nämlich dann, wenn die immer knapper werdenden Flächen zu immer härter werdender Konkurrenz der verschiedenen Nutzungsansprüche führen. In diesem Ringen ist die Weichenstellung bereits auf der Landesebene unverzichtbar.

Erfolg ist dem Landschaftsprogramm nur beschieden, falls es alle seine Vorzüge einsetzt; die informierende Bestandsaufnahme, die überzeugende Zielkonkretisierung und die daraus zwingend abgeleiteten Maßnahmen und Erfordernisse. Angesichts der absehbaren Herausforderung können es sich die Länder nicht leisten, durch unterschiedliche Konzepte statt durch Erfolge in der Sache zu brillieren. Erfreulich ist, daß die neuen Länder sich der Aufgabe unvoreingenommen stellen und die bestmöglichen Lösungswege suchen. Ex oriente lux.

Hans Langer

10.2 Konzept zur Aufstellung des Landschaftsprogramms für das Land Brandenburg

Die Planungsgruppe Ökologie + Umwelt, Hannover hat im Auftrag des Ministeriums für Umwelt, Naturschutz und Raumordnung des Landes Brandenburg ein Konzept zur Aufstellung des Landschaftsprogramms erarbeitet, das in seinen Grundzügen hier dargestellt wird.

10.2.1 Zielsetzung und Anforderungen

Der seit der Wiedervereinigung ablaufende wirtschaftliche Umstrukturierungsprozeß zeigt erhebliche Auswirkungen auf das Flächennutzungsmuster. Sein flächiges Ausmaß und der beschleunigte Verlauf stellen die Landesplanung und damit auch die naturschutzfachliche Planung vor eine außerordentliche Herausforderung. Es ist notwendig, ein zwischen den Umweltbelangen sowie den sozialen und den ökonomischen Belangen abgestimmtes Programm in kurzer Zeit zu entwerfen, um noch steuernd eingreifen und den Prozeß in eine umweltschonende Entwicklung lenken zu können.

Aus diesem Grund wurde parallel zur Aufstellung des Landesentwicklungsplans die Erarbeitung des Landschaftsprogramms angeregt und gefördert.

Das Brandenburgische Naturschutzgesetz (BbNatSchG vom 25. Juni 1992) liefert hierfür eine hervorragende landesrechtliche Grundlage, weil es Erfahrungen seit Inkrafttreten des Bundesnaturschutzgesetzes bis hin zur aktuellen Fachdiskussion berücksichtigt. Die der Landschaftsplanung zugewiesene querschnittsorientierte Aufgabe ist dabei von besonderer Bedeutung.

Im § 3 BbNatSchG heißt es dazu: „. . . Die Inhalte der Landschaftsplanung sind in Planungen und Verwaltungsverfahren zu berücksichtigen, soweit sie sich auf Natur und Landschaft im Planungsraum auswirken können. Sie stellen Maßstäbe für die Umweltverträglichkeit bei Planungsentscheidungen dar. Soweit den Inhalten der Landschaftsplanung nicht Rechnung getragen werden kann, ist dies zu begründen“.

Damit wird der Landschaftsplanung eine wesentliche Funktion der Umweltvorsorge im Rahmen der räumlichen Planung zuerkannt. Diese Funktion der Landschaftsplanung, der in § 4 BbNatSchG dargestellte inhaltliche Rahmen sowie der in § 5 BbNatSchG definierte fachgutachterliche Charakter stellen Anforderungen an das Landschaftsprogramm, für die es bisher kaum Vergleichbares gibt.

Das Landschaftsprogramm ist Bestandteil planerischer Entscheidungsvorbereitung auf Landesebene. Seine Aussagen werden über die Integration in den Landesentwicklungsplan verbindlich. Doch damit in der gesamtplanerischen Abwägung die Belange von Natur und Landschaft die ihrem Gewicht angemessene Berücksichtigung finden, muß das Landschaftsprogramm dazu auch instrumentell in der Lage sein. Deshalb muß es über die Erfassung und Beurteilung des Zustandes von Natur und Landschaft hinaus als entscheidende Aussage ein inhaltlich und räumlich konkretisiertes naturschutzfachliches Entwicklungskonzept umfassen. Damit wird unter dem Gesichtspunkt der langfristigen Sicherung der natürlichen Lebensgrundlagen ein räumliches Leitbild für die Entwicklung der Flächennutzung des Landes dargestellt. Zugleich muß das Landschaftsprogramm als kooperatives Instrument begriffen werden, das im integrativen Prozeß einen gewichtigen Beitrag zur Strukturierung und Festlegung umweltschonender Entscheidungen leistet.

10.2.2 Aufbau des Landschaftsprogramms

Ausgehend von den Anforderungen unterscheidet das Konzept zum Aufbau des Landschaftsprogramms mehrere Ebenen:

- den fachinhaltlichen Aufbau,
- die textliche und kartographische Darstellung,
- die Erarbeitung und
- die Integration in den Landesentwicklungsplan.

Fachinhaltlicher Aufbau

Der fachinhaltliche Aufbau steht im Mittelpunkt des Konzeptes. Es handelt sich um das inhaltliche Leitprogramm, das sich aus der Forderung des BNatSchG nach einem querschnittsorientierten, alle Medien umfassenden Planungsansatz herleitet (siehe Tafel 3).

Ausgegangen wird von definierten Grundsätzen/Leitlinien, die sich beziehen

- auf die Sicherung des Naturhaushaltes, d. h. die Erhaltung der Bereiche mit wenig beeinträchtigten Leistungen des Naturhaushaltes, die Sanierung stark gefährdeter Bereiche und die dringend notwendige Verringerung der flächenhaften Stoffeinträge;
- auf die Bewahrung und Weiterentwicklung der brandenburgischen Kulturlandschaft in ihrer Großräumigkeit, Vielfalt, Eigenart und Schönheit sowie ihrer regionalen Differenzierung;
- auf den Aufbau eines landesweiten Schutzgebietssystems unter besonderer Berücksichtigung des Instrumentes der Großschutzgebiete.

ALLGEMEINE ZIELSETZUNG

Nachhaltige Sicherung der natürlichen Lebensgrundlagen im Land Brandenburg

▼

LEITLINIEN VON NATURSCHUTZ UND LANDSCHAFTSPFLEGE IM LAND BRANDENBURG

- **Allgemeine Leitlinien von Naturschutz und Landschaftspflege**
- Leitlinien in den brandenburgischen Großlandschaften
- Leitlinien für eine landesweite Schutzgebietskonzeption

→ *Die Einteilung des Landes in Großlandschaften/naturräumliche Regionen und die Darstellung der hier vorrangig anzustrebenden Ziele zur Sicherung der Leistungsfähigkeit des Naturhaushaltes hat den Erhalt der jew. besonderen Eigenart und landschaftlichen Vielfalt Brandenburgs zum Ziel. Die Großlandschaften stellen einen Beitrag der Landschaftsplanung zur Entwicklung der räumlichen Struktur des Landes im LEP dar.*

▼

INFORMATIONSSAMMLUNG UND -AUSWERTUNG

- Ermitteln und Auswerten vorhandener Informationen zu den Naturgütern
- Ermitteln und Auswerten der Informationen zu Nutzungen und Beeinträchtigungen
- Übernahme der Informationen zu geschützten und schützenswerten Flächen und Objekten
- Darstellung der Beurteilung des aktuellen Zustands von Natur und Landschaft in einem landesweiten, flächendeckenden Informationssystem zu

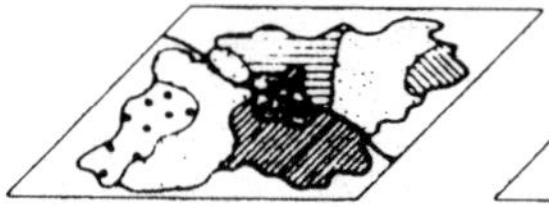
Boden

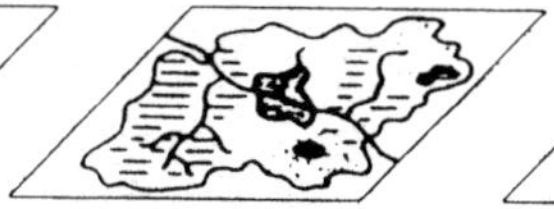
Wasser

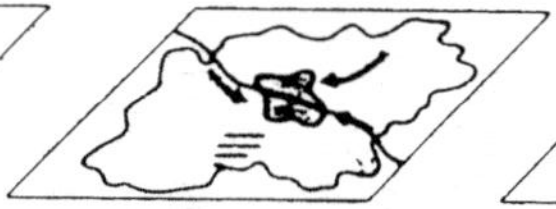
Luft/Klima

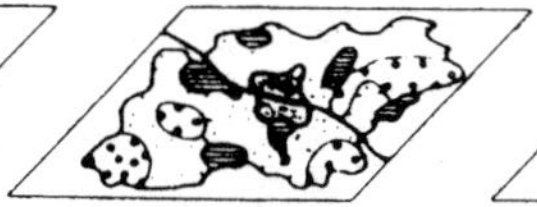
Pflanzen und Tiere

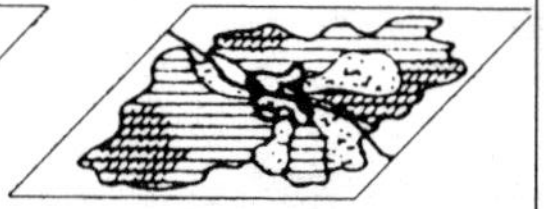
Landschaftsbild

Darstellung von Bereichen mit besonderer Bedeutung für z. B.

Boden	Wasser	Luft/Klima	Pflanzen und Tiere	Landschaftsbild
• den Schutz besonderer Bodenfunktionen • den Schutz seltener Böden • den Schutz vor Bodenkontamination • die Bodensanierung	• den Grundwasserqualitätsschutz • die Grundwasserneubildung • den Oberflächengewässerschutz • die Grundwasser-/Oberflächengewässersanierung	• die klimaökologischen Ausgleichswirkungen • die Luftreinhaltung • die Sanierung von Luftbelastungen	• den Arten- und Biotopschutz • die Sanierung/Renaturierung/Entwicklung von Lebensräumen (z. B. zur Verbesserung des Biotopverbundes)	• den Schutz von Landschaften besonderer Eigenarten • den Schutz kulturhistorischer Siedlungs-/Landnutzungsformen • die Verbesserung der Landschaftsstruktur

▼

NACHHALTIGE SICHERUNG DER NATURGÜTER IM LAND BRANDENBURG (schutzgutbezogene Teilzielkonzepte)

Entwicklung von Leitlinien sowie inhaltlich und räumlich konkretisierten (Umweltqualitäts-)Zielen zur nachhaltigen Sicherung der Naturgüter

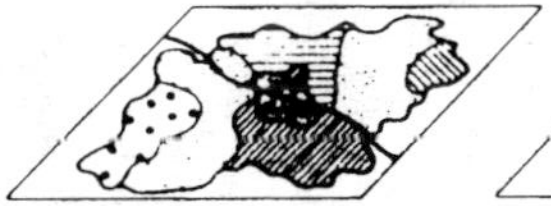

Boden

Wasser

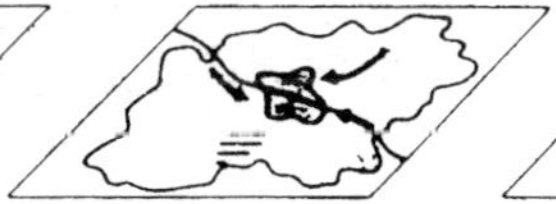

Luft/Klima

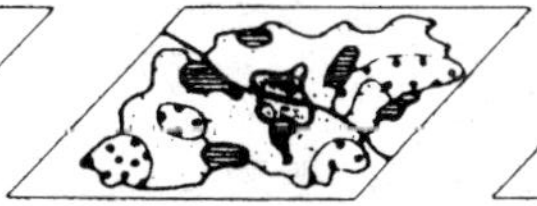

Pflanzen und Tiere

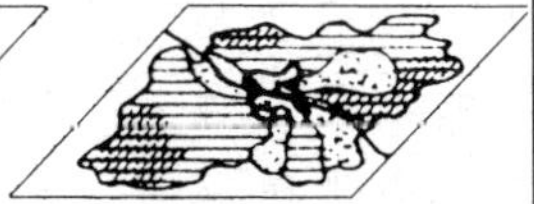

Landschaftsbild

Zieltypen/Zielbereichsgliederung zu den einzelnen Naturgütern nach den Kategorien, z. B.

- unverzichtbare, rechtlich abgesicherte Ziele/Gebiete (z. B. NSGs. Großschutzgebiete) (→ *Vorranggebiete*)
- aus fachlicher Sicht vordringlich zu schützende / zu erhaltende (rechtlich aber häufig nicht abgesicherte) Bereiche (→ *Vorranggebiete/Vorsorgegebiete*)
- aus fachlicher Sicht vordringlich zu verbessernde (zu sanierende / zu entwickelnde, i. d. R. rechtlich nicht abgesicherte) Bereiche (→ *Vorsorgegebiete / Gebiete mit besonderer Bedeutung*)
- aus fachlicher Sicht anzustrebende, nach thematischen, räumlichen und zeitlichen Prioritäten zu ordnende Ziele (→ *Empfehlungen, Abwägungsgrundlagen*)

▼

NATURSCHUTZFACHLICHE ENTWICKLUNGSKONZEPTION (Erfordernisse und Maßnahmen in den landschaftsplanerischen Funktionsräumen)

Zusammenfuhren der schutzguterbezogenen Teilzielkonzepte zu einer raumlichen Entwicklungskonzeption des Naturschutzes und der Landschaftspflege

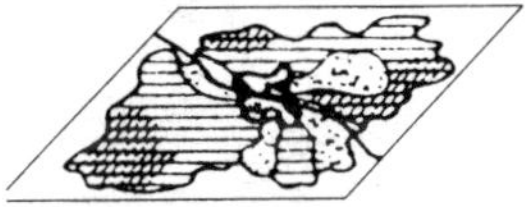

Zieltypen für die Teilräume

- Bereiche sehr hoher Schutzbedürftigkeit (weitgehend ohne wirtschaftliche Nutzung) (→ *Vorranggebiete*)
- Bereiche hoher Schutzbedürftigkeit (ausgewählte Nutzungen/-sformen) (→ *Vorsorgegebiete*)
- Bereiche mit hohem Sanierungs-/Entwicklungsbedarf (→ *Vorsorgegebiete / Gebiete mit besonderer Bedeutung für Landschaftssanierung und/oder -entwicklung*)
- Bereiche mit allgemeinen/speziellen Anforderungen an Nutzungen (→ *Vorsorgegebiete für andere Nutzungsfunktionen*)

▼

INTEGRATION DER LANDSCHAFTSPLANUNG IN DIE LANDESPLANUNG

- **Durchführung von Planungsgesprächen zur Abstimmung des Beitrages der Landschaftsplanung für das gesamtplanerische Konzept zur künftigen Entwicklung des Landes Brandenburg.** Diskussion räumlich konkretisierter Teilziele anderer Fachplanungen bzw. der Landesplanung vor dem Hintergrund der landschaftsplanerischen Entwicklungskonzeption. Ermittlung der Auswirkungen auf Natur und Landschaft und Einschätzung der Konflikte;
  Diskussion der Übernahme raumbedeutsamer Erfordernisse und Maßnahmen der Landschaftsplanung in die Landesentwicklungsplanung
- Erarbeiten von Lösungsmöglichkeiten zur Konfliktvermeidung bzw. -verminderung, ggf. Darstellung alternativer räumlicher Entwicklungsmöglichkeiten als Grundlage für die Abwägung.
- Dokumentation des Abwägungs-/Entscheidungsprozesses zum integrierten Gesamtplan. Begründungspflicht bei Nichtberücksichtigung der Inhalte der Landschaftsplanung (§ 3 Bbg NatSchG)
- Landesentwicklungsplan als Beitrag zur sozialen, kulturellen, ökologischen und wirtschaftlichen Entwicklung des Landes Brandenburg

Tafel 3: Fachinhaltlicher Aufbau des Landschaftsprogramms Brandenburg und (kursiv dargestellt) Vorgehensvorschläge zu einer Integration in die Landesentwicklungsplanung

Grundlage für die inhaltliche und räumliche Konkretisierung der Grundsätze/Leitlinien ist die landesweite, flächendeckende Erfassung, Beurteilung und Darstellung des Zustandes von Natur und Landschaft, getrennt nach den Schutzgütern Boden, Wasser, Luft, Klima, Arten und Lebensgemeinschaften sowie der landschaftlichen Eigenart. Damit werden für das jeweilige Schutzgut Bereiche unterschiedlicher Konfliktart und Konfliktdichte ermittelt, aus denen wiederum schutzgutbezogene Zieltypen und Zielbereiche, d. h. Teilzielkonzepte hergeleitet werden (Abb. 69).

Entscheidend für das Landschaftsprogramm aber ist die räumliche Bezugsbasis für die Darstellung der fachlichen Entwicklungskonzeption. Gewählt wurden problemorientierte Raumkategorien landschaftlicher Größenordnung, deren Inhalte und Typisierung sich durch Zusammenführen der schutzgutbezogenen Teilzielkonzepte unter Einbeziehung dominanter Nutzungsstrukturen und Aspekte der naturräumlichen Ausstattung ergeben (Abb. 70). Diesen landschaftsplanerischen Funktionsräumen werden Ziele zugeordnet, die die Erfordernisse von Naturschutz und Landschaftspflege im Grundsatz beschreiben.

Textliche und kartographische Darstellung

Im Gegensatz zu der häufigen Darstellung der Landschaftsprogramme, deren Gliederung dem Planungsverlauf entspricht und durch umfangreiche Erläuterungen und Zusammenstellungen von landesweit verfügbaren Daten die Planziele in den Hintergrund drängt, wird eine stärkere Trennung angestrebt. Ein überwiegend zielorientierter Text- und Kartenteil mit in der Regel knapp gehaltenen Begründungen (Teil I) wird durch einen Grundlagen- und Erläuterungsteil (Teil II) ergänzt. Der zweite Teil ist zugleich als Informationsgrundlage für die Bearbeitung von Aufgaben des Naturschutzes und der Landschaftspflege auf regionaler Ebene gedacht. Tafel 5 zeigt den Gliederungsvorschlag für Teil I des Landschaftsprogramms.

Erarbeitung des Landschaftsprogramms

Das flächenhafte Ausmaß und die Beschleunigung der Veränderung in der Nutzungsstruktur erfordern eine angemessene Reaktion. Bei der Bearbeitung wird deshalb vom üblichen Planungsverlauf abgewichen, nämlich erst die gesamte Erfassung und Beurteilung des Zustandes von Natur und Landschaft abzuschließen. In diesem Fall ist eine stufenweise Erarbeitung (Abb. 71) vorgesehen, bei der bereits zu einem frühen Zeitpunkt erste Zielvorstellungen entwickelt werden, die allerdings im weiteren Verlauf der Bearbeitung durch Verdichtung der Informationslage zu überprüfen sind. Vorgezogen werden aktuelle Themenschwerpunkte, für die außerdem landesweit und relativ kurzfristig Informationen verfügbar sind und aufbereitet werden können. Das Arbeitsprogramm für die Phase I, deren Abschluß Ende 1993 vorgesehen ist, zeigt Tafel 6.

1

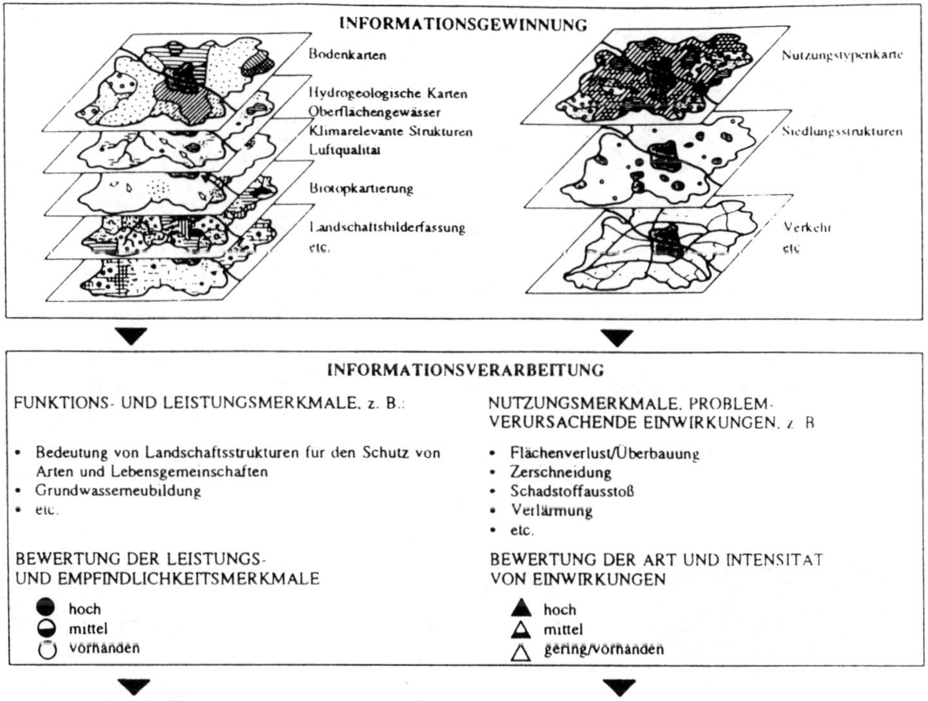

Fortsetzung auf Seite 254

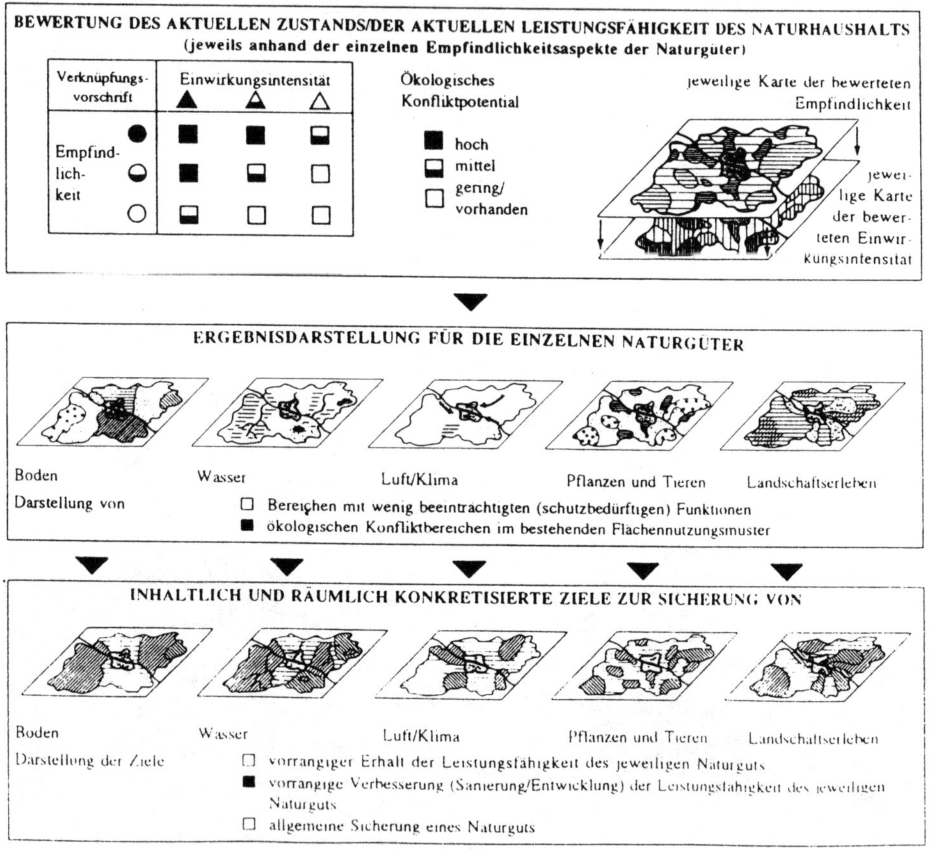

Abb. 69: Beurteilung und Darstellung des vorhandenen Zustands von Natur und Landschaft und Ableitung der Ziele für die einzelnen Naturgüter

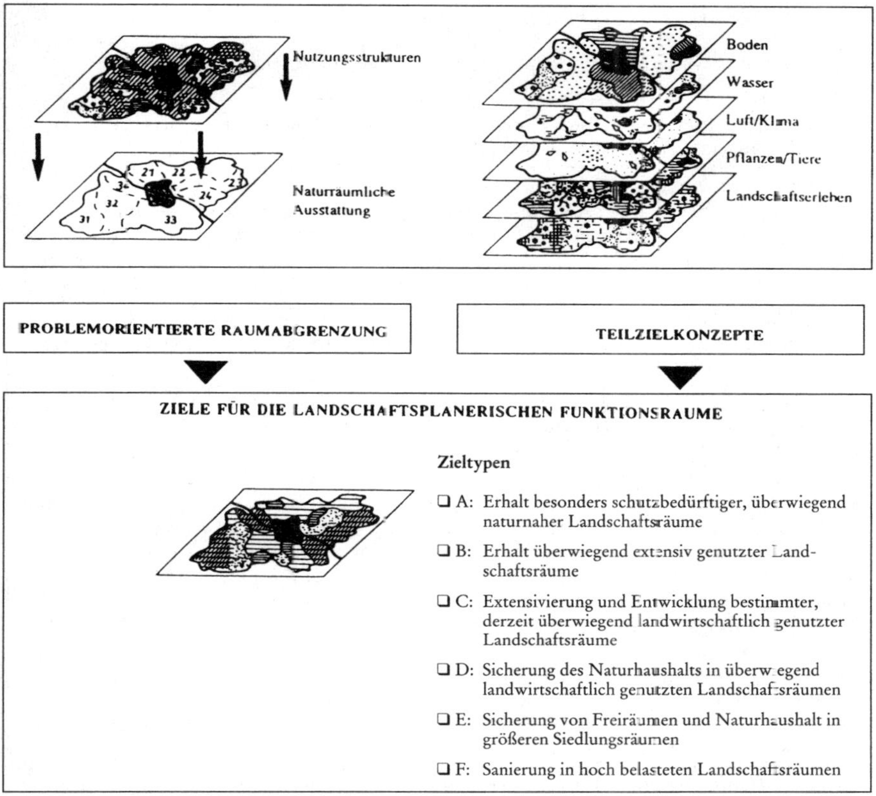

Abb. 70: Vorgehensweise zur Abgrenzung landschaftsplanerischer Funktionsräume als Basis für die Darstellung der Erfordernisse und Maßnahmen des Naturschutzes und der Landschaftspflege

Tafel 4: Problemorientierte Raumgliederung

– Landschaftsplanerische Funktionsräume – (beispielhaft)

Landschaftsplanerischer Funktionsraum A: Erhalt besonders schutzbedürftiger, überwiegend naturnaher Landschaftsräume
Grundziele/Zieltypisierung: Vorrangiger Erhalt noch relativ zusammenhängender Landschaftsräume mit überwiegend natürlichen bzw. naturnahen Ökosystemen; diese Räume weisen großflächig eine hohe bis sehr hohe Bedeutung für den Schutz von Arten und Lebensgemeinschaften auf; in diesen Räumen findet keine bzw. eine extensive Nutzung statt, die den Wert bislang garantiert hat.
Landschaftsplanerischer Funktionsraum B: Erhalt überwiegend extensiv genutzter Landschaftsräume
Grundziele/Zieltypisierung: Erhalt überwiegend extensiv genutzter Landschaftsräume, die z. B. durch größere zusammenhängende Waldgebiete, einen relativ hohen Anteil naturnaher bzw. extensiv genutzter weiterer Kulturökosysteme oder den relativ kleinräumigen Wechsel landwirtschaftlich weniger intensiv genutzter und forstwirtschaftlich genutzter Flächen gekennzeichnet sind: hierzu gehören vor allem historische Kulturlandschaften; in diesen Räumen ist die aktuelle Leistungsfähigkeit des Naturhaushalts, d. h. der derzeitig überwiegend wenig beeinträchtigte Zustand der Naturgüter vorrangig zu erhalten. Dies gilt insbesondere auch für die überwiegend charakteristischen Orts- und Landschaftsbilder und kleinräumigen Nutzungsmischungen. Es gilt, die Voraussetzungen für die Beibehaltung extensiver Nutzungsformen zu schaffen. Vielfach ist die behutsame Entwicklung landschaftsverträglicher Formen der freiraumbezogenen Erholung möglich. Siedlungsentwicklung sollte auf die Erfüllung des Eigenbedarfs im dörflichen Zusammenhang beschränkt bleiben, auf eine Erweiterung insbesondere der verkehrlichen Infrastruktur soll verzichtet werden.
Landschaftsplanerischer Funktionsraum C: Vorrangige Verbesserung (Extensivierung und Entwicklung) bestimmter Landschaftsräume mit besonderen standörtlichen Voraussetzungen
Grundziele/Zieltypisierung: Vorrangige Verbesserung der Leistungsfähigkeit des Naturhaushalts und der Voraussetzungen für das Landschaftserleben in derzeit ± intensiv genutzten Landschaftsräumen durch Änderung der Intensität und/oder der Art der Nutzungen (Räume zur Extensivierung z. B. der land- und forstwirtschaftlichen Nutzung zur Sicherung der natürlichen Lebensgrundlagen); hierzu gehören vor allem Landschaftsräume, in denen die Art und Intensität der landwirtschaftlichen Bodennutzung erheblich von den standörtlichen Voraussetzungen abweicht und zu erheblichen Problemen z. B. mit dem Grundwasserschutz, Bodenschutz bzw. großräumigen Biotopverbund führen sowie Landschaftsräume, die größere überwiegend naturferne Forsten aufweisen.
Landschaftsplanerischer Funktionsraum D: Sicherung des Naturhaushalts in überwiegend landwirtschaftlich genutzten Landschaftsräumen
Grundziele/Zieltypisierung: Sicherung der Leistungsfähigkeit des Naturhaushalts in überwiegend landwirtschaftlich genutzten Landschaftsräumen durch Erhaltung vorhandener naturnaher Strukturen

und noch vorhandener extensiver Flächennutzungen sowie durch die Berücksichtigung allgemeiner sowie jeweils spezieller Verbesserungsziele (z. B. zum Grundwasserschutz, Bodenschutz, Biotopentwicklung/-verbund); Entwicklung von Sukzessionsflächen, Feldgehölzen, kleinen Wäldern, Streuobstbeständen, Hecken, Rainen sowie bach- und grabenbegleitenden Vegetationsbeständen.
Landschaftsplanerischer Funktionsraum E: Sicherung von Freiräumen und Naturhaushalt in größeren Siedlungsräumen
Grundziele/Zieltypisierung: Sicherung der Quantität und Qualität von Freiräumen in größeren Siedlungsbereichen und Siedlungsrandzonen und Aufbau von Grün- und Freiflächensystemen zur Gliederung des Siedlungsraumes auf landschaftlicher Grundlage und zur Herstellung von Verbindungen in die unbebaute Landschaft; insbesondere im Siedlungsrandbereich sind große zusammenhängende (land- und forstwirtschaftlich genutzte) Freiräume vor allem für die stadtnahe Erholung und klimatische Ausgleichswirkungen dauerhaft zu sichern. Schadstoffemissionen und Lärmimmissionen sind zur Verbesserung der Leistungsfähigkeit der Naturgüter und zur Sicherung gesunder Lebensbedingungen deutlich zu reduzieren. Hinsichtlich Siedlungserweiterungen sind hohe Anforderungen an den sparsamen Umgang mit dem Boden, die Erhaltung für den Naturhaushalt bedeutender Freiräume und die Beachtung ästhetischer Qualitäten zu stellen.
Landschaftsplanerischer Funktionsraum F: Vorrangige Verbesserung (Sanierung) in hoch belasteten Landschaftsräumen
Grundziele/Zieltypisierung: Gefahrenabwehr und Sanierung der Umwelt in Landschaftsräumen, deren Belastungen infolge stark umweltschädlicher Produktionsverfahren, Art und Umfang der Rohstoffgewinnung sowie fehlende technische Maßnahmen zum Umweltschutz eine erhebliche Gefahr für die Menschen und den Naturhaushalt darstellen. Dies ist vor allem in Gebieten mit hohem Anteil an Altindustrie sowie in Gebieten des Braunkohleabbaus in der Niederlausitz der Fall; die künftige sozio-ökonomische Entwicklung muß mit dem vorrangigen Ziel des Abbaus von Belastungen und der Verbesserung der Umweltsituation vereinbar sein.

Tafel 5: Gliederungsvorschlag für das Landschaftsprogramm Brandenburg

LANDSCHAFTSPROGRAMM – TEIL I –	
1	**Zielsetzung und rechtliche Stellung des Landschaftsprogramms Brandenburg**
2	**Leitlinien von Naturschutz und Landschaftspflege im Land Brandenburg**
2.1	**Allgemeine Leitlinien von Naturschutz und Landschaftspflege**
2.2	**Leitlinien in den naturräumlichen Regionen**[1]
2.2.1	Rückland der Mecklenburgischen Seenplatte[2]

1 derzeit nach naturräumlichen Großeinheiten gegliedert, teilweise auch als „Großlandschaften“ bezeichnet.

2 Für die Regionen sollten im Landschaftsprogramm Bezeichnungen gewählt werden, mit denen sich die Bevölkerung identifizieren kann.

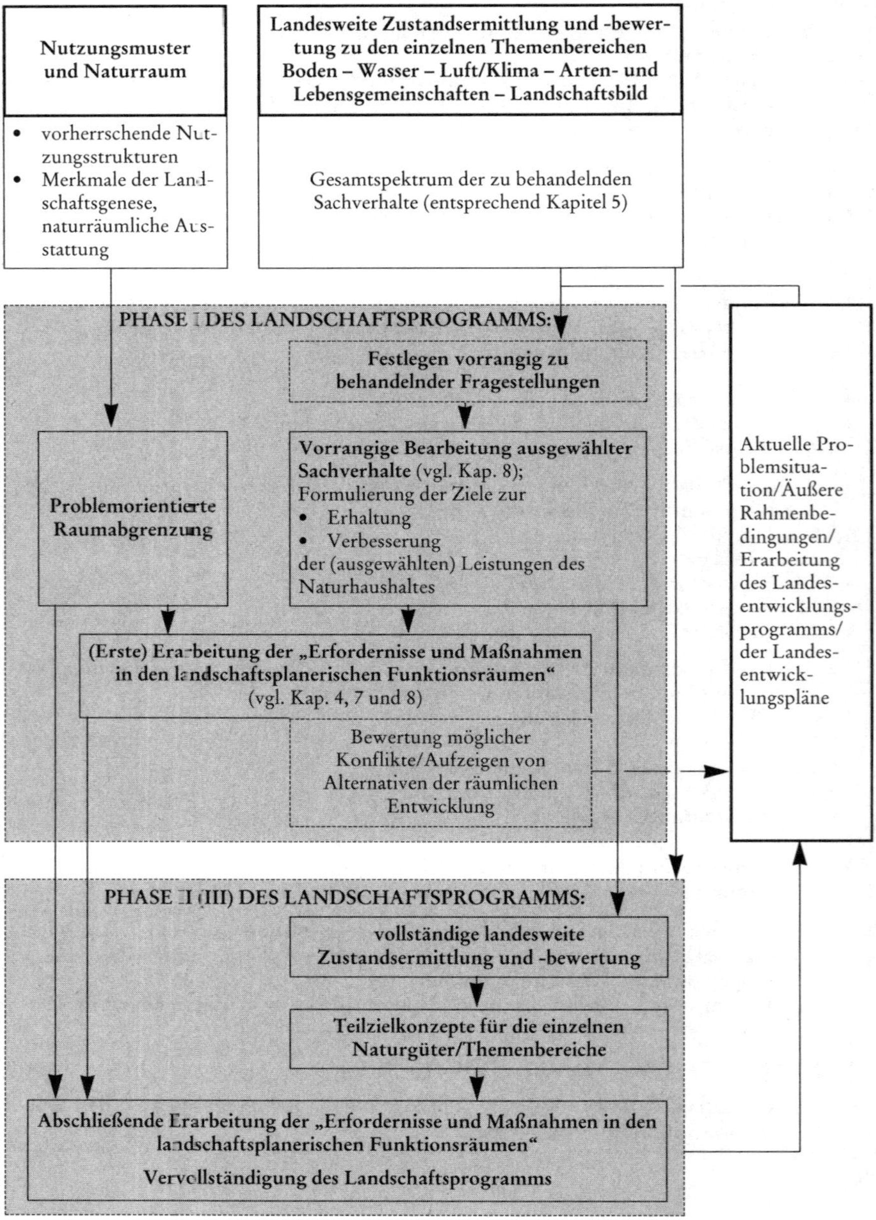

Abb. 71: Erarbeitung des Landschaftsprogramms in Phasen

Tafel 6: Arbeitsprogramm für die Phase I des Landschaftsprogramms

Erarbeiten der Leitlinien für Naturschutz und Landschaftspflege im Land Brandenburg

1.1 Erarbeiten der naturschutzpolitischen Grundzüge und Eckwerte für eine nachhaltige Sicherung der natürlichen Lebensgrundlagen von Menschen, Pflanzen und Tieren im Land Brandenburg einschließlich Aussagen zur Zielsetzung des Landschaftsprogramms

1.2 Erarbeitung der in den jeweiligen naturräumlichen Regionen vorrangig anzustrebenden Ziele von Naturschutz und Landschaftspflege (regionale Leitlinien) als Überarbeitung der bereits als Entwurf des Landesumweltamtes vorliegenden „Leitbilder für die naturräumlichen Großeinheiten Brandenburgs"; Grundlage für eine spätere Ergänzung dieser regionalen Leitlinien durch Ergebnisse des Kapitels 3 (Ziele zur nachhaltigen Sicherung der Naturgüter im Land Brandenburg)

1.3 Erarbeitung der Ziele und Grundsätze für eine landesweite Schutzgebietskonzeption, insbesondere für das hierbei im Land Brandenburg zentrale Instrument der Großschutzgebiete; Grundlage für die spätere Ergänzung durch Ergebnisse des Kapitels 4 (Erfordernisse in den landschaftsplanerischen Funktionsräumen)

2 Bestandsaufnahme und -bewertung, Erarbeitung der Teilzielkonzepte für die Naturgüter

2.1 Boden

2.1.1 Ergänzung der im Rahmen des Projektes „Ökologische Ressourcenplanung Berlin und Umland" erarbeiteten bzw. in Bearbeitung befindlichen Planungsgrundlagen (vgl. Anhang), um die bisher nicht bearbeiteten Teile des Landes Brandenburg zum Themenbereich Boden

(– 1.02/1 Oberflächennahe Gesteinsschichten)
– 1.04 Altlasten und Altlastenverdachtsflächen
– 1.05/1 Bodengüte
– 1.05/2 Potentielle Winderosionsgefährdung
– 1.05/3 Potentielle Wassererosionsgefährdung
(– 1.06 Veränderung des Stickstoff- und Säure-/Basen-Status in Waldböden)
– 7.01 Flächennutzung

2.1.2 Ergänzung der Bestandsaufnahme Boden im Hinblick auf die Sicherung der Böden als naturraumtypische Elemente, die Sicherung ihrer Vielfalt sowie der Voraussetzungen für die Biotopentwicklung durch

– die Ermittlung von Böden mit besonderen Standorteigenschaften (grundwasserbeeinflußte Böden; Moore; trockene, nährstoffarme Böden) durch Auswertung geologischer Kartenwerke, Bodenübersichtskarten wie der Mittelmaßstäbigen landwirtschaftlichen Standortkartierung, der Mittelmaßstäbigen Naturraumkarte (Naturraummosaike), ggf. vorhandene Spezialkartierungen
– die Ermittlung landesweit seltener Böden sowie geowissenschaftlich bedeutsamer Böden und Böden mit besonderer natur-/kulturhistorischer Bedeutung (soweit aufgrund vorhandener Unterlagen derzeit möglich);

2.1.3 Ergänzung der Informationen zu Art und Intensität vorhandener Nutzungen sowie vorhandener Beeinträchtigungen des Bodens durch Daten

– zur Flächeninanspruchnahme

- zu Gebieten mit großflächigen bodenkulturtechnischen Maßnahmen
- zu Schwerpunktbereichen einer Belastung mit persistenten Schadstoffen
- zu Immissionsschwerpunkten
- zur Intensität landschaftlicher Nutzungen (Nährstoffbilanzen, Kulturartenverteilung, Schwerpunkte der Massentierhaltung)

(Zu vorhandenen Informationen vgl. insbesondere Karte 1.04 und 7.01 des Projektes „Ökologische Ressourcenplanung Berlin und Umland")

2.1.4 Klassifikation der Informationen zur Art und Intensität einwirkender Nutzungen im Hinblick auf mögliche Beeinträchtigungen des Bodens

2.1.5 Ermittlung von Bereichen mit wenig beeinträchtigten (besonders schutzbedürftigen) Funktionen des Bodens sowie von Konfliktbereichen im Hinblick auf den Bodenschutz (Bewertung des aktuellen Zustandes)

2.1.6 Erarbeitung inhaltlich und räumlich konkretisierter Ziele zur nachhaltigen Sicherung des Naturguts Boden (Zielkonzept Boden); Darstellung als Manuskriptkarte M 1:200.000

2.2 Wasser

2.2.1 Ergänzung der im Rahmen des Projektes „Ökologische Ressourcenplanung Berlin und Umland" erarbeiteten bzw. in Bearbeitung befindlichen Planungsgrundlagen (vgl. Anhang), um die bisher nicht bearbeiteten Teile des Landes Brandenburg zum Themenbereich Wasser:
- 2.01 Qualität des oberflächennahen Grundwassers
- 2.02/1 Verschmutzungsempfindlichkeit des Grundwassers
(– 2.02/2 Grundwasserflurabstand und -hydroisohypsen)
(– 2.03 Abflußbildung aus Niederschlägen)
- 2.04/1 Oberflächenwasserqualität nach TGL-Methode
(– 2.04/2 Oberflächenwasserqualität nach Umwelt-/Atlasmethode)
(– 7.03/2 Wasserschutzgebiete)

2.2.2 Übernahme der bereits für den Themenbereich Boden ermittelten Informationen zu Art und Intensität vorhandener Nutzungen, soweit von diesen Nutzungen Einwirkungen auf die Grundwasserqualität zu erwarten sind; Klassifikation der Daten im Hinblick auf mögliche Beeinträchtigungen der Grundwasserqualität

2.2.3 Flächendifferenzierte Ermittlung der Grundwasserneubildung im Maßstab 1:200.000 im Hinblick auf die Sicherung von für die Grundwasserneubildung und -qualität (z. B. Nitrateintrag) bedeutsamen Gebiete (soweit eine Bearbeitung aufgrund der Datenlage in der zur Verfügung stehenden Zeit als möglich eingestuft wird; Abstimmung mit Landesumweltamt, Abt. Wasserwirtschaft)

2.2.4 Ermittlung und Klassifikation der Informationen großräumig auf den Wasserhaushalt einwirkender Nutzungen (z. B. Grundwassergewinnung, großflächiger Lagerstättenabbau)

2.2.5 Übernahme/Zusammenstellung zu geschützten und schützenswerten Flächen der Fachplanung Wasserwirtschaft (z. B. bestehende/geplante Wasserschutzgebiete) als Zusatzinformation (Ergänzung der Karte 7.03/2 Wasserschutzgebiete des Projektes „Ökologische Ressourcenplanung Berlin und Umland")

2.2.6 Ermittlung und Beurteilung von Informationen zum Ausbauzustand/zur Naturnähe von Flüssen, Bächen und Seen (soweit die derzeitige Datenlage eine Darstellung zuläßt)

2.2.7 Ermittlung der gesetzlich festgelegten und der tatsächlichen Überschwemmungsräume der größeren Fließgewässer sowie der Art (und Intensität) der Flächennutzung in diesen Räumen im Hinblick auf die Sicherung ihrer Retentionsfunktion im Naturhaushalt (Sicherung eines naturnahen Überschwemmungsregimes)

2.2.8 Ermittlung von wenig beeinträchtigten (besonders schutzbedürftigen) Bereichen bzw. Konfliktbereichen im Hinblick auf die nachhaltige Sicherung funktionsfähiger Wasserkreisläufe sowohl in qualitativer als auch in quantitativer Hinsicht

2.2.9 Erarbeitung und Darstellung inhaltlich und räumlich konkretisierter Ziele zur nachhaltigen Sicherung des Grundwassers sowie von Oberflächengewässern (Zielkonzept Wasser); Darstellung als Manuskriptkarte M 1:200.000

2.3 Luft

2.3.1 Ergänzung der im Rahmen des Projektes „Ökologische Ressourcenplanung Berlin und Umland“ erarbeiteten bzw. in Bearbeitung befindlichen Planungsgrundlagen (vgl. Anhang) um die bisher nicht bearbeiteten Teile des Landes Brandenburg zum Themenbereich Luft:
- 3.01 SO_2-Emissionen
- 3.02 NO_x-Emissionen
- 3.03 Staub-Emissionen

2.3.2 Darstellung von Gebieten mit erhöhten Emissionen als Gebiete zur (vorrangigen) Verbesserung der Luftqualität sowie als Grundlage für die Abgrenzung der landschaftsplanerischen Funktionsräume (insbesondere der Typen E und F); ggf. zusätzliche Ermittlung weiterer Informationen zu immissionsbelasteten Gebieten bzw. zu besonders durch Depositionen beeinflußten Flächen

2.3.3 Formulierung der Ziele zur nachhaltigen Sicherung der Naturgüter Luft/Klima (Zielkonzept Luft/Klima; die räumliche Konkretisierung insbesondere zur Sicherung von Gebieten mit günstiger bioklimatischer Wirkung bzw. mit Bedeutung für Luftaustauschprozesse muß in der Phase I des Landschaftsprogramms zurückgestellt werden); Manuskriptkarte M 1:200.000

2.4 Arten und Lebensgemeinschaften

2.4.1 Ermittlung und Auswertung aller verfügbaren Informationen zu Arten und Lebensgemeinschaften, die eine (erste) landesweit flächendeckende Einschätzung von Landschaftsräumen hinsichtlich ihrer Bedeutung für den Schutz von Arten und Lebensgemeinschaften erlauben (unter Verwendung der MUNR/LUA, Abt. N 2 – Manuskriptkarte „Vorläufige Bewertung des Landes Brandenburg“ sowie der im Rahmen des Projektes „Ökologische Ressourcenplanung Berlin und Umland“ erarbeiteten Karten
- 7.01 Flächennutzung
- 5.02 Biotoppotential der Naturräume
- 6.01 Potentiell natürliche Vegetation

der Mittelmaßstäbigen Naturraumkarte, vorhandener Monographien);

Überprüfung und Ergänzung der Aussagen vorhandener Unterlagen und Kenntnisse mit bereits vorliegenden Ergebnissen der „Erfassung der für den Naturschutz wertvollen Bereiche in Brandenburg“ (selektive Biotopkartierung) sowie durch Zuarbeit und Zusammenarbeit mit den Naturschutzbehörden der Kreise

2.4.2 Flächendeckende Einschätzung der unterschiedlichen Bedeutung von Räumen für den Schutz von Arten und Lebensgemeinschaften;

Ermittlung der in der jeweiligen naturräumlichen Region vorrangig zu schützenden bzw. zu entwickelnden Biotopkomplexe

2.4.3 Übernahme/Zusammenstellung kartographischer (und beschreibender) Informationen zu vorhandenen und geplanten Schutz- und Schongebieten im Land Brandenburg (Großschutzgebiete, Naturschutzgebiete, Landschaftsschutzgebiete, Großtrappen-, Fischotterschongebiete) als Zusatzinformationen; in Zusammenarbeit mit dem Landesamt für Großschutzgebiete

2.4.4 Erarbeitung eines inhaltlich und räumlich konkretisierten Zielkonzeptes Arten und Lebensgemeinschaften einschließlich Prioritätslisten zu den in den naturräumlichen Regionen vorrangig zu schützenden bzw. zu entwickelnden Biotoptypenkomplexen; kartographische Darstellung als Manuskriptkarte 1:200.000

2.5 Landschaftsbild

2.5.1 Auswertung (ggf. Übernahme) der in Auftrag gegebenen landesweiten Erfassung des Landschaftsbildes:
- Übernahme/Überarbeitung einer für die Beschreibung und Bewertung des Landschaftsbildes geeigneten räumlichen Bezugsbasis,
- Darstellung der besonderen Charakteristik des Landschaftsbildes in den jeweiligen Regionen des Landes

2.5.2 Ermittlung und Klassifikation von Informationen zu Beeinträchtigungen des Landschaftsbilds (z. B. durch Immissionen einschließlich Lärm, visuelle Beeinträchtigungen)

2.5.3 Flächendeckende Ermittlung von Bereichen mit wenig beeinträchtigten, besonders bedeutsamen Werten und Funktionen des Landschaftsbildes bis hin zu stark gestörten Bereichen

2.5.4 Erarbeitung eines inhaltlich und räumlich konkretisierten Zielkonzeptes Landschaftsbild (einschließlich Leitbildern für die jeweiligen Landschaftsbildregionen); kartographische Darstellung als Manuskriptkarte 1:200.000

3 Koordination und technische Aufbereitung der AS 2.1 bis 2.5

3.1 Koordination und fachliche Betreuung der Bestandsaufnahme/-bewertung sowie der Aufstellung der Zielkonzepte zu den einzelnen Naturgütern:

- Feinabstimmung der zu bearbeitenden Inhalte
- Harmonisierung und Effektivierung der Informationsgewinnung, Organisation der Kommunikationsstruktur (Wer ermittelt welche Daten und liefert sie wann an wen?)
- Abstimmung der Bewertungsmethodik

- Vorstrukturierung der Zielkonzepte (u. a. im Hinblick auf die textliche und kartographische Aufbereitung)

3.2 Ergänzung der in den AS 1.1 und 1.2 erarbeiteten landesweiten und regionalen Leitlinien entsprechend des nach Abschluß der AS 2.1 bis 2.5 erreichten Kenntnisstandes; Textredaktion, Textverarbeitung

3.3 Redaktion der in den AS 2.1 bis 2.5 erarbeiteten Texte, Textverarbeitung; Betreuung (bzw. Durchführung) der kartographischen Bearbeitung der in AS 2.1 bis 2.5 erarbeiteten Manuskriptkarten, Abstimmung der Legendenentwürfe, Farbgestaltung und Druckvorbereitung

4 Vorbereitende Arbeiten zu Kapitel 4 „Erfordernisse in den landschaftsplanerischen Funktionsräumen"

4.1 Ermittlung gering zerschnittener und besiedelter Landschaftsräume in Brandenburg durch Auswertung topographischer Karten im Maßstab 1:50.000 (Straßen, Eisenbahnlinien, Siedlungsflächen;) sowie der Angaben zu Verkehrsmengen

4.2 Bestandsaufnahme zur landschaftsbezogenen Erholung als Grundlage für die Erarbeitung landschaftsplanerischer Zielvorstellungen zur Erholungsnutzung im Rahmen des Kapitels „Erfordernisse in den landschaftsplanerischen Funktionsräumen", insbesondere:
- die Ermittlung aktuell für die Erholung genutzter Gebiete und deren Ausstattung
- Erreichbarkeitsermittlungen sowie
- Defizitermittlungen in den Haupterreichbarkeitszonen

5 Erarbeitung des Abschnittes: „Erfordernisse in den landschaftsplanerischen Funktionsräumen"

5.1 Erarbeitung einer Raumabgrenzung als Grundlage für die Darstellung der Erfordernisse in den landschaftsplanerischen Funktionsräumen auf der Grundlage von:
- Informationen zur aktuellen Flächennutzung
- Informationen zur naturräumlichen Ausstattung sowie der
- kartographischen Darstellung der Ziele für die einzelnen Naturgüter;

Entwicklung von Zieltypen für die landschaftsplanerischen Funktionsräume; Ergänzung dieser Grundziele entsprechend der jeweils besonderen räumlichen Situation durch vorrangig anzustrebende Ziele für die einzelnen Naturgüter; Darstellung in einer Manuskriptkarte im Maßstab 1:200.000

5.2 Erarbeitung der aus den unterschiedlichen Zielsetzungen in den jeweiligen landschaftsplanerischen Funktionsräumen zu entwickelnden Einzelziele zum Flächen- und Objektschutz (Entwicklung einer Schutzgebietskonzeption, in der sich entsprechend dem örtlichen Schutzzweck angemessen ausgewählte Schutzkategorien sinnvoll ergänzen und deren Größe, Lage, räumliche Verteilung und Verbund untereinander den jeweiligen Erfordernissen in den landschaftsplanerischen Funktionsräumen entspricht)

5.3 Erarbeitung von Grundsätzen zu Pflege- und Entwicklungsmaßnahmen entsprechend den unterschiedlichen Zielsetzungen in den jeweiligen landschaftsplanerischen Funktionsräumen

5.4 Formulierung von Anforderungen des Naturschutzes und der Landschaftspflege an andere Fachplanungen und Nutzungen entsprechend den unterschiedlichen Zielsetzungen in den jeweiligen landschaftsplanerischen Funktionsräumen, z. B. zu:

- Landwirtschaft
- Forstwirtschaft
- Erholung/Fremdenverkehr
- Siedlung, Industrie und Gewerbe
- Verkehr
- Wasserwirtschaft
- Abfallwirtschaft
- Lagerstättenabbau
- Energiewirtschaft
- militärische Nutzung

5.5 Technische Umsetzung der AS 5.1 bis 5.4

6 Vergleich der landesplanerischen und landschaftsplanerischen Zielsysteme nach Gesichtspunkten der Umweltverträglichkeit

6.1 Ermittlung von Übereinstimmungen und Konflikten zwischen räumlich konkretisierten raumordnerischen Entwicklungszielen und den im Landschaftsprogramm Phase I dargelegten Zielvorstellungen des Naturschutzes und der Landschaftspflege; Erarbeitung von Lösungsmöglichkeiten zur Vermeidung bzw. zur Verminderung sich ergebender Konflikte (Aufzeigen alternativer Entwicklungsmöglichkeiten)

a) als integrativer Prozeß zwischen den Bearbeitern des Landesentwicklungsprogramms/ der Landesentwicklungspläne und des Landschaftsprogramms
b) gutachtlich durch die Bearbeiter des Landschaftsprogramms (entsprechend des BbgNatSchG)
c) im Rahmen der Erarbeitung des Landesentwicklungsprogramms/ der Landesentwicklungspläne unter Offenlegung der von Landschaftsprogramm Phase I abweichenden Inhalte

7 Zusammenstellung und Vorlage des Entwurfs Landschaftsprogramm Phase I,

Einarbeitung der AS 6 in Abhängigkeit von der gewählten Vorgehensweise

Fortsetzung Tafel 6

Zeit / Arbeitsschritte (AS)	1992		1993											
	11	12	1	2	3	4	5	6	7	8	9	10	11	12
AS 1.1–1.3: Vorformulierung landesweiter und regionaler Leitlinien	■	■												
AS 2.1.1/2.2.1/2.3.1: Ergänzung der Karten des F+E-Vorhabens „Ökologische Ressourcenplanung“	■	■	■	■	■	● ■	■							
AS 2.1.2–2.1.6: Boden (Bestandsanalyse, Teilzielkonzept) AS 2.2.2–2.2.9: Wasser (Bestandsanalyse, Teilzielkonzept) AS 2.3.2–2.3.3: Luft (Bestandsanalyse, Teilzielkonzept)			■	■	■	■	● ■	■						
AS 2.4: Arten und Lebensgemeinschaften (Bestandsanalyse, Teilzielkonzept)			■	■	■	■	● ■	■						
AS 2.5: Landschaftsbild (Bestandsanalyse, Teilzielkonzept)			■	■	■	■	● ■	■						
AS 3.1: Koordination			■	■	■	■	■	■	■	■	■			
AS 3.2: Ergänzung der Leitlinien aufgrund der Ergebnisse des AS 2									■	■	■			
AS 3.3: Text- und Kartenredaktion, technische Aufbereitung der Ergebnisse von AS 1, AS 2 und AS 3.2								■	■	■	■			
AS 4: Vorbereitende Arbeiten zu AS 5				■	■	■	■	■						
AS 5.1–5.4: Erarbeitung der Erfordernisse in den landschaftsplanerischen Funktionsräumen								■	■	■	■			
AS 5.5: Technische Umsetzung AS 5.1–5.4											■	■	■	
AS 6: Vergleich der landesplanerischen und landschaftsplanerischen Zielsysteme												■	■	

Integration in den Landesentwicklungsplan

Damit die Ziele des Naturschutzes und der Landschaftspflege bei der Gesamtplanung und den Fachplanungen berücksichtigt werden können, sind für die vorrangig an landschaftsplanerischen Überlegungen ausgerichteten Raum- und

Zielkategorien des Landschaftsprogramms Beziehungen zu den Aussagen bzw. Planelementen der Gesamtplanung herzustellen. Dazu ist eine Diskussion mit der Landesplanung erforderlich.

Der Vorschlag für Planelemente zur Integration des Landschaftsprogramms in den Landesentwicklungsplan orientiert sich an den raumplanerischen Grundelementen (vgl. Tafel 7). Im Grundsatz bedeutet das folgendes:

Tafel 7: Umsetzung der naturschutzfachlichen Ziele des Landschaftsprogramms in die Planelemente des Landesentwicklungsprogramms – Planelemente –

Vorranggebiet für Arten und Biotopschutz

- zum einen grundsätzlich Gebiete, die bereits einem weitgehenden naturschutzrechtlichen Schutz unterliegen, wie bestehende Naturschutzgebiete, einstweilig sichergestellte Gebiete (klassische Anwendung des Instruments Vorranggebiete für Natur und Landschaft)
- zum anderen Darstellung weiterer aus landesweiter Sicht bedeutsamer Gebiete, die mit Mitteln von Raumordnung und Landesplanung – noch bevor spezifische Instrumente des Naturschutzes greifen – gegenüber anderen Nutzungsansprüchen gesichert werden sollen
- a) Erhalt von Bereichen mit hoher Bedeutung für den Schutz – insbesondere in ihrem Bestand bedrohten Arten und Lebensgemeinschaften, einschließlich notwendiger „Pufferflächen“
- b) standörtlich geeignete Bereiche naturraumbezogen vorrangig zu entwickelnde Lebensräume z. B. aus Gründen eines landesweiten Biotopverbundes (Entwicklung des Gebietes, daß gegenwärtig nicht verträgliche Nutzungen den vorrangig bestimmten Raumanspruch künftig nicht mehr beeinträchtigen)

Vorranggebiet für Freiraumfunktionen in und zwischen dicht besiedelten und stark beanspruchten Gebieten (von Ordnungsräumen)

- Darstellung vor allem in Regionalplänen; auf der Ebene LEP generalisierte Darstellung des Ziels einer stärkeren planerischen Beeinflussung der Nutzungen in Richtung Freiraumsicherung innerhalb dicht besiedelter und stark beanspruchter Gebiete
- besondere Notwendigkeit der Sicherung von noch vorhandenen nicht besiedelten Flächen als Freiräume, wenn diese eine besondere Bedeutung für die Funktionsfähigkeit des Naturhaushalts bzw. das Stadt-/Landschaftsbild aufweisen; die stetig steigende bauliche Inanspruchnahme von Freiräumen in Verdichtungsgebieten macht im Rahmen der Raumordnung eine durchgreifende Form des Schutzes von Freiräumen erforderlich:
  - für die Erholung der Bevölkerung,
  - für den Klima-Ausgleich,
  - für die Sicherung der Bodenfunktionen und eines funktionsfähigen Wasserhaushalts,
  - für den Arten- und Biotopschutz sowie
  - zur Gliederung der Siedlungsstruktur
- häufig Überlagerung mehrerer Freiraumfunktionen, Ausrichtung auf die Sicherung der Freiräume vor baulicher Inanspruchnahme, wofür (i. d. R.) mehrere Freiraumfunktionen die Begründungen liefern

– andere Bezeichnungen sowie weitere Differenzierungen auf der Ebene der Regionalplanung denkbar wie Regionale Grünzüge/Regionalparks/Grünzäsur
Vorsorgegebiet für den Schutz der natürlichen Lebensgrundlagen
– Gebiete, die von den natürlichen Gegebenheiten, aufgrund räumlich-struktureller Voraussetzungen sowie der vorherrschenden Nutzungssituation von besonderer Bedeutung für den Schutz der natürlichen Lebensgrundlagen sind – in den landschaftsplanerischen Zielkonzepten überwiegend als vordringlich zu schützende/zu erhaltende Bereiche dargestellt; Bereiche zum vordringlichen Erhalt ● in ihren ökologischen Funktionen wenig beeinträchtigte Böden ● eines wenig beeinträchtigten Grundwasserhaushalts ● naturnaher Oberflächengewässer (einschließlich ihres engeren Einzugsbereichs) ● ihrer Funktionsfähigkeit für die Abflußverlangsamung/Wasserrückhaltung ● klimaökologischer Ausgleichswirkungen ● ihrer besonderen Bedeutung für den Arten- und Biotopschutz (die jedoch nicht als Vorranggebiete für den Arten- und Biotopschutz dargestellt sind) ● großräumiger unzerschnittener Landschaften ● naturraum- und kulturraumtypischer Landschaften (insbesondere historischer Kulturlandschaften) – kein genereller Ausschluß von Nutzungen aufgrund der Zweckbestimmung, jedoch besondere Anforderungen an Nutzungen (Ziel: extensive Nutzungsformen z. B. der Land- und Forstwirtschaft, der Erholung etc. Mit der Zweckbestimmung i. d. R. nicht vereinbar starker Ausbau der Infrastruktur, starke Siedlungsentwicklung, industrielle/gewerbliche Schwerpunkte etc.) – soweit naturschutzrechtliche Festsetzungen bestehen, entspricht dies überwiegend den Gebietskategorien LSG/Großschutzgebiete (ohne Kernzonen); jedoch nicht an diese Schutzform gebunden, da i. d. R. einheitliche systematische Ausweisungspraxis noch nicht erreicht ist – Diskussionsbedarf, inwieweit Notwendigkeit/Möglichkeit einer weiteren Differenzierung der Zweckbestimmung – ggf. Möglichkeit der direkten/nachrichtlichen Übernahme der Großschutzgebiete, für die konkrete Anforderungen an die Nachhaltigkeit der Nutzungen formuliert sind
Vorsorgegebiet/Gebiet mit besonderer Bedeutung für Landschaftssanierung und -entwicklung
– Gebiete, die a) in ihrer Funktionsfähigkeit beeinträchtigt bzw. stark beeinträchtigt sind, in den landschaftsplanerischen Zielkonzepten als vordringlich zu verbessernde (zu sanierende) Bereiche dargestellt (vgl. z. B. Abb. 2) b) geeignete Standortvoraussetzungen für die Entwicklung naturnaher Strukturen aufweisen (z. B. im Hinblick auf den Biotopverbund oder zur Verbesserung der Landschaftsstruktur im Hinblick auf das Landschaftsbild) – Gestaltung und Entwicklung beeinträchtigter und an naturnahen Strukturen verarmter Gebiete („ausgeräumte Landschaften“) zur „Wiederherstellung“ ihrer Funktionsfähigkeit – Verbesserung insbesondere durch Extensivierung der Nutzungen; um in den jeweiligen Gebieten das Entwicklungsziel zu erreichen, müssen andere Planungen und Maßnahmen auf diese Zweckbestimmung entsprechend abgestimmt werden (hoher Stellenwert des Sanierungs-/Entwicklungsziels bei der Abwägung über konkurrierende Raumansprüche)

- auf der Ebene der Regionalplanung Möglichkeiten zur Differenzierung der Kategorien, vgl. z. B. die bereits heute verwendeten Kategorien
  - Gebiet zur Vergrößerung des Waldanteils
  - Gebiet zur Verbesserung der Landschaftsstruktur
  - wiederherzustellender Landschaftsteil;
- auf dieser Ebene werden künftig auch vorsorgend Bereiche naturraumbezogen festzulegen sein, die für notwendig werdende Kompensationsmaßnahmen besonders geeignet sind.

- Vorranggebiete – Ziele, die hinreichend genau inhaltlich und räumlich bestimmt oder bestimmbar und von den Planungsträgern zu beachten sind/ Abwägung zwischen unterschiedlichen Nutzungs- und Entwicklungsmöglichkeiten hat schon stattgefunden; nur Nutzungen zulässig, die der Zweckbestimmung des Vorranggebietes nicht entgegenstehen;
- Vorsorgegebiete – Ziele, die bei raumordnerischen Prüfungen von raumwirksamen Planungen und raumbeanspruchenden Vorhaben ggf. noch untereinander abzuwägen und zu berücksichtigen sind/Gebiete sollen in ihrer besonderen Eignung und Bedeutung möglichst nicht beeinträchtigt werden; bei der Abwägung konkurrierender Nutzungen ist der festgelegten besonderen Zweckbestimmung ein hoher Stellenwert beizumessen; im Einzelfall ist eine abweichende Entscheidung möglich; immer Betonung des Vorsorgeaspektes;
- Empfehlungen und konzeptionelle Hervorhebungen, die der Verdeutlichung von Anforderungen dienen sollen.

Darüber hinaus sind die räumlich konkretisierten raumplanerischen Entwicklungsziele hinsichtlich ihrer Verträglichkeit mit dem naturschutzfachlichen Entwicklungskonzept zu überprüfen und ggf. Lösungsmöglichkeiten zur Konfliktvermeidung bzw. Konfliktminderung aufzuzeigen.

Bei der als kooperativen Prozeß angestrebten Integration des Landschaftsprogramms in den Landesentwicklungsplan ist es wichtig zu dokumentieren, mit welchen Gründen für oder gegen welche Ziele entschieden wurde, welche Alternativen ggf. erarbeitet wurden (vgl. Tafel 3).

Hans Kiemstedt

10.3 Der Landschaftsrahmenplan

10.3.1 Definition

Der Landschaftsrahmenplan ist in der Bundesrepublik ein gesetzlich geregelter Fachplan zur Umsetzung der Ziele von Naturschutz und Landschaftspflege auf der Ebene der Regionalplanung. Von Landschaftsrahmenplanung wird gesprochen, wenn die Aufgabe oder der Prozeß der Erarbeitung eines Landschaftsrahmenplanes bis hin zur Umsetzung gemeint ist.

Bevor wir uns mit den inhaltlichen und methodischen Fragen befassen, müssen zunächst die rechtlichen und administrativen Voraussetzungen genannt werden, die für den Landschaftsrahmenplan gelten. Er ist dadurch charakterisiert, daß

- seine Ziele und Aufgaben in den Naturschutzgesetzen festgelegt sind;
- er ein auf die Landschaft, d. h. auf den Raum bezogenes Planungsinstrument ist. Daher ist sein Bezug zu anderen Raumplanungsinstrumenten, vor allem zur Regionalplanung wichtig;
- er keine eigene Rechtsverbindlichkeit besitzt, d. h. für alle Vorschläge, die sich nicht direkt an die Naturschutzbehörden richten, auf die Integration in andere rechtswirksame Planungen angewiesen ist und daß
- die Zuständigkeit für den Landschaftsrahmenplan und sein Verhältnis zur Regionalplanung in den einzelnen Bundesländern sehr unterschiedlich geregelt ist. Daher kann trotz aller Regelungsdichte kaum von *der* Landschaftsrahmenplanung oder *dem* Landschaftsrahmenplan in der Bundesrepublik gesprochen werden. Andererseits muß es in diesem thematischen Zusammenhang darum gehen, die inhaltlichen, methodischen und organisatorischen Gemeinsamkeiten und Übereinstimmungen herauszustellen sowie die erforderlichen und anzustrebenden Verbesserungen zu benennen (dazu Merian, Winkelbrandt, 1993).

10.3.2 Der rechtliche und administrative Rahmen

Nach den Naturschutzgesetzen des Bundes und der Länder ist der Landschaftsrahmenplan das Planungsinstrument, um die in § 1 genannten und in den Grundsätzen des § 2 konkretisierten Ziele des Naturschutzes und der Landschaftspflege auf der regionalen Maßstabsebene umzusetzen. Diese Ziele lauten:

Natur und Landschaft sind im besiedelten und unbesiedelten Bereich so zu schützen, zu pflegen und zu entwickeln, daß

1. die Leistungsfähigkeit des Naturhaushalts,
2. die Nutzungsfähigkeit der Naturgüter,

3. die Pflanzen- und Tierwelt sowie
4. die Vielfalt, Eigenart und Schönheit von Natur und Landschaft
als Lebensgrundlagen des Menschen und als Voraussetzung für seine Erholung in Natur und Landschaft nachhaltig gesichert sind.

In den Naturschutzgesetzen ist mit diesen Zielen und den weiteren Festlegungen die Aufgabe der Sicherung der natürlichen Lebensgrundlagen am weitesten gehend geregelt. Damit ist auch die Landschaftsplanung – und somit der Landschaftsrahmenplan auf der regionalen Ebene – das sachlich umfassendste Instrument der planerischen Umweltvorsorge mit einem eindeutigen medien- und ressortübergreifenden Auftrag (Erbguth, 1991b, Kiemstedt, 1993).

Mit der genannten Zielsetzung ist der Gegenstand der Landschaftsplanung die „Landschaft", d. h. die räumliche Ausprägung der Natur in ihren Wechselbeziehungen mit menschlicher Nutzung. Landschaftsplanung ist also eine raumbezogene Planung. Sie wurde daher in engen Bezug zu den anderen Planungen gesetzt, die zur Steuerung der Entwicklung des menschlichen Lebensraumes geschaffen wurden. Abbildung 72 zeigt, daß die räumliche Gesamtplanung – da der Bund hierfür nur eine Rahmenkompetenz besitzt – auf den unterhalb folgenden Verwaltungsebenen der Länder, der Regierungsbezirke bzw. Landkreise (Regionen) und der Gemeinden stattfindet.

Planungsraum	**Gesamtplanung**	**Landschafts-planung**	**Planungsmaßstab Landschaftsplanung**
Land	Landesraumord-* nungsprogramm	Landschafts-* programm	1:500 000 bis 1:200 00
Region Reg.Bez Kreis	Regionalplan*	Landschafts-* rahmenplan	1:50 000 bis 1:25 00
Gemeinde	Flächennutzungs-plan	Landschaftsplan	1:10 000 bis 1:5 000
Teil des Gemeindegebietes	Bebauungsplan	Grünordnungs-plan	1:2 500 bis 1:1 000

Abb. 72: Die Stellung des Landschaftsrahmenplanes innerhalb der Landschaftsplanung und im Verhältnis zur räumlichen Gesamtplanung.

Die Landschaftsplanung verfügt über den gleichen vertikalen Aufbau, und ihre Planwerke des Landschaftsprogrammes, Landschaftsrahmenplanes, des Landschafts- und Grünordnungsplanes sind denen der räumlichen Gesamtplanung zugeordnet. Ihre Ziele, Erfordernisse und Maßnahmen erlangen – mit wenigen Ausnahmen – nur insoweit Rechtskraft, als sie in die rechtswirksamen raumordnerischen Pläne integriert werden (Gassner, Piest, 1988). Genau das ist auch eine der Schwachstellen für die Wirksamkeit des Landschaftsrahmenplanes, auf die weiter unten noch eingegangen wird.

Der Landschaftsrahmenplan liegt auf der Maßstabsebene des Regionalplanes[1] und stellt die unterste Stufe staatlicher Naturschutzplanung dar. Er sollte die gesamte Breite und Tiefe der Belange von Naturschutz und Landschaftspflege zur Entfaltung bringen, nicht nur mit Zielrichtung auf andere räumliche Planungen dieser Ebene, sondern auch mit Wirkung nach unten, um als Maßstab und Richtschnur für den oft an kommunalpolitischen Prioritäten orientierten örtlichen Landschaftsplan gelten zu können (Kiemstedt, Horlitz, Ott, 1993).

Die Wirksamkeit hängt entscheidend davon ab, wer für den Landschaftsrahmenplan zuständig ist und wie die Integration seiner Inhalte in den Regionalplan geschieht.

In Abb. 73 sind die verschiedenen, in den Ländern getroffenen Regelungen für die Zuständigkeit zusammengestellt. In den meisten Fällen werden die Landschaftsrahmenpläne oder die ihnen entsprechenden Planungsbeiträge von den Naturschutzbehörden auf Bezirks- oder Kreisebene erstellt, in nur einem Fall durch ein Landesfachamt, ansonsten von den Trägern der Regionalplanung. Beide Hauptorganisationsformen haben ihre Vor- und Nachteile. Bietet eine enge Anbindung an die Regionalplanung eher die Gewähr für eine direkte Einbeziehung der ökologischen Belange, so werden diese im Zweifelsfalle nicht umfassend und durchschlagend aufbereitet werden, weil die Regionalplanung sich selbst keine Steine in den Weg legen wird.

Demgegenüber stehen die Naturschutzbehörden i. d. R. eher für fachlich fundierte Planwerke und deutliche Forderungen, jedoch sind sie zumindest derzeit noch in der Gefahr, sich wegen ihres chronischen Finanz- und Personalmangels auf den Arten- und Biotopschutz, evtl. erweitert um das Landschaftsbild, zurückzuziehen und damit einen Teil des gesetzlichen Auftrages zu negieren. Außerdem lassen sie es in Nachahmung des typischen Ressortdenkens oft an der notwendigen Kooperationswilligkeit fehlen.

---

1 Der Begriff Regionalplan wird hier vereinfachend auch für die in einzelnen Bundesländern anderen Bezeichnungen wie Regionaler Raumordnungsplan, Regionales Raumordnungsprogramm oder Gebietsentwicklungsplan gebraucht.

Zuständigkeit für den Landschaftsrahmenplan*		
Obere bzw. Untere Naturschutzbehörde	**Landes-Fachämter**	**Täger der Regionalplanung**
Brandenburg	Mecklenburg-Vorpommern	Baden-Württemberg
Niedersachsen		Bayern
Saarland		Hessen
Sachsen-Anhalt		Nordrhein-Westfalen**
Schleswig-Holstein		Rheinland-Pfalz***
Thüringen		Sachsen

* in den Stadtstaaten tritt das Landschaftsprogramm an die Stelle des Landschaftsrahmenplans

** Fachbeitrag durch Landesanstalt (LÖLF)

*** landschaftsplanerische Grundlagen durch die obere Landespflegebehörde

Abb. 73: Für die Aufstellung der Landschaftsrahmenpläne in den Flächenländern der BRD zuständige Behörden. (Stand Ende 1993)

Dieses Zusammenspiel wird verkompliziert durch die jeweils noch unterschiedlichen Regelungen für die Berücksichtigung oder Einbeziehung landschaftsrahmenplanerischer Inhalte in den Regionalplan. Man spricht von Primärintegration, wenn die Landschaftsrahmenplanung nicht zu einem eigenen Planwerk führt, sondern wenn die von ihr erarbeiteten Entscheidungsgrundlagen direkt in die Regionalplanung einfließen. Das gilt – zumindest dem Gesetzeswortlaut nach – für die Länder Hessen, Nordrhein-Westfalen und Rheinland-Pfalz. In allen anderen Bundesländern erfolgt eine Sekundärintegration, indem zunächst ein selbständiger Landschaftsrahmenplan erstellt wird – in Niedersachsen noch besonders in seiner Funktion als nicht rechtsverbindliches Fachgutachten betont –.

Dessen „raumbedeutsame“ Ziele und Forderungen werden – oft nur „soweit erforderlich und geeignet“ – dann in einem zweiten Schritt nach Abwägung mit den anderen Belangen in den Regionalplan übernommen.

Nach dem Willen des Gesetzgebers ist das Ziel der Primärintegration, die Reibungsverluste durch isoliert erstellte und zu weit gediehene Ressortplanungen zu vermeiden und eine möglichst frühzeitige und weitgehende Berücksichtigung der Belange von Naturschutz und Landschaftspflege zu sichern. Diese Regelung ist gut gemeint, setzt aber ein Verständnis von Verwaltungshandeln und ein Verhältnis zur Politik voraus, die in der Praxis nicht gegeben sind. Zumindest zwei Nachteile sind damit verbunden. Erstens wird ein Landschaftsrahmenplan, wenn er zur Primärintegration bestimmt ist und noch dazu vom Träger der Regionalplanung erarbeitet wird, i. d. R. nur die Inhalte aufweisen, die sich integrieren lassen – dies in doppeltem Sinne des Wortes. Der Landschaftsrahmenplan wird damit auf den Beitrag zur Regionalplanung reduziert und verliert seine Funktionen gegenüber anderen Fachplanungen und als eigenes Handlungskonzept der Naturschutzbehörden (Erbguth, 1991b). Zweitens wird die Möglichkeit beschnitten, alle Ziele, Erfordernisse und Maßnahmen der Landschaftsrahmenplanung als Teile eines ökosystemaren Gesamtkonzeptes zu begründen und darzustellen. Ferner werden alle im Abwägungsprozeß der Regionalplanung untergegangenen Punkte, Alternativen und ihre Bewertung kaum dokumentiert und damit nicht für eine evtl. spätere Revision erhalten. Eine wesentliche Verbesserung der Umsetzungsbedingungen für die Landschaftsrahmenplanung stellt allerdings die Regelung nach § 17 des Landespflegegesetzes Rheinland-Pfalz und ähnlich im Naturschutzgesetz des Freistaates Sachsen dar: die sog. „Begründungspflicht“. Danach muß begründet werden, wenn die Regionalplanung von den Vorschlägen der Landschaftsrahmenplanung abweicht. Diese Regelung soll nach den bisherigen Entwürfen für die anstehende Novellierung des Bundesnaturschutzgesetzes generell eingeführt werden.

Daher sollte in jedem Falle, ob für eine formale Primär- oder Sekundärintegration gedacht, ein eigenständiges, noch nicht durch andere Interessen oder Prioritäten geschmälertes landschaftsrahmenplanerisches Gesamtkonzept mit den dazugehörigen Maßnahmen erarbeitet und veröffentlicht werden, um alle Belange, die von seiten des Naturschutzes und der Landschaftspflege in die gesamtplanerische Abwägung einzustellen sind, auch darzulegen. Diese Forderung gilt übrigens für die Landschaftsplanung auf allen Ebenen. Sie wurde in Rheinland-Pfalz, wo die Primärintegration bei der letzten Novellierung des dortigen Landespflegegesetzes 1991 eine ausdrückliche Zuspitzung erfahren hat, im Rahmen einiger Pilotprojekte kommunaler Landschaftsplanung mit Erfolg praktiziert und wird hoffentlich fortgesetzt (Hahn-Herse, 1991).

10.3.3 Inhalte und Methodik

Das Hauptziel von Naturschutz und Landschaftspflege ist nach § 1 der Naturschutzgesetze die Sicherung, Pflege und Entwicklung der Leistungsfähigkeit des Naturhaushaltes und des Landschaftsbildes. D. h. der Gegenstand der Landschaftsplanung und damit auch der Landschaftsrahmenplanung ist die Landschaft als räumliches Ökosystem. Zu erfassen und zu bewerten sind alle natürlichen Faktoren in ihren prozeßhaften Wechselbeziehungen und Abläufen unter Einschluß der menschlichen Nutzungen.

Es ist einleuchtend, daß ein solches komplexes Gesamtsystem nicht als Ganzes erfaßt werden kann. Planerisch operationalisiert und damit praktisch handhabbar wird diese Aufgabe durch die Differenzierung der allgemeinen und umfassenden „Leistungsfähigkeit" des Naturhaushaltes. Die Frage ist: Leistungsfähigkeit wofür? Ein in den letzten Jahrzehnten in der Bundesrepublik erprobter methodischer Weg dafür ist der Potentialansatz. Danach werden unterschiedliche Naturraum- oder Landschaftspotentiale als Teilqualitäten oder Teil-Leistungen des Naturhaushaltes definiert, z. B. das Arten- und Biotop-, das Wasserdargebots- oder das Naturerlebnispotential (Finke, 1990, v. Haaren, Horlitz, 1993). Die Maßstäbe zur Bestimmung solcher Potentiale sind die Ansprüche und Wertvorstellungen des Menschen. Die Begriffsfrage, ob von Natur-, Naturraum-, Landschaftspotentialen, Landschaftsfunktionen oder von Werten und Funktionen des Naturhaushaltes und des Landschaftsbildes gesprochen werden soll, braucht hier nicht erörtert zu werden. Wichtiger ist die Feststellung, daß dieser Ansatz nicht als Ausdruck einer einseitig anthropozentrischen Naturbetrachtung abgetan werden kann. Erstens geht es hier nicht nur um materielle, sondern auch um immaterielle Werte der Natur – wie z. B. Natur- und Landschaftsgenuß. Zum anderen kann und sollte hier sehr wohl ein Eigenwert der Natur im Sinne einer vom Menschen unabhängigen Existenzberechtigung zur Geltung gebracht werden. Jedoch ist es in jedem Falle der Mensch, der diese Maßstäbe setzt und auch sich selbst als Richtschnur seines Umgangs mit der Natur auferlegt. Daß es eine politische Frage ist, wer die Maßstäbe für die Zwecke setzt, ist eine andere Sache, die hier nicht diskutiert werden kann, die aber diesen Ansatz auch nicht disqualifiziert (Hampicke, 1991).

Eine Übersicht über die zumeist behandelten Naturraumpotentiale und die dafür zu erfassenden Naturfaktoren bietet Abb. 74.

Dargestellt sind darin auch die jeweiligen Nutzungsbezüge: Die Potentiale sind einerseits geprägt durch die verschiedenen, mit dem Auftreten des Menschen beginnenden Nutzungen, andererseits setzen die Nutzungsansprüche im menschlichen Lebensraum die Bewertungsmaßstäbe für die Potentiale.

Die Aufgaben der Landschaftsrahmenplanung sind somit die Erfassung und Bewertung der Naturraumpotentiale in ihrer derzeitigen Ausprägung, ihrer Belastung durch bestehende und geplante Landnutzungen, ihrer Empfindlichkeit und Schutzbedürftigkeit sowie die Bestimmung ihrer Entwicklungsmöglichkeiten und die Ableitung damit verbundener Maßnahmen.

Beispielhaft sollen hier nur zwei der Potentiale näher erläutert werden. Beim Arten- und Biotoppotential geht es darum, die standörtliche mögliche Vielfalt an Arten und Lebensgemeinschaften in einem Landschaftsraum zu sichern und ggf. wieder zu entwickeln. Ein in den letzten Jahren dafür erarbeitetes Instrument ist die Kartierung der Biotoptypen. Das geschieht in allen Bundesländern zumindest überblickhaft für die aus Ländersicht besonders wertvollen bzw. gefährdeten Biotope im Maßstab 1:25 000. In einigen Ländern, wie z. B. in Niedersachsen, erfolgt mittlerweile im Zusammenhang mit der Erarbeitung der Landschaftsrahmenpläne eine flächendeckende Biotoptypenkartierung mittels Colorinfrarot-Luftaufnahmen (Bierhals, 1988). Als räumliches Strukturmodell wird ein Biotopverbundsystem angestrebt, das aus möglichst großen, weitgehend natürlichen oder naturnahen Naturschutzgebieten besteht, die durch ausreichend große Pufferzonen vor beeinträchtigenden Nutzungseinflüssen abgeschirmt und durch linienhafte Elemente wie Gewässerläufe und Hecken untereinander vernetzt sind. Voraussetzung für eine dauerhafte Wirksamkeit eines solchen Schutzgebietssystems ist jedoch eine möglichst weitreichende De-Intensivierung und Emissionsvermeidung aller Landnutzungen auf der gesamten Fläche (Bernadotte, 1983, Kaule, 1983, Plachter, 1989).

Die Aufgabe der Landschaftsplanung für die Erholungsvorsorge hat sich in einem dicht besiedelten und intensiv genutzten Land wie der Bundesrepublik dahingehend entwickelt, daß vor allem die Möglichkeiten für das Natur- und Landschaftserleben zu sichern und zu entwickeln sind. D. h. es geht darum, als Ausgleich für die technisch geprägte und nach ökonomischer Effizienz organisierte Alltagsumwelt die Möglichkeiten für die sog. ruhige, naturverbundene Erholung, für den Genuß und das Erleben von Natur ohne übertriebene räumliche Infrastruktur, ohne große Kosten, Ausrüstung und Ausbildung zu erhalten. Bei allen anderen eher naturinanspruchnehmenden und -nutzenden Erholungsaktivitäten liegt der Schwerpunkt landschaftsrahmenplanerischer Bearbeitung auf der Beurteilung ihrer Natur- und Umweltverträglichkeit und der Vermeidung möglicher negativer Auswirkungen (Kiemstedt, Scharpf, 1990).

Das Arbeitsprogramm des Landschaftsrahmenplanes besteht darin, Antworten auf die „5 Kernfragen“ der Landschaftsplanung zu geben. Sie lauten:

1. Was ist wertvoll, schutzwürdig und entwicklungsfähig?
2. Welche Beeinträchtigungen bestehen?
3. Was würde geschehen, wenn geplante Vorhaben oder Nutzungen realisiert werden?
4. Welche Entwicklungsziele sollen verfolgt werden?
5. Welche Maßnahmen sind dazu nötig?

Abb. 74: Naturraumpotentiale und -funktionen, ihre Komponenten (Umweltmedien) und zugrundeliegende menschliche Ansprüche

Quelle: v. Haaren, Horlitz, 1993

NATURRAUMPOTENTIAL			Erwünschte Leistung	Menschlicher Anspruch/ Nutzungen
Umweltmedien biotische + abiotische Faktoren	**Teilpotentiale**			
Lagerstätten (Geologie, Relief)	**Rohstoffpotential**		nutzbare Rohstoffe	Rohstoff-gewinnung
	natürliches Ertragspotential			
– Boden – Geomorphologie – Klima (einschl. Sonnenenergie) – Wasserhaushalt – reale Vegetation/Nutzung	aktuelles Potential	Basis-poten-tial	aktueller Ertrag	Land-/Forst-Wirtschaft
	natürliches Energieerzeugungspotential			
– Wasser – Klima – Reliefenergie – Boden			Energie	Energie-gewinnung Wohnen
	Wasserdargebotspotential			
– Wasser (Grund-/Oberflächen-gewässer – Boden, Geologie, Geomorphologie – Klima – reale Vegetation/Nutzung	aktuelles Potential	Basis-poten-tial	Wasser	Brauch-/Trink-wasserge-winnung Landwirtschaft
	Wasserrückhaltepotential			
– Boden – Geologie, Relief – reale Vegetation/Nutzung	aktuelles Potential	Basis-poten-tial	Wasserrückhalte-funktion	Hochwasser-schutz
	bioklimatisches Potential			
– Klima – Geomorphologie – Vegetation – reale Vegetation/Nutzung	aktuelles Potential	Basis-poten-tial	bioklimatische Funktion	Wohnen

NATURRAUMPOTENTIAL		Erwünschte Leistung	Menschlicher Anspruch/ Nutzungen
Umweltmedien biotische + abiotische Faktoren	Teilpotentiale		
Lagerstätten (Geologie, Relief)	Rohstoffpotential	nutzbare Rohstoffe	◁ Rohstoff-gewinnung
– Boden, Geomorphologie – Klima – Wasser – reale Flora, Fauna	**Arten- und Biotopenpotential** aktuelles Potential } Basis-potential	Biotopenfunktion	◁ Arten- und Biotopschutz
– Relief, Geologie – Klima – Oberflächengewässer – reale Vegetation, Fauna	**landschafts-ästhetisches Potential** aktuelles Potential } Basis-potential	landschaftsästhetische Funktionen	◁ Erholung

Die Erfassung und Bewertung der Naturraumpotentiale, wie oben erläutert, ist die wesentlichste Vorarbeit zur Beantwortung dieser Fragen. Der Potentialansatz mit der Ermittlung der Eignung, Empfindlichkeit und Schutzwürdigkeit mündet methodisch in die „ökologische Risikoanalyse“ oder „Konfliktanalyse“ (Planungsgruppe Ökologie + Umwelt, 1986). Dazu kann hier nur so viel gesagt werden, daß damit die feststellbaren und potentiellen Auswirkungen der vorhandenen und geplanten Raumwirkungen in die landschaftsplanerische Entscheidungsvorbereitung mit einbezogen werden (vgl. auch Abschnitt 10.2).

Zugleich sind mit diesen fünf Fragen die wesentlichen Schritte im Planungsprozeß gekennzeichnet, mit denen stufenweise die Entscheidungsgrundlagen des Landschaftsrahmenplanes erarbeitet werden, wie es Abb. 75 zeigt.

Im Bundesnaturschutzgesetz sind die erforderlichen Inhalte der Landschaftsrahmenpläne nur grob angegeben. Die meisten Länder sind in ihren Naturschutzgesetzen nicht darüber hinausgegangen. Diese Festlegungen sind im wesentlichen:

1. Erfassung des Zustandes von Natur und Landschaft sowie deren Veränderung als Bestandsaufnahme und Bewertung
2. Darstellung der schutzwürdigen Flächen und Bestandteile von Natur und Landschaft sowie Maßnahmen zu deren Schutz, Pflege und Entwicklung
3. Zielvorstellungen zum angestrebten Zustand von Natur und Landschaft bzw. Konkretisierung der landesweiten Ziele
4. Maßnahmen zur Verwirklichung der Ziele von Naturschutz und Landschaftspflege.

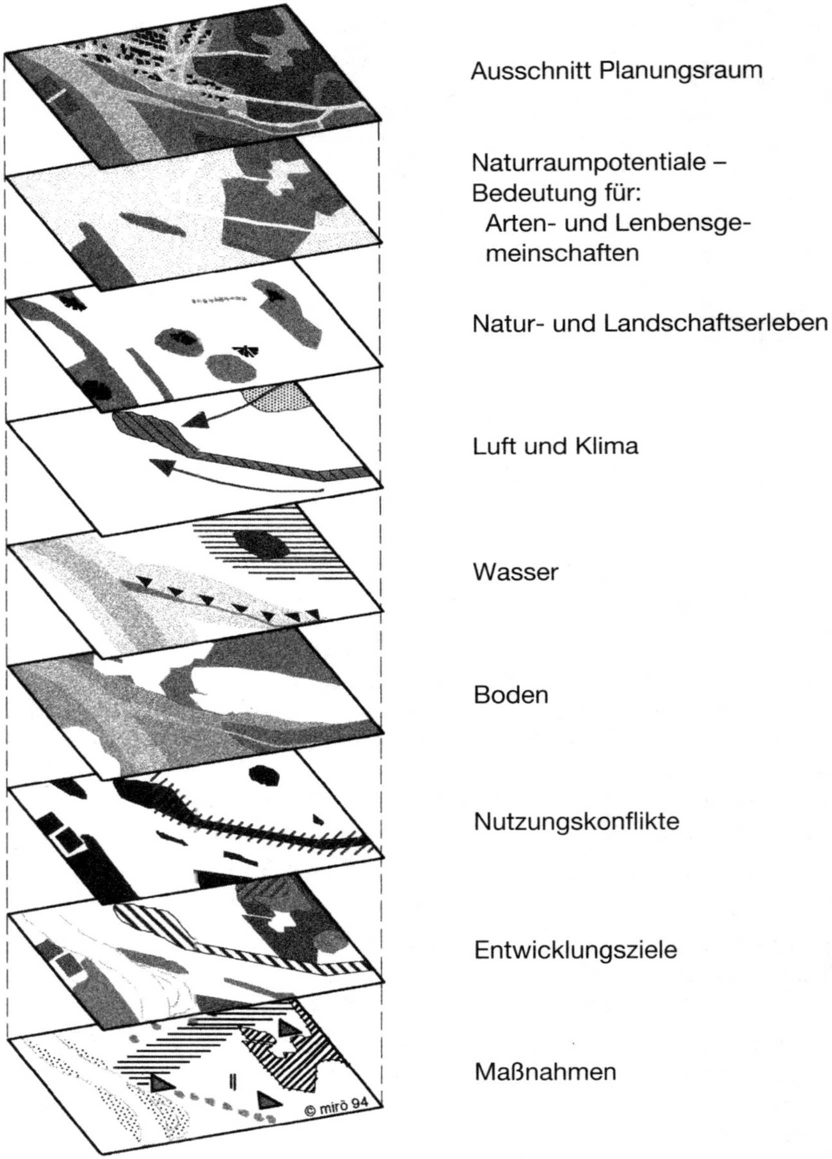

Abb. 75: Landschaftsplanung: schrittweise Aufbereitung der Entscheidungsgrundlagen für den Schutz und die Entwicklung von Natur und Landschaft (Nach Bundesminister für Umwelt, Kiemstedt, 1993)

Im Zusammenhang mit der laufenden Debatte über die notwendige Effektivierung der Landschaftsplanung wird daher für die seit Jahren überfällige Novellierung des Bundesnaturschutzgesetzes (laut Referentenentwurf von 1992) für alle Bundesländer über die o. g. Punkte hinaus gefordert:

Zu 1)

... „einschließlich der Auswirkungen der vergangenen, gegenwärtigen und voraussehbaren Raumnutzungen".

Zu 3)

... „insbesondere die Umweltqualität im Hinblick auf die Funktionen und Strukturen des Naturhaushalts", weiterhin „die Beurteilung des Zustandes nach Maßgabe dieser Ziele, einschließlich der sich daraus ergebenden Konflikte".

Zu 4)

... „die Erfordernisse und Maßnahmen, insbesondere

a) zur Vermeidung, Minderung oder Beseitigung von Beeinträchtigungen von Natur und Landschaft,
b) zum Schutz, zur Pflege und zur Entwicklung bestimmter Teile von Natur und Landschaft im Sinne des § 12,
c) zum Schutz, zur Pflege und zur Entwicklung der Biotope und Lebensgemeinschaften der Tiere und Pflanzen wildlebender Arten, insbesondere der in ihrem Bestand gefährdeten Arten und der in § 20 c genannten Biotope,
d) zum Schutz, zur Verbesserung der Qualität und zur Regeneration von Böden, Gewässern, Luft und Klima, zur Erhaltung und Entwicklung von Vielfalt, Eigenart und Schönheit von Natur und Landschaft, auch als Erlebnis- und Erholungsraum des Menschen."

Alle Bundesländer haben jedoch unterhalb der gesetzlichen Ebene in entsprechenden Erlassen, Richtlinien o. ä. weitergehende Regelungen für die Inhalte, den Ablauf und die Organisation der zwischenbehördlichen Zusammenarbeit für die Landschaftsrahmenplanung getroffen. Sie sind jeweils im einzelnen Planungsfall heranzuziehen, sind jedoch zu unterschiedlich, zu differenziert und häufigen Veränderungen unterworfen, als daß sie an dieser Stelle im einzelnen aufgeführt werden könnten.

Die für die Region präzisierten Ziele von Landschaftspflege und Naturschutz sind jeweils in konkrete Maßnahmen zu überführen. Zu unterscheiden sind dabei zwei Stadien: Zunächst bedarf die fachlich noch nicht mit anderen Ansprüchen abgewogene Zielkonzeption des Landschaftsrahmenplanes einer Konkretisierung durch die für die Realisierung erforderlichen Maßnahmen. Das ist dann auch der vorläufige Abschluß eines Landschaftsrahmenplanes, wenn er als „sekundär“ zu integrierende, fachgutachterliche Stellungnahme erstellt wird wie in Niedersachsen. Jedoch handelt es sich in solchen Fällen um eine Art fachlicher Optimalvorstellung. Wenn im Laufe der Abwägung durch die Regionalplanung davon abgewichen wird bzw. nur Teile dieses Konzeptes weiterverfolgt werden, sind z. T. andere oder weitere Maßnahmen erforderlich, um diese Einschränkungen auszugleichen. Häufig sind damit auch Zielkorrekturen und die Erarbeitung von Alternativen der Landschaftsrahmenplanung verbunden. Dieses ist dann erst die eigentliche Umsetzungsebene des Landschaftsrahmenplanes. Dabei ist zweckmäßigerweise zu trennen zwischen den Maßnahmen, die in den Wirkungsbereich der Naturschutzbehörden fallen und solchen, die an die anderen Fachverwaltungen und Fachplanungen gerichtet sind.

10.3.4 Umsetzung der Landschaftsrahmenplanung

Im Zusammenhang mit der Primärintegration wurde bereits erwähnt, daß der Landschaftsrahmenplan hinsichtlich seiner Wirksamkeit mehrere Funktionen hat. Es ist für die Naturschutzbehörden das Instrument, in dem alle Erfordernisse und Maßnahmen für Naturschutz und Landschaftspflege auf der regionalen Ebene in einer räumlichen Gesamtkonzeption gebündelt werden können. Bedauerlich ist, daß diese Möglichkeit noch längst nicht von allen Naturschutzbehörden wahrgenommen wird.

Für die Planungsinhalte, die in ihrem eigenen Zuständigkeitsbereich liegen, wie Schutzgebietsausweisungen, Steuerung der Landnutzung in Schutzgebieten, Biotoppflegemaßnahmen u. ä. werden die Naturschutzbehörden selbst Sorge tragen. Das eigentliche Problem des Landschaftsrahmenplanes liegt darin, wie und wieweit die Vielzahl aller anderen Erfordernisse und Maßnahmen, die sich auf die derzeitige und künftige Raumnutzung beziehen, wirksam umgesetzt werden können. Diese Forderungen der Landschaftsrahmenplanung richten sich an die Regionalplanung als Umsetzungsinstrument – und über die Regionalplanung an die anderen Fachplanungen und die Gemeinden.

In jüngster Zeit waren wieder eine Reihe von Untersuchungen darauf gerichtet, wie das Zusammenwirken von Landschaftsrahmenplanung und Regionalplanung verbessert werden kann, um eine verstärkte Umsetzung von Zielen der Ressourcensicherung durch die Regionalplanung zu erreichen (Haber et al., 1993, Finke, 1993, Kiemstedt, Horlitz, Ott, 1993). Diese Diskussion hat gegenüber früher insofern eine neue Dimension, als die Raumplanung selbst eine stärkere ökologische Orientierung anstrebt (Fürst, Ritter, 1993), die durch die Novellierung des Raumordnungsgesetzes und des Baugesetzbuches sogar als eigener Auftrag zur Sicherung der natürlichen Lebensgrundlagen interpretiert werden kann. Das gilt also auch für die Regionalplanung. Außer einer möglichst frühzeitigen Kooperation mit gegenseitigem Austausch von Informationen und dem notwendigen guten Willen dazu ist vor allem die Korrespondenzfähigkeit von beiden Seiten aus zu verbessern. Das bedeutet für die Landschaftsrahmenplanung, daß sie die regionalplanungsspezifischen Festsetzungskategorien und Umsetzungsmöglichkeiten zu beachten und sich darauf einzustellen hat. Die Regionalplanung sollte den von ihr eingeschlagenen Weg der „Entfeinerung" ihres Planungsinstrumentes, d. h. der Konzentration auf wesentliche Ziele und Planungsaussagen nicht etwa auf ökologische Belange ausdehnen. Im Gegenteil müßte sie, wenn sie eine stärkere ökologische Orientierung will und dafür auf die Landschaftsrahmenplanung zurückgreift, ihre Festsetzungs- und Darstellungsmöglichkeiten für die Sicherung der natürlichen Lebensgrundlagen erweitern (Kiemstedt, Horlitz, Ott, 1993).

Vor allem bedarf der Prozeß der Planerarbeitung und Entscheidungsfindung einer Überprüfung und Umstellung. Für die Landschaftsrahmenplanung bedeutet dies, daß nicht das in der Sache erforderliche „eigenständige und unabgestimmte" Planwerk so weit getrieben wird, daß keine Entscheidungsspielräume und Alternativen mehr bestehen und es im Abwägungsprozeß nur darum gehen kann, soviel wie möglich vom ursprünglichen Konzept durchzubringen. Ferner darf der Landschaftsrahmenplan kein ausschließliches Schutzkonzept sein. So notwendig und unverzichtbar einerseits der Schutz noch verbliebener Naturqualitäten ist, so muß auch die erforderliche sozioökonomische Entwicklung der Umwelt konstruktiv begleitet werden. So paradox es klingt, die Vermeidung des Eindrucks einer bloßen Konservierungs- und Verhinderungsplanung wird dann am ehesten gelingen, wenn sich die Landschaftsrahmenplanung auf die ganze Fläche bezieht. Dann werden einerseits die Funktionen aller Flächen und Teilräume für einen leistungsfähigen Naturhaushalt sichtbar, andererseits werden die Alternativen und Entwicklungsspielräume deutlich. Hier muß der Planungsprozeß der Landschaftsrahmenplanung flexibilisiert werden. Die Frage ist, wie weit die Eigenständigkeit und Unabgestimmtheit geht und wo die Kooperation und die Umsetzung mit den Akteuren und Betroffenen beginnt.

Die Flexibilisierung des Planungsprozesses ist auch auf der Seite der Regionalplanung nötig. Sie müßte aufgrund ihres Koordinierungsauftrages einen frühzeitigen Dialog zwischen den verschiedenen Fachplanungen und Interessengruppierungen organisieren. Sie müßte sich von ihrem eingefahrenen Raster an Festsetzungen oder gar der Vorstellung finaler Pläne im Sinne eines fixierten Endzustandes lösen und viel stärker eine Moderator- und Initiatorfunktion übernehmen (Fürst, Ritter, 1993).

Gerade wenn behauptet wird, für eine nun mittlerweile als notwendig erkannte stärkere ökologische Orientierung der Regionalplanung müßten von seiten der Landschaftsrahmenplanung klar definierte und begründete Umweltqualitätsziele angeboten werden (Marx, 1992), so ist zu bedenken, daß gerade für deren

Berücksichtigung in der Regionalplanung der Prozeß der Abwägung und Entscheidungsfindung qualitativ anders organisiert werden muß. Die Landschaftsrahmenplanung und die ressourcenbezogenen Fachplanungen haben die fachlichen Vorschläge für solche Umweltqualitätsziele zu liefern, dann aber müssen sie in politische Selbstbindungen überführt werden, mit oder ohne Abstriche. Dafür hat die Regionalplanung zu sorgen und Position zu beziehen. Es ist bemerkenswert, warum und wie lange Vertreter der Regionalplanung immer noch meinen, eine stärkere ökologische Orientierung sei eine Art schematischer additiver Anreicherung und habe nichts mit dem Planungsprozeß zu tun (Marx, 1992).

Auf diese Weise könnte im übrigen ein weiteres Anliegen, das z. Z. die umweltpolitische Diskussion bestimmt, gelöst werden: die Umweltverträglichkeitsprüfung von Planungen, hier speziell der Regionalplanung (Wagner, 1991). Denn wenn man sich bemühte, im Regionalplan die im Landschaftsrahmenplan konzeptionell gebündelten Ziele, Erfordernisse und Maßnahmen möglichst weitgehend zu berücksichtigen, wäre damit ein wesentlicher Teil einer Umweltverträglichkeitsprüfung geleistet (vgl. § 17 Landschaftspflege-Gesetz Rheinland-Pfalz).

10.3.5 Stand und Perspektiven

Wie weit die Landschaftsrahmenpläne 15 bis 20 Jahre nach Erlaß der Naturschutzgesetze in den alten Bundesländern zur Aufstellung gekommen sind, läßt sich schwer belegen. Erst recht nicht läßt sich feststellen, wie weit sie umgesetzt wurden. Forderungen nach Erfolgskontrolle werden zwar schon länger erhoben (Scholich, Winkelbrandt, 1988, Hübler, 1988), die Arbeiten an geeigneten Kontrollinstrumenten kommen erst jetzt in Gang (Kiemstedt, Mönnecke, Ott, 1993). Jedoch kann man sicher nicht so einfach aus dem bisher ungebremsten Prozeß der Naturzerstörung auch in der Bundesrepublik darauf schließen, die Landschaftsplanung habe versagt, wie der Sachverständigenrat für Umweltfragen das 1987 getan hat (SRU, 1987).

Selbst das laufend fortgeschriebene Planverzeichnis der BFN (BFANL, 1990) gibt über den Stand der Landschaftsrahmenplanung keine erschöpfende Auskunft, weil es auf freiwilligen Meldungen beruht.

Man kann davon ausgehen, daß in den Ländern, die eine Primärintegration des Landschaftsrahmenplanes vorgesehen haben, jeweils mit der Erstellung und Fortschreibung der Regionalpläne landschaftsrahmenplanerische Inhalte, wahrscheinlich mit steigender Tendenz, einbezogen wurden. Die fachlich angemessene Breite und Tiefe dieser Beiträge läßt sich bei dieser Organisationsform jedoch nicht beurteilen. Anders bei der ausgesprochenen Sekundärintegration, die eine Veröffentlichung des Landschaftsrahmenplanes als Fachgutachten erleichtert. So ist denn auch der derzeitige Stand gerade in Niedersachsen gut dokumentiert.

Wenn auch – wie oben erwähnt – das harte Urteil des Rates von Sachverständigen für Umweltfragen offensichtlich auf ungewohnt oberflächlichen Recherchen beruht, so hat die Landschaftsplanung und mit ihr die Landschaftsrahmenplanung doch ihren Anteil an der Erfolglosigkeit der deutschen Umweltpolitik. In der Diskussion um eine notwendige Effektivierung der Umweltpolitik wird daher auch ein neues Planungsinstrument vorgeschlagen: die Umweltleitplanung.

Wer jedoch die Ziele und Aufgaben dieses neuen Instrumentes überprüft, wird feststellen, daß sie weitestgehend der Aufgabenstellung der Landschaftsplanung entsprechen. Abgesehen davon, ob es möglich sein wird, in der bundesdeutschen Verwaltungslandschaft noch ein weiteres – und noch dazu so umfassendes – Planungsinstrument zu installieren, spricht vieles dafür, gerade auch die Landschaftsrahmenplanung als ein Kernstück einer solchen Umweltleitplanung zu nutzen und weiter zu entwickeln (Erbguth, Benz, Püschel, 1984, Hoppe, 1992, Wahl, 1983).

Lothar Finke

10.4 Integration von Landschaftsplanung und Regionalplanung

Der folgende Beitrag versteht sich als Ergänzung zu den anderen Beiträgen dieses Kapitels über die Landschaftsplanung und ihre Integration. Im Gegensatz zu den anderen Beiträgen befaßt sich dieser nicht mit einer bestimmten Planungsebene, sondern generell mit der Frage, wie die Landschaftsplanung als planerischer Aufgabenbereich mit den ihr zur Verfügung stehenden Mitteln Einfluß auf die räumlichen Gesamtplanungen der Landes-, Regional- und Stadtentwicklungsplanung nehmen kann. Aus Platzgründen werden im folgenden lediglich die genannten räumlichen Gesamtplanungen untersucht, es ist völlig unstrittig, daß auch die sektoralen Fachplanungen auf ökologische Ziele hin ausgerichtet werden müssen. Die Ausführungen konzentrieren sich dabei auf die Frage, was die Landschaftsplanung leisten kann bzw. leisten müßte, um zu einer spürbaren ökologischen Neuorientierung der räumlichen Gesamtplanung beizutragen. In diesem Sinne hat der Rat von Sachverständigen für Umweltfragen (SRU, 1987) sicherlich recht, wenn er den Erfolg der Landschaftsplanung der letzten 10 bis 15 Jahre als eher bescheiden klassifiziert.

10.4.1 „Ökologisierung der räumlichen Gesamtplanung“

Unter Ökologisierung der räumlichen Gesamtplanung wird zunächst einmal mehr verstanden als die übliche Integration der Landschaftsplanung in die jeweilige Ebene der räumlichen Gesamtplanung. Für den Bereich der Regionalplanung haben mehrere neuere Veröffentlichungen der Akademie für Raumforschung und Landesplanung (Kiemstedt, Horlitz, Ott, 1993, Finke et al., 1993, Kistenmacher et al., 1993) deutlich gemacht, daß im Falle einer sogenannten Sekundärintegration eines zuvor separat erstellten Landschaftsrahmenplanes festzustellen ist, daß sich dieser im Regionalplan letztlich nur rudimentär niederschlägt. Wesentliche Elemente der heutigen Landschaftsrahmenpläne fallen dem regionalplanerischen Abwägungsprozeß zum Opfer. Es muß daher – leider – festgestellt werden, daß die häufig beschworene Ökologisierung der räumlichen Planung im Stadium verbaler Ankündigungen steckengeblieben ist.

Die geradezu klassische Forderung der Landschaftsplanung der letzten 20 Jahre besteht darin, innerhalb der planerischen Abwägungsprozesse den Zielen von Naturschutz und Landschaftspflege einen höheren Stellenwert beizumessen, um auf diese Weise eine höhere Erfolgsquote bei der sogenannten Sekundärintegration zu erreichen (s. hierzu Abschnitt 10.3). Die hier erhobene Forderung nach Ökologisierung der räumlichen Gesamtplanung geht noch weit darüber hinaus, indem die Forderung erhoben wird, zu einer ökologischen Durchdringung des gesamten Planungsprozesses zu gelangen. Bei der in jüngster Zeit vielfach favorisierten Form der Sekundärintegration (Kiemstedt, Wirz, 1990, BDLA, 1992) ist sowohl auf der regionalen als auch auf der kommunalen Ebene zu beobachten, daß die Landschaftspläne diesen Prozeß der sekundären Integration nur in den seltensten Fällen ungeschoren überstehen, in der Regel werden sie sehr stark beschnitten. Eine selbstkritische Beurteilung dieses Vorganges muß leider feststellen, daß die mit dem Steuerungsanspruch einer ökologischen Querschnittsplanung angetretene Landschaftsplanung den Prozeß der Sekundärintegration in der Regel nur im Zustand der Querschnittslähmung übersteht. Der Normalfall sieht leider immer noch so aus, daß Ziele von Naturschutz und Landschaftspflege rein additiv dann übernommen werden, wenn kein konkurrierender Nutzungsanspruch auftritt. Genau dies ist mit „Ökologisierung der räumlichen Gesamtplanung" nicht gemeint, vielmehr wird darunter verstanden, daß zuvor räumlich konkret und sachlich differenziert formulierte ökologische Ziele (Umweltqualitätsziele) als Richtschnur jeder einzelnen planerischen Entscheidung innerhalb des gesamten Planerarbeitungsprozesses herangezogen werden (können).

Um zu einer wirklichen ökologischen Ausrichtung der räumlichen Gesamtplanung und aller sektoralen Fachplanungen zu gelangen, ist eine Vielzahl ökologischer Fachbeiträge sowohl möglich als auch erforderlich, neben der Landschaftsplanung z. B. folgende:

- Klimaökologie/Biometereologie
- Lufthygiene
- Bodenkunde unter besonderer Berücksichtigung des von der Wasserwirtschaft nicht beachteten Bodenwasserhaushaltes sowie die gesamte Palette der ökologischen Bodenfunktionen.

Es ist zwar völlig unstrittig, daß im Sinne der Zielstruktur des § 1 BNatSchG dies alles eigentlich eine gesetzeskonforme Landschaftsplanung leisten müßte, es wird hier jedoch realistischerweise davon ausgegangen, daß eine Landschaftsplanung im Sinne einer Naturhaushaltsplanung (s. Ad hoc Arbeitskreis der ARL zur Novellierung des BNatSchG, in: FUS, Bd. 180, 1988) noch nicht existiert. Würde ernsthaft beabsichtigt, die Landschaftsplanung gemäß ihrem gesetzlichen Auftrag zu einer sogenannten Naturhaushaltsplanung weiterzuentwickeln, dann wäre sie in der Tat eine recht umfassende, teilintegrierende ökologische Planung, die künftig sehr viel mehr würde leisten müssen als derzeit tatsächlich praktiziert.

10.4.2 Der spezifische Beitrag der Landschaftsplanung

Die folgenden Ausführungen konzentrieren sich darauf, was die Landschaftsplanung auf absehbare Zeit zur sogenannten Ökologisierung der räumlichen Gesamtplanung wird beitragen können. Dabei wird in Übereinstimmung mit den anderen Beiträgen dieses Kapitels unterstellt, daß die künftige Landschaftsplanung ihrem gesetzlichen Auftrag gemäß §§ 1 u. 2 BNatSchG in vollem Umfange nachkommt.

Was muß die Landschaftsplanung der räumlichen Gesamtplanung zur Verfügung stellen?

Betrachtet man im Sinne des § 1 BNatSchG den Schutz, die Pflege und die Entwicklung der natürlichen Lebensgrundlagen (des Menschen) als die zentrale Aufgabe der Landschaftsplanung, dann ergibt sich nach allgemeiner Auffassung zunächst einmal das Erfordernis, sich auf der Basis einer umfassenden landschaftsökologischen Bestandsaufnahme einen Überblick über den derzeitigen ökologischen Ist-Zustand unserer Kulturlandschaft zu verschaffen. In diese Analyse des Ist-Zustandes werden bei realistischer Selbsteinschätzung auf absehbare Zeit eine Vielzahl ökologisch arbeitender Nachbardisziplinen mit einzubinden sein. All diese Informationen – sofern sie raumbedeutsam sind – hat die Landschaftsplanung aufzunehmen, um in einem weiteren Schritt eine Bewertung dieses ökologischen Ist-Zustandes vorzunehmen. Ohne diese Transformation der zunächst wertfreien naturwissenschaftlichen Bestandsdaten von der reinen Sachebene in eine Wertebene läßt sich nichts darüber aussagen, wo etwas zu schützen, wo zu pflegen, wo zu entwickeln und wo zu sanieren ist. Allerdings muß die Landschaftsplanung erkennen, daß sich eine derartige Bewertung überhaupt nur dann durchführen läßt, wenn zuvor klargestellt ist, was wofür bewertet werden soll. Damit stößt die Landschaftsplanung zweifellos auch sehr schnell an ihre fachlichen Grenzen, wenn sie beispielsweise glaubt, wie auch immer definierte ökologische Raumeinheiten hinsichtlich ihrer Eignung für bestimmte Nutzungen beurteilen zu müssen. In dieser Frage liegt ein zentraler Forschungs- und Klärungsbedarf – meines Erachtens sollte sich die Landschaftsplanung im Kern auf das konzentrieren, was im Programm „Natur 2000 in NRW“ mit „Aufrechterhaltung der biologischen Funktionsfähigkeit der Kulturlandschaft“ apostrophiert worden ist (Murl, 1990, Schulte, 1992).

Im übrigen bleibt darauf hinzuweisen, daß die Bewertung naturwissenschaftlich erhobener Tatbestände zu ganz unterschiedlichen Ergebnissen kommen kann. Eine aus landschaftsökologischer Sicht hochwertige und insoweit schutzwürdige Fläche kann für konkurrierende Fachplanungen völlig uninteressant sein – eine Idealsituation für den Naturschutz. Der klassische Konfliktfall sieht jedoch so aus, daß die gleiche Fläche auch von konkurrierenden Fachplanungen mit Nachdruck begehrt wird. Insofern stellt sich für die Landschaftsplanung zunächst die Aufgabe, die landschaftsökologisch erhobenen Tatbestände aus ihrer spezifischen Sicht zu bewerten. Kritisch bleibt hierzu anzumerken, daß die spezifische Sicht der Landschaftsplanung in der Vergangenheit nicht immer hinreichend verdeutlicht worden ist.

Auf der Basis des bewerteten ökologischen Ist-Zustandes hat dann die Erarbeitung eines Zielkonzeptes für den jeweiligen Planungsraum zu erfolgen – Landschaftsprogramm, Landschaftsrahmenplan und Landschaftsplan. Dies kann die Landschaftsplanung zunächst wiederum nur aus ihrer fachspezifischen Sicht leisten, es kommen aber ungeahnte Schwierigkeiten hinzu. Je inhaltlich umfassender im Sinne der §§ 1 und 2 BNatSchG die künftige Landschaftsplanung betrieben wird, um so häufiger werden sich fachinterne Abwägungserfordernisse stellen. Zur methodischen Absicherung dieses äußerst wichtigen Arbeitsschrittes bedarf es aus meiner Sicht grundlegender Forschungen und praktischer Erprobungen, da der Landschaftsplanung hierfür Erfahrungen fehlen. Grundsätzlich bleibt festzustellen, daß Abwägung konkurrierender Belange ein überwiegend politisch-normativer Akt ist, der nicht dadurch zu einer unpolitischen, fachneutralen Aufgabe wird, daß er von wenigen Landschaftsplanern intern betrieben wird. Wenn also die Vorstellung besteht, aus landschaftsplanerisch-fachlicher Sicht ein flächendeckendes, räumlich und sachlich, der jeweiligen Planungsebene entsprechend differenziertes Zielkonzept in Form von Umweltqualitätszielen vorzulegen, dann ist unbedingt zu fordern, daß alle Abwägungsentscheidungen offengelegt werden, jederzeit nachvollziehbar und auch veränderbar sein müssen.

Probleme einer umfassenden Landschaftsplanung gemäß §§ 1 und 2 BNatSchG

Neben den bereits angesprochenen methodischen Problemen einer rein fachinternen Abwägung konkurrierender Belange bestehen bei Planern außerhalb der Landschaftsplanung ganz erhebliche Bedenken gegen eine derartig umfassende, ökologieinterne Abwägung. Diese Vorbehalte sind in den letzten Jahren nicht hinreichend deutlich geworden, da die reale Landschaftsplanung sich mehr oder weniger auf den Arten- und Biotopschutz konzentriert, gelegentlich auch mit dem Landschaftsbild in Zusammenhang mit der Erholungsvorsorge befaßt hat. Erst neuerdings wird in Zusammenhang mit der Diskussion über die sogenannte „Umweltleitplanung" dieses Problem in seinem ganzen Umfang erkannt. Insbesondere von den Raumordnern, also den Vertretern der Landes- und Regionalplanung, wird heftig gegen die andiskutierte „Umweltleitplanung" argumentiert (so z. B. auf der ARL-Veranstaltung zum Thema „Raumordnung und Umwelt(leit)planung: Probleme der Integration am 17. und 18. Juni 1993 in Mannheim). Es wird immer wieder behauptet, daß die Abwägung aller konkurrierenden Belange untereinander und miteinander die zentrale Aufgabe der räumlichen Gesamtplanung sei und insoweit eine ökologieinterne oder umweltinterne Vorwegabwägung den gesamten Planungsprozeß präjudizieren würde. Die Forderungen der Stadt-, Regional- und Landesplaner geht deshalb überwiegend dahin, diese zweifelsohne auftretenden Abwägungserfordernisse im Ökologie- und Umweltbereich in die jeweilige räumliche Gesamtplanung zu verlagern und erst dort vorzunehmen.

10.4.3 Idealtypische künftige Zusammenarbeit zwischen Landschaftsplanung und räumlicher Gesamtplanung

Es ist für den hier zu diskutierenden Themenbereich von außerordentlichem Interesse, wenn Griefahn (1993) als amtierende niedersächsische Umweltministerin als idealtypisches Ziel einer ökologischen Umsteuerung unserer Industriegesellschaft ein ressourcenschonendes Produktions- und Konsumverhalten sieht, „so daß ein Umweltministerium überflüssig wird" (S. 59). Dies bestätigt mich in meiner Ansicht, daß das Endziel von Naturschutz und Landschaftspflege darin zu bestehen habe, sich dadurch überflüssig zu machen, daß alle anderen Fachplanungen und die räumliche Gesamtplanung, aber auch weit darüber hinaus alle anderen Politikbereiche, sich wie selbstverständlich an ökologischen Zielsetzungen ausrichten. Soweit sind wir jedoch zur Zeit noch lange nicht, es stellt sich die Frage, wie man dort hingelangen könnte. Es sei noch einmal daran erinnert, daß von den Vertretern der Landschaftsplanung die sogenannte Sekundärintegration favorisiert wird, die logischerweise die Existenz eines vorab erstellten Landschaftsplanes voraussetzt. Dabei kann es sich bei derartigen vorab erstellten Landschaftsplänen um unabgestimmte reine Fachgutachten handeln, wie dies z. B. in Mecklenburg-Vorpommern und in Niedersachsen für das Landschaftsprogramm und die Landschaftsrahmenpläne geregelt ist, sie können aber auch weitgehend mit den anderen Trägern öffentlicher Belange abgestimmt worden sein. Eine aktuelle Übersicht mit Stand 31. 1. 1993 über alle 16 Bundesländer geben Merian u. Winkelbrandt (1993).

Um es noch einmal ganz klar und deutlich zu sagen – der in Anlehnung an Griefahn formulierte Idealzustand würde eine Primärintegration bedeuten. Kiemstedt stellt in Abschnitt 10.3 dieses Bandes schlicht fest, daß die beiden Organisationsformen der Primär- und Sekundärintegration jeweils ihre Vor- und Nachteile hätten. Die Zusammenhänge zwischen den Landschaftsplänen der drei Planungsebenen, dem Transformationsakt in die jeweils zugehörige räumliche Gesamtplanung und die dabei auftretenden „Verluste" verdeutlichen die Abb. 76 und 77.

Eine idealtypische künftige Zusammenarbeit von Landschaftsplanung und räumlicher Gesamtplanung hat sich zu bemühen, die derzeit trotz höchst unterschiedlicher Ausgestaltung innerhalb der Bundesländer auftretenden Schwierigkeiten und Reibungsverluste zu beseitigen. Es kann zunächst einmal davon ausgegangen werden, daß alle Planungsgesetze, vor allem die Landesplanungsgesetze, aber auch das Bundesraumordnungsprogramm und das Baugesetzbuch, die unbedingte Berücksichtigung der natürlichen Lebensgrundlagen verlangen.

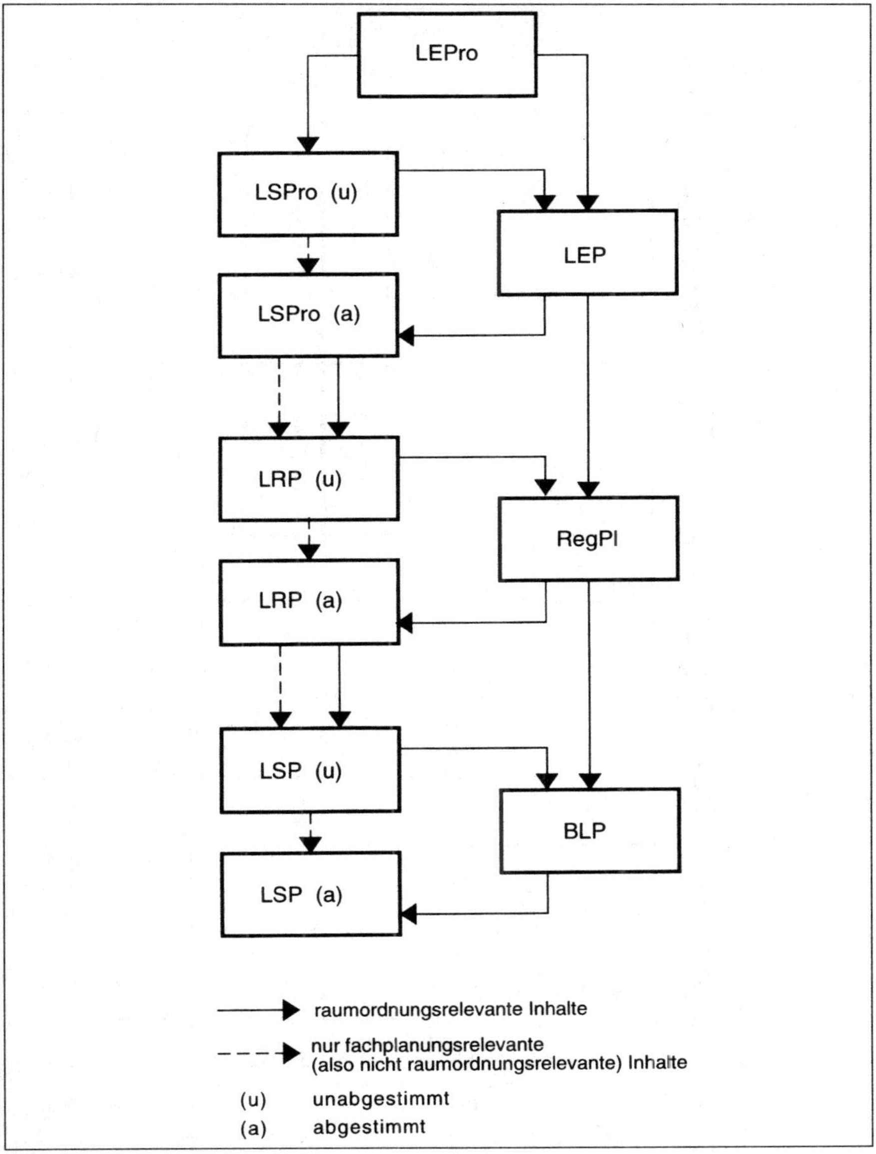

Abb. 76: Das Verhältnis von Landschaftsplanung und räumlicher Gesamtplanung

(Entwurf: Oliver Jäger)

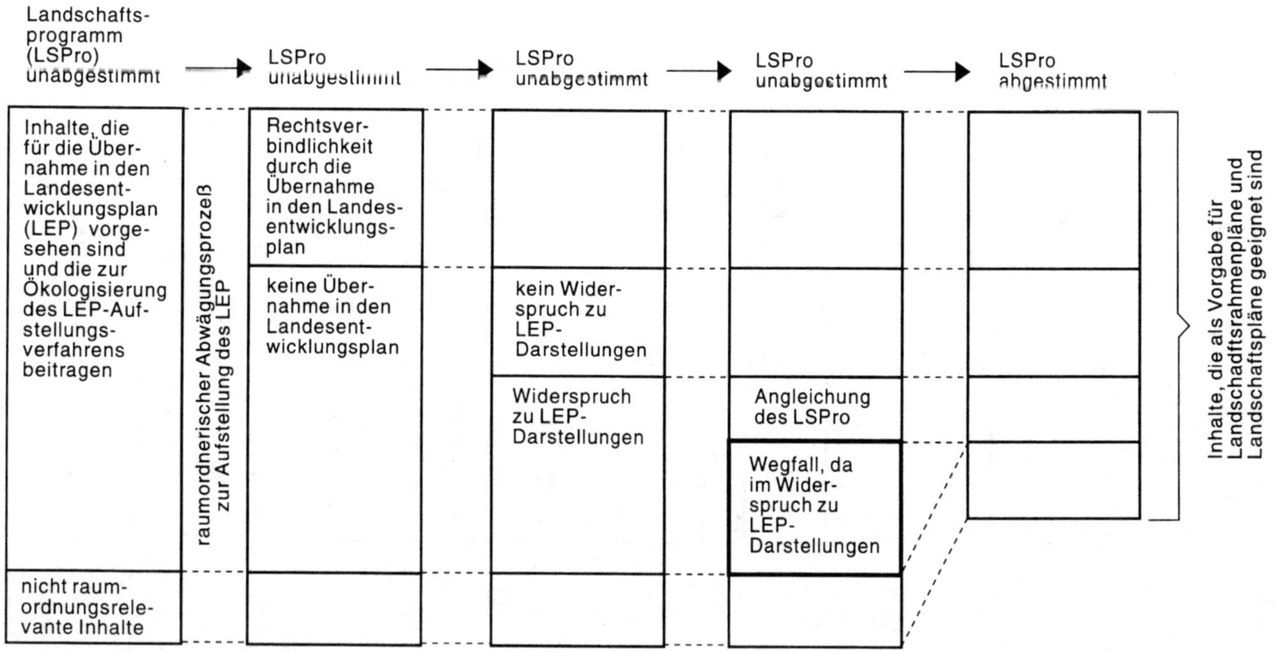

Abb. 77: Der Werdegang einer gutachtlichen Landschaftsplanung, aufgezeigt am Beispiel eines unabgestimmten, gutachtlichen Landschaftsprogrammes

(Entwurf: Oliver Jäger)

Werden diese Aspekte nachweislich nicht in den gesamtplanerischen und fachplanerischen Abwägungsprozeß eingestellt, sind die Pläne rechtsfehlerhaft. Gleichzeitig bleibt festzustellen, daß die räumliche Gesamtplanung auf der Landes-, vor allem aber auf der Regionalebene, selbst erhebliche Schwierigkeiten hat, sich gegen starke Fachplanungen (z. B. Verkehrswegeplanung) mit ihrem Koordinierungsauftrag durchzusetzen. Für die Regionalplanung kommt Erbguth (1990) sogar zu dem Ergebnis, daß diese nach geltendem Recht einen ökologischen Optimierungsauftrag habe. In Nordrhein-Westfalen hat der Gesetzgeber im Jahre 1989 mit der Novellierung des Landesplanungsgesetzes und des Landesentwicklungsprogramm-Gesetzes eine Vorrangklausel zum Schutz der natürlichen Lebensgrundlagen eingeführt. Diesen ist danach immer dann Vorrang einzuräumen, wenn Leben und Gesundheit der Bevölkerung in Gefahr sind, aber auch dann, wenn die natürlichen Lebensgrundlagen der freilebenden Tiere und Pflanzen gefährdet sind.

Es darf daher festgestellt werden, daß die räumliche Gesamtplanung aufgrund ihres eigenen gesetzlichen Auftrages an einer engen und vertrauensvollen Zusammenarbeit mit der Landschaftsplanung auf allen Planungsebenen interessiert sein müßte. Die Landschaftsplanung ihrerseits müßte an einer solchen Zusammenarbeit ebenfalls interessiert sein, da bis auf ganz wenige Ausnahmen (z. B. der Landschaftsplan auf Ebene der Kreise und kreisfreien Städte in Nordrhein-Westfalen) die Landschaftsplanung nur dadurch Verbindlichkeit erlangt, daß sie in die räumlichen Gesamtpläne einfließt. Anstatt sich gegenseitig das Leben dadurch schwer zu machen, daß im Landschaftsrahmenplan ganz bewußt Planzeichen und Plankategorien verwendet werden, die nicht in den Regionalplan übernehmbar sind, sollten sich beide Planungen vor allem auf der regionalen Ebene umgehendst verbünden. Darüber hinaus erscheint es angebracht (s. hierzu Finke et al., 1993), den Prozeß der Zusammenarbeit teilweise überhaupt erst zu organisieren bzw. zu verstetigen. Einen Anfang hat Rheinland-Pfalz dadurch gemacht, daß den Leitenden Planern der drei Planungsregionen je ein Ökologe zugeordnet wurde, um eine stärkere Berücksichtigung landschaftsplanerischer Ziele innerhalb der Regionalplanung zu ermöglichen.

Insbesondere, wenn es darum geht, ein für die jeweilige räumliche Gesamtplanung zumindest mit Selbstbindungswirkung ausgestattetes flächendeckendes ökologisches Zielsystem aus den zuvor bewerteten Daten der Bestandserhebung zu entwickeln, sollte diese Aufgabe von Landschaftsplanung und räumlicher Gesamtplanung gemeinsam durchgeführt werden. Die Erfahrung der letzten Jahrzehnte zeigt, daß Erfolg und Effizienz der Landschaftsplanung von der Integration ihrer Inhalte in die räumlichen Gesamtpläne und die Fachpläne abhängen. Formen einer künftigen besseren Zusammenarbeit lassen sich zwar rechtlich und organisatorisch lösen, nicht jedoch zwischenmenschliche Kommunikationsprobleme. Diese müssen notfalls durch personelle Umsetzungen gelöst werden.

Eine weitere in diesem Zusammenhang viel zu wenig beachtete Problematik besteht darin, daß die Landschaftsplanung auf allen Ebenen eine Vielzahl von Funktionen zu erfüllen hat, die sie bisher nicht sehr erfolgreich gelöst hat. Wie aus den Abb. 76 und 77 deutlich wird, soll z. B. das Landschaftsprogramm einerseits Vorgaben für die eigene Fachplanung auf der regionalen Ebene formulieren, andererseits aber einen Beitrag für das Landesentwicklungsprogramm bzw. den Landesentwicklungsplan leisten. Daneben enthält dann das Landschaftsprogramm auch noch eine Vielzahl fachinterner, nicht raumrelevanter Zielsetzungen (z. B. Artenschutzprogramm). Diese Vielfalt in der angestrebten Verwendungsfähigkeit sowohl der Landschaftsprogramme als auch der Landschaftsrahmenpläne darf – ohne daß dies empirisch nachgewiesen wäre – als wesentlicher Grund dafür angesehen werden, daß es der Landschaftsplanung bisher nicht gelungen ist, die räumliche Gesamtplanung spürbar auf ökologische Zielsetzungen hin zu kanalisieren. In Niedersachsen hat man aus dieser Erkenntnis offenkundig erste Konsequenzen gezogen und sogenannte „Hinweise der Fachbehörde für Naturschutz zur Aufstellung des Landschaftsrahmenplanes" (Stand 1. 2. 1989) erlassen, die sich in Kapitel 5.5 mit der Bearbeitung von Hinweisen für die Raumordnung und die Bauleitplanung befassen. Nach diesen Hinweisen ist aus dem jeweiligen Landschaftsrahmenplan ein Auszug mit einer Karte unter Verwendung der für die Raumordnung und Regionalplanung vorgeschriebenen Planzeichen zu fertigen und der Regionalplanung rechtzeitig zur Verfügung zu stellen. Ein solches Vorgehen mag die Forderung nach „regionalplanungsrelevanter Aufbereitung" zwar besser zu erfüllen, garantiert jedoch keineswegs eine stärkere Berücksichtigung innerhalb der regionalplanerischen Abwägungsprozesse, schon gar nicht wird dadurch eine ökologische Durchdringung des gesamten regionalplanerischen Erarbeitungs- und Aufstellungsverfahrens bewirkt. Dieses kann nur dann erreicht werden, wenn sich Landschaftsplanung und räumliche Gesamtplanung aller drei Planungsebenen auf gemeinsame Ziele einigen und die Landschaftsplanung ihre Aufgabe nicht durch einen einmaligen Übergabeakt eines von ihr zuvor gefertigten Planes als erledigt betrachtet, sondern Gelegenheit bekommt, sich mit ihrem Fachwissen in den gesamträumlichen Planerarbeitungsprozeß einzuschalten.

Ganz allgemein bleibt festzustellen, daß die Landschaftsplanung auf der untersten Planungsebene sehr stark verbesserungsbedürftig ist (s. hierzu Kiemstedt, Wirz, 1990, Fokuhl, 1993). Solange Landschaftspläne vom Träger der Bauleitplanung selbst ohne Beteiligung von Fachleuten der Landschaftsplanung erstellt werden können, darf man sich über die Unwirksamkeit der Landschaftsplanung vor Ort nicht wundern. Noch viel gravierender jedoch ist die Tatsache, daß nach den Gesetzen vieler alter Bundesländer immer noch keine generelle Pflicht für die Aufstellung von Landschaftsplänen besteht, sondern ein Landschaftsplan oft nur dann aufzustellen ist, „sobald und soweit dies aus Gründen des Naturschutzes und der Landschaftspflege erforderlich scheint". Hierzu verdient die Tatsache hervorgehoben zu werden, daß alle neuen Bundesländer bis auf Mecklenburg-Vorpommern – dort ist per Gesetz noch keine örtliche Landschaftsplanung eingeführt – eine grundsätzliche Planungsnotwendigkeit für eine Landschaftsplanung eingeführt haben. Das sächsische Gesetz über Naturschutz und Landschaftspflege (SächsNatSchG) bestimmt (§ 7 Abs. 1 Satz 1), daß die Gemeinden einen Landschaftsplan als ökologische Grundlage für die Bauleitplanung aufzustellen haben. An dem Vorläufigen Thüringer Naturschutzgesetz (VorlThürNatG) erscheint mit Blick auf die Steuerungsmöglichkeiten der kommunalen Entwicklungsplanung die Tatsache besonders erwähnenswert, daß dort die Landschaftspläne als eigenständige Fachpläne für Naturschutz und Landschaftspflege von der Unteren Naturschutzbehörde erstellt werden und nicht von der Gemeinde als dem Träger der Bauleitplanung. Gleichzeitig ist nach § 5 Abs. 6 VorlThürNatG ein Flächennutzungsplan ohne Landschaftsplanung nicht genehmigungsfähig.

Die ohnehin in der Bundesrepublik Deutschland vor der deutschen Wiedervereinigung vorhandene Vielfalt bezüglich Recht und Organisation der Landschaftsplanung als der für Naturschutz und Landschaftspflege zuständigen Fachplanung ist durch die inzwischen verabschiedeten Naturschutzgesetze der fünf neuen Bundesländer noch erhöht worden. Einige der in den neuen Bundesländern eingeführten Lösungen scheinen sehr vielversprechend, jedoch wird erst die Erfahrung zeigen können, ob es tatsächlich eine Umorientierung der räumlichen Gesamtplanungen hin auf ökologische Ziele, also eine Ökologisierung der gesamträumlichen Planungen geben wird.

Lothar Finke

10.5 Umweltqualitätsziele für die räumliche Planung

10.5.1 Begriff

Der Begriff Umweltqualitätsziele ist eine relativ neuere Wortschöpfung der letzten Jahre, der sich aber sehr schnell eingebürgert hat (s. z. B. Fürst et al., 1992, SRU, 1987, UVP-Förderverein, 1990). Innerhalb des UVP-Fördervereins existiert seit 1988 eine Arbeitsgruppe ‚Umweltqualitätsziele'. Im Zusammenhang mit der Raumplanung – hier verstanden als räumliche Gesamtplanung der drei Ebenen Land – Region – Kommune – sollen Umweltqualitätsziele den angestrebten Zustand der Umwelt beschreiben und entsprechend den Möglichkeiten der jeweiligen Planungsebene verbindlich machen. Nach Fürst et al. (1992, S. 9/10) geben Umweltqualitätsziele ganz bestimmte, sachlich, räumlich und ggf. zeitlich definierte Qualitäten von Ressourcen, Potentialen oder Funktionen an, die in konkreten Situationen erhalten oder entwickelt werden sollen. Im ersten Gesetz zum Naturschutz im Land Mecklenburg-Vorpommern ist in § 15 über Inhalt von Gutachtlichem Landschaftsprogramm und Gutachtlichen Landschaftsrahmenplänen in Abs. 2 davon die Rede, daß die konkretisierten Ziele und Grundsätze des Naturschutzes und der Landschaftspflege, insbesondere die Umweltqualitätsziele im Hinblick auf die Funktionen und Strukturen des Naturhaushaltes, in Text und Karte mit Begründung zusammenhängend für den jeweiligen Planungsraum darzustellen sind. Damit hat der Begriff „Umweltqualitätsziel" erstmals Eingang in ein Gesetz gefunden.

Als Beispiele für die Existenz von Umweltqualitätszielen lassen sich für die Ebene eines Landes das Programm „Natur 2000 in Nordrhein-Westfalen – Leitlinien und Leitbilder für Natur und Landschaft im Jahr 2000" anführen (s. Abb. 80, MURL, 1990, Schulte, 1992), für die kommunale Ebene ist in den letzten Jahren mehrfach die Stadt Wiesbaden mit ihrem Umweltqualitätszielkonzept dargestellt worden (s. z. B. Votsmeier, 1990). Für die übergemeindliche, regionale Ebene sei auf die vom UBA geförderte Studie im Landkreis Osnabrück verwiesen (Schweckendiek, Schemel, Hoppenstedt, 1992).

Aus der Sicht der räumlichen Planung ist an die Formulierung von Umweltqualitätszielen folgendes Anforderungsprofil zu stellen:

1. Umweltqualitätsziele müssen von der Landesebene über die Region bis hin zur Kommune immer konkreter werden – auf der kommunalen Ebene dürfte dabei die Grenze zu Umweltstandards sehr fließend werden.
2. Sowohl Umweltqualitätsziele als auch Umweltqualitätsstandards, die für die gesamte Bundesrepublik Deutschland oder aber für ein ganzes Bundesland gelten, sind lediglich als Oberziel bzw. als Mindeststandard zu verstehen. Aus der Sicht von Naturschutz und Landschaftspflege, d. h. aus landschaftsökolo-

Natur 2000 in NRW Leitbilder für die Großlandschaften und Naturreservate in NRW

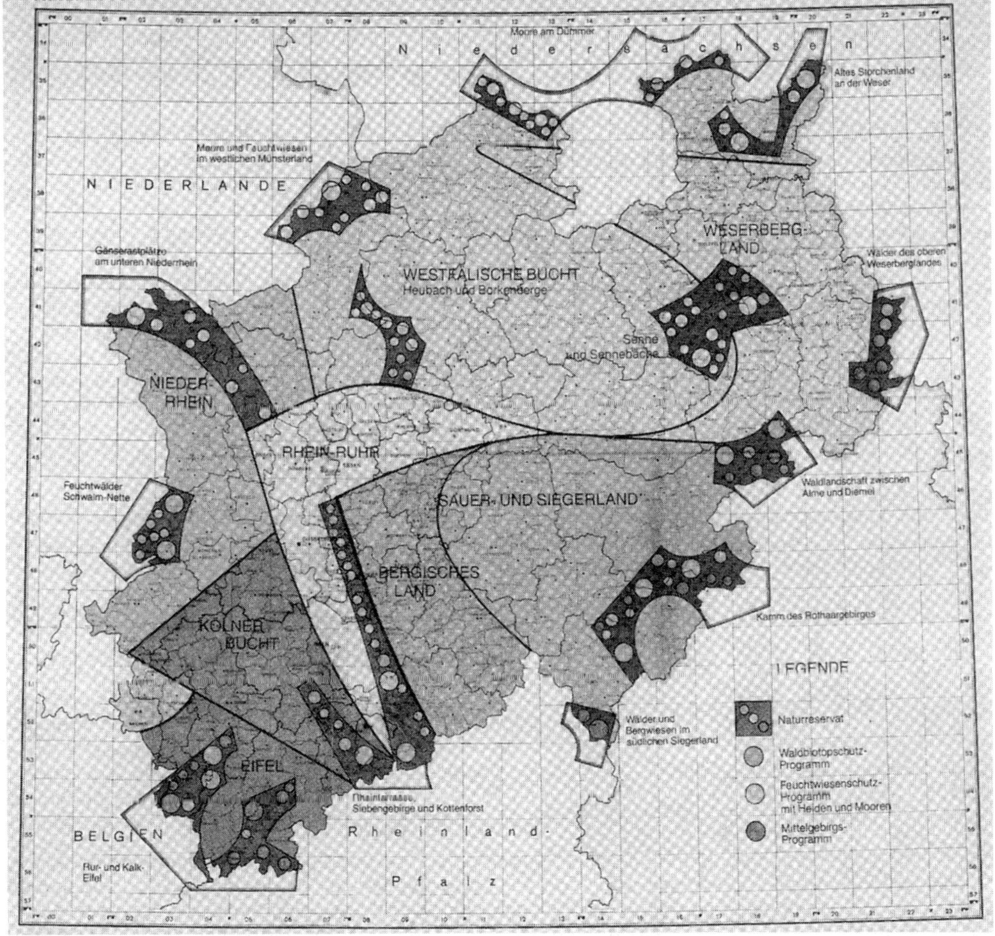

Abbildung 78 stellt acht Großlandschaften mit jeweils geographischen, biologischen und kulturhistorisch unverwechselbaren Merkmalen dar. Das Ziel von Natur 2000 besteht darin, die noch vorhandene Naturlandschaft in Nordrhein-Westfalen zu sichern, die bäuerlich gewachsene Kulturlandschaft zu erhalten und in der industriell geprägten Siedlungslandschaft der Natur wieder Geltung zu verschaffen. Die Ziele beziehen sich auf die gesamte Fläche der acht Großlandschaften – diese sind:

1. Westfälische Bucht und Westfälisches Tiefland
2. Weserbergland
3. Sauer- und Siegerland
4. Bergisches Land
5. Kölner Bucht
6. Eifel
7. Niederrhein
8. Ballungsräume an Ruhr und Rhein

(zur Abgrenzung der Landschaftsräume s. Abb. 78).

Diese acht Großlandschaften prägen Nordrhein-Westfalens unverwechselbares Landschaftsbild, nach Natur 2000 (S. 7) geben sie insgesamt ein unterschiedliches „Historisches Sehen", erfordern ein „Spezifisches Bewahren" sowie ein „Behutsames Entwickeln und Rekonstruieren". Der Hauptteil von Natur 2000 behandelt (S. 7–44) die einzelnen Großlandschaften, die ihrerseits noch weiter unterteilt sind – die Großlandschaft Westfälische Bucht und Westfälisches Tiefland z. B. in folgende Untereinheiten:

1. Westliches Sandmünsterland (Westmünsterland)
2. Östliches Sandmünsterland (Ostmünsterland)
3. Kernmünsterland (Kleinmünsterland)
4. Hellwegbörden
5. Rheiner Land (Plantlünner Sandebene)
6. Diepholzer Moorniederung
7. Rahder Geest
8. Mittelweser.

Im Textteil wird dann ausführlich das Leitbild dargelegt. Auf der Basis einer landschaftsökologischen Betrachtung, einer Behandlung derjenigen Landschaftsteile, die es zu bewahren gilt sowie einer Darstellung dessen, was behutsam entwickelt bzw. rekonstruiert werden soll. Insgesamt werden für die acht Großlandschaften, die sich in insgesamt 51 Teillandschaftsräume aufgliedern, in einer für ein landesweites Programm erstaunlich detaillierten Art und Weise landschaftliche Leitbilder beschrieben, die im Rahmen der künftigen räumlichen Entwicklungsplanung beachtet, weiter konkretisiert und schließlich realisiert werden sollen.

Abb. 78: Leitbilder für die Großlandschaften und Naturreservate in Nordrhein-Westfalen

(nach Schulte, 1992)

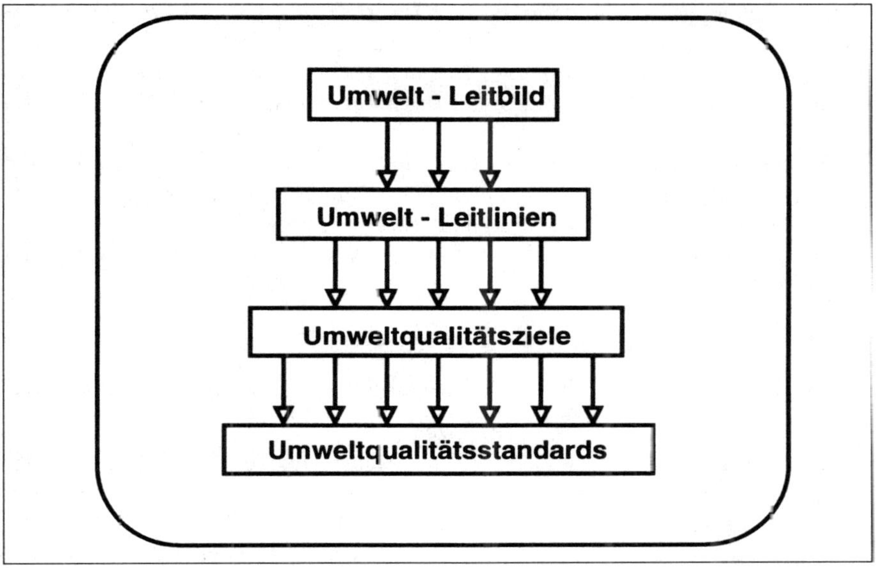

Abb. 79: Das Verhältnis von Leitbild, Leitlinien, Umweltqualitätszielen und Umweltstandards

(in Anl. an Scholles, 1990, verändert)

gischer Sicht, stehen naturraumbezogene Umweltqualitätsziele im Vordergrund des Interesses. Solche naturraumspezifischen Umweltqualitätsziele haben sich auf die jeweiligen naturraumspezifischen ökologischen Qualitäten und Funktionen zu beziehen. Auch in einem derartigen System naturraumbezogener Umweltqualitätsziele kann man sich eine Hierarchie vorstellen, indem z. B. von den naturräumlichen Haupteinheiten bis hinunter zu den einzelnen Ökotopen die Ziele immer feiner ausdifferenziert werden müssen.
In Anlehnung an Fürst et al. (1992) wird unter einem Umweltqualitätsziel die auf bestimmte Ausschnitte der Umwelt bezogene – meist verbale – Konkretisierung von allgemeineren Leitbildern und Leitlinien verstanden.
Umweltqualitätsstandards hingegen konkretisieren derartige Umweltqualitätsziele noch weiter in Maß und Zahl, indem für Indikatoren bzw. Parameter exakte Festlegungen getroffen werden. Sowohl Umweltqualitätsziele als auch Umweltqualitätsstandards bedürfen außer einer fachwissenschaftlichen Fundierung des aus gesellschaftlichen Werthaltungen entstehenden politischen Konsenses.
Während es für den Bereich des technischen Umweltschutzes bereits eine große, ständig wachsende Zahl von Standards gibt, fehlen diese noch weitge-

hend für landschaftsökologische und landschaftsästhetische Qualitäten und Funktionen. Ob es überhaupt sinnvoll ist, für diese Belange einer ökologischen Planung Standards mit allgemeiner Verbindlichkeit aufzustellen, muß zur Zeit angesichts der Forderung nach naturraumspezifischen Umweltqualitätszielen bezweifelt werden.
Da sich dieser Beitrag mit den Fragen befaßt, was Umweltqualitätsziele für die räumliche Planung leisten sollen bzw. können, werden Umweltqualitätsstandards nicht näher behandelt, da diese eine unmittelbare Wirkung nur auf Fachplanungen, vor allem aber auf fachgesetzliche Genehmigungsverfahren entfalten.

10.5.2 Notwendigkeit

Die Forderung nach Umweltqualitätszielen für die räumlichen Planungen auf allen Ebenen begründet sich wie folgt:

- Angesichts weitgehend fehlender Bewertungsmaßstäbe für Umweltverträglichkeitsprüfungen werden Umweltqualitätsziele als methodische Grundvoraussetzung zur Durchführung von UVPen gefordert.
- Die Existenz von flächendeckenden Umweltqualitätszielen wird als Voraussetzung dafür angesehen, sowohl die räumliche Gesamtplanung als auch die sektoralen Fachplanungen zu „ökologisieren“, d. h. sie auf ökologische Zielsetzungen hin auszurichten.

Umweltqualitätsziele für die Umweltverträglichkeitsprüfung

In den letzten Jahren ist immer wieder darauf hingewiesen worden – z. B. SRU (1987, S. 54–56), Summerer (1987) u. a. –, daß die Existenz normativ gesetzter Bewertungsmaßstäbe eine methodische Grundvoraussetzung für Umweltverträglichkeitsprüfungen auf allen Ebenen darstellt. Ohne derartige Bewertungsmaßstäbe werden Umweltverträglichkeitsstudien (UVS) und Umweltverträglichkeitsuntersuchungen (UVU) keine klare und eindeutige Antwort in Form eines Ja oder Nein zur Umweltverträglichkeit des geplanten Vorhabens liefern können, d. h. die Mindestanforderung einer Prüfung nicht erfüllen können. Als eine ganz wesentliche Voraussetzung zur Schaffung derartiger Bewertungsmaßstäbe werden flächendeckende, sachlich und räumlich differenzierte Umweltqualitätsziele angesehen.

Eine am bundesdeutschen UVP-Gesetz immer wieder von Fachleuten beklagte Schwäche wird darin gesehen, daß wir derzeit in Deutschland lediglich eine sogenannte Projekt-UVP kennen, während Programme und Pläne bisher keiner systematischen Umweltverträglichkeitsprüfung unterzogen werden. Insbesondere der Forderung nach einer Plan-UVP (z. B. Eberle, 1988) wird nur dann nachzukommen sein, wenn der räumlichen Gesamtplanung und den Fachplanungen räumlich und sachlich ausreichend differenzierte Umweltqualitätszielkonzepte an die Hand gegeben werden können.

Umweltqualitätsziele als Voraussetzung einer „Ökologisierung" der räumlichen Planungen

Grundsätzlich ist die Existenz eines räumlich und sachlich differenzierten Umweltqualitätszielsystems als methodische Grundvoraussetzung einer hier als „Ökologisierung des Planungsprozesses" verstandenen Neuorientierung der Raumplanung anzusehen. Im folgenden wird allerdings davon Abstand genommen, auf einzelne Fachplanungen einzugehen, es erfolgt ausschließlich eine Auseinandersetzung mit der sogenannten räumlichen Gesamtplanung aller drei Planungsebenen. Diese Beschränkung ist mit der Erwartung verbunden, daß künftig die räumlichen Gesamtplanungen stärker als bisher ihre Steuerungs- und Koordinationsfunktionen gegenüber den sektoralen Fachplanungen werden durchsetzen können.

Wenn mit der Durchsetzung des Vorsorgeprinzipes innerhalb der Umweltschutzpolitik wirklich ernstgemacht werden soll, dann können Umweltverträglichkeitsprüfungen gar nicht früh genug einsetzen. Dies bedeutet, Umweltverträglichkeitsprüfungen nicht erst auf der Projektebene, sondern bereits in der Programmphase, spätestens jedoch zum Zeitpunkt der Planerarbeitung innerhalb der Landes- und Regionalplanung durchzuführen, aber auch auf der Ebene der kommunalen Flächennutzungsplanung anzusiedeln.

Die Erarbeitung eines flächendeckenden, sachlich und räumlich differenzierten Umweltqualitätszielkonzeptes wird als methodische Voraussetzung für das verstanden, was seit einigen Jahren als „Ökologisierung des Planungsprozesses" bezeichnet wird (z. B. Finke et al., 1993). Unter einer Ökologisierung des Planungsprozesses, insbesondere der räumlichen Gesamtplanungen, wird die ökologische Durchdringung des gesamten Planungsprozesses verstanden, wobei jeder einzelne Schritt des gesamten Planerarbeitungsverfahrens an ökologischen Zielsetzungen gemessen werden soll. Eine derartige Vorstellung setzt notwendigerweise die Existenz eines flächendeckenden Umweltqualitätszielkonzeptes voraus. Die räumliche Gesamtplanung hätte dann in Wahrnehmung ihrer überfachlichen Aufgabe, die sie zur Koordination aller raumrelevanten Ansprüche zwingt, alle von ihr zu koordinierenden Raumansprüche daraufhin zu überprüfen und zu beurteilen, inwieweit das zuvor erarbeitete Umweltqualitätszielkonzept dadurch tangiert wird. Wenn ein derartiges Umweltqualitätszielkonzept einen nachhaltigen Einfluß auf den Erarbeitungsprozeß eines räumlichen Gesamtplanes haben soll, dann wird unmittelbar einsichtig, daß die Umweltqualitätsziele eine Verbindlichkeit haben müssen, d. h. nicht beliebig durch Abwägung überwindbar sein dürfen. Eine derartige Forderung ist keineswegs neu, sie entspricht voll und ganz der Philosophie der Eingriffs- und Ausgleichsregelung gemäß § 8 des BNatSchG. Diese geht bekanntlich von einem generellen Verschlechterungsverbot aus, unvermeidbare Eingriffe sind – notfalls über eine Ausgleichsabgabe an anderer Stelle, aber stets funktionsgerecht –, auszugleichen. Dieses Ziel des generellen Verschlechterungsverbotes gemäß § 8 BNatSchG ist aus landschaftsökologischer Sicht als das oberste Umweltqualitätsziel zu bezeichnen – jedenfalls mit Blick auf die Planungspraxis.

In der konkreten Anwendung der Eingriffs- und Ausgleichsregelung muß in aller Regel – von Ausnahmen der Existenz guter Landschaftspläne und darin getroffener Festsetzungen abgesehen – zunächst einmal der ökologische Ist-Zustand des jeweils betroffenen Gebietes genau erhoben, die Folgen eines Projektes prognostiziert und die erforderlichen Ausgleichs- und Ersatzmaßnahmen festgesetzt werden. Ein ganz wesentlicher Schritt im methodischen Ablauf bei der Anwendung der Eingriffs- und Ausgleichsregelung stellt – im Unterschied zur Umweltverträglichkeitsprüfung – die sehr früh einsetzende Frage nach der eventuellen Vorrangigkeit der Belange von Natur und Landschaft dar. Ist letzteres gegeben, dann – und nur dann – ist der Eingriff zu untersagen. Im Regelfall ergibt diese Überprüfung jedoch, daß die Belange von Natur und Landschaft eben **nicht** im Range vorgehen, der geplante Eingriff insoweit zuzulassen ist.

Von einem flächendeckenden, sachlich und räumlich ausreichend differenzierten Konzept landschaftsökologischer Umweltqualitätsziele kann nun erwartet werden, daß die von einer Planungsabsicht zu erwartenden Umweltauswirkungen sehr viel schneller und sehr viel exakter als ohne ein derartiges Umweltqualitätszielkonzept erfaßt und beurteilt werden können. Ein derartiges Umweltqualitätszielkonzept wird keineswegs flächendeckend absolute Vorränge für ökologische Ziele darstellen können, es wird aber im Gegensatz zu den Schutzgebietskategorien eines üblichen Landschaftsplanes auch etwas über die zu erhaltenden bzw. zu entwickelnden ökologischen Funktionen eines Maisackers aussagen, es wird, da flächendeckend angelegt, sich grundsätzlich zur Frage der künftig angestrebten Umweltqualität äußern. Läge z. B. der Regionalplanung statt eines üblichen Landschaftsrahmenplanes ein derartiges Planwerk vor, in dem für die gesamte Region der ökologische Ist-Zustand nicht nur verbal beschreibend dargestellt, sondern der landschaftsökologische Soll-Zustand sowohl für die biotischen als auch für die abiotischen landschaftsökologischen Teilkomplexe in räumlich hoher Differenzierung abgebildet wird, dann läge der räumlichen Gesamtplanung meines Erachtens das vor, was sie zu einer effektiven Berücksichtigung ökologischer Belange benötigt.

Die Erarbeitung eines Umweltqualitätszielkonzeptes sollte zunächst relativ bescheiden auf bereits bekannten Informationen über einen konkreten Raum beginnen. Es besteht hier die Gefahr, unerfüllbare Forderungen zu stellen. Wenn im Sinne des § 1 des BNatSchG alle den heute real existierenden Landschaftshaushalt bzw. Naturhaushalt konstituierenden Öko- und Geofaktorenkomplexe in diese Betrachtung mit einzubeziehen sind, dann muß eine Vielzahl von fachwissenschaftlichen Erkenntnissen berücksichtigt werden. Dabei kommt aus der Sicht der Planungstheorie und -praxis aus dem Kreis der existierenden Planungen der Landschaftsplanung eine ganz besondere Bedeutung zu (siehe Abschnitt 9.).

10.5.3 Entwicklung

Der Rat von Sachverständigen für Umweltfragen (SRU, 1987, Tz. 88 u. 113) stellt zum wiederholten Male fest, daß über optimale Zustände von Umweltqualität nicht wissenschaftlich entschieden werden kann, daß Ziele und vor allem Standards der Umweltqualität sich zwar auf wissenschaftlich gesicherte oder zumindest vertretbare Annahmen stützen müssen, darüber hinaus aber in erheblichem Maße politische Entscheidungselemente enthalten.

Zur Beantwortung der Frage, woher denn nun Umweltqualitätsziele eigentlich kommen, läßt sich ein ganzer Katalog von möglichen Quellen benennen (s. Tabelle 28).

Aus der Zusammenstellung in Tabelle 28 ergibt sich, daß Umweltqualitätsziele sich zunächst einmal aus Gesetzen, Vorschriften und Verordnungen mit unmittelbarer Wirkung ergeben. Die rechtliche Wirkung kann dabei sehr unterschiedlich sein, von einem Erlaß oder einer Verwaltungsvorschrift wird der einzelne Bürger nicht unmittelbar betroffen sein, während z. B. von Festsetzungen in einem Fachplan – z. B. die Festsetzung einer Anpflanzung nach § 38 (2) Landschaftsgesetz Nordrhein-Westfalen – unmittelbare Wirkungen gegen den Eigentümer der betroffenen Fläche ausgehen.

Eine grundsätzlich andere Qualität besitzen neuere wissenschaftliche Erkenntnisse über ökologische Zusammenhänge, wie sie z. B. in Fachgutachten und wissenschaftlichen Veröffentlichungen dokumentiert werden. Weitere ganz wesentliche Grundlagen für die mögliche Herleitung von Umweltqualitätszielen sind behördeninterne Erkenntniszuwächse, wie sie z. B. nahezu täglich bei den ökologischen Landesanstalten entstehen. In diesem Zusammenhang sind vor allem die in den letzten Jahren auf allen Ebenen der räumlichen Planung installierten geographischen Informationssysteme (GIS) bzw. spezielle Umweltinformationssysteme (UIS) zu nennen. Auch hierzu kann der Rat von Sachverständigen für Umweltfragen (SRU, 1987, Tz. 74) zitiert werden, der feststellt, daß derartige Berichte und Berichtssysteme noch keine Antwort auf die Frage geben, welche Umweltqualität eine bestimmte Gesellschaft oder soziale Gruppe zu einem bestimmten Zeitraum wünscht. Über das, was im Bereich der Umweltqualität sein soll, müßte auf der Basis derartiger Umweltinformationssysteme erst in ei-

Quellen für Umweltqualitätsziele	Beispiele für Umweltqualitätsziele und -standards
Gesetze	sog. § 20c - Biotope nach BNatSchG
Verordnungen, Erlasse, Satzungen	Schutzgebiete, Festsetzungen nach § 9 BauGB
Textliche und zeichnerische Ziele in räumlichen Gesamtplänen mit Behördenverbindlichkeit	LEPs, Regionalpläne, Flächennutzungspläne
Verwaltungsvorschriften als Konkretisierung von Gesetzen	TA-Luft, TA-Lärm, Abwasserabgaben VO
Fachpläne	Landschaftsprogramme, Landschaftsrahmenpläne, wasserrechtliche Bewirtschaftungspläne
Fachprogramme ohne gesetzlichen Planungsauftrag	Gewässerschutzprogramme, Schutzprogramme für bestimmte Arten (z.B. Fischotter), Feuchtwiesenschutzprogramm (NRW), Mittelgebirgsprogramm (NRW)
Behördeninterne Kartierungen, Informationen als Grundlage fachlicher Zielvorstellungen	Biotopkataster, Baumkataster, Verbreitungskarten bestimmter Arten, Waldfunktionskarten
Wissenschaftliche Veröffentlichungen und Gutachten	u.a. HEYDEMANN u. MADER zur Theorie von Biotopverbundsystemen; Umweltgutachten des SRU
Öffentlichkeit, z.B. die Natur- und Umweltschutzverbände	- generelle Forderungen der Verbände z.B. DNR, BUND, NABU u.a. - spezielle Forderungen und Zielvorstellungen, wie sie i.R. der Beteiligungsverfahren nach § 29 BNatSchG erhoben werden

Tab. 28: („Herkunft von Umweltqualitätszielen")

nem demokratisch breit organisierten politischen Meinungsbildungsprozeß entschieden werden. Dieser nicht gerade einfache Prozeß der Ziel- und Standardsetzung ist mit Einschränkungen von den Umweltplanungen – vor allem aber von der Landschaftsplanung – bisher noch viel zu wenig als Problem erkannt worden. Auch hierzu hat der Rat von Sachverständigen für Umweltfragen (SRU, 1987, Tz. 85) bereits sehr treffend festgestellt, daß es Ausdruck eines naturalistischen Fehlschlusses sei, von einem Sein der Natur auf ein Sollen zu schließen.

Daraus folgt zweifelsohne, daß sich die Landschaftsplanung und die anderen Umweltplanungen künftig sehr viel stärker den Fragen widmen müssen, wie naturwissenschaftliche Erkenntnisse aus der Sachebene in die politisch-normative Wertebene transferiert werden können. Aus wertneutralen Informationen über den ökologischen Ist-Zustand unserer heutigen Kulturlandschaft werden nicht automatisch Umweltqualitätsziele.

Eine in den letzten 20 Jahren für diesen Prozeß der politischen Normsetzung und Zielformulierung ständig an Bedeutung gewinnende Gruppe ist die Öffentlichkeit, vor allem die in Natur- und Umweltschutzverbänden organisierte Öffentlichkeit. Hier melden sich besonders interessierte und engagierte Bürger mit ihren Vorstellungen über die künftige Qualität ihrer Umwelt zu Wort, ohne daß bisher festgestellt werden konnte, daß über diesen Weg der politischen Einflußnahme es durchschlagend gelungen wäre, Umweltqualitätsziele und Umweltqualitätsstandards wesentlich voranzubringen. Gerade wenn es in der Landschaftsplanung in Gestalt der ökologischen Querschnittsplanung künftig darum gehen soll, naturraumbezogene Umweltqualitätsziele zu formulieren, dann müßten die ökologischen Fachplanungen – abermals vor allem die Landschaftsplanung – künftig sehr viel stärker mit dieser organisierten Öffentlichkeit bei der Formulierung von Umweltqualitätszielen zusammenarbeiten.

Damit ergibt sich, daß neben rechtlich-normierten Umweltqualitätszielen eine Fülle von Möglichkeiten existieren, Umweltqualitätsziele mit der Folge der Selbstbindung zu beschließen. Das Problem besteht jedoch darin, daß z. B. eine Kommune nicht beliebig Umweltqualitätsziele festsetzen kann, da diese leicht mit fachgesetzlichen Vorschriften kollidieren können. Insbesondere für den landschaftsökologischen Bereich, wo es um die vom Naturhaushalt bestimmten ökologischen Qualitäten der heutigen Kulturlandschaft geht, besteht jedoch rein juristisch ein relativ großer Ermessensspielraum. Probleme treten lediglich im Bereich der Finanzierung auf, wenn es gilt, z. B. Nutzungsextensivierungen in der Landwirtschaft zu entschädigen.

Wenn z. B. eine regionale Planungsgemeinschaft oder ein Gemeindeparlament jeweils im Rahmen ihrer Zuständigkeiten ein Umweltqualitätszielkonzept zunächst mit Selbstbindungswirkung beschließen, dann haben wir hier grundsätzlich die gleiche Situation wie bei einem rein gutachtlichen Landschaftsrahmenplan bzw. einem kommunalen Landschaftsplan, welche beide keine eigene Rechtskraft entfalten können, sondern der Integration in den jeweiligen räumlichen Gesamtplan bedürfen. Lediglich dort, wo wir wie in Rheinland-Pfalz (§ 14.6 rheinland-pfälzisches Landespflegegesetz) und in Mecklenburg-Vorpommern (§ 13 Abs. 3) eine Begründungspflicht für Abweichungen gegenüber den landschaftsplanerischen Zielen rechtlich verankert haben, besteht rein theoretisch eine größere Durchsetzungschance. Allerdings wird die Erfahrung zeigen müssen, wie weit diese Instrumente wirklich zu anderen Abwägungsergebnissen im Bereich der räumlichen Gesamtplanungen führen. Die bisherigen Erfahrungen in Rheinland-Pfalz sind nicht sehr ermutigend (s. Finke et al., 1993), auch das mecklenburgisch-vorpommersche Landesentwicklungsprogramm stellt trotz Existenz eines Landschaftsprogrammes – gemessen an anderen Landesentwicklungsprogrammen – keine Revolution dar.

10.5.4 Perspektiven

Die Frage, inwieweit Umweltqualitätsziele tatsächlich in der Lage sein werden, den Prozeß der räumlichen Gesamtplanung im Sinne einer ökologischen Durchdringung zu beeinflussen – zu ökologisieren –, steht und fällt mit der Frage, welche Verbindlichkeit derartige Umweltqualitätszielkonzepte künftig haben werden. Die in Rheinland-Pfalz und Mecklenburg-Vorpommern eingeführte Begründungspflicht im Falle des Abweichens von Zielen des Naturschutzes und der Landschaftspflege ist eine Möglichkeit. Eine andere, weitergehende bestünde darin, aus Verantwortung gegenüber der globalen Umweltgefährdung Umweltqualitätszielkonzepte sowohl für die Ebene der Bundesländer als auch der Regionen und der Kommunen vorab zu beschließen und mit Bindungswirkungen sowohl gegenüber der räumlichen Gesamtplanung als auch gegenüber den sektoralen Fachplanungen auszustatten. Der zu erwartende Vorwurf, daß dadurch die Natur- und Umweltschutzbelange absolute Priorität bekämen, ist schlicht unzutreffend. Ein Umweltqualitätszielkonzept setzt keineswegs überall absolute Vorränge für die verschiedensten Umweltbereiche fest, es erlaubt im Gegenteil die gesamte Palette künftiger Entwicklungsplanungen, allerdings überall mit räumlich differenzierter ökologischer Zielsetzung. Eine sogenannte Ökologisierung des Prozesses der räumlichen Gesamtplanung erfordert sehr viel intelligentere Planungen als bisher, die Raumplanung der Zukunft wird sehr innovativ sein müssen, um dem Grundsatz des „Sustainable Development" nachzukommen.

Bei realistischer Einschätzung muß derzeit davon ausgegangen werden, daß eine rechtliche Bindungswirkung für derartige Umweltqualitätszielkonzepte nicht eingeführt werden wird, es sei denn, man denkt dabei an die Selbstbindung. Umso wichtiger wird es dann sein, derartige Umweltqualitätszielkonzepte gerade nicht aus rein ökologisch-fachlicher Sicht aufzustellen, sondern dafür von vorneherein einen möglichst breiten Konsens herbeizuführen.

Ein weiterer wichtiger Punkt wird die Logik der Begründung derartiger Umweltqualitätszielkonzepte sein. Dazu werden die ökologischen Fachdisziplinen vor neue Herausforderungen gestellt und der sich anschließende Prozeß der Zielformulierung muß transparenter und nachvollziehbarer gestaltet werden, um dadurch die Akzeptanz solcher Umweltqualitätszielkonzepte zu erhöhen.

Ein weiterer wichtiger Grundsatz für die Formulierung von Umweltqualitätszielkonzepten ist deren Realitätsbezug, d. h. deren Integrationsfähigkeit in die räumliche Gesamtplanung. Ein gutes Beispiel für diese Forderung sind die Immissionsgrenzwerte laut TA-Luft innerhalb der Bundesrepublik Deutschland im Vergleich zur früheren UdSSR. Während die aus medizinischer Sicht idealtypischen Grenzwerte der früheren UdSSR sich in der Realität nicht wiederfinden ließen, waren die bundesdeutschen Immissionsgrenzwerte realitätsnah stets so formuliert, daß sie eingehalten werden konnten und auf diese Weise im Laufe der Zeit weiter abgesenkt werden konnten.

Eine weitere ganz wesentliche Voraussetzung besteht darin, daß die Umweltqualitätszielkonzepte mit genügend zeitlichem Vorlauf erarbeitet werden, um der räumlichen Gesamtplanung von Anfang an zur Verfügung stehen zu können.

Aus Erfahrungen mit der Landschaftsrahmenplanung im Verhältnis zur Regionalplanung (Finke et al., 1993) ist der Vorwurf bekannt, daß die Landschaftsrahmenpläne nicht regionalplanungsadäquat aufbereitet wären. Mittlerweile zeichnet sich jedoch ab – sehr deutlich geworden auf einer Tagung der Akademie für Raumforschung und Landesplanung im Frühjahr 1992 in Würzburg –, daß von den ökologisch arbeitenden Disziplinen eine derartige Fülle von Umweltqualitätszielen und Umweltqualitätsstandards angeboten werden kann, daß sich die Regionalplanung überhaupt nicht mehr in der Lage sieht, diese Datenfülle zu verarbeiten (s. ARL, 1992). Damit stellt sich für die ökologisch arbeitenden Disziplinen die aktuelle Forschungsfrage, wie die Fülle von Einzeldaten so aufbereitet werden kann, daß sie in der Regionalplanung, aber auch in den sektoralen Fachplanungen, verwendet werden können. Die Frage lautet, wie kann die verwirrende Vielfalt von Umweltqualitätszielen und Umweltqualitätsstandards sinnvoll begrenzt werden, um das Ziel einer Ökologisierung der räumlichen Planung zu erreichen und nicht ins Gegenteil umzuschlagen.

10.5.5 Bezug zur Landschaftsplanung und zum Umweltleitplan

Das Thema „Umweltqualitätsziele" ist im Grunde gar nicht neu, ein Blick auf die seit 20 Jahren geführte Diskussion um eine sogenannte „querschnittsorientierte" Landschaftsplanung als ökologische Planung macht dies deutlich. Bei einer zeitgemäßen Interpretation des § 1 BNatSchG ergibt sich ein umfassender ökologischer Aufgabenbereich für die Landschaftsplanung. In Analogie zu dem Programm „Natur 2000 in NRW" lautet die zentrale Frage: Wie soll/kann das Ziel „Erhaltung der biologischen Funktionsfähigkeit der Kulturlandschaft" als zentrale ökologische Aufgabenstellung erreicht werden?

Im Sinne des § 1 BNatSchG hätte eine wirklich umfassende Landschaftsplanung eigentlich schon immer etwas ähnliches leisten müssen, was heute unter Umweltqualitätszielen diskutiert wird – vor allem flächendeckend Aussagen zum ökologischen Ist- und Soll-Zustand zu treffen. Schließlich existiert Naturhaushalt (besser wäre Landschaftshaushalt) überall – auch in den Zentren von Großstädten und Ballungsräumen. Eine im Sinne des § 1 BNatSchG umfassende Landschaftsplanung ist weitgehend identisch mit der sogenannten Umweltleitplanung (s. Abschnitt 10.3) – auch ohne die Forderung nach eigenständiger rechtlicher Bindungswirkung gibt es um diese sogenannte Umweltleitplanung eine geradezu hysterische Auseinandersetzung. Kernpunkt dieser Auseinandersetzung ist der Vorwurf, daß durch eine derartige Umweltleitplanung mit notwendigerweise ökologieinterner Vorwegabwägung der gesamtplanerische Abwägungsprozeß präjudiziert würde. Daß dieses schon immer durch die Verkehrsplanung geschah, ist zwar stets beklagt, aber nie derart intensiv bekämpft worden, wie dies derzeit gegenüber dem Umweltleitplan zu beobachten ist.

Abschließend bleibt festzustellen, daß trotz aller sachlich und methodisch begründbaren Notwendigkeit von flächendeckenden, sachlich und räumlich differenzierten Umweltqualitätszielen erwartet werden muß, daß es äußerst schwierig sein wird, derartige Umweltqualitätszielkonzepte – und sei es auch nur in der Form rein gutachtlichen Abwägungsmaterials – in das System der räumlichen Planung der Bundesrepublik Deutschland einzuführen.

Gerhard Hahn-Herse

10.6 Auftrag und Aufgaben der örtlichen Landschaftsplanung[1]

Nach den gesetzlichen Grundlagen sind die Sicherung der nachhaltigen Leistungsfähigkeit des Naturhaushaltes und der Kulturlandschaft als Lebensgrundlage des Menschen, der wildwachsenden Pflanzen und wildlebenden Tiere und die Erhaltung und Entwicklung von Natur und Landschaft als Erholungs- und Erlebnisraum die zentralen Aufgaben von Naturschutz und Landschaftspflege[2]. Vorhandene Belastungen sind abzubauen, neue Belastungen sind zu vermeiden. Die Entwicklung von Ländern, Regionen ist auf Umweltvorsorge und Umweltverträglichkeit abzustellen. Dies zu erreichen, sind mit der Schaffung der Naturschutzgesetze des Bundes und der Länder zwei bis dahin in Mitteleuropa nicht genutzte Instrumente eingeführt worden, die Eingriffsregelung und die Landschaftsplanung. Landschaftsplanung gilt heute, insbesondere in Abgrenzung zum technischen Umweltschutz, als die **raumbezogene** Umweltvorsorgeplanung. Sie wird als Umweltentwicklungsplanung charakterisiert oder auch als Umweltleitplanung. Inwieweit Landschaftsplanung die Anforderungen eines Umweltleitplanes tatsächlich erfüllen kann, ist noch nicht gänzlich ausdiskutiert und bleibt in diesem Zusammenhang unbeachtet. Aus strategischen Überlegungen scheint bundesweit die Einführung neuer planerischer Instrumente als unzweckmäßig bewertet zu werden. Der Abbau umweltplanerischer Defizite wird deshalb in einer Weiterentwicklung der Landschaftsplanung gesehen (Hoffjann, 1993).

Als Instrument von Naturschutz und Landschaftspflege hat Landschaftsplanung das gesamte Spektrum von Zielen und Grundsätzen abzudecken, die in den §§ 1 und 2 Bundesnaturschutzgesetz festgelegt sind. Die Sicherung der nachhaltigen Leistungsfähigkeit des Naturhaushaltes bezieht sich somit nicht nur auf die Pflanzen- und Tierwelt, sondern sie umfaßt sämtliche Naturgüter und Leistungen des Naturhaushaltes, d. h. auch Boden, Gewässer, Klima, Luft und die Gestaltqualitäten.

Unbeschadet der Tatsache, daß das Bundesnaturschutzgesetz auch den Fachverwaltungen und ihren primär auf die **Nutzung** bestimmter Naturgüter gerichteten Planungen auferlegt, die Verwirklichung der Ziele von Naturschutz und Landschaftspflege, z. B. mittels landschaftspflegerischer Begleitplanung zu unterstützen, muß sich die Landschaftsplanung mit den Auswirkungen sämtlicher

---

1 Vgl. hierzu ergänzend Abschnitt 8.3.

2 Seit kurzem wird dieser Teil des Aufgabenspektrums auch als Erhaltung und Entwicklung der Kulturlandschaft bezeichnet. Dazu erforderliche begriffliche Klarstellungen befinden sich noch in der Diskussion.

Raumnutzungen auf Natur und Landschaft und mit deren ökosystemaren Zusammenhängen auseinandersetzen. Dabei sind entsprechende Forderungen zur Beseitigung und zur Vermeidung von Schäden und Risiken zu stellen.

Landschaftsplanung ist somit fachgebietsübergreifend oder querschnittsorientiert; dies macht ihre besondere Stellung gegenüber den Fachplanungen, wie z. B. des Verkehrs oder des Wasserbaues, aus.

Querschnittsorientiert bedeutet aber auch **(teil-)koordinierend.** Dies bestimmt das Verhältnis der Landschaftsplanung zur Gesamtplanung. Sie ist nicht Gegenplanung, sondern betreibt partnerschaftliche Konkurrenz zur Gesamtplanung und wird in diesem Sinne von Umweltjuristen auch als „spezielle Gesamtplanung" bezeichnet. Auch aus dieser Sicht kann sie keine Fachplanung wie z. B. die Verkehrsplanung sein wie immer wieder behauptet wird. Die Ergebnisse der Landschaftsplanung besitzen zwar – abgesehen von den wenigen Ausnahmen – im Gegensatz zur Gesamtplanung keine direkte Bindungswirkung, sondern haben Gutachtencharakter. Beschränkt sich Landschaftsplanung jedoch auf die Gutachtenkompetenz, schränkt sie ihre Mitwirkungsmöglichkeiten stark ein: Landschaftsplanung würde dann nach der Ermittlung von Funktionen und Entwicklungstendenzen, nach einer Beurteilung von Nutzungskonflikten (als Umweltverträglichkeitsbeurteilung des Status quo) und Empfehlungen zur räumlichen Entwicklung abbrechen und ihre Ergebnisse der Gesamtplanung – hier: Bauleitplanung – zur Integration zur Verfügung stellen. Damit hätte sie die von der Gesamtplanung zu erbringenden Entwicklungskonzepte und deren Varianten ausgeblendet. Die Gesamtplanung, die mit ihren Konzepten selbst Beeinträchtigungen von Naturhaushalt und Landschaftsbild hervorruft, würde dann in eigener Sache über ökologische und gestalterische Verträglichkeiten und Unverträglichkeiten urteilen.

Daraus ist zu schließen, daß sich die Landschaftsplanung im Sinne integrierter, jedoch gegenseitig weisungsgebundener Planung zu beteiligen hat. Sachlich **und** zeitlich verzahnt, führt dieser Prozeß zum rechtsverbindlichen Bauleitplan (bzw. zu zwei Plänen nach dem „Hamburger Modell").

Daß auf diesem Wege die Vorstellungen von Naturschutz und Landschaftspflege verlorengehen können, liegt auf der Hand. Dem kann nur dadurch begegnet werden, daß die aus dem Abwägungsgebot ableitbare Verpflichtung eingeführt wird, für alle getroffenen Entscheidungen Begründungen zu liefern, wie das beispielsweise das rheinland-pfälzische Landespflegegesetz in seiner Fassung von 1987 vorschreibt. Dies gilt insbesondere dann, wenn Ziele und Grundsätze von Naturschutz und Landschaftspflege nicht oder nicht in dem mit dem landschaftsplanerischen Entwicklungskonzept übereinstimmenden Umfange zum Tragen gekommen sind.

10.6.1 Rechtliche Voraussetzungen und Regelungen

Örtliche Landschaftsplanung findet auf den beiden Stufen der (kommunalen) Bauleitplanung statt. Ihre Rechtsform erhält sie in den einzelnen Landesgesetzen für Naturschutz und Landschaftspflege durch Ausgestaltung der Regelungen im Baugesetzbuch und im Bundesnaturschutzgesetz. Die Länder haben diesen Gestaltungsspielraum in erheblichem Umfang genutzt und mit legislativen und vollziehenden Akten verschiedene Modelle der örtlichen Landschaftsplanung entwickelt, die mit den jeweiligen landesspezifischen Rechtssystemen korrespondieren. Sie können erheblich voneinander abweichen, und zwar nicht nur nach der Form, sondern auch nach dem Inhalt.

Mecklenburg-Vorpommern hat noch keine rechtlichen Bestimmungen zur Landschaftsplanung. Der Vollzug orientiert sich an der in Schleswig-Holstein geübten Praxis. Außer in Nordrhein-Westfalen wird die örtliche Landschaftsplanung in allen Flächenstaaten mit dem Zweck betrieben, die Ergebnisse in die Bauleitpläne zu integrieren oder den selbständigen Landschaftsplan zum B-Plan konfliktfrei abzustimmen (Hamburg und Berlin). Die rechtliche Bindungswirkung erhalten ausschließlich die integrierten Teile. Die **nicht** integrierten Teile, sogenannte überschießende Inhalte, sind im Zuge der (politischen) Abwägung ohne Berücksichtigung geblieben oder können wegen ihrer Aussagegenauigkeit nicht übernommen werden. Daß diese als Gutachten verbleibenden Ergebnisse dennoch Wirkung haben können, insbesondere für die Entscheidungen im Zuge von Fachplanungsverfahren, ist evident. Das Land Rheinland-Pfalz geht mit seinen rechtlichen Regelungen am weitesten. Im Landespflegegesetz von 1987 werden die Gemeinden mit der Formulierung „Landschaftsplanung in der Bauleitplanung" (§ 17 /2 PflG/RP) beauftragt, Landschaftsplanung auf beiden Stufen der Bauleitplanung integriert zu betreiben. Die Bezeichnungen „Landschaftsplan" und „Grünordnungsplan" werden nicht mehr verwendet, vielmehr unterstreicht das Suffix **-ung** den Prozeßcharakter des Planungsaktes. Die auf den Stufen der Flächennutzungs- und der Bebauungsplanung entstehenden Ergebnisse benötigen jedoch einen Namen. Sie werden deshalb als „landespflegerische Planungsbeiträge" deklariert. Erbguth (1991a) hat darauf aufmerksam gemacht, daß mit derartigen Bezeichnungen eine Rücknahme der umfassenden Forderungen inhaltlicher und strategischer Art verbunden sein kann. Das gilt auch für die Bezeichnung „landespflegerischer Begleitplan" oder „landschaftspflegerischer Begleitplan".

Die Praxis hat mittlerweile Modelle hervorgebracht, die auch die ursprünglich fixierten Rechtsformen neu interpretieren. Nach der Rechtsform werden Primär- und Sekundärintegration unterschieden (Sofortintegration und Integration im Nachhinein). Die Praxis hat jedoch vor allem mit dem Trend zur zweiphasigen Landschaftsplanung die Grenzen zwischen diesen Formen verwischt. Sie entspricht der lange bekannten Forderung, Landschaftsplanung verfolge zwei Zweckbestimmungen, nämlich ein fachliches Handlungsprogramm von Naturschutz und Landschaftspflege aufzustellen, das von den verschiedenen staatlichen Verwaltungen wie auch den Kommunen umzusetzen sei, und einen Beitrag zum Gesamtplan, hier dem Bauleitplan, zu erbringen. Demnach mündet Landschaftsplanung zunächst in ein unabgestimmtes Fachprogramm mit Gutachtencharakter. Als solches wird es auch vervielfältigt. Je mehr Inhalte, insbesondere auch prognostische Teile in der ersten Phase behandelt werden können, desto stärker verkürzt und vereinfacht wird die zweite Phase, in der der Bauleitplan aufgestellt wird (vgl. das Beispiel „Landschaftsplanung Obere Kyll, Bielefeld, Gillich, 1992).

In Nordrhein-Westfalen und in den Stadtstaaten Berlin und Hamburg werden eigenständige, d. h. verbindliche Landschaftspläne auf der Stufe des Bebauungsplanes aufgestellt. Während in den Stadtstaaten auf eine Beziehung von Landschafts- und Bebauungsplanung abgestellt ist, fehlt in Nordrhein-Westfalen eine Zuordnung. Der nordrhein-westfälische Landschaftsplan ist dem Rechtscharakter nach ein Bebauungsplan, er wird als Satzung beschlossen. Im Maßstab entspricht er dem Flächennutzungsplan. Sein Geltungsbereich ist die nicht besiedelte Landschaft, d. h. der Außenbereich. Beiträge von Naturschutz und Landschaftspflege, die den Bauleitplänen zuzuordnen oder gar in sie zu integrieren wären, schreibt das nordrhein-westfälische Landschaftsgesetz nicht vor. Der Innenbereich bleibt von Landschaftsplanung unberührt. Dort wird Landschaftsplanung durch die „freiwillige kommunale Umweltverträglichkeitsprüfung“ ersetzt.

Alle anderen Länderregelungen sehen Beiträge auf beiden Stufen der Bauleitplanung vor, die Erarbeitung wie auch die Integration der Ergebnisse erfolgt jedoch häufig nach dem Prinzip „soweit erforderlich“. Baden-Württemberg präzisiert diese Erforderlichkeit durch einen Katalog von Ausnahmen, in denen Landschaftsplanung verzichtbar ist. Die Auflistung der Ausnahmen verdeutlicht, daß Landschaftsplanung flächendeckend zu betreiben wäre, da es in der Realität keine Ausnahmen geben kann und daß der in der Praxis erreichbare Stand weniger der Ausdruck für die Qualität der rechtlichen Regelungen, sondern vielmehr Produkt politischer und administrativer Aktivitäten ist.

Mit dem Übergang vom Bundesbaugesetz zum Baugesetzbuch im Jahre 1987 wurde eine als ambivalent zu bezeichnende Rechtsentwicklung eingeleitet, mit erheblichem Einfluß vor allem auf die örtliche Landschaftsplanung. Sie ist einerseits gekennzeichnet durch eine Öffnung für die Aufgaben von Naturschutz und Landschaftspflege, indem die Ziele und Grundsätze erweitert wurden, und andererseits durch eine Einschränkung landschaftsplanerischer Aktivitäten aufgrund einer Vergrößerung des planungsfreien Raumes (vgl. Stellungnahmen der Planerverbände, 1985). Dies erfolgte über eine Vermehrung der Möglichkeiten nach § 34 BauGB, d. h. ohne Bauleitplan in vereinfachtem Verfahren zu Baurecht zu gelangen.

Jahrelang ist ein heftiger Streit über die Frage geführt worden, ob in der Bauleitplanung die Eingriffsregelung anzuwenden oder zu berücksichtigen sei (vgl. Gaentzsch, 1992, der die Verpflichtung begründet und herausgestellt hat, daß mit dem Plan, der das Bauen leiten soll, auch die Beseitigung der Folgen des Bauens zu regeln sei). Mit dem Investitionserleichterungs- und Wohnbaulandgesetz wurde inzwischen eine positive Antwort gegeben. Jedoch sind die Möglichkeiten, dieser Vorschrift auszuweichen, erneut vermehrt worden, insbesondere in der Form des Aussetzens auf fünf Jahre. Wird diese Regelung von den Ländern genutzt, dann können bei einer angenommenen Geltungsdauer der Bauleitpläne von ca. zehn Jahren Flächennutzungs- und Bebauungspläne noch weit in das dritte Jahrtausend hinein ohne Berücksichtigung der Eingriffsregelung und damit häufig auch weitgehend ohne Berücksichtigung der Belange von Naturschutz und Landschaftspflege aufgestellt werden. Die derzeit „im Jahre 1994" zu beobachtenden legislativen Aktivitäten lassen keine einheitlichen Trends erkennen, insbesondere auch keine Unterschiede nach den jeweils bestehenden politischen Verhältnissen. Unbeantwortet ist folgende Frage: Die Regelungen des Wohnbaulandgesetzes sollten die Verfahren zur Baurechtsverleihung entlasten und die Kompensation von Eingriffen **abschließend** im Bauleitplan regeln. Wenn aber gleichzeitig eine Aussetzung oder Abschwächung ermöglicht werden wird, würde die Eingriffsregelung de facto aufgehoben werden. Aus diesen Gründen ist die Verfassungskonformität des Wohnbaulandgesetzes bereits angezweifelt worden.

Insgesamt muß bei vorsichtiger Einschätzung festgestellt werden: Wenn das Qualitätsniveau der örtlichen Landschaftsplanung in den vergangenen Jahren angehoben und wenn Landschaftsplanung vermehrt zum Einsatz gekommen ist, so ist dies das Ergebnis der zahlreichen Aktivitäten in Ländern und Kommunen und Folge des insgesamt gestiegenen Umweltbewußtseins. Verbesserungen im Planungsrecht des Bundes und der Länder können allenfalls von mäßigem Einfluß gewesen sein.

Von verschiedenen Seiten wurde der Landschaftsplanung Erfolglosigkeit bescheinigt. Insbesondere wird von Kritikern auf die Stellungnahme des Sachverständigenrates für Umweltfragen im Gutachten von 1987 verwiesen (SRU, 1987). Abgesehen davon, daß die darin enthaltene Statistik, mit der die Erfolglosigkeit im wesentlichen belegt wird, mit schweren Fehlern behaftet ist und die Erklärungen und Interpretationen tendenziös sind, können auch die zur Weiterentwicklung und zur Verbesserung abgegebenen Empfehlungen die Mängel nicht beseitigen. Unbestreitbar sind Defizite im Naturschutzrecht abzubauen.

Das Land Rheinland-Pfalz wie auch neuerdings Brandenburg haben aufgezeigt, daß Länderinitiative ausreicht, um den Rahmen des Bundesnaturschutzgesetzes effizient auszugestalten.

Nach § 17 des rheinland-pfälzischen Landespflegegesetzes sind die Gemeinden bereits seit 1987 beauftragt, ihre Bauleitpläne mit dem Instrument der Landschaftsplanung umweltverträglich[1] zu gestalten und die Prinzipien der Eingriffsregelung anzuwenden. Ferner unterliegen sie der neuerdings häufig geforderten Begründungspflicht für den Fall, daß die Gemeinden in der Abwägung von den Zielen abweichen, die seitens Naturschutz und Landschaftspflege aufgestellt sind.

Zwar zeigen diese Erfahrungen, daß essentielle Verbesserungen der rechtlichen Bestimmungen angebracht und wünschenswert sind, doch sollte bei allen Novellierungsbemühungen bedacht werden, daß Gesetzgebungsverfahren im Umweltschutz generell nur schwer in Gang zu setzen sind und die Regelungsdichte allein schon dadurch begrenzt wird. Auch könnten die Absichten ins Gegenteil verkehrt werden. Verbesserungen im Umweltrecht sollten deshalb insbesondere im Bereich der untergesetzlichen Regelungen ansetzen (Verordnungsweg).

Seitens der Umweltverbände und nachfolgend auch von politischen Parteien (vgl. die Entwürfe der SPD und von Bündnis 90/Grüne zur Novellierung des Bundesnaturschutzgesetzes, 1993) wird verlangt, den mit dem Begriff „Nutzungsfähigkeit der Naturgüter" verbundenen, sogenannten utilitaristischen Auftrag des Naturschutzrechtes aufzuheben und statt seiner eine Eigenwertklausel im Sinne von „Schutz der Natur an sich" in die Ziele und Grundsätze aufzunehmen. Würde darüber hinaus auch der Bezug „als natürliche Lebensgrundlagen des Menschen" aufgehoben, wären jegliche Maßstäbe für die Bewertung heutiger Zustände und die Fixierung zukünftiger verloren. Außerdem würde inhaltlich auf den Naturschutz im engeren Sinne reduziert und räumlich auf den nicht besiedelten Bereich reduziert (vgl. Hahn-Herse, 1993).

Schließlich gehört in die Betrachtung der Rechtsgrundlagen und ihrer Eignung zur Erfüllung des umweltpolitischen Auftrages auf den Stufen der kommunalen Bauleitplanung auch eine Antwort auf die Frage, ob eine umfassende raumbezogene Umweltvorsorge, wie sie der Landschaftsplanung zugedacht wird, im Naturschutzgesetz überhaupt eine Grundlage besitzt. Juristisch wird dies u. a. von Erbguth (1991b) positiv beurteilt. Auch fachliche Antworten liegen vor. Sie zeigen z. B. die Kongruenz mit dem Anforderungsprofil auf, die der Entwurf eines Umweltgesetzbuches einem Umweltleitplan zuweist (Hoffjann, 1993). Schließlich ist daran zu erinnern, daß ein umfangreicher Aufgabenkatalog für die Landschafts- und Grünordnungsplanung im Baugesetzbuch enthalten ist. Mit den

1 Der Begriff „Umweltverträglichkeit" wird dort expressis verbis genannt.

Kategorien der §§ 5 und 9 Parkanlagen, Dauerkleingärten, Friedhöfe ist er allerdings zu einem Teil deutlich auf den Innenbereich abgestellt. Er müßte auf beiden Stufen der Bauleitplanung bearbeitet werden, ungeachtet der Frage, ob es sich um einen Planungsfall im Verdichtungsraum oder im ländlichen Raum handelt. In diesem Zusammenhang ist auch von Interesse, daß die inhaltlichen Anforderungen, die z. B. bereits 1976 vom Bundesminister für Ernährung, Landwirtschaft und Forsten vorgelegt wurden (BMELF, 1976), mit denen der sogenannten Plan-UVP (vgl. BMELF, 1985) übereinstimmen.

10.6.2 Stand der örtlichen Landschaftsplanung – Qualitäts- und Vollzugsprobleme

Angaben über den Stand der örtlichen Landschaftsplanung sind lückenhaft bzw. selten stichhaltig. Unter anderem hat die Vielfalt der in der Praxis verwendeten Bezeichnungen eine bundesweit einheitliche Übersicht bislang verhindert. Für die Bebauungsplanstufe liegen keinerlei verläßliche Angaben vor. Bezüglich der Flächennutzungsplanstufe kann beispielsweise für Hessen ein Deckungsgrad von 80 % geschätzt werden. In Rheinland-Pfalz haben etwa 30 % der Gemeinden Landschaftspläne der sogenannten zweiten Generation ab ca. 1985 abgeschlossen bzw. in Auftrag gegeben (Stand 1992), nachdem bereits 1985 ca. 200 von 212 überhaupt in Betracht kommenden, d. h. flächennutzungsplanpflichtigen Gemeinden mit Landschaftsplanungen versorgt waren[1].

Einzurechnen ist der Aktualitätsschwund. Er ist gleich Qualitätsschwund zu setzen. Planungen, die älter als zehn Jahre sind, dürften in derartige Statistiken nicht mehr aufgenommen werden.

Überdies ist zu berücksichtigen, daß nicht nur rechtliche Grundlagen und damit verbundene Formen und Inhalte, sondern bereits die Größe der Planungsräume Einfluß auf die Art und Weise der Bearbeitung und die Ergebnisse ausüben. Der Freistaat Sachsen hat nach der Gebietsreform 1994 971, Rheinland-Pfalz 212 flächennutzungsplanpflichtige Gemeinden bei einer Fläche von 18.338 qkm bzw. 19.838 qkm. Mithin beträgt die durchschnittliche Größe knapp 2.000 ha pro Gemeinde in Sachsen und etwa 9.350 in Rheinland-Pfalz.

Nicht nur in Rheinland-Pfalz, sondern auch z. B. in Baden-Württemberg oder Hessen hat sich eine Untersuchungsgebietsgröße von einigen tausend Hektar als aufgabenadäquat erwiesen. Flächennutzungs- und dazugehörige Landschaftspläne fügen sich im Planungssystem zwischen Bebauungsplan und Regionalplan ein. Zwischen Landschaftsplanung und Regionalplan klafft in Sachsen wie in den anderen neuen Bundesländern eine große Lücke. Der Differenzierungsgrad nähert sich häufig der des Bebauungsplanes.

1 Demgegenüber weist das vom Bundesamt für Naturschutz herausgegebene Landschaftsplanverzeichnis 1990–1992 nur ca. 15 % aus.

Das Urteil über die Landschaftsplanung, wie es der Sachverständigenrat (s. o.) gefällt hat, ist zwar in seiner Schärfe nicht haltbar. Es übersieht viele positive Entwicklungen und scheint sich darüber hinaus mit Bewertungen zu mischen, die eine planerische Leistung mit auf lange Sicht konzipierten naturwissenschaftlichen Beweissicherungsverfahren verwechselt. Tatsächlich befindet sich die örtliche Landschaftsplanung auf einer Gratwanderung zwischen naturwissenschaftlich orientierter Präzision – so der Vorwurf der Kommunen – und verwerflichem Alleskönnertum – so der Vorwurf z. B. von Umweltverbänden. Insgesamt aber hat sich vor allem die örtliche Landschaftsplanung nicht in dem wünschenswerten Tempo und in der gewünschten Weise in der Fläche ausgebreitet. Die vielfältigen Ursachen, die den Ausschlag dafür geben, lassen sich als **Aufgaben-Kompetenz-Dilemma** beschreiben. In der örtlichen Landschaftsplanung mischen sich staatliche und kommunale Aufgaben. Nordrhein-Westfalen hat die damit verbundenen Probleme gelöst, indem es seitens des Landes einen sogenannten ökologischen Fachbeitrag liefert. Er ist nicht nur „Beitrag", sondern fungiert auch als Vorgabe. In anderen Bundesländern wird dieser Fachbeitrag seitens des Staates durch finanzielle Förderung abgegolten. Die Gemeinde ist der Auftraggeber für die Landschaftsplanung inklusive Fachbeitrag und erhält vom Staat über ein Antragsverfahren einen Zuschuß (bis zu 80 % im Falle eines besonderen Landesinteresses und/oder erheblicher Finanzschwäche der Kommune). Eindeutige Kompetenzzuordnungen sind, wie z. B. nach dem Verursacherprinzip der Nachweis der Umweltverträglichkeit gemeindlicher Vorhaben durch die Gemeinde selbst, selten. Liegt andererseits die Aufgabe, Lebensräume von Pflanzen und Tieren zu sichern, allein im Kompetenzbereich des Staates? Wenn nein, welchen Anteil hat die Kommune zu leisten? Diese Frage wird spätestens dann akut, wenn es an die Finanzierung einer Biotoptypenkartierung geht, nach der Honorarordnung für Architekten und Ingenieure (HOAI) eine sogenannte Sonderleistung. Zumindest dürfte einer Gemeinde kaum klarzumachen sein, sie habe auf diesem Sektor Sonderleistungen zu erbringen. Ohne eine Biotoptypenkartierung ist jedoch eine örtliche Landschaftsplanung inhaltlich weitgehend ausgehöhlt, zumal Informationen (s. u.) zum Wasserhaushalt, zum Klima usw. schon gar nicht oder selten im örtlichen Maßstab vorliegen. Landschaftspläne, die sich auf die Ergebnisse einer landesweiten selektiven Biotopaufnahme im Maßstab der TK 25 stützen müssen, besitzen nur einen stark eingeschränkten Aussagewert.

Über das Kompetenzproblem nähert sich eine Analyse auch dem Problem der Aufgabenabgrenzung gegenüber Fachplanungen. Die materiellen Zuständigkeiten von Naturschutz und Landschaftspflege und in Verbindung damit auch die Zuständigkeiten für Raum oder Fläche sind eng. Beplant wird der unbesiedelte und der besiedelte Bereich, d. h. der Gesamtraum (Ausnahme NRW!). Es sollen Aussagen zum Wasserhaushalt und zum Boden getroffen werden, also zu

Medien, für die die Fachverwaltungen zuständig sind. Teilweise haben diese Fachverwaltungen die Chancen erkannt, ihre Belange über das Instrument Landschaftsplanung in die Bauleitplanung einzubringen. Im großen und ganzen aber herrscht harte Konkurrenz. Die Landwirtschaft betreibt großflächig agrarstrukturelle Vorplanungen, für die weitgehend dieselben Leistungsanforderungen gelten wie für die Landschaftsplanung. Ähnliches geschieht in der Forstwirtschaft. Mindestens auf dem Gebiet der aufwendigen Informationsgewinnung könnte Koordinierung Vorteile bringen. Das Konkurrenzverhalten würde zwar nicht beseitigt, aber reduziert.

Zum Aufgaben-Kompetenz-Dilemma trägt auch die Forderung nach Teilkoordinierung bei. Das hat teilweise dazu geführt, sie zurückzunehmen. Vorausgesetzt, die Landschaftsplanung verfolgt den Zweck, sich an der Bauleitplanung zu beteiligen, gerät sie auch in Konkurrenz zum Städtebau. Das Verhältnis zwischen örtlicher Landschaftsplanung und Städtebau ist an der Tatsache erkennbar, daß die Kommunen einerseits einen Flächennutzungsplan in Auftrag geben und andererseits – und dies auch oft noch zeitlich versetzt – „den Landschaftsplan“. Dieses Verfahren schafft ein Spannungsverhältnis, in dem der Landschaftsplan zum „Antiplan“ wird. Es gibt zahlreiche Fälle, in denen die Zusammenarbeit von Städtebau und Landschaftsplanung diese Spannung überwunden hat. Dagegen stehen jedoch andere Fälle, in denen Stadtplanungsämter mit dem Hinweis auf das Baugesetzbuch erklärten, daß die darin genannten Ziele und Grundsätze Bestandteil des Bauleitplanes zu sein haben und diese über Ämterbeteiligung auch bereits eingebracht sind. Weiterer ökologischer oder gestalterischer Beiträge oder gar eines Landschaftsplanes bedürfe es nicht. Derlei Vorgänge spiegeln nicht nur die Konkurrenz der Ämter wider, sondern häufig auch das Hegemonialstreben von Städtebau- und Stadtplanung. Hinzuzufügen ist als Erfahrung aus der Praxis, daß die Behandlung des konkreten Planungsfalles selten die interdisziplinäre Lösung von multidisziplinären Aufgaben darstellt. In der Mehrzahl der Fälle liegt die Landschaftsplanung immer noch in der Hand von einzelnen Sachbearbeitern. Die Kommunen und häufig auch die Naturschutzverwaltung, die über die finanzielle Förderung entscheidet, gestatten kaum mehr als eine Honorierung der Grundleistungen. Rheinland-Pfalz hat im Jahre 1993 als Ergebnis eines über mehrere Jahre laufenden Projektes zur Qualifizierung der örtlichen Landschaftsplanung (vgl. Hahn-Herse, 1991) einen Leitfaden für die Landschaftsplanung auf der F-Plan-Stufe herausgegeben (Kiemstedt, Wirz, 1993). Er enthält eine ausführliche Beschreibung der zu erbringenden Leistungen, umfangreiche methodische Hilfen, landesspezifische Rechtsgrundlagen sowie eine allgemeine und eine landesspezifische Bibliographie. Damit wird eine wesentliche Stufe im System der Vorschriften besetzt:

- Regelung im Naturschutzrecht
- Verwaltungsvorschrift

– fachliche Anleitung
– Beispielspläne.

Eine solche fachliche Anleitung gibt den Maßstab für die Naturschutz-/Landespflegeverwaltung zur Beurteilung der von ihr geförderten Planungen ab, wird von den Kommunen bei der Auftragsvergabe und bei der Abnahme zu Hilfe genommen, gibt darüber hinaus den an Aufträgen interessierten Planern gemeinsam mit den Beispielsplänen das Qualitätsniveau vor und erläutert die landesspezifischen Regelungen, z. B. das Verhältnis zur Gesamtplanung. Anders als eine Verwaltungsvorschrift oder gar ein Naturschutzgesetz kann eine fachliche Anleitung rasch an eine neue Entwicklung angepaßt werden. Ein Verzicht auf einen Planzeichenkatalog erhält die Flexibilität. Allerdings verlangt die Einhaltung eines Qualitätsstandards auch eine ständige Kontrolle. Diese Aufgabe kann nicht alleine den Unteren Naturschutzbehörden überlassen werden, sondern bedarf einer zentralen Steuerung und Aufsicht der Landesverwaltungen durch die zuständigen Ministerien oder Landesämter.

Mit aller Deutlichkeit hat Fürst (1991) auf die Notwendigkeit hingewiesen, Landschaftsplanung auch als Managementaufgabe zu verstehen. Es reicht nicht aus, Rechtsvorschriften und Modelle zu veröffentlichen und dann die Dinge sich selbst zu überlassen. Seine Forderung stellt zwar stärker auf das Management des einzelnen Planungsfalles und dessen sogenannte Umsetzung ab, sie ist jedoch ohne weiteres übertragbar auf die Etablierung des Instrumentes Örtliche Landschaftsplanung insgesamt, auf die Definition und die Erreichung eines Qualitätsstandards und dessen ständige Anpassung an fachliche, rechtliche und politische Entwicklungen. Es scheint mit der „naturschutzfachlichen Sicht" zusammenzuhängen, daß sich die Verwaltung für Naturschutz und Landschaftspflege der Managementaufgabe wie auch den Aufgaben der Öffentlichkeitsarbeit nur zögerlich stellt und in bezug auf die Landschaftsplanung nahezu verweigert. Offenkundig sind die Chancen noch nicht in ausreichendem Maße erkannt, die z. B. in der Kooperation zwischen Naturschutzbehörden und Kommunen über den Weg der Beratung liegen (vgl. Hahn-Herse, 1991 und 1993).

Immer häufiger wird derzeit diskutiert, Landschaftsplanung müsse „umgesetzt" werden. Was „Umsetzung" ist, bleibt jedoch vielfach unklar. Sie hat auf mehreren Pfaden zu geschehen. Zunächst ist dafür zu sorgen, daß – möglichst viele – Ergebnisse in die Bauleitpläne integriert und in andere Pläne aufgenommen werden. Zweitens sind die Inhalte von Flächennutzungs- und damit auch von Landschaftsplänen in den Bebauungs- und Grünordnungsplänen zu konkretisieren. Daran anknüpfend ist – drittens – die Realisierung der Bebauungs- und Grünordnungspläne zu betreiben, eventuell in Freiflächengestaltungsplänen. Es sind Maßnahmen zu planen und auszuführen. Häufig werden diese Maßnahmen Landschaftsplänen der F-Plan-Stufe zugeordnet, obwohl, dem Auftrag des Baugesetzbuches an die Flächennutzungsplanung folgend, die Landschaftspläne nur Programmcharakter besitzen[1]. Auf die qualitätsmindernde Wirkung der **Informationsdefizite** wurde bereits aufmerksam gemacht. Im Maßstab der örtlichen Landschaftsplanung liegen in der Regel keine oder zumindest keine flächendeckenden Informationen vor. Dieser Mangel wurde in der Praxis häufig dadurch behoben, daß die Planungsinstitute im Rahmen der nach der Honorarordnung für Architekten und Ingenieure (HOAI) zu erbringenden Grundleistungen versuchten, Informationsdefizite abzubauen.

Welche Grenzen dieser Vorgehensweise gesetzt sind, schildert Wirz (1991). Verschiedentlich wird mittlerweile die flächendeckende Erhebung von Informationen im Maßstab der Bauleitplanung vorgeschrieben, z. B. gilt als Standard für Rheinland-Pfalz, daß jeder Landschaftsplanung zu F- und B-Plänen eine flächendeckende Biotoptypenkartierung zugrundegelegt wird (zur Definition und zum Vergleich mit der Biotopkartierung vgl. Bastian, 1993). Eine landesweit erstellte Standortkarte im Maßstab 1:10 000 bildet das Entwicklungspotential ab (vgl. Koschwitz et al., 1987). Beide stellen die wichtigste Basis für die dann folgenden Bewertungs- und Planungsschritte dar.

Für die zweite der sogenannten sektoralen Fachplanungen, die im Zuge der Landschaftsplanung zu vollziehen sind, nämlich die Planung für die landschafts- oder freiraumbezogene Erholung wurden traditionell die Informationen jeweils durch das Planungsinstitut selbst erhoben. Ihre Aussageschärfe ist von vornherein dem Bauleitplan angepaßt. Eine Unterscheidung in Grund- und Sonderleistungen entsprechend HOAI ist bislang kaum diskutiert worden.

Erhebliche Probleme dagegen bereiten die Aufgaben der Regeneration von Boden, Wasser und Klima/Luft. Flächendeckende Informationen für die westlichen Bundesländer liegen bestenfalls im Maßstab 1:25 000, oft nur im Maßstab 1:200 000 bis 1:500 000 vor. Sie liefern nur Vorgaben oder grobe Anhalte für den Maßstab der Bauleitplanung. Andere Informationsquellen, wie die Reichsbodenschätzung, sind für die örtliche Landschaftsplanung wegen des hohen Übersetzungsaufwandes derzeit nicht verwendbar.

Während auf den Stufen der Landes- und Regionalplanung das Informationsdefizit weitgehend abgebaut werden konnte, belastet es die örtliche Landschaftsplanung nach wie vor in erheblichem Maße. Die Situation in den neuen Bundesländern ist vergleichsweise günstig (vgl. Gelbrich, 1992). Allerdings wirkt sich dort zumindest heute noch die begrenzte Verfügbarkeit hinderlich aus.

1 Die in der Praxis häufig anzutreffende „Regelungsdichte" von Landschaftsplänen widerspricht diesem gesetzlichen Auftrag. Das soll nicht ausschließen, in Landschaftsplänen Hinweise zur „Umsetzung" zu geben, wie sie z. B. die Flurbereinigung durch Einsatz der Bodenordnungsinstrumente leisten könnte, wenn sie sowohl die Bauflächen als auch die Flächen für Naturschutz und Landschaftspflege, speziell für Ausgleich und Ersatz, verfügbar macht.

Zum Informationsproblem gehört letztendlich auch die Versorgung mit flächendeckendem Kartenmaterial. Für die jungen Länder liegen einheitliche topographische Karten im Maßstab 1:10 000 vor. Im Westen wird dagegen das flächendeckende Kartenwerk „Deutsche Grundkarte" (DGK 5) im Maßstab 1:5 000 angestrebt, die Karten im Maßstab 1:10 000 sind Vergrößerungen aus der TK 25. Abgesehen von der Frage der Einheitlichkeit behindert die Lückenhaftigkeit der DGK 5 die örtliche Landschaftsplanung im Westen erheblich.

Trotz der häufig zeitparallelen Erarbeitung der DGK 5 in der traditionellen Ausgabe mit der digitalisierten Form, die in den neuen Ländern im Maßstab 1:10 000 forciert wird, ist der Zeitpunkt für den Einsatz der EDV in der örtlichen Landschaftsplanung noch nicht bestimmbar. Die Diskussion um Methodik und Informationsdichte konzentriert sich deshalb auf den Maßstab der Landes- und Regionalplanung, überspringt die Stufen der Bauleitplanung und ist besonders gut im Bereich der Objektplanung entwickelt. Ob die Fortschritte auf der Objektplanungsstufe in absehbarer Zeit auch für die landschaftsplanerischen Beiträge zu den Bauleitplänen erreicht werden, ist kaum absehbar.

10.6.3 Zu den Inhalten und Methoden

Inhaltliche und methodische Anforderungen an die örtliche Landschaftsplanung haben, wie die Entwicklung von Naturschutz und Landschaftspflege insgesamt, einen teilweise stürmischen Prozeß durchlaufen. Während sich Landschaftspläne der 70er Jahre z. B. intensiv mit der Fremdenverkehrsentwicklung befaßten, wurde damals im Arten- und Biotopschutz nur eine nebengeordnete Aufgabe gesehen. Zu Beginn der neunziger Jahre dagegen konzentrieren sich die Praxis von Naturschutz und Landschaftspflege und die Landschaftsplanung häufig auf den Arten- und Biotopschutz. Die Befassung mit Fremdenverkehrsfragen wird dagegen rasch als „Angebotsplanung" abgetan. Das Spektrum der Auffassungen offenbart einen Konflikt zwischen dem Schutz- und dem Nutzengedanken, der im Naturschutzrecht enthalten ist und der in der Theoriediskussion wie in der Berufsstandspolitik immer aufs neue für Zündstoff sorgt.

Als Tatsache muß anerkannt werden, daß der Arten- und Biotopschutz (synonym mit Naturschutz im engeren Sinne) mit zunehmendem Grundlagenwissen und in Erkenntnis des dramatischen Schwundes von Arten und Lebensgemeinschaften generell zu einer wichtigen Aufgabe geworden ist. Mithin mußte der Arten- und Biotopschutz auch für die Landschaftsplanung an Bedeutung gewinnen.

Aus der Art und Weise, mit der Arten- und Biotopschutz zu Beginn der neunziger Jahre u. a. von Roweck (1992) vertreten wird, der in der Erhaltung und der Entwicklung der Standorte das wesentliche Problem sieht, fällt der Landschaftsplanung bezüglich des Arten- und Biotopschutzes eine zentrale Rolle zu, da sie einen Vorschlag zur räumlichen Ordnung nach ökologischen Kriterien erarbeiten und dafür Sorge tragen soll, diesen Vorschlag in die Flächennutzungs- und Bebauungspläne zu transportieren. Die Erhaltung und Entwicklung der Standorte in Verbindung mit den Aspekten des Bodenschutzes, der Funktionsfähigkeit der Wasserkreisläufe und der klimatischen Verhältnisse erfüllt einen wesentlichen Teil der Aufgabe „Sicherung der Leistungsfähigkeit des Naturhaushaltes" (vgl. Koschwitz et al., 1987). Ungeachtet der Auseinandersetzungen um die Begriffe gilt nach wie vor als anerkannt, daß das räumliche Bezugsobjekt der Landschaftsplanung die Erdoberfläche in ihrem Totalcharakter ist (vgl. BMELF, 1976). Das heißt, Landschaftsplanung befaßt sich mit dem Außen- und mit dem Innenbereich (entsprechend Baugesetzbuch), mit dem nicht besiedelten und dem besiedelten Bereich. Dies scheint nur auf den ersten Blick selbstverständlich. Tatsächlich klammern zahlreiche Landschaftspläne für Gemeinden im ländlichen Raum den Innenbereich aus (F-Plan-Stufe). Dies steht häufig im Zusammenhang mit der Reduzierung des inhaltlichen Spektrums auf den Arten- und Biotopschutz.

In der Schrift „Zur Landschaftsplanung" (BDLA, 1992) sind „Teilziele und daraus abgeleitete Aufgaben" aufgeführt. Mit ihnen werden die Ziele und Grundsätze des Naturschutzrechtes für die praktische Planung systematisiert und handhabbar gemacht:

1. **Naturraumspezifische Vielfalt von Arten und Lebensgemeinschaften**
   durch Erhaltung und Entwicklung von Gebieten und Einzelobjekten für den Arten- und Biotopschutz sowie Erhaltung der typischen und/oder seltenen abiotischen Standortbedingungen.
2. **Natur- und kulturraumtypische Landschaftsbilder sowie erlebnisreiche Landschaften und Landschaftselemente für freiraumbezogene Erholungsformen**[1]
   durch raumspezifische Entwicklung und Schutz z. B. vor Beeinträchtigungen wie Lärm und Luftverunreinigungen.
3. **Biologisch funktionsfähige, unbelastete Böden**
   durch Sicherung und Förderung der natürlichen Vielfalt der Bodeneigenschaften und des Bodenlebens sowie durch den Schutz belebter Böden vor Überbauung, Erosion und Immissionen.
4. **Funktionsfähigkeit der Wasserkreisläufe**
   durch Sicherung und Wiederherstellung von unbeeinträchtigten Grund- und Oberflächengewässern sowie von naturnahen Fließgewässersystemen.

1 Eine Präzisierung ist dringend erforderlich. Sie müßte die natur- oder landschaftsorientierte Erholung innerhalb wie außerhalb der Siedlungen von den sogenannten Freizeit- und Tourismusaktivitäten und ihren Planungen abgrenzen.

5. **Entlastungswirkung des Bioklimas und unbeeinträchtigte Luft**
   durch Schutz und Entwicklung von Frischluftentstehungsgebieten, Förderung von Luftaustauschprozessen etc.
6. **Lärmfreiheit**
   durch Schutz des Menschen vor Lärm in den Bereichen Wohnen, Arbeiten und Erholung und Schutz der Lebensräume wildlebender Tiere vor Lärm.

Diese Auflistung von Zielen und Aufgaben stellt einen Operationalisierungsschritt gegenüber den Zielen und Grundsätzen des Naturschutzrechtes dar, der durch präzise Anforderungen in Leistungskatalogen zu beschreiben (vgl. dazu Kiemstedt, Wirz, 1993, Abb. 80) und in der Anwendung umzusetzen ist (vgl. Bielefeld, Gillich, 1992, 1993). Auch Baden-Württemberg hat verschiedene Materialienbände zur Standardisierung der Örtlichen Landschaftsplanung herausgegeben. Der Bundesminister für Umwelt, Naturschutz und Reaktorsicherheit hat gemeinsam mit dem Sächsischen Staatsministerium für Umwelt und Landesentwicklung ein Vorhaben des Bundes Deutscher Landschaftsarchitekten – das **Modellprojekt Sachsen –** gefördert (vgl. Hahn-Herse, 1993), um für die neuen Bundesländer den anzustrebenden Qualitätsstandard vorzuzeichnen (vgl. auch Grohmann, 1994).

Zur grundsätzlichen Ausrichtung der Landschaftsplanung ist als Trend zu vermerken, daß immer häufiger und immer umfangreicher das Thema „Kulturlandschaft" behandelt wird, ausgehend vom Grundsatz Nr. 13 in § 2 des Naturschutzrechtes. Schon 1983 hatte Mrass gefordert, diesen Aspekt in der Landschaftsplanung zu verstärken.

Die Grundlagen für derartige Arbeiten sind u. a. durch die Untersuchungen von Wöbse erheblich verbessert worden. Einige Länder haben mit Kartierungen von Landschaftsbildtypen begonnen. Sie finden im Maßstab der Regionalplanung statt und können für die örtlichen Stufen lediglich Vorgaben liefern. In Landschaftsplänen werden derartige Beiträge vor allem in Form von Vergleichen historischen Kartenmaterials geleistet.

Nicht nur die inhaltlichen, sondern auch methodischen Anforderungen an die örtliche Landschaftsplanung veranschaulicht die Übersicht in Abb. 80. Sie ist zwar an die landesspezifischen Regelungen angepaßt, erklärt aber sowohl das Modell der Zweiphasigkeit als auch die „innere Logik" einer systematischen, auf Qualitätssteigerung gerichteten örtlichen Landschaftsplanung (vgl. auch den Leistungskatalog „Landschaftsplanung" im Anschluß an dieses Kapitel).

10.6.4 Zusammenfassung und Ausblick

Aufgrund der stark voneinander abweichenden rechtlichen Regelungen und ihrer teilweise gegensätzlichen Handhabung ist eine Beschreibung „des Land-

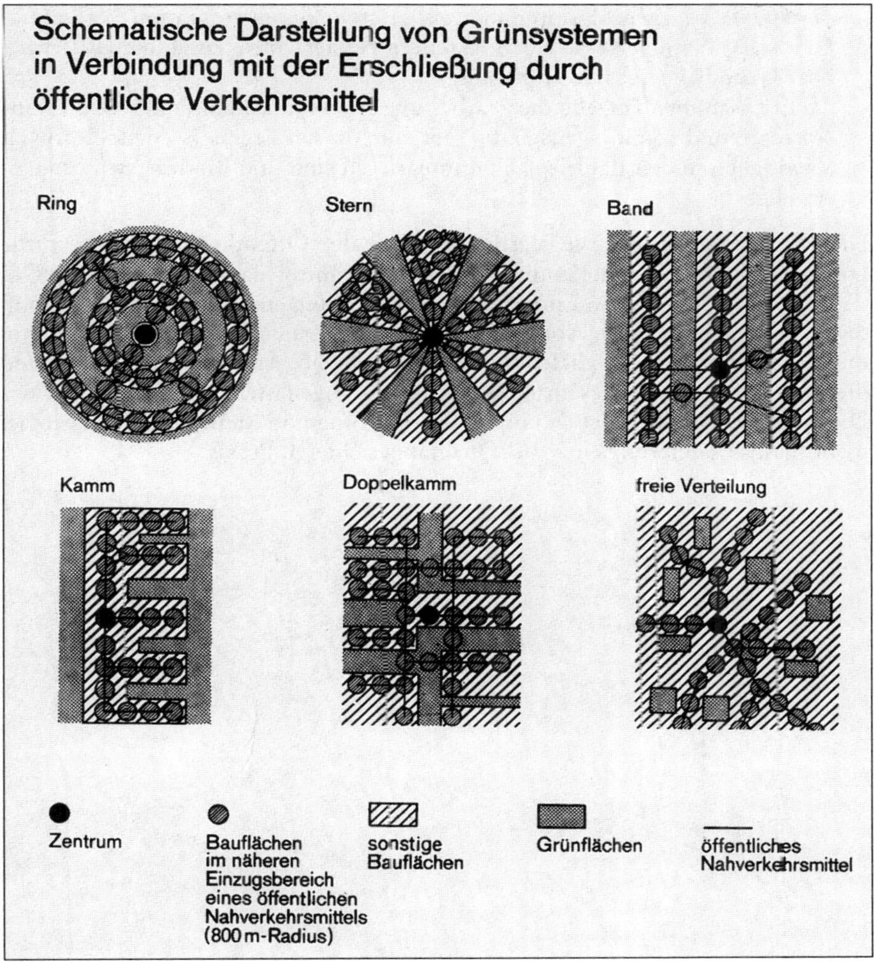

Abb. 80: Ablauf der Landschaftsplanung in der Flächennutzungsplanung Rheinland-Pfalz

(nach Kiemstedt, Wirz, 1993)

schaftsplanes" nicht möglich. Die Aufgabe „Örtliche Landschaftsplanung" wie auch der Prozeß der Planerarbeitung und der Vermittlung der Ergebnisse besitzen dennoch einheitliche Grundzüge:

- die zweifache Zweckbestimmung als „Entwicklungsprogramm Natur und Landschaft“ mit verschiedenen Akteuren bei der Umsetzung und als Beitrag oder Grundlage zur Bauleitplanung;
- damit zusammenhängend die Erarbeitung eines Gutachtens, das weisungsunabhängig und somit eigenständig sein soll, dessen Ergebnisse jedoch soweit als möglich in den Bauleitplan zu integrieren sind, um Bindungswirkung zu erzielen.

Die Managementaufgabe in Verbindung mit der Öffentlichkeitsarbeit wurde bislang verkannt. Wenn Landschaftsplanung künftig das ihr zugedachte Gewicht in den kommunalen Entwicklungsentscheidungen erhalten soll, dann muß die staatliche Verwaltung von Naturschutz und Landschaftspflege gemeinsam mit den Kommunen geeignete Strategien entwickeln. Auch die Ausbildung und die Fortbildung müssen sich diesen Anforderungen stellen. Die Zukunft der Disziplin liegt nicht in der ständigen Verfeinerung von Methoden, sondern viel mehr in der Etablierung einer auf Qualität gerichteten Praxis.

Leistungskatalog

Landschaftsplanung auf der Stufe der vorbereitenden Bauplanung[1]

Arbeitsschritte	Inhalte	Erläuterungen
	Leistungsphase 1 **KLÄREN DER AUFGABENSTELLUNG UND ERMITTELN DES LEISTUNGSUMFANGS**	
1	*Ermittlung der planerischen Rahmenbedingungen (rechtliche Grundlagen und planerische Vorgaben), Aufstellung genereller Bewertungsmaßstäbe*	„Einstieg" in das Planungsgebiet zur Ermittlung der Konflikte, die durch den landespflegerischen Beitrag zu lösen sind: Feststellung der Rahmenbedingungen, d. h. vor allem der rechtlichen und planerischen Vorgaben. Solche können enthalten sein in: – Verordnungen, Erlasse, Richtlinien – Landesentwicklungsprogramm (Grundsätze, Ziele) – Regionaler Raumordnungsplan, Landschaftsrahmenplan – rechtskräftige Fachplanungen (z. B. Straßenbau, Flurbereinigung) – gemeindliche Entwicklungspläne, – Flächennutzungsplan (falls oder soweit bereits vorhanden) – Fachplanungen mit beschränkter Bindungswirkung – Landespflegerische Untersuchungen und Planungen (Begleitpläne, Pflege- und Entwicklungspläne, ökologische Beweissicherungen, etc.) * Problemorientierte Sammlung und Ordnung von Informationen, d. h. Gespräche mit der auftraggebenden Gemeinde-

1 auf der Grundlage eines Entwurfes von Hans Kiemstedt und Stefan Wirz, überarbeitet im Zuge des Modellprojektes Sachsen durch Gerhard Hahn-Herse, 1993/94 und 1995

Arbeitsschritte	Inhalte	Erläuterungen
		verwaltung, Landespflegeverwaltung, Landespflegebeirat, Bürgerinitiativen, Landespflegeorganisationen, regionale Planungsgemeinschaft; Ortsbesichtigungen * Zusammenstellen und Interpretation der vorgegebenen Ziele von Raumordnung und Landesplanung * Bestimmung der zu lösenden fachlichen Probleme * Darstellung der Aufgaben und des vorgesehenen Ablaufs (dabei Abstimmung der Leistungen zwischen Ortsplaner, Landschaftsplaner/-architekt und Gemeinde, Ermitteln von Schwierigkeitsmerkmalen entspr. HOAI) * Zusammenstellen und Analysieren der verfügbaren Kartenunterlagen und anderer Informationsträger * Werten des vorhandenen Grundlagenmaterials und Vorschlagen ergänzender Untersuchungen * ggf. Antragsverfahren für Planungskostenzuschüsse * Ableitung erster vorläufiger landespflegerischer Zielvorstellungen für das Planungsgebiet
	Leistungsphase 2 HOAI: ERMITTELN DER PLANUNGSGRUNDLAGEN *a) Bestandsaufnahme einschließlich voraussehbarer Veränderungen von Natur und Landschaft*	Der Arbeitsschritt „Bestandsaufnahme" kann in mehrere Teilschritte gegliedert werden, die zwar inhaltlich ineinandergreifen, z. T. auch parallel bearbeitet werden können, hier jedoch zur Verdeutlichung der zu beantwortenden Fragen einzeln nacheinander aufgeführt werden: a) Erfassung von Natur und Landschaft in ihrer gegenwärtigen Ausprägung (Zustand) b) Erfassung der Raumnutzungen in ihrer historischen Entwicklung bis zur Gegenwart incl. der von ihnen ausgehender Auswirkungen auf Naturhaushalt und Landschaftsbild c) Prognose der zu erwartenden Entwicklung von Natur und Landschaft (voraussichtliche Änderungen)

Arbeits-schritte	Inhalte	Erläuterungen
		d) Erfassung aller geplanten bzw. voraussehbaren Nutzungsänderungen (rechtswirksame Planungen, unmittelbar bevorstehende Maßnahmen). Die Bestandsaufnahme soll zweckorientiert erfolgen und nur die Gegebenheiten und Vorhaben einbeziehen, die für die Planungsaussagen voraussichtlich benötigt werden.
2	*Bestandserfassung von Natur und Landschaft* (*zweckorientiert, in ihrer historischen Entwicklung bis zur gegenwärtigen Ausprägung*)	Mit diesem „grundlegenden" Arbeitsvorgang der Bestandsaufnahme (im Gegensatz zu dem stärker „zweckbezogenen" der Bewertung) soll eine möglichst umfassende Übersicht über die Gegebenheiten des Planungsgebietes geschaffen werden. Unter den o. g. Einschränkungen (Zweckorientierung, Notwendigkeit für die Planungsaussagen) werden sämtliche Naturgrundlagen in ihrem räumlichen wie auch nutzungsbezogenen (Verbindungen zu Arbeitsschritt 3!) Zusammenhang erfaßt.
2.1	*Erfassung des geologischen Aufbaus*	(Die folgenden detaillierten Erläuterungen siehe Leistungs-Katalog in Kiemstedt/Wirz).
2.2	*Erfassung der Oberflächengestalt (Relief)*	
2.3	*Erfassung der Böden*	
2.4	*Erfassung des Wasserhaushalts*	
2.5	*Erfassung der klimatischen/lufthygienischen Verhältnisse*	
2.6	*Erfassung der Pflanzen- und Tierwelt*	
2.7	*Erfassung des Landschaftsbildes, der Landschaftsstruktur*	

Arbeitsschritte	Inhalte	Erläuterungen
3	*Erfassung der Raumnutzungen in ihrer historischen Entwicklung bis zur Gegenwart und ihrer (bisherigen) Auswirkungen auf Natur und Landschaft*	
3.1	*Erfassung der Siedlungsentwicklung*	
3.2	*Erfassung des Verkehrs*	
3.3	*Erfassung der Landwirtschaft*	
3.4	*Erfassung der Forstwirtschaft*	
3.5	*Erfassung der Wasserwirtschaft:* *Wasserversorgung, Wasserbau*	
3.6	*Erfassung von Tourismus/Fremdenverkehr/Erholungsaktivitäten*	
3.7	*Erfassung des Lagerstättenabbaus/Bergbaus*	
3.8	*Erfassung der Ver- und Entsorgung:* *Abfallbeseitigung* *Abwasserbeseitigung* *Energieversorgung* *Versorgungsleitungen*	
3.9	*Erfassung der zivilen und militärischen Verteidigung*	
3.10	*Erfassung sonstiger Nutzungen:* *Jagd* *Fischerei* *Post- und Fernmeldewesen* *Denkmalschutz*	

Arbeits-schritte	Inhalte	Erläuterungen
	Leistungsphase 2 HOAI: ERMITTELN DER PLANUNGSGRUNDLAGEN *b) <u>Landschaftsbewertung</u> nach den Zielen und Grundsätzen von Naturschutz und Landschaftspflege einschließlich der Erholungsvorsorge*	
4	*Beurteilung der gegenwärtigen Leistungsfähigkeit des Naturhaushalts entsprechend gebietsspezifischer Bewertungsmaßstäbe*	Die Bestandsaufnahme (Arbeitsschritte 2 und 3) soll zwar zweckorientiert und entsprechend ihrer Notwendigkeit für die Planungsaussagen erfolgen, hat jedoch dennoch mehr grundlegenden Charakter. Notwendig ist daher als weiterer Arbeitsschritt eine Bewertung des Zustandes sowie der voraussichtlichen Änderungen von Natur und Landschaft (s. Arbeitsschritt 6) in bezug auf die Ziele des § 1, Abs. 1 und die Grundsätze des § 2 BNatSchG. Eine solche Bewertung ist kaum ohne Einbeziehung der Ergebnisse der Arbeitsschritte 5 und 6 (Prognose der zu erwartenden Entwicklung) und keinesfalls ohne zumindest Vorüberlegungen zum Arbeitsschritt 10 (Erarbeitung eines landespflegerischen Zielkonzepts) möglich. Art und Anzahl der bei der Landschaftsbewertung zu behandelnden Aspekte richten sich a) nach den natürlichen Gegebenheiten des Planungsraumes und b) danach, wie weit die Ansprüche des Menschen eine Differenzierung der ökologischen und visuellen Funktionen des Raumes für die Planung erfordern. Zu bewerten sind jeweils – <u>Eignung</u>; Maßstab dafür sind die derzeitigen qualitativen und quantitativen Ansprüche und der Bedarf;

Arbeits-schritte	Inhalte	Erläuterungen
		– Empfindlichkeit gegenüber Belastungen; – bestehende Belastungen durch Nutzungen; – Schutzbedürftigkeit gegenüber zukünftigen Belastungen. Hierbei jeweils anzuwendende Bewertungsverfahren können zwar nicht pauschal „verordnet“ werden; sie müssen jedoch so beschaffen sein, daß die den Bewertungen zugrundeliegenden Bewertungsmaßstäbe allgemein akzeptierten Grundsätzen entsprechen. Die angewandte Methodik ist darüber hinaus – um auch eine Überprüfung durch die Verwaltung möglich zu machen – nachvollziehbar im Erläuterungsbericht offenzulegen. Damit die Ergebnisse jeweils miteinander vergleichbar sind, sollen die im Verlaufe des Arbeitsschrittes 4 herausgearbeiteten und angewandten Bewertungsverfahren später auch in den Arbeitsschritten 7 („Beurteilung der zu erwartenden Leistungsfähigkeit des Naturhaushalts ohne Einbeziehung der Zielvorstellungen anderer Raumnutzungen“) und 9 („Prognose der Konflikte zwischen den Zielen von Naturschutz und Landschaftspflege und denen anderer Raumnutzungen“) angewandt werden.
4.1	*Leistungsfähigkeit von Natur und Landschaft als Lebensraum für Arten und Lebensgemeinschaften (Biotoppotential)*	
4.2	*Leistungsfähigkeit von Natur und Landschaft für Natur- und Landschaftserlebnis (incl. Landschaftsbild) (Erholungspotential)*	

Arbeits-schritte	Inhalte	Erläuterungen
(4.3–4.5)	*Leistungsfähigkeit von Natur und Landschaft für die Regeneration von und die Regulation durch Boden, Gewässer, Klima/Luft*	Dafür sind erforderlich * Bewertung der jeweiligen Leistungen des Naturhaushalts * Ermittlung bestehender Beeinträchtigungen der o. g. Leistungen Die Einbeziehung zu erwartender Veränderungen (bei unverändert bestehenbleibendem Nutzungssystem[1]) der o. g. Leistungen, z. B. infolge zunehmender Verbuschung von Frischluftschneisen, . . . ist wiederum Aufgabe in Arbeitsschritt 7 („Beurteilung der zu erwartenden Leistungsfähigkeit . . .“).
4.3	*Leistungsfähigkeit von Natur und Landschaft im Hinblick auf den Bodenschutz (Bodenpotential):* – *Erosionsschutz* – *Erhaltung der natürlichen Bodenfruchtbarkeit* – *Schutz vor Versiegelung* – *Schutz vor Schadstoffbelastung*	
4.4	*Leistungsfähigkeit von Natur und Landschaft im Hinblick auf den Gewässerschutz (Wasserpotential)* – *Gewässerreinhaltung* – *Grundwasserneubildung* – *Wasserrückhaltung*	
4.5	*Leistungsfähigkeit von Natur und Landschaft im Hinblick auf Immissionsschutz und Klimaausgleich (Klimapotential)*	
5	*Prognose der zu erwartenden Auswirkungen der Raumnutzungen ohne Einbeziehung ihrer Entwicklungsvorstellungen, aber einschließlich rechtswirksamer Planungen*	Die Beurteilung der gegenwärtigen Leistungsfähigkeit des Naturhaushalts (Arbeitsschritt 4) beinhaltet bereits sämtliche Auswirkungen der vergangenen und gegenwärtigen Nutzungen.

Arbeits-schritte	Inhalte	Erläuterungen
		Um die zu erwartende Entwicklung von Natur und Landschaft prognostizieren zu können (Arbeitsschritt 6) ist über die Analyse der bestehenden Nutzungen hinaus auch einzuschätzen, welche Nutzungsänderungen im Planungszeitraum zu erwarten sind (z. B. als Folge rechtswirksamer Planungen), da auch solche Änderungen die landespflegerische Entwicklungskonzeption beeinflussen können. In diese Überlegungen sollen auch diejenigen Zielvorstellungen der Raumnutzungen einbezogen werden, welche noch nicht planerisch so verfestigt sind, daß nicht noch mit Änderungen im weiteren Planungsverlauf gerechnet werden könnte.
6	*Prognose der zu erwartenden Entwicklung von Natur und Landschaft (Status-Quo-Prognose)* *Oberflächengestalt,* *Böden,* *Wasserhaushalt:* *Grundwasser,* *Oberflächengewässer* *Klima/Luft* *Pflanzen- und Tierwelt* *Landschaftsbild/-struktur*	In Kenntnis der gegenwärtigen Ausprägung von Natur und Landschaft (Arbeitsschritt 2) sowie der Raumnutzungen (Arbeitsschritt 3) in ihrer historischen Entwicklung bis zur Gegenwart ist es möglich, Prognosen für die voraussichtliche zukünftige Weiterentwicklung von Natur und Landschaft abzugeben („Wie werden sich Natur und Landschaft weiterentwickeln, falls das derzeitige Nutzungssystem unverändert bestehen bleibt?"). Entsprechend den o. g. Anforderungen (Zweckorientierung, Notwendigkeit für die Planaussagen) konzentrieren sich die Prognosen auf jene räumlichen und sachlichen Bereiche, die in Arbeitsschritt 4 (Bewertung . . .) als für Naturschutz und Landschaftspflege bedeutend herausgearbeitet wurden. Der Steuerung der Entwicklung dient vor allem die Erhaltung bzw. Wiederherstellung einer möglichst großen strukturellen und funktionalen Vielfalt.
7	*Beurteilung der zu erwartenden Leistungsfähigkeit des Naturhaushalts* *Biotoppotential* *Erholungspotential* *Bodenpotential* *Wasserpotential* *Klimapotential*	Während in Arbeitsschritt 6 die zu erwartende Entwicklung von Natur und Landschaft (wie bereits in Arbeitsschritt 2) methodisch relativ unabhängig von ihrer Bewertung im Hinblick auf die landespflegerischen Zielvorstellungen zu prognostizieren war, kommt es nunmehr darauf an, diese zu erwartenden Veränderungen von

Arbeits-schritte	Inhalte	Erläuterungen
		Natur und Landschaft daraufhin zu bewerten, ob die jeweiligen Potentiale innerhalb des Planungszeitraums eine Verbesserung oder eine Verschlechterung erfahren.
	Leistungsphase 3 HOAI: VORLÄUFIGE PLANFASSUNG (Vorentwurf) + *Leistungsphase 4 HOAI: ENDGÜLTIGE PLANFASSUNG (Entwurf)*	
8	*Erfassung der Zielvorstellungen der Raumnutzungen und Prognose der als Folge hiervon zu erwartenden Auswirkungen auf Natur und Landschaft*	In Zukunft zu erwartende Änderungen von Raumnutzungen, z. B. infolge von Planungen/Maßnahmen anderer Fachressorts, sind (soweit sie nicht rechtlich abgesichert kurz bevorstehen) nicht in das Entwicklungskonzept von Naturschutz und Landschaftspflege entspr. Arbeitsschritt Nr. 10 einzubeziehen. Dennoch sollte ihre Erfassung als Teil der Bestandsaufnahme bereits frühzeitig erfolgen: Zum einen bietet sich aus arbeitstechnischen Gründen eine Erhebung gemeinsam mit der Erfassung der Raumnutzungen in Vergangenheit und Gegenwart (Arbeitsschritt 3) an, zum anderen kann durch eine realistische Einschätzung der Erfolgsaussichten von Einsprüchen gegen bestimmte geplante Raumnutzungen das eigene Konzept so formuliert werden, daß es auch aus der Sicht von Naturschutz und Landschaftspflege unerwünschte Entwicklungen zumindest in seine Überlegungen mit einbezieht. Gemäß § 3 BNatSchG haben alle anderen Behörden und öffentlichen Stellen die Landespflegebehörden bereits bei der Vorbereitung aller öffentlichen Planungen und Maßnahmen zu unterrichten. Für alle aus nichtöffentlichen Planungen erwachsenden Maßnahmen (z. B. Umbruch von Grünland in Acker, private „Meliorationen“) sind – aufbauend auf den Ergebnissen des Ar-

Arbeits-schritte	Inhalte	Erläuterungen
		beitsschrittes 3 – eigene Prognosen aufzustellen. Im einzelnen sind folgende Raumnutzungen auf zu erwartende Nutzungsänderungen sowie die hiervon verursachten Auswirkungen auf Natur und Landschaft zu untersuchen: lt. Regionalplanung, Bauleitplanung etc. lt. Regionalplanung, Bauleitplanung, Generalverkehrsplanung etc. lt. Regionalplanung, Agrarstruktureller Vorplanung, gepl. Flurbereinigungen
8.1	*Erfassung der Siedlungsentwicklung*	lt. Regionalplanung, Forstlicher Rahmenplanung, Forsteinrichtungswerken etc.
8.2	*Erfassung des Verkehrs*	
8.3	*Erfassung der Landwirtschaft*	
8.4	*Erfassung der Forstwirtschaft*	
8.5	*Erfassung der Wasserwirtschaft*	lt. Regionalplanung, Wasserwirtschaftlicher Rahmenplanung, Bewirtschaftungsplänen etc.
8.6	*Erfassung von Tourismus/Fremdenverkehr/Erholungsaktivitäten*	lt. Regionalplanung, Bauleitplanung, Fremdenverkehrsentwicklungsplanung etc.
8.7	*Erfassung des Lagerstättenabbaus/Bergbaus*	lt. Regionalplanung, ggf. Abbauleitplanung, Einzelgenehmigungen etc.
8.8	*Erfassung der Ver- und Entsorgung:* *Abfallbeseitigung* *Abwasserbeseitigung* *Energieversorgung* *Versorgungsleitungen*	lt. Regionalplanung, Abfallbeseitigungsplanung etc.
8.9	*Erfassung der zivilen und militärischen Verteidigung*	lt. Angaben der zuständigen Behörden
8.10	*Erfassung sonstiger Nutzungen:* *Jagd* *Fischerei* *Post- und Fernmeldewesen*	lt. Regionalplanung, Angaben der zuständigen Behörden etc.

Arbeits-schritte	Inhalte	Erläuterungen
9	*Prognose der Konflikte zwischen den Zielen von Naturschutz und Landschaftspflege und denen der Raumnutzungen*	Im Zusammenhang mit der Bestandsaufnahme wurden die Raumnutzungen in ihrer historischen Entwicklung bis zur Gegenwart (Arbeitsschritt 3) sowie die zu erwartenden Nutzungsänderungen (Arbeitsschritt 5) herausgearbeitet. Gleichzeitig wurden auch die jeweiligen Auswirkungen auf Natur und Landschaft in den Grundzügen mit behandelt. Ergebnis des Arbeitsschrittes 9 sind dagegen räumlich konkrete Aussagen über zukünftige Konflikte, ggf. nach ihrer jeweiligen Bedeutung geordnet, d. h., es ist herauszuarbeiten, wo und wie die Zielvorstellungen von Naturschutz und Landschaftspflege mit den Zielvorstellungen anderer Raumnutzungen kollidieren, z. B. als Folge von: Änderung der Artenzusammensetzung durch – Veränderung von Ansprüchen an Raumqualität und -quantität, – Änderung hydrologischer Parameter, – Änderung klimatischer Parameter, – Änderung bodenkundlicher Parameter, – Flächenverkleinerung, – Zerschneidung u. dgl. Änderung von Landschaftsbildelementen durch – neue Strukturen, – Entfernen prägender Bestandteile u. dgl. Änderung der erholungswirksamen Flächen durch – Zerschneidung, – Verlärmung, – Immissionen u. dgl. Belastung des Naturhaushalts und der Naturgüter durch – Intensivierungsmaßnahmen der Landwirtschaft, – Siedlungsabfälle, – Bodenentnahmen u. dgl. Auszugehen ist von dem Systemzusammenhang: Verursacher → Wirkung/Folgewirkung → Betroffener Daher werden erstens die Aussagen über die Landschaftspotentiale aus dem Arbeits-

Arbeits-schritte	Inhalte	Erläuterungen
		schritt 4 übernommen. Zweitens sind die von den geplanten Nutzungen ausgehenden Wirkungen zu beurteilen (Gefährdungspotential). Die Bewertungen werden klarer und genauer, wenn zwischen der verursachenden Nutzung (z. B. Landwirtschaft oder Verkehr) und den Faktoren, die Wirkungen in Ökosystemen auslösen, unterschieden wird (z. B. Düngung oder Streusalzeinsatz). Inwieweit dies möglich ist, hängt unter anderem auch von den verfügbaren Informationen ab. Um die Auswirkungen auf der Betroffenenseite zu kennzeichnen, sollte bei Potentialen oder Ökosystemen von „Belastungen", bei Nutzungsansprüchen von „Beeinträchtigungen" und bei gegebener Möglichkeit der Quantifizierung von „Schaden" gesprochen werden. Die Bewertungen sollten an die Vorgaben des Landschaftsrahmenplanes anknüpfen können. Die dort im großräumigeren Maßstab durchzuführende Prüfung der ökologischen und visuellen Verträglichkeit und die zu treffenden generellen Standortbeurteilungen sind hier auf den aktuellen Stand zu bringen und zu präzisieren. Was die auf Gemeindeebene erforderliche größere Stichhaltigkeit der Beurteilung angeht, ist es i. d. R. möglich, die verursachenden Nutzungen über die Ermittlung von Flächenwirkungen, geplanten Projekten und Maßnahmen zumindest innerhalb des Gemeindegebietes selbst genauer zu beschreiben. Gleiches gilt für die betroffenen Potentiale und die darauf bezogenen Nutzungen. Auch in diesem Arbeitsschritt können durch die Beteiligung der Öffentlichkeit wichtige Ortskenntnisse und ansonsten nicht zugängliches Fachwissen eingebracht werden. Auch wenn damit die kausalen Wirkungsmechanismen noch nicht vollständig aufzudecken sind und Wirkungszusammenhänge nicht quantifizierend nachweisbar sind, lassen sich doch die Beeinträchtigungen plausibler nachweisen. Dafür bedarf es nicht immer quantitativer Daten. Als Begründungen für Bewertungen

Arbeits-schritte	Inhalte	Erläuterungen
		und damit als Entscheidungshilfen sind auch qualitative Beschreibungen, Analogieschlüsse sowie Vorher-Nachher-Vergleiche u. dgl. zu akzeptieren. Auch hier sollte gelten, daß bereits der Nachweis der Wahrscheinlichkeit von Beeinträchtigungen bei unzulänglichen Informationen als Entscheidungsfaktor zu gelten hat. Projekte, die mit größeren Umweltbelastungen verbunden oder politisch umstritten sind, bedürfen genauerer Untersuchungen im Sinne einer Umweltverträglichkeitsbeurteilung. Die dazu notwendigen Informationen erfordern i. d. R. spezielle Gutachten und interdisziplinäre Zusammenarbeit. Die Prinzipien der Eingriffsregelung, die auch auf die gemeindliche Planung angewandt werden können, liefern dazu weitere Bewertungsgrundlagen. Erarbeitung eines Leitbildes für die Entwicklung des Gemeindegebietes aus der Sicht von Naturschutz und Landschaftspflege. Erarbeitung eines Leitbildes für die Entwicklung des Gemeindegebietes aus der Sicht von Naturschutz und Landschaftspflege.
10	*Erarbeitung eines landespflegerischen Leitbildes/Entwicklungskonzeptes zur Sicherung der Leistungsfähigkeit des Naturhaushalts*	Es stellt die Grundlage für die weitere Präzisierung der Landschaftsplanung in einem Maßnahmenkatalog für Naturschutz und Landschaftspflege und in Vorschläge zu anderen Raumnutzungen (Arbeitsschritt 11) dar. Es ist zugleich die generelle fachliche Position, von der aus auch zu Entwicklungen der Flächennutzung über die derzeit aktuelle Flächennutzungsplanung Stellung genommen werden kann. Eine solche Gesamtkonzeption ergibt sich nicht durch die bloße Zusammenfassung der Einzelergebnisse und Folgerungen aus der Bewertung der Landschaftspotentiale und der Prognose der zu erwartenden Entwicklung einzelner sachlicher und räumlicher Teilbereiche. Vielmehr bedarf es einer Entwicklungsvorstellung, die den Raum in sei-

Arbeits-schritte	Inhalte	Erläuterungen
		ner Gesamtheit als ökologisches Wirkungsgefüge sieht.
10.1	*Leitbild/Entwicklungskonzept für Arten und Lebensgemeinschaften*	
10.2	*Luftbild/Entwicklungskonzept für Natur- und Landschaftserlebnis*	
	Leitbild/Entwicklungskonzept für die Regenerations- und Regulationsleistungen von Boden, Gewässern, Klima/Luft	
10.3	*Boden*	
10.4	*Gewässer*	
10.5	*Klima/Luft*	
11	*Erarbeitung von Vorschlägen für Maßnahmen (Schutz-, Pflege-, Sanierungs- und Entwicklungsmaßnahmen) zur Realisierung des landespflegerischen Entwicklungskonzepts*	Noch bevor durch die Entscheidung des Gemeinderats im Anschluß an den Arbeitsschritt 13 die Realisierungsmöglichkeiten abgesteckt werden können, sind die Ergebnisse der Gesamtkonzeption in ein erstes fachliches Handlungsprogramm auf der Ebene des Flächennutzungsplans umzusetzen. Es umfaßt Maßnahmen für Arten und Lebensgemeinschaften für Natur- und Landschaftserlebnis (Erholung) sowie für die Regeneration und die Regulationsfähigkeit von Boden, Gewässern, Klima/Luft. Die Aussageschärfe der hier zu entwickelnden Vorschläge und Maßnahmen beschränkt sich auf die Abgrenzung von Flächen der verschiedenen Nutzungskategorien und von Standorten. Darüber hinausgehende Einzelheiten, wie z. B. Breite einer Bepflanzung und die Gehölzarten sind dem landespflegerischen Beitrag zum Bebauungsplan und anderen wei-

Arbeits-schritte	Inhalte	Erläuterungen
		terführenden Plänen wie Pflege- und Entwicklungsplänen für Naturschutzgebiete u. ä. vorbehalten.
11.1	*Vorschläge zu Maßnahmen für Arten und Lebensgemeinschaften*	
11.2	*Vorschläge zu Maßnahmen für Natur- und Landschaftserlebnis*	
	Vorschläge zu Maßnahmen für die Regeneration und Regulationsfähigkeit von Boden, Gewässern, Klima/Luft	
11.3	*Boden*	
11.4	*Gewässer*	
11.5	*Klima/Luft*	
12	*Zusammenfassung der Ergebnisse als landespflegerischer Planungsbeitrag*	Zusammenfassung der Ergebnisse – der Bestandsaufnahme und Bewertung (Arbeitsschritte 2 bis 7) – des Leitbildes/Entwicklungskonzeptes (Arbeitsschritt 10) und – des Handlungskonzepts von Naturschutz und Landschaftspflege (Arbeitsschritt 11) in Text und Karten; a) als vollständige Dokumentation der Planungsarbeit und b) als „Handlungsprogramm“, über dessen Übernahme in den Flächennutzungsplan der Gemeinderat im darauf folgenden formalen Aufstellungsverfahren gem. BauGB im Anschluß an Arbeitsschritt 13 der Landschaftsplanung zu entscheiden hat. Dabei geht es nicht nur um die sog. „Endkarte“ der Landschaftsplanung und ihre Erläuterung. Ebenso wie für den Flächennutzungsplan ist auch zur Landschaftsplanung ein Erläuterungsbericht erforderlich. Er hat nicht den Ablauf der Planung als zeitliche

Arbeits-schritte	Inhalte	Erläuterungen
		Abfolge verschiedener Arbeitsschritte, sondern die dabei erzielten Ergebnisse darzustellen und die dafür gültigen Begründungen. Deshalb sind – wie eingangs bereits erwähnt – Disposition des Erläuterungsberichtes und des Arbeitsablaufes nicht identisch. Dieser Arbeitsschritt umfaßt – die Fertigung der „Endkarte“ – die Fertigung des Erläuterungsberichtes mit dem dazugehörigen Kartenwerk. Projekte, die mit größeren Umweltbelastungen verbunden oder politisch umstritten sind, bedürfen genauerer Untersuchungen im Sinne einer Umweltverträglichkeitsbeurteilung. Die dazu notwendigen Informationen erfordern i. d. R. spezielle Gutachten und interdisziplinäre Zusammenarbeit. Die Prinzipien der Eingriffsregelung, die auch auf die gemeindliche Planung angewandt werden können, liefern dazu weitere Bewertungsgrundlagen.
13	*Entwicklung alternativer Lösungswege zur Vermeidung bzw. Minimierung von Konflikten*	Basierend auf den Kenntnissen der Ansprüche von Organismen, der jeweils prägenden Landschaftsbildelemente, der Hauptkriterien der Erholungsaktivitäten und des Zustandes des Naturhaushalts und der Leitziele von Naturschutz und Landschaftspflege können im Zuge der Integrationsphase in den Flächennutzungsplan von seiten Naturschutz und Landschaftspflege Vorschläge zur Konfliktminderung oder Kriterien für die Vorrangigkeit der eigenen fachlichen Ansprüche entwickelt werden, wobei in jedem Falle die Leitziele erhalten bleiben müssen. Lösungsstrategien könnten z. B. sein: – räumliche Differenzierung, – zeitliche Differenzierung, – Aufzeigen eines alternativen Nutzungsmusters aus der Sicht von Naturschutz und Landschaftspflege u. dgl.

Arbeits-schritte	Inhalte	Erläuterungen
		anschließend: **(politische) Entscheidung über Alternativen (Abwägung) im Zuge der Integration in den Flächennutzungsplan (durch die hierfür vorgesehenen Gremien)** Das Ergebnis der Entscheidung des Gemeinderates ist i. d. R., daß die aus der Sicht von Naturschutz und Landschaftspflege entwickelte günstigste Konzeption weder inhaltlich noch räumlich oder zeitlich vollständig durchgesetzt werden kann. D. h. nicht alle Vorschläge für Nutzungsarten, -zuordnungen und Einzelstandorte sind realisierbar. Auch nicht alle Konflikte sind ausräumbar, indem z. B. – geplante Maßnahmen anderer Fachressorts, – früher erfolgte Festlegungen, – Baugebietsgrenzen und – Emissionen von Anlagen und Betrieben weiterhin bestehen bleiben.
	ggf. Mitarbeit an den Darstellungen und Begründungen der Abweichungen von den landespflegerischen Zielvorstellungen *Dies kann in besonderen Fällen führen zu* *Modifizierung des landespflegerischen Entwicklungskonzepts entsprechend den in der Abwägung getroffenen Entscheidungen*	Damit wird deutlich, daß nach einer Entscheidung des Gemeinderates bei der Integration in den Flächennutzungsplan (im Anschluß an Arbeitsschritt 13), bei der grundsätzliche Abweichungen von dem landespflegerischen Entwicklungskonzept beschlossen wurden, die Möglichkeit bestehen muß, das landespflegerische Entwicklungskonzept (Ergebnis des Arbeitsschritts 10) den Maßnahmenkatalog von Naturschutz und Landschaftspflege und die Vorschläge zur Entwicklung anderer Raumnutzungen (Ergebnisse des Arbeitsschritts 11) für das Gemeindegebiet entsprechend den getroffenen Entscheidungen zu modifizieren.
	Modifizierung der Maßnahmenvorschläge zur Realisierung des landespflegerischen Entwicklungskonzepts entsprechend den in der Abwä-	Dies ist ggf. auch aus folgenden Gründen erforderlich: Einerseits bedürfen die Ziele und Maßnahmen von Naturschutz und Landschaftspflege mehr oder weniger auch der Realisierung

Arbeits-schritte	Inhalte	Erläuterungen
	gung getroffenen Entscheidungen *Modifizierung der Vorschläge zu Raumnutzungen entsprechend den in der Abwägung getroffenen Entscheidungen*	oder Unterstützung durch andere Fachressorts. Andererseits sind Schutz, Ausgleich und Ersatz im Zusammenhang mit anderen Flächennutzungen in die Programme von Naturschutz und Landschaftspflege einzubeziehen. Beispiele: Eine nicht standortgerechte Fichtenpflanzung erhält Bedeutung als Sichtschutz, zu rekultivierende Flächen einer Kiesgrube können zu einem Vogelschutzgehölz entwickelt werden. Planerische Konsequenzen aus den Bewertungen (Arbeitsschritte 4 und 7) und der Verträglichkeitsuntersuchung (Arbeitsschritt 9) unter den Durchsetzungsbedingungen der gewählten Gesamtkonzeption (Abwägungsergebnis) für die Siedlungsentwicklung und die übrigen raumwirksamen Fachplanungen mit dem Ziel, im Sinne des Naturschutzrechts Eingriffswirkungen auf Natur und Landschaft zu vermeiden, zu mindern oder auszugleichen (Ausgleichs- oder Ersatzmaßnahmen). Unter besonderer Berücksichtigung der jeweiligen Zuständigkeit und der dadurch gegebenen Realisierungsmöglichkeiten sind dabei wiederum sämtliche in den Arbeitsschritten 3 und 8 genannten Raumnutzungen zu behandeln.
	Mitwirkung bei der Einarbeitung in den Flächennutzungsplan	in Zusammenarbeit mit dem Flächennutzungsplaner anschließend: **Vorgezogene Bürgerbeteiligung** **Beteiligung der Träger öffentlicher Belange** **Abstimmung mit benachbarten Gemeinden**
	Mitwirkung bei der Einarbeitung eventueller Änderungen in den Flächennutzungsplan	Prüfung des Planinhaltes aufgrund der Stellungnahmen, ggf. Formulierung von Beschlußvorschlägen entsprechend den Ratsbeschlüssen zur Änderung des Vorentwurfs

Arbeitsschritte	Inhalte	Erläuterungen
	Darstellung der Ergebnisse im Flächennutzungsplan (mit integrierter Landschaftsplanung)	anschließend: **Auslegungsbeschluß** **Öffentliche Auslegung**
	Fachliche Stellungnahme und Mitwirkung an der abschließenden Abwägung und dem Beschluß über die Bedenken und Anregungen	wenn Änderungsbeschlüsse die Grundzüge der Planung berühren, ggf. fachliche Stellungnahme und Mitwirkung bei der abschließenden Abwägung über die Bedenken und Anregungen nach nochmaliger öffentlicher Auslegung anschließend: **Abschließende Abwägung und Beschluß über die Bedenken und Anregungen** **Feststellungsbeschluß** **Genehmigung**

Günter Nagel, Gabriele Scholz, Christoph Schonhoff

10.7 Innerstädtische Freiraumplanung

10.7.1 Abgrenzung und Definition des Arbeitsfeldes

Siedlungen wurden ursprünglich an charakteristischen topographischen Situationen in der Landschaft angelegt: z. B. im Flußtal, in einer Mulde, am Hangfuß, auf der Kuppe.

Landschaft wurde in Form einzelner Landschaftselemente optisch, strukturell und klimatisch wirksam. Relief, Boden, Wasser und Vegetationsbestände beeinflußten den Stadtgrundriß und begrenzten ihn gleichzeitig – sie prägen die Stadtlandschaft und bestimmen das Erscheinungsbild der Stadt in der Landschaft, indem die naturräumlichen Grenzen festliegen.

Mit zunehmender Wirtschaftskraft wurden bald die Mauern der Städte zu eng, technisch wurde darüber hinaus die Erschließung weniger günstiger Standorte möglich: nicht mehr die Vorteile der natürlichen Lagegunst, sondern einzig der Flächenbedarf stand im Vordergrund.

Viele Orte expandierten in das Umland ohne Rücksicht auf vorhandene landschaftliche Strukturen. Die überbaute, harte Siedlungsfläche nahm im Laufe der Jahre auf Kosten der unversiegelten, weichen Landschaft immer weiter zu. Inzwischen sind über 10% der Gesamtfläche der ehemaligen Bundesrepublik durch Gebäude-, Verkehrs- und Betriebsflächen versiegelt (vgl. Hecking et al., 1987).

Die eigentliche Dramatik dieser Entwicklung wird deutlich, wenn man die ungleichmäßige Siedlungsverteilung und die Probleme der Verdichtungsräume berücksichtigt: „Allein in der Stadt Stuttgart nahm zwischen 1950 und 1978 die besiedelte Fläche um 3.000 ha oder 155 % zu“ (Valentien, 1984). Inzwischen ist dort das Stadtgebiet fast zur Hälfte überbaut.

Die modernen städtischen Siedlungsräume sind durch die Folgen solcher Verdichtungsprozesse geprägt: eine Zunahme von Wohnbebauung, Produktionsstätten und Verkehrsanlagen bedingt in der Konsequenz ein erhöhtes Aufkommen an Abfallstoffen, ein stark zunehmendes Belastungsrisiko der natürlichen Ressourcen Boden, Wasser und Luft, aber auch einen kaum mehr zu befriedigenden Bedarf an verfügbarem Erholungsraum. In gleichem Maße wie der zunehmende Raumbedarf des Menschen zu einem nicht mehr kontrollierbaren Stadtwachstum zu Lasten des Landschaftsraumes führt, wird das verbleibende landschaftliche Potential durch Übernutzung beeinträchtigt. Landschaftszerstörung, gestörte ökologische Wechselwirkungen im Naturhaushalt, zunehmende Emissionsbelastungen kennzeichnen heute den Lebensraum nicht mehr nur innerhalb des Stadtgefüges, sondern breiten sich auch immer weiter in den bisher von Siedlungen wenig berührten Landschaftsraum aus.

Nachdem die Lebensbedingungen in den Innenstädten vielerorts unerträglich geworden waren, erfolgte gegenläufig zum Verdichtungsprozeß eine Abwanderung in die Randbereiche, zunächst an den eigentlichen Stadtrand, später dann auch in die stadtnah gelegenen, inzwischen häufig eingemeindeten Vorortgemeinden.

Während im Innenbereich der Städte in den vergangenen Jahren die Stadtplanung verstärkt eine qualitative und funktionale Aufwertung verfolgte, rangierten die Ortsränder eher als planerische Grauzone, wo die Inanspruchnahme von neuen Siedlungsflächen „nicht selten zu einem nahezu konturlosen Ausufern der Städte und auch kleineren Orte in stärker ländlich geprägte Gebiete führt" (Hecking et al., 1987). Die Auseinandersetzung mit den Siedlungsstrukturen an den Stadtrandzonen ist neben der Revitalisierung der Kernbereiche zum Hauptproblemfeld der Stadt und damit auch der Freiraumplanung geworden.

Vorrangige Aufgabenfelder der innerstädtischen Grünplanung sind also:

- im Rahmen eines ökologisch verträglichen Stadtumbaus Verbesserung der Lebensbedingungen in den Innenstädten. Übergeordnetes Ziel muß dabei die Verbesserung des Wohnumfeldes durch die Schaffung ausreichender und qualitativ hochwertiger Außenräume sein.
- Sicherung und Aufwertung der Wohnqualität in den Stadtrandbereichen und Ordnung der Siedlungsentwicklung durch Freihaltung von grünbestimmten Räumen unter Beachtung von Landschaftsstruktur und Anforderungen des Naturhaushalts.

Städtische Grünplanung trägt dafür Sorge, daß für die Bewohner der Siedlungsräume eine qualitativ hochwertig gestaltete Umwelt auf ökologischer Grundlage geschaffen und erhalten wird und daß quantitativ ausreichend Räume für die verschiedenartigen menschlichen Nutzungen bereitgestellt werden.

Funktionale und soziale Nutzungsanforderungen, aber auch gestalterisch-ästhetische Ansprüche stehen jedoch häufig im Widerspruch zu stadtökologischen Vorstellungen. Nur durch ein behutsames Abwägen der unterschiedlichen Belange können unvereinbare Interessenkonflikte vermieden werden.

Nutzungsanforderungen und ökologische Wirksamkeiten müssen zu einer prägnanten Gestalt gefügt werden.

Innerstädtische Freiraumplanung muß deswegen als integrativer Prozeß verstanden werden, in dem sektorale Fachplanungen zusammengefaßt und auf die tatsächlichen Belange bezogen werden. Besonders wichtig ist dabei der Aspekt des verträglichen Nebeneinanders, der Versuch einer behutsamen Überlagerung von zunächst konträren Ansprüchen: „Nicht: Entweder Landwirtschaft oder Freizeit, Erholung oder Naturschutz, Gestaltung oder natürliche Entwicklung – das Gegeneinander der Einzelnutzungen, die Reservate der Teildisziplinen stärken nicht, sie schwächen die Freiraumbelange in den Städten“ (Selle, 1994). Der Grünplaner wird zum Vermittler im Rahmen seiner fachlichen Kompetenz, aber auch auf sozialem und politischem Sektor, sowie im administrativen Bereich und trägt damit zur erfolgreichen Umsetzung eines umfassenden Planungsanspruches bei (vgl. Selle, 1994).

Es ist also augenscheinlich, daß der inhaltliche Anspruch der Freiraumplanung nicht nur auf die Gestaltung verbliebener Frei- und Restflächen reduziert werden darf, es gilt vielmehr der von Lieser et al. 1992 formulierte Anspruch „Freiraumplanung ist Umweltvorsorge ist Stadtentwicklung“. Neben ökologischen erhalten die sozio-ökonomischen Aspekte einen gleichrangigen Stellenwert.

Jede Siedlung muß als dynamische Struktur, als „verdichteter Menschen-Biotop“, d. h. als Kulturraum verstanden werden, für dessen Sicherung die landschaftlichen und ökologischen Faktoren notwendig sind. Nachdem über lange Jahre ökonomische Interessen das städtische Planungsgeschehen bestimmt hatten, haben die immer deutlicher werdenden Vorzeichen des ökologischen Kollapses, es sei nur auf die bedrohlichen Folgen von Treibhauseffekt, Smog oder Ozonloch verwiesen, einen Umdenkungsprozeß in Gang gesetzt. Der Lebensraum wird nicht mehr einseitig rein quantitativ als verfügbare „Fläche“ gesehen, es steht vielmehr die Unvermehrbarkeit dieses knappen Gutes und seine qualitative Bedeutung im Vordergrund.

Trotz Wohnungsknappheit zielte die moderne Stadtentwicklung in den 80er Jahren nicht mehr auf Expansion, „die Zeit der spektakulären Stadterweiterung und Stadtneugebilde ist vorbei“ (Hallmann et al., 1983). Als zukunftsorientiertes Aufgabenfeld galt die Auseinandersetzung mit dem Bestand, woraus sich ein permanenter Stadtumbau innerhalb der festliegenden Siedlungsstrukturen ergibt.

Dies beinhaltet neben der ökologischen und sozialen Aufwertung vorhandener Quartiere vor allem aber auch die sinnvolle und umweltverträgliche Strukturierung der über langfristige Planungsvorgaben auf übergeordneter Ebene definierten Baulandreserven sowie eine nachhaltige und dauerhafte Sicherung des noch verfügbaren Freiflächenpotentials.

Ein in den 90er Jahren erheblich gestiegener Wohnraumbedarf und die in Form des Investitionserleichterungsgesetzes von 1993 hierauf reagierenden gesetzlichen Möglichkeiten bergen heute jedoch wieder die Gefahr großflächiger Siedlungsflächenneuausweisungen in der bisher offenen, stadtnahen Erholungslandschaft in sich. Hieraus leiten sich in der Konsequenz hohe grünplanerische Anforderungen ab.

Freiraumplanung besitzt demnach sowohl inhaltlich als auch räumlich ein ganzheitliches und umfassendes Anforderungsprofil. Freiraumplanung erstreckt sich also auf das gesamte Stadtgebiet, d. h. nicht nur auf die Innenstadtquartiere, den Stadtrand und die Innenbereiche der eingemeindeten Vorortgemeinden, sondern auch auf alle übrigen land- und forstwirtschaftlich genutzten Flächen im Außenbereich.

Vor allem in den Verdichtungsräumen widerspricht die strikte Kompetenztrennung zwischen Stadt- und Freiraumplanung auf der einen und der klassischen Landschaftsplanung auf der anderen Seite den realen Lebensraumbedürfnissen der Bevölkerung. „Landschaft stellt die Existenz- und Produktionsgrundlage der Gesellschaft, Spielraum des menschlichen Lebens und Wirkungsraum der Arbeit dar“ (Wormbs, 1978).

Im großstädtischen Umfeld verschwimmen die Konturen und Grenzen zwischen Stadt und Landschaft im Sinne des strukturellen Verständnisses von Landschaft, wie es Neef in seinem landschaftlichen Axiom formuliert: „An jedem Punkt der Erdoberfläche stehen die Elemente, Komponenten und Faktoren der geographischen Substanz in mannigfachen, gesetzmäßig geordneten Beziehungen und Wechselbeziehungen.“

Landschaftsräume zwischen den einzelnen Siedlungskörpern können also im Sinne von Lieser et al. (1992) sowohl als „Zone der Vermittlung“ zwischen Stadt und Natur als auch als Symbol „der Veränderung des Verhältnisses von Mensch und Natur in der Stadt“ gelten.

Der Gesetzgeber wird diesem Anspruch grundsätzlich gerecht, indem er in § 1 (5) BauGB definiert: „Die Bauleitpläne sollen eine geordnete städtebauliche Entwicklung und eine dem Wohl der Allgemeinheit entsprechende sozialgerechte Bodennutzung gewährleisten und dazu beitragen, eine menschenwürdige Umwelt zu sichern und die natürlichen Lebensgrundlagen zu schützen und zu entwickeln ...“

Da der Flächennutzungsplan als vorbereitender Bauleitplan unter Beachtung übergeordneter regionalplanerischer Zielsetzungen die beabsichtigte Entwicklung des Gemeindegebietes vorstrukturiert, entspricht diese Planungsebene dem vorher formulierten integrativen Ansatz der Freiraumplanung.

Informationen über Zustand bzw. Entwicklungsziele für den landschaftlich geprägten Außenbereich werden hierbei normalerweise vorliegenden Landschaftsplänen entnommen.

Landschaftspläne werden jedoch nach den qualitativen Anforderungen der Naturschutzgesetzgebung aufgestellt. Grundlage hierfür ist mit dem Bundesnaturschutzgesetz (BNatG) ein Gesetz, in dem der Begriff „Stadt“ überhaupt nicht vorkommt und wo der Mensch nur hinsichtlich seiner Erholungsbedürfnisse erwähnt wird. Es orientiert sich vielmehr einseitig am Schutz, an der Pflege und an der Entwicklung von Natur und Landschaft und negiert dabei alle sozioökonomischen Belange des Landschaftsraumes. Dieser Anspruch steht jedoch im krassen Widerspruch zur vorher formulierten Bedeutung der stadtnahen Landschaftsräume. Er wird vielmehr an den strukturellen Voraussetzungen eines idealtypischen, d. h. nur dünn besiedelten ländlichen Raumes orientiert.

Die aktuellen Planungstendenzen in vielen deutschen Großstädten reagieren inzwischen auf dieses Defizit, indem nach neuen konzeptionellen Ansätzen gesucht wird, über die eine angemessene und verträgliche Entwicklung der stadtbezogenen Landschaftsräume gesichert werden kann. Dies sind auf der einen Seite großflächige programmatische Ansätze wie der GrünGürtel Frankfurt, auf der anderen Seite aber auch detaillierte landschaftsplanerische Gutachten mit einer speziellen, auf das jeweilige Bearbeitungsgebiet bezogenen Aufgabenstellung.

Man kann daher feststellen, daß abweichend von den gesetzlich und über die HOAI honorarrechtlich definierten Planungsebenen sich das Arbeitsfeld der Freiraumplanung in jüngster Zeit neu konstituiert, indem es auf aktuelle entwicklungspolitische Tendenzen reagiert und sich den daraus resultierenden Anforderungen anpaßt.

Da sich Freiraumplanung mit einem ständigen Wandlungen und Beeinflussungen unterworfenen Arbeitsgebiet beschäftigt, wird vom verantwortungsbewußten Planer ein hohes Maß an Flexibilität und Einfühlungsvermögen gefordert. Die inhaltliche Spannweite der Disziplin ist einem kontinuierlichen Anpassungs- und Änderungsprozeß unterworfen, der auf die herrschenden Umweltbedingungen und die sozialen Lebensverhältnisse antworten muß.

10.7.2 Räumlicher Geltungsbereich – Planungsebenen

Entsprechend dem eingangs formulierten Arbeitsfeld bezieht sich Freiraumplanung auf alle Ebenen der Stadtentwicklung.

Sie greift auf übergeordneter Ebene ordnend in die Stadtstruktur ein: sie definiert die räumlichen Strukturen, die ökologische Funktionsfähigkeit und die soziale Benutzbarkeit der nicht bebauten großflächigen Landschaftsräume im Stadtumland. Als Instrument für diese großräumig grünordnerische Aufgabe fungiert in Großstädten der sog. Landschaftsrahmenplan (Hannover) oder Freiflächenentwicklungsplan (Frankfurt). Die Freihaltung von offenen Räumen, Ausweisung von Standorten für Erholungsnutzung und Schaffung von Grünraumsystemen als naturräumlich und historisch bedingte Konzepte der Stadtentwicklung bilden die Grundlage für die Flächennutzungsplanung.

Eine Konkretisierung für inhaltliche Schwerpunktgebiete oder räumlich klar definierte Teilbereiche liefert auf der Ebene der Bereichsplanung der Grünstrukturplan oder das landschaftsplanerische Entwicklungskonzept. Über die Anforderungen des Landschaftsplanes im Sinne der Naturschutzgesetzgebung hinausgehend werden hier insbesondere soziale und stadtstrukturelle Belange berücksichtigt. Da dies die in der Naturschutzgesetzgebung formulierten Zielsetzungen erweitert, erscheint eine terminologische Neubenennung angemessen, die den tatsächlichen Inhalten stadtbezogener Planungsansprüche besser gerecht wird. Diese Erkenntnis und die damit verbundene Unzufriedenheit im städtischen Planungsraum als Reaktion auf die einseitigen, rein auf die Belange von Natur und Landschaft ausgerichteten Ergebnisansprüche resultieren heute vielerorts in neuartigen Planungskonzepten, die sich inhaltlich auf demselben Niveau befinden, aber nicht durch eine einheitliche Bezeichnung bundesweit definiert sind. Diese Strukturplanungen haben als Bereichs- oder Stadtteilentwicklungsplanung in der Stadtplanung einen hohen Stellenwert erlangt.

Dabei werden die freiraumbezogenen Nutzungen den Vorgaben der übergeordneten Rahmenplanung folgend in Abstimmung mit den übrigen raumwirksamen Planungsansprüchen wie Wohnungsbau, Infrastruktureinrichtungen und Verkehrsanlagen in einen qualifizierten raumstrukturellen Zusammenhang gebracht, wobei die stadtökologischen Erfordernisse im besonderen zu berücksichtigen sind.

Parzellenscharfe und detaillierte Aussagen bezüglich der künftigen Gebietsentwicklung enthält der in die verbindliche Bauleitplanung integrierte Grünordnungsplan. Eine fundierte grünplanerische Analyse ermittelt die Bedingungen für die künftige Baustruktur, gewährleistet ein ausreichendes Grünflächenangebot und benennt den Umfang des Eingriffs in den Naturhaushalt.

Als Leitlinie für die weiterführende Objektplanung wird hier eine funktionell und gestalterisch hochwertige Zuordnung von Innenräumen (Bebauung) und Außenräumen (Grünflächen) vorbereitet.

Die bauliche Ausführung erfolgt schließlich über den Prozeß von Entwurfs- und Ausführungsplanung.

Eine frühzeitige und fachlich moderierte Beteiligung der betroffenen Bevölkerung auf allen Planungsebenen liefert nicht nur zusätzliche wertvolle Hinweise, sondern fördert auch den Grad der persönlichen Identifikation mit dem direkten Wohn- und Lebensumfeld.

10.7.3 Das Grünraumsystem

Aus dem Zusammenspiel der Grünflächen aller genannten Planungsebenen resultiert das spezifische Grünraumsystem einer Stadt.

Durch die stadtübergreifende Verknüpfung offener, grünbestimmter Räume werden die stadtökologischen, nutzungsorientierten und stadtgliedernden Wirkungen und Leistungen bedeutend gesteigert. Vor allem stark verdichtete Stadtökosysteme, die durch die Einflußnahme des Menschen in ihrer Vielfalt reduziert sind, bedürfen vorrangig eines Verbundes möglichst vieler Einzelflächen des Stadtgrünsystems, um Austausch- und Ausgleichvorgänge zu gewährleisten.

Unter der Voraussetzung, daß optimale Wirkungen von Grünräumen aus einem Verbundsystem einer Vielzahl unterschiedlicher Einzelelemente resultieren, ist solch eine partielle Differenzierung nicht nur auf das Gesamtgrünsystem einer Stadt anzuwenden, sondern wird auch bei jeder einzelnen Grünfläche wirksam.

Folgende hinsichtlich ihrer Wohlfahrtswirkungen besonders effiziente Einzelaspekte lassen sich hervorheben:

- Grünverbindungen verbessern die Erreichbarkeit von Park- und Grünanlagen, ermöglichen eine gefahrlose Führung von Fuß- und Radwegen und bieten wohnungsnahe Erholungstrassen.
- Frischluftschneisen und Ventilationsbahnen entlang von Grünverbindungen und offenen Grünräumen bilden eine wesentliche Voraussetzung für die Abmilderung negativer stadtklimatischer Effekte.
- Durch die Vernetzung einzelner Grünräume entstehen innerhalb des ansonsten versiegelten Stadtgebildes Habitate und Ausbreitungsbahnen für Flora und Fauna. Sie dienen der Überlebenssicherung und Erhaltung des Artenspektrums.
- Das Stadtgefüge selbst wird durch die verschiedenartigen Grünräume gegliedert und erhält durch die Aufnahme und Betonung ortstypischer Natur- und Kulturraumelemente eine signifikante Gestalt.

Aus der Überlagerung dieser Merkmale ergibt sich die nachhaltige Wirksamkeit und Bedeutung eines zusammenhängenden Grünraumsystems, das insgesamt, aber auch jeweils bezogen auf seine einzelnen Elemente die landschaftlichen Bindungen und Vorgaben der Umgebung aufnimmt, indem es sich z. B. an das natürliche Relief oder vorhandene Gewässersystem anlehnt.

Unter Berücksichtigung der Strukturen der benachbarten Nutzungsräume werden Trassen und Schwerpunkte für die Erholung festgelegt sowie vielfältige Vernetzungen ermöglicht, die gleichzeitig Standorte für eine artenreiche Flora und Fauna bieten.

Ein System offener, zusammenhängender Grünräume ist folglich als ein starkes und dauerhaftes Gefüge zu sichern und auszubauen und als nicht anzutastendes Rückgrat des Stadtgrundrisses zu entwickeln. Im Vordergrund steht dabei die stadträumliche Wirkung von Grün insgesamt, seine Gliederungsfunktion für das Stadtgebiet, die Orientierungs- und Markierungswirkung für einzelne Stadtbereiche und die daraus resultierende räumlich-visuelle Wahrnehmung des Stadtraums. Die Identität und das Bild einer Stadt werden wesentlich durch die jeweils spezifische räumliche Durchdringung von Bebauung und Grün bestimmt. Diese einzigartige Verteilung verweist zugleich auf die landschaftsräumlichen und historischen Grundlagen der Stadtentwicklung.

Als besonders eindrucksvolles Beispiel sei die Stadt Köln genannt, deren gesamtstädtischem Grünsystem nicht nur aus stadtökologischer Sicht eine große Bedeutung zukommt, das darüber hinaus auch wesentlich die unverwechselbare Identität des gesamten Stadtgrundrisses prägt.

Eine auf das Stadtgebiet in seiner Gesamtheit bezogene formale Anordnung von Grünräumen steht in Abhängigkeit zu den städtebaulichen Grundrißformen und den natürlichen Landschaftsräumen einer Stadt. Im Zuge der geschichtlichen Entwicklung des Städtebaus sind als Grundmuster für die Gliederung der Stadt zahlreiche formale Schemata entwickelt und teilweise in die Planungskonzeptionen aufgenommen worden.

Im Sinne einer idealtypischen Stadtgliederung können folgende Systemtypen zusammengefaßt werden, deren Ausformung auf jeweils spezielle topographische oder strukturelle Gegebenheiten reagiert:

Ringförmige Grünsysteme

Nachdem aus militärischen Gesichtspunkten früher alle Städte mit bastionären Wallanlagen umgeben waren, ergab sich aus der Schleifung dieser Festungsbauwerke zu Beginn des 19. Jahrhunderts eine Chance für eine systematische Stadterweiterung und die Anlage räumlich gliedernder Grünflächen. „Die umgewandelten Festungsanlagen bildeten eine Nahtstelle zwischen Altstadt und Stadterweiterung, prägten als Grünflächenring den späteren Stadtgrundriß und übernahmen Verkehrsfunktionen“ (Richter, 1981). Als gutes Beispiel für neu angelegte Wallgrünflächen auf mittelalterlichen Befestigungsanlagen kann der zwischen 1806 und 1812 ausgebaute Promenadenring um die Frankfurter Innenstadt genannt werden, dessen Funktionsfähigkeit als Grünanlage bis heute durch die sogenannte Wallservitut geschützt ist.

Im Zuge des weiteren Stadtwachstums erschien aus hygienischen und strukturellen Gründen oft die Anlage von stadtbegrenzenden Grünringen, z. B. in Form von stadtumgebenden Alleen wie der unter Adickes als 2. Grünring angelegte Alleenring in Frankfurt am Main, sinnvoll.

Weiterreichende Planungsabsichten sehen großflächige stadtumgebende Freiraumzonen vor, die einerseits das Wachstum der Stadt begrenzen oder zumindest regulierend und markierend eingreifen sollen, zugleich aber auch als eine Art Pufferzone zu umgebenden Siedlungen und Satellitenstädten dienen. In die-

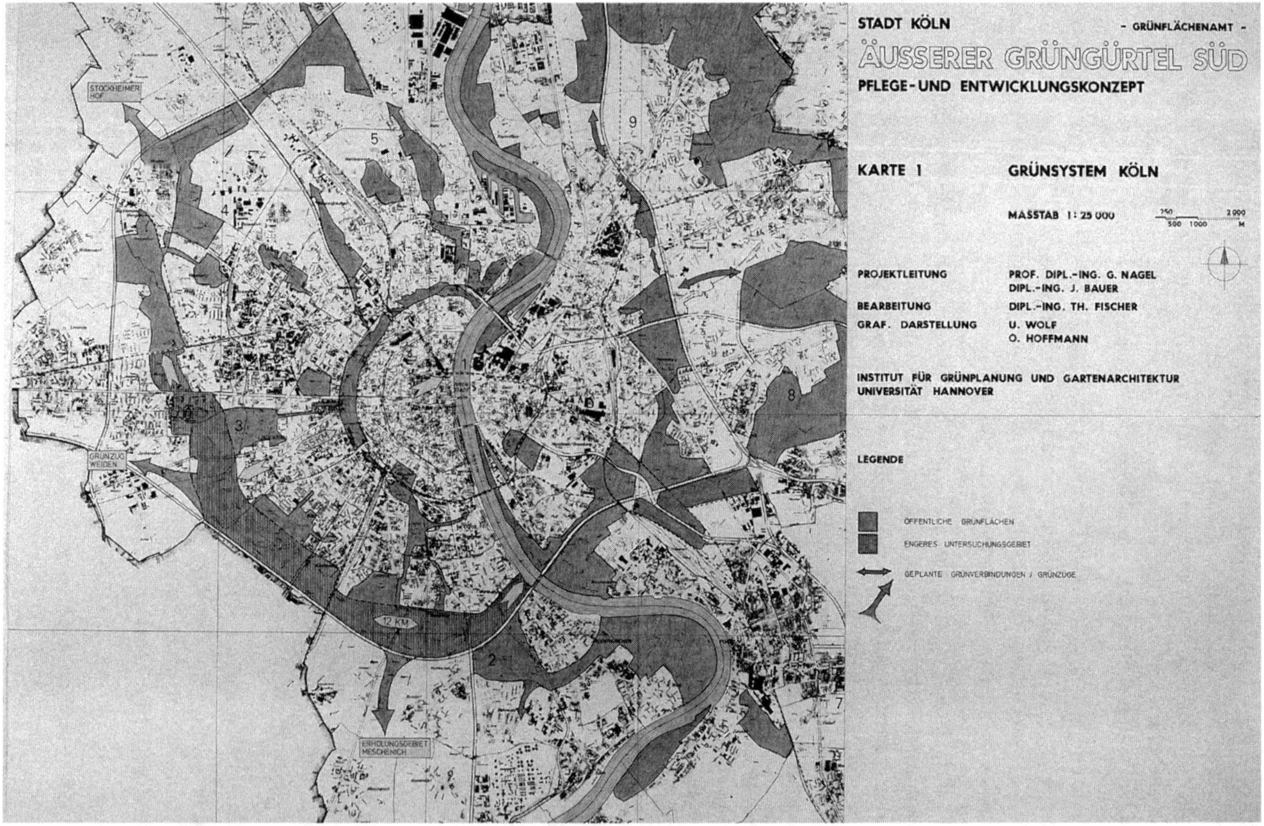

Abb. 81: Grünsystem Köln

sen weiträumigen und trennenden Freiraumarealen, die vorranig einer land- und forstwirtschaftlichen Nutzung unterliegen, sind gleichzeitig auch regionalplanerische Ansätze für neuzeitliche Planungskonzepte in Ballungsgebieten zu sehen, wie z. B. die regionalen Grünzüge für die Kernzone des Rheinisch-Westfälischen-Industriegebietes oder für das Rhein-Main-Gebiet.

Dieser grundsätzlichen Konzeption entsprechen auch die Green-Belt-Idee und die Gartenstadtbewegung.

Auch moderne Planungskonzepte nehmen den Ansatz zirkulärer Freiflächensysteme wieder auf, wie das in den 60-er Jahren von Hillebrecht entwickelte Regionalstadtmodell oder die aktuelle GrünGürtel-Planung der Stadt Frankfurt am Main.

Bandförmige Grünsysteme

Eine lineare Freiraumzonierung ergibt sich aufgrund eindeutiger struktureller Ausgangsbedingungen z. B. bei Städten an Flüssen oder Siedlungen, die sich aus ehemaligen Straßendörfern entwickelt haben.

Kammförmige Grünsysteme

Diese Form der Stadtgliederung kommt häufig bei Städten in Hang- oder Tallage vor. Als Beispiele für solch eine Stadtstruktur gelten nach Richter (1981) Wiesbaden und Kassel.

Radiale Grünsysteme

Wenn sich radiale Grünkeile vom Stadtrand bis in die Innenstadt fortsetzen, spricht man von radialen Grünsystemen. Diese reagieren, wie im Landschaftsachsenmodell Hamburg, auf Siedlungs- und Erschließungsachsen. Sie bilden wichtige strukturelle, soziale und ökologische Vernetzungs- und Leitbahnen zwischen verdichtetem Kerngebiet und dem peripheren Umland. Sie enthalten die übergeordneten Grünverbindungen, die durch Überlagerung mit einem zirkulären Grünsystem optimal vernetzt werden können.

Punktuelle Freiflächenanordnung

Durch Baumreihen definierte Grünverbindungen vernetzen bei flächenhaften bis rastermäßig angelegten Stadtgrundrissen nach Richter (1981) die durch Aussparung einzelner Rasterfelder entstandenen Grünstrukturen, die typisch für planmäßige Stadtanlagen wie Mannheim oder die nordamerikanischen Städte (New York, San Francisco etc.) sind.

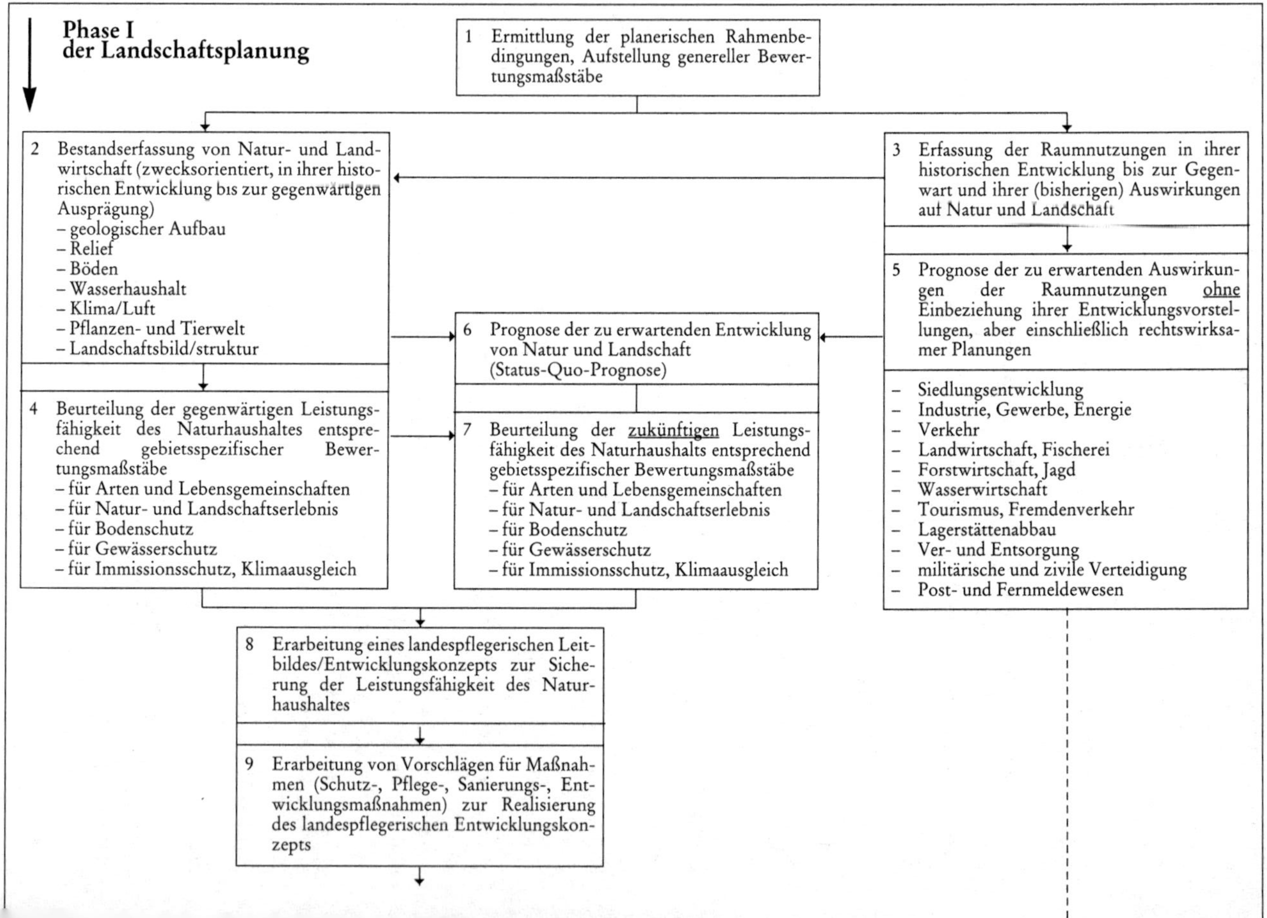
Phase I
der Landschaftsplanung
1 Ermittlung der planerischen Rahmenbedingungen, Aufstellung genereller Bewertungsmaßstäbe
2 Bestandserfassung von Natur- und Landwirtschaft (zwecksorientiert, in ihrer historischen Entwicklung bis zur gegenwärtigen Ausprägung)
– geologischer Aufbau
– Relief
– Böden
– Wasserhaushalt
– Klima/Luft
– Pflanzen- und Tierwelt
– Landschaftsbild/struktur
3 Erfassung der Raumnutzungen in ihrer historischen Entwicklung bis zur Gegenwart und ihrer (bisherigen) Auswirkungen auf Natur und Landschaft
5 Prognose der zu erwartenden Auswirkungen der Raumnutzungen ohne Einbeziehung ihrer Entwicklungsvorstellungen, aber einschließlich rechtswirksamer Planungen
– Siedlungsentwicklung
– Industrie, Gewerbe, Energie
– Verkehr
– Landwirtschaft, Fischerei
– Forstwirtschaft, Jagd
– Wasserwirtschaft
– Tourismus, Fremdenverkehr
– Lagerstättenabbau
– Ver- und Entsorgung
– militärische und zivile Verteidigung
– Post- und Fernmeldewesen
6 Prognose der zu erwartenden Entwicklung von Natur und Landschaft (Status-Quo-Prognose)
4 Beurteilung der gegenwärtigen Leistungsfähigkeit des Naturhaushaltes entsprechend gebietsspezifischer Bewertungsmaßstäbe
– für Arten und Lebensgemeinschaften
– für Natur- und Landschaftserlebnis
– für Bodenschutz
– für Gewässerschutz
– für Immissionsschutz, Klimaausgleich
7 Beurteilung der zukünftigen Leistungsfähigkeit des Naturhaushalts entsprechend gebietsspezifischer Bewertungsmaßstäbe
– für Arten und Lebensgemeinschaften
– für Natur- und Landschaftserlebnis
– für Bodenschutz
– für Gewässerschutz
– für Immissionsschutz, Klimaausgleich
8 Erarbeitung eines landespflegerischen Leitbildes/Entwicklungskonzepts zur Sicherung der Leistungsfähigkeit des Naturhaushaltes
9 Erarbeitung von Vorschlägen für Maßnahmen (Schutz-, Pflege-, Sanierungs-, Entwicklungsmaßnahmen) zur Realisierung des landespflegerischen Entwicklungskonzepts

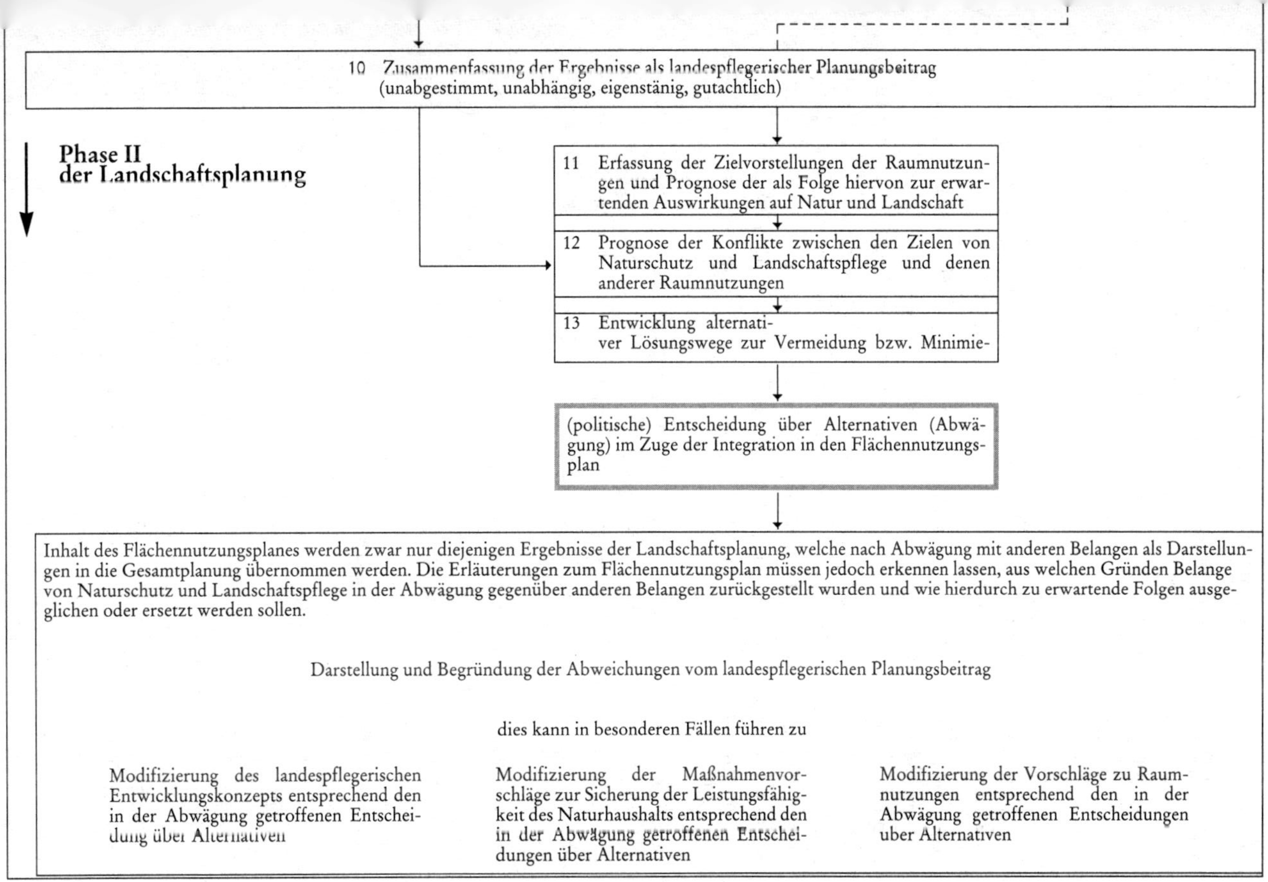

Abb. 82: Schematische Grünsysteme aus: Grünordnungsplan Hannover, 1974

Kombinierte Grünflächenanordnungen

Da sich in der Stadtentwicklung häufig unterschiedliche strukturelle Einzelaspekte überlagern, war bei den meisten Städten eine konsequente Beschränkung auf nur eine der beschriebenen schematischen Grünsystemformen nicht sinnvoll. In Anpassung an die tatsächliche örtliche Situation ergab sich häufig eine Kombination mehrerer Gliederungstypen. Als klassisch kann dabei die Verbindung radialer und zirkulärer Ansätze bezeichnet werden.

Auch das Konzept der „gegliederten und aufgelockerten Stadt“ nach Göderitz, Rainer, Hoffmann trägt diesen Aspekten Rechnung.

Dieses idealtypische Strukturmuster dient z. B. auch als Vorbild für das Grünsystem der Stadt Münster, das nur teilweise historisch gewachsen ist. Eine auf das gesamte Stadtgebiet bezogene Grünordnung, deren Grundlagen bereits in den 60er Jahren formuliert wurden, bereitet als Fachplan die Aussagen des Flächennutzungsplanes vor und wird deswegen im gleichen Rhythmus alle 10–15 Jahre überarbeitet. Die aktuelle Neufassung der Arbeitsgemeinschaft Prof. Werner Schupp und Dipl.-Ing. Gabriele Scholz sichert die Struktur und Funktionsfähigkeit aller Freiräume, reagiert aber auch auf neue stadtökologische Erkenntnisse, soziale Vorgaben sowie entwicklungspolitische Ziele.

Die Analyse des vorhandenen Freiraumpotentials und die Abwägung der stadtökologischen Belange, vor allem die Erfordernisse des Stadtklimas, ergeben neben dem bereits vorhandenen Promenadenring und den auf diesen hin orientierten einzelnen Grünzügen zusätzlich die Notwendigkeit von systemergänzenden Zonen.

So lassen sich Hauptgrünzüge definieren, die aus dem Landschaftsraum heraus den Haupthimmelsrichtungen folgend auf die Innenstadt zuführen und dabei trichterförmig in ihrer Breite abnehmen, um schließlich am historischen Promenadenring zu enden.

Die Abgrenzung erfolgte entlang der vorgegebenen topographischen und funktionalen Grenzen. Die Festlegung dieser Grünzüge orientiert sich an dem bereits definierten Grünsystem, berücksichtigt jedoch die neuesten stadtstrukturellen Entwicklungen.

Wie bereits beschrieben, erreichen diese Grünzüge idealtypisch den inneren Promenadenring. Da die aktuelle Freiflächensituation in der Innenstadt dies jedoch nicht mehr überall ungestört zuläßt, wird es erforderlich, die auf diese Weise verstümmelten Grünzüge durch ein möglichst dichtes Mosaik von Grünanlagen und Freiflächen zu ergänzen, bis schließlich kräftige Alleestrukturen, die den Hauptverkehrsstraßen folgen, im letzten Abschnitt diese Aufgabe erfüllen.

Während der 1. Grünring im Verlauf der historischen Wallanlagen um die Altstadt der zirkulären Idealvorstellung entspricht, reduzieren sich beim

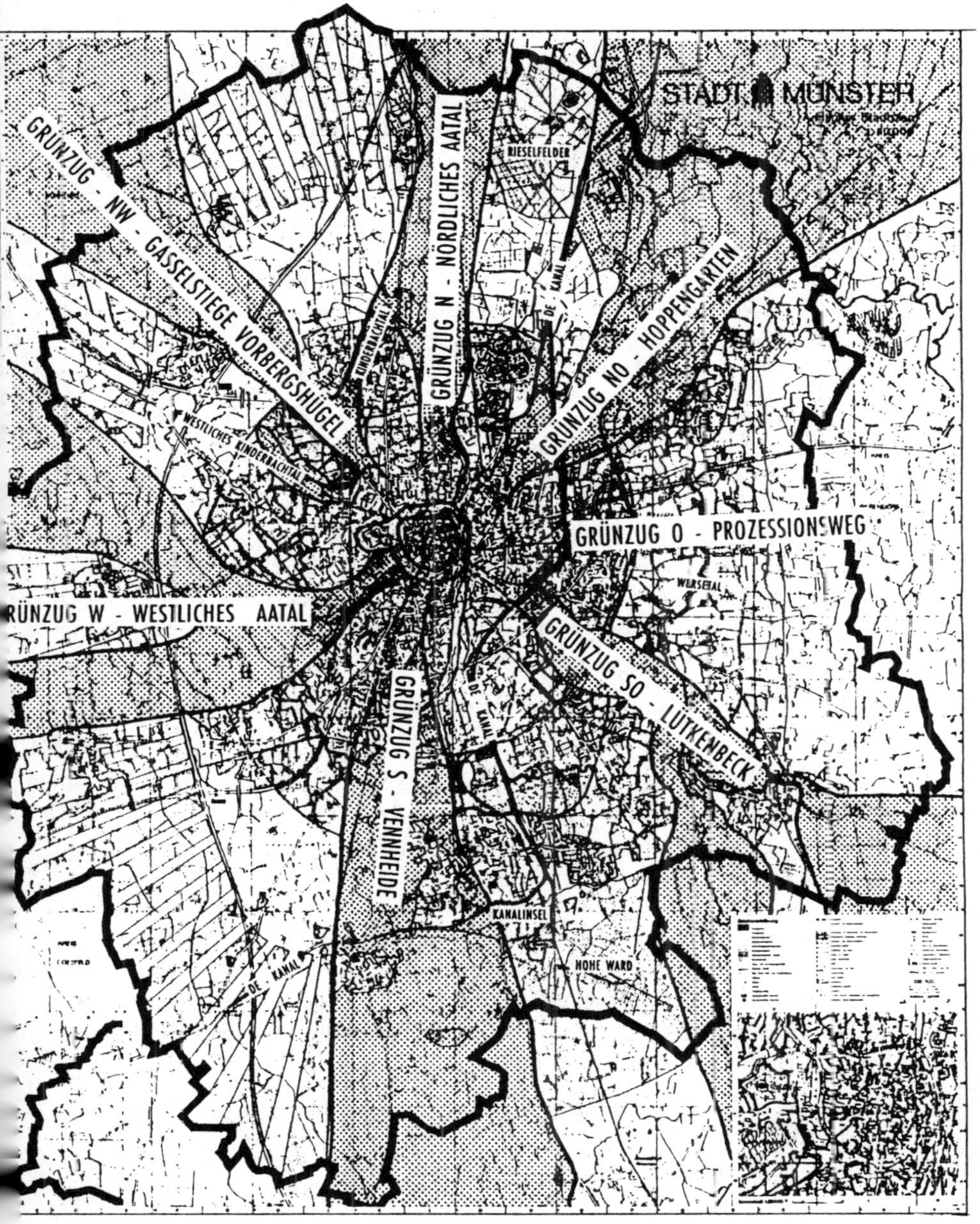

bb. 83: Plan zum Grünsystem von Münster

2. Grünring, der die Innenstadt umschließen soll, die verfügbaren Freiflächen auf stadtnahe, funktionalisierte Grünflächen und Parkanlagen sowie auf einige landwirtschaftlich genutzte Bereiche im direkten Umfeld. Diesem systemergänzenden 2. Grünring kommt eine hohe stadtgliedernde Bedeutung zu, da er den Zwischenraum zwischen der eigentlichen Stadt Münster und den sie umgebenden, früher selbständigen Ortsteilen sichert. Er wird zum Symbol für die Entwicklung und das Wachstum der Stadt. Darüber hinaus sind diese noch verbliebenen Freiräume als Bestandteile eines Klimaabstandsringes von besonderer stadtklimatischer Relevanz. Nachdem auch von diesem Ring nur noch Teilabschnitte als ausreichend große Freiflächen vorhanden sind, kommt den Grünverbindungen zwischen diesen Raumfragmenten eine vorrangige strukturelle, aber auch funktionale Bedeutung zu.

Die Stadt Münster, nach Köln die flächenmäßig zweitgrößte Stadt Nordrhein-Westfalens, verfügt auf ihrer Gemarkungsfläche zusätzlich über weiträumige land- und forstwirtschaftlich genutzte Landschaftsräume. Hier liegen die weiter entfernten Stadtteile, in denen noch eher ländliche Strukturen dominieren. Der 3. Grünring fungiert als stadtferne Verbindungszone zwischen diesen Orten. Die landschaftlichen Strukturen innerhalb dieses Grünrings dienen als siedlungsbezogene Naherholungszone. Ein durchgängiges Wegenetz erschließt den Landschaftsraum für die Bevölkerung der gesamten Stadt als Ausflugsgebiet über verschiedene Rundwegalternativen.

Zusammenfassend lassen sich die Aufgaben der einzelnen Grünringe so beschreiben:

- Der 1. Grünring prägt als gartenhistorische Struktur das für die City von Münster typische Stadtbild.
- Der 2. Ring hat große stadtstrukturelle und stadtökologische Bedeutung und dient gleichzeitig der Tageserholung im direkten Wohnumfeld.
- Der 3. Grünring erhält als Verbindungsraum über sein Wegenetz einen gesamtstädtischen Bezug, enthält für die äußeren Ortsteile aber auch wichtige Naherholungsflächen. Dabei ist jedoch zu berücksichtigen, daß im Zusammenhang mit eher dörflichen Strukturen der Naherholungsraum keine großflächigen funktionalisierten Freizeitangebote beinhaltet, sondern als offene Erholungslandschaft erlebbar wird.

Die Diskussion über die Sinnhaftigkeit formalisierter Grünflächensysteme verweist auf Ambivalenz:

Während Martin Wagner bereits 1915 in seiner Dissertation alle schematischen theoretischen Systeme verwirft – „Für die Verteilung der Freiflächen ... ist nach meiner Ansicht weder die 'Keil'– noch die 'Gürteltheorie' ausschlaggebend. Der Grundsatz , daß der Wert der Freiflächen schlechthin in der körperlichen Nutzung . . . liegt, weist auch die Richtung für eine zweckmäßige Verteilung . . . . Ganz ungelehrt ausgedrückt, kann man sagen, daß die Freiflächen an einer Stelle projektiert werden müssen, wo sie gebraucht werden, d. h. sie haben sich der Lage der Wohnquartiere, für die sie bestimmt sind, auf das engste anzupassen.", tendieren aktuelle Planungsansätze dazu, die in der Vergangenheit aufgrund anderweitiger Schwerpunktsetzungen fragmentierten Freiraumstrukturen wieder nach traditionellem Schema zusammenzufassen. Das Leitbild für die „Natur des 21. Jahrhunderts", „das sich nicht auf konservierende Reste mit Reservats-Status beschränkt, sondern die Stadt netzartig durchwirkt" (Lieser et al., 1992), greift z. B. in der Formulierung des Frankfurter GrünGürtels als eine „Vision offener Grünräume" auf die Raumtypen von Grünringen und Grünzügen zurück. Um den Lebensraum Stadt wieder erkenn- und erlebbar zu strukturieren, werden abstrakte Raumbilder neu formuliert: „Stadt und Natur sollten ringförmig neu geordnet werden".

Sicher ist Martin Wagners Warnung vor zu starrem Pragmatismus in der Stadtentwicklung ernst zu nehmen. Nach den Planungsfehlern einer zuwachsorientierten Vergangenheit, bei denen es durch Marginalisierung struktureller und ökologischer Belange zu einer ungeordneten Verinselung und Fragmentierung des städtischen Grünflächensystems kam, liefern ganzheitlich konzeptionelle Ansätze den Hintergrund für eine Neuformulierung des städtischen Lebensraumes, der im einzelnen an die örtlichen Vorgaben anzupassen ist. Für die Stadt Frankfurt am Main bedeutet dies: „Die notwendig abstrakt bleibende Gesamtheit des GrünGürtels löste sich bei näherer Betrachtung in eine Vielzahl von kleinräumigen Teilen mit unterschiedlich strukturierten sozialen Kollektiven auf, die differierende räumliche Aneignungsweisen und Raumbilder aufweisen" (Lieser et al., 1992). Für die politische und praktische Umsetzung des idealtypischen Ansatzes lieferte das klassische strukturelle Leitbild den Verständnisrahmen, der in der weiteren Arbeit an die speziellen örtlichen Bedingungen angepaßt wird und dessen ganzheitlicher Anspruch durch verifizierende Bereichsplanungen für die unterschiedlichen Teilräume konkretisiert wird.

10.7.4 Ökologische Bedeutung des städtischen Grünsystems

Der ökologische Aspekt städtischer Grünräume umfaßt zwei Blickrichtungen: einmal unmittelbar auf den Menschen bezogen, zum anderen das Stadtökosystem betreffend. Ökologische Wirkungen resultieren aus stofflichen Austauschvorgängen und dem Energiefluß zwischen den Teilkomplexen

- Vegetation (Schutzfunktion) und Fauna,
- Bioklima (Stadtklima),
- Wasser (Oberflächen- und Grundwasser) und
- Boden

Vegetation

Die in der Stadt vorhandene natürliche Vegetation liefert ein Abbild der Standortbedingungen. Die Vegetationsanalyse ergibt eine Kennzeichnung der Standortverhältnisse. Sie gestattet jedoch nicht, in den Komplex einzudringen. Man erhält vielmehr eine Koordination des Vegetationsbildes zu den herrschenden ökologischen Bedingungen als eine Analyse derselben.

Ziel im städtischen Außenraum ist es, Vegetationsbestände zu schaffen, die in gestalterischer Hinsicht sowie in Wirkung auf die Standortbedingungen ein Gegengewicht zu den Baumassen setzen.

Großbäume gliedern großräumig und schaffen weithin sichtbare Akzente. Strauchgehölze bilden zusammen mit Bäumen das Gerüst einer Pflanzung und vermitteln den Übergang zur Fläche. Stauden und bodendeckende Gehölze strukturieren als Unterpflanzung die Ebene und wirken als verbindendes Element. Die Baum-, Strauch- und Krautschicht muß aus dem ökologischen Zusammenhang heraus als eine Einheit behandelt werden, in der die einzelnen Schichten sich gegenseitig bedingen und in der Sukzession aufeinander aufbauen. Die Krautschicht schafft eine geschlossene Vegetationsdecke, die den Boden vor Austrocknung der obersten Schichten schützt. Rasen ist für die städtischen Außenräume wegen seines Nutzwertes von besonderer Bedeutung. Er eignet sich für Grünflächen, die begangen, belagert und bespielt werden. Wenig betretene Flächen können als Wiesen ausgebildet werden. Sie sind je nach Lage, Bodenqualität, Größe und Umgebung anders in ihrer Artenzusammensetzung und brauchen spezielle Pflege.

Eine extensive Grünflächenpflege erhöht auch im öffentlichen Bereich die ökologische Wirksamkeit von Grün- und Parkanlagen.

Bioklima

Das Bioklima ist an die großräumig wirkenden Kräfte des Klimas gebunden, erfaßt vor allem aber auch die Austauschvorgänge im mikroklimatischen Bereich.

Unmittelbare Bedeutung für den Stadtbewohner haben Grünflächen wegen ihrer stadtklimatischen Wirksamkeit. Relief, Boden, Wasser und Vegetation bedingen – in der jeweiligen Kombination – die Besonderheiten des lokalen Klimas. Sie bestimmen die Energiebilanz und die Luftströmungen. Kaltluftabfluß, die Länge der Sonnenscheindauer sowie das gesamte Wirkungsgefüge der Witterungserscheinungen prägen ihrerseits die Landschaft. Demgegenüber sind es vor allem anthropogene Einflüsse, die zur Veränderung des Klimas und zur Bildung eines für jede Stadt speziell ausgeprägten Stadtklimas führen. Charakterisiert ist das Stadtklima durch eine Veränderung gegenüber dem Klimaregime des

Umlandes besonders in Hinblick auf die Temperatur, das Windfeld, die Niederschläge und den Gehalt der Atmosphäre an Fremdbestandteilen. Zur Verbesserung der als nachteilig empfundenen Klimaeffekte können Grünflächen in der Stadt einen erheblichen Beitrag leisten. Ausführliche Informationen hierzu liefert der am Institut für Grünplanung und Gartenarchitektur der Universität Hannover anläßlich der Ausstellung „Wohnen in den Städten?" veröffentlichte Katalogbeitrag „Ansprüche des Menschen an seine Klima-Umwelt" (Nagel, Scholz, Wilmers, 1984).

Wasser

Der Wasserhaushalt gibt Aufschluß über kurzfristige Veränderungen eines Standorts (z. B. Grundwasserabsenkung), zeigt jedoch keine Genese wie die Vegetation oder die Bodenform.

Für den Wasserhaushalt sind offene Grünräume von großer ökologischer Wirksamkeit. In das Grünsystem integrierte Fließ- und Stillgewässer sowie die Möglichkeit der Grundwasserneubildung aufgrund eines geringen Versiegelungsgrades und der Versickerungsfähigkeit des Bodens beeinflussen wesentlich den Wasserhaushalt einer Stadt. Zunehmende Bedeutung kommt den innerstädtischen Grünflächen bei der Realisierung ökologisch orientierter Wasserkonzepte zu (vgl. Kampe, 1991). Neben der Möglichkeit einer offenen Niederschlagswasserführung und -versickerung zur Verstetigung der Wasserführung (vgl. Haase, 1986) ermöglichen Wasser- und Überschwemmungsflächen eine weitgehende Wasserhaltung und damit eine Reduzierung bzw. Vermeidung von Hochwasser. Dabei orientieren sich „Grünflächenkonzepte, Biotopverbundnetz und Stadtklimakonzepte ... an nahezu denselben topographischen Grundstrukturen wie sie Wasserkonzepte erfordern" (VDI, 1988).

Boden/Relief

Die Anlayse des Bodens spiegelt die langfristigen genetischen Prozesse eines Standortes wider, die kurzfristige Dynamik wie z. B. jahreszeitliche Schwankungen wird jedoch nicht abgebildet. Die Erhaltung fruchtbarer und belebter Böden ist eine Grundforderung an die Stadt- und Bauplanung. Bodenverdichtung und Versiegelung führen zu einer Zerstörung der Lebensgrundlage für Pflanzen und Tiere sowie zu negativen klimatischen Auswirkungen. Die Funktionsfähigkeit offener Böden sichert bei Vermeidung von Schadstoffeintrag die Grundwasserneubildung genauso wie die Ertragsfähigkeit der Landwirtschaft (siehe hierzu Stich et al., 1992). Unversiegelte Grünflächen haben als Erholungsräume zusätzlich eine hohe soziale Bedeutung.

Offensichtlich ist, daß die natürlichen Lebensgrundlagen und die Funktionsfähigkeit des Naturhaushaltes unabdingbare Voraussetzungen für eine funktionierende städtische Umwelt sein müssen. Die Frage, inwieweit diese ökologischen Anforderungen durch die innerstädtische Freiraumplanung erfüllt werden können, ist aus der angemessenen Abwägung zwischen ökolgischen und sozialen Belangen zu beantworten. In diesem Zusammenhang kann die für den GrünGürtel Frankfurt erarbeitete Charta als richtungsweisend gelten (vgl. Koenigs, 1991).

10.7.5 Die Elemente des Grünsystems

Als wesentliche Elemente der Stadtstruktur bilden unterschiedlich dimensionierte und gestaltete Grünräume in ihrer Zuordnung das Grünsystem einer Stadt.

Der Versuch, die vielfältigen Erscheinungsformen des städtischen Grüns unter einheitlichen Gesichtspunkten zu betrachten, führt zur Einteilung der Grünelemente nach Nutzungsart und Größe in unterschiedliche Gruppen und zur Betrachtung der Funktionen von Grünsystemen anhand einheitlicher Kriterien:

- Nutzungsqualität
- Raum- und Gestaltqualität
- stadtökologische Wirksamkeit.

Unter Grünräumen versteht man generell überwiegend durch Vegetation bestimmte, Siedlungsbereichen zugeordnete offene Räume. Sie sind der Erholung, dem Spiel und Sport, der städtebaulichen Gliederung und Stadtgestaltung sowie stadthygienischen, verkehrlichen und kulturellen Zwecken gewidmet.

In der Überlagerung des Grades der öffentlichen Verfügbarkeit und der Zuordnung zu den Wohnungen ergibt sich eine inhaltliche Kategorisierung:

- Stadtwälder, Parkanlagen, Stadtplätze bilden als allgemein öffentliche Grünräume die großräumigen Elemente des Grünsystems. Sie erfüllen neben ihrer Bedeutung als Erholungsräume für die Allgemeinheit wichtige ökologische und stadtklimatische Funktionen. Sie stellen als allgemein nutzbare Grünräume und Landschaftsteile auf gesamtstädtischer Ebene das Makrosystem dar.
  Weiterhin zählen zu dieser Kategorie Nutzflächen von Landwirtschaft und Gartenbau sowie andere, für die Erholungsnutzung zunächst weniger interessante Folgenutzungen wie Lagerstätten, Abbauflächen, Müllkippen und Ödland, aber auch Fußgängerzonen und Straßen mit Vegetationsbestand als Grünverbindungen.
- Spezielle Grünanlagen wie Spiel- und Sportflächen, Freibäder, Kleingartenanlagen, Friedhöfe und Sondergärten (Botanische und Zoologische Gärten, Schau- und Sichtungsgärten sowie die Gelände von Gartenschauen etc.), die häufig nur einem bestimmten Nutzerkreis zur Verfügung stehen, ergänzen

als Grünräume mittlerer Größe das Grünsystem auf der Ebene der Stadtteil- und Bereichsplanung. Sie bilden das Mesosystem.
- Als kleinräumigen Elementen kommt in diesem Verbund den privat nutzbaren Außenräumen im Wohnquartier für die unmittelbare Benutzung durch die Bewohner eine besondere Bedeutung zu. Auf Quartiersebene definieren sie das Mikrosystem im unmittelbaren Wohnumfeld.

Grundsätzlich müssen alle beschriebenen Grünraumtypen vorhanden und in akzeptabler Entfernung zu den Wohnstandorten gut erreichbar sein, damit eine optimale Grünflächenversorgung der Stadtbevölkerung gewährleistet ist. Neben gestalterischen Anforderungen bestimmen dabei vor allem auch soziale Kriterien die Qualität des Freiflächenangebots.

Nutzbarkeit

Der Begriff der Nutzbarkeit wird erstmals 1915 von Martin Wagner verwendet, der den Nutzwert einer Grünfläche mit deren sanitärem Wert gleichsetzt und die Möglichkeiten zur körperlichen Ertüchtigung bei Sport und Spiel bewertet.

Darüber hinausgehend gibt der von Nohl (1983) über den Aspekt der Reproduktion abgeleitete Anspruch an städtische Freiräume eine umfassendere Definition, die sich auf die gesamte Alltagsnutzung bezieht. Wichtig ist dabei die generelle Entfaltung und Entwicklung der Persönlichkeit. Grünanlagen „sollten Orte sein, mit wenig festgeschriebenen Nutzungen, sie sollten die Besucher anregen, frei, aber in Absprache untereinander, über den Gebrauch des Raumes zu bestimmen“ (Nohl, 1983).

Die Nutzung – bei Nohl als „Aneignung“ bezeichnet – ist somit umfassend als Beschreibung aller Handlungs- und Wahrnehmungsvorgänge innerhalb des öffentlich nutzbaren Freiraumes zu verstehen. Sie bezieht sich auf das räumlich-dingliche Angebot und schließt gleichfalls den Umgang mit anderen Personen ein. Anhand empirischer Untersuchungen konnten Beweggründe für einen Freiraumbesuch festgestellt werden, die unter den heutigen gesellschaftlichen Bedingungen bei allen Bevölkerungsgruppen allerdings unterschiedlich intensiv vorhanden sind und als Hinweis auf Nutzungsansprüche gelten können. Dies sind neben Ruhe und Entspannung und anderen pragmatischen Gründen vor allem die aktive Auseinandersetzung mit dem Freiraum in Form von Sport und Spiel oder geselligen Kontakten (vgl. Kellner, Nagel, 1986).

Städtische Grünflächen dienen außer der Erholung auch als Verkehrs- und Verbindungsraum und als Raum für soziale Interaktionen wie z. B. Kommunikation. Von nicht geringerer Bedeutung sind darüber hinaus visuell-ästhetische sowie ökonomische Aspekte.

Erreichbarkeit

Während Art und Maß der Nutzungsfaktoren spezifisch sind, bildet das Kriterium der Erreichbarkeit einen wesentlichen Parameter für die Planung. Häufigkeit und Dauer der Nutzung von Grünräumen hängt hauptsächlich von der Erreichbarkeit, also der Wegezeit zwischen Wohnung und Grünraum ab. Als anerkannter Richtwert galten bisher 15 Minuten bzw. 750 m Entfernung, aktuelle Untersuchungen weisen jedoch eine Akzeptanzschwelle von 10 Minuten nach (vgl. Kellner, Nagel, 1986), die jedoch mit zunehmender Größe und Attraktivität der Anlage überschritten wird. Die Tatsache, daß der Besuch von Freiräumen, die an sich gerne und freiwillig aufgesucht werden, mit schlechter Erreichbarkeit sinkt, zeigt, daß diese allgemein als ein Maß für die Qualität der Grünversorgung im direkten Wohnumfeld angesehen werden kann. Diese Einschätzung trifft sowohl für das Kriterium „Erreichbarkeit“ insgesamt als auch für einzelne damit verbundene Indikatoren zu, die die Qualität des Zuweges bedingen wie die reine Entfernung, das Vorhandensein von Barrieren, Sicherheitsaspekte und die Gestaltung der Wegeverbindung.

Interessanterweise gelten die genannten Werte nicht für Sportanlagen, die häufig über eine überregionale Bedeutung verfügen und einem eindeutig zweckgebundenen Aufenthalt dienen.

Bei der Planung von Außenräumen bleibt stets zu bedenken, daß menschliche Tätigkeiten vielseitig, phantasievoll, oft ungeplant und unberechenbar sind und daß gerade im Außenraum dafür Spielraum sein muß.

Das Ziel der Planung kann also nicht sein, perfekte, scheinbar komplette Angebote zu machen und so das Verhalten im Außenraum vorzuprogrammieren. Die Bedürfnisse der Menschen sind – bewußt, öfter aber noch unbewußt – vielfältiger als Planer kalkulieren können. Erlebnisvielfalt, Entscheidungsfreiheit und Offenheit müssen daher Maximen der Planung sein.

Verfügbarkeit

Je nach Verfügbarkeit von Grünräumen für bestimmte Nutzergruppen kann man den Grad von Privatheit (Hausgarten) und Öffentlichkeit (Parkanlage, Stadtplatz) mit einer Reihe von Übergangsformen (Sportanlagen, Freiflächen im Geschoßwohnungsbau) differenzieren.

Die Nutzungsanforderungen an die unterschiedlichen Außenräume sind jeweils so speziell, daß sie nicht gegenseitg ausgetauscht werden können. Daraus ergibt sich, daß ein hoher Versorgungsgrad mit Privatgärten, z. B. in reinen Einfamilienhausgebieten, in der Konsequenz nicht zusätzlich erforderliche öffentliche Parkanlagen oder Kinderspielgelände kompensiert.

Die Benutzbarkeit von grünbestimmten Freiräumen kann jedoch sowohl aufgrund der physischen Belastbarkeit (Schäden an der Substanz bei Übernutzung) als auch wegen psychologischer Effekte (Überfüllung durch Besucher) eingeschränkt sein. Grundlegende Untersuchungen von Grossmann (1958), Gleichmann (1963), Prosenc (1970), Osburg (1973) und Gröning (1974) ergeben interessante Aufschlüsse über die Nutzung privater und öffentlicher Grünräume, aus denen sich differenzierte Planungshinweise ableiten lassen.

Kategorisierung städtischer Außenräume

Grundsätzlich sind städtische Freiräume nicht überbaute und nach oben hin offene Räume, die in unterschiedlich engem funktionalem Zusammenhang zu Gebäuden stehen. Dazu zählen sowohl grüne und begrünte als auch befestigte Räume. Abgesehen von formalen Verschiedenheiten, inhaltlichen Zweckbestimmungen, Besitzverhältnissen u.ä. setzt Freiraum – wie bereits erwähnt – Verfügbarkeit voraus, d. h. er muß für die potentiellen Nutzer bei Bedarf nutzbar sein.

Die Kategorisierung von Grünflächen wird sehr unterschiedlich gehandhabt. Das Fehlen einer einheitlichen Systematik ist jedoch nicht negativ zu bewerten, da eine Vielfalt menschlicher Tätigkeiten und Verhaltensweisen beurteilt werden muß, die sich nicht in ein starres System pressen läßt.

Dennoch hat sich sowohl für die theoretische als auch für die praktische Arbeit folgende Einteilung als sinnvoll erwiesen:

1. Allgemein öffentliche Grünflächen wie Parks, Wälder, Stadtplätze
2. Spezielle oder funktionalisierte öffentliche Grünflächen für einen definierten Nutzerkreis wie Sport- und Kleingartenanlagen, Friedhöfe, Freibäder etc.
3. Private Grünflächen in Form von Haus- und Dachgärten, Terrassen o.ä.

Privat nutzbare Außenräume lassen ein Maximum an individueller Entfaltung zu, da ihre Nutzung nur zu einem geringen Maß gesellschaftlichen Kontrollen unterliegt.

Im gemeinschaftlich nutzbaren Außenraum wird das Verhalten von der Tatsache beeinflußt, daß eine begrenzte, sich gegenseitig bekannte Gruppe anwesend ist, deren soziale Kontrolle für den Einzelnen maßgebend ist. Ist die Gruppe jedoch nicht eindeutig definiert, kommt es leicht zu Verhaltensunsicherheiten, die durch eine indifferente Gestaltung sogar noch verstärkt werden können. Diese Situation tritt häufig bei Freiflächen im Geschoßwohnungsbau auf. Aufgrund mangelnder Gestaltung und fehlenden Nutzungsangebotes werden diese häufig nicht von den Bewohnern angenommen, so daß Spitzer (1977) sogar von einer „Sozialbrache" spricht. Bei einer eindeutigen, in der Gestaltung ablesbaren Zuordnung können diese meist zu reinen Abstandsflächen degradierten Bereiche als ein erhebliches Potential zur Verringerung des städtischen Freiraumdefizits gelten. Nachbesserungsaktionen von Wohnungsbaugesellschaften erhöhten in den 80-er Jahren die Attraktivität des Freiflächenangebots in Großsiedlungen wie dem Märkischen Viertel in Berlin und in den meisten anderen Großstädten.

Öffentliches Verhalten wird dagegen klar von Bahrdt (1969) definiert. Hieraus ergeben sich auch eindeutige Erwartungen und Ansprüche, die an öffentlich nutzbare Freiräume gestellt werden. Danach ist öffentliches Verhalten charakterisiert durch eine nur unvollständige Integration, also eine gewisse Anonymität des Einzelnen, wobei es den Individuen überlassen bleibt, „mit wem auf welche Weise und wie lange sie Kontakt aufnehmen, um zu handeln“ (Bahrdt, 1969).

Zwar sind nicht alle Verhaltensweisen ausschließlich einer bestimmten Freiraumart zuzuordnen, da durchaus Übergangsformen oder auch Verlagerungen existieren, wenn z. B. private Verhaltensmuster wie die Beschäftigung mit der Familie oder das Sichzurückziehen in abgeschiedene Bereiche auch in öffentlich nutzbaren Freiräumen auftaucht. Aus pragmatischen Gründen erscheint es jedoch sinnvoll, an dieser theoretischen Kategorisierung festzuhalten (vgl. hierzu auch Kellner, Nagel, 1986).

Richtwerte

Über Richtzahlen für öffentliche Grünflächen liegen zahlreiche Untersuchungen vor. Weil die örtlichen Verhältnisse oft sehr unterschiedlich sind, können solche Richtzahlen nur als grobe Anhaltspunkte für den Vergleich der Grünversorgung verschiedener Städte oder einzelner Stadtteile sein.

Die Grundlagen für diese Erhebungen sind einerseits die Ermittlung von Bedürfnissen und deren Artikulierung als Bedarf (politisches Moment) – der entsprechenden Niederschlag im Bau- und Planungsrecht findet – und andererseits die ökonomischen Grenzen der Realisierbarkeit. Insofern liefern Richtwerte bei städtebaulichen Entscheidungen eine Diskussionsgrundlage zur Ausweisung von Flächen.

Standen in den 60er und 70er Jahren Fragen der Quantität, der ausreichenden Versorgung mit Grünflächen im Vordergrund, so hat sich inzwischen die Erkenntnis durchgesetzt, daß mit flächenhaften Nutzungszuweisungen – häufig in Form von sogenannten „Abstandsflächen“ – noch keine Grünräume mit Aufenthaltsqualität entstanden sind. Dem stehen heute gesteigerte Ansprüche an Gestaltqualität gegenüber.

Eine optimale Versorgung mit Außenräumen ist dann gegeben, wenn

- privat nutzbare Flächen,
- gemeinschaftlich nutzbare Flächen und
- allgemein nutzbare Flächen

in Relation zur Wohndichte in angemessenem Umfang zur Verfügung stehen.

Aufgrund unterschiedlicher Konstellationen von Einflußfaktoren, die zur Bewertung einer Situation führen, folgt, daß es „die Qualität von öffentlich nutzbaren Freiräumen“ ebensowenig gibt wie „den Richtwert“. Vielmehr ist ein Grünraum dann als qualitativ hochwertig einzustufen, wenn er den unter bestimmten Rahmenbedingungen an ihn gestellten Anforderungen am besten gerecht wird. Der Maßstab, der an die Bewertung gelegt wird, ist also nicht statisch, sondern ändert sich mit wechselnden Einflußfaktoren (Spengelin, Nagel et al., 1984).

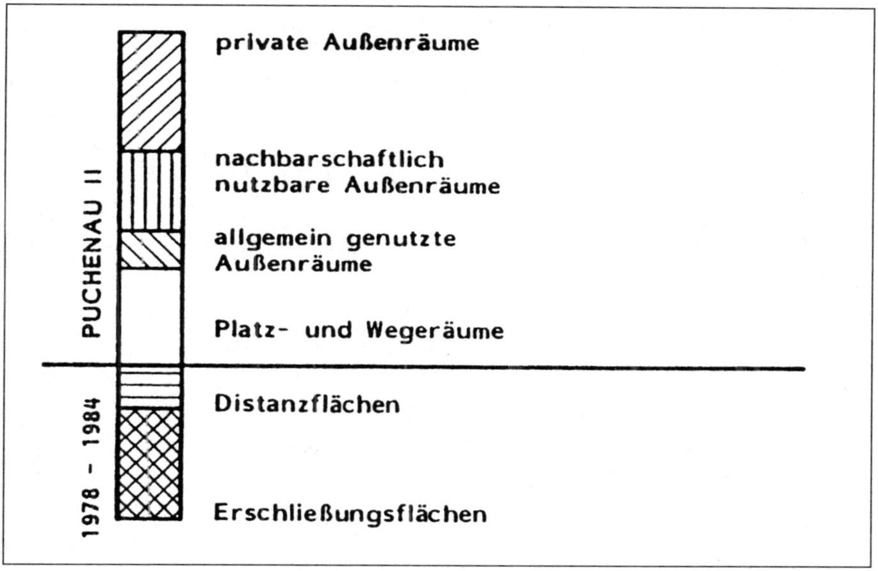

Abb 84: Typische Verteilung der Außenräume in ausgewählten Wohnquartieren.
(Quelle: Spengelin, Nagel et al., 1984)

In einer Forschungsarbeit am Institut für Grünplanung und Gartenarchitektur der Universität Hannover, die auf Anregung der Gartenamtsleiterkonferenz Ende der 70-er Jahre konzipiert wurde und insbesondere Fragen nach der Qualität und Eignung des öffentlichen Grüns für die sich bereits damals abzeichnende, immer stärker das öffentliche Grün erfassende Freizeitnutzung zum Gegenstand hatte, wurde unter dem Thema „Qualitätskriterien für öffentlich nutzbare Freiräume“ überprüft

- welche qualitativen Kriterien bisher in der fachlichen Forschung ermittelt und zugrundegelegt wurden,
- welche qualitativen Maßstäbe die Städte in der Planungspraxis anlegen

- und schließlich in einer empirischen Studie an zwei ausgewählten Beispielen, dem Zoopark in Düsseldorf und dem Günthersburgpark in Frankfurt am Main, welche Qualitätsvorstellungen die Parkbesucher und die im Einzugsgebiet wohnenden Menschen haben.

Die Untersuchung ergab, daß sich die Qualität einer Stadt in Bezug auf das Strukturelement Stadtgrün anhand folgender Relationen ablesen läßt:

- das Verhältnis von nutzbaren Freiräumen zur bebauten Fläche
- das Verhältnis von nutzbaren Freiräumen zur Wohndichte
- das Verhältnis der verschiedenen Freiraumarten untereinander
- die Zuordnung der Freiräume zu den Wohnungen
- die Verbindung der städtischen Freiräume untereinander
- die Nähe zur stadtnahen Landschaft.

Als Kriterien zur Bewertung öffentlich nutzbarer Freiräume können gelten:

Nutzungsqualität

Flächen:
- ausreichend Fläche für notwendige Funktionen
- genügend große Einzelflächen für verschiedene Nutzungen

Ausstattung:
- Angebote für unterschiedliche Ansprüche
- Wahlmöglichkeiten zwischen verschiedenen Angeboten
- zeitweise bzw. ganzjährige Nutzbarkeit
- Veränderbarkeit
- Funktionalität
- notwendige Infrastruktureinrichtungen (Sanitäranlagen)
- Restaurationsangebot

Erschließung:
- Verbindungen, die aufgrund der stadträumlichen Situation notwendig sind
- abwechslungsreiche Spazierwege
- Ausbaustandard der Wege (Belag, Breite, Beleuchtung etc.)

Erlebnisaspekt

Räumliche Gliederung:
- unterschiedlich gestaltete Bereiche
- optische Führung durch Grenzlinien oder besonders gestaltete Merkzeichen
- Reliefmodellierung
- Stellenwert von Bauten innerhalb des räumlichen Gefüges
- optischer Bezug zur Umgebung

Materialien:
- Art und Verwendung von Materialien
- Wasser
- Verhältnis von offenem Boden und versiegelten Flächen

Vegetation:
- Art und Alter des Baumbestandes
- Zusammenklang der verschiedenen Vegetationsarten (Schichtaufbau)
- gärtnerisch intensiv betreute Pflanzungen (Sommerblumen, Stauden)
- ökologisch belassene Flächen

Pflegezustand:
- Gesundheitszustand der Bäume
- Zustand der Ausstattung/Infrastruktureinrichtungen
- Sauberkeit
- offensichtliche Übernutzungsspuren
- Zerstörungen

Sozialer Aspekt

- Raum für verschiedene Gruppen
- Kommunikationsräume
- Rückzugsmöglichkeiten
- Sicherheit

Störfaktoren

Beeinträchtigungen aus der Umgebung:
- Lärm
- Staub- und Abgasimmissionen
- optische Beeinträchtigungen

Störfaktoren innerhalb des öffentlich nutzbaren Freiraumes:
- ästhetische Beeinträchtigungen
- akustische Beeinträchtigungen durch benachbarte Nutzungen
- Gefährdung durch andere Nutzungen
- Dominanz einer sozialen Gruppe
- Überfüllung
- Unsicherheit
- Vandalismus

10.7.6 Der Landschaftsrahmenplan als übergeordnete Entwicklungsgrundlage im städtischen Bereich

Als Rahmengesetz für die überörtliche Planung definiert das Raumordnungsgesetz des Bundes (ROG vom 08.04.1965, zuletzt geändert am 19.07.1989) über allgemeine Zielsetzungen die großräumige Entwicklung der räumlichen Struktur des Bundesgebietes. Dabei werden die Grundsätze festgelegt, nach denen sich die nachfolgenden Planungsebenen einschließlich der zugehörigen Landesgesetzgebung zu richten haben.

Die speziellen Erfordernisse und Maßnahmen zur Verwirklichung der Ziele von Naturschutz und Landschaftspflege fließen in die Gesamtplanung über die Aufstellung separater landschaftspflegerischer Beiträge gemäß § 5 und § 6 des Bundesnaturschutzgesetzes ein. Allen Bearbeitungsebenen, deren inhaltliche Genauigkeit jeweils mit kleiner werdendem Geltungsbereich zunimmt, lassen sich auf den Landschaftsraum bezogen zuordnen:

- auf Landesebene das Landschaftsprogramm; es enhält die überörtlich relevanten Aussagen.
- für die einzelnen Teilgebiete eines Bundeslandes, die als voneinander unabhängige Planungsregionen für die Gebietsentwicklung verantwortlich sind, werden je nach Größe des Planungsraumes Landschaftsrahmenpläne erstellt.
- Gemeinden stellen Landschaftspläne auf.

Planungsträger des Landschaftsrahmenplanes ist die Untere Naturschutzbehörde, so daß sich die Planung auf deren Wirkungskreis, im Regelfall also auf einen Landkreis, bezieht. Da größere kreisfreie Städte über denselben Status verfügen, wird die landschaftliche Entwicklung des Stadtgebiets hier auch auf der Ebene des Landschaftsrahmenplans festgelegt, wie z. B. in Hannover.

Da weder die Planung von nutzbaren Außenräumen noch Maßnahmen der Erholungsvorsorge in den einschlägigen Bearbeitungsrichtlinien angesprochen werden, erscheint es konsequent, daß der Landschaftsrahmenplan Hannover (1988) neben differenzierten Untersuchungen über Pflege- und Entwicklungsziele für Arten und Lebensgemeinschaften die Entwicklungsziele für die Erholung in Grün- und Freiräumen lediglich sehr pauschal im Maßstab 1 : 20.000 darstellt.

Aufgrund der mehr fachspezifisch auf den Naturschutz und die Landschaftspflege hin orientierten Vorgaben der Naturschutzgesetzgebung spielen die Strukturen des menschlichen Lebens, des Arbeitens, des Wohnens, der Freizeit nur eine untergeordnete Rolle. Gemäß dem eingangs definierten Anspruchsprofil der städtischen Freiraumplanung kann der Landschaftsrahmenplan in dieser Form also nicht als eine integrierende räumliche Planung, die Konzeptionen unter Berücksichtigung struktureller und funktionaler Zusammenhänge entwickelt, gelten.

10.7.7 Die Stadtbezogene Strukturplanung

Während bei den kleineren Gemeinden ein Landschaftsplan zum Flächennutzungsplan auf der Stufe der vorbereitenden Bauleitplanung inhaltlich und räumlich klar definiert ist, übernimmt, wie oben beschrieben, in größeren Städten der Landschaftsrahmenplan diese Aufgabe, ohne den speziellen Anforderungen genügend Rechnung zu tragen.

Andererseits ist seit etwa 15 Jahren das Phänomen zu beobachten, daß Landschaftsplanung zunehmend in den Städten betrieben wird, obwohl ihr Instrumentarium vorwiegend für die offene Landschaft entwickelt wurde.

Unbestritten ist die Notwendigkeit einer umwelt-, aber auch sozialgerechten konkreten grünplanerischen Entwicklungsvorgabe zur Steuerung der Stadtentwicklung (vgl. hierzu auch 10.7.1), es ist jedoch offensichtlich, daß die klassische „Landschaftsplanung" im Sinne des Bundesnaturschutzgesetzes dieser Aufgabe nicht gerecht werden kann. Auch der Versuch einer Unterscheidung von Landschaft innerhalb und außerhalb der Stadt, wie z. B. im nordrhein-westfälischen Landschaftsgesetz, wo der Geltungsbereich des Landschaftsplanes ausschließlich außerhalb des besiedelten Bereiches definiert ist, hilft nicht weiter, da dieses Planungsinstrument in permanenter Konfliktsituation mit der Bauleitplanung liegt und nicht hinreichend querschnittsorientiert ist. In Köln hat die Anwendung dieser gesetzlichen Vorgabe z. B. zur Folge, daß die großen öffentlichen Parkanlagen als im Außenbereich liegend durch Landschaftspläne mit vorrangig auf die Ziele von Naturschutz und Landschaftspflege orientierten Inhalten erfaßt sind.

Ein detaillierterer Bearbeitungsmaßstab, der sich sinnvoll nur in räumlich klar abgegrenzten Teilräumen umsetzen läßt, entspricht eher den spezifisch städtischen Planungsansprüchen. Abweichend von der originären Definition des Landschaftsplanes erscheint die Erarbeitung von bereichsweisen Konzepten angemessen, die in ihrer Zusammenfassung, wie z. B. im Freiflächenentwicklungsplan der Stadt Frankfurt am Main, die grünplanerischen Absichten für das gesamte Stadtgebiet darstellen. Hierfür muß jedoch ein von vorliegenden Richtlinien abweichender, neuer inhaltlicher Anspruch formuliert werden.

Solch ein Beispiel ist der Grünstrukturplan für die Stadtteile Vahrenwald/List in Hannover.

Die Bearbeitung eines konventionellen Landschaftsplanes im üblichen Maßstab 1:10.000 läßt im hochverdichteten Stadtbereich von Vahrenwald/List die Entwicklung einer differenzierten Grünstruktur nicht zu. Andererseits ist die flächendeckende Erstellung eines Grünordnungsplanes im Maßstab 1:1.000 zu umfangreich. Es wurde daher ein Leistungsbild entwickelt, das im Sinne einer Strukturplanung die Elemente der beiden vorgenannten Planungsebenen verbindet und die für den Stadtteil typischen Grünelemente in angemessenem Maßstab erfaßt bzw. auf die Bedingungen für eine ausreichende Freiflächenversorgung eingehen kann.

Das Konzept zeigt auf, welche Veränderungsmöglichkeiten in diesem festgefügten Stadtteil existieren. Auf den ersten Blick hin scheinen die hierfür zur Verfügung stehenden Flächen zu gering und zu weit verstreut. Aber gerade in solch einer Situation muß in Hinblick auf mögliche Nutzungswandlungen vorausgedacht und vorgeplant werden. Die Flächenpotentiale müssen gesichert und durch begründete Konzepte einer weiterführenden Grünplanung zur Verfügung gestellt werden. Eine wesentliche Rolle spielen dabei die Verknüpfungen durch Grünverbindungen, Wegeführungen sowie verkehrsberuhigte Straßen und Plätze.

Zusammenfassend kann für diese neue Form der bereichsweisen Grünstrukturplanung festgehalten werden:

- Der Landschaftsplan in der Stadt ist de facto ein Grünstrukturplan. Die klassischen Inhalte des Landschaftsplanes sind bezogen auf menschliche Nutzungs- und Lebensbedürfnisse zu erweitern.
- Die Bauleitplanung ist generell hinsichtlich der Anforderungen dieser Art von Landschaftsplanung weiter zu qualifizieren.
- Die ökologischen Daten bedürfen der planungsbezogenen Aggregierung in Bezug auf Raumstruktur und Flächennutzung und müssen kontinuierlich fortgeschrieben werden. Die Informationsmethoden müssen dem inhaltlichen Anspruch entsprechen. Wertvolle Hinweise über die Strukturen von nicht zugänglichen Bereichen in hochverdichteten Gebieten liefert z. B. für Blockinnenhöfe die Luftbildauswertung. Hieraus lassen sich Karten entwickeln, welche die Strukturvielfalt des Gebietes veranschaulichen.
- Raum- und Gestaltqualitäten, wie die Besonderheiten des „Stadtbildes“, müssen stärker zur Geltung gebracht werden.
- Der Grünstrukturplan ist in jeweils angemessenem Maßstab (1:5.000 und größer) zu bearbeiten und bedarf der Detaillierung wesentlicher Elemente sowie der Rückkopplung mit den empirischen Erhebungen.

10.7.8 Der Grünordnungsplan/Baugesetzbuch (BauGB)

Eine geordnete städtebauliche Entwicklung gewährleistet die im Baugesetzbuch (BauGB) festgelegte Bauleitplanung.

Während im Flächennutzungsplan die Standortfrage geklärt wird, werden über verbindliche Bebauungspläne für ein definiertes Teilgebiet die Nutzungen

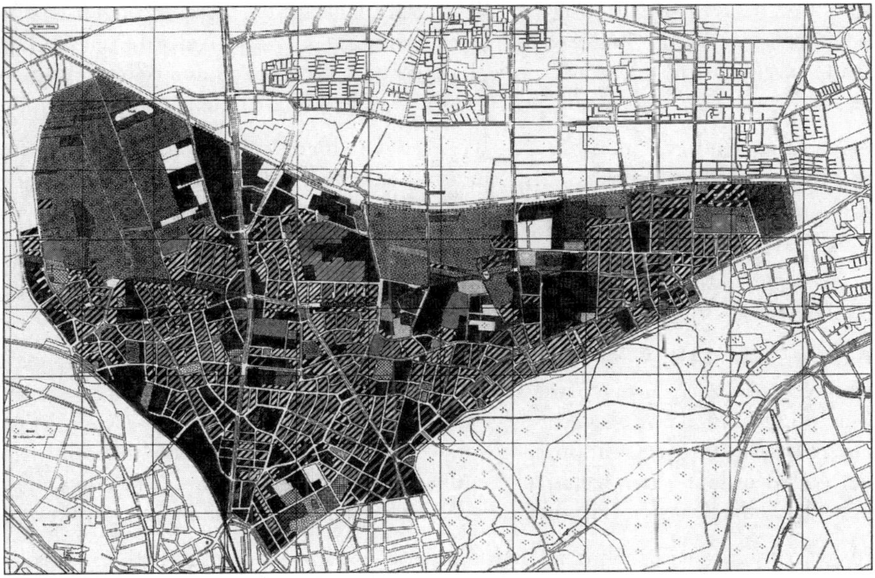

Abb. 85: Strukturvielfalt und Vegetationsanteil

inhaltlich und strukturell festgelegt. Der Bebauungsplan stellt daher auch das wichtigste Instrument zur Sicherung von Grünflächen innerhalb einer Kommune dar. Die Spannweite der freiraumbezogenen Darstellungs- und Festsetzungsmöglichkeiten reicht dabei relativ weit von der Ausweisung von Grün- und Wasserflächen, Wald sowie anderen Pflanzflächen, von Bebauung freizuhaltenden Schutzflächen incl. deren Nutzungsfestlegung bis hin zu „Maßnahmen zum Schutz, zur Pflege und zur Entwicklung von Natur und Landschaft" gemäß § 9 (1) 20. BauGB.

Stich et al. (1992) benennen folgende stadtökologisch und grünstrukturell relevante Maßnahmearten als mögliche Inhalte eines Bebauungsplanes:

„– Anpflanzen und Erhaltung von Bäumen, Sträuchern und sonstigen Bepflanzungen
– Fassaden- und Dachbegrünung
– Schaffung und Erhaltung von Grünflächen
– Sicherung und Entwicklung von flächenhaften Biotopen
– Begrenzung der Bodenversiegelung in Baugebieten
– Erhaltung und naturnahe Gestaltung von Gewässern
– Rückhaltung von gefaßtem Niederschlagswasser"

Eine qualitative Begründung für diese grünplanerischen Festsetzungen ergibt sich aus den über die Naturschutzgesetzgebung der Länder geforderten begleitenden Grünordnungs- bzw. Landschaftsplänen (Hessen) zu den Bebauungsplänen.

Bei Grünordnungsplänen hat sich wegen des Fehlens einheitlicher Regelungen in den einzelnen Bundesländern eine unübersichtliche Vielfalt an Handhabungen herausgebildet.

In Niedersachsen besteht nach § 6 NNatG Aufstellungspflicht. Landschafts- und Grünordnungspläne sind von der Gemeinde aufzustellende gutachtliche Fachpläne.

Ein bestimmter Übernahmemodus in die Bauleitplanung wurde nicht gesetzlich festgelegt, Grünordnungspläne sind Bestandteil des Erläuterungsberichtes zum Bebauungsplan. Teilweise gibt es, wie z. B. in Baden-Württemberg, Richtlinien zur Aufstellung von Grünordnungsplänen, über die auch deren Mindestinhalte definiert werden. Noch weiterreichend erhalten in Hamburg im Zuge eines eigenen Planfeststellungsverfahrens die grünordnerischen Vorgaben Gesetzeskraft.

Insgesamt besteht jedoch bezüglich Aufgabe, Inhalt und Umsetzung von Grünordnungsplänen Interpretationsspielraum hinsichtlich der Gestaltungsmöglichkeiten und der Einbringung ökologischer Zielvorstellungen.

Grünordnungspläne werden überwiegend für neue Wohngebiete erarbeitet, sind aber für eine Aufstellung qualitätvoller Planungskonzepte für Gewerbe- oder andere bauliche Sondergebiete wie z. B. Universitätsgelände mindestens genauso bedeutend. Außerdem lassen sich auf diesem Wege auch planungsrechtlich verbindliche Festsetzungen für grünbestimmte städtische Teilräume wie z. B. Kleingartenanlagen treffen, die nicht nur Bestandsschutz gewährleisten, sondern auch verbindliche gestalterische Auflagen formulieren.

Aufbauend auf einer Analyse und Bewertung der landschaftlichen Substanz sowie der Bedarfssituation hinsichtlich einer ausreichenden Freiflächenversorgung der künftigen Bewohner und Nutzer werden ökologisch und funktional abgeleitete grünplanerische Ziele sinnvoll in das Gesamtkonzept integriert, indem eindeutige Vorgaben für die Zonierung und bauliche Strukturierung des Gebietes formuliert werden.

Außerdem werden hier der Umfang des Eingriffs in den Naturhaushalt sowie die in der Konsequenz nach § 8 BNatG erforderlich werdenden Ausgleichsmaßnahmen bilanziert und inhaltlich bestimmt. Dabei muß jedoch berücksichtigt werden, daß ‚die Beurteilung von Einzelvorhaben und das Ermitteln von Ausgleichs- oder Ersatzmaßnahmen . . . keine mathematischen Aufgaben“ darstellen, „sondern . . . landschaftspflegerische und freiraumplanerische Fachkompe-

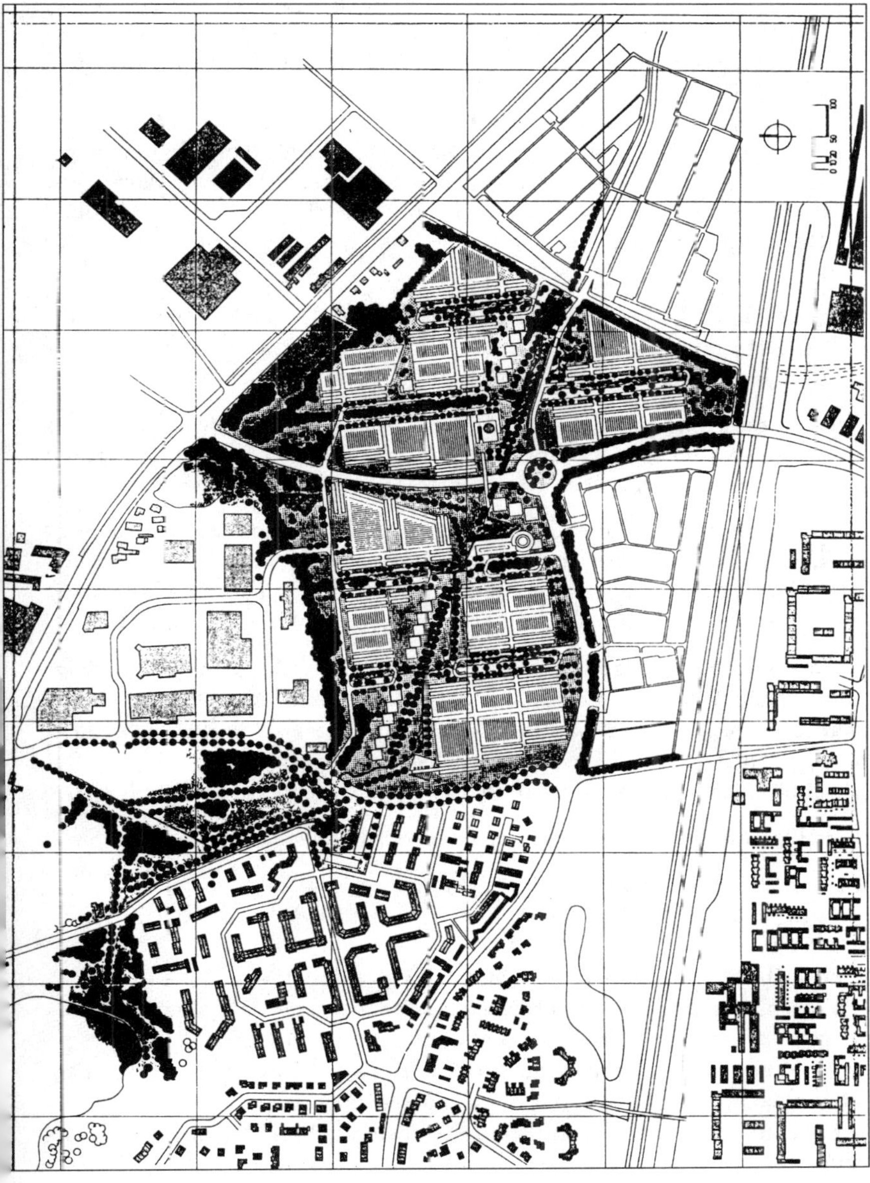

Abb. 86: Erweiterungsgebiet der Universität Hannover in Garbsen

len, „sondern ... landschaftspflegerische und freiraumplanerische Fachkompetenz" verlangen (Kokenge, 1992).

Es existiert kein einheitliches methodisches Verfahren als Bewertungsgrundlage; dies wird vielmehr auf Länderebene bzw. innerhalb einzelner Kommunen unterschiedlich geregelt. Das Land Hessen z. B. hat derartige „Richtlinien zur Bemessung der Abgabe bei Eingriffen in Natur und Landschaft" im Sommer 1992 erlassen. Diese Vorgaben orientieren sich jedoch ausschließlich am Biotopwert von Standardbiotop- und Nutzungstypen und lassen ideelle Anforderungen wie die Aspekte von Erholung und Landschaftsbild zunächst außer Acht. Außerdem werden durch die 1993 dem Baugesetzbuch zugefügten Ergänzungen des Wohnbauerleichterungsgesetzes diese umfassenden ökologischen Ansprüche wieder relativiert.

Durch Übernahme der grünplanerischen Ziele in die Darstellung und Festsetzungen des Bebauungsplanes erhalten diese Rechtsverbindlichkeit und gewährleisten so langfristig eine sozial- und umweltgerechte Gebietsentwicklung.

Als Beispiel für einen Grünordnungsplan in Niedersachsen, der als Teil des Bebauungsplanes Rechtskraft erlangt, wird im folgenden der Grünordnungsplan Ochtersum der Stadt Hildesheim vorgestellt:

Das Planungskonzept für die Ortserweiterung Hildesheim-Ochtersum integriert die landschaftsplanerischen, städtebaulichen und verkehrsplanerischen Erfordernisse. Dadurch und unter Beachtung der ökologischen Standards, wurden die Voraussetzungen für ein qualitätvolles neues Wohngebiet geschaffen.

Nach den Vorgaben des Flächennutzungsplanes der Stadt Hildesheim wurde im Süden der Stadt, anschließend an die Ortslage des ehemaligen Dorfes Ochtersum, auf einem als Acker genutzten Gelände ein neues Wohngebiet entwickelt. Die ausgeprägte Topgraphie des Landschaftsraumes zwischen dem Innerstetal und dem bewaldeten Steinberg prägt die Unverwechselbarkeit des Standortes.

Folgende Planungsgrundsätze liegen dem Grünordnungsplan zugrunde:

- Anpflanzen von Großvegetation zur Einbindung des Wohngebietes
- Erhalten und Betonen des Reliefs durch Grünzüge und höhenparallele Bebauung
- Berücksichtigung von Blickpunkten und Sichtachsen
- Gewährleistung des Kaltluftabflusses zur Innerste und des Luftaustausches zwischen künftigem Wohngebiet und umgebenden Naturräumen
- Verwendung landschaftstypischer Strukturen als Gestaltungselemente innerhalb der Siedlung (Gräben, Hecken, Gehölzgruppen)
- Anlage eines abgestuften Erschließungssystems zur Verbesserung der Orientierung innerhalb des Baugebietes.

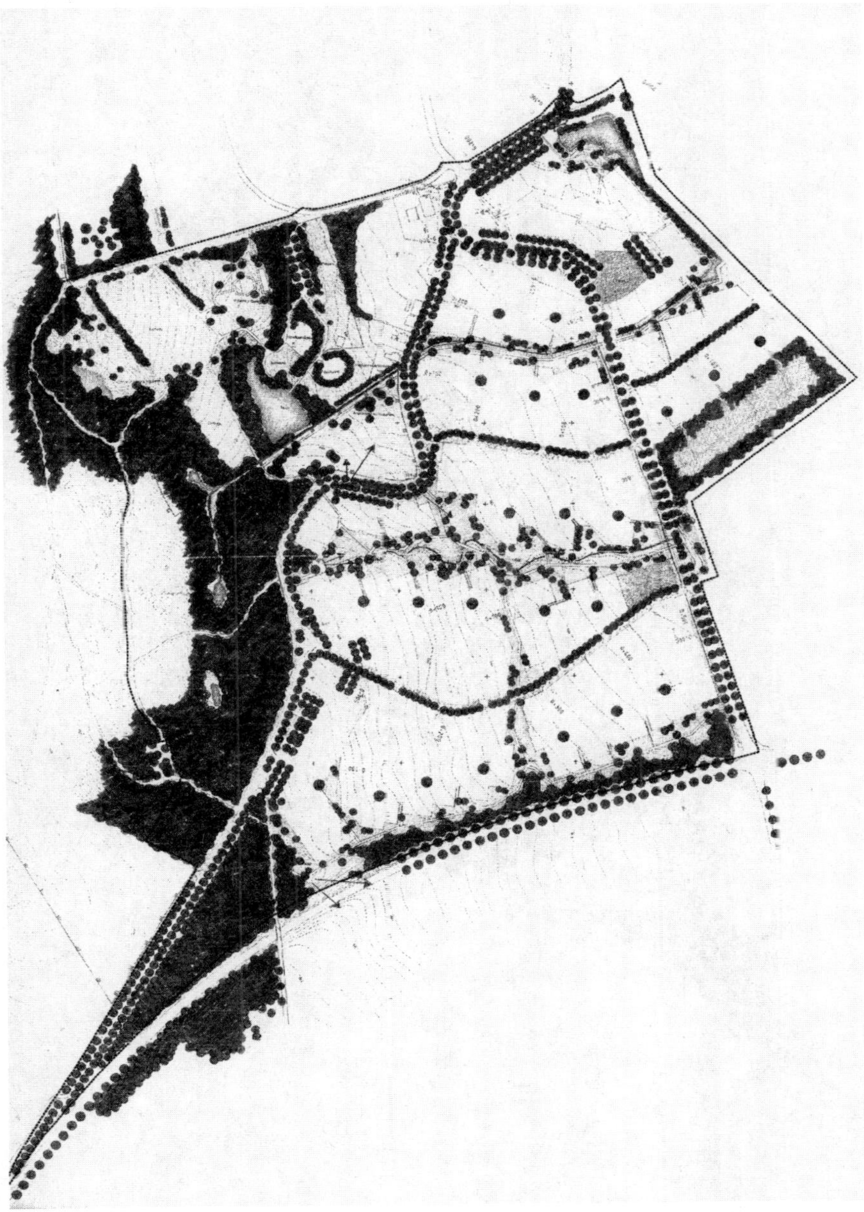

Abb. 87: Grünordnungsplan Hildesheim-Ochtersum

Abb. 88: Bebauungskonzept Hildesheim-Ochtersum

Die ausgewiesenen Grünflächen dienen

- zur landschaftlichen Einbindung des Baugebietes sowie
- zur Aufnahme der erforderlichen Funktionsflächen für Spiel, Freizeitsport und Erholung

Als innere Ausgleichsflächen für ökologische Wirkungen wird das Baugebiet durch ein Netz von Grünzügen strukturiert, die als Grünflächen festgesetzt werden.

Im Straßenraum werden an der Haupterschließungsstraße als Ergänzung des bestehenden Baumbestandes zweireihig Großbäume vorgesehen, die Wohnsammelstraßen erhalten jeweils eine Baumreihe. Das Anpflanzen von Einzelbäumen ist für die Wendeplätze der Wohnwege beabsichtigt.

Dem Konzept von Spieltrassen folgend sind in die Grünzüge insgesamt vier öffentliche Spielgelände mit Bruttoflächen von 1.000 bis 2.000 qm integriert, die jeweils entsprechend § 2 Niedersächsisches Spielplatzgesetz nicht weiter als 400 m von den Wohnquartieren entfernt sind. Außerdem gibt es einen Ballspielplatz.

Eine vorhandene Kleingartenanlage wird an das öffentliche Wegenetz angeschlossen und so der Öffentlichkeit zugänglich gemacht.

Durch die Inanspruchnahme von zur Zeit landwirtschaftlich genutzten Flächen für den Bau von Wohnungen, Wohnfolgeeinrichtungen und Erschließungsstraßen erfolgen gemäß § 9 des Niedersächsischen Naturschutzgesetzes Eingriffe in Naturhaushalt und Landschaftsbild. Durch die Flächenversiegelung werden die Bodenfunktion und der Grundwasserhaushalt beeinträchtigt, ökologische Potentiale zerstört sowie Kleinklima und Landschaftsbild beeinflußt. Darüber hinaus ist mit einer Zunahme der Erholungsnutzung in den ökologisch empfindlichen Randbereichen des Steinbergs zu rechnen.

Zur Minimierung und zum Ausgleich des Eingriffs sind insbesondere folgende Maßnahmen vorgesehen:

- Umwandlung von Ackerflächen in extensiv zu pflegende Grün- bzw. Wiesenflächen
- Anpflanzen von Strauchgehölzen und Hecken
- Anpflanzen von Bäumen in den öffentlichen Grünflächen und Straßenräumen
- Anpflanzen von Gehölzen zum Aufbau eines Waldmantels am Steinberg
- weitgehend oberirdische Ableitung des Regenwassers, Retention in Gräben und Rückhalteteichen
- landschaftsgerechte Profilierung des Wasserlaufs vom Steinberg in das Planungsgebiet und Öffnung des verrohrten Abschnittes sowie Neutrassierung innerhalb des nördlichen Grünzuges

- Verzicht auf den Einsatz von Streusalzen im Straßenraum sowie von mineralischen Düngemitteln und Pestiziden auf den öffentlichen Grünflächen.

Durch diese Maßnahmen auf den inneren Ausgleichsflächen werden die Beeinträchtigungen des Naturhaushaltes und des Landschaftsbildes nur teilweise kompensiert. Obwohl durch die neu zu schaffenden Grünflächen die Artenvielfalt von Flora und Fauna gegenüber der heutigen landwirtschaftlichen Nutzung erhöht werden, sind zusätzlich außerhalb des Geltungsbereiches des Bebauungsplanes Ausgleichsmaßnahmen im Randbereich des Steinbergs vorzusehen.

Ein bepflanzter Lärmschutzwall reduziert die durch den Neubau einer erforderlichen kommunalen Entlastungsstraße ausgehenden erheblichen Lärmemissionen auf die zulässigen dB(A)-Werte. Während dieser Wall straßenbegleitend einen regelmäßigen Böschungsverlauf erhält, fügt er sich auf der Seite des Wohngebietes durch eine differenzierte Modellierung in die nutzbaren Grünräume ein.

Es wird deutlich, daß über die detaillierten Ausweisungen des Grünordnungsplanes nicht nur ein attraktives und gut nutzbares Wohnumfeld entstehen kann, sondern auch den ökologischen Belangen Rechnung getragen wird. Besonders wichtig ist dabei der Aspekt der Integration ökologisch begründeter Maßnahmen in ein qualitätvolles Gestaltungskonzept der Freiräume.

10.7.9 Fachbezogene übergeordnete Konzepte

Nachdem in den vorangegangenen Abschnitten die grundsätzlichen Aspekte der innerstädtischen Freiraumplanung behandelt und durch Einzelbeispiele aus der Planung deren praktische Umsetzung veranschaulicht wurde, sollen im folgenden drei Projekte mit richtungsweisendem Charakter vorgestellt werden. Da sich der innovative Ansatz der einzelnen Fragestellungen durchaus auf andere Orte übertragen läßt, kann man allgemein gültige Aussagen für künftige Arbeitsschwerpunkte der innerstädtischen Freiraumplanung ableiten.

Während der GrünGürtel Frankfurt stellvertretend für die Freiflächensicherung im Ballungsraum steht, gilt der landschaftliche Rahmenplan Magdeburg als Beispiel für eine Stadtentwicklung, die soziale, ökologische und stadtgestalterische Aspekte integriert.

Die Aufenthaltsqualität städtischer Freiräume steht im Vordergrund der für die Stadt Mainz erarbeiteten Untersuchung „Spiel in der Stadt“, die von Frau Dipl.-Ing. Lucia Grosse-Bächle vorgestellt wird.

Die GrünGürtel-Planung der Stadt Frankfurt am Main

Wie bereits beschrieben, haben in Frankfurt am Main zirkuläre Freiflächensysteme eine lokale Tradition (vgl. 10.7.3).

Neben den historischen Wallanlagen und dem Alleenring der Gründerzeit entstanden in den 20er Jahren, als sich die Siedlungspolitik unter Ernst May mit neuen Trabantensiedlungen schwerpunktmäßig an die Nidda verlagerte, in Zusammenarbeit mit Max Bromme und Leberecht Migge erste Überlegungen zu einem „Grüngürtel Niddatal“. Nach einer längeren, kriegsbedingten und anschließend auf den Wiederaufbau und das Wirtschaftswachstum konzentrierten Pause griffen private Initiativen erst in den 70er Jahren, als die voranschreitende Zerstörung der Natur immer offensichtlicher und bedrohlicher wurde, diese Grüngürtelidee wieder auf, bis schließlich die Wahlprogramme von SPD und Grünen 1985 und 1989 den GrünGürtel rund um die Frankfurter Kernstadt zum wichtigsten Zukunftsprojekt für die kommenden Jahre machten. Damit begab sich die Stadtentwicklungspolitik auf einen neuen Pfad.

Die Stadt Frankfurt ist geprägt durch ihre Vielfalt und durch Kontraste: die Skyline der Bankhochhäuser auf der einen Seite, ländliche Idylle der Vorortgemeinden und farbenprächtige Lebenswelten einer umfangreichen multikulturellen Bevölkerung auf der anderen Seite – fragmentierte Raum- und Erlebnisbilder bestimmen die Stadt als Kulturraum. Die Dynamik einer rasanten, vorrangig wachstumsorientierten Entwicklung prägte lange das Planungsgeschehen und damit auch das Bild der Stadt.

Allmählich wurde jedoch erkannt, daß konventionelle Konzepte, die das Innen der Stadt, also die überbauten Bereiche, vom Außen, der umgebenden Natur und Landschaft, hart abgrenzten, auf Dauer weder unter ökologischen noch unter funktionalen Aspekten tragfähig sein werden. Deswegen sollte der Entwicklung der Großstadt langfristig eine ökologische Qualität gegeben werden. Außerdem werden neue Ansprüche an die ortsnahe Freizeitgestaltung gestellt.

Vor diesem Hintergrund wurde ein internationales Gutachter- und Wettbewerbsverfahren zur Planung und Entwicklung des Frankfurter GrünGürtels initiiert.

Ein interdisziplinär besetztes Projektbüro beschäftigte sich während eines Projektjahres mit der konzeptionellen Entwicklung. Als Ergebnis einer umfangreichen landschaftsplanerischen Analyse und unter Beteiligung internationaler Experten auf der einen Seite sowie der Bevölkerung über eine ausgeprägte Öffentlichkeitsarbeit auf der anderen Seite konkretisierte sich die abstrakte Vorstellung des Frankfurter GrünGürtels.

Als zirkuläres Freiflächensystem um die Kernstadt läßt sich der GrünGürtel über die aktuellen Nutzungsformen in einen der Innenstadt zugewandten funktionalisierten Ring mit freizeitorientiertem Angebot sowie einen äußeren landschaftlichen Ring mit Äckern, Wiesen und Wäldern klassifizieren. Über 12 radiale Grünzüge wird sowohl die Verknüpfung mit der Region als auch die Anbindung an die Wohnquartiere in der Stadt gewährleistet.

Der ausgewiesene Geltungsbereich des GrünGürtels umfaßt eine Fläche von ca. 80 qkm, damit weist er fast die gleiche Größe wie alle überbauten Flächen abzüglich der Verkehrsflächen auf. Meist handelt es sich um zusammenhängende, großflächige Landschaftsräume; an vielen Stellen fransen seine Ränder wegen der sich anschließenden harten Randnutzungen jedoch aus. Teilweise müssen in dicht bebauten Bereichen auf engstem Raum Anschlüsse gefunden oder nicht verrückbare Barrieren überwunden werden. Der GrünGürtel zerfällt so in einzelne Raumfragmente der unterschiedlichsten Gestalt und Nutzung.

Die ideellen Anforderungen an den GrünGürtel werden über die inhaltlichen Vorgaben der GrünGürtel-Verfassung konkretisiert und im GrünGürtel-Plan

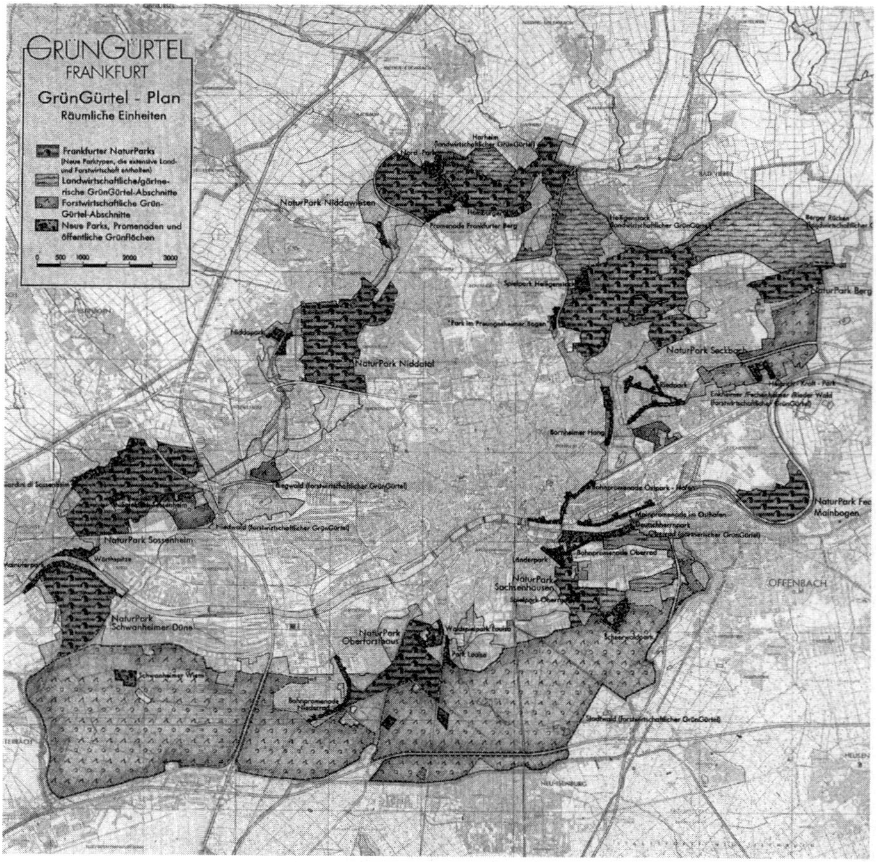

Abb. 89 Räumliche Einheiten des GrünGürtels

über zusammengefaßte Flächenkategorien, die sich in Bestandssicherung einerseits und angestrebte Entwicklungsziele andererseits differenzieren, räumlich verortet. Diese Rahmenplanung war das Ergebnis der 12-monatigen Projektphase. Bezogen auf die Größe des Bearbeitungsgebietes und die Fülle der Anforderungen muß sie als Leitkonzept eingestuft werden. Als konkreter, nicht mehr zu verändernder Handlungsrahmen werden dabei die räumliche Abgrenzung sowie die GrünGürtel-Verfassung, die Sinn, Zweck und Inhalte des GrünGürtels eindeutig definiert, zugrundegelegt.

Laut GrünGürtel-Verfassung muß der GrünGürtel grundsätzlich als „Symbol und Verpflichtung für die Beanspruchung – Nutzung und Belastung – des Naturhaushaltes Verantwortung übernehmen". Er stellt einen „unverzichtbaren Ausgleichsraum" und Lebensraum für Pflanzen und Tiere, „zum Teil für solche, die bereits selten oder vom Aussterben bedroht sind", dar und ist gleichzeitig „Raum des Alltags, der Freizeit und Erholung", aber auch „Ort der land- und forstwirtschaftlichen sowie gartenbaulichen Nutzung". Im Klartext heißt das, daß ein besonderes Anliegen in der Verknüpfung und Überlagerung ökologischer, sozialer und landschaftsästhetischer Aspekte liegt. Dies bedeutet, daß neben der Vorrangfunktion für den Natur- und Artenschutz und andere stadtökologische Belange wie Stadtklima, Boden- und Gewässerschutz der GrünGürtel als gut erreichbarer Erholungsraum für die Frankfurter Bevölkerung nicht mit diesen vorher genannten Anforderungen in Konflikt geraten darf. Neben der Sicherung klassischer Erholungsangebote wie Kleingärten, Sportflächen und Spielplätzen kommt deshalb einem schlüssigen Wegenetz eine besondere Bedeutung zu: der GrünGürtel muß für die Nutzer gut erreichbar sein. Das macht sichere Verbindungen von den Wohnquartieren in den Landschaftsraum erforderlich. Außerdem wird das Wegesystem selbst zum nutzbaren Grundgerüst und Aufenthaltsraum im Freien, an das andere Einrichtungen angelagert werden.

Der GrünGürtel ist ein Stück Kulturlandschaft, das durch traditionelle bäuerliche Nutzungsformen geprägt ist. Als für Frankfurt besonders typisch seien an dieser Stelle die Streuobstwiesen hervorgehoben. Grundsätzlich soll die landwirtschaftliche Produktion beibehalten werden. Die Bewirtschaftung muß sich jedoch auf einen schonenden und verträglichen Umgang mit dem bisher stark beeinträchtigten Naturraum einstellen.

Um die Charakteristik der unterschiedlich geprägten Teilräume im Sinne ihrer lokalen Identität, aber auch dem Anspruch einer Überlagerung ökologischer und sozialer Anforderungen gerecht zu werden, sollen in Zukunft sog. „GrünGürtelParks" die Gestalt und Unverwechselbarkeit des GrünGürtels prägen. Es handelt sich dabei um großflächige, offene Landschaftsräume, in denen noch Reste ehemals charakteristischer landschaftlicher Strukturen wie z. B. Streuobstbestände vorhanden sind.

Wichtigste Etappe im Planungsprozeß war zunächst im November 1991 die einstimmige Beschlußfassung zur GrünGürtel-Verfassung und zur Abgrenzung des Geltungsbereiches durch die Stadtverordnetenversammlung. Gleichzeitig wurde der weiterführende Auftrag zur langfristigen öffentlich-rechtlichen Absicherung des GrünGürtels erteilt: eine neue Landschaftsschutzverordnung, die innerhalb des GrünGürtels zwei unterschiedlich intensive Schutzzonen ausweist, wurde inzwischen erlassen.

Da es sich zunächst um eine übergeordnete Rahmenplanung handelte, die aus den inhaltlichen Anforderungen der GrünGürtel-Verfassung abgeleitet wurde, sind vertiefende Planungskonzepte im Sinne der in den vorausgehenden Kapiteln beschriebenen Grünstrukturplanung, die sich jeweils mit den lokalen Besonderheiten von Teilbereichen auseinandersetzen, erforderlich, bevor eine Realisierung von Teilzielen erfolgen kann.

Außerdem müssen neue Programme zur praktikablen, d. h. letztendlich auch finanzierbaren Anpassung der Bewirtschaftungsweisen erarbeitet werden. Dies gilt für alle Sparten der Landwirtschaft, aber auch für die Gestaltung privater Gärten und die Pflege aller öffentlichen Freiflächen wie Sportstätten oder Grünanlagen.

Mit der Weiterführung der Öffentlichkeitsarbeit und der Organisation der Umsetzung wurde eine neu ins Leben gerufene GrünGürtel Frankfurt GmbH betraut. Diese GmbH ist künftig federführend verantwortlich für eine effektive und nachhaltige Realisierung des Projekts, auch wenn die im Zuge der ursprünglichen Konzeptfindung kalkulierten Investitionsansätze mittlerweile drastisch gekürzt werden mußten. Hauptaufgabe wird es sein, sinnvolle Umsetzungsstrategien unter Beteiligung der Bevölkerung zu finden, die auch in einer wirtschaftlich schwierigen Zeit der auf Dauerhaftigkeit ausgerichteten sozialen und stadtökologischen Zielsetzung mit sparsamen Mitteln gerecht werden.

Landschaftlicher Rahmenplan Magdeburg – Beispiel Magdeburg-Nord

Das Beispiel der Landeshauptstadt Magdeburg soll herangezogen werden, um zum einen auf die Möglichkeiten einer gesamtstädtischen Integration stadtökologischer Aspekte im Rahmen der künftigen Stadtentwicklung hinzuweisen, zum anderen aber auch um am Beispiel des nördlichen Stadtgebietes mögliche Lösungsansätze hierfür aufzuzeigen.

Auch wenn sich die künftige Entwicklung der Stadt erst in Teilen andeutet, so zeichnet sich schon jetzt deutlich ab, daß mit einer rein auf Wachstum ausgerichteten Stadtplanung diese Entwicklung nicht zu leisten ist. 'Ökologische Qualitäten' können nur erzielt werden, wenn es gelingt, sowohl ökologische Wirkungszusammenhänge als auch den Zusammenhang der offenen Grünräume untereinander stärker in die städtebaulichen Überlegungen einzubeziehen. Die Stadt Magdeburg bietet für einen solchen Ansatz aufgrund der vorhandenen naturräumlichen Gegebenheiten sowie der bisherigen städtebaulichen Entwicklung eine gute Ausgangsposition.

Die wesentliche Grundlage für eine ökologisch orientierte Stadtentwicklung bildet der Naturraum.

Das prägende Element in diesem Naturraum ist das Wasser. Hierbei sind nicht nur der Elbstrom und seine Altarme, sondern ebenso eine Vielzahl kleinerer, von Westen der Elbe zufließender Bachläufe von Bedeutung.

Schon in den 20er Jahren dieses Jahrhunderts stand die Stadt Magdeburg vor einer in etwa mit der heutigen Situation vergleichbaren Lage. Als wirtschaftliches Zentrum der Mitteldeutschen Industrieregion wurde mit einem Anwachsen der Bevölkerung auf 500.000 bis 700.000 Einwohner gerechnet. Der von dem damaligen Stadtbaurat Bruno Taut aufgestellte Generalsiedlungsplan sollte für Magdeburg eine 'gesunde Entwicklung' ermöglichen.

Grundgedanke seiner konzeptionellen Überlegung war zunächst eine Begrenzung des Stadtkörpers und damit verbunden eine Einschränkung des ungehinderten Landschaftsverbrauchs. Darüber hinaus sollte unter Einbeziehung kulturhistorischer und naturräumlicher Elemente die gesamte Stadt von einem zusammenhängenden Grünsystem durchzogen und somit die Verbindung zur umgebenden Landschaft hergestellt werden. Der überaus fruchtbare Bördeboden setzte nicht nur einer ausufernden Bebauung Grenzen, sondern führte auch dazu, daß sowohl die Freiflächen entlang der Bachläufe als auch die stadtumfassenden Freiflächen vornehmlich als Nutzgrünflächen ausgewiesen wurden. Das Gebiet der Elbniederung wurde weitestgehend von Bebauung freigehalten und stellt auch heute noch ein wesentliches Potential für Erholung und Landschaftsschutz dar.

Die im folgenden vorgestellte Studie des Instituts für Grünplanung und Gartenarchitektur der Univewrsität Hannover entstand im Auftrag der Stadt Magdeburg mit dem Ziel, für den nördlichen Rand der Stadt einen Entwicklungsrahmen zu skizzieren, bei dem die landschaftlichen Faktoren und Elemente und die Erhaltung bzw. Wiederherstellung der Funktionsfähigkeit von Landschaft bei der Entwicklung dieses Raumes besonders zu berücksichtigen sind.

Neben den naturräumlichen Gegebenheiten wurden die städtebaulichen und historischen Voraussetzungen des Landschafts- und Siedlungsbildes sowie die Versorgung der Bevölkerung mit Flächen für Freizeit und Erholung untersucht.

Mit wachsendem Bebauungsdruck wurden in dem durch Landwirtschaft, alten dörflichen Strukturen und markanten Obstbaumalleen geprägten Gebiet in den

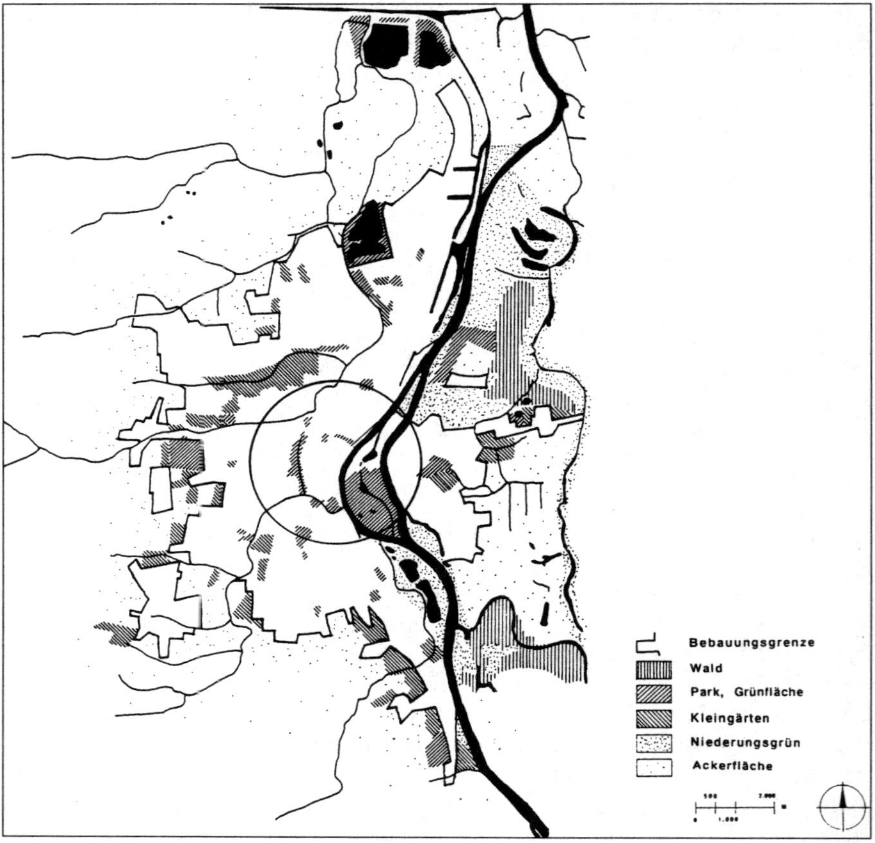

Abb. 90: Heutiges Grünsystem der Stadt Magdeburg

70er und 80er Jahren große Wohnkomplexe in Großblock- und Plattenbauweise errichtet.

Diese Bautätigkeit und die technisch-chemisch bestimmte Agrarindustrie zerstörten die bestehende Raumstruktur und die Funktionsfähigkeit der Landschaft.

Es entstand eine Stadterweiterung, die sowohl die Verknüpfung von Innen und Außen als auch die Übergänge aus der Stadt in die Landschaft negierte und sich schädigend auf die ökologischen Wechselbeziehungen zwischen Boden, Wasserhaushalt und Kleinklima auswirkte und so die Standortfaktoren für die Vegetation, das Grundgerüst grüner Räume, einschränkte.

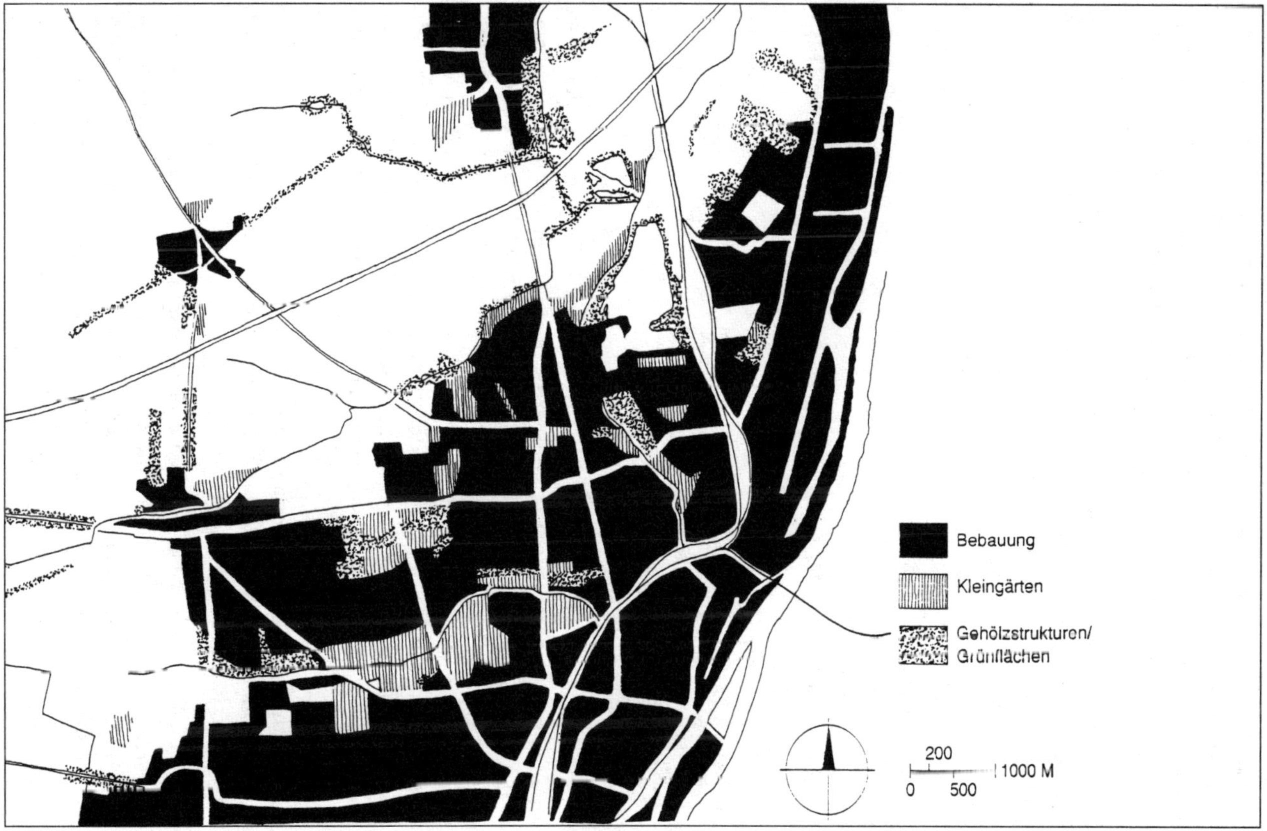

Abb. 91: Bestand Grünstrukturen

Mit dem Bau der nördlichen und nordwestlichen Wohngebiete – Neustädter See und Olvenstedt – verlor aber auch die gesamte Stadt Magdeburg ihr strukturelles Gleichgewicht. Für die über 100.000 Menschen, die jetzt in diesem Gebiet leben, fehlen nicht nur die notwendigen infrastrukturellen Einrichtungen, auch das Angebot an öffentlich nutzbaren Freiflächen reicht bei weitem nicht aus, so daß die im Planungsgebiet liegenden Stadtteile zur Zeit mit wohnungsnahen, stadtteilbezogenen sowie gesamtstädtischen öffentlichen Grünflächen in hohem Maße unter- bzw. nicht versorgt sind.

Stadtteil	Einwohner	Bestand in ha	Defizit in ha
Nordwest (Alt-Olvenstedt, Neu Olvenstedt, Nordwest, westl. Neustädter Feld)	50.150	15	50
Nord (Kannenstieg, östl. Neustädter Feld)	20.750	0	27
Neustädter See	17.400	5	23
Neue Neustadt	19.800	5	26
Rothensee	4.400	0	6
Gesamt:	112.500	25	132

Abb. 92: Grünflächendefizite

Aufgrund aktueller Entwicklungen und Investitionsabsichten gehört der Norden Magdeburgs, bedingt durch seine überregional verkehrstechnisch günstige Lage, zu den Bereichen der Stadt, auf denen sich der Entwicklungs- und Bebauungsdruck verstärkt. Vor allem Gewerbeflächen sollen in diesem Gebiet ausgewiesen werden, um auch die gesamtstädtische Struktur (Verteilung Wohnen und Arbeiten) wieder in Ausgleich zueinander zu bringen. Noch aber wird das Bild des Planungsgebietes durch die großen, ausgeräumten landwirtschaftlichen Flächen und die durch die Hochhauskomplexe mit ihren unbestimmten Rändern geprägte Stadt bestimmt.

Die Untersuchung der naturräumlichen Gegebenheiten führte zu einer Neubewertung der ökologischen Strukturen, insbesondere der Bodenbeschaffenheit, des Wasserhaushalts und der Vegetation.

Die einzelnen Elemente – wie die als Vegetationsspuren noch sichtbaren alten Elbarmreste, die alten Obstbaumalleen, die Gräben und Bachläufe, die an einigen Stellen von Gehölzen begleitet werden, sollen in ihrem Bestand gesichert, erweitert und in eine zusammenhängende Grünstruktur integriert werden.

Das landschaftliche Rahmenkonzept sieht die Vernetzung der Freiräume vor, es integriert bestehende Grün- und Freiräume (z. B. Zoo, Vogelgesangpark, Kleingartengebiete) innerhalb des Planungsgebietes und bindet größere, an das Planungsgebiet angrenzende Natur- und Erholungsräume (Barleber Seen) an. Die so entstehenden Grünzüge entlang der Bäche und die Grünverbindungen sollen

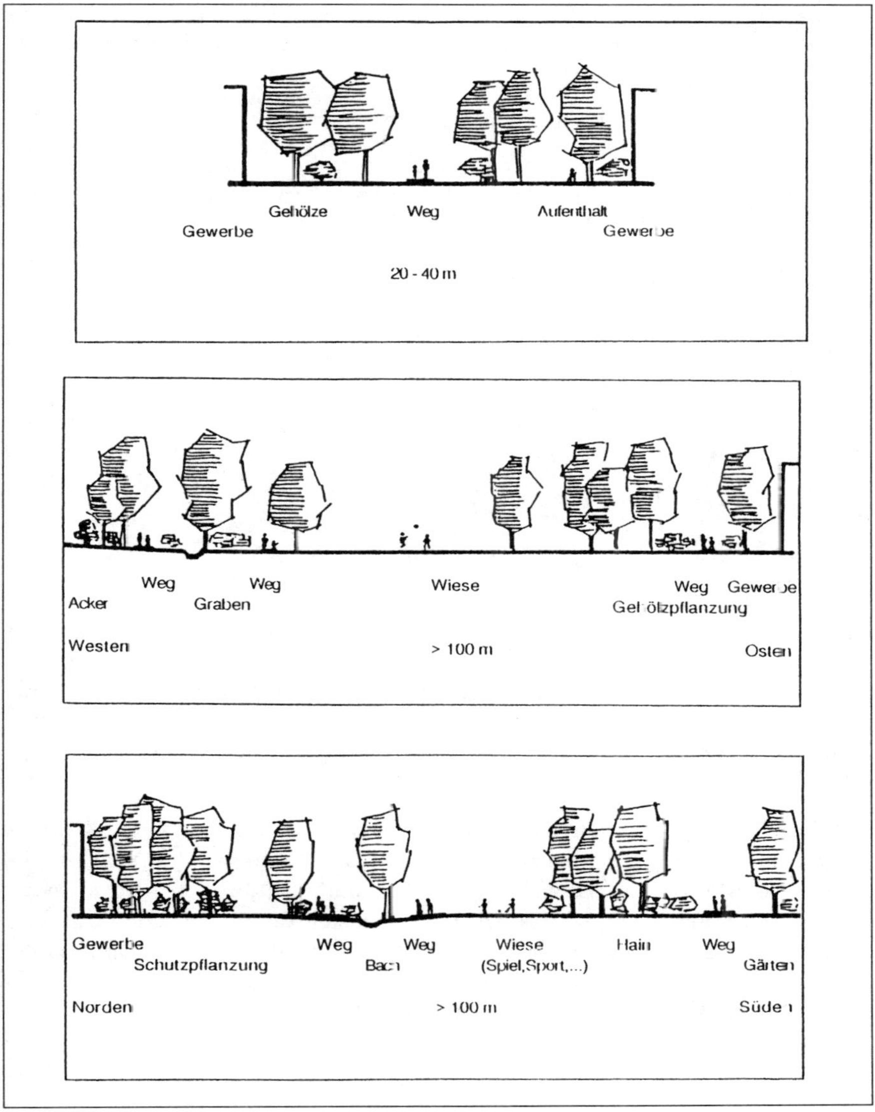

Abb. 93: Typologie der Grünzüge

mit Feldgehölzen, Hecken und Naturbrachen pflanzlich verdichtet werden und so neue nutzbare Grünräume bilden.

Sie sollen das nachgewiesene Freiflächendefizit der angrenzenden Wohngebiete in einer Größenordnung von ca. 150 ha ausgleichen und werden deshalb durch parkähnliche Erweiterungen ergänzt, die das Freizeit- und Sportangebot verbessern.

	Bestand in ha	Defizit in ha	Planung in ha
Nordwest (Alt-Olvenstedt, Neu Olvenstedt, Nordwest, westl. Neustädter Feld: zusammen ca. 50.000 Einwohner)	15	50	70
Nord (Kannenstieg, östl. Neustädter Feld: zusammen ca. 21.000 Einwohner)	0	27	17
Neustädter See (ca. 17.000 Einwohner)	5	23	26
Neue Neustadt (ca. 20.000 Einwohner)	5	26	16
Rothensee (ca. 4.500 EInwohner)	0	6	20
Gesamt 112.500 EInwohner	25	132	149

Abb. 94: Flächenbilanz: Allgemeine öffentliche Grünflächen

Aber auch die anderen Nutzungsansprüche an diesen Raum (Gewerbe- und Wohnbauflächen, Erschließungstrassen) werden integraler Bestandteil des Strukturkonzeptes. Die bestehenden alten Dorfkerne (Olvenstedt) werden gesichert und mit den durch die Plattenbauten bestimmten Wohngebieten, die den gesamten Stadtrand markieren, in das landschaftliche Konzept eingebunden, so daß ihre geringe städtebauliche Qualität verbessert wird

Auf diese Weise werden die naturräumlichen Elemente, verbunden und erweitert durch die neuen landschaftlichen Strukturen, prägender Teil einer räumlichen Gesamtkonzeption. Diese bringt bebaute und nicht bebaute Flächen in ein ausgewogenes Verhältnis zueinander und entwickelt Räume, in denen sich weitere bauliche und landschaftliche Entwicklungen soweit vorstrukturieren lassen, daß eine signifikante Stadt-Landschaft entsteht, aufbauend auf den naturräumlichen Gegebenheiten und ökologischen Wechselbeziehungen.

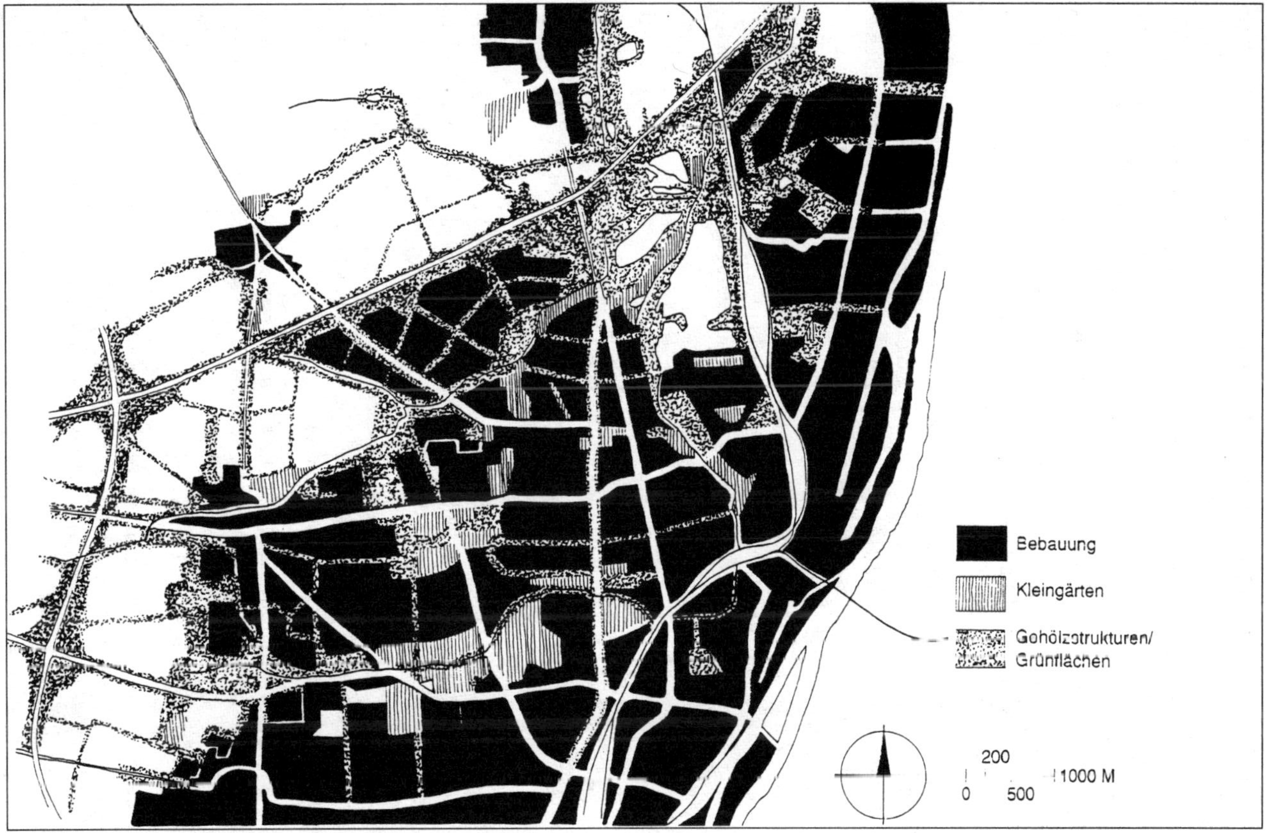

Abb. 95: Strukturkonzept Magdeburg-Nord

Spielen in der Stadt: Bewertung der Bespielbarkeit städtischer Freiräume in Mainz (Dipl.-Ing. Lucia Grosse-Bächle)

Es ist heute ein Anliegen vieler Kommunen, die Stadt als Spielraum zurückzugewinnen und die Trennung reiner Spielnutzung von anderen Lebensbereichen soweit wie möglich aufzuheben, d. h. die Stadt in ihrer Gesamtheit als Kommunikations- und Spielraum wieder verfügbar zu machen.

Trotz der Bemühungen vieler Kommunen werden Spiel- und Aufenthaltsmöglichkeiten für Kinder und Familien bei Baumaßnahmen der Städte nur unzureichend berücksichtigt.

Mangel an Spielraum prägt in vielerlei Hinsicht die Situation der Kinder in der Stadt. Hohes Verkehrsaufkommen mit den davon ausgehenden Gefahren und Restriktionen sowie die zunehmende Überbauung ehemals frei zugänglicher Bereiche trugen in den letzten Jahrzehnten zu einem drastischen Verlust an informellen Spielmöglichkeiten in den Ballungsräumen bei. Ruhender und fließender Verkehr beanspruchen einerseits weite Flächen, auf denen Kinderspiel kaum noch stattfinden kann, anderseits wirken sie als Barrieren und trennen vorhandene Spielräume voneinander ab, so daß allenfalls noch Spielinseln im Stadtgefüge existieren (vgl. Gebhard et al., 1989).

„Dies führt dazu, daß zahlreiche Kinder in der Stadt heute zwangsweise mobil sind und nicht selten die Eltern die Rolle der Chauffeure zwischen den zerstreuten Spiel-, Freizeit- und Lernorten übernehmen müssen. In der Pädagogik wurde hier der Begriff der ‚Verinselung von Lebenswelten' geprägt" (Bochnig, 1993, S. 370).

Um Kindern dennoch Spielmöglichkeiten zu bieten, werden Spielplätze geschaffen. Sie allein liefern aber keinen ausreichenden Ersatz für die Auseinandersetzung mit der realen Umwelt und die Teilhabe an der Welt der Erwachsenen.

Gleichwohl sind Spielplätze unverzichtbarer Bestandteil des städtischen Grünraumsystems. Oft sind sie die einzigen Orte, an denen sich Kinder und Jugendliche relativ frei und ungefährdet aufhalten können.

Der fehlende Spielraum für Kinder ist zu einem begrenzenden Faktor der Bevölkerungsentwicklung in den Städten geworden. Für die Kommunen entsteht hieraus die Notwendigkeit, Spielraum in der Stadt wiederzugewinnen oder neu zu schaffen (vgl. Gebhard et al., 1989).

Die Auseinandersetzung mit den Ansprüchen von Kindern und Jugendlichen an ihre räumliche Umwelt führt weg vom Gedanken, daß Spiel eine klar abgrenzbare Funktion sei, und weg von der Zersplitterung des Raumes in nur beschränkt nutzbare Einzelterritorien. Sie führt hin zur Betrachtung der gesamten städtischen Umwelt als einen nutzbaren Raum.

Das Spielen der Kinder und damit der Erwerb umfassender menschlicher Fähigkeiten ist abhängig von der Familie. Das soziale Umfeld der Stadt kann die Familie fördern oder sie bei ihrer Aufgabe behindern.

Wegen der großen Bedeutung der Familie und des weiteren sozialen Umfeldes für die kindliche Entwicklung sollte sich ein Beitrag zur Lebensraumgestaltung von Kindern weder allein auf die Untersuchung dieser Altersgruppe noch auf die Gestaltung von Spielplätzen beschränken.

Schwerpunkt der Spielraumplanung ist die Schaffung eines Verbundnetzes von Spielräumen, eingebettet in ein Konzept zur Verkehrsberuhigung. Auch die Umwidmung von Flächen für Spiel und Aufenthalt und eine Qualitätsverbesserung der vorhandenen Freiräume birgt große Potentiale zur Erweiterung der Spielmöglichkeiten in der Stadt.

Ein solches Verbundnetz umfaßt sowohl die wohnungsnahen Freiräume wie auch die Landschaftsräume am Rand der Stadt.

Vor diesem Hintergrund wurde am Institut für Grünplanung und Gartenarchitektur der Universität Hannover unter Leitung von Prof. Dipl.-Ing. G. Nagel in Zusammenarbeit mit Dipl.-Ing. G. Haßelbusch und Dipl.-Ing. L. Grosse-Bächle ein Gutachten zum Thema Spielqualität städtischer Freiräume bearbeitet.

Das Gutachten „Spielen in der Stadt“, das 1991 von der Stadt Mainz in Auftrag gegeben und 1993 abgeschlossen wurde, bildet den ersten Teil eines Fachplanes „Spielen in der Stadt“, der im Rahmen des Flächennutzungsplanverfahrens erstellt wurde.

Nutzungsmöglichkeiten aller Grün- und Freiräume der Stadt wurden für Kinder, aber auch für Jugendliche, junge Erwachsene und Familien untersucht.

Die Analyse und Bewertung der städtischen Freiräume soll als Grundlage für die Erarbeitung eines Konzeptes dienen, das private, gemeinschaftlich nutzbare und öffentliche Freiflächen sowie soziale und kuturelle Einrichtungen zu einer Spiellandschaft vernetzt.

Das Gutachten „Spielen in der Stadt“ orientiert sich methodisch an der Untersuchung „Spielraum Stadt – Bewertung der Spielqualität städtischer Freiräume in Hannover“ von Gebhard, Malkus, Nagel, erschienen 1989.

Der Bewertungsrahmen wurde verändert und den Mainzer Bedingungen angepaßt. Grundsätzlich unterscheidet sich das Gutachten für die Stadt Mainz jedoch dadurch, daß es nicht nur die Gruppe der 0–14-jährigen untersucht – wie es für Hannover der Fall war – sondern die Bespielbarkeit der städtischen Freiräume für alle Altersgruppen thematisiert.

Es wurden also Spielmöglichkeiten

- für Kinder,
- Jugendliche und junge Erwachsene,
- für betreuende Personen und Familien sowie
- für ältere Menschen untersucht.

Dabei werden die Anforderungen der Kinder an die städtischen Freiräume überwiegend für alle Nutzergruppen als gemeinsamer Maßstab genommen. Lediglich die Größe der Freiflächen, ihre Erschließung, Verfügbarkeit und Ausstattung werden aufgrund unterschiedlicher Bedürfnisse und Ansprüche der Nutzergruppen getrennt bewertet.

Jugendliche und junge Erwachsene:

Jugendliche und junge Erwachsene sind eine heterogene Zielgruppe, deren Freiraumverhalten unspezifischen Charakter trägt. Aufgrund eigener Beobachtungen und in Gesprächen vor Ort läßt sich feststellen, daß viele Treffpunkte von Jugendlichen durch die Bewertungskriterien nicht zu erfassen sind.

Eine empirische Basis zur Erörterung jugendlichen Freiraumverhaltens existiert nicht. Dieser Situation entspricht auch die defizitäre Freiraumversorgung der Jugendlichen in den Städten. Die räumliche Planung hat wohl keine Altersgruppe so sehr vernachlässigt wie die Jugendlichen (vgl. Fester et al., 1983).

Symptomatisch für das fehlende Angebot ist die Fremdnutzung von Orten mit ursprünglich anderer Zweckbestimmung, wie sie jeder alltäglich beobachten kann (vgl. Bochnig, 1984).

Um dem unspezifischen Freiraumverhalten der Jugendlichen und jungen Erwachsenen gerecht zu werden, wurde im Fachplan „Spielen in der Stadt“ ein besonderes Augenmerk auf deren bereits existierenden Treffpunkte und auf Wegebeziehungen zwischen diesen Orten gelegt. Für jeden Stadtteil wurde eine Karte mit den Treffpunkten von Jugendlichen und deren Lage und Anbindung im Maßstab 1:10.000 erstellt.

Bewertungskriterien:

Grundlage für die qualitative Bewertung der Freiraumtypen ist die Ermittlung von Kriterien, mit deren Hilfe sich die Eignung der einzelnen Freiräume für Spiel und Aufenthalt beschreiben läßt.

Der Definition und Auswahl der Kriterien liegen die Ansprüche der Nutzergruppen und deren Aktivitäten im Freiraum zugrunde. Diese wurden aus Ergebnissen emprischer Untersuchungen und aus eigenen Beobachtungen ermittelt.

Freiraumkategorie	Freiraumtyp	Kriterium
wohnungsnahe Freiräume	Freiräume und Erschließungssystem in verdichteten Altbauquartieren <3 Geschosse	- baulich-räumliche Struktur - Anordnung - Geschoßzahl - Erschließung - nutzbare Fläche / Größe - Erschließung / Eingänge - innere Erschließung - Verfügbarkeit - Freiraumstruktur - Vegetation - Ausstattung - ruhender Verkehr - Verkehrsaufkommen - Anbindung an Fuß-/Radwegenetz
	Freiräume und Erschließungssystem in verdichteten Altbauquartieren >3 Geschosse	
	Freiräume und Erschließungssystem im Geschoßwohnungsbau <6 Geschosse	
	Freiräume und Erschließungssystem im Geschoßwohnungsbau >6 Geschosse	
	Freiräume und Erschließungssystem in Ein- und Zweifamilienhausgebieten	
quartiersbezogene Freiräume	Spielplätze	- Lage - nutzbare Fläche/Größe - Erschließung/Eingänge - innere Erschließung - Vefügbarkeit - baulich-räumliche Struktur - Freiraumstruktur - Vegetation - Ausstattung - ruhender Verkehr - Verkehrsaufkommen - Anbindung an Fuß-/Radwegenetz
	Schulhöfe	
	Fußgängerbereiche / Stadtplätze	
	quartiersbezogene Grünflächen	
	Grünverbindungen	
	siedlungsnaher Streifraum	
übergeordnete Freiräume	übergeordnete Grünflächen / Parks stadtnahe Landschaftsbereiche und Erholungsgebiete	

Abb. 96: Freiraumkategorien, Freiraumtypen und Bewertungskriterien

Freiraumtypen:

Um die Vielzahl unterschiedlicher Spiel- und Freiräume beurteilen zu können, war eine Untergliederung in überschaubare Gruppen erforderlich. Im Hinblick auf die Erreichbarkeit und Zuordnung zur Wohnung wurden die Freiräume in drei Kategorien eingeteilt.

Innerhalb dieser Kategorien werden weitere Unterteilungen vorgenommen. Die Freiräume werden nach ihrer überwiegenden Funktion und ihrem Erscheinungsbild unterschieden. Zu einem Freiraumtyp werden also jeweils Freiräume zusammengefaßt, die weitgehend gleiche Grundvoraussetzungen zum Spielen bieten. Dabei sind folgende Freiraumtypen zu unterscheiden:

- wohnungsbezogene Freiräume: hierzu zählen Freiräume in verdichteten Altbauquartieren sowie im Geschoßwohnungsbau und in Ein- und Zweifamilienhausgebieten,
- quartiersbezogene Freiräume: hierzu zählen Spielplätze, quartiersbezogene Grünflächen, Fußgängerbereiche und Stadtplätze, Schulhöfe und „Siedlungsnahe Streifräume“ und
- übergeordnete Freiräume: dies sind die großen öffentlichen Parks sowie stadtnahe Landschaftsbereiche und Erholungsgebiete.

Der „Siedlungsnahe Streifraum“ ist ein Freiraumtyp, der für die Mainzer Stadtstruktur von besonderer Bedeutung ist. Er umfaßt:

- Brachflächen in Siedlungsgebieten und
- landwirtschaftlich, gärtnerisch und forstlich genutzte Flächen im Siedlungsbereich.

Stadtnahe Landschaftsbereiche und Erholungsgebiete werden, sofern sie direkt ohne Barrieren an Wohngebiete angrenzen, bis zu einer Entfernung von 500 m vom Siedlungsrand als „Siedlungsnaher Streifraum“ bewertet.

Für die verdichteten, freiraumarmen Ortskerne der Vororte von Mainz übernimmt so die umliegende Landschaft, soweit sie ungefährdet zu erreichen ist, wichtige Funktionen bei der Versorgung mit quartiersbezogenen Freiflächen.

Die Struktur der Landschaft und die Vielfalt der Flächennutzung bestimmen im wesentlichen die Spiel- und Aufenthaltsqualitäten dieser Freiräume.

Die Einzelbewertung der Freiraumtypen ist Grundlage für die zusammenfassende Einschätzung der Spiel- und Aufenthaltsmöglichkeiten in den Stadtteilen bzw. in den Quartieren und für die Einschätzung der Gesamtstadt. Die Bewertungsergebnisse wurden in einer Karte im Maßstab 1:10.000, dem Maßstab des Flächennutzungsplanes dargestellt. In einer Übersichtskarte „Einschätzung der Gesamtstadt“ (Maßstab 1:25.000) wurden die Defizitgebiete der Stadt Mainz zusammengefaßt.

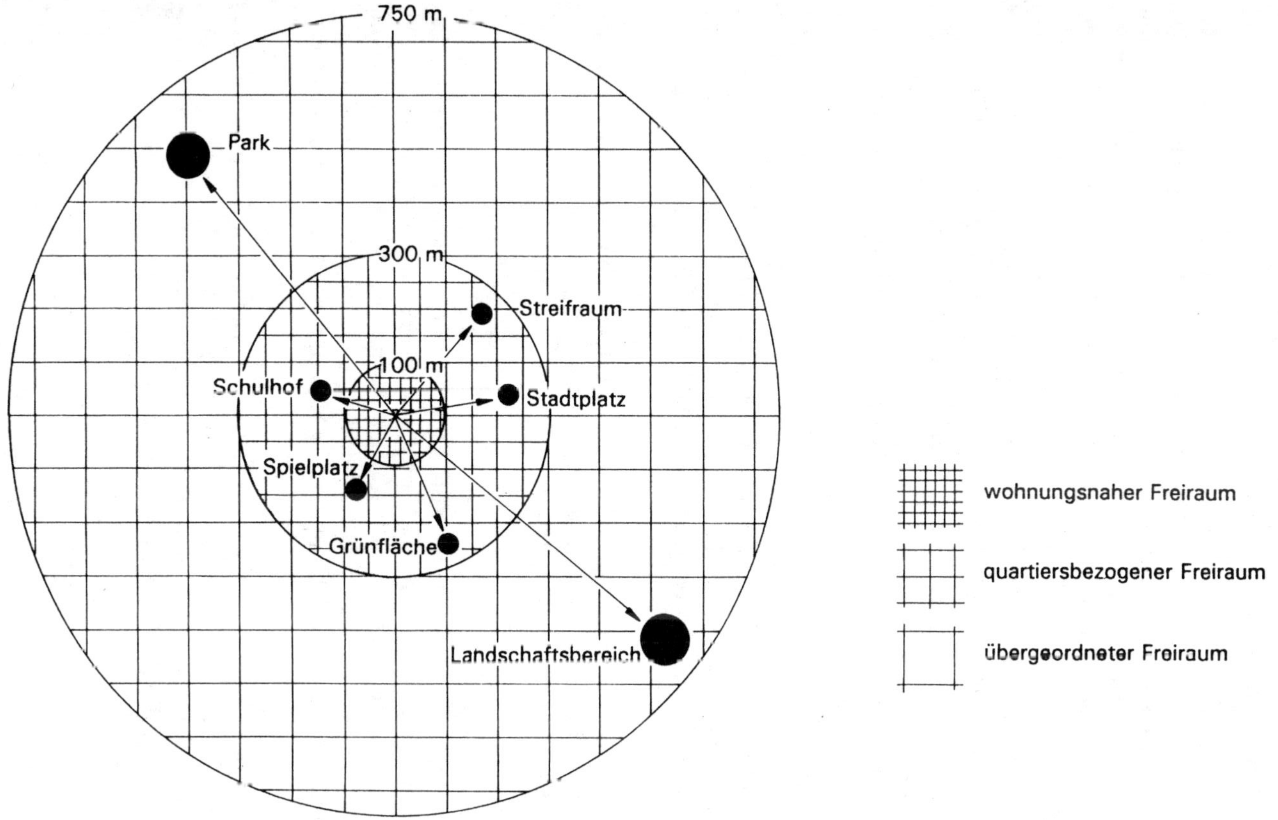

Abb. 97: Entfernungsschema

Zusammenfassend ist festzuhalten:

Die Innenstadtbereiche, geprägt durch Altbauquartiere, gehören aufgrund fehlender Freiflächen – trotz guter Qualität der vorhandenen Flächen (Neustadt) – zu den Hauptdefizitgebieten der Stadt. Diese Stadtteile bieten interessante Erlebnismöglichkeiten durch reges öffentliches Leben, aber zu wenig Raum für Spiel und Aufenthalt. Die übergeordneten Freiflächen sind zudem schwer erreichbar.

Innenstadtnahe Stadtteile, wie z. B. die Oberstadt, sind durch ihre günstige Lage an den Parkflächen der Wallanlagen recht gut mit Freiräumen ausgestattet.

Problematisch ist die Situation in einzelnen Stadtteilen, die durch weitläufige Industrie-, Gewerbe- und Abbaugebiete geprägt sind. Diese wirken als Flächen-Barrieren und schneiden die Wohngebiete von angrenzenden Landschaftsräumen und übergeordneten Freiflächen, wie z. B. vom Rheinufer, ab.

Für die Mainzer Stadtstruktur typische Stadtteile, die sich um einen alten Dorfkern entwickelt haben, weisen in den engbebauten Kernbereichen ebenfalls größere Defizite in der Freiflächenversorgung auf. Die Wohngebiete in den Randbereichen, meist Geschoßwohnungsbau- oder Einfamilienhausgebiete, werden wegen mangelnder Qualität vorhandener Freiflächen häufig weniger gut bewertet.

Die angrenzenden Landschaftsräume sind bei guter Anbindung als „Streifraum" nutzbar und übernehmen damit wichtige quartiersbezogene Funktionen. Sie sind entsprechend zu sichern und zu gestalten.

Fazit

Der Fachplan „Spielen in der Stadt" liefert ein umfassendes Bild über die Defizitgebiete der Stadt Mainz. Er kann damit eine Hilfestellung bei der Prioritätensetzung geben und als fundierte Entscheidungsgrundlage bei der Planung dienen. So können z. B. die Ergebnisse der Untersuchung sowohl für Bereichsplanungen wie auch für punktuelle Maßnahmen im Stadtgebiet herangezogen werden.

Das Prinzip der kinder- und familienfreundlichen Spiel- und Wohnumwelt kann langfristig nur verwirklicht werden, wenn es als wesentlicher Aspekt in sämtliche räumliche Planungen, wie z. B. Flächennutzungs- und Bebauungsplanung, integriert wird. Gleichzeitig bildet es den Prüfstein für eine integrierte Freiraumplanung.

11. Eingriffsregelung und Landschaftspflegerische Begleitplanung

Hans Meier

11.1 Die Eingriffsregelung des Naturschutzrechts

11.1.1 Die Eingriffsregelung im öffentlich-rechtlichen Verfahren

Das Bundesnaturschutzgesetz (BNatSchG)[1] führte 1976 mit den Vorschriften zu Eingriffen in Natur und Landschaft das Verursacherprinzip in das Naturschutzrecht ein.

Dem Inkrafttreten des BNatSchG war Anfang der 70er Jahre eine wichtige politische Grundsatzentscheidung der Bundesregierung vorausgegangen. Diese hatte beschlossen, daß die Kosten von Umweltbelastungen grundsätzlich der Verursacher zu tragen hat[2]. War das Reichsnaturschutzgesetz aus dem Jahre 1935 noch vorwiegend auf den partiellen Schutz vorhandener Naturwerte ausgerichtet („Reservatsdenken"), zeichnete sich nun ab, daß auch der Gedanke einer vorausschauenden flächendeckenden Umweltvorsorge verstärkt Eingang in umweltpolitische Zielvorstellungen fand. Dieser grundlegenden Neuorientierung der umweltpolitischen Ziele trug das BNatSchG Rechnung und löste das Reichsnaturschutzgesetz ab.

Die naturschutzrechtliche Eingriffsregelung vereint das Verursacher- mit dem Vorsorgeprinzip. Mit ihrer Hilfe soll frühzeitig auf die Planung bestimmter Vorhaben Einfluß genommen werden, wenn zu erwarten ist, daß Natur und Landschaft bei der Projektdurchführung geschädigt werden könnten. „Ziel der Regelung ist es, die fachplanerische Entscheidung über den Eingriff dahingehend zu optimieren, daß die Integrität von Natur und Landschaft so wenig wie möglich beeinträchtigt wird" (Gassner, 1988). Der Verursacher kann verpflichtet werden, die erforderlichen Maßnahmen zur Vermeidung unnötiger Beeinträchtigungen zu ergreifen und unvermeidbare Belastungen möglichst gering zu halten.

Die Eingriffsregelung fällt unter die rahmenrechtlichen Kompetenzen des Bundes. Damit sie auch auf Landesebene wirksam werden konnte, hatten die Länder zunächst die Vorschriften des BNatSchG in ihre Naturschutzgesetze aufzunehmen und zu ergänzen. Dies ist inzwischen auch in den neuen Bundesländern geschehen.

---

1 Bundesnaturschutzgesetz (BNatSchG) vom 20. 12. 1976 (BGBl. I S. 3574), i. d. F. vom 12. 3. 1987 (BGBl. I S. 889), zuletzt geändert durch Gesetz vom 22. 4. 1993 (BGBl. I S. 466).

2 BTDrs. VI/2710 1971, S. 6.

(Das Investitionserleichterungs- und Wohnbaulandgesetz[1] hat u. a. zu einer Ergänzung des § 8 BNatSchG um § 8 a–c geführt, wonach bei Eingriffen, die aufgrund von Bebauungsplänen zu erwarten sind, nunmehr die Eingriffsregelung auf der Ebene des Bebauungsplans abschließend anzuwenden ist. Dieser Sonderfall wird in diesem Beitrag ausgeklammert, stattdessen wird auf Abschnitt 8.3 verwiesen).

11.1.1.1 Grundsätzliches

Rechtsverbindliche Festsetzungen aufgrund der Eingriffsregelung sind nur bei Vorhaben möglich, die

- den Tatbestand eines Eingriffs erfüllen und
- einer behördlichen Entscheidung (z. B. Bewilligung, Erlaubnis, Zustimmung, Genehmigung, Planfeststellung) bedürfen, in einem Bebauungsplan vorgesehen oder einer Behörde anzuzeigen sind.

In Verfahren, die dem eigentlichen Zulassungsverfahren vorgelagert sind (wie z. B. Raumordnungsverfahren nach Raumordnungsrecht, Linienbestimmung nach Straßen- oder Wasserstraßenrecht, vorgelagerte Verfahren nach Luftverkehrsrecht), führt die Eingriffsregelung noch nicht zur abschließenden Festlegung von Maßnahmen. Hier genügt ihre planerische Vorbereitung analog dem Konkretisierungsgrad der Planung des Eingriffsvorhabens.

Die Eingriffsregelung ist kein eigenständiges öffentlich-rechtliches Verfahren, sondern wird in die nach Fachrecht vorgeschriebenen Verfahren integriert („Huckepack-Prinzip"). Sie wird damit Bestandteil der rechtlichen Zulassungsvoraussetzungen für das Projekt.

11.1.1.2 Beteiligte

An der Anwendung der Vorschriften der Eingriffsregelung sind der Planungsträger, die zuständige Behörde und die Naturschutzbehörde beteiligt.

Planungsträger (Vorhabenträger, Verursacher)

Der Planungsträger eines Eingriffsvorhabens gilt als Verursacher der Beeinträchtigungen von Natur und Landschaft. Wenn für sein Vorhaben die Vorlage eines Fachplans vorgeschrieben ist, hat er zur naturschutzfachlichen Beurteilung seines Projekts die erforderlichen Unterlagen beizubringen und notwendige Maßnahmen zur Verhinderung bzw. Verminderung der Auswirkungen auf Natur und Landschaft durchzuführen.

---

1 Gesetz zur Erleichterung von Investitionen und der Ausweisung und Bereitstellung von Wohnbauland (Investitionserleichterungs- und Wohnbaulandgesetz) vom 22. 4. 1993 (BGBl. I S. 466).

Zuständige Behörde (Zulassungsbehörde)

Im für die Zulassung eines Eingriffsvorhabens geltenden Spezialrecht ist festgelegt, welche Behörde über die Zulassung oder Untersagung des Vorhabens entscheidet bzw. bei welcher das Vorhaben anzuzeigen ist. Diese Behörde ist zugleich zuständig für die Entscheidungen aufgrund der Vorschriften der Eingriffsregelung. Sie trägt damit eine beträchtliche Verantwortung für die Berücksichtigung der Naturschutzbelange im Verfahren. Die zuständige Behörde beteiligt die Naturschutzbehörde am Verfahren, wenn diese nicht selbst für die Zulassung zuständig ist.

Naturschutzbehörde

Im jeweiligen Landesnaturschutzgesetz ist festgelegt, welche Naturschutzbehörde von der zuständigen Behörde am Verfahren der Eingriffsregelung zu beteiligen ist und wie stark das Mitspracherecht der Naturschutzbehörde bei der Entscheidung ist. Die Naturschutzbehörde prüft die vom Planungsträger eingereichten Unterlagen mit Hilfe der Vorschriften der Eingriffsregelung und wirkt an der Entscheidung im Benehmen bzw. Einvernehmen mit der zuständigen Behörde mit. Die fachlich eigenständige Auffassung der Naturschutzbehörde muß bis zum Zeitpunkt der Entscheidung nachvollziehbar bleiben (Arbeitsgruppe ‚Eingriffsregelung', 1988).

In einigen Bundesländern ist die Naturschutzbehörde nach Landesnaturschutzgesetz bei bestimmten Vorhaben für die Zulassungsentscheidung selbst zuständig.

11.1.1.3 Verfahrensablauf

Abb. 98 zeigt den Verfahrensablauf zwischen den Beteiligten auf der Grundlage der bundesrechtlichen Eingriffsregelung.

Öffentliche Vorhabenträger haben gem. § 3 Abs. 2 BNatSchG bereits im Vorfeld der Einleitung des Zulassungsverfahrens und der Anwendung der Eingriffsregelung die Naturschutzbehörden über ihre Planungen und Maßnahmen zu unterrichten und anzuhören. Bei Vorlage einer detaillierten Vorhabenbeschreibung ist die Naturschutzbehörde zumeist in der Lage, grob abzuschätzen, ob das geplante Vorhaben der Eingriffsregelung unterliegen wird. Sie bzw. die zuständige Zulassungsbehörde kann dem Planungsträger daraufhin gezielte Hinweise zum Untersuchungsbedarf und zum Umfang der für die naturschutzfachliche Prüfung einzureichenden Antragsunterlagen geben. Auf diese Weise vermeidet der Planungsträger unnötigen Arbeitsaufwand und kann Zeitverluste umgehen, die ihm ggfs. bei unvollständig eingereichten Antragsunterlagen durch Nachuntersuchungen entstanden wären.

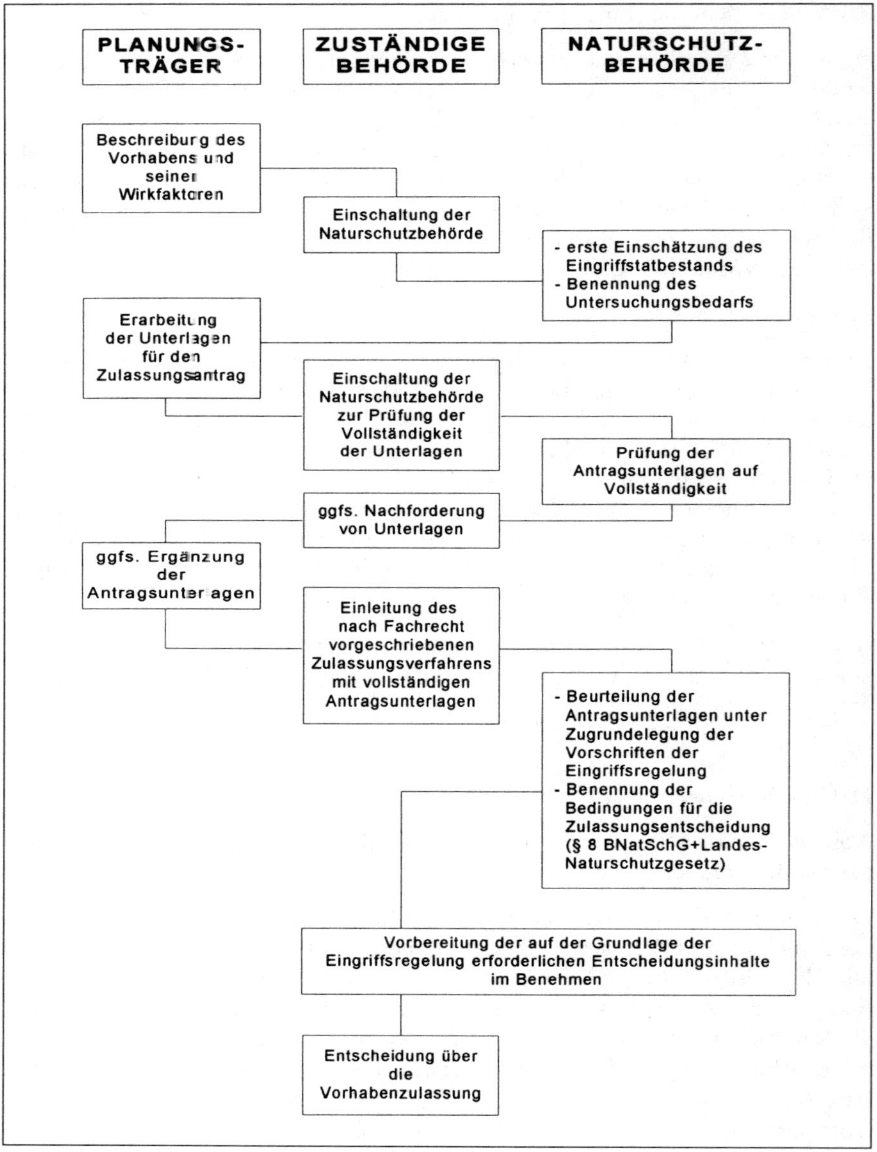

Abb. 98: Ablauf des Zulassungsverfahrens mit integrierter Anwendung der Eingriffsregelung nach § 8 BNatSchG

aus: Arbeitgruppe ‚Eingriffsregelung', 1988 (verändert)

Private Planungsträger sind nach Naturschutzrecht nicht verpflichtet, die Naturschutzbehörde im Anfangsstadium der Planung zu beteiligen. Aus o. g. Gründen empfiehlt sich diese Vorgehensweise aber in allen Fällen.

Bei Vorlage vollständiger Antragsunterlagen leitet die zuständige Behörde das öffentlich-rechtliche Verfahren ein, dessen Ablauf und inhaltliche Einzelheiten im jeweiligen für die Vorhabenzulassung geltenden Fachrecht geregelt sind und in das die Eingriffsregelung einzubinden ist.

Aus dem spezifischen Fachrecht geht auch hervor, ob der Planungsträger einen Fachplan als Teil der Antragsunterlagen vorlegen muß (z. B. bei Planfeststellungspflicht). In diesem Fall ist er nach § 8 Abs. 4 BNatSchG verpflichtet, die aufgrund der Eingriffsregelung erforderlichen Maßnahmen in diesem Fachplan oder in einem landschaftspflegerischen Begleitplan darzustellen. In solchen Fällen empfiehlt sich letzteres, da ein eigenständiger Plan über die Anwendung der Eingriffsregelung die Nachvollziehbarkeit der fachlichen Aussagen erhöht und damit die Prüfung beschleunigt. Ein landschaftspflegerischer Begleitplan wird wie der Fachplan Bestandteil der Antragsunterlagen.

Die Naturschutzgesetze der Länder enthalten unterschiedliche Regelungen der fachlichen Mitbestimmung der Naturschutzbehörde an der Erarbeitung und Darstellung der eingriffsregelungsrelevanten Bestandteile der Antragsunterlagen. Teils ist ein ‚Benehmen', teils ein ‚Einvernehmen' mit dem Planungsträger vorgeschrieben[1].

(Siehe hierzu den Beitrag „Landschaftspflegerische Begleitplanung" in diesem Band).

Die zuständige Behörde leitet die vollständigen Antragsunterlagen der Naturschutzbehörde zu und bittet sie um Stellungnahme zu den für die Entscheidung wesentlichen Inhalten der Eingriffsregelung (siehe Abb. 100). Hierüber findet zwischen zuständiger Behörde und Naturschutzbehörde zumindest eine Benehmensherstellung statt (§ 8 Abs. 5 BNatSchG). Einige Bundesländer haben auch auf dieser Verfahrensstufe die Herstellung des Einvernehmens vorgeschrieben. Nach Abschluß der Beteiligung der Naturschutzbehörde entscheidet die zuständige Behörde über die Zulassung des Vorhabens. Sollte eine (nicht naturschutzfachliche) Entscheidung über den Vorrang gem. § 8 Abs. 3 BNatSchG erforderlich sein, ist sie Teil der Zulassungsentscheidung nach Fachrecht.

1 Benehmen = mehrfacher Meinungsaustausch mit dem Ziel einer Einigung; Einigung aber nicht zwingend vorgeschrieben./Einvernehmen = Einigung zwingend vorgeschrieben.

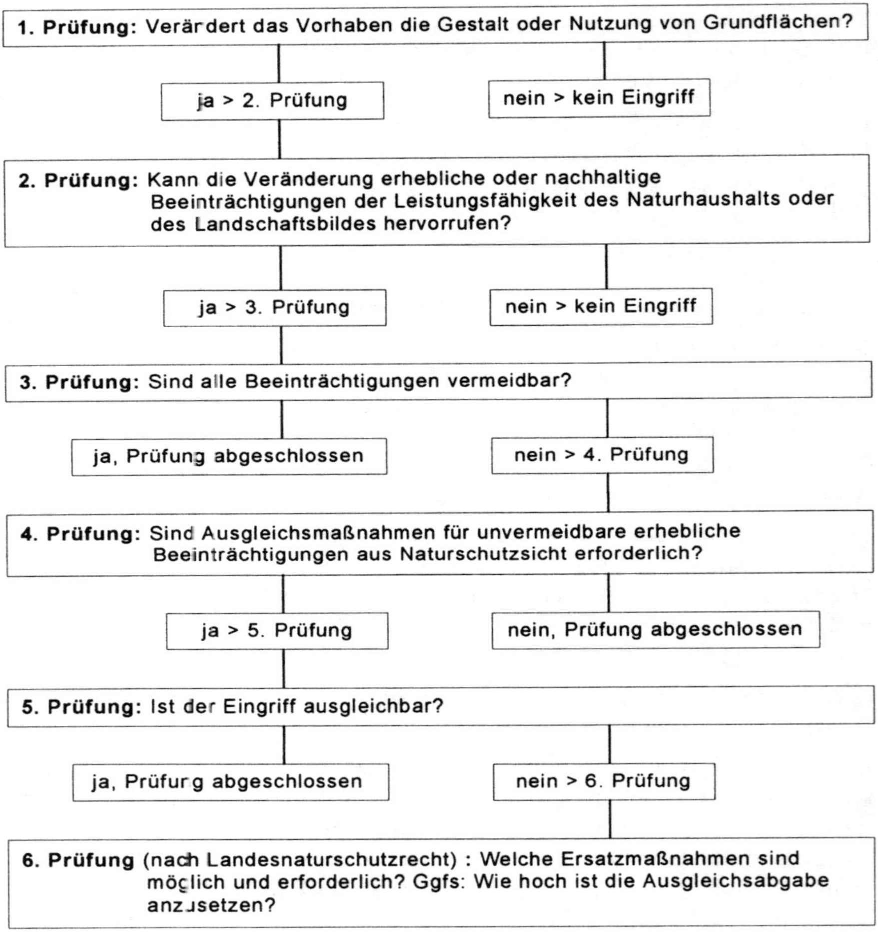

Abb. 99 Naturschutzfachliche Prüfschritte der Eingriffsregelung (§ 8 BNatSchG)

11.1.1.4 Verhältnis zur Umweltverträglichkeitsprüfung

Die Anlage zu § 3 des UVPG[1] enthält eine Liste der Vorhaben, die der Pflicht zur Durchführung einer Umweltverträglichkeitsprüfung (UVP) unterliegen. UVP-pflichtige Vorhaben unterliegen im Zulassungsverfahren der Anwendung

1 Gesetz über die Umweltverträglichkeitsprüfung (UVPG) = Art. 1 des Gesetzes zur Umsetzung der Richtlinie des Rates vom 27. Juni 1985 über die Umweltverträglichkeitsprüfung bei bestimmten öffentlichen und privaten Projekten (85/337/EWG) vom 12. 2. 1990 (BGBl. I S. 205).

der Eingriffsregelung, wenn sie den Eingriffstatbestand erfüllen. In diesem (Regel-)Fall ist eine enge Verzahnung zwischen den Bestimmungen des UVPG und der Eingriffsregelung des Naturschutzrechts notwendig. Dies ergibt sich auch mittelbar aus § 6 Abs. 3 Nr. 3 UVPG: Der Träger eines UVP-pflichtigen Vorhabens ist verpflichtet, in seinen UVP-Unterlagen (Umweltverträglichkeitsstudie) u. a. darzustellen, welche Maßnahmen aus seiner Sicht in Anwendung der Eingriffsregelung für erforderlich gehalten werden.

Eingriffsregelung und UVP sind unselbständige Verfahrensteile, die in die nach Fachrecht geregelten öffentlich-rechtlichen Verfahren integriert werden. Beiden Vorschriften liegt der Gedanke der Umweltvorsorge mit Vermeidungs- bzw. Verminderungsprinzipien zugrunde. Sowohl bei der UVP als auch bei der Eingriffsregelung müssen die Schutzgüter medienübergreifend betrachtet werden. Die Schutzgüter der Eingriffsregelung (siehe Kap. 11.1.2.1) werden von denen der UVP (§ 2 Abs. 1 UVPG) mit abgedeckt[1].

Die Eingriffsregelung gilt als fachlicher und rechtlicher Bewertungsmaßstab im Rahmen der Durchführung der UVP und enthält eigene Durchsetzungsinstrumente (siehe Kap. 11.1.2.2–2.5).

Eine zweckmäßige Verzahnung beider Instrumente kann überdies das Zulassungsverfahren beschleunigen. Hierzu ist erforderlich, daß die eingriffsregelungsrelevanten Inhalte schon in den Unterlagen des Vorhabenträgers gem. § 6 UVPG (bzw. § 4 e 9. BlmSchV[2]) klar identifizierbar sind. Nur so wird der unteren Naturschutzbehörde ein effizienter Einstieg in die fachliche Beurteilung der Planung ermöglicht (Meier, 1993).

Die UVP-Verwaltungsvorschriften (UVP-VwV) enthalten in ihrem Anhang Orientierungswerte für die Anwendung der Eingriffsregelung bei UVP-pflichtigen Vorhaben (siehe Kap. 11.1.2.3).

11.1.2 Fachliche Systematik und zentrale Rechtsbegriffe

Die Eingriffsregelung greift bereits in der Planungsphase von Einzelvorhaben, die den Tatbestand eines Eingriffs nach § 8 Abs. 1 BNatSchG erfüllen und eine behördliche Zulassungsentscheidung erfordern oder von einer Behörde durchgeführt werden oder bei einer Behörde anzuzeigen sind.

Der Verursacher eines Eingriffsvorhabens ist nach § 8 Abs. 2 BNatSchG verpflichtet, vermeidbare Beeinträchtigungen von Natur und Landschaft zu unterlassen und unvermeidbare Beeinträchtigungen innerhalb einer bestimmten Frist

---

1 Zum Schutzgut „Landschaftsbild“ im Rahmen der UVP vgl. Gareis-Grahmann, 1993.

2 Verordnung zur Änderung der Neunten Verordnung zur Durchführung des Bundes-Immissionsschutzgesetzes vom 20. 3. 1992 (BGBl. I S. 536).

auszugleichen, soweit es zur Verwirklichung der Ziele des Naturschutzes und der Landschaftspflege nach § 1 BNatSchG erforderlich ist.

Wenn die durch ein Eingriffsvorhaben zu befürchtenden Beeinträchtigungen nicht vermieden werden können oder nicht ausreichend auszugleichen sind, muß die zuständige Behörde bei der einer Zulassungsentscheidung unmittelbar vorausgehenden Abwägung feststellen, ob im gegebenen Einzelfall die Belange des Naturschutzes und der Landschaftspflege vorrangig gegenüber denjenigen Belangen einzustufen sind, die für die Durchführung des Eingriffsvorhabens sprechen. Wenn die Belange des Naturschutzes und der Landschaftspflege bei unvermeidbaren oder nicht ausgleichbaren Beeinträchtigungen Vorrang genießen, muß sie das beantragte Eingriffsvorhaben untersagen. Wenn diese Belange gegenüber dem Eingriff zurückzustehen haben (vorrangiger Eingriff), ist der Verursacher nach den Bestimmungen des geltenden Landesnaturschutzgesetzes verpflichtet, Ersatzmaßnahmen vorzusehen oder ggfs. eine Ausgleichsabgabe zu entrichten.

Bei der Prüfung der Eignung der Maßnahmen kann nicht frei ausgewählt werden. Priorität haben jeweils Vorkehrungen zur Vermeidung von Beeinträchtigungen vor Ausgleichsmaßnahmen und Ausgleichsmaßnahmen vor Ersatzmaßnahmen (bzw. Ausgleichsabgaben). In den meisten Bundesländern haben Ersatzmaßnahmen Priorität vor einer Ausgleichsabgabe.

Bei vorgeschriebenen Fachplänen hat der Vorhabenträger seine Überlegungen zur Anwendung der Eingriffsregelung in seinen Antragsunterlagen nachvollziehbar darzustellen. Zweckmäßig ist in diesem Zusammenhang eine „ökologische Bilanzierung", die die Beeinträchtigungen des Vorhabens den auf der Grundlage der Eingriffsregelung geplanten Maßnahmen gegenüberstellt (Hammer, 1988).

11.1.2.1 Eingriff

Nach § 8 Abs. 1 BNatSchG ist ein Projekt ein Eingriff in Natur und Landschaft, wenn es die Gestalt oder Nutzung von Grundflächen verändert und eine erhebliche oder nachhaltige Beeinträchtigung der Leistungsfähigkeit des Naturhaushalts oder des Landschaftsbildes auslösen kann. Beide Kriterien müssen auf das Vorhaben zutreffen. Eine erhebliche oder nachhaltige Beeinträchtigung muß nicht nachweislich eintreffen. Für die Erfüllung des Tatbestands genügt eine hinreichende Begründung, daß wahrscheinlich damit zu rechnen ist. Die juristische Definition des Begriffs verdeutlicht gegenüber dem normalen Sprachgebrauch eine „eingeengte Sichtweise" des Gesetzgebers. Projekte, die Natur und Landschaft nur unerheblich und kurzfristig beeinträchtigen können oder solche, die keine Veränderung der Gestalt oder Nutzung von Grundflächen darstellen, obwohl sie erheblich oder nachhaltig beeinträchtigen können, werden von der Eingriffsregelung nicht erfaßt.

Einige Länder haben von ihrer Ermächtigung durch § 8 Abs. 8 BNatSchG Gebrauch gemacht und in ihrem Landesnaturschutzgesetz bestimmte Vorhabentypen als Eingriffe bzw. als „Nicht-Eingriffe“ festgeschrieben. In den anderen Ländern muß jeweils im Einzelfall geprüft werden, ob ein Projekt den Eingriffstatbestand erfüllt.

Nach § 8 Abs. 7 BNatSchG ist die im Sinne des Bundesnaturschutzgesetzes ordnungsgemäße land-, forst- und fischereiwirtschaftliche Bodennutzung von der Eingriffsregelung freigestellt. Diese Regelung greift auf die sog. Landwirtschaftsklausel des § 1 Abs. 3 BNatSchG zurück (vgl. Kap. 11.1.3.1). Einige Bundesländer (so Bayern, Brandenburg, Sachsen, Schleswig-Holstein, Thüringen) haben den Begriff „ordnungsgemäß im Sinne dieses Gesetzes“ in ihren Naturschutzgesetzen näher definiert.

Ermittlung von Beeinträchtigungen

Die Ermittlung und Bewertung von Beeinträchtigungen erfordert folgenden Arbeitsablauf:

- Beschreibung des Vorhabens und seiner potentiellen Wirkfaktoren
- Abschätzung des voraussichtlichen Einflußbereichs des Vorhabens
- Festlegung des Untersuchungsbedarfs
- Ermittlung des Zustands von Naturhaushalt und Landschaftsbild
- Ermittlung der durch das Vorhaben bewirkten Veränderungen der Leistungsfähigkeit des Naturhaushalts und des Landschaftsbildes
- Feststellung und Bewertung von Beeinträchtigungen

Beschreibung des Vorhabens und seiner potentiellen Wirkfaktoren

Die Naturschutzbehörde kann abschätzen, ob das Vorhaben den Eingriffstatbestand erfüllt und welcher Untersuchungsumfang erforderlich ist, sobald der Vorhabenträger eine detaillierte Beschreibung seines Projekts (einschließlich der projektbezogenen Wirkfaktoren als potentielle Ursachen für Beeinträchtigungen) vorgelegt hat.

Für eine fachgerechte Abschätzung können je nach Art und Umfang des Vorhabens folgende Angaben relevant sein:

1. Beschreibung des Vorhabens
   - Art und Erfordernis des Vorhabens
   - geprüfte Alternativen und Auswahlgründe
   - ausgewählte(r) Standort/Trasse (Lage im Naturraum, derzeitiger Zustand)
   - Erschließung

- Bedarf an Grund und Boden (Lage, Flächengröße, Menge)
- Baumaßnahmen, Bauzeiten
- Bauwerke, verwendete Baustoffe
- Betriebsablauf (Technik, Betriebsstoffe, Energie- und Wasserbedarf)
- absehbare Erweiterungen (Bauwerke, Betriebsablauf)

2. Wirkfaktoren des Vorhabens auf die Umwelt
   (Bezogen auf die Baudurchführung, das äußere Erscheinungsbild der Anlage, den Normalbetrieb, Stör- oder Unfälle, die Stillegung und den Zeitraum nach der Stillegung)
   - Emissionen und Reststoffe (z. B. Luftverunreinigungen, Abfälle, Abwasser, Abwärme, Geräusche/Lärm/Erschütterungen, ionisierende Strahlen, Licht)
   - Bodenversiegelungen und -entnahmen, Wasserentnahmen
   - visuelle Wirkfaktoren

Abschätzung des voraussichtlichen Einflußbereichs des Vorhabens

In Kenntnis dieser Sachverhalte läßt sich der voraussichtliche Einflußbereich der Wirkfaktoren des Vorhabens abschätzen. Bei fachplanpflichtigen Vorhaben übermittelt die Naturschutzbehörde dem Vorhabenträger die ihr bereits vorliegenden Informationen über Natur und Landschaft im voraussichtlichen Einflußbereich des Vorhabens und nennt ihm die zur Beurteilung von Beeinträchtigungen noch zu liefernden Unterlagen.

Festlegung des Untersuchungsbedarfs

Der Untersuchungsbedarf ist in seiner Gesamtheit weder pauschal noch allgemeingültig zu bestimmen. Er muß stattdessen auf den jeweiligen Einzelfall bezogen sein und stetig an fortschreitende Erkenntnisse angepaßt werden können. Die Zustandsermittlung ist auf das Maß zu beschränken, das für die Ermittlung, Beschreibung und Bewertung der Beeinträchtigungen von Naturhaushalt und Landschaftsbild sowie für die Festlegung und Entscheidung der erforderlichen Maßnahmen der Eingriffsregelung im Einzelfall erforderlich ist.

Die erste Abschätzung des Eingriffstatbestands und die Festlegung des Untersuchungsbedarfs durch die Naturschutzbehörde müssen im Regelfall auf Kenntnisse über Natur und Landschaft zurückgreifen, die bereits bei Bekanntwerden der Planungsabsichten des Vorhabenträgers vorliegen.

Hierin liegt eine wesentliche Aufgabe der Landschaftsrahmenpläne/Landschaftspläne, die mit ihrer flächendeckenden Bestandsaufnahme der Biotoptypen diese Anhaltspunkte zum Zustand und zu voraussichtlichen Beeinträchtigungen von Naturhaushalt und Landschaftsbild liefern können. Deren

Planungsebene ist jedoch für eine abschließende naturschutzfachliche Beurteilung des Vorhabens nicht detailliert genug und oft nicht auf dem aktuellen Stand, so daß zusätzliche Ermittlungen angestellt werden müssen (Meier, 1987).

Ermittlung des Zustands von Naturhaushalt und Landschaftsbild

Sofern nicht bereits eine aktuelle flächendeckende Biotopkartierung mit integrierter Realnutzungskartierung im voraussichtlichen Einflußbereich des Vorhabens vorliegt (z. B. aus Landschaftsrahmenplänen/Landschaftsplänen), sollte sie zunächst durchgeführt bzw. aktualisiert werden[1]. Auf dieser Datenbasis können qualifizierte Fachkräfte anschließend einzelfallbezogen festlegen, welche Merkmale der Leistungsfähigkeit des Naturhaushalts oder des Landschaftsbildes (z. B. Strukturmerkmale, Indikatorarten) in welchem Detaillierungsgrad für die abschließende Beurteilung des Zustands und erheblicher Beeinträchtigungen noch zu ermitteln sind.

Ermittlung von Veränderungen der Leistungsfähigkeit des Naturhaushalt und des Landschaftsbildes durch das Vorhaben

Über vergleichende Prognosen der Entwicklung von Naturhaushalt und Landschaftsbild ohne und mit Durchführung des Vorhabens werden Veränderungen ermittelt.

Da der Planungsträger von fachplanpflichtigen Vorhaben bereits mit dem Zulassungsantrag die kompletten zur Beurteilung benötigten Unterlagen bei der zuständigen Behörde vorlegen muß, ist er zunächst selbst gehalten, festgestellte Veränderungen im Hinblick auf erhebliche oder nachhaltige Beeinträchtigungen zu ermitteln und zu bewerten.

Erst auf dieser fachlichen Grundlage kann er die Maßnahmen zur Vermeidung, zum Ausgleich und ggfs. weitere nach länderrechtlichen Vorschriften planen. Die Beteiligungsform der Naturschutzbehörde bei fachplanpflichtigen Vorhaben ist in den einzelnen Landesnaturschutzgesetzen geregelt (vgl. Kap. 11.1.1.3).

Bewertung von Beeinträchtigungen

Die Naturschutzbehörde hat abschließend zu bewerten, ob es sich bei den festgestellten Veränderungen um erhebliche Beeinträchtigungen handelt, wie schwer diese wiegen und ob erhebliche Beeinträchtigungen nach Abschluß des Eingriffs zurückbleiben (nicht ausgleichbarer Eingriff, siehe Kap. 11.1.2.3). Wie oben dargestellt, setzt die Feststellung von Beeinträchtigungen einen Vergleich der Prognosen der Entwicklung von Natur und Landschaft mit und ohne Vorhabenverwirklichung voraus.

---

1 Als Beispiel einer Anleitung zur flächendeckenden Ermittlung von Biotoptypen siehe Drachenfels, 1992.

Die Bewertung einer Veränderung als erhebliche Beeinträchtigung wiederum ist nur über eine vorausgegangene Bewertung des ermittelten Zustands von Naturhaushalt und Landschaftsbild möglich. Eine negative Veränderung vorhandener Werte oder bedeutender Funktionen ist im Regelfall eine erhebliche oder nachhaltige Beeinträchtigung.

11.1.2.2 Unterlassung vermeidbarer Beeinträchtigungen

Die Pflicht zur Unterlassung vermeidbarer Beeinträchtigungen ist das zentrale Anliegen der Eingriffsregelung. Beeinträchtigungen sind vermieden, wenn sie bei der Durchführung des Vorhabens tatsächlich nicht auftreten. Die behördliche Entscheidung, ob Beeinträchtigungen vermeidbar sind, hat nicht nur das technisch Machbare, sondern auch den Verhältnismäßigkeitsgrundsatz zu berücksichtigen (Gaentzsch, 1986).

Mit der Verpflichtung zur Unterlassung vermeidbarer Beeinträchtigungen soll zum einen erreicht werden, daß der Verursacher sein Vorhaben von vornherein so konzipiert, daß es, wenn überhaupt, nur unvermeidbare Beeinträchtigungen bewirken kann. Naturschutzbehörde und zuständige Behörde haben gemeinsam darauf zu achten, daß der Vorhabenträger dieser Verpflichtung nachkommt.

Wenn auch die Bestimmung, Vorkehrungen zur Vermeidung zu ergreifen, nicht primär darauf abzielt, ein Eingriffsvorhaben als solches zu unterbinden (sondern die mit seiner Durchführung ggfs. verbundenen unnötigen Beeinträchtigungen), so besteht dennoch die Möglichkeit, daß die zuständige Behörde bei ihrer Abwägung vor der Zulassungsentscheidung zu dem Ergebnis kommt, daß die Naturschutzbelange Vorrang gegenüber dem Eingriff haben müssen und diesen aufgrund der unvermeidbaren Beeinträchtigungen untersagt. „Es erscheint naheliegend, das Problem der Vermeidbarkeit im Licht des übergreifenden, verfassungsrechtlich fundierten Übermaßverbots zu interpretieren. Das würde bedeuten, daß alle Eingriffe als vermeidbar angesehen werden müssen, die nicht geeignet oder nicht erforderlich zur Erreichung eines fachplanerischen Zieles sind" (Deutscher Rat für Landespflege, 1988).

Beeinträchtigungen durch ein Eingriffsvorhaben sind demnach vermeidbar, wenn

- kein Bedarf für das Vorhaben besteht (fehlende Planrechtfertigung),
- das Vorhaben keine geeignete Lösung für die Deckung eines vorhandenen Bedarfs darstellt,
- eine für Natur und Landschaft günstigere Lösungsvariante dem Vorhabenträger zuzumuten ist, die keine anderen gewichtigen Anforderungen an Natur und Landschaft unverhältnismäßig benachteiligt,

- die Naturschutzbelange Vorrang vor den Interessen für die Durchführung des Eingriffs genießen

(Meier, 1987/Arbeitsgruppe ‚Eingriffsregelung', 1988).

Das Landesnaturschutzgesetz Schleswig-Holstein enthält eine fortschrittliche Bestimmung zum Vermeidbarkeitsbegriff: „Vermeidbar ist ein Eingriff auch, wenn der Verursacher nicht begründen kann, daß er auf den Standort angewiesen ist und nicht auf einen anderen für den Naturschutz weniger wichtigen Standort ausweichen kann."[1] Eine sinngleiche Regelung enthält auch das Brandenburgische Naturschutzgesetz.[2]

11.1.2.3 Ausgleich/Ausgleichsmaßnahmen

Wenn bestimmte erhebliche oder nachhaltige Beeinträchtigungen nicht zu vermeiden sind, ist der Vorhabenträger zur Durchführung von Maßnahmen verpflichtet, die den Eingriff ausgleichen.

Nach streng naturwissenschaftlichen Maßstäben wird eine Ausgeglichenheit der Zustände vor und nach Durchführung des Eingriffsvorhabens wohl schwerlich zu erreichen sein. Dies wird jedoch vom Gesetzgeber auch nicht verlangt. Im juristischen Sinn liegt ein Ausgleich bereits vor, wenn nach Abschluß des Eingriffs keine erheblichen oder nachhaltigen Beeinträchtigungen mehr zurückbleiben, also mindestens die Unerheblichkeit der Beeinträchtigungen erreicht wird. Es sollte angestrebt werden, der vollständigen Aufhebung unvermeidbarer Beeinträchtigungen nach Abschluß des Eingriffs möglichst nahe zu kommen.

Die fachliche Eignung von Ausgleichsmaßnahmen für unvermeidbare erhebliche oder nachhaltige Beeinträchtigungen der Leistungsfähigkeit des Naturhaushalts hängt in wesentlichem Maße z. B. davon ab,

- ob die durch den Eingriff geschädigten Werte oder Funktionen in einem angemessenen (festzulegenden) Zeitraum wiederhergestellt werden können (Zur zeitlichen Komponente näheres bei Kaule, 1986),
- ob in engem Zusammenhang mit den betroffenen Werten oder Funktionen Bereiche verfügbar sind, deren natürliche Standorteigenschaften eine Wiederherstellung dieser Verhältnisse zulassen.

Der Ausgleich beim Landschaftsbild scheint auf den ersten Blick insofern nicht so hohe fachliche Anforderungen an die Qualität der Maßnahmen zu stellen, als er neben der landschaftsgerechten Wiederherstellung des Landschaftsbildes auch

---

1 Gesetz zur Neufassung des Landschaftspflegegesetzes (Gesetz zum Schutz der Natur – Landesnaturschutzgesetz – LNatSchG) und zur Anpassung anderer Rechtsvorschriften vom 16. 6. 1993 (GVOBl. Schl.-H. S. 215).

2 Brandenburgisches Gesetz über Naturschutz und Landschaftspflege (Brandenburgisches Naturschutzgesetz – BBgNatSchG) vom 25. 6. 1992 (GVBL. S. 208).

seine Neugestaltung als Ausgleich zuläßt. Jedoch muß auch eine Neugestaltung landschaftsgerecht sein, d. h. sie muß sich nach den im betroffenen Naturraum typischen Eigenschaften des Landschaftsbildes richten.

Die UVP-Verwaltungsvorschriften[1] enthalten im Anhang 1 Nr. 1.1 eine „Orientierungshilfe für die Bewertung der Ausgleichbarkeit eines Eingriffs in Natur und Landschaft", die als Empfehlung für den Vollzug der Eingriffsregelung bei UVP-pflichtigen Zulassungsverfahren gelten. Vorbehaltlich weitergehender Festsetzungen der Ländernaturschutzgesetze werden damit bundesweit umfangreiche fachliche Standards gesetzt, unter welchen Bedingungen ein Eingriff als nicht ausgeglichen bewertet werden kann. Diese Orientierungswerte empfehlen sich auch zur Anwendung der Eingriffsregelung bei nicht UVP-pflichtigen Eingriffsvorhaben.

11.1.2.4 Untersagung eines Eingriffs

Die zuständige Behörde hat einen Eingriff nach § 8 Abs. 3 BNatSchG zu untersagen, wenn die Beeinträchtigungen nicht zu vermeiden oder nicht im erforderlichen Maße auszugleichen sind und die Naturschutzbelange bei der Abwägung aller Anforderungen an Natur und Landschaft als vorrangig gegenüber den Interessen an der Durchführung des Eingriffs einzustufen sind.

Die zuständige Behörde trifft die Entscheidung über den Vorrang nicht aus naturschutzfachlicher Sicht, sondern bezieht alle Zulassungskriterien des für das Vorhaben geltenden Rechts und alle relevanten Belange in die Betrachtung ein. Alle Belange sind zunächst grundsätzlich gleichrangig. Ein Vorrang kann bestimmten Anforderungen nur unter den besonderen Bedingungen des jeweiligen Einzelfalls eingeräumt werden.

11.1.2.5 Weitergehende Maßnahmen nach Landesrecht

Die Bundesländer sind nach § 8 Abs. 9 BNatSchG dazu ermächtigt, weitergehende Vorschriften über Maßnahmen zu erlassen. Solche Maßnahmen wurden von allen Ländern vorgesehen, jedoch auf unterschiedlichen Wegen und fachbegrifflich nicht immer eindeutig von Ausgleichsmaßnahmen abgegrenzt.

Alle Landesnaturschutzgesetze enthalten Bestimmungen zur Durchführung von Ersatzmaßnahmen, die Mehrzahl von ihnen darüber hinaus auch zu Geldleistungen. Als richtungweisend bei der Regelung weitergehender Maßnahmen kann das Schleswig-Holsteinische Naturschutzgesetz[2] angesehen werden, das neben Ersatzmaßnahmen und Ausgleichsabgaben auch die Möglichkeit bietet, Maß-

1 BMU (Bundesminister für Umwelt, Naturschutz und Reaktorsicherheit) (1995): Allgemeine Verwaltungsvorschrift zur Ausführung des Gesetzes über die Umweltverträglichkeitsprüfung (UVPVwV). Bonn 18. 9. 1995.

2 siehe Fußnote Nr. 1 S. 411.

nahmen zur Sicherung des Erfolgs von Ausgleichs- und Ersatzmaßnahmen, eine Effizienzkontrolle der durchgeführten Maßnahmen und einen Genehmigungsvorbehalt für die Beseitigung oder Veränderung von durchgeführten Ausgleichs- und Ersatzmaßnahmen vorzuschreiben.

Ersatzmaßnahmen

Die Länder sollen die Durchführung von Ersatzmaßnahmen nach § 8 Abs. 9 BNatSchG bei nicht ausgleichbaren, aber vorrangigen Eingriffen bestimmen können. Schon aus formalrechtlichen Gründen können demnach Ersatzmaßnahmen weder zum Ausgleich führen, noch dürfen sie in die Abwägung und Entscheidung über den Vorrang nach § 8 Abs. 3 BNatSchG einbezogen werden (Deutscher Rat für Landespflege, 1988).

Während die meisten Länder entsprechend den bundesrechtlichen Vorgaben Ersatzmaßnahmen bei nicht ausgleichbaren Eingriffen vorgeschrieben haben, definieren einige Landesnaturschutzgesetze Ersatzmaßnahmen widersprüchlicherweise dahingehend, daß diese auch zum Ausgleich führen können.

Geldleistungen

Die Mehrzahl der Bundesländer hat eine Geldleistung („Ausgleichsabgabe") mit Hinweisen zu ihrer Bemessung für den Fall vorgeschrieben, daß Ersatzmaßnahmen nicht möglich sind. In Nordrhein-Westfalen und Rheinland-Pfalz sind wahlweise Ersatzmaßnahmen oder Geldleistungen für nicht ausgleichbare, aber vorrangige Eingriffe vorgesehen.

Eine Sonderstellung nimmt Hessen ein, indem es Ersatzmaßnahmen als Geldleistung („Abgabe") definiert, die der Verursacher für Zwecke des Naturschutzes und der Landschaftspflege im räumlichen Zusammenhang mit dem Eingriff entrichten soll.

11.1.3 Die Praxis der Eingriffsregelung – Defizite und Handlungsbedarf

Inzwischen konnten in einigen Bundesländern länger als 15 Jahre praktische Erfahrung mit der Eingriffsregelung gesammelt werden. Seit ihrer Einführung durch das BNatSchG klagen verschiedene Verfahrensbeteiligte wiederholt über rechtliche und fachliche Unzulänglichkeiten dieser Vorschrift in der Praxis. Hinzu kommt, daß seit der Wiedervereinigung Umwelt- und Naturschutz wieder stärker unter politischem Druck und Rechtfertigungszwang stehen. Diese Entwicklung bereitet zunehmend Probleme bei der Anwendung der Eingriffsregelung und ist ihrer Akzeptanz abträglich.

Während einerseits viele Verfahrensbeteiligte (auch etliche Naturschutzfachleute) dieses Instrumentarium als „schwierige Materie" ansehen, weil es für die Praxis zu rechtstheoretisch und nicht durchsetzungskräftig genug sei, machen andererseits Planungsträger in den letzten Jahren verstärkt die Eingriffsregelung für Verzögerungen von Zulassungsverfahren verantwortlich und beklagen sich über angeblich uneinheitliche Vorgehensweisen und überzogene Forderungen der Naturschutzbehörden hinsichtlich des Umfangs der vom Verursacher beizubringenden Unterlagen.

Es ist daher dringlich geworden, die Effizienz der Eingriffsregelung zu überprüfen und zu verbessern. Es müssen überdies Überlegungen angestellt werden, wie die Akzeptanz dieser Rechtsvorschrift und ihrer Konsequenzen bei allen Beteiligten erhöht werden kann. Inzwischen liegen verschiedene Studien und Erfahrungsberichte über Defizite, ihre Ursachen und zum Handlungsbedarf vor (z. B. Jansen, 1984/Deutscher Rat für Landespflege, 1988/Breuer, 1991a/Peters, 1993), aus denen sich folgende wichtige Problembereiche bei der Anwendung und Durchsetzung der Eingriffsregelung herauskristallisieren:

11.1.3.1 Rechtliche Anwendbarkeit der Bestimmungen

Die unzulänglichen bundesgesetzlichen Vorgaben zur Eingriffsdefinition bewirken unterschiedliche Auslegungsweisen in den Ländern darüber, bei welchen Projekten die Eingriffsregelung anzuwenden ist. Viele Vorhabentypen, bei deren Durchführung mit erheblichen Beeinträchtigungen von Naturhaushalt oder Landschaftsbild gerechnet werden muß, können gleichwohl ohne Anwendung der Eingriffsregelung verwirklicht werden, nämlich dann, wenn sie keine Veränderung der Gestalt oder Nutzung von Grundflächen darstellen.

Zum einen wird z. B. die Intensivierung schädigender Nutzungsformen ohne Änderung der Gestalt oder Nutzungsart von Grundflächen nicht als Eingriff angesehen. Zum anderen erfordern bestimmte Vorhaben privater Planungsträger, – obwohl sie Eingriffe i. S. d. § 8 BNatSchG sind –, in manchen Bundesländern weder eine Behördenentscheidung, noch sind sie einer Behörde anzuzeigen, so daß auch hierfür keine Verpflichtung zur Unterlassung vermeidbarer Beeinträchtigungen oder zur Durchführung von Ausgleichs- oder anderen Maßnahmen festgelegt werden kann.

Aus naturschutzfachlicher Sicht sollte deshalb § 8 BNatSchG dahingehend novelliert werden, daß die Kriterien zur Erfüllung des Eingriffstatbestands eindeutig und ausschließlich auf erhebliche Beeinträchtigungen der Werte oder Funktionen von Naturhaushalt oder Landschaftsbild abstellen. Haber et al. (1988) fordern aus ökologischer Sicht, daß „jede Art von Flächennutzung oder ihre Änderung sowie jede Art von stofflicher Einwirkung, die in Ökosysteme störend oder verändernd eingreifen und damit die Funktionsfähigkeit des Naturhaushalts nachhaltig beeinträchtigen“ können, als Eingriffe zu betrachten sind.

In derselben Richtung argumentiert der Deutsche Rat für Landespflege (1988), der außerdem eine Regelung im BNatSchG fordert, daß alle ökologisch relevanten Eingriffe eines naturschutzrechtlichen Zulassungsverfahrens bedürfen, wenn kein anderweitiges Verfahren und keine Anzeige vorgeschrieben ist. Die Eingriffsregelung sei zu einem Instrument umzugestalten, das sich primär mit der Verhinderung von Eingriffsvorhaben beschäftigt und erst in zweiter Linie mit deren Folgen.

Die in § 8 Abs. 7 BNatSchG enthaltene Freistellung der „im Sinne dieses Gesetzes ordnungsgemäßen land-, forst- oder fischereiwirtschaftliche Bodennutzung" von der Anwendung der Eingriffsregelung ist rein deklaratorisch und ohne materiellen Gehalt. Sie führt in der Praxis jedoch immer wieder zu Fehlinterpretationen der Privilegierung dieser Nutzungsarten und sollte daher gestrichen werden. Eine Bodennutzung, die (entgegen dem in der Landwirtschaftsklausel des § 1 Abs. 3 BNatSchG vermuteten Regelfall) erhebliche Beeinträchtigungen nach § 8 Abs. 1 BNatSchG bewirken könnte, ist im Sinne des BNatSchG nicht ordnungsgemäß und folglich im Rahmen der Eingriffsregelung auch nicht privilegiert. Darüber hinaus wird in Naturschutzfachkreisen seit langem auch die Streichung der nicht zeitgemäßen Landwirtschaftsklausel in § 1 BNatSchG gefordert.

11.1.3.2 Umsetzung fachlicher Anforderungen

Zustandsermittlung und -bewertung von Naturhaushalt und Landschaftsbild

Ein weit verbreiteter gravierender Mangel bei der Anwendung der Eingriffsregelung in der Praxis ist eine unzureichende, oft sogar äußerst lückenhafte Ermittlung und Bewertung des Zustands von Naturhaushalt und Landschaftsbild und seiner Vorbelastung im Einflußbereich des Vorhabens. Besonders häufig fehlen auch Aussagen zum Zustand derjenigen Flächen, die für die Durchführung von Ausgleichs- oder Ersatzmaßnahmen vorgesehen sind.

Die Naturschutzbehörde sollte deshalb zunächst darauf achten, daß der Planungsträger umfassend Auskunft über die von seinem Projekt ausgehenden Wirkfaktoren und deren Einflußbereich gibt, damit der aus Naturschutzsicht erforderliche Untersuchungsrahmen inhaltlich, räumlich und methodisch eingegrenzt werden kann. Für die Beurteilung des Eingriffstatbestands und die sich daraus ergebenden fachlichen Anforderungen an die Planung des Vorhabens sollte die Naturschutzbehörde zukünftig die Instrumente der Landschaftsplanung stärker nutzen und diese auf dem aktuellen Stand halten. Mit deren Fachaussagen kann sie gegenüber dem Planungsträger und der Zulassungsbehörde zielorientierter handeln und argumentieren (vgl. Kap. 11.1.2.1).

Die Zulassungsbehörde hat nachvollziehbar begründete Forderungen der Naturschutzbehörde zu unterstützen und gegenüber dem Planungsträger durchzusetzen.

Ermittlung und Bewertung von Beeinträchtigungen

Der Planungsträger liefert häufig nur pauschale Prognosen über die voraussichtlichen Auswirkungen seines Projekts auf die Leistungsfähigkeit des Naturhaushalts und das Landschaftsbild. Oft fehlen differenzierte Aussagen zu betroffenen Werten oder Funktionen und zur Erheblichkeit oder Nachhaltigkeit der Beeinträchtigungen.

Maßnahmenplanung

Die Eignung der für die Durchführung von Ausgleichs- oder Ersatzmaßnahmen vorgesehenen Flächen läßt sich hinreichend nur belegen, wenn in den Antragsunterlagen qualifizierte Aussagen über den aktuellen Zustand und gesicherte Prognosen der Entwicklung der Flächen nach Durchführung der Maßnahmen enthalten sind. Eine solche nachvollziehbare Darstellung fehlt häufig.

Oft werden Ausgleichs- und Ersatzmaßnahmen entgegen der bundesrechtlichen Vorgabe als synonyme Begriffe angewandt, was jedoch angesichts der unterschiedlichen Auslegung der Begriffe in den Landesnaturschutzgesetzen nicht verwundert (siehe Kap. 11.1.2.5). Bei einem fachplanpflichtigen Vorhaben hat der Vorhabenträger in seinen Unterlagen einen eindeutigen funktionalen Bezug zwischen den Beeinträchtigungen und den jeweils hierfür geplanten Maßnahmen herzustellen, damit die Anwendung der Eingriffsregelung nachvollzogen werden kann (siehe Kap. 11.1.2, ökologische Bilanzierung). Dieser Gesichtspunkt wird z. Z. noch häufig vernachlässigt.

Der Planungsträger soll in seinen Unterlagen insbesondere auch Aussagen darüber treffen, ob unvermeidbare erhebliche oder nachhaltige Beeinträchtigungen seines Vorhabens gem. § 8 Abs. 2 BNatSchG ausgleichbar sind oder nicht. In der derzeitigen Praxis wird dieser für die Abwägung über den Vorrang gem. § 8 Abs. 3 BNatSchG wesentliche Gesichtspunkt oft nicht fachgerecht beurteilt.

Durchführung, Effizienzkontrolle und langfristige Sicherung der Ausgleichs- und Ersatzmaßnahmen

In der derzeitigen Praxis ist festzustellen, daß Fristen zur Durchführung von Ausgleichs- oder Ersatzmaßnahmen in der Entscheidung z. T. nicht definitiv bestimmt werden, z. T. werden festgelegte Zeitpunkte vom Planungsträger nicht eingehalten. Die Maßnahmen selbst werden oft mangelhaft durchgeführt, so daß der gewünschte Kompensationserfolg von vornherein infrage gestellt ist.

Hinzu kommt, daß weder die zuständige Zulassungsbehörde, noch die betreffende Naturschutzbehörde personell in der Lage sind, die ordnungsgemäße Ausführung der festgelegten Maßnahmen im notwendigen Umfang zu betreuen. Nachbesserungen gestalten sich schwierig. Häufig sind unfachmännisch ausgeführte Maßnahmen auch auf ihre unzureichende Beschreibung in den Planunterlagen bzw. auf unpräzise Bestimmungen in der Zulassungsentscheidung zurückzuführen.

Hier bedarf es zukünftig eines bundesweit einheitlich geregelten Kontrollinstrumentariums, das sich sowohl auf den Zeitpunkt der reinen Bauabnahme bezieht, als auch die Kontrolle des angestrebten Erfolgs der Maßnahme zu einem geeigneten späteren Zeitpunkt und ggfs. Nachbesserungen zuläßt. Eine wirksame Effizienzkontrolle ist jedoch nur möglich, wenn die fachliche Herleitung der Maßnahmen, wie in Kap. 11.1.2.1 dargestellt, im Planungsprozeß konsequent abgearbeitet wurde und bei der Zulassungsentscheidung zu hinreichend genauen Festlegungen geführt hat. Ein solches Instrumentarium muß die langfristige Sicherung der durchgeführten Ausgleichs- und Ersatzmaßnahmen gegen direkte oder indirekte Schädigungen einbeziehen.

11.1.3.3 Personelle Kapazität der Beteiligten

Die fachgerechte Anwendung der Eingriffsregelung bei der Erstellung und Beurteilung der Antragsunterlagen erfordert hohen Sachverstand.

Der Planungsträger von fachplanpflichtigen Vorhaben sollte diese Aufgaben obligatorisch an ein qualifiziertes Fachbüro vergeben, das ausreichende praktische Erfahrungen mit den betreffenden landesrechtlichen Bestimmungen vorweisen kann. Dieses Gutachterbüro sollte frühzeitig ausgewählt werden und bereits an ersten Beratungsgesprächen des Planungsträgers bei der zuständigen oder der Naturschutzbehörde teilnehmen. Das Büro sollte im weiteren Planungsverlauf engen Fachkontakt zur Naturschutzbehörde halten.

Die Naturschutzbehörde arbeitet derzeit in mancher Hinsicht zu unprofessionell. Insbesondere ist sie in vielen Bereichen noch zu sehr von den Kenntnissen und Hilfestellungen der Umweltverbände und ehrenamtlich engagierten Einzelpersonen abhängig. Mangels qualifiziertem Personal scheint bei vielen Naturschutzbehörden eine fachgerechte Bearbeitung der Eingriffsfälle mit großen Schwierigkeiten behaftet zu sein. Hinzu kommen Unsicherheiten, bei der erheblichen Zahl der Eingriffsfälle Prioritäten in der Bearbeitungstiefe der Vorgänge zu setzen und dadurch ggfs. fachliche Kompromisse einzugehen.

Dies hat inzwischen dazu geführt, daß der Ruf nach Vereinfachungsmöglichkeiten bei der Anwendung der Eingriffsregelung laut geworden ist (z. B. standardisierte Bemessung von Ausgleichs- und Ersatzmaßnahmen). Diese Tendenz zur Vereinfachung ist aus fachlicher Sicht besonders dann problematisch, wenn nicht gleichzeitig die einer Bewertung zugrunde zu legenden Leitbilder und Qualitätsmaßstäbe für Naturhaushalt und Landschaftsbild stärker ins Blickfeld gerückt werden.

In diesem Zusammenhang drängt sich auf, daß nach wie vor Bedeutung und Möglichkeiten der Landschaftsplanung gerade auch als Planungsgrundlage für die Anwendung der Eingriffsregelung unterschätzt werden. Die Instrumente der Landschaftsplanung werden nach wie vor in den Bundesländern sehr unterschiedlich gehandhabt. Inhaltlich detailliertere bundesrechtliche Vorgaben sind insbesondere für die Aufstellung von Landschaftsrahmenplänen erforderlich. Allein eine gute fachliche Datenbasis mit räumlich konkretisierten Leitbildern bietet die Chance, ohne Zeitverzögerung gezielt und qualifiziert im Anfangsstadium einer Eingriffsplanung zu reagieren und die „richtigen Weichen" für den weiteren Planungsverlauf stellen zu können.

Christina von Haaren

11.2 Landschaftspflegerische Begleitplanung

11.2.1 Landschaftspflegerischer Begleitplan und Begleitplanung

11.2.1.1 Definition und Aufgaben

Der Begriff **Landschaftspflegerischer Begleitplan** (LBP) wurde in Deutschland erstmals 1976 durch das Flurbereinigungsgesetz rechtlich verankert. Noch im gleichen Jahr griff das BNatSchG den Begriff im Rahmen der Einführung der Eingriffsregelung auf (§ 8(4) BNatSchG). **Der Landschaftspflegerische Begleitplan ist demnach ein Planungsinstrument im Rahmen der Eingriffsregelung zur Darstellung von Ausgleichsmaßnahmen bei allen Eingriffen in Natur und Landschaft, die „aufgrund eines nach öffentlichem Recht vorgesehenen Fachplanes vorgenommen werden".** Der LBP ist in der Planungshierarchie auf der Fachplanungsebene zwischen Rahmenplan und Objekt- bzw. Ausführungsplan angesiedelt. Er ist Bestandteil des Antrags auf Zulassung und des rechtskräftigen Planes. Die Darstellung der zum Ausgleich und Ersatz erforderlichen Maßnahmen erfolgt entweder in einem gesonderten LBP in Text und Karte (als Bestandteil des Fachplanes) oder integriert in den Fachplan. Auf einen gesonderten LBP sollte jedoch nur bei kleineren, wenig komplexen Eingriffen verzichtet werden. Beide Formen werden im folgenden unter dem Begriff **landschaftspflegerische Begleitplanung** subsummiert. Unter Begleitplanung versteht man auch den gesamten **Prozeß** der Zusammenarbeit zwischen Naturschutz und eingreifenden Fachplanungen, beginnend mit der gemeinsamen Diskussion der Planungsidee über die Aufstellung eines LBP bis zur Umsetzung und Erfolgskontrolle.

Aufgaben des Landschaftspflegerischen Begleitplanes (LBP)

Der Landschaftspflegerische Begleitplan des BNatSchG ist Aufgabe des Maßnahmenträgers. Er hat sich unter Zuhilfenahme von Fachleuten „mit den durch den Eingriff zu erwartenden Beeinträchtigungen des Naturhaushaltes und des Landschaftsbildes nachvollziehbar auseinanderzusetzen und Vorkehrungen zur Vermeidung einer Beeinträchtigung der Leistungsfähigkeit des Naturhaushaltes und des Landschaftsbildes sowie die erforderlichen Ausgleichsmaßnahmen darzustellen. Dabei hat er die Naturschutzbehörde als orts- und sachkompetente Partnerin zu beteiligen" (Dahl, 1991, S. 72). § 8 des BNatSchG verpflichtet den Verursacher von Eingriffen lediglich zur Darstellung der erforderlichen Ausgleichsmaßnahmen im LBP. Weitergehende Vorschriften zu Ersatzmaßnahmen können die Ländernaturschutzgesetze vornehmen. Im Zusammenhang mit dem LPB machen von dieser Möglichkeit im Gesetz einige Bundesländer explizit Gebrauch, indem sie die Darstellung von Ersatz-

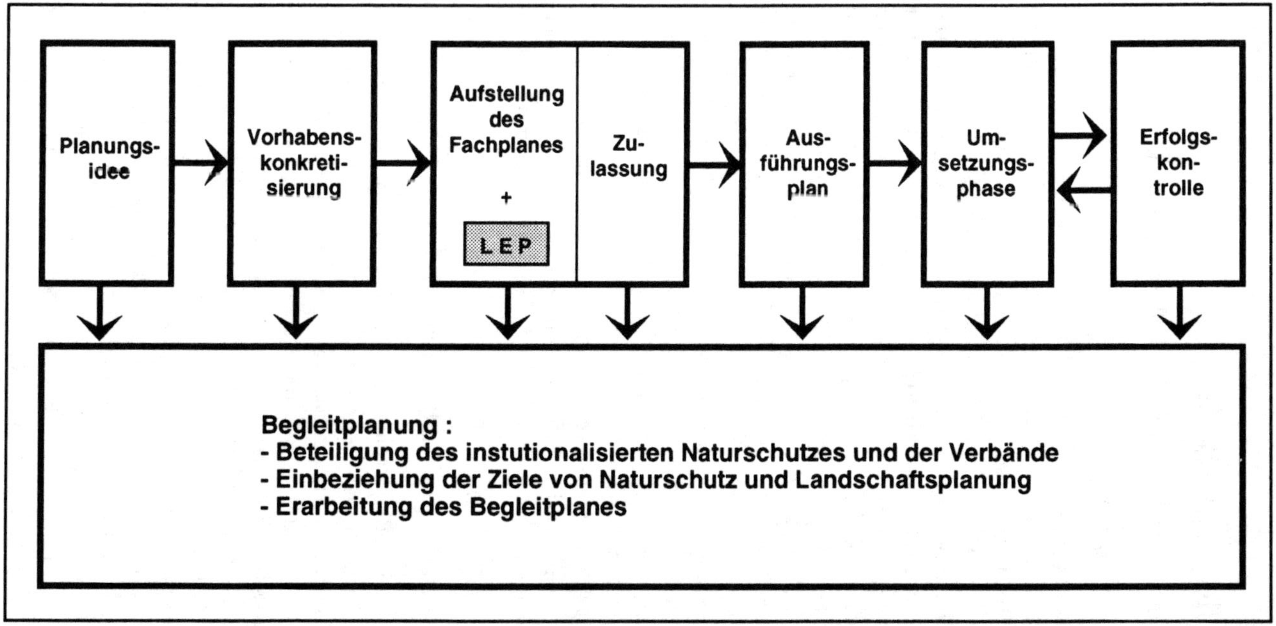

Abb. 100: Landschaftspflegerische Begleitplanung bei der Aufstellung eines nach öffentlichem Recht vorgesehenen Fachplanes

maßnahmen im LBP fordern. Die Praxis in den übrigen Ländern und die Tatsache, daß alle Ländergesetze Ersatzmaßnahmen bei der Durchführung nicht ausgleichbarer Eingriffe vorsehen, führte dazu, daß der LBP bundesweit i.d.R. sowohl Ausgleichs- und Ersatzmaßnahmen enthält, wenn auch nicht immer in strenger Trennung voneinander, sondern häufig zusammengefaßt im Sinne von Kompensationsmaßnahmen.

Wann ist ein Begleitplan notwendig?

Die rahmenrechtliche Forderung des BNatSchG zur Notwendigkeit von Landschaftspflegerischen Begleitplänen wird nur in Ausnahmefällen (wie Flurbereinigung und Verkehr) durch Fachgesetze auf Bundesebene ausgefüllt und abschließend geregelt. I.d.R. finden sich verbindliche Aussagen zur Notwendigkeit der Erstellung eines LBP in den unterschiedlichen Fachgesetzen der Länder, so daß eine Liste der LBP-pflichtigen Vorhaben jeweils länderspezifisch zu erstellen ist. Ausnahmen bilden Niedersachsen und Sachsen-Anhalt. Dort ist die Vorlage eines LBP generell für alle planfeststellungspflichtigen Eingriffe vorgeschrieben.

11.2.1.2 Der Landschaftspflegerische Begleitplan im Zulassungsverfahren

In Zulassungsverfahren, für die ein LBP erforderlich ist, wird die Art und Weise wie der gesetzliche Spielraum inhaltlich und administrativ ausgefüllt werden kann, durch die Länder zunehmend in Hinweisen, Leitlinien und Zusammenarbeitserlassen konkretisiert. Dabei ist die Ausgestaltung der landschaftspflegerischen Begleitplanung in den verschiedenen Einsatzfeldern recht unterschiedlich. Für Einsatzgebiete mit langer Tradition (wie im Straßenbau) sind z. T. recht umfangreiche Regelwerke entstanden (vgl. LfU, 1992). Dort ist i.d.R. eine weitgehende Zusammenarbeit zwischen Eingriffsnutzung und Naturschutz vorgeschrieben, deren Ergebnis der Landschaftspflegerische Begleitplan ist. Beispielsweise existieren in Niedersachsen solche untergesetzlichen Vorschriften zum Bodenabbau, zu wasserrechtlichen Verfahren, zur Flurbereinigung und zum Straßenbau. Sie sollen eine frühzeitige Einbeziehung der Ziele des Naturschutzes und der Landschaftspflege in den Planungsprozeß gewährleisten.

In den Ländern Niedersachsen, Saarland, Sachsen-Anhalt und Bremen ist in Ergänzung zum LBP die Vorlage einer gutachterlichen Stellungnahme der Naturschutzbehörde im Rahmen der Antragsunterlagen für das Zulassungsverfahren erforderlich. Diese Länder schreiben überwiegend, wie auch die meisten der übrigen Bundesländer, lediglich die Benehmensherstellung[1] über die Aussagen des LBP zwischen der Naturschutzbehörde und dem Vorhabenträger vor.

---

1 Ein auf Konsens abzielender wechselseitiger Abstimmungsprozeß.

In einigen Ländern wie Brandenburg, Schleswig-Holstein und Bremen ist demgegenüber die Herstellung des Einvernehmens[1] vorgeschrieben. Am Beispiel der niedersächsischen Regelung soll im folgenden gezeigt werden, welche Funktionen der LBP im Zulassungsverfahren übernehmen kann.

Die bereits erwähnte gutachterliche Stellungnahme des Naturschutzes ist in Niedersachsen zwingend bei jedem Planfestellungsverfahren zu einem Eingriff im Sinne des NNatG vom Vorhabenträger vor der Antragstellung auf Zulassung einzuholen (§ 14 NNatG, s. auch Meier, 1987). Diese unabgestimmte fachgutachtliche Stellungnahme im Vorfeld soll den Antragsteller im Planfeststellungsverfahren frühzeitig in die Lage versetzen, seine bisherigen Vorstellungen über Vermeidungs-, Ausgleichs- und Ersatzmaßnahmen zu überprüfen, bevor er diese im Benehmen mit der unteren Naturschutzbehörde in einem Landschaftspflegerischen Begleitplan darstellt (Nds. MU 1993, S. 35). Die Naturschutzbehörde wiederum kann bei der Aufstellung eines Begleitplanes in einem frühen Stadium durch ihr Gutachten und die Diskussion bei der Benehmensherstellung Einfluß auf die Inhalte des LBP nehmen. Als Plan des Antragstellers muß der LBP zwar nicht zwingend alle Anregungen der Naturschutzbehörde übernehmen, er hat jedoch Bezug auf deren gutachterliche Stellungnahmen zu nehmen. Bei Nichtbeachtung nimmt der Vorhabenträger Probleme in späteren Verfahrensschritten in Kauf. In Niedersachsen ist der LBP also die im Benehmen mit der Naturschutzbehörde antragsreif konkretisierte Darstellung der aus der Eingriffsregelung erwachsenden Forderungen des Naturschutzes nach Vermeidung, Ausgleich und Ersatz als Bestandteil des Antrags auf Zulassung. Vorteil einer solchen Regelung ist, daß durch die Gegenüberstellung von Begleitplan und gutachterlicher Stellungnahme[2], die auch nach der Benehmensherstellung bestehenbleibenden Differenzen zwischen den Auffassungen von Vorhabenträger und Naturschutzbehörde deutlich werden. Die Notwendigkeit einer Abwägung der Belange des Naturschutzes gegenüber anderen Ansprüchen an Natur und Landschaft wird damit offensichtlich. Dies kann für die Öffentlichkeits- oder Verbandsbeteiligung von erheblicher Relevanz sein.

Während die Regelungen in Niedersachen und Bremen (Kombination von Benehmensherstellung mit gutachterlicher Stellungnahme der Naturschutzbehörde) sich durch eine hohe Transparenz des Verfahrens auszeichnen, wird durch Länderregelungen, die das Einvernehmen vorschreiben, ein stärkerer rechtlicher Druck auf den Vorhabensträger ausgeübt, die Vorstellungen der Naturschutzbehörde zu berücksichtigen. Da die Fachverwaltungen des Natur-

1 Die entsprechende Behörde muß zustimmen.
2 Die gutachterliche Stellungnahme kann im Erörterungstermin angefordert werden; sie ist also ebenfalls de facto der Öffentlichkeit zugänglich.

schutzes jedoch auf Kreis- und Regierungsbezirksebene in die Einheitsbehörde eingebunden sind, besteht bei einer Einvernehmensregelung die Gefahr, daß politische Vorentscheidungen über die Zulassung eines Eingriffs auch die Stellungnahmen der Naturschutzbehörden stärker beeinflussen als bei der Benehmensherstellung.

Einige Ländernaturschutzgesetze (z. B. LPflG Rheinland-Pfalz § 3(2), BremNatSchG § 39(2), SächsNatSchG § 42(2), NNatSchG § 56(1)) schreiben bei allen (auch nicht LBP-pflichtigen) öffentlichen Planungen und Maßnahmen eine frühzeitige Beteiligung der Naturschutzbehörde vor. I.d.R. ist jedoch in Verfahren ohne LBP ein frühzeitiger Kontakt zwischen Vorhabenträger und unterer Naturschutzbehörde nicht vorgeschrieben. Die Benehmensherstellung findet erst in der Phase der Genehmigung statt.

11.2.2 Die Begleitplanung im Verhältnis zu anderen Instrumenten des Natur- und Umweltschutzes (insbesondere Landschaftsplanung, Umweltverträglichkeitsprüfung (UVP))

11.2.2.1 Überblick und Verhältnis zur Landschaftsplanung

Die Landschaftsplanung ist die wichtigste, lang- bis mittelfristig geltende Informationsgrundlage zur Beurteilung bestehender oder zukünftiger Beeinflussungen des Naturhaushaltes sowie der Planungsabsichten aller umweltrelevanten Nutzungen. Ebenso finden sich dort kurz-bis langfristig gültige Ziele zur Sanierung, Sicherung und Entwicklung der natürlichen Lebensgrundlagen (Schutzgüter). Den unterschiedlichen Planungsebenen entsprechend, werden diese Ziele und Informationen mit unterschiedlichem Differenzierungsgrad dargestellt: Im Landschaftsprogramm auf der Ebene des Landesraumordnungsprogramms, wo z. B. Entscheidungen über die Umwelterheblichkeit getroffen werden, im Landschaftsrahmenplan (Ebene der Regionalplanung, auf der für Raumordnungsverfahren bereits UVPen (1.Stufe) durchgeführt werden) und für den Landschaftsplan. Für den LBP ist insbesondere der Landschaftplan als Informations- und Zielgrundlage relevant.

Nur in einem Bundesland (NRW) erlangt ein Teil der Ziele des Landschaftsplanes unmittelbare Rechtskraft. In allen anderen Bundesländern besitzt der Landschaftsplan gutachterlichen Charakter und muß durch die Übernahme in die Regional- und Bauleitplanung, über andere Instrumente des Naturschutzes (wie Schutzgebietsausweisungen, Förderprogramme des Naturschutzes) und durch das Einfließen in Planungen und Instrumente anderer Nutzungen umgesetzt werden. Die Berücksichtigung und z. T. die Umsetzung der Naturschutzbelange ist im Falle von Eingriffen nach der Definition des BNatSchG oder Vorhaben nach UVPG gesetzlich geregelt. In diesem Rahmen ist auch die Landschaftspflegerische Begleitplanung zu sehen. Auch außerhalb von formali-

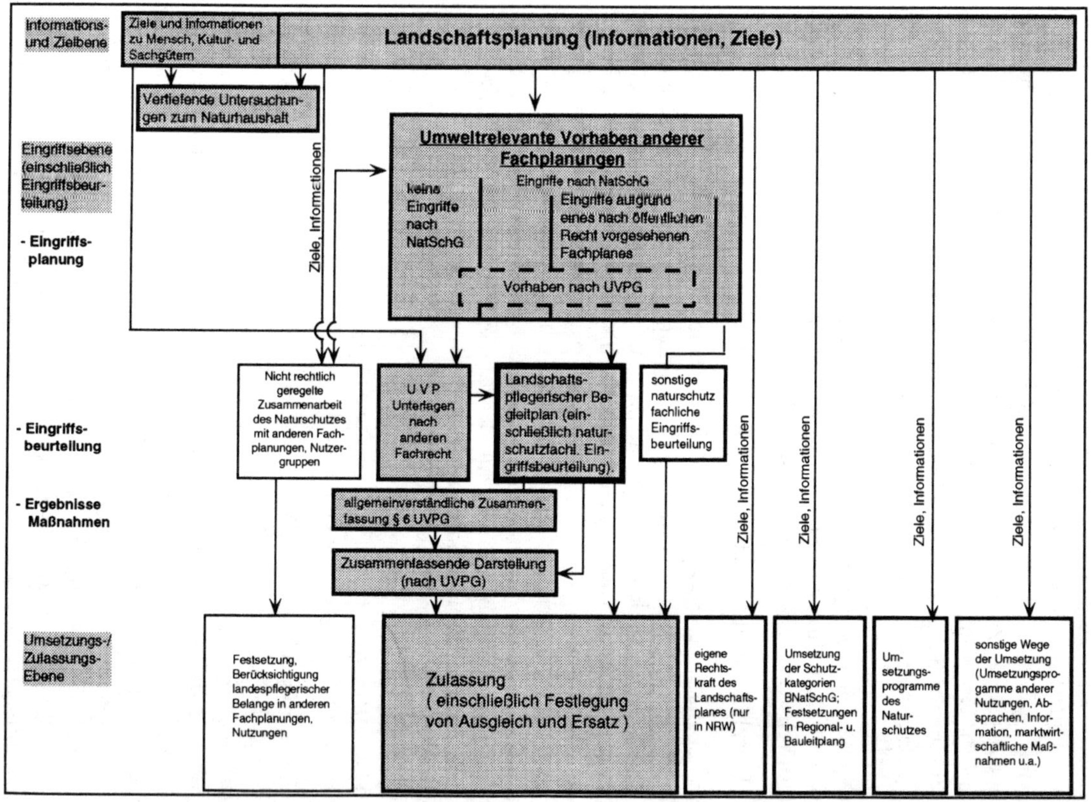

Abb. 101: Zusammenspiel von Landschaftsplanung, Umweltverträglichkeitsprüfung, Eingriffsregelung und Landschaftspflegerischem Begleitplan

sierten Pfaden der Beteiligung im Rahmen von UVP und Eingriffsregelung kann der Naturschutz jedoch in Kontakt mit anderen Planungen treten, um eine Abstimmung seiner Ziele mit den Entwicklungsvorstellungen anderer Landnutzungssysteme herbeizuführen bzw. dort naturschutzkonforme Entwicklungen zu initiieren.

Der Landschaftsplan liefert im wesentlichen Informationsgrundlagen, ein Zielsystem und Bewertungsmaßstäbe für die Erfassung und Bewertung des Naturhaushaltes im LBP, ermöglicht jedoch nicht ohne weiteres eine abschließende Beurteilung des jeweiligen geplanten Eingriffs und kann den LBP damit nicht ersetzen. Zwar finden die im Landschaftsplan angewendeten Verfahren zur Erfassung und Bewertung des Naturhaushaltes vom Prinzip her auch im LBP Anwendung. Sie weisen dort allerdings häufig einen stärkeren Detaillierungs- und Formalisierungsgrad auf. Grund hierfür ist die Notwendigkeit im LBP als objektbezogenem Plan insbesondere die Empfindlichkeit der Naturgüter gegenüber einem einzigen Verursacher und die durch diesen erwarteten Beeinträchtigungen sehr viel spezifischer zu beurteilen, als dies im Landschaftsplan der Fall sein kann. Der stärkere Formalisierungsgrad wird notwendig, weil am Schluß häufig bilanzierbare Ergebnisse stehen müssen. Darüberhinaus stimmt der objektbezogen abzugrenzende Untersuchungsraum des LBP häufig nicht mit den Verwaltungsgrenzen des Landschaftsplanes überein (LfU, 1992).

11.2.2.2 Verhältnis des Landschaftspflegerischen Begleitplanes zur UVP

Anwendungsbereich

Der Geltungsbereich des UVP-Gesetzes ist nicht in allen Fällen identisch mit dem der Eingriffregelung und damit des LBP. Die länderspezifische Handhabung der Eingriffsregelung und die Fachgesetze der Länder definieren den gesetzlich vorgeschriebenen Anwendungsbereich, die Inhalte, die Aufbereitung und den Prozeß der Erarbeitung des LBP. Während über die Anwendung der Eingriffsregelung im Sinne von § 8 BNatSchG immer im Einzelfall entschieden wird, regelt das UVPG bundesweit den Anwendungsbereich der UVP in einer Positivliste. Die UVP kann in Einzelfällen inhaltlich sogar über den breiten Anwendungsbereich der Eingriffsregelung und damit auch über den des LBP hinausgehen, da die Schutzgüter des UVPG gegenüber der Eingriffsregelung um die Bereiche Mensch, Kultur-und Sachgüter erweitert wurden.

UVP-pflichtige Vorhaben sind ohne Anwendung der Eingriffsregelung denkbar. Z. B. können UVPen im Gegensatz zur Eingriffsregelung (und damit dem LBP) nicht nur in Zulassungsverfahren sondern auch in vorgelagerten Verfahren (z. B. Raumordnungsverfahren) Anwendung finden. Die UVP auf der Ebene des Raumordnungsverfahrens sollte jedoch die Grundsätze der Eingriffsregelung, insbesondere den Vermeidungsgrundsatz, bereits berücksichtigen, um Schwierigkeiten im späteren Zulassungsverfahren zu vermeiden. Da die UVP im Raumordnungsverfahren aufgrund einer unzureichenden Konkretisierung der Vorhabensbeschreibung i.d.R nicht genau genug ist, um eine abschließende Beurteilung der ausgewählten Variante zu gewährleisten, sind im Zulassungsverfahren zum gleichen Vorhaben häufig wieder beide Instrumente anzuwenden (UVP 2.Stufe).

Inhaltliche und zeitliche Verzahnung der Instrumente

Ist zu einem LBP-pflichtigen Vorhaben auch die Durchführung einer UVP notwendig, wie häufig der Fall, so stellt sich die Frage nach der Abgrenzung und dem Zusammenspiel der einzelnen Instrumente untereinander. Die unterschiedlichen Funktionen von sogenannten Umweltverträglichkeitsstudien (UVS)[1] und LBP sind in der Praxis bisher i.d.R. unklar und Doppelarbeiten sind nicht selten. In Verfahren, in denen (früher) lediglich ein LBP erstellt werden mußte, leistete dieser auch die gesamte Erfassung und Bewertung der Schutzgüter und des Eingriffsrisikos. Die Erarbeitung dieser Grundlagen erfolgt nun häufig durch die UVS.

Vorschläge für eine bessere Verzahnung der beiden Instrumente müssen vor allem folgende Grundvoraussetzungen berücksichtigen:

- Die UVP ist ein Verwaltungsverfahren. Im Gegensatz dazu ergibt sich aus der Eingriffsregelung eine materielle Rechtsverpflichtung, Maßnahmen nach § 8 BNatSchG und den jeweiligen Ländergesetzen bei der Zulassungsentscheidung umzusetzen, während die Ergebnisse der UVP nur zu berücksichtigen sind.
- Anders als bei der UVP muß zum LBP je nach Länderregelung das Benehmen oder Einvernehmen mit der Naturschutzbehörde hergestellt werden.
- Aussagen zu Beeinträchtigungen von Menschen, Kultur- und Sachgütern durch ein Vorhaben sind im LBP nicht darzustellen. Sie müssen über die UVP in die Abwägung einfließen. Die Beeinträchtigungen menschlicher Ansprüche an den Naturhaushalt werden allerdings zu einem großen Teil durch die Erfassung der Auswirkungen eines Eingriffs auf die einzelnen Naturhaushaltsfunktionen und das Landschaftsbild abgedeckt. Auch der Umweltbegriff der UVP ist ein „ökosystemarer" Begriff und damit sind z. B. menschliche Ansprüche ohne Bezug zum Naturhaushalt ausgenommen.

---

1 Der Begriff UVS wurde ursprünglich im Rahmen von Umweltverträglichkeitsuntersuchungen von Straßenbauvorhaben im Raumordnungsverfahren eingeführt. Die UVS beschränkte sich dabei vor allem auf die Variantendiskussion. Inzwischen hat sich eine breitere Verwendung des Begriffes eingebürgert. Dabei versteht man unter UVS das/die im UVP-(Verwaltungs-)Verfahren vorgelegten Gutachten, die die Beschreibung des Vorhabens und seiner Umweltauswirkungen enthalten.

- Hinsichtlich der bei der Entscheidung über die Zulassung eines Vorhabens zu berücksichtigenden Grundlagen für die Bewertung der Auswirkungen auf die Umwelt ändert sich insgesamt wenig gegenüber dem Zustand vor dem UVPG, da strenggenommen nach wie vor lediglich eine Orientierung an den gesetzlichen Zulässigkeitsvoraussetzungen (also den Festsetzungen der geltenden Fachgesetze) erfolgt.

Folgende Handhabung ist unter Beachtung dieser Vorgaben wünschenswert (s. auch Abb. 102):

Der LBP leistet die Bestandsaufnahme, die Risikoanalyse und die Maßnahmenplanung für alle Eingriffe nach Naturschutzrecht. Er geht anschließend als Anwendung des Naturschutzrechtes in die UVP ein und stellt eine der Unterlagen gemäß § 6 UVPG dar, die zum Zulassungsantrag (i.d.R. Planfeststellung) vorzulegen sind. Die Maßnahmen werden im LBP im Benehmen oder Einvernehmen mit der Naturschutzbehörde antragsreif dargestellt. UVP-Inhalte die nicht unter die Eingriffsregelung fallen und nach anderem Recht (z. B. BImSchG, Wasserrecht) abgehandelt werden, sind in einem oder mehreren weiteren Gutachten/Planungen darzustellen, die ebenfalls Teil der Unterlagen gem. § 6 UVPG werden. Auch in diesen Planungen können Vermeidungs- und Ausgleichsmaßnahmen dargestellt werden (z. B. Lärmschutzmaßnahmen). Diese Maßnahmen können, wie die vom Naturschutz geforderten, in dem jeweiligen nach öffentlichem Recht vorgesehenen Fachplan festgesetzt werden. Eine Definiton und Anwendung der Begriffe Vermeidung und Ausgleich ausschließlich nach Naturschutzrecht ist nicht zweckmäßig und vom Gesetzgeber auch nicht gewollt (Beispiele: Baurecht, Wasserrecht, s. Breuer, 1991b). Lediglich die Verpflichtung zu Ersatzmaßnahmen ist bisher ausschließlich auf das Naturschutzrecht beschränkt (Nds. MU, 1993). Die Erstellung des LBP ist dabei als Prozeß aufzufassen, in dem es möglich ist, Ergebnisse der übrigen Gutachten noch zu berücksichtigen (z. B. ist ggf. ein Lärmschutzwall wiederum als Eingriff zu werten).

Um zu verhindern, daß die Antragsunterlagen unübersichtlich und für die Zulassungsbehörde schwer durchschaubar werden, wird in Niedersachsen eine „allgemeinverständliche Zusammenfassung der Unterlagen des Vorhabenträgers" in einem gesonderten Text angestrebt (Meier mündl. 1994). Der Begriff „UVS" soll damit auf der Zulassungsebene überflüssig gemacht und nicht mehr angewendet werden. Die allgemeinverständliche Zusammenfassung wird die Kernaussagen der Einzelplanungen zusammentragen, diese -im Sinne einer medienübergreifenden und Wechselwirkungen berücksichtigenden Sicht- miteinander verknüpfen und die Antragsunterlagen untereinander abstimmen. Um die Ergebnisse nachvollziehbar zu machen, muß die Zusammenfassung Verweise auf entsprechende Aussagen in den jeweiligen Einzelplänen enthalten. Die Handhabbarkeit für die Zulassungsbehörde wird durch die Kennzeichnung von Aussagen, die nach Fachrecht gemacht werden, erleichtert.

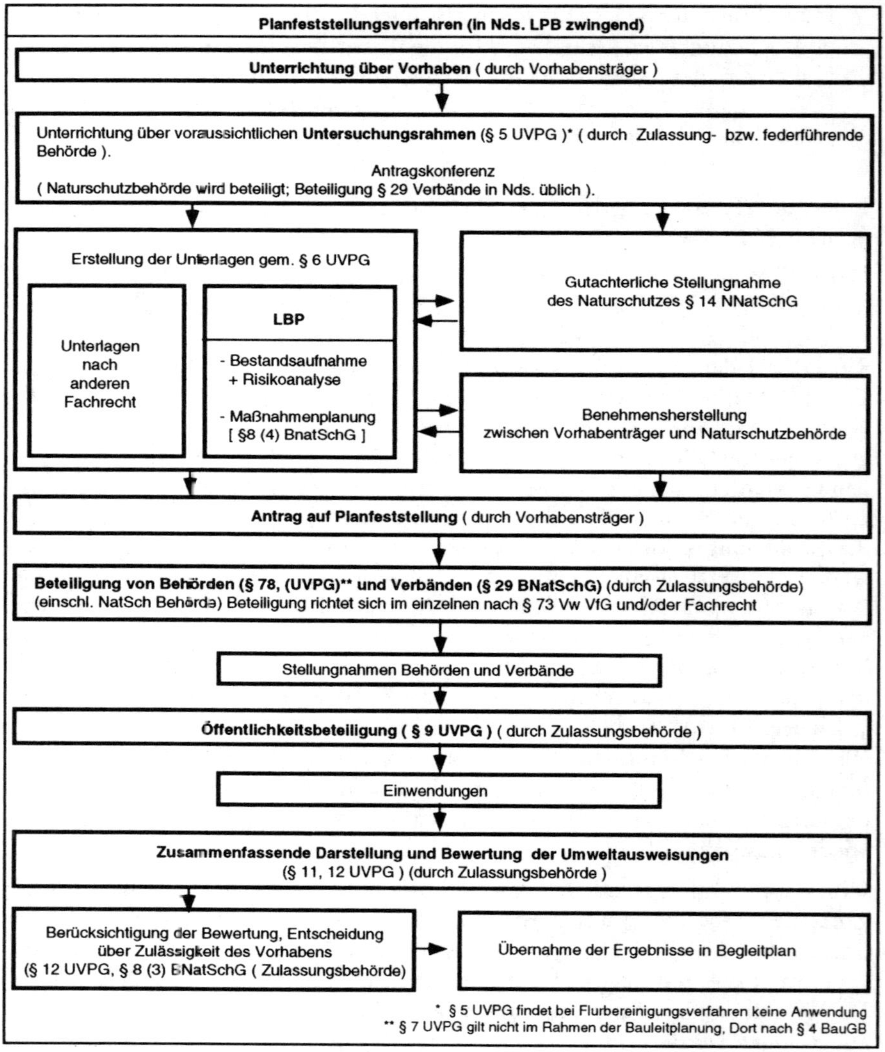

Abb. 102: Stellung des LBP in Niedersachsen im Ablauf von Planfeststellungsverfahren, in denen UVP und Eingriffsregelung angewendet werden.

Vorteile eines solchen Vorgehens wären:

- Doppelarbeiten in LBP und UVS und Verzögerungen im Zulassungsverfahren werden vermieden;
- die Antragsunterlagen werden für den Vorhabenträger und die beteiligten Behörden besser überschaubar; der Zwang zur gegenseitigen Information und Kooperation wird verstärkt;
- Die allgemeinverständliche Zusammenfassung wird als UVP-Dokument des Vorhabenträgers der Öffentlichkeit zugänglich sein und damit im Gegensatz zu der nicht zugänglichen zusammenfassenden Darstellung der Zulassungsbehörde einen wichtigen Beitrag zur Transparenz der UVP für die Öffentlichkeit liefern.

Insgesamt hat die UVP keineswegs den Begleitplan überflüssig gemacht, sondern die Instrumente ergänzen einander. Während die UVP im wesentlichen eine Verfahrensregel ist und das Abwägungsmaterial beisteuert, führt die Eingriffsregelung zu materiellen Konsequenzen. Die Ergebnisse der UVP bedürfen der Umsetzung über die Eingriffsregelung (GASSNER, 1990).

11.2.3 Die Landschaftspflegerische Begleitplanung in beispielhaften Einsatzfeldern

11.2.3.1 Ablauf der Begleitplanung im Straßenbau

Die Landschaftspflegerische Begleitplanung bei Verkehrsanlagen hat eine lange Tradition und verfügt über ein ausgefeiltes Instrumentarium. Die Berücksichtigung der Belange von Naturschutz und Landschaftspflege beim Bau von Bundesfernstraßen werden durch bundesrechtliche Vorgaben abschließend geregelt (Hinweise zur Berücksichtigung des Naturschutzes und der Landschaftspflege beim Bundesfernstraßenbau – BMV, 1987). Auf Landesebene existieren für andere Staßenbauvorhaben häufig ebenfalls Leitlinien (z. B. in Nds.), wodurch Straßenplanung und Landschaftspflegerische Begleitplanung eng miteinander verzahnt sind (s. Abb. 103). Die Integration der UVS erfolgt wie in Kap. 11.2.2.2 beschrieben.

Der LBP im Straßenbau enthält

- eine Bestandsaufnahme, Konfliktanalyse und Überprüfung des Straßenentwurfs mit dem Ziel der Konfliktminderung bzw. Vermeidung von Eingriffen
- die Erarbeitung von Maßnahmen des Naturschutzes und der Landschaftspflege (Zur Erstellung des Maßnahmenverzeichnisses ist in den Hinweisen des Bundesministers für Verkehr (BMV 1987) ein Formblatt vorgegeben).
- die vergleichende Gegenüberstellung von Beeinträchtigungen und Ausgleich. Wesentlicher Bestandteil ist eine Flächenbilanz, die Flächenbedarf und künf-

tige Flächennutzung darstellt und als Grundlage für die Kostenschätzung dient (aus: LfU, 1992).

Zum Ablauf der landschaftspflegerischen Begleitplanung beim Straßenbau s. Abb 104.

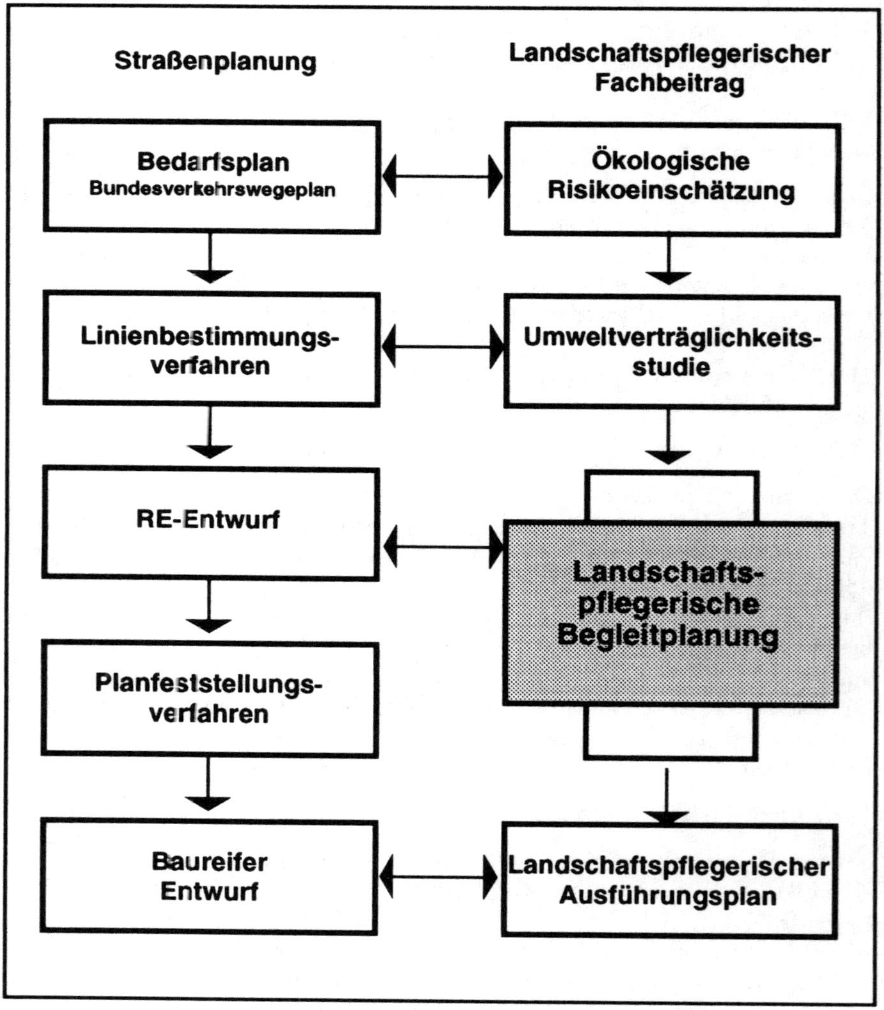

Abb. 103: Integration der landschaftspflegerischen Fachbeiträge in die Straßenplanung (LfU Baden-Württemberg, 1992)

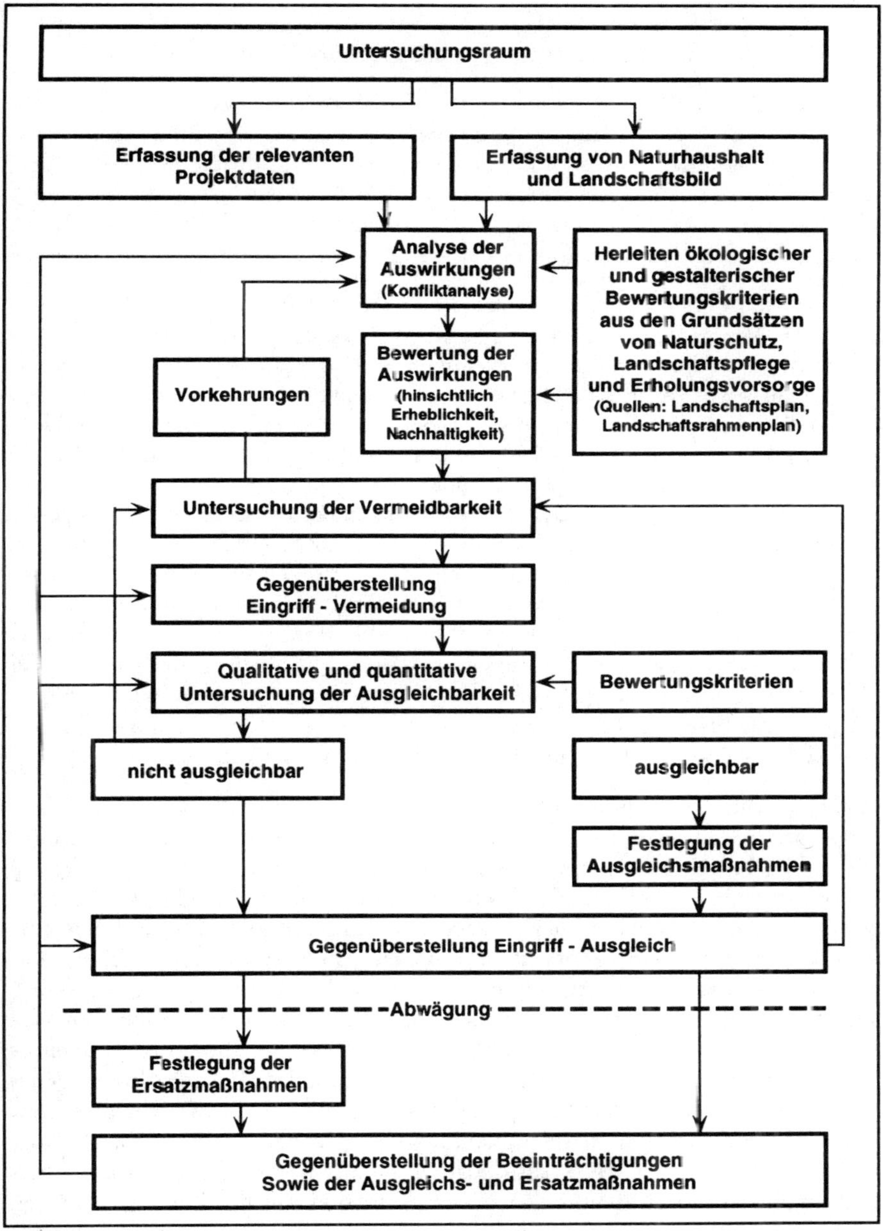

Abb. 104: Allgemeines Ablaufschema für die landschaftspflegerische Begleitplanung zum Straßenbau (Dehlinger, 1989 in LfU, 1992)

11.2.3.2 Ablauf der Begleitplanung in der Flurbereinigung

Ebenso wie im Straßenbau ist die landschaftspflegerische Begleitplanung in der Flurbereinigung ein seit langem praktiziertes und in der Zusammenarbeit zwischen Flurbereinigungs- und Naturschutzbehörde ausdifferenziertes Instrument, in das die neuen Anforderungen des UVPG nachträglich zu integrieren waren bzw. sind. Im Gegensatz zur Straßenplanung ist das Flurbereinigungsverfahren jedoch eher ein untypisches Beispiel, das einige Besonderheiten aufweist.

Während das UVPG vorschreibt, daß alle für die UVP erforderlichen Informationen zu dem geplanten Vorhaben zu Beginn des Verfahrens detailliert vorliegen müssen, ist die UVS im Flurbereinigungsverfahren während der Erstellung des Planentwurfs (nach § 41 FlurbG), parallel zur Maßnahmenkonkretisierung, zu erstellen und weist i.d.R. einen sehr großen Überschneidungsbereich mit dem LBP auf. Die Planung der Eingriffe ist im Flurbereinigungsverfahren als Prozeß aufzufassen, der in ständiger Auseinandersetzung mit der Naturschutzbehörde erfolgt bzw. erfolgen sollte. Der LBP ist in der Praxis der meisten Bundesländer das Endergebnis dieses langen Prozesses von Informationserhebung, -austausch und Abstimmung. Abb. 105 verdeutlicht diesen Prozeß in vereinfachter Form am Beispiel der niedersächsischen Regelung. Trotz der Zusammenfassung verschiedener Abstimmungsschritte in dieser Abbildung wird deutlich, daß die Zusammenarbeit zwischen Naturschutz- und Flurbereinigungsbehörde bei einer solchen Handhabung über das vom Gesetzgeber vorgeschriebene Maß hinausgeht. Das Flurbereinigungsverfahren stellt in diesem Sinne ein positives Beispiel für eine über den LBP hinausgehende Begleitplanung dar.

Weniger positiv sind die Einflußmöglichkeiten von Öffentlichkeit und Naturschutzverbänden im Flurbereinigungsverfahren zu sehen. Obwohl das UVPG für die Einbeziehung der § 29er Verbände und die Öffentlichkeitsbeteiligung Verbesserungen bewirkt hat, ist das Flurbereinigungsverfahren im Vergleich zu anderen Verfahren noch immer als relativ undemokratisch zu bezeichnen. Das gilt insbesondere für das Vorverfahren bis zum Flurbereinigungsbeschluß, das nur eine sehr eingeschränkte Öffentlichkeits- und Verbandsbeteiligung kennt. Selbst die Teilnehmergemeinschaft hat keine rechtlichen Möglichkeiten, ein Verfahren zu verhindern. Auch die UVP bringt in diesem Stadium des Verfahrens keine Mitspracherechte der Öffentlichkeit mit sich, da sie als objektbezogenes Prüfverfahren erst bei der Aufstellung des „Wege- und Gewässerplanes“ zum Tragen kommt. Im Rahmen des Planfeststellungsverfahrens zum „Wege- und Gewässerplan“ bringt das UVP-Gesetz ebenfalls nur eingeschränkte Beteiligungsrechte für die Öffentlichkeit. Zum einen sind Flurbereinigungsverfahren ausdrücklich aus dem Gültigkeitsbereich des § 5 UVPG („Scoping-Termin“) ausgenommen, so daß auch Naturschutzverbände nicht, wie in anderen Verfahren üblich, an der Festlegung des Untersuchungsrahmens teilnehmen. Desweite-

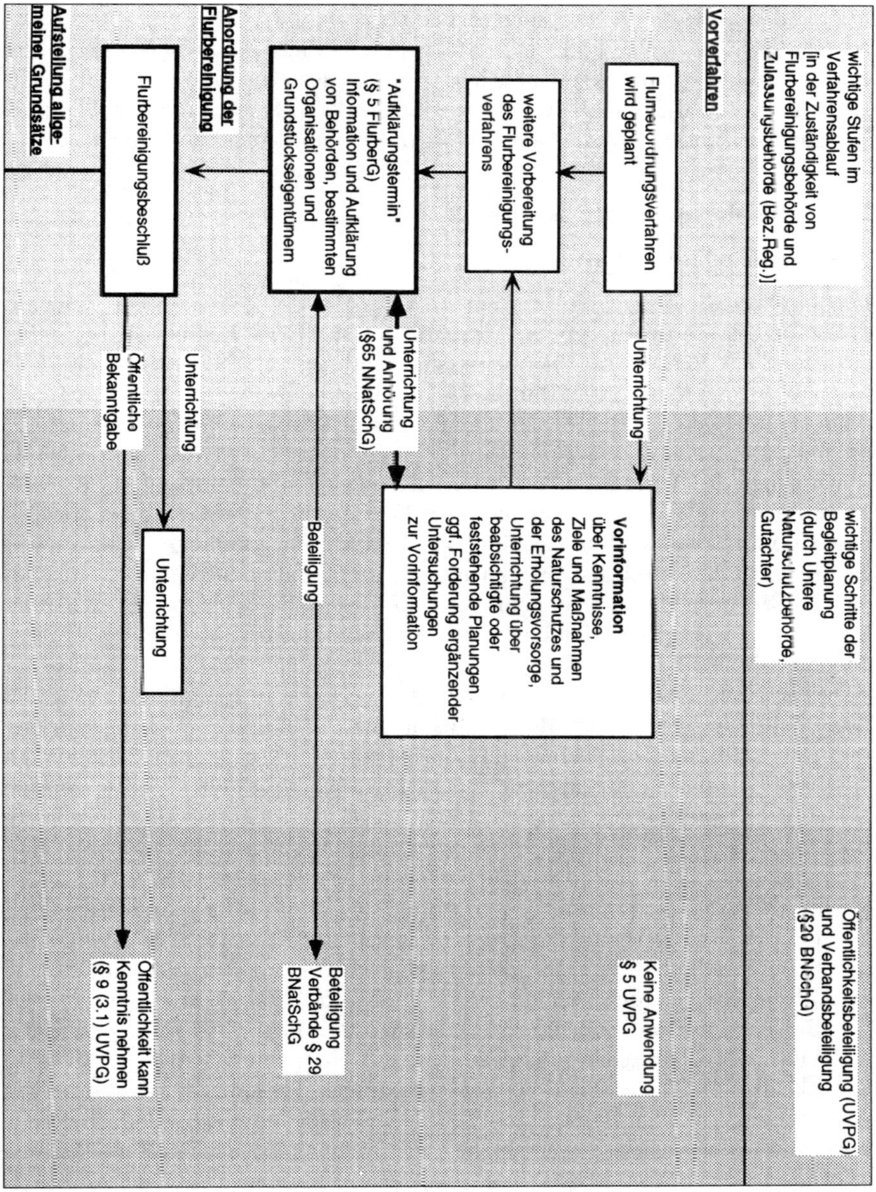

Abb. 105: Begleitplanung und Öffentlichkeitsbeteiligung im Ablauf des Flurbereinigungsverfahrens (mit UVP)

ren gilt der die Öffentlichkeitsbeteiligung regelnde § 9 UVPG nur in der reduzierten Form des § 9.3 UVPG. Das bedeutet, daß nur die Entscheidung **ohne** Entscheidungsgründe bekannt gemacht wird und desweiteren § 73 VwVfG nicht gilt. Es erfolgt also lediglich eine ortsübliche Veröffentlichung des Planfeststellungsbeschlusses, die Einwender werden jedoch nicht einzeln informiert.

11.2.4. Inhalte und Methoden des LBP

Aussagebreite und -schärfe

Der Landschaftspflegerische Begleitplan erfordert grundsätzlich eine flächendeckende und an den geplanten Maßnahmen orientierte Landschaftsbestandsaufnahme des Verfahrensgebietes. Inhaltlich müssen alle Naturraumpotentiale (im Sinne von § 1 BNatSchG) und das Landschaftsbild abgedeckt werden (vgl. ARUM, 1994a, b). Im Begleitplan sind dabei aus juristischer Sicht allerdings nur die bei der Zulassung relevanten Inhalte (s. § 8 BNatSchG bzw. entsprechende Regelungen der Länder) darzustellen. Alle übrigen Inhalte wie z. B. Veränderungen von Klima, Luftqualität oder Wasser, die nicht mit Veränderungen von Grundflächen verbunden sind, gehören strenggenommen nicht in den Begleitplan oder wären als nicht zulassungsrelevant zu kennzeichnen. Ausnahmen stellen ursächlich untrennbar mit dem Eingriff verbundene Sekundärwirkungen dar, wie z. B. die Drainage und folgende Intensivnutzung von Flächen aufgrund der Sohlenvertiefung eines Gewässers, die den Zweck hatte, die Vorflut zu verbessern (Meier, 1987, S. 14). Die für die Erfassung und Bewertung des Naturhaushaltes geeigneten Methoden sind aus dem Beitrag von Langer in diesem Band (10.2) zu entnehmen. Ergänzend zu dem von Langer dargestellten Spektrum können im Begleitplan außerdem Inhalte wie seltene oder von den Milieubedingungen her extreme Böden (vgl. Biotopentwicklungspotential, Brahms et al., 1989), Landschaftsbildentwicklungspotential und natürliches Potential zur umweltschonenden Erzeugung von regenerativen Energien (Wind-, Wasser-, Sonnenenergie) erfaßt werden. Um in der Eingriffsregelung Relevanz zu erlangen, muß das Potential dabei als eine real bereits existierende schutzwürdige Eigenschaft des Standortes interpretierbar sein, nicht nur als eine zukünftige Entwicklungsmöglichkeit (mündl. Mitt. Meier). Die Maßstäbe für die Bewertung der Eingriffe und die Wirksamkeit von Kompensationsmaßnahmen sollten aus den Zielen der Landschaftplanung entnehmbar sein. Landschafts- und Landschaftsrahmenpläne müssen Orientierungshilfen für die Anwendung der Eingriffsregelung geben und somit ausreichend flächenkonkrete und regionalisierte Ziele enthalten, die übergeordnete Maßstäbe (z. B. landesweite Listen gefährdeter Biotoptypen) berücksichtigen.

Auf dieser Grundlage sind im LBP alle Aussagen zu treffen, die zur Beurteilung des Eingriffs notwendig sind. Eine Konkretisierung dieser Erfordernisse erfolgte durch die Arbeitsgruppe ‚Eingriffsregelung' der Landesanstalten/-ämter für Naturschutz und Landschaftspflege und der BFANL (1988) mit der Vorgabe folgender Arbeitsschritte:

- Beschreibung des geplanten Projektes und Angabe der Wirkfaktoren
- Erfassung der Leistungsfähigkeit des Naturhaushaltes
- Abschätzung von Beeinträchtigungen
- Ableitung von Vorkehrungen zur Unterlassung vermeidbarer Beeinträchtigungen
- Untersuchung der Ausgleichbarkeit des Eingriffs und Vorschlag von Ausgleichsmaßnahmen
- Ermittlung nicht ausgleichbarer Beeinträchtigungen

Das Schleswig-Holsteinische LNatSchG vom 16.6.93 (§ 9(2)) sei (neben dem BbgNatSchG) als Beispiel für eine im Sinne des o.g. Aufgabenkataloges relativ stark konkretisierte gesetzliche Vorgabe beispielhaft erwähnt. Hervorzuheben ist, daß es über die oben genannten Inhalte hinaus Maßnahmen zur **dauerhaften Sicherung** des Ausgleichs und Ersatzes vorsieht (§ 9(2)).

Die Angabe möglicher Ersatzmaßnahmen ist in den meisten Länderregelungen ebenfalls vorgesehen. Eine Trennung von Ausgleich und Ersatz sollte auch dann beibehalten werden, wenn das jeweilige Ländergesetz hier nicht mehr unterscheidet. Durch die Zusammenfassung von Ausgleich und Ersatz kann verschleiert werden, daß keine Abwägung der Umweltbelange gegenüber anderen Belangen stattgefunden hat. Diese zwischen Ausgleich und Ersatz angesiedelte Abwägung kann nicht logisch begründet, sondern muß politisch vertreten werden. Eine mangelhafte Differenzierung zwischen Ausgleichs- und Ersatzmaßnahmen (z. B. ihre Zusammenfassung zu Kompensationsmaßnahmen) kann jedoch dazu führen, daß nach dem Eingriff verbleibende Beeinträchtigungen nicht entsprechend dargestellt werden und somit die Voraussetzung für eine sachgemäße Abwägung über die Zulässigkeit des Eingriffes entfällt.

Die Ausweisung von Flächen für Ausgleichs- und Ersatzmaßnahmen sollte möglichst im Verfahrensgebiet und im funktionalen Zusammenhang mit dem jeweiligen Eingriff erfolgen. Ist dies im Falle von Ersatzmaßnahmen nicht möglich oder sinnvoll, so können auch außerhalb des Verfahrensgebietes liegende Ersatzflächen in Erwägung gezogen werden. Die beste Voraussetzung für eine sinnvolle, mit übergeordneten Zielen des Naturschutzes und anderen Planungen koordinierte Auswahl der Ersatzflächen und -maßnahmen bietet ein Landschaftsplan, der geeignete, entwicklungsfähige Bereiche eines Gemeindegebietes mit entsprechenden Entwicklungszielen ausweist (z. B. Gebiete mit hohem Biotop- oder Landschaftsbildentwicklungspotential sowie zur Entsiegelung geeignete Bereiche). Die öffentliche Hand könnte auf einer solchen Grundlage eine entsprechende Flächenankaufspolitik für Ersatzmaßnahmen steuern. Auch der

Aufbau eines „Flächenpools“ ist in diesem Zusammenhang denkbar. Solange die bestehende Nutzung beibehalten wird, dürfte dies für die Gemeinden keine Probleme (z. B. durch die Eigenentwicklung schutzwürdiger Biotope in diesem Flächenpool) mit sich bringen.

Die Ergebnisse des LBP sind in einer **Bilanzierung** übersichtlich darzustellen (s.Beispiel Tab.29). Die Bilanzierung soll die quantitativen Aspekte der Ableitung von Ausgleich und Ersatz nachvollziehbar (und somit ggf. auch kritisierbar) machen. Zur genauen Darstellung von Methoden der Bilanzierung ist auf HABER et al. (1991) zu verweisen.

Die Aussageschärfe ist bei den meisten Verfahren in von Eingriffen betroffenen Gebieten an den Darstellungsmöglichkeiten des Maßstabes 1:5000 zu orientieren. Sie kann dort also über die Genauigkeit der Informationserhebung im Landschaftsplan hinausgehen. Dieser sollte, falls in qualifizierter Form vorhanden, jedoch zu Grunde gelegt und nur soweit notwendig durch detailliertere Untersuchungen ergänzt werden. In besonders schutzwürdigen und gefährdeten Gebieten kann eine genauere Darstellung im Maßstab 1:2000 notwendig werden, um (in Verfahren ohne UVP) die Umweltauswirkungen des Vorhabens zu beurteilen und Vermeidungs-, Ausgleichs- und Ersatzmaßnahmen zu entwickeln. Nicht beplante Gebiete ohne zu erwartende Auswirkungen oder Maßnahmen des Naturschutzes können in einer geringeren Intensitätsstufe bearbeitet werden.

Formalisierung und Standardisierung

Die Ermittlung von Ausgleichs- und insbesondere von Ersatzmaßnahmen und deren Bilanzierung als Aufgabe des LBPs macht im Vergleich zu anderen Planungsaufgaben des Naturschutzes (wie Landschaftsplanung, Pflege- und Entwicklungsplanung) eine stärkere Formalisierung und Standardisierung der Handhabung der Eingriffsregelung notwendig. Dieses hat folgende Gründe:

Ausschließlich verbale und für den Einzelfall individuell abgefaßte Begründungen lassen sich aufgrund der Komplexität der meisten Verfahren nur schwer übersichtlich darstellen, sind nicht mit anderen Fällen vergleichbar und führen insgesamt nicht zu einfach erfaßbaren Entscheidungsgrundlagen. Ausschließlich angewandt, stellen sie, wie die Praxis gezeigt hat, zu hohe Anforderungen an den im Rahmen des Verwaltungshandelns gegenwärtig möglichen Zeitaufwand für die Abarbeitung der Eingriffsregelung. Darüberhinaus ist die Vergleichbarkeit der Beurteilungen und Schlußfolgerungen des Naturschutzes mindestens im einzelnen und möglichst auch in unterschiedlichen Verfahren anzustreben, um voneinander abweichende Eingriffsbewertungen und Kompensationsforderungen zu verhindern, die die Glaubwürdigkeit des Naturschutzes schmälern. Eine Gegenüberstellung von Eingriffen und Ausgleichs- sowie Ersatzmaßnahmen muß ermöglicht und nachvollziehbar werden. Während die Herstellung des Ausgleichs in vielen Fällen verbal argumentativ über die Wiederherstellung der Funktionen begründbar ist, müssen bei der Ableitung von Ersatzmaßnahmen oder gar Ersatzabgaben Standards herangezogen werden. Daher ist eine innerhalb bestimmter Grenzen erfolgende Formalisierung der Handhabung der Eingriffsregelung unumgänglich. Auf Länder- und Bundesebene wird gegenwärtig an Wegen zu einer solchen Vereinheitlichung in Vorgehen und Bewertung gearbeitet.

Der Standardisierung sind aufgrund einer Reihe in der Fachwelt häufig genannter Gründe jedoch gewisse Grenzen gesetzt (s. Nds. Landesamt für Ökologie, 1993):

- sie darf nicht zu einer erfassungsunabhängigen oder auf niedrigem Erfassungsniveau ansetzenden Scheingenauigkeit der Bewertung führen; eine starke Formalisierung durch Präzision vortäuschende Rechenoperationen ist zu vermeiden
- sie darf nicht zu einer Beschränkung der Anwendung der Eingriffsregelung auf die leicht standardisierbaren Parameter führen (z. B. Flächenverlust und seine Kompensation); funktionale Zusammenhänge sind ebenso wie alle Eingriffsfolgen verbal argumentativ umfassend zu berücksichtigen, auch wenn eine Standardisierung nicht möglich ist. Auch die Bilanzierungen (meist Flächenbilanzierungen) sollten sich auf vertretbare Teilbereiche beschränken und können nicht die alleinige Grundlage für die Beurteilung von Eingriffsfolgen und -ausgleich darstellen
- es sollten nicht völlig verschiedene Sachverhalte zu Gesamtwerten aggregiert werden, sondern die Standardisierung muß sich auf die Einzelschritte der Eingriffsregelung beschränken; andernfalls würde die Gefahr einer unsachgemäßen Handhabung von Ausgleich und Ersatz erheblich vergrößert.

Die Standardisierung sollte zunächst an häufig vorkommenden, wenig komplexen und/ oder generell gut untersuchten Fällen ansetzen, die in der einzelfallweisen Bearbeitung viel Zeit beanspruchen würden. Die Zusammenstellung solcher im Schnellverfahren abarbeitbarer Fälle für die einzelnen Fachplanungen steht bisher in den meisten Bundesländern noch aus.

11.2.5 Umsetzung

Die Umsetzung der Begleitplanung umfaßt sowohl das Verfahren, die methodisch fachliche Abarbeitung der Eingriffsregelung und die Realisierung der Maßnahmen. Die Umsetzung des LBP umfaßt lediglich den letztgenannten Punkt. Wichtigste Voraussetzung für eine effektive Umsetzung in allen Bereichen der Begleitplanung ist eine gute und intensive Zusammenarbeit mit der planaufstellenden Fachplanung und allen übrigen Beteiligten (z. B. beteiligte

Vermeidungsbilanz

Beeinträchtigungsfaktor	Ausmaß/ Intensität	räumlicher Bezug	Vermeidungsmaßnahmen	Vermeidungs-"Erfolg"		
				quantitativ	qualitativ	verbl. Ausmaß/Intensität des Beeinträchtigungsfaktors
Anlagebedingt						
Bodenversiegelung (Nicht-Gebäudeflächen)	950 m²	Wege/Parkplätze	Reduzierung der Versiegelungsfläche	150 m²	Aueboden, Gleyboden, Aufschüttungsboden, Hecke	800 m²
Anlage von Gebäuden - Grundfläche	1.900 m²	Gebäudekomplex	Ausrichtung der Lage an der Schutzbedürftigkeit des Naturhaushaltes	---	Inanspruchnahme von mehr Aufschüttungsboden und weniger Aueboden	1.900 m²

Ausgleichsbilanz

Beeinträchtigungsfaktor	Betroffenes Schutzgut bzw. Funktion	Beeinträchtigung			Ausgleichsmaßnahmen			Ausgleichs-"Erfolg"	Ersatzbedarf
		Nr.	Umfang	Art	Nr.	Umfang	Art		
Anlagebedingt									
Bodenversiegelung	BODEN								
	Verlust von Boden/ Bodenfunktionen	B1	300 m²	Auenboden	2	300 m²	Renaturierung eines aufgeschütteten Auebereichs	B1 ausgeglichen	---
		B2	2.000 m²	Aufschüttungsboden	3	500 m²	Entsiegelung	B2 teilweise ausgeglichen	1.500 m²
		B3	400 m²	Gleyboden	2	100 m²	Renaturierung eines aufgeschüt-	B3 teilweise ausgeglichen	300 m²

Ersatzbilanz						
Ersatzbedarf			Ersatzmaßnahmen			weiterer Ersatzbedarf
Art	Beeinträchtigungs-Nr.	Umfang	Nr	quantitativ	qualitativ	
Wiederherstellung von Bodenfunktionen	B2	2.000 m²	E1	1.800 m²	Entsiegelung	200 m²
Wiederherstellung von Bodenfunktionen	B3	300 m²		---		300 m²
Wiederherstellung von Ruderalflur	B5	500 m²	10 23	400 m² 100 m²		---

Tab. 29: Vermeidungs-, Ausgleichs- und Ersatzbilanz – Quantifizierungs- und Darstellungsbeispiele

Landwirte, Verbände, Öffentlichkeit). Eine hohe Akzeptanz der Maßnahmen und ggf. ihre Verbindung mit der Verwirklichung anderer lokaler Interessen kann die Realisierung der Ziele des LBP in enger Verbindung mit einem Gesamtkonzept des Naturschutzes und der Landschaftsplanung im jeweiligen Raum bewirken. Sinnvoll mit den Maßnahmen des LBP kombinierbare Naturschutzziele können durch eine Reihe weiterer Instrumente des Naturschutzes oder anderer Fachplanungen umgesetzt werden, die flankierend zum LBP eingesetzt werden können. So wären z. B. in Niedersachsen im Rahmen einer Flurbereinigung Uferrandstreifen, die nicht über Ausgleichs- und Ersatzmaßnahmen realisiert werden können, durch Mittel aus dem Wasserpfennig finanzierbar. Z. T. sind über den LBP hinausgehende Naturschutzziele ebenfalls über die jeweiligen Fachpläne zu verwirklichen. Im Rahmen einer Unternehmensflurbereinigung zum Ausbau einer BAB-Strecke im Landkreis Hannover griff bspw. die politische Interessenvertretung der Landwirte eine Forderung des Naturschutzes auf und erreichte den Ankauf von Immissionsschutzstreifen durch den Straßenbau im Rahmen der Unternehmensflurbereinigung. Dazu ist jedoch eine die Grenzen der sektoralen Fachverwaltungen überschreitende Kooperation notwendig.

Umsetzungsdefizite in der Begleitplanung treten gegenwärtig in allen genannten Bereichen von der Abwicklung des Verfahrens über die methodisch fachliche Durchführung (Unklarheiten über die Eingriffsregelung) bis zur Realisierung und Zielerfüllung auf (s. Abb. 106). Untersuchungen zur Umsetzung der Eingriffsregelung in Niedersachsen kamen beispielsweise zu dem Ergebnis, daß die festgesetzten Kompensationsmaßnahmen nur in 47 % der betrachteten Fälle durchgeführt wurden (Hempen et al., 1992, S. 84). Diese Defizite treten auch bei LBP auf, da öffentliche Vorhabenträger sich bezüglich des Vollzuges keineswegs vorbildlich verhalten (Hempen et al., 1992, S. 75). Stichprobenüberprüfungen der Umsetzung des LBP zum Wege- und Gewässerplan in Flurbereinigungsgebieten in Hessen zeigten, daß bspw. viele Gräben erheblich tiefer als im Plan vorgeschrieben angelegt wurden.

Ein Teil dieser Defizite beruht auf grundsätzlichen Restriktionen des Instrumentes Eingriffsregelung, die von vornherein die Erfüllung der Zielsetzung einer umfassenden Wiederherstellung betroffener Werte und Funktionen des Naturhaushaltes einschränken können. In diesem Zusammenhang sind

- die begrenzte rechtliche Anwendbarkeit der Eingriffsregelung (s. Abschnitt 11.1)
- die Verwendung unbestimmter Rechtsbegriffe (wie Vermeidungsgebot, Ausgleichbarkeit u. a.), die einen in der Praxis kaum einlösbaren hohen ökologischen Anspruch suggerieren und
- die Zuständigkeit der Genehmigungsbehörden für die Umsetzung

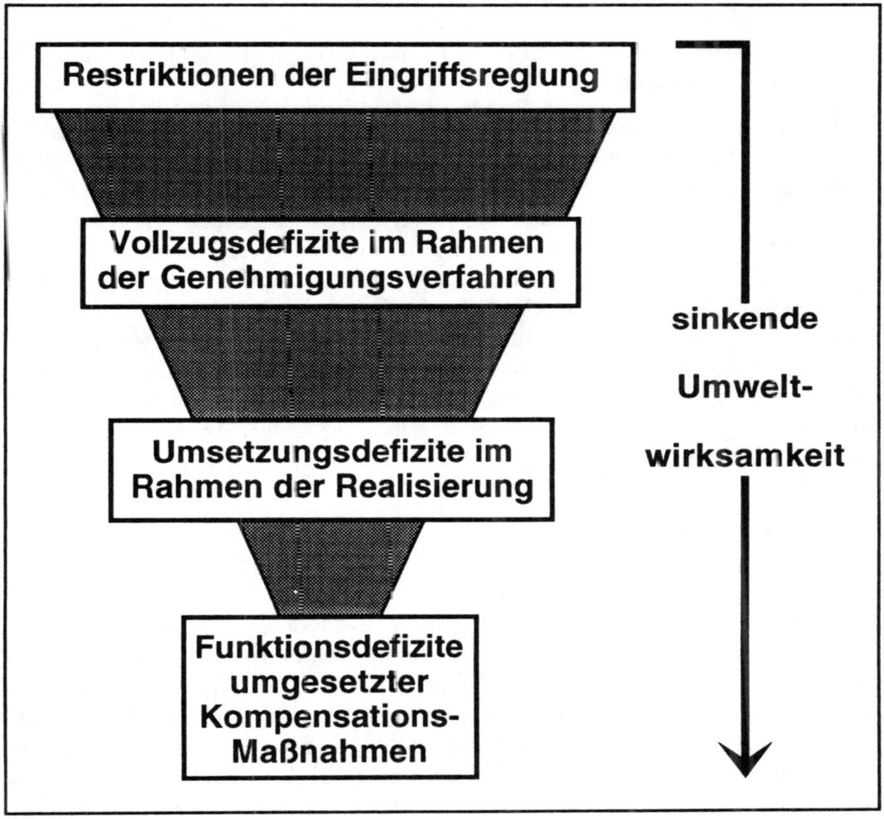

Abb. 106: Umsetzungsdefizite in der Begleitplanung

zu nennen (vgl. Wernick, 1993). Doch auch die reguläre Abarbeitung der Eingriffsregelung ist vielfach defizitär. So erfolgt in vielen Verfahren z. B. die vorgeschriebene Beteiligung der Naturschutzbehörden und Verbände zu spät oder sie unterbleibt z. T. ganz. Die zu späte Beteiligung ist häufig der Grund dafür, daß Vermeidungsmaßnahmen kaum noch durchzusetzen sind. Eine Untersuchung von Beispielfällen in Niedersachen ergab, daß die vorgeschriebene Benehmensherstellung in 23 % der Fälle nicht stattfand (Breuer, 1991a). Die Abwägungen sind darüberhinaus häufig weder transparent noch nachvollziehbar. Die gegenüber ökonomischen Interessen geringere Gewichtung der Naturschutzbelange bedingt, daß Untersagungen von Eingriffen allein aus Naturschutzgründen in der Praxis kaum stattfinden. Hierzu tragen auch weitverbreitete Defizite in der **methodisch fachlichen Abarbeitung der Eingriffs-**

regelung bei. So bestehen noch Unklarheiten und Meinungsverschiedenheiten über das Verständnis der Begriffe Vermeidung, Ausgleich und Ersatz und ihre planerische Umsetzung.

Realisierungsdefizite treten in allen Anwendungsbereichen des LBP auf. Da Erfolgskontrollen bisher nicht vorgeschrieben waren, liegen jedoch kaum Überprüfungen des Umsetzungsgrades der in den Zulassungsbescheiden festgesetzten Maßnahmen vor. Untersuchungen zur Eingriffsregelung generell weisen jedoch auf starke Defizite bei der Realisierung von Vermeidungs- und Kompensationsmaßnahmen hin (vgl Breuer, 1991a). Dieses betrifft sowohl die Nichtdurchführung von Maßnahmen als auch die zeitlich verzögerte Umsetzung, mangelnde Pflege und Sicherung oder Veränderungen der vorgesehenen Maßnahmen im Rahmen der Umsetzung. Solche Veränderungen können allerdings auch durch die Planung und Festsetzung ungeeigneter oder ungünstig plazierter Maßnahmen verursacht werden. Eine Begründung solcher Abweichungen wäre jedoch zu fordern.

11.2.6 Nachkontrolle

11.2.6.1 Ziele und Methoden

Eine vollständige Prüfung der Effizienz und des Erfolges von Begleitplanungen umfaßt sowohl eine **Verfahrens-** als auch eine **Maßnahmen- und Ergebniskontrolle**. Die Verfahrenskontrolle besteht aus der Feststellung von Vollzugsdefiziten bei der Umsetzung der Eingriffsregelung im LBP (hinsichtlich der fachkundigen Beurteilung des Eingriffs und Handhabung von Vermeidungs- und Kompensationsmaßnahmen), einer Kontrolle der Benehmensherstellung und Abwägung im Zulassungsverfahren (dazu u. a.Breuer, 1991a) und einer Qualitätskontrolle der Planung. Die Defizite in dieser Hinsicht sind offenbar zahlreich, die Verfahrenskontrolle soll hier jedoch nicht näher betrachtet werden. Ihre Durchführung wird sich auch in Zukunft voraussichtlich auf wenige Einzelfälle beschränken.

Nachkontrollen der Umsetzung der Ziele und Maßnahmen des LBP sind demgegenüber leichter durchführbar. Sie werden seit langem gefordert, jedoch ebenfalls bisher nur selten umgesetzt. Solche Maßnahmen- und Ergebniskontrollen dienen der Feststellung

- des Maßnahmenvollzuges
- der Wirksamkeit der Maßnahmen in Hinblick auf die gesetzten Ziele
- der Richtigkeit von Prognosen zur Gebietsentwicklung (mit oder ohne Maßnahmen) und
- der Effizienz der eingesetzten finanziellen, materiellen und personellen Mittel.

Sie können sowohl zur Vollzugsverbesserung und Maßnahmenkorrektur in Einzelfällen als auch zu allgemeinen Erkenntnisgewinnen über die Wirksamkeit von Maßnahmen und die Grundlagen von Prognosen führen.

Schleswig-Holstein und Thüringen sehen in ihren neuen Landesnaturschutzgesetzen eine obligatorische Nachkontrolle der Durchführung von Ausgleichs- und Ersatzmaßnahmen nach Beendigung des Eingriffes durch die Genehmigungsbehörde vor (LNatSchG Schleswig Holstein § 9(5) und VorlThürNatG § 9(9)). Dabei soll auch die Wirksamkeit der Ausgleichs-und Ersatzmaßnahmen überprüft werden (ebd.). In den übrigen Ländergesetzen sind Nachkontrollen bisher nicht vorgeschrieben. Unter bestimmten Vorraussetzungen können jedoch im Planfeststellungsbeschluß „einzelne Bestimmungen mit einem Entscheidungsvorbehalt gem. Fachrecht i.V.m. § 74(3) VwVfG versehen werden, wenn eine abschließende Entscheidung noch nicht möglich sein sollte, z. B. weil es einer Nachkontrolle bedarf" (Nds. MU, 1993). Es kann also im Planfeststellungsbeschluß eine Nachkontrolle und ggf. Nachbesserung von Ausgleichs- und Ersatzmaßnahmen festgelegt werden.

Im Zusammenhang mit der Nachkontrolle soll zwischen den häufig verwendeten Begriffen Erfolgskontrolle und Effizienzkontrolle unterschieden werden.

1. Die **Erfolgskontrolle** kann als die Überprüfung des Eintretens der (mit dem LBP) angetrebten Wirkung definiert werden. Maßstab der Erfolgskontrolle sind die angestrebten Ziele, die im LBP möglichst explizit genannt werden sollten.

Die Erfolgskontrolle kann eine Maßnahmenkontrolle und eine Wirkungskontrolle umfassen:

- Die *Maßnahmenkontrolle* besteht aus einem Abgleich der durchgeführten Maßnahmen mit den im LBP vorgeschlagenen sowie ggf. einer Dokumentation sonstiger, möglicherweise indirekt ausgelöster Nutzungsveränderungen.
- Die *Wirkungs-/Ergebniskontrolle* gibt Aufschluß über die Wirksamkeit durchgeführter Maßnahmen im Hinblick auf die angestrebten Ziele, aber auch der Auswirkungen von Maßnahmenunterlassungen. Sie erfordert eine Bestandserfassung in Gebieten, für die Ziele formuliert wurden und die Analyse des Zusammenhanges zwischen Maßnahme und Wirkung. Letzterer wird in vielen Fällen ohne aufwendige Begleituntersuchungen nicht lückenlos aufklärbar sein. In Fällen, in denen das Forschungsinteresse nicht primär im Vordergrund steht, muß sich die Wirkungskontrolle deshalb i.d.R. auf die Beurteilung der Zielerfüllung, der Eignung der Maßnahmen und mehr oder weniger präzise Angaben bzw. Mutmaßungen über die genauen Zusammenhänge zwischen Maßnahme und Wirkung beschränken.

Es ist nachdrücklich darauf hinzuweisen, daß die Wirkungskontrolle den entscheidenden Beitrag zur Beurteilung des Erfolges liefert. Erst im Zusammenhang mit der Wirkungskontrolle erhält die Maßnahmenkontrolle ihren Sinn als Überprüfung der Zielerfüllung und Eignung der eingesetzten Maßnahmen. Eine isolierte Maßnahmenkontrolle kann demgegenüber lediglich Aufschluß über den Wirkungsgrad der Verwaltung bei der Umsetzung vorgegebener Maßnahmen geben. Dem Gedanken einer prozeßhaften Maßnahmenfestlegung unter Berücksichtigung der Umsetzungsbedingungen wird sie jedoch nicht gerecht. So können durchaus auch Maßnahmen zum Ziel führen, die zunächst nicht oder nicht in dieser Form vorgesehen waren und erst in Absprache mit den Nutzern bzw. für die Pflege Zuständigen festgelegt wurden.

Im Zusammenhang mit dem LBP kann die Wirkungskontrolle jedoch nur dann konkrete Bedeutung für den untersuchten Fall erhalten, wenn im Rahmen des Genehmigungsverfahrens die Ziele der Ausgleichs- und Ersatzmaßnahmen möglichst eindeutig formuliert wurden und die Möglichkeit der rechstverbindlichen Festsetzung von Nachbesserungen besteht. Andernfalls wird (soweit nicht Verfahrensfehler nachgewiesen werden können) i.d.R. die Kontrolle der Realisierung der rechtskräftig festgesetzten Ausgleichs- und Ersatzmaßnahmen im Fordergrund stehen und konkrete Konsequenzen herbeiführen. Eine Wirkungskontrolle kann dann lediglich der Gewinnung von allgemeinen Erkenntnissen zur Wirkung bestimmter Maßnahmen auf das Ökosystem und damit der Effektivierung zukünftiger Planungen dienen, jedoch keine rechtlichen Konsequenzen im konkreten Fall herbeiführen.

Gegenwärtig wird nicht nur die verbindliche Einführung von Maßnahmenkontrollen sondern auch von Wirkungs- (Funktions-)kontrollen diskutiert. Vorteil einer verbindlichen Funktionskontrolle könnte die Motivierung der Verursacher zur Durchführung möglichst genauer Wirkungsprognosen, Vermeidungsprüfungen und qualifizierter Maßnahmen sein, damit nicht durch spätere Nachbesserungen kaum kalkulierbare Folgekosten entstehen. Desweiteren würde die Möglichkeit eröffnet, mit flexiblen Maßnahmenbündeln auf die Umsetzungsbedingungen und -erfahrungen zu reagieren. Gegen eine verbindliche Einführung von Funktionskontrollen sprechen jedoch Probleme wie der hohe Aufwand für die Kontrolluntersuchungen und ggf. notwendig werdende ergänzende Planfeststellungen, die häufig geringen Erfolgsaussichten nachträglich durchgeführter Ausgleichsmaßnahmen, die Einschränkung der Rechtssicherheit und nicht prognostizierbare Kosten für Investoren, die den Naturschutz als unkalkulierbares Risiko erscheinen lassen (Wernick, 1993).

2. Die **Effizienzkontrolle** wird hier definiert als die Überprüfung des Wirkungsgrades, der Wirksamkeit und des Grades der Eignung (Beziehung zwischen Aufwand und Ertrag) von Handlungen und Vorrichtungen im Hinblick auf vorgegebene Ziele. Sie beschäftigt sich über die Erfolgskontrolle hinausgehend mit dem Verhältnis zwischen Mitteleinsatz und Zielerreichung. Im Naturschutz

werden bisher Effizienzkontrollen nur ansatzweise durchgeführt, da wichtige Informationen und Bewertungsgrundlagen fehlen. So sind zwar häufig Daten zu Kosten oder personellem Aufwand von Maßnahmen vorhanden, Referenzwerte für angestrebte Aufwand – Ertragsverhältnisse fehlen jedoch.

Solche Referenzwerte können aus

- regionalisierten Richtwerten zu Kosten von Naturschutzmaßnahmen
- je nach Standort und angestrebtem Endzustand/Biotoptyp unterschiedlichen, prognostizierten Einsatzzeiten für die Maßnahmen (Frage: Was kann man unter welchen Bedingungen mit welchen Mitteln erreichen?)
- auf allen Planungsebenen und ggf. im Einzelfall festzulegenden Normen zur gesellschaftlichen Wertschätzung eines Naturschutzzieles und dem in diesem Zusammenhang akzeptierten Aufwand

bestehen. Insbesondere zu den letztgenannten beiden Punkten liegen bisher noch keine für einen breiten Einsatz der Effizienzkontrolle ausreichenden Informationen vor.

BLAB et al. (1992, S. 327) verstehen unter naturschutzfachlichen Effizienzkontrollen die „Überprüfung der angestrebten Ziele und durchgeführten Maßnahmen". Diese Definition entspricht der oben dargestellten Auffassung des Begriffs Erfolgskontrolle, die Begriffe werden im Naturschutz also z. T. weitgehend synonym verwendet.

11.2.6.2 Anforderungen

Eine optimale Vorbereitung der Umsetzung von Zielen und Maßnahmen des LBP besteht in der intensiven Zusammenarbeit zwischen Vorhabensträger, Naturschutzbehörde, Zulassungsbehörde und mit dem LBP beauftragtem Planer. Eine solche Vorbereitung könnte einen großen Teil der Nachkontrollen überflüssig machen, ist jedoch gegenwärtig nicht immer möglich. Eine weitergehende Einführung von Erfolgskontrollen ist deshalb notwendig und auch unter dem Gesichtspunkt der Vermehrung des noch sehr lückenhaften Wissens über die Auswirkungen einzelner Maßnahmen wünschenswert.

Zuständig für die Durchführung der Kontrollen sollte die Naturschutzverwaltung sein, während die juristische Verfolgung von Umsetzungsdefiziten weiterhin bei der Genehmigungsbehörde verbleiben sollte. Die Prüfung der Maßnahmeneignung muß nicht nur im Genehmigungsverfahren sondern auch noch in der Ausführungsphase möglich sein, um ggf. frühzeitig Möglichkeiten zur Maßnahmenanpassung ausschöpfen zu können (Wernick, 1993, S. 94). Funktionskontrollen sind insbesondere bei pflegeabhängigen Ausgleichs- und Ersatzmaßnahmen vorzusehen. Die Ziele der Maßnahmen wären dazu möglichst eindeutig zu formulieren. Bei der Planung von Funktionskontrollen sollte deren Höchstdauer (z. B. 10 Jahre) und ggf. der Kontrollaufwand festgesetzt werden, um die Rechtssicherheit für den Vorhabenträger zu verbessern. Kontrollflächen und Methoden müssen frühzeitig festgelegt werden, damit bereits die Bestandserhebung daran orientiert werden kann (Wernick, 1993).

Insgesamt ist zu erwarten, daß die Umsetzung der Ziele und Maßnahmen des LBP durch systematische Nachkontollen erheblich verbessert werden kann. Auch Stichprobenkontrollen können bereits einen erheblichen Effekt auf die Bereitschaft der Vorhabenträger zur Maßnahmendurchführung haben. Eine zu starke Formalisierung in der Durchführung und Bewertung der Kontollen ist jedoch zu vermeiden, insbesondere wenn es sich um reine Maßnahmenkontrollen handelt. Wichtiger ist eine intensive Zusammenarbeit zwischen den Beteiligten und zielkonforme Ergebnisse.

11.2.7 Zusammenfassung

Nach einer kurzen Einführung in die Aufgaben der Landschaftspflegerischen Begleitplanung wird auf die gegenwärtigen Probleme der Praxis mit den Anforderungen an den LBP im Zulassungsverfahren und das Verhältnis des LBP zu Landschaftsplanung und UVP eingegangen. Möglichkeiten und Empfehlungen für eine enge zeitliche und inhaltliche Verzahnung der Instrumente werden dargestellt. Zwei sehr unterschiedliche Einsatzfelder des LBP (Straße und Flurbereinigung) veranschaulichen beispielhaft den Ablauf der Öffentlichkeitsbeteiligung und die Integration der UVP. Im Zusammenhang mit Inhalten und Methoden des LBP wird hervorgehoben, daß eine Notwendigkeit zur Formalisierung und Standardisierung der angewendeten Verfahren besteht. Dabei müssen allerdings fachliche Grenzen der Standardisierbarkeit beachtet werden. Auf Bundes- und Länderebene werden inzwischen entsprechende Empfehlungen erarbeitet. Die weiterhin stark defizitäre Umsetzung der Ziele und Maßnahmen des LBP kann durch solche Vorgaben z. T. verbessert werden. Ebenso wichtig sind jedoch Erfolgskontrollen, die in einigen Bundesländern bereits vorgeschrieben sind. Zum Anwendungsbereich und zu Methoden von Erfolgskontrollen des LBP werden Empfehlungen ausgesprochen.

12. Umweltverträglichkeitsprüfung, Mediation

Arnim Bechmann, Joachim Hartlik

12.1 Umweltverträglichkeitsprüfung

12.1.1 Funktionen, Ziele und Dimensionen der UVP

12.1.1.1 Funktionen und Ziele der UVP

In diesem ersten Abschnitt soll – zunächst unabhängig von der verfahrensbezogenen Umsetzung der UVP durch das deutsche Gesetz zur Umweltverträglichkeitsprüfung – in allgemeiner Form die „UVP-Philosophie" dargelegt werden. Sie orientiert sich am internationalen UVP-Standard von Ländern wie den USA, die bereits über mehr als 20 Jahre Erfahrung mit diesem Instrument verfügen.

Die Umweltverträglichkeitsprüfung (UVP) dient dazu, die umweltrelevanten Konsequenzen eines Vorhabens so frühzeitig zu erkennen, daß sie im Entscheidungsprozeß, der über die Verwirklichung dieses Vorhabens befindet, angemessen berücksichtigt werden können. Sie soll dazu beitragen, Umweltbelange systematisch in die Verwaltungsarbeit zu integrieren und diesen Belangen mehr Gewicht als bisher zu verleihen. Sie muß als Verwaltungsverfahren eine Verfahrensstruktur aufweisen (s. Abb. 107).

Die Umweltverträglichkeitsuntersuchung (UVU) als sachlich-inhaltliches Kernstück des UVP-Verfahrens strebt folglich an, alle relevanten ökologischen Folgewirkungen eines zu untersuchenden Vorhabens gedanklich zu erfassen und im Hinblick auf die mit ihm verbundenen Umweltbelastungen zu bewerten. Das Ergebnis einer UVU geht als Information in den zugehörigen Entscheidungsprozeß über die Durchführung des betrachteten Vorhabens ein und wird dort mit anderen Informationen und Interessen abgewogen. Die Entscheidung darüber, ob oder in welcher Form das untersuchte Vorhaben durchgeführt wird, ist das Resultat dieses Abwägungsprozesses.

Die UVP soll als handlungsanleitende, entscheidungsvorbereitende Sammlung und Interpretation von Informationen konzipiert werden. Ihre Aufgabe ist es, im Hinblick auf das untersuchte Vorhaben Aussagen über zu erwartende

- Risiken oder Gefahren,
- Belastungen,
- Schädigungen und
- Zerstörungen

des Naturhaushaltes, seiner Teilsysteme sowie menschlicher Gesundheit und gesellschaftlich geforderter Lebensqualität hervorzubringen.

Eröffnung des Verfahrens

↓

Umwelterheblichkeitsprüfung
Aussonderung von Vorhaben mit voraussichtlich vernachlässigbaren oder positiven Umweltwirkungen

↓

Festlegung des Untersuchungsrahmens/Scoping
von Experten und Umweltverbänden

↓

Umweltverträglichkeitsuntersuchung (UVU)
- Beschreibung des Vorhabens und der Umwelt
- Prognose der Umweltwirkungen
- Fachliche Bewertung der Umweltwirkungen
- Handlungsempfehlungen

↓

Anhörung der Öffentlichkeit
Unter Beteiligung von externen Experten und Umweltverbänden

↓

Erstellung der Umweltverträglichkeitserklärung (UVE)
Zusammenfassung der Ergebnisse der UVU und der Anhörung

↓

Entscheidung über das Vorhaben
Angemessene Berücksichtigung der UVE, Festhalten der Gründe in einem Entscheidungsprotokoll

↓

Nachkontrolle
Überprüfung, ob Umweltauflagen erfüllt und die Aussagen zur Prognose der Umweltwirkungen tatsächlich eintreffen

Abb. 107: Allgemeiner Verfahrensablauf einer Umweltverträglichkeitsprüfung

Sie soll daneben und darüber hinaus auch Aussagen liefern über die Beeinträchtigungen der

- Leistungsfähigkeit,
- Nutzungsfähigkeit und
- Entwicklungsfähigkeit des Naturhaushaltes, von Ökosystemen und von lebenden Systemen.

Die UVP unterscheidet sich von anderen umweltpolitischen Instrumenten vor allen Dingen in den folgenden Punkten:

- Die ökologischen Folgen eines Vorhabens sollen nicht sektoral, auf einzelne Umweltmedien bezogen aufgearbeitet werden, sondern vielmehr unter einer integrativen Herangehensweise, die möglichst alle Wirkungspfade, direkte und indirekte Umweltbelastungen berücksichtigend, durchgeführt werden. Problemverlagerungen von einem Umweltmedium bzw. Schutzgut auf ein anderes sollen damit vermieden werden.
- Durch die möglichst frühzeitige Durchführung der UVP soll schon in der Planungsphase eines Vorhabens Klarheit über dessen mögliche Umweltfolgen bestehen, so daß bereits hier intensiv über sinnvolle Alternativen (inklusive Nullvariante), Varianten sowie Ausgleichs- und Ersatzmaßnahmen diskutiert werden kann.
- Durch eine intensive Beteiligung von Sachverständigen und der Öffentlichkeit soll die Transparenz und Akzeptanz von Verwaltungsentscheidungen erhöht und die Berücksichtigung aller wesentlichen Umweltbelange gesichert werden.

12.1.1.2 Dimensionen der UVP

In der Auseinandersetzung mit dem Thema UVP lassen sich drei Dimensionen unterscheiden:

Politische Dimension

Die politische Funktion der UVP liegt in der Vorbereitung von Entscheidungen. Die UVP soll ökologische Wirkungen von geplanten Vorhaben vor deren Verwirklichung gedanklich erfassen und im Hinblick auf ihre Umweltfolgen bewerten. In diesem Sinne betreibt sie ökologische Aufklärung im Dienste von Entscheidungsträgern für die Durchführung des Vorhabens.

In Abhängigkeit von ihren umweltpolitischen Intentionen können politische Entscheidungsträger bei der Einführung einer UVP-Verfahrensregelung (z. B. die Gesetzgeber auf Bundes-, Landes- oder kommunaler Ebene) unterschiedliche Ziele mit der UVP verfolgen:

- Entscheidungsvorbereitung durch ökologische Aufklärung;

- Erhöhung der öffentlichen Akzeptanz von Verwaltungsbehördlichen Entscheidungen;
- Entlastung von Entscheidungsträgern hinsichtlich ihrer umweltpolitischen Verantwortung;
- Legitimation von administrativen Entscheidungen.

Inhaltsdimension

Der Kernbereich einer UVP besteht aus der Umweltverträglichkeitsuntersuchung, dem eigentlichen ökologischen Fachgutachten (ggf. auch mehreren Teilgutachten zu einzelnen Fragestellungen). In ihr sind Fragen zu klären, wie:

- Welche umweltrelevanten Wirkfaktoren gehen von einem zu untersuchenden Vorhaben und den zu betrachtenden Alternativen aus?
- Auf welche Umweltsituation (inklusive Vorbelastungen und positiven Entwicklungsmöglichkeiten) treffen diese Wirkfaktoren?
- Welche Umweltwirkungen sind von dem untersuchten Vorhaben voraussichtlich zu erwarten?
- Wie sind diese Wirkungen zu bewerten?
- Welche praktischen Folgerungen sollten gezogen werden?

Verfahrensdimension

Umweltverträglichkeitsprüfungen, die als umweltpolitisches Instrument eingeführt werden, müssen eine Verfahrensstruktur besitzen. Sie müssen durch ein juristisch strukturiertes, institutionalisiertes Verfahren vollzogen werden, das in den Prozeß der Entscheidungsvorbereitung eingebettet ist. Die UVP muß daher durchgeführt werden, bevor über die Durchführung dieser Vorhaben endgültig entschieden wird. Verfahrensbezogene Fragen sind beispielsweise:

- Welche Vorhaben sind prüfpflichtig?
- In welcher Form werden berührte Behörden, Träger öffentlicher Belange, Betroffene, Sachverständige oder die Öffentlichkeit beteiligt?
- Welche Rechte und Pflichten haben die Verfahrensbeteiligten?
- Werden die Ergebnisse des UVP-Verfahrens schriftlich dokumentiert, so daß ein Nachvollzug des Verfahrens auch für Außenstehende prinzipiell möglich ist?

12.1.2 Das deutsche Gesetz zur Umsetzung der UVP-EG-Richtlinie (85/337/EWG)

12.1.2.1 Die Entwicklung der UVP

Tabelle 30 zeigt ausgewählte Stationen der Entwicklungsgeschichte der UVP sowohl in der Bundesrepublik als auch auf der EG-Ebene. In den Jahren 1972–73 erreichte der UVP-Gedanke die Bundesrepublik. Das Bundesministerium des

Inneren unternahm den Versuch, ein eigenständiges UVP-Gesetz nach amerikanischem Muster in der Bundesrepublik zu verankern. Im Jahr 1973 wurde ein entsprechender Gesetzentwurf vorgelegt, der allerdings den Status eines Referentenentwurfs nur ein knappes halbes Jahr inne hatte, bevor er aus dem Verkehr gezogen wurde. Bereits die Vorgespräche im Kabinettsumfeld hatten ergeben, daß ein UVP-Gesetz politisch nicht durchsetzbar sein würde (s. Cupei, 1986, S. 41 ff.).

Am 22. 8. 1975 wurden mit einem Kabinettsbeschluß der Bundesregierung die „Grundsätze für die Prüfung der Umweltverträglichkeit öffentlicher Maßnahmen des Bundes" verabschiedet. Diese verwaltungsinternen ‚Grundsätze' wurden in der Verwaltungspraxis weitgehend ignoriert (vgl. Stich, 1980, Bechmann, 1981). Ursache dafür war vor allem der Artikel I Abs. 4. In der Auslegung dieser sogenannten Subsidiaritätsklausel verwiesen die Verwaltungsbehörden jeweils darauf, daß bereits die Beachtung spezialgesetzlicher Umweltvorschriften im Rahmen bestehender Zulassungsverfahren eine Anwendung der Grundsätze erübrige.

Tab. 30: Ausgewählte Aktivitäten der Regierungen von Bund und Ländern sowie der EG-Kommission zur Einführung der Umweltverträglichkeitsprüfung

1971	Verankerung des Prinzips der Umweltverträglichkeitsprüfung im Umweltprogramm der Bundesregierung
1972	Kabinettsbeschluß, der dem BMI die Zuständigkeit für die UVP zuspricht
1973	Erarbeitung eines Entwurfs für ein UVP-Gesetz durch das BMI
1975	Kabinettsbeschluß über die „Grundsätze für die Prüfung der Umweltverträglichkeit öffentlicher Maßnahmen des Bundes"
1980	Vorlage des 1. Entwurfs für eine EG-Richtlinie zur Umweltverträglichkeitsprüfung
1983	Einstimmiger Beschluß des Deutschen Bundestages vom 25. 11. zur Einführung der Umweltverträglichkeitsprüfung und einer „optimalen Umsetzung" der EG-RL
1985	Verabschiedung der EG-Richtlinie über die Umweltverträglichkeitsprüfung durch den EG-Rat
1987	Stellungnahme des Sachverständigenrates für Umweltfragen zur Umsetzung der EG-Richtlinie in das nationale Recht
1988	Vorlage eines Referentenentwurfs des BMU zur Umsetzung der EG-Richtlinie zur UVP
1988	Stellungnahme des Bundesrates zum Gesetzentwurf für ein UVP-Gesetz
1989	Verabschiedung des UVP-Gesetzes
1990	Inkrafttreten des UVP-Gesetzes am 1. August
1990	Vorschlag zur Änderung der UVP-EG-Richtlinie 85/337 durch die EG-Kommission (Entwurf)
1991	UVP-Landesgesetz Baden-Württemberg
1992	UVP-Landesgesetz Nordrhein-Westfalen
1992	UVP-Landesgesetz Berlin
1993	Verordnung der EG-Kommission Nr. 1836/93 vom 29. Juni 1993 über die freiwillige Beteiligung gewerblicher Unternehmen an einem Gemeinschaftssystem für das Umweltmanagement und die Umweltbetriebsprüfung

Mitte bis Ende der 70er Jahre begann die EG-Kommission, eine Richtlinie über die Einführung der UVP zu erarbeiten. Diese Aktivität der EG-Kommission verstärkte in der Bundesrepublik die Bereitschaft, abzuwarten und die Einführung der UVP erst dann auf die politische Tagesordnung zu setzen, wenn die EG-Richtlinie vorläge.

Mit der Verabschiedung der EG-Richtlinie über die Umweltverträglichkeitsprüfung hat sich die Situation geändert. Die Bundesrepublik wurde verpflichtet, die erforderliche Anpassung bis zum 3. Juli 1988 durchzuführen. Dies führte zu einer Wiederbelebung und Intensivierung der Diskussion um die Einführung der UVP. Ab 1983 war absehbar, wie die Richtlinie aussehen und daß ihre Verabschiedung nur noch eine Frage der Zeit sein würde. Seit dieser Zeit wurden mehrere Entwürfe bzw. Konzepte zur Umsetzung der EG-Richtlinie in deutsches Recht erarbeitet (vgl. z. B. Bechmann, van Rijn, Winter, 1987).

Mit der Vorlage des Gesetzentwurfs des Bundesumweltministers im März 1988 begann dieser Prozeß zu stagnieren, da sich von nun an die Konzeptdiskussionen eng an diesem Entwurf orientierten. Das auf diesem Entwurf aufbauende UVP-Gesetz der Bundesrepublik Deutschland wurde Ende 1989 verabschiedet und trat am 1. August 1990 in Kraft.

12.1.2.2 Aufbau, Inhalte und Verfahrensablauf

Beteiligte

Am UVP-Verfahren sind unterschiedliche Akteure mit unterschiedlichen Interessen beteiligt. Diese Rollenträger verfolgen je nach Interessenlage z. T. stark von einander abweichende oder gar völlig konträre Zielsetzungen. Das UVP-Verfahren gibt den Rahmen und gewissermaßen die „Spielregeln“ für die Austragung dieser Nutzungs- oder Interessenkonflikte vor.

Beteiligte bzw. Rollenträger im UVP-Verfahren sind

- Der Vorhabenträger
  Die öffentliche Hand oder ein privater Vorhabenträger, die/der ein bestimmtes Vorhaben durchführen will. Der Träger des Vorhabens muß der zuständigen Behörde bestimmte Unterlagen vorlegen.
- Die zuständige Behörde
  Die Stelle, die für das betreffende Vorhaben eine Genehmigung, Bewilligung bzw. Erlaubnis zu erteilen oder die den Abwägungs- bzw. Planfeststellungsbeschluß zu fällen hat. Sie ist für die Durchführung des UVP-Verfahrens zuständig. Sie prüft bei der Vorlage der Unterlagen des Vorhabenträgers, ob diese vollständig, nachvollziehbar und plausibel sind. Sie erarbeitet die zusammenfassende Darstellung der Umweltauswirkungen und bewertet auf dieser Grundlage die Umweltverträglichkeit des Vorhabens. Bei der Ent-

scheidung über die Zulässigkeit des Vorhabens muß sie die Ergebnisse der UVP berücksichtigen.

- Andere berührte Behörden, Träger öffentlicher Belange
  Neben der zuständigen Behörde werden auch alle anderen Behörden und die Träger öffentlicher Belange, die in ihrem Wirkungskreis berührt sind, beteiligt. Falls mit grenzüberschreitenden Umweltwirkungen in Nachbarstaaten zu rechnen ist, werden die entsprechenden Behörden beteiligt.
- Die vom Vorhaben Betroffenen und die Öffentlichkeit
  Hierbei handelt es sich um alle diejenigen Personen und Institutionen, die von den umweltbezogenen Wirkungen des Vorhabens betroffen werden oder sein könnten.

Anwendungsbereich

Der Anwendungsbereich des UVP-Gesetzes ist in der Anlage zu § 3 UVPG und dem Anhang zu Nr. 1 dieser Anlage, der die immissionsschutzrechtlichen Bezugsverfahren im einzelnen (teilweise mit Mindestkapazitätsangaben) enthält, festgelegt. Eine Übersicht gibt Tabelle 31.

Eine von Umweltverbandsseite oft angeführte Schwachstelle des Anwendungsbereiches ist – abgesehen von bestimmten UVP-pflichtigen Bauleitplänen – die Nicht-Einbeziehung von Plänen und Programmen, etwa des Bundesverkehrswegeplans. Gerade auf Programm- und Planebene fallen oft wesentliche, in starkem Maße umweltrelevante Vorentscheidungen. In den nachfolgenden, einzelprojektbezogenen Zulassungsverfahren geht es dann oft lediglich um die Standortfrage oder Kapazitätsgrößen.

Problematisch ist der im UVPG aufgegriffene immissionsschutzrechtliche Anlagenbegriff, der nicht identisch ist mit dem Projektbegriff der EG-Richtlinie. Oft ist beim Bau einer nach Immissionsschutzrecht zu genehmigenden Produktionsstätte nicht diese als Anlage insgesamt zu prüfen, sondern lediglich einzelne Anlagen oder nur Anlagenteile. Durch eine Art „Salamitaktik" kann ein Antragsteller durch zeitliche Staffelung eine integrative Gesamtprüfung durch eine umfassende UVP umgehen (vgl. Erbguth, Schink, 1992, S. 277 ff. und Jarass, 1987, S. 24 ff.).

Kernbestimmungen

Abbildung 108 enthält eine Übersicht der Kernelemente des deutschen UVP-Gesetzes. Im Hinblick auf die Durchführung von Umweltverträglichkeitsuntersuchungen als fachlichem Kernelement des UVP-Verfahrens interessieren vor allem die materiellrechtlichen Elemente des UVP-Gesetzes:

Nr.	Art der Anlage Verfahrensablauf	Bezugsverfahren/	Bezugsgesetz	Errichtung	Betrieb	Änderung	Stilllegung	Beseitigung
1	emittierende Anlagen	Genehmigung	BImSchG § 4	■	■			
		Öffentlichkeitsbeteiligung	BImSchG § 15, Abs. 2			■		
2	ortsfeste kerntechnische Anlagen	Genehmig. unter Öffentlichk. bet.	Atomgesetz § 7	■	■	■	■	■
3	Endlagerung radioaktiver Abfälle	Planaufstellung Planaufstellung	Atomgesetz § 9 b Abfallgesetz § 7	■	■	■		
4	Abfallentsorg.-Anlagen	Planaufstellung	Abfallgesetz § 7	■	■	■		
5	Abwasserbehandl.-Anlagen	Zulassung	WHG § 18 c	■	■	■		
6	Gewässer- u. Ufergestaltung, Deich- u. Dammbauten	Planfeststellung	WHG § 31	■		■		■
7	Bergbauliche Vorhaben	Planfeststellung	Bundesberggesetz					
8	Bundesfernstraße od. Bebauungsplan	Planfeststellung	BFStrG § 17 Baugesetzbuch § 39	■		■		
9	Anlage der DB	Planfeststellung	Bundesbahngesetz § 36	■		■		
10	Versuchsanlagen für spurgeführten Verkehr	Planfeststellung	Gesetz ü. d. Bau und Betrieb v. Versuchsanlagen zur Erprobg. v. Techniken für den spurgef. Verkehr §§ 2 und 12					
11	Straßenbahn	Planfeststellung o. Bebauungsplan	Pers. Befördg. G § 28 Baugesetzbuch § 9	■		■		
12	Bundeswasserstraße	Planfeststellung	BWStrG § 14	■		■	■	
13	Flugplatz	Planfeststellung	LuftverkehrsG § 8	■		■		
14	Gemeinschaftliche und öffentliche Anlagen	Planfeststellung	Flurbereinigungsgesetz § 41	■		■	■	■
15	Feriendörfer, Hotelkomplexe, sonst. Großeinrichtungen für Ferien- u. Fremdenbeherbergung	Bebauungsplan		■				
16	Rohrleitungsanlagen für Ferntransport v. Öl oder Gas	Genehmigung	WHG § 19 a	■	■	■		

Tab. 31: UVP-Pflichtige Vorhaben nach Anlage zu § 3 UVPG

§ 5	**Unterrichtung über den voraussichtlichen Untersuchungsrahmen** Scoping zur Erörterung von Gegenstand, Umfang und Methoden der UVP unter Beteiligung von zuständigen Behörden und Vorhabenträger sowie ggf. berührten Behörden, Vorhabenträger, Sachverständigen und Dritten

▼

§ 6	**Unterlagen des Trägers des Vorhabens** Differenzierung in Mindestanforderungen (Abs. 3) und Ergänzungsanforderungen (Abs. 4), die ein Vorhabenträger erfüllen muß.

▼

§§ 7, 8	**Beteiligung anderer Behörden** Beteiligung aller berührter Behörden, auch Behörden angrenzender Mitgliedsstaaten, falls grenzüberschreitende Umwelteinwirkungen zu erwarten sind.

▼

§ 9 Abs. 1+3	**Öffentlichkeitsbeteiligung** Anhörung der Öffentlichkeit auf Grundlage der ausgelegten Unterlagen (§ 6), die Mindestanforderungen des Verwaltungsverfahrensgesetzes (§ 73 Abs. 3–7) müssen eingehalten werden.

▼

§ 11	**Zusammenfassende Darstellung der Umweltauswirkungen** Die Zuständige Behörde erarbeitet auf Grundlage der vorgelegten Unterlagen des Vorhabenträgers, der behördlichen Stellungnahmen und der Ergebnisse des Anhörungsverfahrens eine zusammenfassende Darstellung der Umweltauswirkungen.

▼

§ 12	**Bewertung der Umweltauswirkungen** Die Zuständige Behörde bewertet die Umweltauswirkungen im Hinblick auf eine wirksame Umweltvorsorge nach Maßgabe der geltenden Gesetze. Sind mehrere Behörden beteiligt, bewerten diese die Umweltauswirkungen gemeinsam, die federführende Behörde stellt das Zusammenwirken der Zulassungsbehörden sicher.

▼

§ 12	**Berücksichtigung der Ergebnisse bei der Entscheidung** Die zuständige Behörde(n) berücksichtigt(en) die Bewertung bei der (den) Entscheidung(en) über die Zulässigkeit des Vorhabens.

▼

§ 9 Abs. 2	**Bekanntgabe der Entscheidung** Die Zuständige Behörde macht die Entscheidung den Betroffenen und den Einwendern zugänglich

Abb. 108: UVP-Verfahrensablauf auf Grundlage des UVP-Gesetzes in der Bundesrepublik

- § 2 (Umschreibung der Schutzgüter):
  § 2 nennt die Schutzgüter, die bei der Durchführung einer UVP berücksichtigt werden müssen, namentlich Menschen, Tiere und Pflanzen, Boden, Wasser, Luft, Klima und Landschaft einschließlich der jeweiligen Wechselwirkungen, Kultur- und sonstige Sachgüter.
- § 5 (Untersuchungsrahmen):
  § 5 enthält zwei wichtige Bestimmungen:
  - Die Besprechung:
    Sobald die zuständige Behörde von dem Vorhaben in Kenntnis gesetzt ist, soll nach § 5 zwischen dieser Behörde und dem Vorhabensträger eine Besprechung[1] stattfinden. Dabei sollen die Fragen behandelt werden, die für die Durchführung der UVP wichtig sind. Dies gilt insbesondere für Festlegungen des Gegenstandes, des Umfanges und der Methodik der Untersuchung.
  - Die Unterrichtung:
    Die zuständige Behörde unterrichtet den Träger über den voraussichtlichen Untersuchungsrahmen sowie über die voraussichtlich beizubringenden Unterlagen nach § 6.
- § 6 (beizubringende Unterlagen):
  § 6 enthält Vorgaben bezogen auf die Inhalte der Unterlagen, die vom Träger des Vorhabens beizubringen sind. Diese sogenannten „entscheidungserheblichen Unterlagen über die Umweltauswirkungen des Vorhabens" (Abs. 1) sind in obligatorische Mindestanforderungen (Abs. 3) und in nach Maßgabe der *Erforderlichkeit* und *Zumutbarkeit* ergänzende Anforderungen (Abs. 4) differenziert.
- § 11 (Zusammenfassende Darstellung der Umweltauswirkungen):
  Die zuständige Behörde faßt die Auswirkungen des Vorhabens auf die Schutzgüter nach § 2 auf Grundlage der Unterlagen des Vorhabenträgers, der behördlichen Stellungnahmen sowie der Öffentlichkeitsbeteiligung zusammen.
- § 12 (Bewertung und Berücksichtigung bei der Entscheidung):
  Die zuständige Behörde bewertet die Umweltauswirkungen auf Grundlage der zusammenfassenden Darstellung nach § 11. Sie berücksichtigt diese Bewertung bei der Entscheidung
  - einerseits *nach Maßgabe der geltenden Gesetze* sowie
  - andererseits *im Hinblick auf eine wirksame Umweltvorsorge.*

1 Im Gesetzestext steht zwar der Ausdruck „Erörterung", dies ist jedoch auf ein Versehen bei der Abfassung des Gesetzestextes zurückzuführen. Um diesen Vorgang nicht mit der Erörterung im Sinne des Verwaltungsverfahrensgesetzes zu verwechseln, wird daher hier der Begriff „Besprechung" verwendet.

Die Verwaltungsvorschrift zum UVP-Gesetz (UVPVwV)

In der nach § 20 UVP-Gesetz zu erlassenden Verwaltungsvorschrift sollen

1. Kriterien und Verfahren zur Ermittlung, Beschreibung und Bewertung von Auswirkungen auf die Umwelt nach § 2 Abs. 1 Satz 2,
2. Grundsätze für die Unterrichtung über den voraussichtlichen Untersuchungsrahmen nach § 5,
3. Grundsätze für die zusammenfassende Darstellung der Umweltauswirkungen nach § 11 und der Bewertung nach § 12

genannt werden, um den UVP-Ablauf und deren Inhalte zu konkretisieren.[1]

Die UVP und das Verhältnis zu Planfeststellungsverfahren und gebundenen Kontrollerlaubnissen

Gemäß § 12 UVP-Gesetz müssen die Ergebnisse der UVP – genauer: die Bewertung der Umweltverträglichkeit auf Grundlage der zusammenfassenden Darstellung der Umweltauswirkungen – bei der Entscheidung über die Zulässigkeit des Vorhabens im Hinblick auf eine wirksame Umweltvorsorge nach Maßgabe der geltenden Gesetze berücksichtigt werden.

Der integrative, umweltmedienübergreifende Ansatz der UVP und ihre Untersuchungsergebnisse lassen sich in Planfeststellungsverfahren, beispielsweise nach Atom-, Abfall- oder Wasserhaushaltsrecht, gut integrieren. Die sogenannte Konzentrationswirkung des Planfeststellungsverfahrens und das ihm eingeräumte planerische Ermessen und die damit angeordnete Abwägung, die die Planfeststellungsbehörde durchzuführen hat, bieten eine geeignete Basis zur Integration der UVP.

Ein grundsätzlich anderes Bild bieten dagegen Genehmigungen, Erlaubnisse und Bewilligungen, die sogenannten gebundenen Kontrollerlaubnisse. Ein Beispiel hierfür sind immissionsschutzrechtliche Genehmigungen. Hier besteht im Prinzip ein Rechtsanspruch auf Genehmigung durch den Vorhabenträger bei Einhaltung der entsprechenden Rechtsvorschriften. Die Frage stellt sich, wie unter diesem Aspekt der Entscheidungsbindung bei Kontrollerlaubnissen die UVP-Ergebnisse in die Entscheidung über die Zulässigkeit eines Vorhabens Eingang finden können.

Unter den Rechtsexperten werden verschiedene Problemlösungen diskutiert. An dieser Stelle kann aus Platzgründen leider nur eine sehr verkürzte und stark vereinfachende Darstellung erfolgen. Bunge (1986, S. 34 ff.) plädiert z. B. für eine Ausweitung des behördlichen Versagensermessens auch auf gebundene Ent-

1 Die UVPVwV liegt bisher (Stand: Juli 1994) noch nicht vor.

scheidungen, da die Behörde nur dann adäquat auf die Prüfergebnisse der UVP reagieren kann. Hintergrund ist die EG-Richtlinie, die eine Berücksichtigungspflicht der Ergebnisse bei der Entscheidung vorsieht. Danach muß es prinzipiell möglich sein, daß die Behörde die Genehmigung eines Vorhabens aufgrund einer festgestellten Umweltunverträglichkeit versagt.

Ansatzpunkte für die Erweiterung der Kontrollerlaubnisse im oben angedeuteten Sinne bieten mehrere Genehmigungsverfahren. Über sogenannte Öffnungs- und Gemeinwohlklauseln könnte daher die UVP auch in die Kontrollerlaubnis einbezogen werden (vgl. Erbguth 1990, S. 88 f. und Erbguth/Schink, 1992, S. 220 ff. sowie Peters, 1994).

Beispiele dafür bieten u. a.

- § 6 Nr. 2 Bundesimmissionsschutzgesetz, wonach „andere öffentlich-rechtliche Vorschriften und Belange des Arbeitsschutzes der Errichtung und dem Betrieb der Anlage nicht entgegen stehen“ dürfen; danach sind z. B. u. a. die materiellen Anforderungen des Bau- und Naturschutzrechts zu beachten (Jarass, 1987, S. 18);
- § 6 Wasserhaushaltsgesetz, wonach die Erlaubnis zu versagen ist, soweit „das Wohl der Allgemeinheit“ beeinträchtigt wird.

Erbguth (1990, S. 91) sieht ähnlich wie Bunge eine Lösung in der Ausweitung der Kontrollerlaubnisse um planfeststellungsrechtliche Elemente, nämlich eine umfassende, vollständige Konzentrationswirkung, die eine Abwägungsentscheidung und einen Ermessensspielraum beinhaltet. Auch Jarass (1987, S. 87 ff.) sieht teilweise fließende Übergänge zwischen Planfeststellungen und Kontrollerlaubnissen, da letztere eben unbestimmte Rechtsbegriffe („Wohl der Allgemeinheit“ etc.) enthalten, deren Auslegung Ermessenscharakter hat. Insofern ist die strikte Trennung in planungsrechtliche Abwägungs-/Ermessensentscheidungen und ordnungsrechtliche, gebundene Genehmigungsentscheidungen eher theoretischer Natur. Inwieweit durch eine solche Änderung Grundrechte privater Antragsteller betroffen sind und eine verfassungsmäßige Vereinbarkeit gewährleistet ist, kann an dieser Stelle nicht weiter thematisiert werden.[1]

12.1.2.3 Die landesrechtliche Umsetzung des UVP-Bundesgesetzes

EG-Richtlinien müssen von den Mitgliedstaaten in nationales Recht umgesetzt werden. Treffen EG-Richtlinien wie in der Bundesrepublik Deutschland auf innerstaatliche Kompetenzverteilungen aufgrund förderativer Strukturen, sind auch die Bundesländer zur Umsetzung des „sekundären Gemeinschaftsrechts“ –

1 Zusammenfassend läßt sich festhalten, daß bei Kontrollerlaubnissen Defizite in der Berücksichtigungsfähigkeit der UVP-Ergebnisse existieren und darüber hinaus Zweifel angebracht sind, ob dieser Tatbestand mit einer gegenüber dem EG-Recht korrekten Umsetzung vereinbar ist.

soweit ihr Wirkungskreis berührt wird – verpflichtet. Die verbleibende Gesetzgebungskompetenz der Länder ist allerdings durch die beim UVPG weitgehend ausgeschöpfte Rahmenkompetenz des Bundes eher gering einzustufen. Sie bezieht sich auf die Ausgestaltung des Verfahrens (soweit Regelungslücken im UVPG vorhanden sind) und auf eine Erweiterung des Anwendungsbereiches für solche Projekte des Anhangs II der EG-Richtlinie[1], für die landesrechtliche Genehmigungen durchzuführen sind (vgl. Erbguth, Schink, 1992, S. 77 ff.).

Das UVP-Gesetz des Bundes ist bislang im Rahmen der Landesgesetzgebung erst in wenigen Bundesländern umgesetzt worden. Baden-Württemberg mit dem Landesgesetz zur UVP vom 12. 12. 1992 (LUVPG BW), Nordrhein-Westfalen ebenfalls per Landes-UVP-Gesetz vom 29. 4. 1992 (UVPG NW) und Berlin mit dem Berliner Gesetz über die UVP vom 21. 7. 1992 sind auf Landesebene die Vorreiter.[2]

Baden-Württemberg orientiert sich bei der Ausgestaltung des LUVPG eng an der Struktur des Bundes-UVP-Gesetzes, dessen 12 Paragraphen sich demzufolge im LUVPG wiederfinden. Neue Aspekte finden sich unter anderem bei der Unterrichtung über den voraussichtlichen Untersuchungsrahmen, wozu hier neben Behörden und Sachverständigen namentlich Gemeinden und die nach § 29 Bundesnaturschutzgesetz anerkannten Verbände hinzugezogen werden können. Neben Regelungen über die federführende Behörde bei Zulassung eines Vorhabens durch mehrere Behörden sind in einer Anlage neun UVP-pflichtige Vorhabentypen aufgeführt. Dabei handelt es sich vereinfacht um Grundwasserentnahmen ab fünf Millionen Kubikmeter im Jahr, Torfabbauvorhaben, andere Abbau- und Gewinnungsvorhaben mit mehr als 10 Hektar Gesamtfläche, Landesstraßen, andere planfeststellungspflichtige Straßen, planfeststellungspflichtiger Bau oder Änderung von Eisenbahnen (ab 20 Millionen DM Baukosten für öffentlichen Verkehr und 10 Millionen DM bei nichtöffentlichen Verkehr), Seilbahnen, ortsfeste Schleppaufzüge und Umwandlungen von mehr als 5 Hektar, die genehmigungspflichtig nach Landeswaldgesetz sind. Entsprechend dem Bundesgesetz sind in den anschließenden Artikeln (Nr. 2–8) die jeweiligen Änderungen der betroffenen Fachgesetze (Wasser-, Naturschutz-, Straßen-, Landeseisenbahn-, Landeswald- und Landesabwasserabgabengesetz) verankert.

1 Aufzählung der Vorhaben, die der UVP-Pflicht unterliegen, soweit ihre Merkmale nach Auffassung der Mitgliedstaaten dies erfordern.

2 Daneben gibt es zahlreiche Rechts- und Verwaltungsvorschriften der Länder über die Zuständigkeit nach UVPG und über die Bestimmung der federführenden Behörde, so z. B. für Bayern, Bremen, Hessen, Mecklenburg-Vorpommern, Rheinland-Pfalz, Saarland, Sachsen, Schleswig-Holstein. Darüber hinaus existieren z. T. umfangreiche Leitfäden, Richtlinien etc. zur Konkretisierung des UVP-Verfahrens. Beispiele hierfür sind die hessische Richtlinie zur Durchführung von Raumordnungsverfahren mit UVP (1991) oder der niedersächsische Leitfaden zur Durchführung von Raumordnungsverfahren mit integrierter Prüfung der Umweltverträglichkeit (1991).

Nordrhein-Westfalen setzt das Bundes-UVP-Gesetz mit 4 Paragraphen um, die im Artikel 1 des UVPG NW verankert sind und die sich auf Geltungsbereich (§ 1), Verwaltungsvorschriften (§ 2), Federführende Behörde (§ 3) und Hinzuziehung von Sachverständigen (§ 4) beziehen. Im Gegensatz zu Baden-Württemberg existiert kein Anhang mit prüfpflichtigen Vorhaben. Dagegen werden in den Artikeln 2 bis 8 durch Änderungen folgender Landesgesetze Umweltverträglichkeitsprüfungen für bestimmte Vorhaben nach Landeswassergesetz (z. B. Errichtung und Betrieb von Rohrleitungsanlagen zum Befördern anderer wassergefährdender Stoffe als Öl oder Gas; Abwasserbehandlungsanlagen für mehr als 3.000 kg/d BSB5 (roh) oder für mehr als 1.500 Kubikmeter Abwasser in zwei Stunden), Landschaftsgesetz, Landesforstgesetz, Straßen- und Wegegesetz, Landeseisenbahngesetz und Abgrabungsgesetz (Größe der beanspruchten Gesamtfläche: 10 Hektar oder mehr) festgelegt.

12.1.2.4 Anwendungsbereich Kommune

Unabhängig vom UVP-Gesetz wird seit Anfang der achtziger Jahre auch auf kommunaler Ebene die UVP als eine Art „freiwillige ökologische Selbstkontrolle" in Städten und Gemeinden praktiziert. Mittlerweile haben bundesweit mehr als 200 Kommunen die kommunale UVP eingeführt oder befinden sich zumindest in einer UVP-Probephase. Oft wird die UVP für das gesamte kommunale Verwaltungshandeln eingeführt und z. B. in der Bauleitplanung, dem Beschaffungs- und Vergabewesen, dem Hoch- und Tiefbau angewendet. Im Rahmen der Einführung der kommunalen UVP werden oft als Bewertungsmaßstäbe für die Umweltverträglichkeit kommunale Umweltqualitätsziele aufgestellt. Eines der bekanntesten Beispiele für ein kommunales Umweltqualitätszielkonzept ist das der Landeshauptstadt Wiesbaden.

12.1.2.5 Die EG-Richtlinie und das deutsche UVP-Gesetz im internationalen Vergleich

Die „EG-Richtlinie über die Umweltverträglichkeitsprüfung von bestimmten öffentlichen und privaten Projekten" wurde am 27. Juni 1985 verabschiedet. Die EG-Kommission legte dem EG-Rat und den Mitgliedstaaten bereits 1980 nach über vier Jahren Vorarbeit einen ersten Entwurf für diese Richtlinie vor. Er wurde abgelehnt. Die 1985 endgültig verabschiedete Richtlinie ist eine überarbeitete und inhaltlich reduzierte Version dieses ersten Richtlinienentwurfs (vgl. Cupei, 1986).

Die EG-Richtlinie zur UVP stützt sich auf die Artikel 100 und 255 der EG-Verträge. Sie ist ein Produkt der Umweltvorsorge anstrebenden Aktionsprogramme der EG für Umweltschutz und ist aufgrund von Art. 189 Abs. 3 EWG-Vertrag für jeden Mitgliedstaat verbindlich. Sie sollte innerhalb von drei Jahren, bis zum

3. Juli 1988 umgesetzt werden. Über die Art und Weise der Umsetzung entscheidet jeder Mitgliedsstaat selbst. Die EG-Richtlinie strebt eine Verbesserung und Angleichung der nationalen Umweltpolitik der Mitgliedstaaten an. Sie soll durch die Harmonisierung des Umweltrechtes mögliche Wettbewerbsverzerrungen vermeiden.

Diese angestrebte Harmonisierung auch in bezug auf die UVP erstreckt sich vor allem auf die Vorgabe gemeinsamer Mindestformen und -inhalte für alle Mitgliedsstaaten. Zu diesen Vorgaben zählen insbesondere:

- die Abgrenzung der Vorhaben, für die eine UVP durchzuführen ist,
- die zu berücksichtigenden Umweltbereiche (Umweltbegriff),
- die Abgrenzung von Rechten und Pflichten der Beteiligten,
- die wichtigsten Teilschritte der UVP,
- die zu beachtenden inhaltlichen Mindestanforderungen und
- die Verankerung der Öffentlichkeitsbeteiligung.

Die Vorgaben über Mindestformen und -inhalte der UVP sind in der EG-Richtlinie zumindest teilweise so allgemein formuliert, daß jedem Mitgliedstaat ein breiter Gestaltungsspielraum für die Umsetzung verbleibt. Dies ist Gefahr und Vorteil zugleich. Die Gefahr liegt darin, daß sie – wegen der fehlenden Konkretheit der Vorgaben – bei der Umsetzung in nationales Recht unterlaufen werden kann. Die Offenheit der Vorgaben bietet jedoch grundsätzlich auch die Chance einer breiten und umfassenden Ausschöpfung des gesetzten Rahmens.

Fristgerecht, das heißt bis zum 3. 7. 1988, und vollständig – inklusive aller zum Vollzug notwendigen Verwaltungsvorschriften – haben lediglich Frankreich, die Niederlande und Spanien die EG-Richtlinie in nationales Recht umgesetzt. Die Bundesrepublik überzog die Umsetzungsfrist um etwa zwei Jahre. Einen Überblick über einige ausgewählte Aspekte hinsichtlich der EG-Richtlinienumsetzung in den EG-Mitgliedstaaten enthält Tabelle 32.[1]

12.1.3 Neue Anforderungen an Umweltverträglichkeitsuntersuchungen

12.1.3.1 Vorbemerkung

Untersuchungen zur Abschätzung von Umweltfolgen von beabsichtigten Vorhaben stellen für den Bereich der Bundesrepublik grundsätzlich nichts völlig neuartiges dar. Rückblickend läßt sich vereinfachend festhalten, daß

- in Deutschland seit Beginn der 70er Jahre beachtliche Erfahrungen mit Umweltverträglichkeitsuntersuchungen gesammelt wurden;

1 Zur Umsetzung der EG-Richtlinie in das nationale Recht der Mitgliedstaaten siehe Coenen, Jörissen, 1989 und Ruckert, 1993 mit dem aktuellsten Überblick über den Umsetzungsstand in allen 12 Staaten.

	B	D	DK	F	GR	GB	I	IRL
1. Umsetzung der EG-RL								
– Zeitpunkt	(7/92)	(8/92)	7/89	1/78	10/90	88–91	(12/88)	88–90
– eigene gesetzl. Regelg.		■						
– Untergesetzl. Regelg.	■		■			■		■
– Integration in bestehende Umw.-Ges.			■	■	■		■	
2. Anwendungsbereich								
– Anhang I umgesetzt	■	■	■	■	■	■	■	■
– Anhang II umgesetzt	vereinfachte UVP vorgesehen	UVP-Pflicht z.Zt. an Schwellenwerte geknüpft	zum größt. Teil umgesetzt	vereinfachte UVP vorgesehen UVP-Pflicht z. Zt. an Schwellenwert gekn.	vereinfachte UVP vorgesehen	zum größt. Teil umgesetzt	zum Teil umgesetzt Rest über Schwellenwerte	UVP-Pflicht an Schwellenwerte geknüpft
3. Berücksichtigung sozio-ökonomischer Aspekte	ja		kann erfolgen	wird empfohlen				
4. Scoping mit Öffentlichkeitsbeteiligung								
– Pflicht	■							
– im Behördenermessen		■	■		■	■		■
5. Berücksichtigung der UVP bei d. Entscheidung								
– präjudizierend								
– Einigung zwischen UVP-zuständiger Stelle u. d. Genehmigungsstelle muß vorliegen					■		■	
– allgem. Berücksichtigungspflicht	■	■	■	■		■		■
6. Nachkontrolle ■ = Pflicht; (■) = kann					■		(■)	

Tab. 32: Stand der UVP-EG-Richtlinienumsetzung in den Mitgliedstaaten – ausgewählte Aspekte (nach Ruckert, 1993)

- seit den frühen 80er Jahren eine deutliche Zunahme von Untersuchungen, die unter Oberbegriffen wie „ökologische Wirkungsanalyse“, „ökologische Risikoanalyse“ oder „Umweltverträglichkeitsstudie bzw. -untersuchung“ subsummiert werden, zu verzeichnen ist;
- sich eine Tendenz zur Vereinheitlichung und Standardisierung des UVP-Instrumentariums abzeichnet, die allerdings bisher noch nicht zur Herausbildung eines umfassenden, fachlich (und politisch) akzeptablen Instrumentariums geführt hat.

Versuche zur Standardisierung werden bislang auf drei Wegen angestrebt:

- durch die Erarbeitung von weitgehend mechanisierten Gesamtsystemen zur Durchführung von Umweltverträglichkeitsuntersuchungen (z. B. das System Belado (Werner et al., 1975), das „Handbuch der ökologischen Planung“ (Dornier, 1980) oder das „Sensitivitätsmodell Region Untermain“ (Vester, von Heseler, 1980);
- durch den Einsatz von EDV-gestützten geographischen Informationssystemen, die es erlauben, große Datenmengen systematisch zu verarbeiten. Sie beinhalten allerdings keine vollständig ausgestaltete, standardisierte UVP-Methodik, so daß die Methodik der Wirkungsabschätzung und der fachlichen Bewertung ebenso individuell gestaltet werden kann wie in anderen Untersuchungen;
- durch die Erarbeitung von Checklisten, die dazu beitragen, die Umweltwirkungen eines Vorhabens systematisch und möglichst umfassend abzufragen. Ebenso wie die geographischen Informationssysteme sind Checklisten bislang nicht mit einer weitergehenden differenzierten Verarbeitungsmethodik im Hinblick auf Wirkungsabschätzungen und fachlichen Bewertung ausgestattet.

Bezogen auf die aktuelle Situation der Gutachterpraxis lassen sich folgende Gutachterpositionen im Hinblick auf die veränderte Rechtssituation durch das UVP-Gesetz konstatieren:

- die Neuerungen und Anforderungen des UVP-Gesetzes werden teilweise ignoriert oder als solche nicht erkannt, die bisherige „Bürolinie“ wird fortgesetzt nach dem Motto „Das UVPG bringt materiell ja doch nichts neues!“;
- eine Auseinandersetzung mit den neuen Anforderungen findet statt und artikuliert sich z. B. in Fragen wie „Wie operationalisiere ich die Schutzgüter (Menschen, Tiere, Pflanzen, Boden, Wasser, Luft, Wechselwirkungen . . .) welche Bewertungsmaßstäbe ziehe ich hierfür heran?“, „Wie lassen sich die sachbezogene Darstellung der Umweltauswirkungen und deren fachliche Bewertung sauber trennen?“

Die momentan durchgeführten Umweltverträglichkeitsuntersuchungen entsprechen leider nicht immer der zweiten Position. Bei umweltpolitischen Konfliktfällen, also dort, wo es in erster Linie auf Rechtssicherheit gerade auch der durchgeführten Untersuchung der Umweltauswirkungen ankommt, ist folglich zu beobachten, daß verstärkt Kontrollgutachter eingeschaltet werden, die die fachlich einwandfreie „Informationsverarbeitung“ der durchzuführenden Umweltverträglichkeitsuntersuchung überwachen. Dies ist auch Ausdruck einer Verunsicherung der jeweiligen Zulassungsbehörden, die mit den neuen Anforderungen durch das UVP-Gesetz Schwierigkeiten haben und u. a. auf das Fehlen der UVPVwV verweisen. Welche Anforderungen verfahrensbezogener, vor allem aber auch inhaltlicher Art das UVP-Gesetz mit sich bringt, wird in den anschließenden Abschnitten angerissen.

12.1.3.2 Anforderungen an die Systembeschreibung

Nach UVP-Gesetz hat der Träger „die entscheidungserheblichen Unterlagen über die Umweltauswirkungen des Vorhabens“ der zuständigen Behörde vorzulegen (§ 6 Abs. 1). Bei der Systembeschreibung als erstem Arbeitsschritt der nach UVP-Gesetz durchzuführenden Untersuchung über die Umweltauswirkungen des Vorhabens, im folgenden kurz Umweltverträglichkeitsuntersuchung (s. Abb. 109) sind die

- Umweltbeschreibung und die
- Vorhabenbeschreibung

zu differenzieren. Zu beiden Punkten ist der Träger eines UVP-pflichtigen Vorhabens heranzuziehen. Dieser Sachverhalt ist für das deutsche Umweltrecht neu. Bisher waren Antragsteller überwiegend dazu verpflichtet, Angaben zum Vorhaben selbst beizubringen, nicht aber über die möglichen Umweltauswirkungen (vgl. Bunge, 1986, S. 45 ff.). Die Ermittlung und Einschätzung der Umweltfolgen sind nach geltendem Recht in der Regel Aufgabe der zuständigen Behörde. Diese Neuerung führt einerseits zwangsläufig zu einem erhöhten Bedarf an gutachterlichen Dienstleistungen, da nur wenige Vorhabenträger in der Lage sein werden, eine in diesem Sinne geforderte Beschreibung der Umwelt zu leisten. Andererseits unterliegt auch das Verhältnis Vorhabenträger und Zulassungsbehörde einem Wandel.

Die zuständige Behörde sollte im Sinne einer „nachvollziehenden Amtsermittlung“

- auf Nachforderung von Unterlagen bei nachträglichen bekanntgewordenen Umweltwirkungen bestehen,
- eine kritische Würdigung der Unterlagen des Vorhabenträgers inkl. Plausibilitätskontrollen (gestützt durch Konsultation in- und ausländischer Behörden) vornehmen,

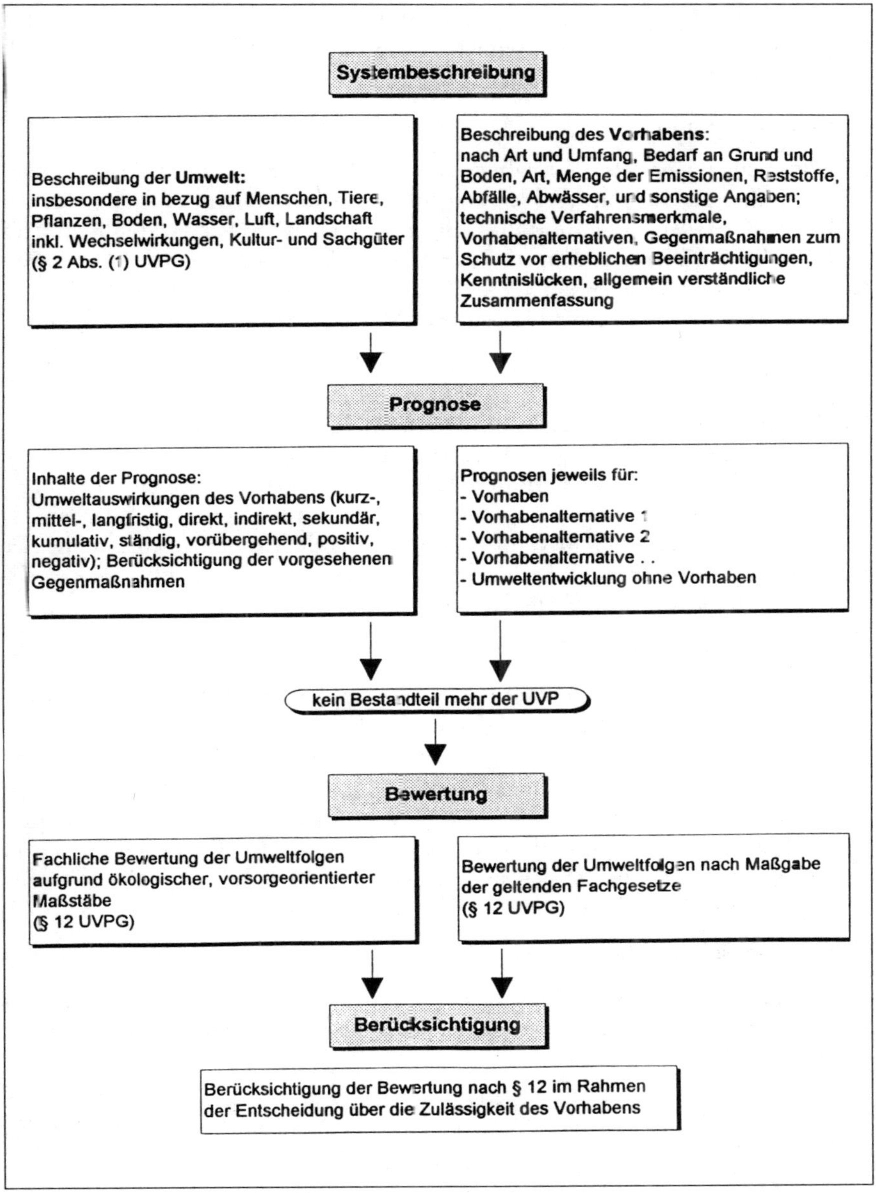

Abb. 109: Ablauf der Untersuchung der Umweltauswirkungen auf Grundlage des UVPG (nach Erbguth, Schink 1992, S. 67, stark verändert)

- ggf. eigene originäre Ermittlungen durchführen
- ggf. den Antrag ablehnen, wenn Pflichten nicht nachgekommen wird (vgl. Schneider, 1991).

Umweltbeschreibung

Da vor allem ein privater Vorhabenträger das Fachwissen und die Kompetenz für die verlangte Umweltbeschreibung oft nicht ohne weiteres aus den eigenen Reihen sicherstellen kann, führt dies zunehmend zu einem verstärkten Bedarf an gutachterlichen Dienstleistungen. Hier stellt sich das Problem der fachlichen Kompetenz der jeweiligen Gutachter (Stichwort „Gefälligkeitsgutachten"). Ansätze zu einem „Mindestanforderungsprofil" für Umweltverträglichkeitsuntersuchungen finden sich bei Bechmann, Hartlik (1992b) sowie beim UVP-Förderverein (1992).

Die Inhalte der Umweltbeschreibung nach Maßgabe des UVP-Gesetzes finden sich in § 6, Abs. 3 (Mindestanforderungen) und 4 (Ergänzungsanforderungen). Im Kasten Systembeschreibung der Abb. 109 sind die wesentlichen Beschreibungskriterien aufgelistet. Zwar wird die Umweltbeschreibung lediglich als Ergänzungsanforderung eingestuft, für die verpflichtende Beschreibung der Umweltauswirkungen stellt die Beschreibung der Umwelt allerdings eine unabdingbare Voraussetzung dar und ist demzufolge stets vorzulegen.

Für die Gutachterpraxis bedeutet dies vor allem folgendes:

- Die Beschreibung der Umwelt muß sich auf alle im UVP-Gesetz explizit genannten Schutzgüter (inklusive der Wechselwirkungen) beziehen.[1]
- Es muß eine deutliche Trennung zwischen Beschreibung bzw. Ermittlung sowie Bewertung der Umweltauswirkungen stattfinden. Bewertungsschritte in Form von Umwandlungen von quantifizierbaren, kardinalen Größen (Beispiele: Flächenverlust in ha, Verlärmung in dB (A) oder SO_2-Entstehung in t/a) in dimensionslose Ordinalskalen sollten nicht bereits auf der Ebene der Umweltbeschreibung bzw. der Ermittlung der Umweltauswirkungen einsetzen.[2]

Vorhabenbeschreibung

Die Beschreibung des Vorhabens ist im Gegensatz zur Umweltbestandsaufnahme generell nichts Neuartiges im deutschen Zulassungsrecht. Was im einzelnen

1 Eine automatische Berücksichtigung der Schutzgüter durch die häufig verwendeten gängigen Landschaftspotentiale erfüllt diese Anforderungen oft nicht. Teilweise wird davon ausgegangen, das Schutzgut Mensch sei allen Landschaftspotentialen immanent und damit automatisch berücksichtigt. Darüber hinaus werden Wechselwirkungen oft nicht thematisiert.

2 Oft werden im Rahmen der Systembeschreibung bereits Bewertungsvorgänge z. B. in Form von Bewertungen der Eignung, der Empfindlichkeit und der Vorbelastung einzelner Schutzgüter oder Naturraumpotentiale oder die Beeinträchtigungsintensität durch einen Wirkfaktor des Vorhabens durchgeführt.

verlangt wird, findet sich wiederum in den Abs. 3 und 4 des § 6 UVPG. Im Kasten Systembeschreibung der Abb. 110 sind die wesentlichen Vorhabenkriterien aufgelistet. Sowohl die Beschreibung der wichtigsten technischen Verfahrensmerkmale als auch die Übersicht der wichtigsten Vorhabenalternativen inklusive der Auswahlgründe sind an die Erforderlichkeit und Zumutbarkeit gekoppelt, also nicht obligatorisch zu erbringen. Verpflichtend sind hingegen Angaben über Standort, Art und Umfang sowie Bedarf an Grund und Boden, Beschreibung von Art und Menge der zu erwartenden Emissionen und Reststoffe, insbesondere der Luftverunreinigung, der Abfälle und des Anfalls von Abwasser sowie sonstige erforderliche Angaben.

Interessant ist in dieser Hinsicht ein Vergleich mit dem Anhang III der EG-Richtlinie, der die beizubringenden Unterlagen detaillierter aufführt als das UVP-Gesetz und nach einhelliger Experteneinschätzung grundsätzlich in das nationale Recht umgesetzt werden muß.[1]

12.1.3.3 Anforderungen an die Prognose von Umweltfolgen

Anforderungen durch das UVP-Gesetz

Da das UVP-Gesetz keine differenzierten Angaben über Inhalt und Ablauf der Prognose der Umweltauswirkungen enthält, wird hierzu die „Allgemeine Verwaltungsvorschrift zur Ausführung des Gesetzes über die Umweltverträglichkeitsprüfung (UVPVwV) herangezogen. Die prognoserelevanten Ausführungen finden sich unter dem Punkt 0.5.2.2. Danach sind Prognosen über Umweltauswirkungen insbesondere im Hinblick auf

- die Errichtung,
- den bestimmungsgemäßen Betrieb,
- Betriebsstörungen,
- Stör- oder Unfälle,
- sonstige zu erwartende Entwicklungen sowie

1 Vgl. dazu Erbguth, Schink, 1992, S. 188, mit zahlreichen Nachweisen. Gemeinschaftsrechtliche Defizite können beispielsweise aufgrund der mangelhaften Umsetzung von Nr 4 des Anhangs III konstatiert werden:
4. Beschreibung der möglichen wesentlichen Auswirkungen des vorgeschlagenen Projekts auf die Umwelt infolge:
   - des Vorhandenseins der Projektanlagen
   - der Nutzung der natürlichen Ressourcen
   - der Emission von Schadstoffen der Verursachung von Belästigungen und der Beseitigung von Abfällen

   und Hinweis des Projektträgers auf die zur Vorausschätzung der Umweltauswirkungen angewandten Methoden.

– die Berücksichtigung von Alternativen (soweit es das Fachrecht vorsieht) des Vorhabens[1]

zu erstellen.

Anforderungen an die Prognose aus fachlicher Sicht

Im Ablauf einer Umweltverträglichkeitsuntersuchung kommt der Prognose eine wichtige Bedeutung zu. Sie verknüpft die Darstellung der Umweltsituation mit der Vorhabenbeschreibung zu einer Vorhersage der Umweltsituation nach angenommener Realisierung des Vorhabens und bildet damit das Verbindungsglied von Vorhaben- und Umweltbeschreibung zur fachlichen Bewertung. Generell kann man unterscheiden:

1. Einfache Prognosetechniken, die relativ leicht handhabbar sind und vergleichsweise geringe Anforderungen an die Informations- und Datengrundlage stellen, z. B. Szenario-Methode, Analogieschlußverfahren oder verbal-argumentative Techniken.
2. Komplexe, meist EDV-gestützte Prognosetechniken, die auf mathematischen Simulationsmodellen basieren, z. B. EDV-gestützte Ausbreitungsmodelle von Schadstoffen in Luft und Wasser, Lärmausbreitungsberechnungen, Berechnungsmodelle für Grundwasserveränderungen bei Entnahmen, Veränderungen der Fließgeschwindigkeit bei wasserbaulichen Aktivitäten etc.).

Der sinnvolle Einsatz jeder Prognosetechnik ist an bestimmte, konkret benennbare Voraussetzungen gebunden, jede von ihnen tendiert zu spezifischen Fehleinschätzungen. Eine leistungsfähige und den gegebenen Umständen angemessene Wirkungsprognose enthält neben der prognostischen Aussage über direkte und indirekte Umweltwirkungen stets

– den Nachweis, daß die Anwendungsvoraussetzungen für die gewählte Technik erfüllt sind;
– eine Fehlerabschätzung (Richtung, Abweichungsbereich) für das Auseinanderfallen von prognostizierter und realer Wirkung. Diese Abschätzung kann häufig nicht quantifiziert werden, sollte aber zumindest in verbaler Form vorliegen.

Es ist nicht möglich, unabhängig vom konkreten Einzelfall zu entscheiden, ob mit einer bestimmten Prognosetechnik gearbeitet werden kann bzw. sollte.

---

1 Da das angesprochene Fachrecht je nach berührtem Zulassungsverfahren Planfeststellungsrecht oder Genehmigungsrecht im Sinne von Kontrollerlaubnissen sein kann, muß hier differenziert werden. Planfeststellungen bieten grundsätzlich keine Probleme bei der Alternativenberücksichtigung. Kontrollerlaubnissen wie etwa immissionsschutzrechtliche Genehmigungen hingegen sind Alternativenprüfungen fremd (vgl. Erbguth, Schink 1992, S. 242), zumindest Standortalternativen werden hier nicht erörtert.

Wichtig ist jedoch, daß die Verwendung von Prognosetechniken an klare Fragestellungen anknüpft und im oben angesprochenen Sinn methodisch reflektiert wird (vgl. Bechmann, Hartlik, 1992 b).

12.1.3.4 Anforderungen an die Bewertung von Umweltfolgen

Anforderungen durch das UVP-Gesetz

Die Bewertungsfrage stellt sowohl fachlich als auch verfahrensmäßig das Kernproblem der UVP dar. Dabei geht es hauptsächlich um die adäquate Auswahl der Bewertungsmaßstäbe, anhand derer die Beurteilung der Umweltverträglichkeit eines Vorhabens erfolgt. Da dieses Problem hier nicht detailliert ausgeführt werden kann, beschränkt sich das folgende auf einige Kernpunkte (vgl. zur Bewertung Abschnitt 12.2 sowie Bechmann 1988, Hartlik 1990).

Das UVP-Gesetz enthält im § 12 die ihm zugrunde liegende „Bewertungsphilosophie", die im Prinzip auf zwei Säulen ruht. Danach bewertet die Behörde bzw. die Behörden (wenn mehrere in ihrem Wirkungskreis berührt sind) die Umweltauswirkungen

1. „im Hinblick auf eine wirksame Umweltvorsorge" sowie
2. „nach Maßgabe der geltenden Gesetze".

Der Intention des Gesetzgebers folgend (vgl. dazu Bohne, 1992, Feldmann, 1992) setzt die Bewertung, die danach eindeutig Sache der Behörde(n) ist, erst im Anschluß an die Erstellung der rein deskriptiven „Zusammenfassenden Darstellung der Umweltauswirkungen" (§ 11) ein. Die Ausrichtung der UVP auf ein rechtliches Bewertungskonzept basiert auf der Überzeugung, daß nur durch die „Einbeziehung der UVP in das Sanktionensystem gerichtlicher Kontrollen" die genügende Beachtung von den Fachsystemen in der Praxis garantiert ist (Bohne, 1992, S. 17). Das ist einerseits gut nachvollziehbar, andererseits ist unumstritten, daß die fachrechtlich fixierten Umweltstandards am Prinzip der Gefahrenabwehr orientiert sind und weniger am Vorsorgeprinzip. Da aber die Bewertung auch im Hinblick auf eine wirksame Umweltvorsorge erfolgen muß, stellt sich die Frage nach ebensolchen Bewertungsmaßstäben.

In der UVPVwV sind neben dem Verweis auf die Fachgesetze bzw. die sogenannten „umweltbezogenen Zulässigkeitsvoraussetzungen" in ihrem Anhang 1 Orientierungshilfen zur Beurteilung der Ausgleichbarkeit des Eingriffs in Natur und Landschaft, zur Beurteilung der Beeinträchtigung von Fließgewässern, der Boden- und der Luftbeschaffenheit genannt. Von ihnen geht allerdings keine rechtliche Bindungswirkung aus, ihre Überschreitung löst allerdings eine Begründungslast aus (Bohne, 1992, S. 9). Innerhalb der Orientierungshilfen gibt es erhebliche Unterschiede. Bei der Luftbeschaffenheit wird lediglich auf die Immissionswerte der TA-Luft verwiesen, bei der Bodenbeschaffenheit dagegen werden für 11 Stoffe bzw. Stoffgruppen Orientierungshilfen angegeben, die sich zumindest teilweise an die relativ abspruchsvollen Werte der sogenannten Hollandliste anlehnen. Allerdings enthalten die UVPVwVE nicht für alle Schutzgüter Orientierungshilfen.

Dem Vorsorgeanspruch im Rahmen der Bewertung wird die UVP nach Ansicht des Gesetzgebers durch die Anwendung der umweltbezogenen Zulässigkeitsvoraussetzungen der jeweilig berührten Fachgesetze Rechnung getragen, wobei vor allem auf die zahlreichen unbestimmten Rechtsbegriffe wie „Wohl der Allgemeinheit", „Schutz vor schädlichen Umwelteinwirkungen" etc. hingewiesen und betont wird, daß dies eine grundsätzliche Offenheit für jede wissenschaftliche Entwicklung darstelle (Bohne, 1992, S. 12 ff.). Die umweltbezogenen Zulässigkeitsvoraussetzungen bedürfen für den Vollzug also einer Konkretisierung durch

- alle rechtlich fixierten qualitativen und quantitativen Umweltstandards sowie im Einzelfall subsidiär durch
- alle privaten Richtlinien und Regeln und
- alle sonstigen relevanten Gesichtspunkte (Feldmann, 1992, S. 81).

Anforderungen an die Bewertung aus fachlicher Sicht

Das im vorangegangenen Abschnitt dargelegte Bewertungskonzept des UVP-Gesetzes sieht die Bewertung ausschließlich auf Seiten der Behörden. Die Frage stellt sich, ob demnach Umweltverträglichkeitsuntersuchungen, die von Gutachtern im Auftrag von Trägern eines UVP-pflichtigen Vorhabens durchgeführt werden, frei von jeder (subjektiven) Art von Bewertungsvorgängen sein müssen. Es ist offensichtlich, daß es rein deskriptive Untersuchungen über die Umweltauswirkungen nicht geben kann. Gerade beim für die UVP so maßgeblichen Alternativenvergleich müssen Bewertungsvorgänge erfolgen, um zu einer Rangordnung der Alternativen zu gelangen, sprich die aus ökologischer Sicht optimale zu identifizieren. Zumindest aber muß auf Gutachterseite ein Bewertungsvorschlag aus fachlicher Sicht erfolgen, da das Aggregationsproblem, was sich auf dieser Ebene stellt[1], nicht einfach als Problem der zuständigen Zulassungsbehörde deklariert werden kann. Es muß hier deutlich zwischen fachlicher, d. h. gutachterlicher, und politischer, sprich behördlicher Bewertung unterschieden werden. Die politische Bewertung sollte immer auf der fachlichen Bewertung basieren (zum Unterschied zwischen politischer und fachlicher Bewertung s. Bechmann, Hartlik, 1992 b und Hartlik, 1990), kann sich jedoch von dieser unterscheiden.

---

1 Die Aggregation der Teilbelastungen der einzelnen Schutzgüter (Boden, Wasser, ...) zu einer integrativen fachlichen Gesamtbewertung der Umweltverträglichkeit ist, zumindest bei integrierter Alternativenbetrachtung, Bestandteil der UVU und damit im Regelfall Aufgabe des Gutachters.

In Zukunft werden, was die intersubjektive Nachvollziehbarkeit und Transparenz von Bewertungsvorgängen und die Ableitung von im Einzelfall heranzuziehenden Bewertungsmaßstäben im Rahmen von Umweltverträglichkeitsuntersuchungen angeht, größere Anforderungen an Plausibilität gestellt werden als bisher. Daraus ergeben sich Anforderungen an Umweltverträglichkeitsuntersuchungen, von denen einige im folgenden aufgeführt sind:

- Aufstellung eines klaren Zielsystems mit allen heranzuziehenden Bewertungsmaßstäben und deren Korrelationen untereinander;
- nachvollziehbare Ableitung der Bewertungsmaßstäbe aus Rechtsvorschriften, landes- und raumplanerischen Zielvorstellungen, standortbezogenen landschaftsplanerischen Aussagen, ggf. kommunalen Umweltqualitätszielen, fachwissenschaftlichen Anforderungen und sonstigen relevanten Aspekten;
- nachvollziehbare Skalierungen der einzelnen Bewertungskriterien, d. h. eindeutige Bestimmung der Meßvorschriften für jedes Bewertungskriterium;
- Vermeidung zu früher Aggregationsschritte wegen der Gefahr des Informationsverlustes; nachvollziehbare Aggregation (bei Alternativenvergleich unabdingbar) mit Sensitivitätsanalyse;
- Auseinandersetzung sowohl mit den berührten rechtlichen Bewertungsmaßstäben als auch einer Definition des Begriffs Umweltvorsorge.

12.1.4 Zusammenfassung und Ausblick

Die deutschen Rechtsvorschriften im Hinblick auf die Umweltverträglichkeitsprüfung stellen lediglich eine Möglichkeit unter vielen anderen praktikablen Verfahrensvarianten dar und spiegeln nicht unbedingt den internationalen Standard wider (vgl. Abschnitt 12.1.1).

Die Meinungen über die Regelungsinhalte und die umweltrechtlichen Innovationen des UVP-Gesetzes gehen weit auseinander. Während bei manchen die Einstellung vorherrscht, das UVP-Gesetz beinhalte keine materiellen Neuerungen, sehen andere die Basis für eine stärkere Orientierung am Umweltvorsorgeprinzip. Unabhängig von diesen beiden Sichtweisen sind mit dem UVP-Gesetz auf jeden Fall neue Anforderungen an Umweltverträglichkeitsuntersuchungen, die im Rahmen von Umweltverträglichkeitsprüfungen für prüfpflichtige Vorhaben durchgeführt werden, verbunden, die in der Gutachter- aber auch in der Zulassungsbehördenpraxis noch nicht vollständig umgesetzt sind.

Weiterentwicklungsansätze zur UVP sind vor allem auf der EG-Ebene zu beobachten. In diesem Zusammenhang sind zu erwähnen:

- die EG-Richtlinie über den freien Zugang zu Umweltinformationen, die zum 31. 12. 1992 umzusetzen war und die hinsichtlich Transparenz und Nachvollziehbarkeit von UVP-Verfahren von Bedeutung werden könnte (diese Richtlinie wurde durch das Umweltinformationsgesetz umgesetzt);

- einen Entwurf zu einem Änderungsvorschlag der UVP-EG-Richtlinie, der u. a. eine Erweiterung des Anwendungsbereiches (insbesondere hinsichtlich landwirtschaftlicher Projekte) enthält;[1]
- einen Entwurf für einen EG-Richtlinienvorschlag für die UVP von Planungen und Programmen (vom 1. 9. 1995);
- die Verordnung des EG-Rates über die freiwillige Beteiligung gewerblicher Unternehmen an einem Gemeinschaftssystem für das Umweltmanagement und die Umweltbetriebsprüfung (vom 29. 6. 1993);
- die EG-Richtlinie zum Schutz der natürlichen und naturnahen Lebensräume sowie wildlebender Pflanzen und Tierarten.[2]

Unabhängig von der EG-Ebene wird auch in der Bundesrepublik die Bedeutung der UVP zunehmen. Anwendungsfelder sind dabei neben den prüfpflichtigen Vorhaben aufgrund Bundes- oder Landes-UVP-Gesetz in erster Linie die

- Kommunen
  Zur Zeit sind es etwa 200 Kommunen, die die kommunale UVP eingeführt haben oder sich in der Vorbereitungsphase befinden, Tendenz steigend.
- Wirtschaftliche Zusammenarbeit
  Die Gesellschaft für Technische Zusammenarbeit und die Kreditanstalt für Wiederaufbau sind dazu übergegangen, die Umweltverträglichkeitsprüfung zum Bestandteil ihres Projektprüfungsverfahrens zu machen. Einzelne Fachabteilungen entwickeln darüber hinaus das UVP-Instrumentarium systematisch in Eigenregie weiter, um eine nachhaltige, ökologisch verantwortliche Entwicklung sicherzustellen (z. B. der Bereich Bewässerungssysteme der GTZ (vgl. Hartlik, Bechmann 1993)).
- betriebliche und unternehmensbezogene UVP
  Seit einiger Zeit deutet sich an, daß die freiwillige UVP in Betrieben und Unternehmen verstärkt diskutiert wird. Im Rahmen von Betriebsvereinbarungen werden z. B. Betriebsräte in umweltrelevante Entscheidungen und betriebsinterne Umweltverträglichkeitsprüfungen mit einbezogen (vgl. Bechmann, Baldauf, Poll, 1993).

In der Frage der Standardisierung und Qualitätssicherung von Umweltverträglichkeitsuntersuchungen ist die UVP-Praxis gefordert. Hingewiesen sei an dieser Stelle auf das vom Umweltbundesamt geförderte und abgeschlossene F+E-Vor-

---

1 Demzufolge sollen aus dem landwirtschaftlichen Bereich Flurbereinigungsprojekte, Umwidmungen von Ödland und naturnahen Flächen über 100 ha, Bewässerungsprojekte über 200 ha, Trockenlegungsprojekte in Feuchtgebieten, Intensivhaltungen mit über 25 GVE bei einer Besatzdichte über 3 GVE/ha sowie Landgewinnung aus dem Meer in den Anhang I (Katalog UVP-pflichtiger Projekte) der Richtlinie übernommen werden. Darüber hinaus sind Ergänzungen des Anhangs II vorgesehen.

2 Waren im Richtlinienvorschlag noch UVP-Ansätze für Pläne und Programme, die geeignete Schutzgebiete im Sinne dieser Richtlinie betreffen, enthalten, ist in der erlassenen Richtlinie in Artikel 6 Abs. 3 nur noch von einer „Prüfung auf Verträglichkeit mit den für dieses Gebiet festgelegten Erhaltungszielen“ die Rede.

haben „Entwicklung eines UVP-Informations- und Beraternetzes (Hauptstudie)“ (Bechmann, Hartlik, 1992 a). Ziel dieses EDV-gestützten Fachinformationssystems ist die Bündelung und Bereitstellung des UVP-Fachwissens zunächst auf Bundes-, später ggf. auch auf EG-Ebene. Durch die Dokumentation des ‚Standes der Technik‘ in Sachen UVP soll vermieden werden, daß Umweltverträglichkeitsuntersuchungen einen Mindeststandard unterschreiten. Je besser sich die inhaltliche und fachliche Ausgestaltung von Umweltverträglichkeitsuntersuchungen entwickelt, um so weniger kann sich die „Verwaltungspraxis“ hinter andere, ‚gewichtigere‘ Abwägungsbelange zurückziehen.

Eine eher mittel- bis langfristige UVP-Strategie läuft allerdings in die Richtung einer „Ökologisierung von Nutzungsmustern“ (Bechmann, 1989). Die ständigen schleichenden Umweltbelastungen durch die zum großen Teil flächenintensiven Nutzungen wie etwa der konventionelle Landbau, die Verkehrsplanung oder die Energiegewinnung können im Rahmen von Umweltverträglichkeitsprüfungen im Zuge der Ermittlung der Vorbelastungen thematisiert werden. Dadurch besteht die Möglichkeit, daß hier die Diskussion um alternative Nutzungsformen unterstützt, also eine „Alternativendiskussion“ auf einer neuen Ebene geführt wird.

Frank Scholles

12.2 Methoden zur Bewertung der Umweltverträglichkeit – Beispiele

12.2.1 Zielsetzung

Bechmann und Hartlik (Abschnitt 12.1) haben die theoretischen Grundlagen der Bewertung im Rahmen der Umweltverträglichkeitsprüfung (UVP) dargestellt. Im folgenden Beitrag sollen ausgewählte Beispiele vorgestellt werden, die den Stand der Methodik widerspiegeln.

Allerdings ist es schon aus Raumgründen nicht möglich, einen auch nur annähernd vollständigen Katalog der verschiedenen in der Praxis verwendeten Methoden darzustellen. Der Beitrag ersetzt deshalb kein Methodenhandbuch. Die vorgestellten Beispiele sind auch nicht als Muster oder im Sinne einer Anwendungsempfehlung zu sehen.

Die Beispiele sollen zwei Funktionen erfüllen:

1. Sie sollen die am häufigsten verwendeten Methoden vorstellen. Die Ökologische Risikoanalyse stellt in verschiedenen Varianten heute den Stand der Methodik beim Vergleich von Vorhabenalternativen dar. Zur theoretischen Fundierung der Methode vgl. Bachfischer (1978) sowie Scharpf (1982). Darüber hinaus werden verbal-analytische Bewertungen vorgenommen.[1]
2. Sie sollen theoretische Darstellungen in den vorangegangenen Beiträgen veranschaulichen.
3. Sie sollen verschiedene Arten von UVP umfassen: gesetzliche Projekt-UVP, freiwillige kommunale Projekt-UVP, freiwillige kommunale Plan-UVP.

Im einzelnen werden folgende Beispiele behandelt:

Beispiel A: Gesetzliche (Projekt-)UVP zum Neubau der Bundesautobahn A 82/140 Göttingen–Halle/Leipzig (Methode: Ökologische Risikoanalyse mit Präferenzmatrix)
Beispiel B: Kommunale (Plan-)UVP für das Baugebiet Mainzer Straße in Wiesbaden (Methode: Verbal-analytische Bewertung)
Beispiel C: Kommunale (Projekt-)UVP für den Bau einer Mehrzweckhalle in Düsseldorf-Stockum (Methode: Ökologische Risikoanalyse ohne Präferenzmatrix)

---

1 Gelegentlich noch anzutreffende Nutzwertanalysen nach dem von Zangemeister (1971) vorgelegten Schema werden in Fachkreisen heftig kritisiert und inzwischen auch von Gerichten beanstandet. Nutzwertanalysen der 2. Generation (also mit ordinaler Bewertung, vgl. Bechmann, 1978) finden sich dagegen als Bestandteile der Ökologischen Risikoanalyse des öfteren.

Die Beispiele beinhalten allesamt sowohl Elemente der Ökologischen Risikoanalyse als auch der verbal-analytischen Bewertung, so daß sie nicht als „reine" Lehre verstanden werden können. Allerdings muß festgehalten werden, daß dieses Zusammenfließen der Methoden in Abhängigkeit der Sachlage dem heutigen Stand der Methodik entspricht. Je nach Sachverhalt können auch quantitative Methoden (Simulation, Bilanzierung) und Elemente der Nutzwertanalyse (ordinal skalierte Aggregation) zum Einsatz kommen.

Beispiel B wurde in der Verwaltung selbst durchgeführt. In den beiden anderen Fällen handelt es sich um Arbeiten, die von externen Planungsbüros vorgelegt wurden. Es mag Zufall sein, daß die in der Kommunalverwaltung erarbeitete Version den geringsten methodischen Aufwand treibt. Andererseits zeigt eine Durchsicht zahlreicher Umweltverträglichkeitsstudien, daß verwaltungsintern durchgeführte Prüfungen mehrheitlich weniger aufwendig und grober als in Auftrag gegebene Untersuchungen ausfallen, was die Differenzierung untersuchter Schutzgüter und Auswirkungen, die nachvollziehbare Entwicklung und Darstellung der Bewertungsmaßstäbe betrifft (Otto-Zimmermann, 1993). Dies kann im Zwang der Verwaltung zu pragmatischem Handeln begründet liegen. Das wiesbadener Beispiel treibt hier noch einen vergleichsweise hohen Aufwand.

Folgende Arbeitsschritte sind unerläßlicher Bestandteil von Umweltverträglichkeitsstudien (UVS): Umweltbeschreibung, Umweltbewertung, Prognose der Umweltveränderungen ohne geplantes Vorhaben, Prognose der Umweltauswirkungen und -risiken des Vorhabens, Bewertung der Auswirkungen und Risiken des Vorhabens, Prüfen von Maßnahmen zur Vermeidung, Verminderung, zum Ausgleich bzw. Ersatz (vgl. UVP-Förderverein, AG UVP-Gütesicherung, 1992). Die Darstellung der Beispiele konzentriert sich auf die beiden Arbeitsschritte, die eine Bewertung vornehmen. Die ebenso wichtigen anderen Elemente einer UVS müssen hier ausgeklammert bleiben.

12.2.2 Bewertung im Sinne des UVPG und Bewertung in Umweltverträglichkeitsuntersuchungen

§ 12 UVPG regelt die Bewertung der Umweltauswirkungen als separaten Schritt der UVP. Dieser ist im Gegensatz zur Ermittlung und Beschreibung der Umweltauswirkungen, die vom Vorhabenträger beizubringen ist, aufgrund der Zusammenfassenden Darstellung von den zuständigen Behörden durchzuführen. Darüber hinaus hat diese Bewertung nach Maßgabe der geltenden Gesetze im Hinblick auf eine wirksame Umweltvorsorge stattzufinden. Sie ist also an die umweltbezogenen Zulässigkeitsvoraussetzungen der geltenden Fachgesetze als Bewertungsmaßstäbe gebunden und hat diese lediglich vorsorgeorientiert auszulegen. Mehr noch: wo für eine Wirkung kein gesetzlicher Bewertungsmaßstab vorliegt, ist diese für die Ermittlung und Beschreibung irrelevant, weil nicht entscheidungserheblich.

Die bisherige Praxis der UVP ist dagegen durch das Erstellen einer Studie gekennzeichnet, die sowohl ermittelt und beschreibt als auch Bewertungsmaßstäbe sammelt sowie ggf. entwickelt und schließlich vergleichend bewertet, um schließlich eine Alternative aus Gutachtersicht zu empfehlen.

Auch wenn die juristische Bewertung im Sinne des UVPG nicht Gegenstand der UVS[1] sein kann, so wird diese nicht um wertende Aussagen herumkommen, wenn die Leistungsfähigkeit oder Empfindlichkeit der Schutzgüter sowie deren Beeinträchtigung durch das Vorhaben analysiert werden sollen. Zukünftig sollte für solche wertenden Arbeitsschritte bei der Ermittlung und Beschreibung nicht der Begriff „Bewertung" verwendet werden, um Mißverständnisse zu vermeiden. Die Begriffe „Einschätzung" oder „Abschätzung" wären genauso treffend.

Da die untersuchten Beispiele durchgehend den Begriff „Bewertung" verwenden, wird sich dieser Begriff im folgenden dennoch nicht immer vermeiden lassen.

12.2.3 Fallbeispiele

12.2.3.1 Beispiel A: Gesetzliche Projekt-UVP

Aufgabe und Organisation

Als Fallbeispiel zur gesetzlichen UVP wird der Neubau der Bundesautobahn A 82/140 Göttingen–Halle/Leipzig vorgestellt. Das Projekt gehört zu den „Verkehrsprojekten Deutsche Einheit". Die UVS wurde im Auftrag des Bundesministeriums für Verkehr von einer Arbeitsgemeinschaft von fünf Planungsbüros unter Federführung der Planungsgruppe Ökologie + Umwelt erarbeitet. Die Methodik spiegelt einen Konsens der beteiligten Büros wider. Die UVP erfolgte auf der Ebene des Raumordnungsverfahrens nach dem UVPG. Das hier geltende Verkehrswegeplanungsbeschleunigungsgesetz spart die Öffentlichkeitsbeteiligung auf dieser Ebene ein. Die Ersteller der UVS betonen jedoch, daß die Arbeit „weitgehend den bekannten qualitativen Maßstäben entspricht, die in den letzten 10 Jahren in den alten Bundesländern angelegt wurden" (Planungsgruppe Ökologie + Umwelt et al., 1993, S. 1).

In einer 1. Stufe (Raumempfindlichkeitsuntersuchung im Maßstab 1:25 000) wurden „relativ konfliktarme Korridore" durch Überlagerung ermittelt und so-

---

1 Unter dem Begriff „Umweltverträglichkeitsprüfung" (UVP) ist ein Verwaltungsverfahren zu verstehen, das aus den Arbeitsschritten Scoping, Ermittlung und Beschreibung, Öffentlichkeitsbeteiligung, Zusammenfassende Darstellung, Bewertung, Nachkontrolle besteht. Der Begriff „Umweltverträglichkeitsstudie" (UVS) kennzeichnet ein Gutachten zur Ermittlung und Beschreibung von Umweltauswirkungen.

mit der Untersuchungsraum von 150.000 ha auf 83.500 ha verkleinert. Für dieses Gebiet wurde in einer 2. Stufe (vertiefte Untersuchung und Variantenvergleich im Maßstab 1:10 000 bzw. 1:25 000) die eigentliche UVS auf der Ebene des Raumordnungsverfahrens durchgeführt. In einer weiteren Stufe werden die UVP sowie der landschaftspflegerische Begleitplan zum Planfeststellungsverfahren folgen.

Aufgrund der Größe des Untersuchungsraums wurde die Arbeitsgemeinschaft gebildet. Vier Büros (Büro für Landschaftsplanung Birkigt-Quentin, Brinkschmidt, Kortemeier & Partner, Büro für Umweltplanung Dr. Michael, Planungsbüro Wirz) kartierten jeweils einen Abschnitt des Raums, während die Planungsgruppe Ökologie und Umwelt die inhaltliche und organisatorische Koordination übernahm. Die folgenden Ausführungen lehnen sich eng an den Band „Planungsablauf und Bewertungsmethodik – Grundlagen" der UVS (Planungsgruppe Ökologie + Umwelt et al., 1993) an. Alle Abbildungen und Tabellen sind dieser Quelle entnommen.

Die Methodik

Fragestellungen:

Die Methodik folgt dem Prinzip der ökologischen Wirkungsanalyse und der sich daraus ergebenden Risikoeinschätzung.

Die UVS behandelt und bewertet folgende Sachverhalte:

- Ermittlung der Eigenschafts- und Empfindlichkeitsmerkmale, die die möglicherweise von einem Vorhaben betroffenen Schutzgüter kennzeichnen,
- Klassifikation der Empfindlichkeitsmerkmale,
- Einschätzung der Entwicklung des Untersuchungsraums ohne das geplante Vorhaben,
- Ermittlung der Umweltauswirkungen des Vorhabens (Nutzungsmerkmale und Belastungsfaktoren) hinsichtlich Intensität, Zeit, Entfernung,
- Klassifikation der Belastungsfaktoren,
- Ermittlung des Risikos der Beeinträchtigung,
- Beschreibung risikovermeidender bzw. -mindernder Maßnahmen,
- Einschätzung von Sekundäreffekten,
- Einschätzung von räumlich-funktionalen Zusammenhängen zwischen dem Vorhaben und anderen raumwirksamen Vorhaben bzw. kumulativer Auswirkungen,
- Variantenvergleich, Vergleich mit Nullvariante und mit anderen Lösungen/Alternativen.

Die Untersuchung erfolgt getrennt nach den Schutzgütern Biotop (Tiere und Pflanzen), Boden, Wasser, Landschaftsbild/Erholung, Klima, Wohnen, Kultur-

und Sachgüter. Das Schutzgut Mensch des UVPG wird nicht eigenständig behandelt, sondern insbesondere durch den Aspekt Wohnen, Einbeziehung in die Schutzgüter Boden, Grundwasser und landschaftsbezogene Erholung sowie separate Behandlung der Wirkungen von Lärm und Schadstoffen auf Gesundheit und Wohlbefinden einbezogen.

Im folgenden werden die beiden zentralen Arbeitsschritte, die Zustands- und die Risikoeinschätzung, anhand der Schutzgüter Biotop sowie landschaftsbezogene Erholung beispielhaft vorgestellt.

Sowohl bei der Zustandsbeschreibung und -einschätzung als auch bei der Beschreibung und Einschätzung der Umweltauswirkungen des Vorhabens wurde versucht, Sach- und Wertdimension auseinanderzuhalten. Die Einschätzung erfolgt aufgrund der Komplexität der zu bewertenden Sachverhalte unter Verwendung qualitativ beschreibender Wertstufen. Die allgemeine Bewertungsstruktur zeigt Abb. 110.

Zustandseinschätzung:

Für das Schutzgut Biotop (Tiere und Pflanzen) wurde eine flächendeckende Biotoptypenkartierung im Maßstab 1:10 000 vorgenommen, die durch vertiefende faunistische Untersuchungen ergänzt wurde. Die folgenden raumbezogenen Bewertungskriterien wurden für die Zustandsbewertung angelegt: Bedeutung für Arten und Lebensgemeinschaften, Empfindlichkeit, Schutz- und Vorranggebiete.

In die Bedeutung für Arten und Lebensgemeinschaften gehen die Kriterien Standortverhältnisse, Art und Intensität der Nutzung, Regenerationsmöglichkeit, Vorkommen gefährdeter Arten und Gesellschaften, Vorkommen für das Untersuchungsgebiet besonders arten- bzw. individuenreicher Lebensgemeinschaften oder Populationen bestimmter Arten ein. Die Einschätzung der Bedeutung erfolgte in den drei Stufen „sehr hoch“, „hoch“, „vorhanden“. Die Vorbelastung ist in dieser Einstufung bereits berücksichtigt und wird daher nicht gesondert bewertet. Tabelle 33 zeigt die generelle Einstufung der Biotoptypen, Tabelle 34 einen Auszug der Liste zur konkreten Zuordnung der Biotoptypen zu Wertstufen.

Die Empfindlichkeit der Biotoptypen wurde im Hinblick auf Schadstoffeintrag, Verlärmung, Zerschneidung, Störung funktionaler Zusammenhänge sowie Standortveränderung eingeschätzt und ebenfalls in den drei Stufen „sehr hoch“, „hoch“, „vorhanden“ klassifiziert (vgl. Tabelle 34). Darüber hinaus wurden die Schutzgebietskategorien nach den Naturschutzgesetzen sowie nach internationalen Konventionen berücksichtigt.

Das Schutzgut Landschaftsbild und landschaftsbezogene Erholung wurde ebenfalls auf der Grundlage der Biotoptypenkartierung bearbeitet. Die Bedeutung

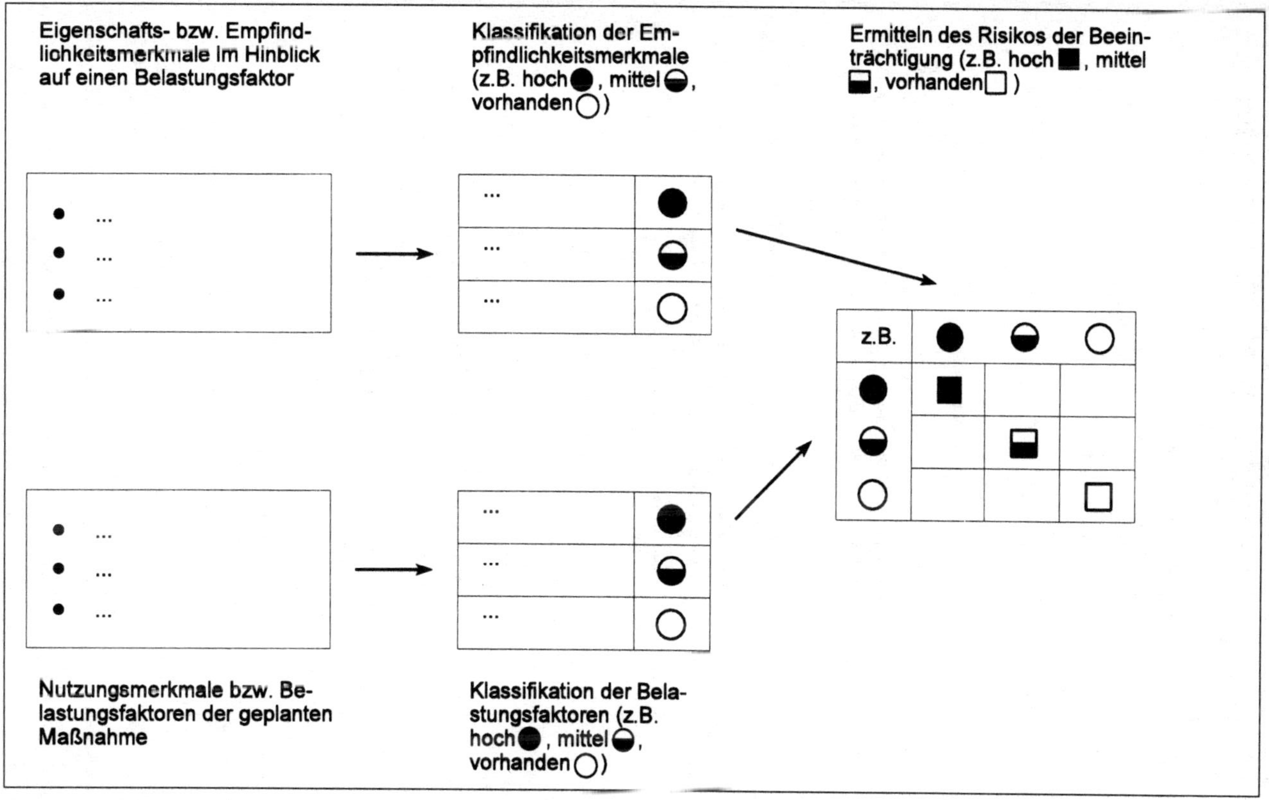

Abb. 110: Bewertungsstruktur der Risikoermittlung

Quelle: Planungsgruppe Ökologie + Umwelt et al., 1993, S. 10

Wertstufe	Bedeutung für den Schutz von Arten und Lebensgemeinschaften
sehr hoch	Hierzu zählen Biotoptypen, wenn sie (Teil-) Lebensraum - landesweit gefährdeter Tier- und Pflanzenarten sind und/oder - landesweit gefährdete Pflanzenarten beherbergen. Es handelt sich in der Regel um Biotoptypen - der vom Mittelmaß abweichenden Standorte (vor allem: trocken-feucht / naß; nährstoffarm; Sonderstandorte), - mit extensiver oder fehlender Nutzung oder - mit langen Regenerationszeiten (mehrere Generationen). Ausgenommen sind jeweils Einzelvorkommen landesweit gefährdeter Pflanzenarten (wenige Exemplare, keine floristischen oder faunistischen Besonderheiten), Zufallsfunde auf der Fläche nicht bodenständiger, landesweit gefährdeter Tierarten sowie fragmentarische Ausbildungen landesweit gefährdeter Pflanzengesellschaften. Pflanzengesellschaften, die landesweit großteils nur (noch) in fragmentarischer Ausbildung vorkommen, werden auch zur Wertstufe I gezählt. Ebenfalls zu dieser Wertstufe zählen Einzelbäume und Baumgruppen, die sich durch besonders hohes Alter auszeichnen (sehr lange Regenerationszeit) sowie in Sonderfällen Gebiete mit besonderem Arten- bzw. Individuenreichtum, auch wenn die oben genannten Kriterien nicht zutreffen.
hoch	Hierzu zählen Biotoptypen - der vom Mittelmaß abweichenden Standorte, - mit mäßig intensiver bis fehlender Nutzung und/oder mit langen Regenerationszeiten und/oder - mit wichtigen Vernetzungs- und Korridorfunktionen bzw. Funktionen als Rückzugslebensraum. In den betroffenen Biotoptypen sind landesweit gefährdete Arten entweder nicht oder nur als Einzelfunde sowie landesweit gefährdete Pflanzengesellschaften entweder nicht oder nur in fragmentarischer Ausbildung nachgewiesen worden (Ausnahme: landesweit großteils nur noch in fragmentarischer Ausbildung vorkommende Pflanzengesellschaften, vgl. Wertstufe sehr hoch).
vorhanden	Hierzu gehören Biotoptypen - der mittleren Standorte, - mit mittlerer und intensiver Nutzungsintensität, - mit mittleren bis kurzen Regenerationszeiten und/oder - mit wichtigen Vernetzungs- oder Korridorfunktionen bzw. Funktionen als Rückzugslebensraum. Landesweit gefährdete Arten oder Pflanzengesellschaften sind in diesen Biotoptypen in der Regel nicht zu finden; bei intensiver Nutzung enthalten sie nur sehr wenige für den Arten- und Biotopschutz wichtige Elemente.

Tab. 33: Einstufung der Biotoptypen für Arten und Lebensgemeinschaften
(Quelle: Planungsgruppe Ökologie + Umwelt et al., 1993, S. 20)

Code	Beschreibung	Natürlichkeit, Nutzungseinfluß	Repräsentanz, Schutz	Wiederherstellbarkeit	Empfindlichkeit *				Wertigkeit **
					a	b	c	d	
Waldflächen (Laubwald/Nadelwald)									
	Strukturmerkmale: I: Altholz incl. Totholz/ältere Baumbestände II: Stangenholz/junges Baumholz III: Aufforstung/Dickung				+ . -	+ . -	+ . -	+ . -	
WD	**Laubwald/-forsten** (nicht naturnah)								
WD pa	**Pappelforsten;** soweit sie nicht als Einzelbäume in Brachflächen etc. kartiert werden, hauptsächlich Bestände von Bastardpappeln	naturferne Forsten; mehr oder weniger intensiv genutzt	verbreiteter Biotoptyp	bedingt bis gut wiederherstellbar, abhängig vom Alter der Bestände	3	3	3	3	○
WD ex	**exotische Laubhölzer;** Waldbestände aus Roteichen, Robinien und sonstigen nicht heimischen Laubbäumen, soweit sie nicht als Park oder wertvoller Gehölzbestand erfaßt werden	naturferne Forsten; mehr oder weniger intensiv genutzt	verbreiteter Biotoptyp	bedingt bis gut wiederherstellbar, abhängig vom Alter der Bestände	3	3	3	3	○
...	...								
WG	**Mischwald/-forsten;** im Bestand gemischte Waldbestände oder kleinflächig wechselnde Bestände mit ca. 30 - 70 % Laub- bzw. Nadelholzanteil	naturferne Forsten; mehr oder weniger intensiv genutzt	verbreiteter bis häufiger Biotoptyp	bedingt bis gut wiederherstellbar, abhängig vom Alter der Bestände	2	2	2	2	◑
...	...								
WM	**Mesophiler Buchenwald**								
WM bä	**Bärlauch-Buchenwald;** naturnaher Buchenwald mit eindeutiger Dominanz der Buche und Bärlauch im Unterwuchs	natürliche Waldgesellschaft; extensiv bis mäßig intensiv genutzt	seltener bis verbreiteter Biotoptyp	kaum bis nicht wiederherstellbar	1	1	1	2	●
...	...								

* Empfindlichkeit gegenüber:

a = Verlust/Zerschneidung
b = Lärm
c = Schadstoffen
d = Standortveränderung

1 = sehr hoch
2 = hoch
3 = vorhanden

** Wertigkeit:

● = sehr hoch
◑ = hoch
○ = vorhanden

Tab. 34: Beschreibung und Einstufung der Biotoptypen (Auszug)

(Quelle: Planungsgruppe Ökologie + Umwelt et al., 1993, Anhang CA1)

der Biotoptypen für das Naturerleben wurde aufgrund der Kriterien Naturnähe, Schichtung/Vielfalt und Benutzbarkeit in vier Wertstufen klassifiziert („sehr hoch", „hoch", „mittel", „gering", vgl. Tabelle 35).

Weiterhin wurden Landschaftsbildtypen (Erlebnisräume) abgegrenzt und im Hinblick auf ihre Erholungseignung aufgrund der Kriterien Erlebnisqualität der Biotoptypen, strukturelle Vielfalt und Ausstattung mit erholungsrelevanten Einrichtungen wie oben klassifiziert (vgl. Tabelle 36).

Risikoeinschätzung:

Im Anschluß an die Zustandseinschätzung erfolgt die Risikoeinschätzung. Dazu wird zunächst die Belastungsintensität des Vorhabens ermittelt. Die Einstufung der betriebsbedingten Belastungsintensität durch Lärm und Schadstoffe zeigt Tabelle 37.

Die Umweltrisiken wurden schutzgutbezogen durch Überlagerung bzw. Verknüpfung der prognostizierten Belastungsintensität (bau-, anlage- und betriebsbedingte Wirkungen) des Projekts mit den bewerteten natürlichen Ressourcen und sonstigen Umweltgütern eingeschätzt. Die Verknüpfungsregeln zur Risikoermittlung wurden für jedes Schutzgut separat festgelegt (Tabelle 38 und 39). Die ermittelten Risikostufen wurden flächenhaft in Auswertungskarten dargestellt.

Neben methodisch formalisierbaren Aspekten wurden in die Risikoeinschätzung auch solche Wirkungszusammenhänge einbezogen, die sich „nur" argumentativ-beschreibend erfassen lassen. In Tabelle 40 ist ein Muster für die Auswirkungen einer Variante auf das Schutzgut Biotop wiedergegeben. Schließlich wurden die quantifizierbaren Auswirkungen bilanziert (vgl. Muster in Tabelle 41).

Das Beispiel verwendet verschiedene Methoden (Ökologische Risikoanalyse, verbal-argumentative Bewertung, Bilanzierung). Die geeignete Methode ergibt sich aus Informationslage, Kenntnisstand und Sachverhalt. Die Methodik folgt jedoch in den Grundzügen der Ökologischen Risikoanalyse, indem zunächst Beeinträchtigungsintensität und Beeinträchtigungsempfindlichkeit eingeschätzt werden und danach durch Verknüpfung der beiden Sachverhalte das Risiko ermittelt wird.

12.2.3.2 Beispiel B: Kommunale Plan-UVP

Aufgabe und Organisation

Die Stadtverordnetenversammlung Wiesbaden hat 1988 eine „Richtlinie zur Durchführung von Umweltverträglichkeitsprüfungen" verabschiedet, zu deren

Biotoptypen		Wertstufe
allgemeine Umschreibung	Abkürzung	
- Acker/Grasacker	AA	
- Windschutzstreifen	BW	
- Gemüsebau - Sonderkulturen	ASge	
- Klärteich	SK	
- Erwerbsgartenbau	OGer	
- monotone Reihengräberfelder	OFmo	
- städtischer Ort	OSve, OSzb, OSmo	IV = gering
- Bergbau, Industrie- u. Gewerbefläche	OB, OI	
- Landwirtschaftlicher Großbetrieb	OL	
- Freizeithausgebiet (mit monoton wirkenden Gärten)	FZmo	
- Militärgelände	OM	
- Deponie	OA	
- artenarmes Intensivgrünland	GI	
- Brache	UR, UP, VA	
- Pflanzung (z.B. Haldenbepflanzung, landschaftsbildprägende Windschutzstreifen)	BP, BR	
- Sonderkulturen (Hopfen, Weinbau, Obst)	ASho, ASwe, ASob, ASbs, ASwb	
- naturferne Quellen, Fließ- u. Stillgewässer	FQ, FB, FF, FG, SS, SW, SA, SY, SB, ST mit Strukturmerkmal III	III = mittel
- Freizeitgärten; monotone(r) öffentl. Grünanlagen u. Platz	OGfz, OÖmo, OÖpl	
- monotoner Siedlungshausbereich	ODmo, ODve	
- städt. Ort mit hohem Gehölzanteil	OSei	
- monoton strukturierte Erholungseinrichtungen	OE	
- Grabeland	OGgl	
- nicht naturnahe Wälder	WD, WG, WN	
- extensiv genutztes Grünland u. Grünlandbrache; sonst. Grünland mit Bedeutung als Lebensraum gefährdeter Arten	GM, GB, GY	
- ausdauernde Ruderalflur, ruderale Pioniervegetation, Ackerwildkrautvegetation, Brache mit Bedeutung als Lebensraum gefährdeter Arten	UR, UP, UA, UY	
- Gebüsch	BT, BF, BM	
- strukturarme Feldgehölze	BG	II = hoch
- in Abschnitten naturnahe Quellen, Fließ- u. Stillgewässer	FQ, FB, FF, FG, SS, SW, SY, SA ST, SB mit Strukturmerkmal II	
- gehölz- u. strukturreiche Gärten mit Gebäuden	OGsg	
- strukturreiche Friedhöfe mit Gehölzbestand	OFsg	
- struktur- u. gehölzreiche Freizeithausgebiete	FZsg	
- Vorwaldgebüsch	BV	
- öffentl. Grünanlage (überwiegend gärtnerisch gepflegt)	OÖan	
- naturnahe, standortgerechte Wälder	WM, WL, WQ, WC, WH, WW, WE, WA, WT	
- Schlagfluren	US	
- Magerrasen/Heiden/Brachen	RG, RK, RS, RP, RM, RH	
- Feuchtgrünland (ohne oder mit extensiver Nutzung) und Niedermoor/Sumpf, Salzsumpf	GF, NS, NH	
- gliedernde Elemente bei kleingekammerter Landschaft (Hecken, Strauchreihen)	B	
- Streuobstwiesen	BO	I = sehr hoch
- Kopfbäume + Kopfbaumgruppen	BK	
- Parkanlagen mit wertvollem Grünbestand	ZG	
- naturnahe, strukturiert aufgebaute Feldgehölze	BG	
- naturnahe Quellen, Fließ- und Stillgewässer	FQ, FB, FF, FG, SS, SW,SA, SB mit Strukturmerkmal I	
- Friedhof- u. Parkanlagen mit Altholzbestand	OFpk, OÖsg	
- dörfliche Orte mit abwechslungsreichem Ortsbild + Gehölzreichtum	ODsg, Odei	

Tab. 35: Einstufung der Biotoptypen für das Naturerleben

(Quelle: Planungsgruppe Ökologie + Umwelt et al., 1993, S. 30 f.)

Wertstufe		Erlebnisraumtyp
gering	IV	- ausgeräumte Agrarlandschaft - Industrieflächen - Tagebauflächen
mittel	III	- Siedlungen mit überwiegend städtischem Charakter - Sonderkulturen - strukturierte Kulturlandschaft
hoch	II	- relativ naturferne Aue - relativ naturferne stehende Gewässer - Siedlungen mit vorwiegend dörflichem Charakter
sehr hoch	I	- Wald - naturnahe Aue - naturnahe stehende Gewässer - kleinstrukturierte Kulturlandschaft

Tab. 36: Einstufung der Erlebnisraumtypen nach ihrer Erholungseignung

(Quelle: Planungsgruppe Ökologie + Umwelt et al., 1993, S. 32)

<table>
<tr><th rowspan="2">Entfernung vom Fahr-bahnrand</th><th colspan="3">Belastungsintensität</th></tr>
<tr><th>Biotop</th><th>Landschafts-bezogene Erho-lung</th><th>Wohnen</th></tr>
<tr><td>Zone I:
bis 50 m</td><td>sehr hoch</td><td rowspan="2">sehr hoch</td><td rowspan="2">sehr hoch</td></tr>
<tr><td>Zone II:
50 m bis ca. 400 m
[^= ≥ 55 dB(A) tags]</td><td>hoch</td></tr>
<tr><td>Zone III:
400 m bis ca. 900 m
[^= ≥ 50 bis ≤ dB(A) tags]</td><td>vorhanden</td><td>hoch bis vorhan-den</td><td>hoch bis vorhan-den</td></tr>
</table>

Tab. 37: Einstufung der Belastungsintensität durch Lärm und Schadstoffe

(Quelle: Planungsgruppe Ökologie + Umwelt et al., 1993, S. 47)

Biotop						
Belastungs-intensität	**Empfindlichkeit gegenüber**					
	Lärm			**Schadstoffe**		
	sehr hoch	**hoch**	**vorhanden**	**sehr hoch**	**hoch**	**vorhanden**
sehr hoch (bis 50 m)	●	●	◑	●	●	◑
hoch (50 - 400 m)	●	◑	○	◑	○	○
vorhanden	◑	○	○	○	○	○

Tab. 38: Risikoermittlung für das Schutzgut Biotop

(Quelle: Planungsgruppe Ökologie + Umwelt et al., 1993, S. 48)

Landschaftsbild / Landschaftsbezogene Erholung				
Belastungs-intensität	**Empfindlichkeit (= Erholungseignung der Erlebnisräume) gegenüber Lärm und Schadstoffbelastung**			
	sehr hoch	**hoch**	**mittel**	**vorhanden**
sehr hoch	●	●	◑	○
hoch	●	◑	○	○

Tab. 39: Risikoermittlung für das Schutzgut Landschaftsbild/landschaftsbezogene Erholung

(Quelle: Planungsgruppe Ökologie + Umwelt et al., 1993, S. 49)

Abschnitt 4	Variante 210		Schutzgut: Biotop (Flora, Fauna)		
Bau-km / besonderer Konfliktbereich	**Kurzcharakterisierung von Bedeutung, Funktion und Empfindlichkeit**	**Wirkungsart und Wirkungsbeschreibung a) bau-, b) anlage-, c) betriebsbedingt**	**Umfang des Eingriffs**	**Einschätzung von Maßnahmen zur Vermeidung und zur Minderung**	**Möglichkeiten des Ausgleichs / verbleibende Beeinträchtigungen und Restrisiken**
12 27,500 - 30,800 ggf. zusätzlich in Teilabschnitte unterteilen	Talraum der Wipper Bedeutung/ Empfindlichkeit im gesamten Abschnitt / im überwiegenden Teil sehr hoch; zusammenhängendes, überwiegend naturnahes Waldgebiet; Vorkommen von RL Arten; Lebensraum des Schwarzstorchs (weitere die Bedeutung unterstreichende Sachverhalte)	Zerstörung von Biotopbeständen; Zerschneidungs- und Barriereeffekte, Verlärmung und Beunruhigung, dadurch unter anderem Zerstörung des Lebensraums für den Schwarzstorch wahrscheinlich; durch Grundwasserabsenkung [a),b)] Gefährdung der x-Bach-Niederung (Weichholzbestände) ...	• Verlust sehr hoch / hoch bedeutender Biotopflächen: xx / xx ha • Verlust von geschützten Flächen: xxx ha • Verlust des Lebensraums für den Schwarzstorch • Zerschneidung des bedeutendsten, noch unzerschnittenen Waldgebiets in der Region • ...	konfliktärmere Variantenführung vorhanden; Biotopverlust nicht vermeidbar, Teilausgleich möglich durch ...; Zerschneidung in bezug auf den großräumigen Biotop-/Habitatzusammenhang nicht vermeid- bzw. kompensierbar, kleinräumig, punktuell Minderung von Zerschneidungseffekten durch Baumaßnahmen möglich; Immissionsschutzpflanzungen ...	Zerstörung des Schwarzstorchhabitats nicht ausgleich-/ersetzbar, da verbleibender Lebensraum zu klein; die Zerstörungen sind nachhaltig, die verbleibenden Beeinträchtigungen erheblich, der Eingriff ist nicht ausgleichbar.
Erläuterungen zum Text der Tabellen allgemein (gilt auch für andere Schutzgüter)	*Keine Maßnahmewirkungen, nur schutzbezogene Beschreibung der besonderen Raumeigenschaften. In dieser Spalte auch die vorkommenden Schutzkategorien vermerken.*	*Hier möglichst nur wirkungsbeschreibende, keine wertenden Aussagen machen.*	*In dieser Spalte geht es vor dem Hintergrund der Eingriffsregelung um die eingeschätzte Größenordnung des Eingriffs in die Lebensraum- / Biotopfunktion. Diese Angaben können qualitativ und quantitativ sein. Auf Flächenangaben zu Risikozonen soll verzichtet werden.*	*Eine grobe Übersicht der wichtigsten Maßnahmemöglichkeiten; es wird es für gut gehalten, wenn hier auch gesagt wird, daß eine entschieden bessere Linienführung als Entwurf vorliegt als effektivste Form der Vermeidung. Sollten Belange anderer Schutzgüter durch Minderungsmaßnahmen negativ betroffen sein, darauf hinweisen (z.B. Konflikt / negative Wechselwirkungen mit Schutzgut xy).*	*Hier ist eine Art Gesamtbeurteilung des Abschnitts unter Einbeziehung möglicher Ausgleichsmaßnahmen zu leisten im Hinblick auf die Erheblichkeit des Eingriffs. Einschätzung der Erheblichkeit der trotz Ausgleichsmaßnahmen vermutlich verbleibenden erheblichen Beeinträchtigungen. Sollten Belange anderer Schutzgüter durch Ausgleichs- bzw. Kompensationsmaßnahmen negativ betroffen sein, darauf hinweisen (z.B. Konflikt / negative Wechselwirkungen mit Schutzgut xy).*

Tab. 40: Muster zur Beschreibung der Auswirkungen der Varianten auf das Schutzgut Biotop

(Quelle: Planungsgruppe Ökologie + Umwelt et al., 1993, S. 51)

Auswirkungen auf das Schutzgut Biotop (Tiere und Pflanzen) (Karte 8)							
Art der Zerstörung / der Beeinträchtigung / des Risikos		**Dimension**	**Varianten**				
baubedingt							
Mit dem Bau der Autobahn werden die unten aufgeführten anlagebedingten Effekte der Biotopzerstörung, der Zerschneidung und der schädigenden Standortveränderungen bereits vollzogen und sind z.T. sogar noch umfangreicher aufgrund des zusätzlichen Flächenbedarfs während der Bauarbeiten (z.B. für Lagerplätze, Flächen für Aufschüttungen/Bodenmieten, Fahrwege, Bauzäune, Bauerschließungswege etc.). Inwieweit die resultierenden Standortveränderungen reversibel sind, ist im Einzelfall zu prüfen. Beim derzeitigen Planungsstand können die Zerstörungen, Beeinträchtigungen und Risken nicht quantifiziert werden.							
anlagebedingt							
Zerstörung von Biotopen	Wertstufe sehr hoch Wertstufe hoch	ha ha					
Beeinträchtigung / Risiken durch Standortveränderungen	• Kleinklima • Grundwasser	Anzahl Anzahl					
Zerschneidung von flächigen Biotopen und Biotopkomplexen der Wertstufen sehr hoch und hoch		m					
Zerschneidung von Landschaftsbereichen mit hoher Bedeutung für wandernde Tierarten		Anzahl/m	Ergebnisse liegen noch nicht vor; evtl. als vorläufig gekennzeichnete Ergebnisse eintragen				
Zerschneidung von bedeutenden Tierlebensräumen		m					
Zerschneidung von Fließgewässern		Anzahl					
Zerschneidung von sonstigen Strukturen mit Vernetzungsfunktion		Anzahl					
Zerschneidung / Zerstörung von Schutzgebieten	• NSG • FND, GLB • Geschützte Biotope	m					
betriebsbedingt							
Risiken durch die Verstärkung von Zerschneidungseffekten und durch Beunruhigung von Tieren sowie der Tod von Tieren durch Überfahren sind in tabellarischer Form nicht darstellbar.							
Beeinträchtigung / Schädigung / Risiko durch Schadstoff- und Lärmimmissionen	Risiko sehr hoch Risiko hoch	m m					

Tab. 41: Muster zur Beschreibung der quantifizierbaren Auswirkungen auf das Schutzgut Biotop

(Quelle: Planungsgruppe Ökologie + Umwelt et al., 1993, S. 59)

Geltungsbereich Bebauungspläne gehören. Für den „Planungsbereich Mainzer Straße" hat das Umweltamt der Landeshauptstadt Wiesbaden eine UVS erarbeitet, deren Durchführung als Modellprojekt „UVP in der Stadt- und Dorferneuerung" durch das BMBau gefördert wurde. Für das Projektgebiet war vom Planungsamt neben den Bebauungsplänen ein Rahmenplan zu erarbeiten.

Das Projekt sollte eine Bewertungsmethodik für UVPen in der Bebauungsplanung erarbeiten, die sowohl wissenschaftlich vertretbar als auch innerhalb der Kommunalverwaltung noch handhabbar war. Die UVP ist als unselbständiger Teil in das Bebauungsplanverfahren eingebunden; sie ist nicht an das UVPG gebunden, weil mit dem Plan keine Projekte genehmigt werden, die unter die Anlage zu § 3 fallen. Das Planungsgebiet war bereits intensiv baulich genutzt.

Es wurden drei Varianten geprüft: die Ist-Situation, der Landschaftsplan, der Rahmenplan. Die folgenden Ausführungen lehnen sich eng an den Projektbericht (Landeshauptstadt Wiesbaden, 1993) an. Alle Abbildungen und Tabellen sind dieser Quelle entnommen.

Die Methodik

Fragestellungen:

Die Methode stellt nach Aussage der Ersteller eine verbal-analytische Bewertung dar. Sach- und Wertebene werden strikt getrennt. Im Rahmen des Modellprojekts wurde ein Indikatorenkonzept zur Erfassung von Wirkungszusammenhängen in der Bauleitplanung entwickelt. Eine differenzierte Kartendarstellung erfolgt bereits auf der Ebene von Empfindlichkeiten und Beeinträchtigungen und z. T. sogar für einzelne Indikatoren, um die Überprüfbarkeit der Aussagen zu ermöglichen.

Folgende Fragestellungen und Sachverhalte werden behandelt bzw. bewertet:

- Erfassung des Naturhaushalts, seiner Ressourcen und Empfindlichkeit und der vorhandenen Wirkungsketten,
- Erfassung der aktuellen Nutzungen,
- Erfassung der potentiellen Nutzungsänderungen infolge der Planung,
- Ermittlung der Auswirkungen der Nutzungen bzw. Nutzungsänderungen,
- vergleichende Beurteilung verschiedener Handlungsalternativen,
- Benennen und Beurteilung von Konfliktminderungsmaßnahmen.

Die Untersuchung erfolgt getrennt nach den Schutzgütern Boden, Grundwasser, Oberflächengewässer, Fauna/Flora, menschliche Gesundheit, Luft, Klima, Landschaft.

Einschätzung des Zustands und des Grads der Belastung:

Zur Einschätzung des Zustands werden den Indikatoren jeweils Bewertungsvorschriften zugeordnet. Für jeden Indikator wurde ein Indikatorblatt erarbeitet, das eine Erläuterung, die erforderlichen Daten, ihre Quellen, die Bezugsfläche, das zugrundeliegende Umweltqualitätsziel (UQZ) sowie schließlich die Klassifizierungsvorschrift enthält. Tabelle 42 und 43 geben Beispiele solcher Blätter wieder. Der Indikatorenkatalog ist bei zukünftigen Anwendungen offen für Erweiterungen.

Bereits bei diesem Arbeitsschritt wird nach Empfindlichkeiten und Beeinträchtigungen unterschieden; diese werden verbal-argumentativ zur Vorbelastung aggregiert (vgl. Abb. 111). Empfindlichkeiten und Beeinträchtigungen werden in maximal fünf Stufen klassifiziert. Die Einstufung orientiert sich an wissenschaftlich begründeten Vorsorgewerten auf der einen und nachweisbarer Umweltgefährdung auf der anderen Seite, aber auch an ggf. vorhandenen Richt- oder Grenzwerten, gesellschaftlich festgelegten Umweltstandards und den in Wiesbaden kommunalpolitisch beschlossenen Umweltqualitätszielen. Mit dem Umweltqualitätszielkatalog liegen in Wiesbaden im Gegensatz zu den meisten anderen Städten politisch beschlossene Bewertungsmaßstäbe vor, auf die sich das Umweltamt bezieht und die damit eine wertvolle und nachvollziehbare Argumentationsgrundlage darstellen[1].

Die Methode verwendet den Risikobegriff nicht, weil sie keine Eintrittswahrscheinlichkeiten ermittelt. Stattdessen wird der Begriff „Grad der Belastung" verwendet. Methodisch besteht zwischen der Ermittlung der Vorbelastung und der der zukünftigen Belastung kein Unterschied. Die durch die Planung zu erwartenden zukünftigen Belastungen werden genau wie die Vorbelastung durch Überlagerung von Empfindlichkeit und Beeinträchtigung und verbale Abhandlung ermittelt (vgl. Abb. 111). Abb. 112 zeigt die Belastung des Schutzguts Flora/Fauna durch die Variante Rahmenplan, Abb. 113 das Ergebnis der UVS für dieselbe Variante. Die in Wiesbaden verwendete Methodik stellt eine verbal-argumentative Bewertung dar, weil die Aggregation nicht formalisiert erfolgt. Sie beinhaltet jedoch nutzwertanalytische Elemente (Einstufung) und verwendet Begriffe aus der Ökologischen Risikoanalyse.

1 vgl. hierzu den Beitrag von Finke (in diesem Band) zu regionalen Umweltqualitätszielen sowie das Anforderungsprofil zur Aufstellung kommunaler Umweltqualitätsziele (UVP-Förderverein, AG Umweltqualitätsziele, in Vorb.).

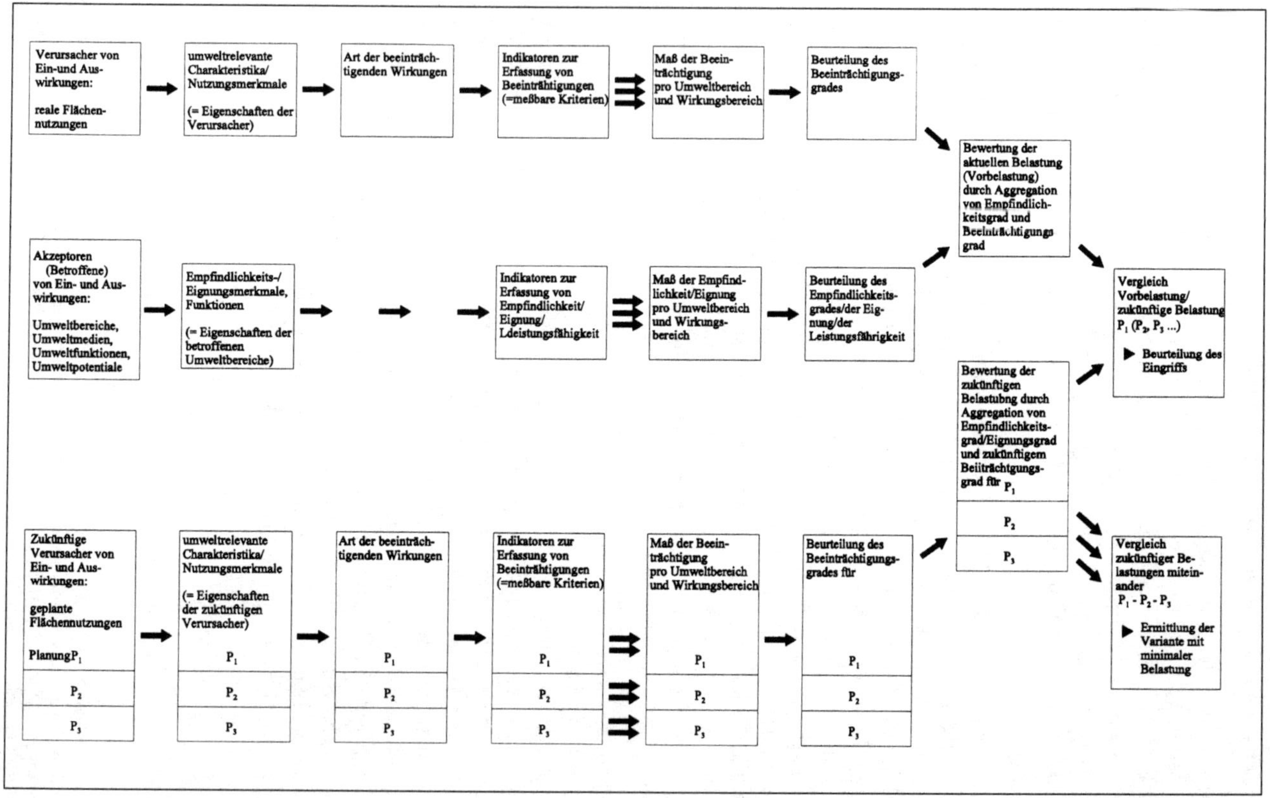

Abb. 111: Ablaufschema der wiesbadener Methode

(Quelle: Landeshauptstadt Wiesbaden. Umweltdezernat, 1993, S. 61)

	Empfindlichkeitsindikator
FAUNA/FLORA	**Biotopverbund**

Erläuterung:

Mit dem Kriterium "Biotopverbund" wird die ökologische Funktionsfähigkeit einer Fläche für notwendige großräumige Kontaktbeziehungen von Tierarten sowie einiger Pflanzenarten berücksichtigt. Diese Vernetzungsfunktion ist gegeben, wenn der Biotoptyp nicht isoliert vorkommt, sondern derart vernetzt ist, daß er für die in Frage kommenden Arten gut erreichbar ist.
Die Beurteilung des Vernetzungsgrades kommt in der Biotopwertermittlung einzelner Biotope nur ungenügend zum Ausdruck.

Ersatzindikator

Erforderliche Daten	**Datenquelle**
vorhandene Tier- und Pflanzenarten Lage und Abgrenzung der Biotope notwendige Größe der Lebensräume	Biotopvernetzungsplan der Stadt Wiesbaden Biotopkataster der Stadt Wiesbaden Artenlisten Begehung Karten mit Lebensräumen bestimmter Tierarten

Norm/UQZ

Zur Biotopvernetzung soll im gesamten Stadtgebiet - insbesondere im Bereich des sog. 'Ländchens' - ein engmaschiges Verbindungssystem hergestellt werden, das alle erhaltenswerten Biotope miteinander verbindet. (UQZ der Stadt Wiesbaden)

Bezugsfläche Biotopflächen

Normierung	**Stufe**
bio-ökologische Vernetzung zwischen wertvollen Biotopkomplexen vorhanden	2
bio-ökologische Vernetzung zwischen wertvollen Biotopkomplexen rudimentär vorhanden oder vermutet	1
keine bio-ökologische Vernetzung vorhanden	0

Tab. 42: Indikatorblatt für einen Empfindlichkeitsindikator

(Quelle: Landeshauptstadt Wiesbaden. Umweltdezernat, 1993, S. 83)

	Beeinträchtigungsindikator
LANDSCHAFT	**Zerschneidung/Substanzverlust**

Erläuterung:

Der Indikator erfaßt die Beeinträchtigung der Erholungswirksamkeit von Landschafts-/Stadträumen (für landschaftsbezogene Erholung) durch visuelle/funktionale Barrieren oder wesentliche Flächenreduzierung. Die Wirkung einer Barriere können haben z.B. Verkehrstrassen; Mauern, Zäune und andere langgestreckte bauliche Anlagen; eine Zerschneidung oder eine Flächenreduzierung z.B. durch Bebauung kann zu einer Unterschreitung der für bestimmte Erholungsnutzungen notwendigen Mindestgrößen führen. Die Beeinträchtigung ist umso größer, je weniger die Erholungsnutzung auf der(n) verbleibenden Restfläche(n) noch ausgeübt werden kann. Die Beurteilung ist im Einzelfall abhängig von der örtlichen Situation und der Art der ausgeübten Erholungsnutzung.

Ersatzindikator

Erforderliche Daten	**Datenquelle**
ausgeübte Erholungsnutzung(en); erholungsspezifische Mindestflächengröße; nach Beplanung verbleibende nutzbare Rest-Erholungsfläche(n)	Ortsbegehung Bebauungsplan-Entwurf Fotos, Luftbild, Videofilm

Norm/UQZ <u>§ 2 BNatSchG</u>: Erschließung, zweckmäßige Gestaltung und Erhaltung geeigneter Flächen für Erholung und Freizeitgestaltung; Erleichterung des Zugangs
<u>RROP</u>: Schutz von Gebieten mit besonderer Bedeutung für die Erholung vor Maßnahmen, die die Erholungswirksamkeit nachhaltig beeinträchtigen; Zugänglichkeit von Landschaftsteilen mit besonderem Erholungs- und Erlebniswert

Bezugsfläche für Kurzzeiterholung nutzbare zusammenhängende Raumeinheiten

Normierung	**Stufe**
Erholungsnutzung auf verbleibender Restfläche nicht mehr möglich, da erholungsspezifisch erforderliche Mindestgröße unterschritten	3
Erholungsnutzung noch möglich, aber stark erschwert durch Zerschneidung oder Sichtbarrieren	2
Erholungsnutzung kann auf der/den verbleibenden Restfläche(n) ohne größere Einschränkung ausgeübt werden	1

Tab. 43: Indikatorblatt für einen Beeinträchtigungsindikator

(Quelle: Landeshauptstadt Wiesbaden. Umweltdezernat, 1993, S. 123)

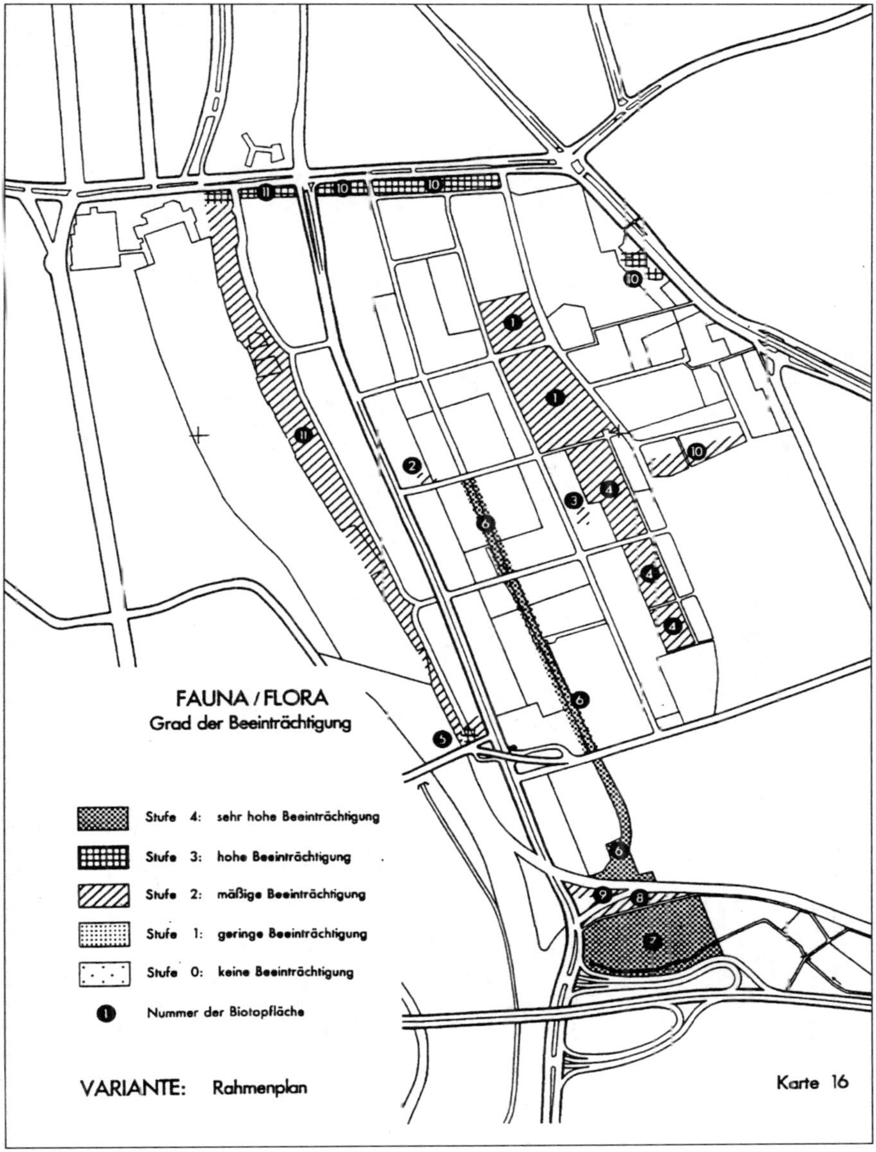

Abb. 112: Grad der Beeinträchtigung des Schutzguts Flora/Fauna durch die Variante Rahmenplan

(Quelle: Landeshauptstadt Wiesbaden. Umweltdezernat, 1993, S. 150)

Variantenbezogene Gesamtbewertung
(flächenhaft aggregiert - Tendenzaussagen - z.T. relative Bewertung)

Umweltbereich	Indikator	Variante: Empfindlichkeit	Rahmenplan Beeinträchtigung	Konflikt
Boden	Art der baulichen Nutzung	mittel		
	Kontaminationsverdacht		keine Prognose	
	Struktur		mittel / hoch	
	Versiegelung		mittel / hoch	
	Gesamt			ja
Fauna / Flora	Empfindlichkeit auf Teilflächen	mittel / hoch		
	Empfindlichkeit gesamträumlich	gering / mittel		
	Beeinträchtigung auf Teilflächen		mittel / hoch	
	Gesamt		auf Teilflächen	ja
			gesamträumlich	nein
Oberflächengewässer	Gewässerbett	keine I gering		
Salzbach I Wäschbach	Gewässerrand	keine I gering		
	Gewässergüte	mittel		
	angrenzende Nutzung		gering I hoch	
	Gesamt	keine I mittel		nein I ja
menschliche Gesundheit	Art und Intensität der Nutzung Tag	mittel		
	Lärmpegel Tag		hoch	
	Unfallgefährdung Straßenverkehr		keine Prognose	
	Gesamt			ja
Luft	Nutzungsdichte	hoch		
	Luftaustausch durch Kaltluftflüsse	hoch / sehr hoch		
	Schadstoffkonzentration punktuell		keine Prognose	
	Schadstoffkonzentration flächenhaft		keine Prognose	
	Wärmeinselintensität		mittel	
	Flechtenbewuchs		keine Prognose	
	Geruchshäufigkeit		keine Prognose	
	Gesamt		im nördl. Bereich	ja
Klima	Kaltluftproduktion und -abfluß	gering / mittel		
	Behind. Kaltluftprod./ -strömungen		gering	
	Gesamt			nein

Abb. 113: Gesamtbewertung der Variante Rahmenplan

(Quelle: Landeshauptstadt Wiesbaden. Umweltdezernat, 1993, S. 211)

12.2.3.3 Beispiel C: Kommunale Projekt-UVP

Aufgabe und Organisation

Aufgrund eines von einem privaten Vorhabenträger an sie herangetragenen Vorschlags hat die Stadt Düsseldorf den Auftrag vergeben, zunächst neun Standorte für eine Mehrzweckhalle auf ihre Eignung zu untersuchen und in einem zweiten Schritt die potentiell geeignetsten Standorte vertieft zu untersuchen. Auftragnehmer war die Arbeitsgruppe Heusch/Boesefeld GmbH und Büro für Kommunal- und Regionalplanung. Die vertiefte Untersuchung, die Gegenstand der folgenden Darstellung ist, beschäftigt sich mit den verkehrlichen, ökologischen und städtebaulichen Auswirkungen der Mehrzweckhalle an drei verschiedenen Standorten in Düsseldorf-Stockum. Die Arena soll 22.000 Besuchern Platz bieten und ist damit ein größeres Vorhaben, das insbesondere Verkehr induziert. Die Untersuchung ist aufgeteilt in die drei Hauptkapitel verkehrliche, städtebauliche und ökologische Auswirkungen, wobei letzteres als UVS bezeichnet wird. Die folgenden Ausführungen lehnen sich eng an den Projektbericht (Heusch/Boesefeld GmbH u. Büro für Kommunal- und Regionalplanung, 1991) an. Alle Abbildungen und Tabellen sind dieser Quelle entnommen.

Die Methodik

Fragestellungen:

Alle Schutzgüter des UVPG, dessen Anforderungen zugrundegelegt werden, auch wenn die Halle nicht UVP-pflichtig im Sinne der Anlage zu § 3 UVPG ist, werden im Einleitungskapitel der UVS benannt.

Die UVS behandelt in jeweils eigenständigen Kapiteln jedoch nur die sog. Umweltbereiche Lärm[1], Luft, Klima, Hydrogeologie, Boden, Landschaftshaushalt. Der Mensch als Schutzgut wird in wesentlichen Teilen (Wohnen, Erholung, Orts- und Landschaftsbild) im Kapitel „städtebauliche Auswirkungen" behandelt. Da die Kapitel nicht isoliert nebeneinander stehen, ist dies nur ein sekundäres Problem. Abb. 114 zeigt die methodischen Schritte der UVS.

Zustandseinschätzung:

Die Zustandseinschätzung wird am Beispiel Landschaftshaushalt vorgestellt. Die Gutachter nehmen eine Biotopstrukturkartierung für das weitere Umfeld der Halle sowie eine Kartierung der Vegetationsbestände (Biotoptypenkartierung) für den Standortbereich vor. Diese werden für die Fauna durch eine Vogelkartierung ergänzt, andere Tiergruppen werden nicht untersucht. Kriterien für

1 Die Lärmemissionen werden aufgrund der Nachbarschaft zu Messe, Rheinstadion, Autobahn und insbesondere Flughafen besonders intensiv behandelt.

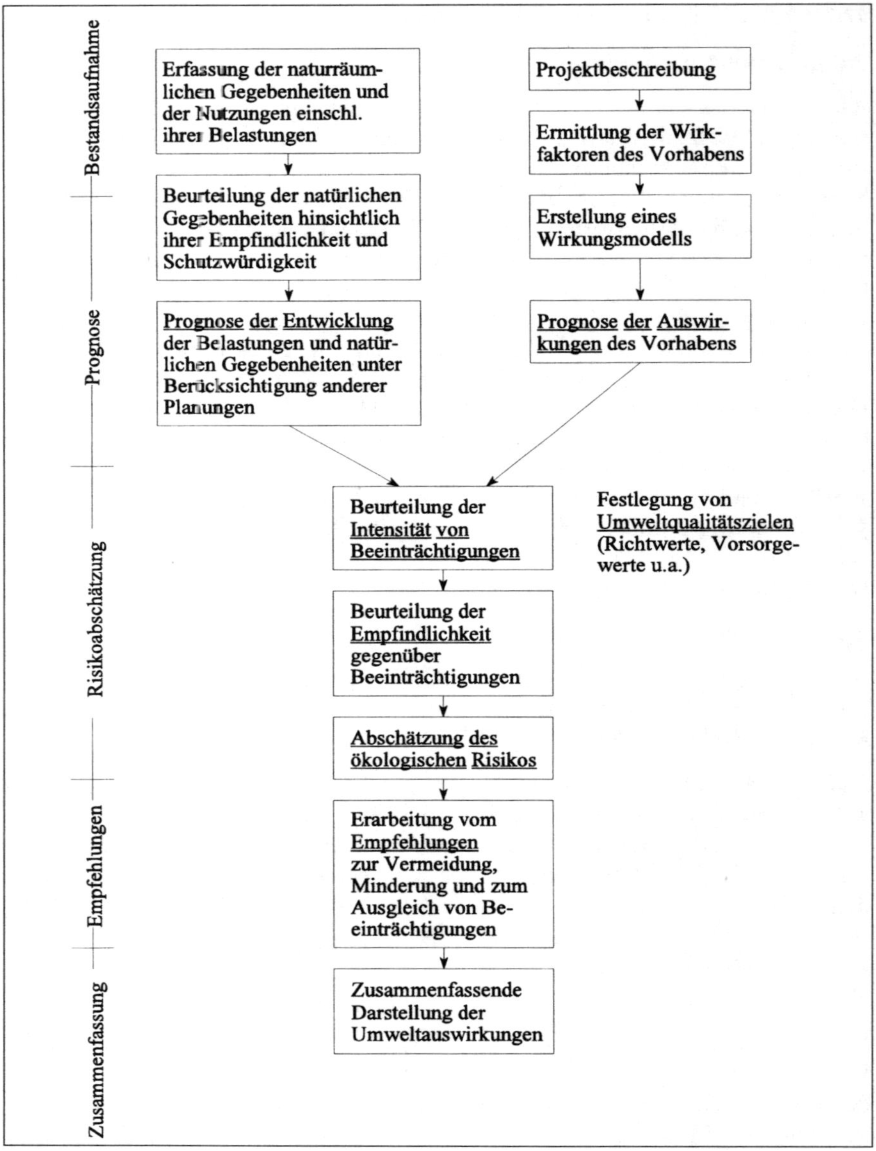

Abb. 114: Methodische Schritte der UVS „Mehrzweckhalle Düsseldorf-Stockum"

(Quelle: Heusch/Boesefeld GmbH, 1991, D3)

die Einschätzung der ökologischen Bedeutung der Biotopstrukturen und Vegetationsbestände sind: Naturnähe (Nähe zur pnV), Landschaftscharakter, standortgemäße Artenvielfalt aus vegetationskundlicher Sicht, Artenvielfalt aus zoologischer Sicht, Strukturvielfalt, Landschaftsbild. Die Klassifizierung der Bedeutung erfolgt in fünf Stufen (gering, gering-mittel, mittel, mittel-hoch, hoch). Zur Feststellung der Empfindlichkeit wurde darüber hinaus die Wiederherstellbarkeit bewertet (s. Tabelle 44). Es finden sich im engeren Untersuchungsraum allerdings vorwiegend junge Sukzessionsstadien.

Risikoeinschätzung:

Die Prognose der Umweltentwicklung mit und ohne Halle erfolgt rein verbal-argumentativ. Die Beeinträchtigung durch den Hallenbau und -betrieb wird insbesondere hinsichtlich der Lebensräume für Vögel und der schützenswerten Vegetationsbestände bewertet.

Kriterien für die Einschätzung der Umweltauswirkungen sind: Wahrscheinlichkeit des Eintritts von Risiken, Nachhaltigkeit/Langfristigkeit von Eingriffen, Grad der Beeinträchtigung/Belastung bzw. der Schutzwürdigkeit/Empfindlichkeit, Regenerierbarkeit der Veränderungen, Vermeidbarkeit, Ausgleichbarkeit, Ersetzbarkeit.

Die Klassifikation erfolgt hier in vier Stufen (gering, mäßig, hoch, sehr hoch). Das Resultat der vergleichenden Bewertung zeigt Tabelle 45. Auf eine schematische Darstellung der Aggregationsvorschriften (Präferenzmatrix) verzichtet die Studie, weshalb sich die Einschätzungen erst nach intensiver Lektüre der verbal-analytischen Teile erschließen.

Bedeutung im Hinblick auf:		Naturnähe	Landschafts-charakter	Artenvielfalt aus vegeta-tionskundl. Sicht	Artenvielfalt aus zoolog. Sicht	Struktur-vielfalt	Landschafts-bild	Gesamt-bewertung	Wiederher-stellbarkeit mittelfristig ca. 10 Jahre
Einzelbäume	Platanen	1	1	1	1	1	3	gering	n
Baumreihen	Pappeln	1	2	1	1–2	1–2	3	mittel	n
u. prägnante Baumgruppen	Baumweiden, Eichen und Eschen	2	3	1	3	3	3	mittel–hoch	n
Baumbestände, waldartig		3	3	2	3	3	3	hoch	n
Baumbestände, parkartig		2	1–2	2	2–3	2	3	mittel	n
Gebüsche, Gehölzpflanzungen, Verkehrsgrün		2	1–2	2	1–2	2	2	mittel	j
junge Gehölzpflanzungen auf Brachflächen		2	1–2	2	2	2	2	mittel	j
Acker		1	1	1	1	1	1–2	gering	j
Weidegrünland frischer Standorte		1	2	2	2	1	1–2	mittel	j
Wiesengrünland frischer Standorte		2	2	2	2	2	2	mittel	(j)
Wiesengrünland magerer Standorte		2	3	3	3	3	3	hoch	(n)
Grünlandbrachfl. u. -säume frischer Standorte		2	2–3	3	3	3	3	hoch	(j)
Ruderalbrachfläche mit ersten Gehölzen		2	2	3	3	3	2	mittel–hoch	(j)
Gärtnerei und Baumschule		1	1	1–2	1	1–2	1	gering	(j)
Zier- und Nutzgärten		1	1	1–2	1–2	2	1–2	gering–mittel	j
Zier- und Sportplatzrasen		1	1	1	1	1	1	gering	j
teilversiegelte Fläche mit Trittrasen zwischen Rasengittersteinen und Gehölzen		1	1	1–2	2	1–2	1	gering	j
versiegelte Fläche mit großen Einzelbäumen u. gepflanzten Baumscheiben oder Kübeln		1	1	1	1	1	1	gering	j
bauliche Anlagen m. Ziergehölzpflanzungen		1	1	1	1	1	1	gering	j
junges Feuchtbiotop (Flutrasen)		2	2	2	2	2	2	mittel	j
Ökologische Bedeutung der Biotopstrukturen			1 gering	2 mittel	3 hoch	j – ja / n – nein /	() – mit Einschränkg.		

Tab. 44: Ökologische Bedeutung der Biotopstrukturen

(Quelle: Heusch/Boesefeld GmbH, 1991, D141)

STANDORTVARIANTEN - Funktionsbereiche	BODEN				WASSER			LUFT KLIMA			LANDSCHAFTS-HAUSHALT FLORA, FAUNA				SIEDLUNG FLÄCHENNUTZUNG					
	Kontamination	Verinselung	Altlastensanierung	Eingriff Bodendenkmäler	Beeinträcht. Wasserschutzgeb.	Eingriff i.d. Grundw.leiter	Versiegelung	Beeinträchtigung Mikro-Klima	Luftqualität	Versiegelung	Verlust von Biotopen	Arealminimierung	Lichtimmission	Beeinträcht. Landschaftsbild	Verlust Sportflächen	Verlust Kfz-Stellflächen	Verlust Gartenbauflächen	Verlärmung	Funktionale Zerschneidung	Gefahren
STANDORT OST																				
- Bauphase MZH	○	⊙	[2]	◑	⊙						◑			⊙	⊙			○		
- Arena/Außenanlagen					○		⊙	○	○	○				○						
- Kfz-Verkehr	○								⊙											
- ÖPNV-Anbindung[1]	⊙				○													●		
- ruhender Verkehr	○				○			○												
- Veranstaltungsbetrieb													◑							
- Störfälle, Brand					◑				◑											⊙
STANDORT MITTE																				
- Bauphase MZH	○	⊙	[2]	○	⊙									○					◑	
- Bauphase Infrastruktur	○	⊙	[2]	◑	?						○					⊙	⊙	○		
- Arena/Außenanlagen					○		⊙	○	○	○				○						
- Kfz-Verkehr	○								⊙									⊙		
- ÖPNV	⊙				○															
- ruhender Verkehr	○				○			○												
- Veranstaltungsbetrieb													◑							
- Störfälle, Brand					◑				◑											○
STANDORT WEST																				
- Bauphase MZH	○	⊙	[2]	⊙	●	⊙								○	⊙					
- Bauphase Infrastruktur	○	⊙	[2]	◑	?						◑					⊙	⊙	○		
- Arena/Außenanlagen							⊙	○	○	○				○						
- Kfz-Verkehr	○								⊙											
- ÖPNV	⊙																	⊙		
- ruhender Verkehr								○												
- Veranstaltungsbetrieb													◑							
- Störfälle, Brand					●				◑											○

Risiken bzw. potentielle Auswirkungen
○ gering ⊙ mäßig ◑ hoch ● sehr hoch

[1] mit Haltepunkt 'Messe/Rheinstadion'
[2] Risiko erst nach Vorlage der Ergebnisse der laufenden Gefährdungsabschätzung zu beurteilen

Tab. 45: Potentielle Auswirkungen einer Mehrzweckhalle
(Quelle: Heusch/Boesefeld GmbH, 1991, D162)

rd Albert, Gabriele Dunker

12.3 Vermittlungs- und Verhandlungsverfahren in der Umweltplanung

12.3.1 Grenzen der Umsetzung umweltplanerischer Zielsetzungen

Die öffentlichen Auseinandersetzungen zwischen den Beteiligten bei umweltrelevanten Planungsvorhaben stellen heute ein umwelt- und gesellschaftspolitisch weitreichendes Problem dar: Planungs- und Zulassungsverfahren werden zunehmend langwieriger und komplexer; auch führen die Ergebnisse allzuoft zu unbefriedigenden Lösungen der anstehenden Umweltprobleme. Die Folgen sind Enttäuschung bei allen Beteiligten, Akzeptanzprobleme vor Ort und letztlich oft die machtvolle Interessendurchsetzung des Planungs- oder Vorhabenträgers gegen den Widerstand der Betroffenen.

Die Ursachen dieser Entwicklung sind in allgemeineren gesellschaftlichen Hintergrundentwicklungen zu sehen, z. B.:

- Anwachsen der Ansprüche nach Partizipation an Entscheidungsprozessen in der Bevölkerung,
- wachsendes Umwelt- und Gesundheitsbewußtsein und zunehmender Anspruch an Lebensqualität,
- wachsendes Mißtrauen gegenüber der Kompetenz von Wissenschaft, Technik, Politik und Verwaltung.

Eine angemessene und akzeptierte Entscheidung für die Umwelt und die Betroffenen zu finden kann daher heute nur gelingen, wenn die Teil-Öffentlichkeiten in den verschiedenen gesellschaftlichen Gruppen von Politik und Verwaltung, Wirtschaft und Umweltverbänden miteinander verknüpft und in den Prozeß der Lösungsfindung integriert werden. In Zukunft müssen deshalb raum- und umweltverändernde Planungen auch soziale Strategien einschließen, die neue Formen der Konfliktaustragung und Konsensfindung im Rahmen eines öffentlichen multilateralen Dialogs ermöglichen.

Das Spektrum der Versuche, eine Vielzahl von Akteuren zu gemeinsamer Problembearbeitung am „Runden Tisch“ zu versammeln, Konflikte über kooperatives Problemlösen abzubauen und Planungsprozesse effektiver zu gestalten, ist inzwischen sehr breit.

Die Spanne alternativer Konfliktlösungsverfahren reicht von

- einer intensiven Information der Planungsbetroffenen und Öffentlichkeit über
- Verfahren der kooperativen Informationsbeschaffung und -bewertung als Teil der Entscheidungsvorbereitung bis hin zu

– kooperativen Verhandlungs- und Konfliktmittlungsprozessen zwischen den Planungsbeteiligten.

In der bundesdeutschen Diskussion hat sich für dieses sehr breite Spektrum sozialer Strategien im Zusammenhang mit konfliktträchtigen Umweltplanungen der Sammelbegriff **Mediation** etabliert.

Bereits seit Mitte der siebziger Jahre werden Mediationsverfahren („mediation" = Vermittlung) insbesondere in den USA, aber auch in Kanada und Japan in Ergänzung zu den traditionellen Entscheidungsverfahren mit dem Ziel durchgeführt, die an einem Konflikt Beteiligten zu einer gemeinsamen Problemlösung zusammenzubringen: sie sollen eine Lösung aushandeln, die für alle Beteiligten akzeptabel ist, so daß im Idealfall eine außergerichtliche Einigung z. B. in Form eines Vertrages zustande kommt („Verhandlungslösung").

Bei Mediationsverfahren wird zusätzlich eine neutrale „dritte" Person – der Mediator – hinzugezogen, der sowohl verfahrens- als auch ergebnisorientiert in die Verhandlungen eingreift und den Kommunikationsprozeß entscheidend mitstrukturiert.

Im folgenden sollen anhand eines Beispiels aus der abfallwirtschaftlichen Planungspraxis die Rahmenbedingungen, die Chancen, aber auch die Grenzen für den Einsatz solcher innovativen Konfliktlösungsverfahren auf verschiedenen Planungsebenen in der Bundesrepublik aufgezeigt werden.

12.3.2 Vermittlungs- und Verhandlungsverfahren im Rahmen der Standortfindung und Umweltverträglichkeitsuntersuchung für Abfalldeponien

Der Standortfindungsprozeß für Deponien läßt sich unter Berücksichtigung der gemäß UVP-Gesetz vom 20.02.1990 eingeführten Umweltverträglichkeitsprüfung in drei wesentliche Planungsstufen untergliedern (s. Abb. 115):

12.3.2.1 Standortsuche

Die Standortsuche für Abfallentsorgungsanlagen geht von einer flächendeckenden Erfassung und Bewertung im jeweiligen Planungsraum aus. Ziel der fachlichen Arbeiten ist es, über gesetzliche und fachliche Kriterien in mehreren Arbeitsphasen geeignete Standorte für die Anlage zu finden.

Das praktizierte Standortauswahlverfahren gliedert sich in zwei Arbeitsblöcke:

Arbeitsblock A bilden die fachlichen Arbeiten der Gutachter. Sie beinhalten die Suche und Begründung geeigneter Eingrenzungskriterien, die Beschaffung der notwendigen Planungsunterlagen sowie die räumliche Umsetzung der Kriterien in Karten.

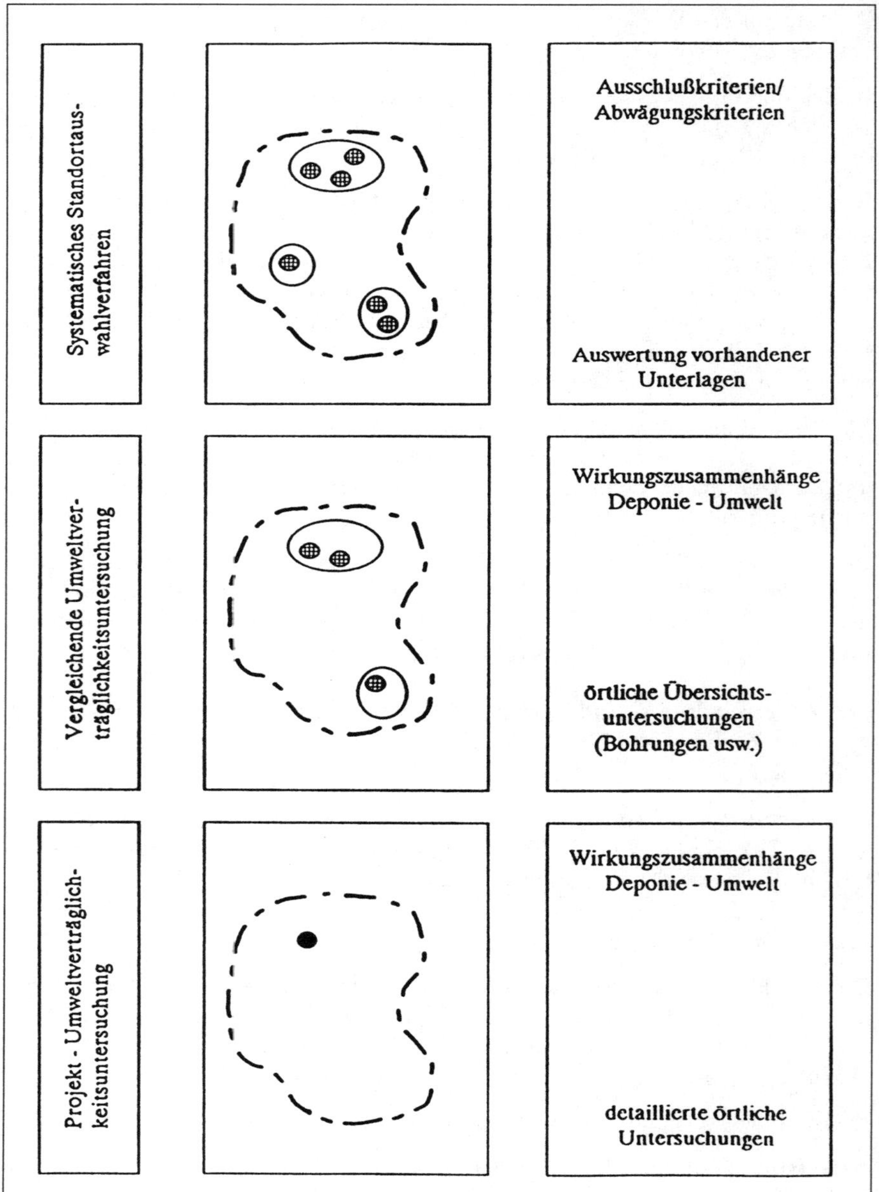

Abb. 115: Ablauf der Standortsuche und Umweltverträglichkeitsuntersuchung

Arbeitsblock B umfaßt die Arbeiten eines projektbegleitenden Arbeitskreises, die zeitlich parallel zu Block A laufen und die fachliche Abstimmung und Diskussion der Zwischen-und Endergebnisse aus Block A beinhalten. Dem projektbegleitenden Arbeitskreis gehören Vertreter von Personengruppen an, deren Interessen durch die spätere Standortentscheidung in irgendeiner Wiese tangiert werden können. Sie sind im Arbeitskreis als Repräsentanten bestimmter gesellschaftlicher Interessengruppen für das gesamte Entsorgungsgebiet vertreten, d. h. eine unmittelbare Betroffenheit durch einen konkreten Standort existiert in der Regel auf dieser Planungsebene noch nicht. Dadurch wird eine sachliche, auf Konsens ausgerichtete Diskussion erleichtert.

Ziel der Planungsbegleitung durch den Arbeitskreis ist es, die fachlich-gutachterlichen Arbeiten zur Standortauswahl in enger Abstimmung mit und in Abwägung durch die beteiligten Personengruppen durchzuführen und damit einen möglichst breiten Konsens für die Ergebnisse des Standortauswahlverfahrens zu erreichen.

Die praktische Durchführung einer solchen Zusammenarbeit erfolgt im Grundsatz in der Weise, daß

- vom Gutachter fachliche Empfehlungen für die Vorgehensweise ausgearbeitet werden (Arbeitsschritte, Kriterien, Bewertungsvorschläge u. a.),
- diese mit dem projektbegleitenden Arbeitskreis diskutiert, verändert bzw. ergänzt und möglichst einvernehmlich beschlossen werden
- und diese Vorgaben danach wiederum die fachlichen Arbeiten bestimmen. Die Ergebnisse werden ihrerseits im Arbeitskreis vorgestellt, diskutiert und letztlich als Empfehlung für eine Standorteingrenzung den politischen Entscheidungsgremien übergeben.

„Wunschergebnis" ist ein sowohl vom Gutachter, als auch von Entscheidungsträgern und übrigen Planungsbeteiligten getragener Konsens für Standorte, die unter Abwägung aller entscheidungserheblicher Sachverhalte als die vergleichsweise umweltverträglichsten angesehen werden.

12.3.2.2 Vergleichende Umweltverträglichkeitsstudie

Die Erfahrungen zeigen, daß es auch auf der Ebene der vergleichenden Umweltverträglichkeitsstudie zweckmäßig ist, kommunikative Strategien in den Planungsprozeß zu integrieren. Beachtet werden muß dabei aber, daß die Rahmenbedingungen für diesen Dialog im Gegensatz zum Standortsuchprozeß deutlich schwieriger sind: Durch die Einengung auf eine „handvoll" konkreter Standorte sind am Kommunikationsprozeß unmittelbar Betroffene beteiligt, deren primäres Interesse es nicht sein kann, im Konsens an einer weiteren Standorteinengung mitzuwirken – besteht doch das Risiko, daß die Standortentscheidung am Ende sie selbst als Betroffene trifft.

Eine konstruktive **Zusammen**arbeit mit dem Ziel einer konsensorientierten Entscheidungsfindung ist daher auf dieser Planungsebene unrealistisch. Im projektbegleitenden Arbeitskreis (aus Gemeindevertretern, Bürgerinitiativen, Maßnahmeträgern u. a.) kommt es deshalb in der Regel zu einer stark konfrontativen und kontraproduktiven Interessenvertretung. Ziel des Dialoges zwischen den Planungsbeteiligten kann daher nur sein, unter den sachlichen und fachlichen Vorgaben des Gutachters möglichst umfassende Sachinformationen bereitzustellen und damit die gutachterliche Entscheidung für den Standortvorschlag so transparent und plausibel wie möglich zu gestalten.

Die Entscheidung selbst ist durch die Verwaltung bzw. in den politischen Gremien zu fällen.

Vorteilhaft wäre auf dieser Planungsebene die Hinzuziehung eines – wie in der Mediation vorgesehen – neutralen Dritten in Form eines Moderators, der den Diskussionsprozeß zwischen den Konfliktparteien steuern und den Gutachter damit von dieser Aufgabe befreien könnte. Die Notwendigkeit hierfür wird jedoch derzeit nur in den seltensten Fällen gesehen.

12.3.2.3 Projekt-Umweltverträglichkeitsstudie

Mit der Entscheidung für einen Standort sind die Voraussetzungen für die Einleitung des Planfeststellungsverfahrens und die Durchführung einer darin integrierten Umweltverträglichkeitsstudie (nach UVPG) gegeben. Im planungsbegleitenden Dialog mit den Betroffenen stehen hier Fragen nach möglichen Beeinträchtigungen und deren Vermeidung bzw. Minderung sowie Ausgleichsmaßnahmen im Mittelpunkt. Ziel der Gespräche am „Runden Tisch“ ist es, durch Sachinformationen und Verhandlungen Problemlösungen auszuarbeiten, die für alle Beteiligten akzeptabel sind.

Es wird deutlich, daß ein eigentlicher Verhandlungsprozeß, d. h. Mediation im engeren (amerikanischen) Sinne, erst auf dieser Planungsebene ihre entsprechenden Voraussetzungen hat; d. h. sich ein ausgewogenes Kräftegleichgewicht zwischen Projektbefürwortern und -gegnern erst in dieser letzten Planungsstufe einstellen kann.

Feste Ablaufstrukturen für die Integration kommunikativer Strategien in die UVS als parallel zum formellen Planfeststellungsverfahren laufender Prozeß gibt es derzeit nicht. Der in Abb. 116 skizzierte Rahmen vermittelt eine grobe Übersicht:

1.	**Vorbereitungsphase (Phase der Vorverhandlungen)**
-	Beginn der Gespräche → Erstellen einer Konfliktanalyse
-	Auswahl der Verhandlungsteilnehmer
-	Bestimmung von Sachthemen und Verfahrensablauf → Festlegung der Verhandlungsspielregeln
-	gemeinsame Suche nach Daten und Fakten (Kooperative Informationsbeschaffung)
2.	**Konfliktlösungssuche (Phase der Verhandlungen)**
-	Herausarbeiten von Konsensen und Dissensen
-	Herstellen einer win-win-Situation
-	Schnüren von Verhandlungspaketen
-	Entwurf einer schriftlichen Vereinbarung
3.	**Umsetzungsphase (Phase der Nachverhandlungen)**
-	Unterzeichnung der Ergebnisse
-	Bindung der Parteien an die Übereinkunft
-	Kontrolle und Überwachung
-	Abreden zur Lösung zukünftiger Streitigkeiten

Abb. 116: Verfahrensschritte im Rahmen des Mediationsverfahrens

(nach Gaßner, Holznagel, Lahl, 1992 sowie Süsskind, Cruikshank (1987): Breaking the Impasse. Consensual Approaches to Resolving Disputes, New York)

12.3.3 Erste Schlußfolgerungen und Praxiserfahrungen

Die Erfahrungen, die bislang im Umgang mit sog. offenen Planungsverfahren gewonnen wurden, sind insgesamt äußerst heterogener Natur: Erfolg und Mißerfolg liegen sehr dicht beieinander.

Eine wesentliche Erkenntnis ist zum einen, daß sich der konkrete Ablauf eines kooperativen Planungs- und Entscheidungsprozesses unter Beibehaltung der dargestellten Grundstruktur oftmals nach eigenen, selbstgesetzten Regeln entwickelt, so daß weder ein idealtypischer zeitlich-inhaltlicher Prozeßablauf noch ein positives Endergebnis – eine von einer großen Mehrheit getragene Entscheidung – im vorhinein kalkuliert und garantiert werden kann.

Eine andere wesentliche Erfahrung ist bisher, daß der Erfolg solch kommunikativer Planungsprozesse entscheidend von der Persönlichkeitsstruktur der im projektbegleitenden Arbeitskreis eingebundenen Interessenvertreter abhängt, der Verlauf solcher Prozesse aber auch wesentlich geprägt ist von dem Rollenverständnis und dem Binnenverhältnis der Beteiligten untereinander sowie der Vorgeschichte und den politischen Motiven, die zur Initiierung der Verfahren geführt haben.

Folgende „klassische" Grundprobleme treten immer wieder auf:

- Hauptmotiv für die Initiierung eines kooperativen Planungsprozesses ist in der Regel ein im Vorfeld aufgrund traditioneller Entscheidungshierarchien gescheitertes Verfahren und eine daraus resultierende umweltpolitsche Pattsituation (Unmöglichkeit der Planungs- oder Projektrealisierung durch aktiven Widerstand der Betroffenen).
- In der Regel ist es das Bestreben aller potentiell Betroffenen, den Standort in ihrem Umfeld zu verhindern. Auch Politiker bekennen sich häufig aus „Rücksicht" auf ihre Wähler ungern offen zu einem konkreten Standort.
- Die Vertreter der Betroffenen (Bürgerinitiativen, Kommunen) wehren sich dagegen, sich in Entscheidungen einbinden zu lassen, die später zu ihren Lasten gehen.
- Der Wechsel der Beteiligten im Arbeitskreis in Abhängigkeit von der jeweiligen Planungsebene führt in der Regel zu Unterbrechungen im Arbeitsablauf und Störungen im Vertrauensverhältnis der Beteiligten untereinander.

Trotz aller Widerstände und Gegensätzlichkeiten zwischen Vorhabenbefürwortern und -gegnern lassen sich in den bisherigen Planungsprojekten jedoch auch folgende **Gemeinsamkeiten** festhalten:

- Der **Weg** der Entscheidungsfindung, unabhängig von seinem Ergebnis, wurde bislang von **allen** Beteiligten, auch von den Projektgegnern, als transparentes und faires Verfahren anerkannt.
- Ein großer Fortschritt wurde darin gesehen, daß es mit Hilfe des offenen, kommunikativen Vorgehens gelungen ist, jahrelange Feindbilder abzubauen und **gemeinsam** schwierige Entscheidungen zu treffen und vorzubereiten. Dazu gehört auch die Erkenntnis und das Erfolgserlebnis, daß es bei gegenseitigem Bemühen um Verständnis des anderen möglich ist, über gemeinsam vereinbarte Spielregeln in einen sachorientierten Dialog einzutreten.

12.3.4 Zusammenfassung

Angesichts wachsender Probleme, über umweltrelevante Planungsvorhaben gesellschaftlich auch nur halbwegs Konsens zu erzielen, scheint es dringend geboten, hier neue Wege der Konfliktlösung zu beschreiten.

Der dargestellte Planungsansatz beschreibt einen Weg, wie über eine frühzeitige Einbeziehung gesellschaftlicher Gruppen ein von allen Beteiligten getragener

Konsens über eine Standortentscheidung erarbeitet werden kann. Der skizzierte Weg kann jedoch kein Patentrezept mit Erfolgsgarantie sein.

Durch die Einbindung der Betroffenen in einen kooperativen Planungsprozeß ist jedoch zu erwarten, daß auch schwierige umweltpolitische Entscheidungen künftig stärkere Akzeptanz finden und sich dadurch die Durchsetzbarkeit umweltplanerischer Belange erhöht.

13. Forschungsinstitutionen

Forschungsinstitutionen auf dem Gebiet der Erfassung und Bewertung von Natur und Landschaft (Naturpotential/Naturräumliche Gliederung, Standortgliederung) (in Auswahl):

- Akademie für Raumforschung und Landesplanung, Hannover
- Ämter für Forstliche und Landwirtschaftliche Standortkartierung im Rahmen der Landesverwaltungen
- Botanisches Institut der Universität Greifswald
- Bundesamt für Naturschutz, Bonn
- Bundesanstalt für Landeskunde und Raumordnung, Bonn
- Geographische Institute der Universitäten Basel, Bochum, Dresden, Hannover, Leipzig, Münster o. a.
- Institut für Landschaftspflege und Naturschutz der Universität Hannover
- Landesämter für Umwelt bzw. Ökologie
- UFZ – Umweltforschungszentrum Leipzig-Halle GmbH
- Umweltbundesamt, Berlin
- ZALF – Zentrum für Agrarlandschaftsforschung Müncheberg
- Zentralausschuß für Deutsche Landeskunde (Geographisches Institut der Universität Trier).

(siehe zudem Abschnitt 3.4)

Forschungsinstitutionen auf dem Gebiet der Erfassung und Bewertung von Daten mit Hilfe von GIS (in Auswahl):

- Bundesamt für Naturschutz, Bonn
- Fachbereich für Landschaftsarchitektur und Umweltplanung der Universität Hannover: www-Server auf dem Internet:http://www. laum. uni hannover. de/
- Fachhochschule Weihenstephan
- Institut für Geographie der Universität Münster
- Institut für Strukturforschung und -planung in agrarischen Intensivgebieten der Universität Vechta
- Ministerium für Umwelt, Baden-Württemberg
- ERSI-Gesellschaft für Systemforschung und Umweltplanung, Kranzberg

Forschungsinstitutionen auf dem Gebiet der Raumforschung/Raumordnung, Landesplanung, Regionalplanung, Bauleitplanung:

- Akademie für Raumforschung und Landesplanung, Hannover

- Bundesforschungsanstalt für Landeskunde und Raumforschung, Bonn (mit Außenstelle Berlin)
- Deutsche Akademie für Städtebau und Landesplanung, München
- Institut für Städtebau und Wohnungswesen, München
- Institut für Städtebau, Berlin
- Zentralinstitut für Raumplanung an der Universität Münster
- Institute für Raumforschung und Landesplanung an den Universitäten und Technischen Universitäten

Forschungsinstitutionen auf dem Gebiet der Landschaftsplanung:

- Bundesamt für Naturschutz
- Fachbereiche und Institute an folgenden Universitäten:
  Technische Universität Berlin
  Universität Dortmund
  Technische Universität Dresden
  Universität Hannover
  Gesamthochschule Kassel
  Technische Universität München (Weihenstephan)
  Universität Oldenburg
  Universität Rostock
  Universität Stuttgart
- bzgl. Umweltqualitätszielen zudem:
  Umweltbundesamt (UBA), Fachgebiet I 3.1 i. R. der Projektfamilie „ökologische Demonstrationsvorhaben"
  UVP-Förderverein, AG Umweltqualitätsziele

Forschungsinstitutionen auf dem Gebiet der Grün- und Freiraumplanung:

Technische Universität Berlin
Institut für Landschaftsarchitektur
Rohrdamm 22
13629 Berlin
Tel.: 0 30/3 80 06-256
Fax: 0 30/3 80 06-255

Technische Universität Berlin
Fachbereich 7/8
Franklinstr. 28/29
10587 Berlin

Hochschule der Künste Berlin
Fachbereich 2 Architektur

Fachgebiet Gartenkultur und
Freiraumplanung
Postfach 12 67 20
10595 Berlin
Tel.: 0 30/31 85-2640

Technische Universität Dresden
Institut für Landschaftsarchitektur
Mommsenstr. 13
01069 Dresden
Tel.: 03 51/4 63-4447
Fax: 03 51/4 63-7081

Universität Essen
(Gesamthochschule)
Fachbereich Architektur, Bio- und
Geowissenschaften,
Fachrichtung Landespflege
Universitätsstr. 2–17
45141 Essen
Tel.: 02 01/1 83-2830
Fax: 02 01/1 83-2829

Universität Hannover
Fachbereich Landschaftsarchitektur
und Umweltentwicklung
Herrenhäuser Str. 2A
30419 Hannover

Institut für Grünplanung und
Gartenarchitektur
Tel.: 05 11/7 62-2691
Fax: 05 11/7 62-4043

Institut für Freiraumentwicklung und
planungsbezogene Soziologie
Tel.: 05 11/7 62-5528
Fax: 05 11/7 62-5159

Gesamthochschule Kassel
Universität Fachbereich Stadtplanung/
Landschaftsplanung

Henschelstr. 2
34109 Kassel
Tel.: 05 61/8 04-2369
Tel.: 05 61/8 04-2388

Technische Universität München/
Weihenstephan
Fakultät für Landwirtschaft und Gartenbau
Institut für Landespflege und Botanik
Lehrstuhl für Landschaftsarchitektur
und Entwerfen
85350 Freising
Tel.: 0 81 61/71-0
Fax: 0 81 61/71-4416

Technische Universität München/
Weihenstephan
Fakultät für Landwirtschaft und Gartenbau
Institut für Landespflege und Botanik
Lehrstuhl für Landschaftsarchitektur und
Planung
85350 Freising
Tel.: 0 81 61/71-0
Fax: 0 81 61/71-4416

Deutsche Akademie für Städtebau
und Landesplanung
Kurfürstendamm 188/189
10707 Berlin
Tel. + Fax: 0 30/8 85-4936

14. Literatur*

zu Kap. 1. Landschaften als Gegenstand nutzungs- und umweltbezogener Planungen

Barsch, H., Richter, H. (1975): Grundzüge einer naturräumlichen Gliederung der DDR auf der Basis typischer Naturräume in der chorischen Dimension, in: Petermanns Geographische Mitteilungen 119 (1975) Heft 3

Barsch, H., Richter, H. (1979): Naturraumtypen der DDR (Maßstab 1 : 750 000), in: Atlas der DDR, Hrsg. Akademie der Wissenschaften der DDR, Karte 17

Berninger, O. (1968): Die Landschaft und ihre Gliederung, in: Handbuch für Landschaftspflege und Naturschutz. Bd. 1, Hrsg. K. Buchwald/W. Engelhardt, München 1968

Bierhals, E. (1980): Ökologische Raumgliederungen in der Landschaftsplanung, in: Handbuch für Planung, Gestaltung und Schutz der Umwelt. Bd. 3, Hrsg. K. Buchwald/W. Engelhardt, München 1980

Bobek, H., Schmithüsen, J. (1949): Die Landschaft im logischen System der Geographie, in: Erdkunde 3 (1949)

Buchwald, K. (1978a): Landschaft – Begriff Elemente System, in: Handbuch für Planung, Gestaltung und Schutz der Umwelt. Bd. 2, Hrsg. K. Buchwald/W. Engelhardt, München 1978

Buchwald, K. (1978b): Umwelt – Mensch – Gesellschaft. Die Entstehung der Umweltproblematik (Darstellung des Wandels Gesellschaft/Landschaft), in: Handbuch für Planung, Gestaltung und Schutz der Umwelt. Bd. 1, Hrsg. K. Buchwald/W. Engelhardt, München 1978

Buchwald, K. (1984): Die Heidebauernwirtschaft der nordwestdeutschen Geest (Gezeiten 5) Oldenburg 1984

Ellenberg, H. (1982): Vegetation Mitteleuropas mit den Alpen in ökologischer Sicht, 3. Auflage, Stuttgart 1982

Ellenberg, H. et al. (1956): Grundlagen und Methoden der Obstbau-Standortkartierung (Der Obstbau 75)

Ewald, K. C. (1978): Der Landschaftswandel. Zur Veränderung schweizerischer Kulturlandschaften im 20. Jahrhundert (Eidgenössische Anstalt für das forstliche Versuchswesen, Bericht 191)

* Literaturverzeichnis ist nach Kapiteln aufgelistet.

Finke, L. (1971): Die Verwertbarkeit der Bodenschätzungsergebnisse, dargestellt am Beispiel der Briloner Hochfläche (Bochumer Geographische Arbeiten 10) Paderborn 1971

Haase, G. (1967): Zur Methodik großmaßstäbiger landschaftsökologischer und naturräumlicher Erkundung (Wiss. Abhandlungen der Geograph. Ges. der DDR 5) Leipzig 1967

Haase, G. (1991): Naturraumkartierung und Bewertung des Naturraumpotentials, in: Naturschutz und Landschaftspflege in den neuen Bundesländern (Schriftenreihe Deutscher Rat für Landespflege 59) Bonn 1991

Haase, G. et al. (1988): Naturraumerkundung und Landnutzung. Geochorologische Methoden der Analyse, Kartierung und Bewertung von Naturräumen (Beiträge zur Geographie 34)

Haber, W. (1986): Über die menschliche Nutzung von Ökosystemen unter besonderer Berücksichtigung von Agrarökosystemen (Verhandlungen der Ges. für Ökologie 14)

Hartmann, W. (1970): Kulturlandschaftswandel im Raum der Mittleren Wümme seit 1770. Untersuchungen zum Einfluß von Standort und Agrarstrukturwandel auf die Landschaft, in: Landschaft und Stadt. Beihefte 2, Stuttgart 1970

Jacob, H. (1973): Zur Messung der Erlebnisqualität von Erholungswaldbeständen, in: Landschaft und Stadt. Beiheft 9, Stuttgart 1973

Kopp, D., Jäger, K.-D., Succow, M. et al. (1982): Naturräumliche Grundlagen der Landnutzung, Berlin 1982

Kopp, D., Linke, H. (1990): Die mittelmaßstäbige Naturraumkarte Rügens, in: Petermanns Geographische Mitteilungen 134 (1990)

Kopp, D., Succow, M. (1991): Die mittelmaßstäbige Naturraumkarte als Grundlage für eine ökologiegerechte Landnutzung, in: Naturschutz und Landschaftspflege in den neuen Bundesländern (Schriftenreihe Deutscher Rat für Landespflege 59) Bonn 1991

Langer, H. (1970a): Die ökologische Gliederung der Landschaft und ihre Bedeutung für die Fragestellung der Landschaftspflege, in: Landschaft und Stadt. Beihefte 3, Stuttgart 1970

Langer, H. (1970b): Forstliche Standortgliederung im Forstdistrikt Senkelewald (Iller-Lech-Vorberge), in: Handbuch für Planung, Gestaltung und Schutz der Umwelt. Bd. 2, Hrsg. K. Buchwald/W. Engelhardt, München 1978

Leser, H. (1991): Landschaftsökologie, 3. Auflage, Stuttgart 1991

Leser, H., Klink, H.J. (1988): Handbuch und Kartieranleitung Geoökologische Karte 1 : 25 000 (Forschungen zur Deutschen Landeskunde 228) Trier 1988

Lüttig, G. (1960): Zur Gliederung des Auelehms im Flußgebiet der Weser (Eiszeitalter und Gegenwart 11) Öhringen 1960

Lüttig, G., Pfeiffer, D. (1974): Die Karte des Naturraumpotentials. Ein neues Ausdrucksmittel geowissenschaftlicher Forschung für Landesplanung und Raumordnung, in: Neues Archiv für Niedersachsen 23 (1974)

Meynen, E., Schmithüsen, J. et al. (1953-1962): Handbuch der naturräumlichen Gliederung Deutschlands, Bad Godesberg

Neef, E. (1963): Dimensionen geographischer Betrachtungen, in: Forschungen und Fortschritte 37 (1963)

Neef, E. (1969): Der Stoffwechsel zwischen Gesellschaft und Natur als geographisches Problem, in: Geographische Rundschau 21 (1969)

Neef, E. (1972): Geographie und Umweltwissenschaft, in: Petermanns Geographische Mitteilungen 116 (1972)

Paffen, K. H. (1948): Ökologische Landschaftsgliederung, in: Erdkunde 2 (1948)

Paffen, K. H. (1953): Die natürliche Landschaft und ihre räumliche Gliederung. Eine methodische Untersuchung am Beispiel der Mittel- und Niederrheinlande (Forschungen zur Deutschen Landeskunde 68) Remagen 1953

Peltzer, H. (1975): Untersuchungen zur Entwicklung des Landschaftsbildes im Naturschutzgebiet Lüneburger Heide, Institut für Landschaftspflege und Naturschutz an der Universität Hannover (als Manuskript vervielfältigt)

Pflug, W., Wedeck, H. (1980): Zur Bedeutung landschaftsökologischer Grundlagen für die Planung, in: Handbuch für Planung, Gestaltung und Schutz der Umwelt. Bd. 3, Hrsg. K. Buchwald/W. Engelhardt, München 1980

Planungsgruppe Ökologie + Umwelt, Arbeitsgemeinschaft Landschaftsökologie (1991): Landschaftsrahmenplan für den Landkreis Peine, Hannover 1991

Preising, E. (1954): Übersicht über die wichtigsten Acker- und Grünlandgesellschaften Nordwestdeutschlands unter Berücksichtigung ihrer Abhängigkeit vom Wasser und ihres Wirtschaftswertes (Angewandte Pflanzensoziologie 8) Stolzenau/W. 1954

Richter, H. (1968a): Beitrag zum Modell des Geokomplexes, in: Landschaftsforschung, Festschrift für E. Neef (Petermanns Geograph. Mitt., Erg.-H. 271)

Richter, H. (1968b): Naturräumliche Strukturmodelle, in: Petermanns Geographische Mitteilungen 112 (1968)

Schmithüsen, J. (1948): Fliessengefüge der Landschaft und Ökotop, in: Berichte zur deutschen Landeskunde 5 (1948)

Schmithüsen, J. (1949): Grundzüge für die Untersuchung und Darstellung der naturräumlichen Gliederung von Deutschland, in: Berichte zur deutschen Landeskunde 6 (1949)

Schmithüsen, J. (1952): Geographische Landesaufnahme 1 : 200 000. Die naturräumlichen Einheiten auf Blatt 161, Karlsruhe/Stuttgart 1952

Schmithüsen, J. (1963): Der wissenschaftliche Landschaftsbegriff, in: Mitt. Florist.-soziol. AG. N.F. 10 (1963)

Schreiber, K. F., Weller, F. (1966): Die natürlichen Grundlagen landbaulicher Nutzungsmöglichkeiten in Mittelbaden (Vierteljahresberichte Planungsgemeinschaft Mittelbaden 1)

Schultze, H. J. (1955): Die naturbedingten Landschaften der Deutschen Demokratischen Republik (Petermanns Geograph. Mitt., Erg.-H. 257) Gotha 1955

Schwahn, Ch. (1990): Landschaftsästhetik als Bewertungsproblem (Beiträge zur räumlichen Planung 28) Hannover 1990

Succow, M., Kopp, D. (1975): Seen als Naturraumtypen, in: Petermanns Geographische Mitteilungen 119 (1975) Heft 3

Troll, C. (1950): Die geographische Landschaft und ihre Erforschung (Studium Generale 3)

Troll, C. (1968): Landschaftsökologie, in: Pflanzensoziologie und Landschaftsökologie. Bericht des Internationalen Symposiums der Int. Vereinigung für Vegetationskunde in Stolzenau 1963, Hrsg. R. Tüxen, Den Haag 1968

Tüxen, R. (1937): Die Pflanzengesellschaften Nordwestdeutschlands, in: Mitt. Florist.-soziol. AG 3 (1937)

Tüxen, R. (1956): Die heutige potentielle natürliche Vegetation als Gegenstand der Vegetationskartierung (Angewandte Pflanzensoziologie 13)

Walter, H. (1976): Die ökologischen Systeme der Kontinente, Stuttgart 1976

Weller, F. (1980): Standortseignungskarten als Grundlage einer ökologisch differenzierten Nutzungsplanung in Agrarlandschaften, in: Landwirtschaftliche Forschungen. Sonderheft 37

zu Kap. 2. Erfassung und Bewertung von Natur und Landschaft

Amann, E., Stehle (1992): Naturraumbewertung auf der Grundlage von Strukturtypen der Landschaft für multifunktionale Verwendung auf der Landes- und Regionalebene (Arbeitsmaterialien 'Landschaftsökologie, ökologische Planung 1) Hrsg. Landesamt für Umweltschutz Baden-Württemberg, 1992

Arbeitskreis Bodensystematik (1985): Systematik der Böden der BRD, in: Mitt. Dtsch. Bodenkundl. Ges. 44 (1985)

Bachfischer, R. (1978): Die ökologische Risikoanalyse, eine Methode zur Integration natürlicher Umweltfaktoren in der Raumplanung (Diss. TU München 1978)

Bechmann, A. (1981): Grundlagen der Planungstheorie und Planungsmethodik, Bern/Stuttgart 1981

Dörhöfer, G., Josopeit, V. (1980): Eine Methode zur flächendifferenzierten Ermittlung der Grundwasserneubildungsrate (Geologisches Jahrbuch. Reihe C. Heft 27)

Ellermann, F. J. (1987): Umweltatlas Berlin. Entwicklung und Anwendung eines ökologischen Planungsansatzes mit DV-Unterstützung (UBA-Texte 14/87) Berlin 1987

Forschungsgruppe TRENT (1973): Typologische Untersuchungen zur rationalen Vorbereitung umfassender Landschaftsplanungen. Forschungsauftrag des Bundesministeriums für Ernährung. Landwirtschaft und Forsten, Dortmund/Saarbrücken 1973

Fürst, D., Kiemstedt, H., Gustedt, E., Ratzbor, G., Scholles, F. (1992): Umweltqualitätsziele für die ökologische Planung. Forschungsbericht 109 01 008 UBA-FA 91-151, Institut für Landesplanung und Raumforschung, Institut für Landschaftspflege und Naturschutz der Universität Hannover, Hannover 1992

Haase, G. (1968): Inhalt und Methodik einer umfassenden landwirtschaftlichen Standortkartierung auf der Grundlage landschaftsökologischer Erkundung (Wiss. Veröff. Dtsch. Institut f. Länderkunde. N.F. 25/26)

Haase, G. (1991): Naturraumkartierung und Bewertung des Naturraumpotentials, in: Naturschutz und Landschaftspflege in den neuen Bundesländern (Schriftenreihe Deutscher Rat für Landespflege 59) Bonn 1991

Haber, W. (1971): Landschaftspflege durch differenzierte Bodennutzung, in: Bayer. Landw. Jahrbuch 48 (1971) Sonderheft 1

Haber, W. (1972): Grundzüge einer ökologischen Theorie der Landnutzungsplanung, in: Innere Kolonisation 21 (1972)

Hage, G., Hoppenstedt, A., Schemel, J. (1990): Naturraumbewertung auf der Grundlage von Strukturtypen auf der Planungsebene der Regional- und Landesplanung unter Berücksichtigung von Beiträgen der Arbeitsgemeinschaft Prof. Dr. Eberle und Prof. Dr. Kistenmacher. Studie im Auftrag der Landesanstalt für Umweltschutz Baden-Württemberg, Manuskript 1990

Kiemstedt, H. (1979): Methodischer Stand und Durchsetzungsprobleme ökologischer Planung, in: Die ökologische Orientierung der Raumordnung (Akademie für Raumforschung und Landesplanung. Forschungs- und Sitzungsberichte 131) Hannover 1979

Kiemstedt, H., Müller-Bartusch, C., Baumann, F. (1992): Ökologisches Forschungsprogrogramm Hannover. Teilprojekt: Umweltqualitätsziele zur Effektivierung der kommunalen Umweltpolitik. Abschlußbericht Phase I, Institut für Landschaftspflege und Naturschutz der Universität Hannover, Hannover 1992

Kopp, D., Jäger, K.-D., Succow, M. et al. (1982): Naturräumliche Grundlagen der Landnutzung, Berlin 1982

Kopp, D., Succow, M. (1991): Die mittelmaßstäbliche Naturraumkarte als Grundlage für eine ökologiegerechte Landnutzung, in: Naturschutz und Landschaftspflege in den neuen Bundesländern (Schriftenreihe Deutscher Rat für Landespflege 59) Bonn 1991

Kopp, D., Succow, M. et al. (1988): Mittelmaßstäbliche Naturraumerkundung und deren Interpretation für die Landnutzung am Beispiel des Tieflandes, F/E-Bericht VEB Forstprojektierung, 1988

Kühling, W. (1986): Planungsrichtwerte für die Luftqualität. Entwicklung von Mindeststandards zur Vorsorge vor schädlichen Immissionen als Konkretisierung der Belange empfindlicher Raumnutzungen (Schriftenreihe Landes- und Stadtentwicklungsforschung des Landes Nordrhein-Westfalen 4) 1986

Langer, H., Albert, G., Baumann, J., Petersen, H. (1994): Vorstudie zur Entwicklung und räumlichen Umsetzung von Umweltqualitätszielen und -standards für die Planung in Hamburg, Planungsgruppe Ökologie + Umwelt Nord, Hamburg 1994

Leser, H., Klink, H.J. (1988): Handbuch und Kartieranleitung Geoökologische Karte 1 : 25 000 (Forschungen zur Deutschen Landeskunde 228) Trier 1988

Meise, J., Vohlwasen, A. (1980): Stadt- und Regionalplanung. Ein Methodenbuch, Braunschweig/Wiesbaden 1980

Müller, K.H. (1982): Methoden und Ergebnisse stadtökologischer Forschung am Beispiel Marburg, in: Stadtökologie und Stadtplanung (Informationen zur Raumentwicklung 10) 1982

Odum, E.P. (1969): The strategy of ecosystem development, in: Science 164 (1969)

Planungsgruppe Ökologie + Umwelt (1988): Entwicklung einer vergleichbaren Methodik zur ökologischen Beurteilung von Bundesfernstraßen auf allen Planungsebenen. Forschungsbericht FE 98066/85 im Auftrag des Bundesministers für Verkehr, Hannover 1988

Planungsgruppe Ökologie + Umwelt (1991a): Umweltverträglichkeitsstudie (UVS) für Projektvarianten zur Hochwasserrückhaltung im Gündlach-Einzugsgebiet. Studie im Auftrag der Stadt Nürnberg, Hannover 1991

Planungsgruppe Ökologie + Umwelt (1991b): Umweltverträglichkeitsstudie für die Schnellbahnverbindung Hannover-Berlin, Abschnitt Oebisfelde bis Blockstelle Schmetzdorf. Studie im Auftrag der Planungsgesellschaft Schnellbahnbau Hannover-Berlin, Hannover 1991

Planungsgruppe Ökologie + Umwelt Süd (1991): Umweltverträglichkeitsstudie zu Ausbau- bzw. Neubauvarianten der B27 Balingen-Schömberg. Studie im Auftrag des Regierungspräsidenten Tübingen, Rottenburg/N. 1991

Scharpf, H. (1982): Die ökologische Risikoanalyse als Beitrag zur Umweltverträglichkeitsprüfung in der Landwirtschaft (Diss. Hannover 1982)

Schemel, H.J. (1975): Die ökologische Theorie der differenzierten Bodennutzung. Probleme und Möglichkeiten ihrer Anwendung in der Raumordnung, TU München 1975

Schemel, H.J. (1976): Zur Theorie der differenzierten Bodennutzung. Probleme und Möglichkeiten einer ökologisch fundierten Raumordnung, in: Landschaft und Stadt 8 (1976)

Schemel, H.J. (1979): Folgerungen aus der Theorie der differenzierten Bodennutzung für die Schutzgebietsausweisung (Verhandlungen d. Ges. f. Ökologie 8) 1979

Schemel, H.J., Langer, H., Albert, G., Baumann, J. (1990): Handbuch zur Umweltbewertung. Konzept und Arbeitshilfe für die kommunale Umweltplanung und Umweltverträglichkeitsprüfung (Dortmunder Beiträge zur Umweltplanung) Dortmund/München/Hannover 1990

Schmidt, R. (1975): Grundlagen der mittelmaßstäbigen landwirtschaftlichen Standortskartierung, in: Archiv f. Acker- u. Pflanzenbau u. Bodenkunde 19 (1975)

Schulz, A. (1982): Der KOH-Wert. Modell einer komplexen, planungsrelevanten Zustandserfassung, in: Stadtökologie und Stadtplanung (Informationen zur Raumentwicklung 10) 1982

Senator für Stadtentwicklung und Umweltschutz Berlin (1985): Umweltatlas Berlin, Berlin 1985

Spengler, R. (1973): Beiträge zur Ermittlung der Grundwasserneubildung und des Grundwasserdargebots im Lockergesteinsbereich dargestellt am Parthegebiet (Diss. Halle-Wittenberg 1973)

Sporbeck, O. et al. (1984): Methodenstand und Vorgehensweisen zur Bewertung von Trassenalternativen aus der Sicht von Landschaftsökologie und Landnutzung. Forschungsbericht im Auftrag des Bundesministeriums für Verkehr, Bochum 1984

zu Kap. 3. Die mittelmaßstäbige Naturraumkarte

Autorenkollektiv (1980): Auswertung der forstlichen Standorts- und Wirtschaftskarten für die flächenhafte Ermittlung der Grundwasserneubildung. Abschlußbericht des VEB Hydrogeol. Nordhausen, unveröffentlicht 1980

Ebermann, F. (1976): Die Winderosion auf Ackerflächen im nördlichen Kreisgebiet von Eberswalde unter besonderer Berücksichtigung grundlegender Nachweisprobleme von Langzeitwirkungen (Diss. Berlin 1976)

Haase, G. et al. (1991): Naturraumerkundung und Landnutzung. Geochorologische Verfahren zur Analyse, Kartierung und Bewertung von Naturräumen, in: Beiträge zur Geographie 34 (1991) Heft 1

Köhler, S., Lieber, H. (1968): Zur Kartierung von Schadzonen im Rauchschadensgebiet Dübener Heide mit Hilfe der Bodenvegetation, Ingenieurarbeit Schwarburg 1968

Konopatzky, A. (1992): Zum Wandel der Oberbodenzustände im Immissionsgebiet Dübener Heide in den Jahren 1968 bis 1989, noch unveröff. Manuskript 1992

Kopp, D. (1986): Vegetationsveränderungen auf Waldstandorten des Tieflandes durch Immissionen basischer Flugaschen und Zementstäube, in: Archiv Naturschutz u. Landschaftsforschung 26 (1986) S. 105-115

Kopp, D. et al. (1969/1974): Die Waldstandorte des Tieflandes. Ergebnisse der forstl. Standortserk. DDR, 1. Bd. 1./2. Lfg., Hrsg. Forstproj. Potsdam, 1969/1974

Kopp, D., Jäger, K.-D. (1972): Das Perstruktions- und Horizontprofil als Trennmerkmal periglaziärer und extraperiglaziärer Oberflächen im nordmitteleuropäischen Tiefland, in: Wiss. Z. Univ. Greifswald. math.-naturwiss. Reihe XXI (1972) 1, S. 77-84

Kopp, D., Jäger, K.-D., Succow, M. et al. (1982): Naturräumliche Grundlagen der Landnutzung, Berlin 1982

Kopp, D., Kirschner, G. (1992): Fremdstoffbedingter Standortswandel aus periodischer Kartierung des Standortszustandes in den Wäldern des nordostdeutschen Tieflandes nach Ergebnissen der Standortserkundung, in: Beiträge f. Forstwirtschaft und Landschaftsökologie 26 (1992) S. 62-71

Kopp, D., Linke, H. (1992): Die mittelmaßstäbige Naturraumkarte Rügens, in: Jungquartäre Landschaftsräume, Hrsg. K. Billwitz/K.-D. Jäger/W. Janke, Berlin/Heidelberg/New York 1992

Kopp, D., Schwanecke, W. et al. (1995): Standörtlich-naturräumliche Grundlagen ökologiegerechter Fortswirtschaft. Grundzüge von Verfahren und Ergebnissen der forstlichen Standortserkundung in den fünf ostdeutschen Bundesländern, Berlin 1995

Kopp, D., Succow, M. (1991): Die mittelmaßstäbliche Naturraumkarte als Grundlage für eine ökologiegerechte Landnutzung, in: Naturschutz und Landschaftspflege in den neuen Bundesländern (Schriftenreihe Deutscher Rat für Landespflege 59) Bonn 1991

Kopp, D., Succow, M. et al. (1988): Mittelmaßstäbige Naturraumerkundung und deren Interpretation für die Landnutzung am Beispiel des Tieflandes. F/E-Bericht VEB Forstprojektierung Potsdam, 1988

Kopp, D., Succow, M., Ehwald, E. (1991): Naturräumliche Grundlage für Anwendungsbereiche der Ökologie, in: Lehrbuch der Ökologie, Hrsg. R. Schubert, 3. Auflage, Jena 1991, Abschnitt 9.6

Lieberoth, I., Kopp, D., Schwanecke, W. (1991): Zur Klassifikation der Mineralböden bei der land- und forstwirtschaftlichen Standortskartierung, in: Petermanns Geographische Mitteilungen 135 (1991) S. 153-163

Schmidt, R. (1975): Grundlagen der mittelmaßstäbigen landwirtschaftlichen Standortskartierung, in: Archiv f. Acker- u. Pflanzenbau u. Bodenkunde 19 (1975)

Schmidt, R. (1984): Anthropogene Veränderungen der Bodendecke durch landwirtschaftliche Intensivierungsmaßnahmen, in: Geographische Berichte 29 (1984) S. 103-118

Schmidt, R. (1991): Zur ökologischen Zustandskennzeichnung der Ackerstandorte, Vortrag am 16.4.1991 in Eberswalde zum Kolloquium „Wald-, standorts- und naturraumkundliche Beiträge für eine ökologiegerechte Wald- und Landnutzung“, unveröffentlicht

Schulze, G., Kopp, D.: Merkmalsübersichten und -tabellen für die Haupt- und Lokalformen des Tieflandes (Bodenformen-Katalog), Standortserkundungsanweisung, Abschnitt C. 1.1., Stand 1987, Hrsg. Forstproj. Potsdam

Succow, M. (1988): Landschaftsökologische Moorkunde, Jena 1988

Succow, M., Kopp, D. (1985): Seen als Naturraumtypen, in: Petermanns Geographische Mitteilungen 129 (1985) S. 161-170

Weisse, R. (1989): Glazialstruktur und Bodenerosion, Vortrag VIII bilat. Konferenz Geogr. Polen – DDR in Blazejewko 1989

zu Kap. 4. Monitoring von Flora und Fauna

Arndt, U. et al. (1985): Standardisierte Exposition von pflanzlichen Reaktionsindikatoren, in: Staub. Reinhalt. Luft 45 (1985) S. 481-483

Bossel, H. (1990): Umweltwissen, Berlin/Heidelberg/New York 1990

Buschbeck, H. (1992): Eigenverantwortung darf nicht leiden, in: Chemische Industrie / Baden-Württemberg, S. 14-20

Gebhardt, H., Kreimes, K., Linnenbach, M. (1987): Untersuchungen zur Beeinträchtigung der Ei- und Larvalstadien von Amphibien in sauren Gewässern, in: Natur und Landschaft 62 (1987) Heft 1, S. 20-23

Höpker, K.A. (1991): Bioindikation organischer Luftschadstoffe. Erste Erfahrungen im Ökologischen Wirkungskataster Baden-Württemberg (VDI-Berichte 901) S. 827-836

Keitel, A., Erhardt, W. (1987): Biomonitoring der Photooxidantienbelastung in Baden-Württemberg (VDI-Berichte 609) S. 445-462

Kreimes, K. (1991): Immissionsökologisches Wirkungskataster Baden-Württemberg. Faunistische Untersuchungsmethoden, in: Beih. Veröff. Naturschutz Landschaftspflege Bad.-Württ. 64 (1991) S. 186-195

Lehmann, R., Schmitt, P. (1987): Untersuchungen zu den Auswirkungen der Gewässerversauerung auf die Ei- und Larvalstadien von Rana temporaria (Linnaeus, 1758) (Anura: Ranidae), in: Salamandra 23 (1987) S. 153-158

LfU (Landesanstalt für Umweltschutz B.-W.) (Hrsg.) (1985): Immissionsökologisches Wirkungskataster Baden-Württemberg, Jahresbericht 1984, Karlsruhe 1985

LfU (Landesanstalt für Umweltschutz B.-W.) (Hrsg.) (1986): Immissionsökologisches Wirkungskataster Baden-Württemberg, Jahresbericht 1985, Karlsruhe 1986

LfU (Landesanstalt für Umweltschutz B.-W.) (Hrsg.) (1987): Immissionsökologisches Wirkungskataster Baden-Württemberg, Jahresbericht 1986, Karlsruhe 1987

LfU (Landesanstalt für Umweltschutz B.-W.) (Hrsg.) (1988): Immissionsökologisches Wirkungskataster Baden-Württemberg, Jahresbericht 1987, Karlsruhe 1988

LfU (Landesanstalt für Umweltschutz B.-W.) (Hrsg.) (1989): Immissionsökologisches Wirkungskataster Baden-Württemberg, Jahresbericht 1988, Karlsruhe 1989

LfU (Landesanstalt für Umweltschutz B.-W.) (Hrsg.) (1990): Immissionsökologisches Wirkungskataster Baden-Württemberg, Jahresbericht 1989, Karlsruhe 1990

LfU (Landesanstalt für Umweltschutz B.-W.) (Hrsg.) (1991a): Die Fischfauna der Bäche des Odenwaldes, Sonderbericht 1 zum Ökologischen Wirkungskataster Baden-Württemberg, Karlsruhe 1991

LfU (Landesanstalt für Umweltschutz B.-W.) (Hrsg.) (1991b): Die Moosflora der Bäche des Odenwaldes, Sonderbericht 2 zum Ökologischen Wirkungskataster Baden-Württemberg, Karlsruhe 1991

LfU (Landesanstalt für Umweltschutz B.-W.) (Hrsg.) (1992a): Die Fischfauna der Bäche des Nordschwarzwaldes, Sonderbericht 3 zum Ökologischen Wirkungskataster Baden-Württemberg, Karlsruhe 1992

LfU (Landesanstalt für Umweltschutz B.-W.) (Hrsg.) (1992b): Die Moosflora der Bäche des Nordschwarzwaldes, Sonderbericht 4 zum Ökologischen Wirkungskataster Baden-Württemberg, Karlsruhe 1992

LfU (Landesanstalt für Umweltschutz B.-W.) (Hrsg.) (1992c): Bewertung des Säurezustandes von Fließgewässern im Mittleren Schwarzwald anhand ihrer Fischfauna und Moosflora, Sonderbericht 5 zum Ökologischen Wirkungskataster Baden-Württemberg, Karlsruhe 1992

LfU (Landesanstalt für Umweltschutz B.-W.) (Hrsg.) (1993): Ökologisches Wirkungskataster Baden-Württemberg, Jahresbericht 1990/91, Karlsruhe 1993

LfU (Landesanstalt für Umweltschutz B.-W.) (Hrsg.) (1994a): Signale aus der Natur. 10 Jahre Ökologisches Wirkungskataster Baden-Württemberg, Karlsruhe 1994

LfU (Landesanstalt für Umweltschutz B.-W.) (Hrsg.) (1994b): Methoden zu Wirkungserhebungen. Ein Methodenhandbuch, Karlsruhe 1994

Marthaler, R., Gebhardt, H., Linnenbach, M., Segner, H. (1988): Untersuchungen zur Auswirkung niedriger ph-Werte auf Eier und Brut der Bachforelle, in Fischer & Teichwirt 39 (1988) Heft 1, S. 2-6

Murmann-Kristen, L. (1991): Vitalitätsuntersuchungen in der Krautschicht von Wäldern, in: Beih. Veröff. Naturschutz Landschaftspflege Bad.-Württ. 64 (1991) S. 87-96

Schick, H., Kreimes, K. (1993): Der Einsatz von Collembolen als Bioindikatoren, in: Bodenmesofauna und Naturschutz, Hrsg. R. Ehrnsberger (Informationen zu Naturschutz und Landschaftspflege in Nordwestdeutschland 6) Wardenburg 1993, S. 309-323

UM (Umweltministerium Baden-Württemberg) / LfU (Landesanstalt für Umweltschutz B.-W.) (Hrsg.) (1992): Umweltdaten 91/92

Umlauff-Zimmermann, R., Kreimes, K. (1987): Passives Monitoring in Wald-Ökosystemen (Verhandlungen d. Ges. f. Ökologie 16) 1987, S. 85-90

Umlauff-Zimmermann, R., Kühl, U. (1989): Auswahlkriterien für Beobachtungsflächen bei einem immissionsökologischen Wirkungskataster, in: Natur und Landschaft 64 (1989) S. 314-317

Umlauff-Zimmermann, R., Kühl, U. (1991): Wirkungserhebungen im Rahmen des passiven Monitorings. Einsatzmöglichkeiten und -grenzen, in: Beih. Veröff. Naturschutz Landschaftspflege Bad.-Württ. 64 (1991) S. 11-14

Umweltbundesamt (Hrsg.) (1992): Daten zur Umwelt 1990/91, Berlin 1992

Zimmermann, R.-D., Rudolph, E. (1986): Klon-Fichten. Ein neuer Bioindikator im aktiven Monitoring, in: Allg. Forst Zeitschr. 1/2 (1986) S. 13-14

zu Kap. 5. Erfassung und Bewertung des Erlebnispotentials

Asseburg, M., Hühn, W., Wöbse, H.H. (1985): Landschaftsbild und Flurbereinigung (Beiträge zur räumlichen Planung 12) Hannover 1985

Bechmann, A., Johnson, B. (1980): Ein systemanalytisches Verfahren zur Landschaftsbildbewertung, in: Landschaft und Stadt 12 (1980)

Borgeest, C. (1977): Das sogenannte Schöne, Frankfurt/M. 1977

Eringis, K., Budriunas, A.R. (1972): Zur strukturell-ästhetischen Bewertung der Landschaften, in: Archiv für Naturschutz und Landschaftsforschung 12 (1972) S. 315-324

Feller, N. (1979): Landschaftsbildbewertung, in: Natur und Landschaft 54 (1979) S. 240-245

Grothe, H., Marks, R., Vuong, V. (1979): Die Kartierung und Bewertung gliedernder und belebender Landschaftselemente im Rahmen der Landschafts- und Freiraumplanung, in: Natur und Landschaft 54 (1979) S. 375-380

Hoisl, R., Nohl, W., Zekorn, S. Zöllner, G. (1989): Verfahren zur landschaftsästhetischen Vorbilanz (Materialien zur Flurbereinigung 17) Hrsg. Bay. Staatsministerium für Ernährung, Landwirtschaft und Forsten, München 1989

Jacob, H. (1973): Zur Messung der Erlebnisqualität von Erholungswaldbeständen, in: Landschaft und Stadt. Beiheft 9, Stuttgart 1973

Krause, C.L., Adam, K., Schäfer, B. (1983): Landschaftsbildanalyse. Methodische Grundlagen zur Ermittlung der Qualität des Landschaftsbildes (Schriftenreihe für Landschaftspflege und Naturschutz 25) Hrsg. BFANL, Bonn-Bad Godesberg 1983

Krause, C.L., Klöppel, D. (1991): Synopse der Methoden zur Erfassung des Landschaftsbildes, Auftragsarbeit des Landes Rheinland-Pfalz, unveröff.

Nohl, W. (1977): Messung und Bewertung der Erlebniswirksamkeit von Landschaften (KTBL-Schrift. 218) Münster-Hiltrup 1977

Picht, G. (1974): Die Wertordnung einer humanen Umwelt, in: Merkur 28 (1974) S. 707-714

Riccabona, S. (1982): Die Bewertung der Eigenart und Schönheit des Landschaftsbildes im Rahmen von Naturschutzverfahren, in: Praxis der Landschaftsbewertung (Landschaftswasserbau 4) Wien 1982, S. 31-84

Schwahn, Ch. (1990): Landschaftsästhetik als Bewertungsproblem (Beiträge zur räumlichen Planung 28) Hannover 1990

Winkelbrandt, A., Peper, H. (1989): Zur Methodik der Landschaftsbilderfassung und -bewertung für Umweltverträglichkeitsprüfungen am Beispiel von Retentionsmaßnahmen im Raum Breisach, in: Natur und Landschaft 64 (1989) S. 303-309

Wöbse, H.H. (1971): Untersuchungen zum Nutzungs- und Bestandeswandel der Sollingwälder, die vom Urlauber bevorzugten Waldtypen und Folgerungen für die Planung (Diss. Hannover 1971)

Wöbse, H.H. (1981): Landschaftsästhetik. Gedanken zu einem zu einseitig verwendeten Begriff, in: Landschaft und Stadt 13 (1981) S. 152-160

Wöbse, H.H. (1984): Erlebniswirksamkeit der Landschaft und Flurbereinigung. Untersuchungen zur Landschaftsästhetik, in: Landschaft und Stadt 16 (1984) S. 33-54

Wöbse, H.H. (1991): Landschaftsästhetik und ihre Operationalisierungsmöglichkeiten bei der Anwendung des § 8 Bundesnaturschutzgesetz, in: Landschaftsbild – Eingriff – Ausgleich. Handhabung der naturschutzrechtlichen Eingriffsregelung für den Bereich Landschaftsbild, Hrsg. BFANL, Bonn-Bad Godesberg 1991, S. 31-35

zu Kap. 6. Erfassung und Bewertung historischer Kulturlandschaften

Born, M. (1989): Die Entwicklung der deutschen Agrarlandschaft (Erträge der Forschung 29) Darmstadt 1989

Brink, A., Wöbse, H.H. (1989): Die Erhaltung historischer Kulturlandschaften in der Bundesrepublik Deutschland. Untersuchung zur Bedeutung und Handhabung von § 2, Grundsatz 13 des Bundesnaturschutzgesetzes, Untersuchung im Auftrag des Bundesministers für Umwelt, Naturschutz und Reaktorsicherheit, Universität Hannover 1989

Denecke, D., Fehn, K. (1983ff.): Bibliographie zur deutschen Siedlungsforschung. Archäologie – Geschichte – Geographie, in: Siedlungsforschung Bonn Bd. 1 ff.

Ellenberg, H. (1982): Vegetation Mitteleuropas mit den Alpen. Teil A II: Entstehung der heutigen Pflanzendecke unter Einfluß des Menschen, 3. Auflage, Stutgart 1982

Franz, G. (1976): Geschichte des deutschen Bauernstandes vom frühen Mittelalter bis zum 19. Jahrhundert, 2. Auflage, Stuttgart 1976

Graafen, R. (1986): Zusammenstellung von thematischen Karten zur Siedlungsgeschichte Mitteleuropas in deutschsprachigen Monographien der Nachkriegszeit, in: Siedlungsforschung Bonn Bd. 4, S. 285-343

Gunzelmann, T. (1987): Die Erhaltung der historischen Kulturlandschaft. Angewandte historische Geographie des ländlichen Raumes mit Beispielen aus Franken (Bamberger wirtschaftsgeographische Arbeiten 4) Bamberg 1987

Konold, W. (1987): Oberschwäbische Weiher und Seen. 2 Bde., Beihefte zu den Veröffentlichungen für Naturschutz und Landschaftspflege in Baden-Württemberg, Karlsruhe 1987

Maull, O. (1973): Zur Geographie der Kulturlandschaft, in: Das Wesen der Landschaft, Hrsg. K.H. Paffen, Darmstadt 1973, S. 289ff.

Vincent, L. (1958): Der Wiesenbau, dessen Theorie und Praxis, 2. Auflage, Berlin 1958

Wöbse, H.H. (1991a): Kulturlandschaftspflege. Theorie und Praxis eines gesetzlichen Auftrages (Beiträge zur Landesentwicklung 46) Köln 1991, S. 18-28

Wöbse, H.H. (1991b): „Kulturlandschaftsschutzgebiet" – eine neue Schutzkategorie bei der Novellierung des Bundesnaturschutzgesetzes?, in: Natur und Landschaft 66 (1991) S. 400-402

Wöbse, H.H. (1992): Historische Kulturlandschaften, in: Garten und Landschaft (1992) S. 9-13

Wöbse, H.H. (1994): Schutz historischer Kulturlandschaften (Beiträge zur räumlichen Planung 37) Hannover 1994

Wöbse, H.H., Reith, J. (1992): Erfassung und Dokumentation historischer Kulturlandschaften im Landkreis Soltau-Fallinbostel, unveröffentlicht

zu Kap. 7. Geographische Informationssysteme

Ashdown, M., Schaller, J. (1990): Geographische Informationssysteme und ihre Anwendung in MAB-Projekten, Ökosystemforschung und Umweltbeobachtung (MAB-Mitteilungen 34) Hrsg. Deutsches Nationalkomitee MAB, Bonn 1990

Bachhuber, R. et al. (1989): Hypothesensimulation zum Waldsterben in Schwerpunktforschungsräumen der BRD-Poster, Lehrstuhl für Landschaftsökologie TU München-Weihenstephan, ESRI GmbH Kranzberg bei München, unveröffentlicht

Bill, R., Fritsch, D. (1991): Grundlagen der Geoinformationssysteme. Bd. 1: Hardware, Software und Daten, Karlsruhe 1991

Bock, M., Knauer, P. (1993): Umweltinformationssystem – Zeit zum Umdenken? Probleme und Erfahrungen eines praxisorientierten Ansatzes aus Berlin, Berlin 1993

Burrough, P.A. (1986): Principles of Geographical Information Systems for Land Ressources Assessment, New York 1986

Dangermond, J. (1990): New Trends in GIS Software Development, Environmental Systems Research Institute (Redlands, Cal./USA)

ESRI (Environmental Systems Research Institute) (1991): Understanding GIS, Redlands, Cal./USA

Fabos, J.G., Caswell, S.J. (1977): Composite Landscape assessment: Metropolitan Landscape planning model (METLAND), Massachusetts (1991): Agricultural Experimental Station, University of Massachusetts Amherst, Research Bulletin 637

Grossmann, W.D., Schaller, J. (1986): Geographical maps on forest die-off, driven by dynamic models, in: Ecol. Modelling 31 (1986) S. 341-353

MAB-Projekt 6 (1989): Ökosystemforschung Berchtesgaden. Thematische Auswertungen Testgebiet Jenner. Forschungsvorhaben der UBA. UFoPlan Nr. 10401040, unveröffentlichter Kartenteil, Lehrstuhl für Landschaftsökologie TU München-Weihenstephan

Maguirer, D., Goodchild, M.F., Rhind, D.W. (Hrsg.) (1991): Geographical Informations Systems. Principles and Applications, Longman Scientific and Technical Essex, England

McHarg, I.L. (1969): Design with Nature, New York 1969

Muhar, A. (1992): EDV-Anwendungen in Landschaftsplanung und Freiraumgestaltung, Stuttgart 1992

Schaller, J., Dangermond, J. (1991): Geographische Informationssysteme als Hilfsmittel der ökologischen Forschung und Planung (Verhandlungen d. Ges. f. Ökologie 20) 1991

Schaller, J., Spandau, L. (1987): MAB-Projekt 6: Der Einfluß des Menschen auf Hochgebirgsökosysteme. Integrierte Auswertungsmethoden und Modelle für die Ökosystemforschung Berchtesgaden (Verhandlungen d. Ges. f. Ökologie 15) 1987

Steinitz, C. (1993): Geographical Informations Systems: A Personal Historical perspective. The framework of a recent Project and some Questions for the future, Harvard University Graduate School of Design, Cambridge, Massachusetts, Paper presented at the European Conference on Geographic Informations Systems, Genua/Italy, March 30, 1993

Tomlinson, R.F., Calkins, H.W., Marble, D.F. (1976): Computer Handling of geographical Data UNESCO, Geneva

UVF (Umlandverband Frankfurt) (1989): Umweltschutzbericht. Teil Umweltinformationssystem UMWISS. Daten – Methoden – Graphiken, Frankfurt 1989

zu Kap. 8. Gesamtplanungen aus der Sicht umfassender Umweltplanung

Adrian, H. (1992): Freiräume für die Stadt. Ausgangspunkte für eine ökologisch orientierte Stadtentwicklungspolitik, in: Freiräume für die Stadt. Bd. 1, Hrsg. S. Boching/K. Selle, 1992, S. 95-104

Braun, R.-R., Kleinert, R. (1991): Kommunale Umweltqualitätsziele, in: Kommunales Umweltmanagement, Hrsg. K.P. Fiedler, 1991, S. 64-79

Fürst, D. et al. (1989): Umweltqualitätsziele für die ökologische Planung. Forschungsbericht im Auftrag des Umweltbundesamtes, Hannover 1989

Hennerkes, J. (1989): Umweltqualitätsziele. Eine Aufforderung an die Umweltpoltiker, in: UVP-report 3 (1989) Heft 4, S. 39-40

Hessische Landesanstalt für Umwelt (1993): Kommunale UVP unter besonderer Berücksichtigung der Situation in Hessen (Schriftenreihe der Hess. Landesanstalt für Umwelt 115) 1993

Jacob, H. (1991a): Belange der Grünordnung und des Naturschutzes bei der Gewerbegebietsausweisung in der Bauleitplanung, in: Norddeutsche Naturschutzakademie, Berichte 4/1 (1991) S. 57-67

Jacob, H. (1991b): Die naturschutzrechtliche Eingriffsregelung bei Bauleitplanungs- und Baugenehmigungsverfahren, in: Das Gartenamt (1991) Heft 1, S. 25-30

Kappert, G. (1982): Landesentwicklungsprogramme. Grundriß der Raumordnung, ARL, Hannover 1982

Kappert, G. (1993): Regionale Infrastrukturaufgaben und deren Organisation, ARL, Hannover 1993

Kappert, G., Heinze, W., Koch, T.P., Schulz, H.L. (1986): Regionalschnellverkehr, ARL, Hannover 1986

Kappert, G., Hinüber, H. v. (1976): Entwicklungsachsen im Niedersächsischen Landes-Raumordnungsprogramm, ARL, Hannover 1976

Kappert, G., Riechels, E. (1967): Die Festlegung der Zentralen Orte im Großraum Hannover, Archiv für Kommunalwissenschaften, Stuttgart 1967

Kappert, G., Schubert, H. (1967): Die Verkehrsplanung im Raumordnungsprogramm des Großraums Hannover, Straße und Autobahn, Bad Godesberg 1967

Niedersächsisches Landesamt für Ökologie (1994): Naturschutzfachliche Hinweise zur Anwendung der Eingriffsregelung in der Bauleitplanung, erschienen im Informationsdienst Naturschutz Niedersachsen Nr. 1

Schulz, H.L. (1979): Regionalplanung im Großraum Hannover. Bilanz und Ausblick, in: Neues Archiv für Niedersachsen 18 (1979)

Schulz, H.L. (1985): Ökologisch orientierte Raumplanung (Beiträge der Akademie für Raumforschung und Landesplanung 60) Hannover 1985

Schulz, H.L. (1988): Der Verband Großraum Hannover. Ein Modell zur Unterstützung regionaler Problembewältigung, in: Zukunftschancen solitärer zentraler Städte, Siegen 1988

Schulz, H.L. (1989): Konzeption und Handlungsansätze zur Entwicklung der Stadt in der Region, in: Zukunft Stadt. Stadtentwicklung und Stadterneuerung in Niedersachsen, Hannover 1989

Schulz, H.L. (1993): Die Region Hannover. Dezentrale Konzentration – Siedlungsstrukturelle Modelle und ihre formale Umsetzung, in: Bericht zur Jahrestagung der DASL 1993

Schulz, H.L., Ganseforth, H. (1990): Regionale Raumordnung im Großraum Hannover für die 90er Jahre, in: Aktuelle Aspekte der Regionalplanung, Hannover 1990

Schwier, V. (1992): Arbeitsberichte zur städtebaulichen Planung. Ökologische Festsetzungen in Bebauungsplänen, Hrsg. Sozialministerium des Landes Niedersachsen, Hannover 1992

Stich, R., Porger, K.W., Steinebach, G., Jacob, A. (1992): Stadtökologie in Bebauungsplänen, Wiesbaden 1992

Umweltdezernat Landeshauptstadt Hannover: Allgemeine Dienstanweisung der Stadtverwaltung Hannover (ADA) 36/1 (Stand 01.12.1992) „Kommunale Umweltverträglichkeitsprüfung", in: Die kommunale UVP in Hannover (Schriftenreihe kommunaler Umweltschutz 2) Hannover 1992

Umweltministerium des Landes Niedersachsen (1993): UVP. Leitlinie Niedersachsen, Stand Oktober 1993

zu Kap. 9. Der Landschaftsplan als zentrales Planungsinstrument

Ashdown, M., Schaller, J. (1990): Geographische Informationssysteme und ihre Anwendung in MAB-Projekten, Ökosystemforschung und Umweltbeobachtung (MAB-Mitteilungen 34) Hrsg. Deutsches Nationalkomitee MAB, Bonn 1990

Auhagen, A. (1991): Bestand an Datenmaterial als Grundlage ökologisch orientierter Planung, in: Naturschutz und Landschaftspflege in den neuen Bundesländern (Schriftenreihe Deutscher Rat für Landespflege 59) Bonn 1991

BFANL (Bundesforschungsanstalt für Naturschutz und Landschaftsökologie) (1990): Verzeichnis der Landschaftspläne und Landschaftsrahmenpläne in der Bundesrepublik Deutschland (Landschaftsplanverzeichnis, 9. Fortschreibung) Bonn 1990

Buchwald, K. (1980): Landschaftsplanung als ökologisch-gestalterische Planung. Ziele, Ablauf, Integration, in: Handbuch für Planung, Gestaltung, und Schutz der Umwelt. Bd. 3, Hrsg. K. Buchwald/W. Engelhardt, München 1980

Buchwald, K. (1992): Die Institutionalisierung der Landschaftsplanung (1960-90). Vom politischen Programm zur gesellschaftlichen Realität, in: Bericht über die Tagung des Fachbereichs Landschaftsentwicklung der TU Berlin 1992

Deutscher Rat für Landespflege (1988): Eingriffe in Natur und Landschaft-Vorsorge und Ausgleich. Gutachtliche Stellungnahme (Schriftenreihe Deutscher Rat für Landespflege 55) Meckenheim 1988

Deutscher Rat für Landespflege (Hrsg.) (1994): Ökologische Umstellungen in der industriellen Produktion. Steuerung von Stoffströmen zur Sicherung des Naturhaushaltes, Referate eines umweltpolitischen Kolloquiums an der Evangelischen Akademie Loccum 1993 und Stellungnahme des Rates, Bonn 1994

Enquete-Kommission „Schutz des Menschen und der Umwelt" des Deutschen Bundestages (1994): Die Industriegesellschaft gestalten. Abschlußbericht, Bonn 1994

Erbguth, W. (1991): Rechtsgrundlagen der Umweltplanung. Verankerung im Baugesetzbuch und im Naturschutzrecht, in: Landschaftplanung. Aufschwung für die Umwelt, Kongreßbericht, Mainz 1991

Haaren, C. v., Horlitz, T. (1993): Naturraumpotentiale für die Landschaftsplanung. Bilanz und Perspektiven, in: Querschnittsorientierte Landschaftsplanung. Integrierter Naturschutz. Festschrift für Hans Langer (Beiträge zur räumlichen Planung 33) Hannover 1993, S. 61ff.

Kiemstedt, H. (1993): Landschaftsplanung. Inhalte und Verfahrensweisen, Hrsg. Bundesminister für Umwelt, Naturschutz und Reaktorsicherheit, Bonn 1993

Kiemstedt, H. (1993): Perspektiven der Landschaftsplanung, in: Querschnittsorientierte Landschaftsplanung. Integrierter Naturschutz. Festschrift für Hans Langer (Beiträge zur räumlichen Planung 33) Hannover 1993

Kiemstedt, H., Horlitz, T., Ott, S. (1993): Umsetzung von Zielen des Naturschutzes auf regionaler Ebene (Beiträge der Akademie für Raumforschung und Landesplanung 123) Hannover 1993

Kiemstedt, H., Scharpf, H. (1976): Zielvorstellungen der Umweltsicherung und deren Konsequenzen für die Landwirtschaft, in: Die Zukunft des ländlichen Raumes. Teil 3 (Akademie für Raumforschung und Landesplanung. Forschungs- und Sitzungsberichte 106) Hannover 1976

Kopp, D., Succow, M. (1991): Die mittelmaßstäbige Naturraumkarte als Grundlage für eine ökologiegerechte Landnutzung, in: Naturschutz und Landschaftspflege in den neuen Bundesländern (Schriftenreihe Deutscher Rat für Landespflege 59) Bonn 1991

Kühl, U. (1994): Monitoring von Flora und Fauna. Erfassung der Belastung für die terrestrischen Ökosysteme als Methode zur Steuerung von Stoffströmen. Zum Ökologischen Wirkungskataster des Landes Baden-Württemberg, in: Ökologische Umstellungen in der industriellen Produktion, Hrsg. Deutscher Rat für Landespflege, Bonn 1994

Langer, H., Bruns, D., Haaren, C. v., Hoppenstedt, A. (1983): Landschaftsplanung Gemeindeverwaltungsverband, Marbach a. Neckar 1983

Leser, H., Klink, H.J. (1988): Handbuch und Kartieranleitung Geoökologische Karte 1 : 25 000 (Forschungen zur Deutschen Landeskunde 228) Trier 1988

LfU (Landesanstalt für Umweltschutz B.-W.) (Hrsg.) (1993): Ökologisches Wirkungskataster Baden-Württemberg, Jahresbericht 1990/91, Karlsruhe 1993

Meier, H. (1993): Die Umweltverträglichkeitsprüfung (UVP) und ihr Verhältnis zur Eingriffsregelung in Niedersachsen, in: Informationsdienst Naturschutz Niedersachsen 13 (1993) Heft 5

Merian, C., Winkelbrandt, A. (1993): Übersicht über die Landschaftsplanung in der Gesetzgebung der Bundesländer (Stand 31.1.1993), in: Natur und Landschaft 68 (1993) Heft 4, S. 180 und Beilage

Mrass, W., Zvolsky, Z. (1977): Landschaftsplanung im System der raumbezogenen Planungen, in: Natur und Landschaft 52 (1977) Heft 5

Planungsgruppe Ökologie + Umwelt (1982): Landschaftsplanung Gemeindeverwaltungsverband Marbach/Neckar, 1982

Planungsgruppe Ökologie + Umwelt, Arbeitsgemeinschaft Landschaftsökologie (1993): Landschaftsrahmenplan für den Landkreis Peine, Hannover 1993

Richtlinie des Europäischen Rates vom 27.6.1985 über die Umweltverträglichkeitsprüfung bei bestimmten öffentlichen und privaten Projekten (85/337/EWG)

Schaller, J., Dangermond, J. (1991): Geographische Informationssysteme als Hilfsmittel der ökologischen Forschung und Planung (Verhandlungen d. Ges. f. Ökologie 20) 1991

Schaller, J., Spandau, L. (1987): MAB-Projekt 6: Der Einfluß des Menschen auf Hochgebirgsökosysteme. Integrierte Auswertungsmethoden und Modelle für die Ökosystemforschung Berchtesgaden (Verhandlungen d. Ges. f. Ökologie 15) 1987

Umweltministerium des Landes Niedersachsen (1993): UVP. Leitlinie Niedersachsen, Stand Oktober 1993

UVF (Umlandverband Frankfurt) (1989): Umweltschutzbericht. Teil Umweltinformationssystem UMWISS. Daten – Methoden – Graphiken, Frankfurt 1989

zu Kap. 10. Landschaftsplanung verschiedener Planungsebenen und ihre Integration

Achterhof, B. et al. (1993): Methodik einer landesweiten Biotop-Kartierung. Kartierungselemente, Erhebungsbögen und Biotoptypen in Hessen, in: Naturschutz und Landschaftsplanung 25 (1993) Heft 2, S. 50ff.

Albertz, J. (1991): Grundlagen der Interpretation von Luft- und Satellitenbildern. Eine Einführung in die Fernerkundung, Darmstadt 1991

Andresen, E., Daldrop-Weidmann, M., Daldrop, W., Rossow, W. (1984): Bauen in der Landschaft, Lamspringe 1984

ARL (Akademie für Raumforschung und Landesplanung) (1977): Mehrfachnutzung, Risikoanalyse und Vorrangebiete, Arbeitsmaterial Nr. 2/1977

ARL (Akademie für Raumforschung und Landesplanung) (Hrsg.) (1992): Zur Umsetzung ökologischen Wissens in die regionalplanerische Praxis. Sitzungsbericht Sektion I „Wirtschaft und Umwelt“ am 30./31.3.92 in Würzburg (ARL-Arbeitsmaterial 192) Hannover 1992

Bahrdt, H.P. (1969): Humaner Städtebau, Hamburg 1969

BDLA (Bund Deutscher Landschaftsarchitekten) (1992): Zur Landschaftsplanung. Forderungen und Positionen des Bundes Deutscher Landschaftsarchitekten e.V., 2. Auflage, Bonn 1992

BDLA (Bund Deutscher Landschaftsarchitekten) (Hrsg.) (1983): Landschafts-architekten. Standorte und Perspektiven, Hamburg 1983

Bernadotte, L. (1983): Ein „Integriertes Schutzgebietssystem“ zur Sicherung von Natur und Landschaft. Entwickelt am Beispiel des Landes Niedersachsen (Schriftenreihe Deutscher Rat für Landespflege 41) Bonn 1983, S. 5ff.

BFANL (Bundesforschungsanstalt für Naturschutz und Landschaftsökologie) (1990): Verzeichnis der Landschaftspläne und Landschaftsrahmenpläne in der Bundesrepublik Deutschland (Landschaftsplanverzeichnis, 9. Fortschreibung) Bonn 1990

Bielefeld, U., Gillich, B. (1992a): Landschaftsplanung Obere Kyll – Beitrag zum Flächennutzungsplan der Verbandsgemeinde Obere Kyll (Eifel). (Hrsg. Landesamt für Umweltschutz und Gewerbeaufsicht Rheinland-Pfalz, Nachdruck durch BDLA Bonn, 1994)

Bielefeld, U., Gillich, B. (1992b): Landschaftsplanung Speicher – Beitrag zum Bebauungsplan der Ortsgemeinde Speicher (Eifel) „Erweiterung Gewerbegebiet". (Hrsg. Landesamt für Umweltschutz und Gewerbeaufsicht Rheinland-Pfalz, Nachdruck durch BDLA Bonn, 1994)

Bierhals, E. (1988): CIR-Luftbilder für die flächendeckende Biotopkartierung, Hrsg. Niedersächsisches Landesverwaltungsamt/Fachbehörde für Naturschutz, in: Informationsdienst Naturschutz Niedersachsen 8 (1988) Heft 5

BMELF (Bundesminister für Ernährung, Landwirtschaft und Forsten) (Hrsg.) (1976): Inhalte und Verfahrensweisen der Landschaftsplanung, Bonn 1976

BMELF (Bundesminister für Ernährung, Landwirtschaft und Forsten) (Hrsg.) (1985): Umweltverträglichkeitsprüfung für raumbezogene Planungen und Vorhaben (Schriftenreihe Angewandte Wissenschaft 313)

Bochnig, S. (1988): Freiraumplanung für Jugendliche, in: Garten und Landschaft (1988) Heft 9, S. 42-47

Bochnig, S. (1993): Bausteine für eine bespielbare Stadt, in: Das Gartenamt (1993) Heft 6

Bochnig, S., Selle, K. (Hrsg.) (1992): Freiräume für die Stadt. Bd. 1. Programme, Konzepte, Erfahrungen, Wiesbaden 1992

Bundesministerium für Raumordnung, Bauwesen und Städtebau (1993): Raumordnungspolitischer Orientierungsrahmen, 1993

Drachenfels, O. v. (1992): Kartierschlüssel für Biotoptypen in Niedersachsen unter besonderer Berücksichtigung der nach § 28a NNatG geschützten Biotope (Stand Okt. 1992) (Naturschutz und Landschaftspflege in Niedersachsen A/4) Hannover 1992

Drachenfels, O. v., Mey, H. (1988): Erfassung der für den Naturschutz wertvollen Bereiche in Niedersachsen. Auswertung und Fortschreibung, in: Informationsdienst Naturschutz Niedersachsen 8 (1988) Heft 4, S. 57ff.

Dressler, H. v., Hoppenstedt, A. (1993): Konzeption zur Aufstellung des Landschaftsprogramms Brandenburg, MS Hannover 1993

Eberle, D. (1988): UVP für Regionalpläne erforderlich, in: UVP-report 2 (1988) Heft 1, S. 13

Erbguth, W. (1990): Landesplanung. Aufgabenverständnis und Forschungsbedarf, in: Raumforschung und Raumordnung 48 (1990) S. 28-31

Erbguth, W. (1991a): Entwicklungen im Recht der Umweltplanung, in: Naturschutz und Landschaftsplanung 23 (1991) Heft 5, S. 197-200

Erbguth, W. (1991b): Rechtsgrundlagen der Umweltplanung. Verankerung im Baugesetzbuch und im Naturschutzrecht, in: Landschaftplanung. Aufschwung für die Umwelt, Kongreßbericht, Mainz 1991

Erbguth, W., Benz, A., Püschel, G. (1984): Weiterentwicklung raumbezogener Umweltplanungen. Vorschläge aus rechts- und Verwaltungswissenschaftlicher Sicht (Beiträge zum Siedlungs- und Wohnungswesen und zur Raumplanung 95) Münster 1984, S. 47ff.

Fester, M., Kraft, S., Metzner, E. (1983): Raum für soziales Leben. Eine Arbeitshilfe für Planungs- und Berufspraxis, Karlsruhe 1983

Finke, L. (1990): Vorranggebiete für Naturraumpotentiale (Akademie für Raumforschung und Landesplanung. Forschungs- und Sitzungsberichte 186) Hannover 1990, S. 92ff.

Finke, L. et al. (1993): Berücksichtigung ökologischer Belange in der Regionalplanung in der Bundesrepublik Deutschland (Beiträge der Akademie für Raumforschung und Landesplanung 124) Hannover 1993

Fokuhl, C. (1993): Landschaftsplanung in den neuen Bundesländern. Aussagen der Naturschutzgesetze zum Landschaftsplan, in: Naturschutz und Landschaftsplanung 25 (1993) S. 146-149

Fürst, D. (1991): Umweltschutz als Hemmnisse? Über den Beitrag der Landschaftsplanung zur Gemeindeentwicklung, in: Landschaftplanung. Aufschwung für die Umwelt, Kongreßbericht, Mainz 1991

Fürst, D. et al. (1992): Umweltqualitätsziele für die ökologische Planung (UBA-Texte 34/92) Berlin 1992

Fürst, D., Knebel, R., Razbor, G. (1992): Erstellung eines Leitfadens zu Umweltqualitätszielen und -standards als Bewertungsgrundlage für Tiere, Pflanzen und Wasser im Rahmen der Umweltverträglichkeitsprüfung in Niedersachsen, Abschlußbericht eines im März 1991 vom Niedersächsischen Umweltministerium dem Institut für Landesplanung und Raumforschung der Universität Hannover erteilten Forschungsauftrages

Fürst, D., Ritter, E.-H. (1993): Landesentwicklungsplanung und Regionalplanung. Ein verwaltungswissenschaftlicher Grundriß, Düsseldorf 1993

Gaentzsch, G. (1990): Bauleitplanung und Baugenehmigungspraxis unter den Anforderungen des Naturschutzes und der Umweltverträglichkeit, in: Natur und Recht 12 (1990) Heft 1, S. 1–8

Gassner, E. (1987): Naturschutz im neuen Baugesetzbuch, in: Umwelt- und Planungsrecht (1987) Heft 7, S. 249-253

Gassner, E., Piest, R. (1988): Integration der Landschaftsrahmenplanung in die Regionalplanung. Probleme bisheriger Regelungen und ihrer Umsetzung (Akademie für Raumforschung und Landesplanung. Forschungs- und Sitzungsberichte 180) Hannover 1988, S. 11-23

Gassner, E., Winkelbrandt, A. (1992): UVP in der Praxis, 2. Auflage, 1992

Gebhard, M., Malkus, A., Nagel, G. (1989): Spielraum Stadt. Bewertung der Spielqualität städtischer Freiräume (Beiträge zur räumlichen Planung 23/1) Hannover 1989

Gelbrich, H. (1992): Thematische Karten als Grundlage für Umweltverträglichkeitsuntersuchungen in den neuen Ländern, in: Natur und Landschaft 67 (1992) Heft 11

Gleichmann, P. (1963): Sozialwissenschaftliche Aspekte der Grünplanung in der Großstadt, Stuttgart 1963

Göderitz, Rainer, Hoffmann (1957): Die gegliederte und aufgelockerte Stadt, Tübingen 1957

Griefahn, M. (1993): Die Krise der Institutionen, in: Politische Ökologie (1993) Heft 33, S. 56-59

Grohmann, L. (1994): Landschaftsplanung Stausee Quitzdorf, Hrsg. Bund Deutscher Landschaftsarchitekten, 1994

Grossmann, M. (1958): Beitrag zur Erforschung des Bedarfs einer Großstadt an öffentlichen Garten- und Parkanlagen, nach Untersuchungen im Berliner Gebiet, Berlin 1958

Gröning, G. (1974): Tendenzen im Kleingartenwesen, in: Landschaft und Stadt. Beiheft 10, Stuttgart 1974

Haaren, C. v., Horlitz, T. (1993): Naturraumpotentiale für die Landschaftsplanung. Bilanz und Perspektiven, in: Querschnittsorientierte Landschaftsplanung. Integrierter Naturschutz. Festschrift für Hans Langer (Beiträge zur räumlichen Planung 33) Hannover 1993, S. 61ff.

Haase, R. (1986): Regenwasserversickerung in Wohngebieten (Beiträge zur räumlichen Planung, 14), Hannover 1986

Haber, W. et al. (1993): Quantifizierung raumspezifischer Entwicklungsziele des Naturschutzes (Beiträge der Akademie für Raumforschung und Landesplanung 125) Hannover 1993

Hahn-Herse, G. (1984): Zur Kritik an der querschnittsorientierten Landschaftsplanung, in: Natur und Landschaft 59 (1984) Heft 12

Hahn-Herse, G. (1988): Wohin treibt die Landschaftsplanung? in: Garten und Landschaft (1988) Heft 5

Hahn-Herse, G. (1991): Kommunale Landschaftsplanung nach dem rheinland-pfälzischen Modell, in: Landschaftplanung – Aufschwung für die Umwelt, Kongreßbericht, Mainz 1991

Hahn-Herse, G. (1993): Modellprojekt Sachsen, in: Garten und Landschaft (1993) Heft 11, S. 35-39

Hallmann, H., Kuhn, J., Preissmann, R. (1983): Freiraumplanung und interdisziplinäre Zusammenarbeit. Versuch einer Standortbeschreibung, in: Landschaftsarchitekten. Standorte und Perspektiven, Hrsg. BDLA, Hamburg 1983

Hampicke, U. (1991): Kosten und Wertschätzung des Arten- und Biotopschutzes, in: UBA-Berichte, Berlin 1991

Hecking, A., Mikulicz, S., Sättele, A. (1987): Siedlungsflächenexpansion als Ordnungs- und Gestaltungsaufgabe, in: Deutsches Architektenblatt (1987) Heft 4, S. 461ff.

Hessisches Ministerium für Landesentwicklung, Wohnen, Landwirtschaft, Forsten und Naturschutz (1992): Richtlinien zur Bemessung der Abgabe bei Eingriffen in Natur und Landschaft, Wiesbaden 1992

Hoffjann, T. (1993): Umweltleitplanung statt Landschaftsplanung, in: Garten und Landschaft (1993) Heft 11, S. 19-22

Hoppe, W. (1992): Landschaftsplanung als Umweltleitplanung (Deutsches Verwaltungsblatt. Abhandlungen 21) Münster 1992

Hübler, K.-H. (1988): Ein Plädoyer gegen „Opas Landschaftsplanung", in: Garten und Landschaft (1988) Heft 2, S. 47ff.

Kampe, D. (1991): Ökologische Wasserkonzepte im Städtebau, in: Urbane Gewässer, Hrsg. H. Schumacher et al., Essen 1991

Kaule, G. (1983): Ein „Integriertes Schutzgebietssystem" zur Sicherung von Natur und Landschaft. Entwickelt am Beispiel des Landes Niedersachsen (Schriftenreihe Deutscher Rat für Landespflege 41) Bonn 1983, S. 38ff.

Kellner, U., Nagel, G. (1986): Qualitätskriterien für die Nutzung öffentlicher Freiräume (Beiträge zur räumlichen Planung, 16), Hannover 1986

Kiemstedt, H. (1993): Perspektiven der Landschaftsplanung, in: Querschnittsorientierte Landschaftsplanung. Integrierter Naturschutz. Festschrift für Hans Langer (Beiträge zur räumlichen Planung 33) Hannover 1993

Kiemstedt, H., Horlitz, T., Ott, S. (1993): Umsetzung von Zielen des Naturschutzes auf regionaler Ebene (Beiträge der Akademie für Raumforschung und Landesplanung 123) Hannover 1993

Kiemstedt, H., Mönnecke, M., Ott, S. (1993): Untersuchung zur Wirksamkeit der kommunalen Landschaftsplanung im länderübergreifenden Vergleich, laufendes Forschungsvorhaben Nr. 80801124, Hannover 1993

Kiemstedt, H., Scharpf, H. (1990): Erholungsvorsorge im Rahmen der Landschaftsplanung (Schriftenreihe Deutscher Rat für Landespflege 57) Meckenheim 1990, S. 660ff.

Kiemstedt, H., Wirz, S. (1990): Gutachten Effektivierung der Landschaftsplanung (UBA-Texte 11/90) Berlin 1990

Kiemstedt, H., Wirz, S. (1993): Landschaftsplanung in der Flächennutzungsplanung Rheinland-Pfalz, 1993

Kistenmacher, H. et al. (1993): Planinhalte für den Freiraumbereich und Handlungsmöglichkeiten der Regionalplanung zur Differenzierung von Planinhalten für den Freiraumbereich (Beiträge der Akademie für Raumforschung und Landesplanung 126) Hannover 1993

Koenigs, T. (Hrsg.) (1991): Vision offener Grünräume, Frankfurt/New York 1991

Kokenge, H. (1992): Eingriffs-/Ausgleichsregelung, in: Das Gartenamt (1992) Heft 5, S. 311ff.

Koschwitz, J., Hahn-Herse, G., Wahl, P. (1987): Ökologische Vorgaben für raumbezogene Planungen. Konzept für eine Ermittlung naturraumbezogener ökologischer Entscheidungsgrundlagen und ihre Anwendung in der Planungspraxis Rheinland-Pfalz, in: Wechselseitige Beeinflussung von Umweltvorsorge und Raumordnung (Akademie für Raumforschung und Landesplanung. Forschungs- und Sitzungsberichte 165) Hannover 1987

Langer, H., Hoppenstedt, A., Dressler, H. v. (1992): Konzept zur Aufstellung des Landschaftsprogramms für das Land Brandenburg, Gutachten im Auftrag des Ministeriums für Umwelt, Naturschutz und Raumordnung des Landes Brandenburg, November 1992

Langer, H., Hoppenstedt, A., Luz (1990): Dokumentation zu Schutzgebietskonzepten und -strategien des Naturschutzes in Deutschland, Untersuchung im Auftrag des Bundesministers für Umwelt, Naturschutz und Reaktorsicherheit 1990

Lieser, P. et al. (1992): Vision offener Grünräume. Der Grüngürtel Frankfurt, in: Freiräume für die Stadt. Bd. 1. Programme, Konzepte, Erfahrungen, Hrsg. S. Bochnig/K. Selle, Wiesbaden 1992

Marx, D. (1992): Zur Umsetzung ökologischen Wissens in die regionalplanerische Praxis. Einführung in die Thematik, in: Zur Umsetzung ökologischen Wissens in die regionalplanerische Praxis. Sitzungsbericht Sektion I „Wirtschaft und Umwelt“ am 30./31.3.92 in Würzburg, Hrsg. Akademie für Raumforschung und Landesplanung (ARL-Arbeitsmaterial 192) Hannover 1992, S. 3ff.

Merian, C., Winkelbrandt, A. (1993): Übersicht über die Landschaftsplanung in der Gesetzgebung der Bundesländer (Stand 31.1.1993), in: Natur und Landschaft 68 (1993) Heft 4, S. 180 und Beilage

Mrass, W. (1984): Fachliche Anforderungen an die querschnittsorientierten Inhalte eines Landschaftsplanes, in: Natur und Landschaft 59 (1984) Heft 2, S. 55–88

MURL (Ministerium für Umwelt, Raumordnung und Landwirtschaft des Landes Nordrhein-Westfalen) (Hrsg.) (1990): Natur 2000 in Nordrhein-Westfalen. Leitlinien und Leitbilder für Natur und Landschaft im Jahr 2000, Düsseldorf 1990

Nagel, G. (1992): Materialien zur Vorlesung ‚Einführung in die städtische Grünordnung/Strukturplanung', Hannover 1992

Nagel, G., Bauer, J. (1991): Pflege- und Entwicklungskonzept Äußerer Grüngürtel Köln, unveröffentlichtes Gutachten Hannover 1991

Nagel, G., Scholz, G. (1990a): Bauland von heute – Wohnqualität von morgen, Eine Information des niedersächsischen Sozialministers, Hannover 1990

Nagel, G., Scholz, G. (1990b): Vorstrukturierung von Bauerwartungsland für neue Formen des Wohnens in Einfamilienhausgebieten (Beiträge zur räumlichen Planung, 25), Hannover 1990

Nagel, G., Scholz, G., Wilmers, F. (1984): Ansprüche des Menschen an seine Klimaumwelt, in: Wohnen in den Städten?, Hrsg. F. Spengelin et al., Lamspringe 1984

Nagel, G., Schonhoff, Ch. (1993): Landschaftlicher Rahmenplan Magdeburg Nord-Ost, unveröffentlichtes Gutachten, Hannover 1993

Nagel, G., Schonhoff, Ch. et al. (1991): Landschaftlicher Rahmenplan Magdeburg-Nord, unveröffentlichtes Gutachten, Hannover 1991

Nagel, G., Schonhoff, Ch. et al. (1992): Universität Hannover – Erweiterungsflächen Garbsen. Strukturkonzept, unveröffentlichtes Gutachten, Hannover 1992

Nohl, W. (1983): Städtischer Freiraum und Reproduktion der Arbeitskraft, München 1983

Osburg, G. (1973): Untersuchungen zum Besuch allgemeiner öffentlicher Grünflächen in der gemeinsamen Stadtrandzone der Städte Essen und Gelsenkirchen, Hannover 1973

Plachter, H. (1987): Arten- und Biotopschutzprogramme als umfassende Zielkonzepte des Naturschutzes, in: 10 Jahre Bundesnaturschutzgesetz, Hrsg. Arbeitsgemeinschaft beruflicher und ehrenamtlicher Naturschutz (Jahrbuch für Naturschutz und Landespflege 39/1987)

Plachter, H. (1989): Grundlagen und Verwirklichungen eines flächendeckenden Naturschutzes (Laufener Seminarbeiträge 2) Laufen-Salzbach 1989, S. 100ff.

Planungsgruppe Ökologie + Umwelt (1986): Verfahrenskonzept zur ökologischen Risikoeinschätzung von Straßenbauprojekten der Bundesverkehrswegeplanung, Hrsg. Bundesministerium für Verkehr (Forschung Straßenbau und Verkehrstechnik 465) Bonn-Bad Godesberg 1986

Planungsgruppe Ökologie + Umwelt (1992): Landschaftsrahmenplan für den Landkreis Peine, Hannover 1992

Prosenc, M. (1970): Intensivstudie Hammer Park. Ein Stadtteil, sein Freizeitpark und seine Bevölkerung, Hamburg 1970

Richter, G. (1981): Handbuch Stadtgrün, München/Wien/Zürich 1981

Roweck, H. (1990): Zum Problem der Umsetzung von Naturschutzkonzepten, in: Ökologie und Naturschutz (1990) Heft 3, S. 37–53

Schmidt-Aßmann (1990): Struktur- und Gestaltungselemente eines Umweltplanungsrechts, in: DÖV 1990, 169

Scholich, D., Winkelbrandt, A. (1988): Zum Stand der Diskussionen über Erfolgskontrollen in der Landschafts- und Raumplanung (Akademie für Raumforschung und Landesplanung. Forschungs- und Sitzungsberichte 180) Hannover 1988, S. 25ff.

Scholles, F. (1990): Umweltqualitätsziele und -standards. Begriffsdefinitionen, in: UVP-report 4 (1990) Heft 3, S. 35-37

Schulte, G. (1992): Natur 2000 in Nordrhein-Westfalen. Leitlinien und Leitbilder für Natur und Landschaft, in: Allgemeine Forstzeitschrift (1992) Nr. 4

Schumacher, H., Thiesmeier, B. (Hrsg.) (1991): Urbane Gewässer, Essen 1991

Schweckendiek, L., Schemel, H.-J., Hoppenstedt, A. (1992): Umweltqualitätsziele für die ökologische Planung. Vorstudie Pilotvorhaben Landkreis Osnabrück (UBA-Texte 9/92) Berlin 1992

Selle, K. (1994): Freiräume für die Stadt, in: Garten und Landschaft (1994) Heft 1, S. 18ff.

Spengelin, F., Nagel, G. et al. (Hrsg.) (1984): Wohnen in den Städten?, Lamspringe 1984

Spitzer, K. (1977): Wohnungsnahe Freiräume. „Sozialbrache" oder Kommunikationsmilieu?, in: Garten und Landschaft (1977) Heft 9, S. 560ff.

SRU (Rat von Sachverständigen für Umweltfragen) (1987): Umweltgutachten 1987, Stuttgart 1987

Stellungnahmen der Planerverbände (BDA, BDLA, FLL, SRL) zur Neugestaltung des Städtebaurechtes, in: SRL-Schnellinformationen (1985) Heft 3, S. 3-18

Stich, R., Porger, K.-W., Steinbach, G., Jacob, A. (1992): Stadtökologie in Bebauungsplänen, Wiesbaden 1992

Summerer, S. (1987): UVP und gesellschaftliche Umweltziele, in: Umsetzung der EG-Richtlinie zur UVP, 148. Seminar der Forschungsgemeinschaft für Umweltrecht vom 02./03.02.1987, S. 8-11

Surburg, U. (1992): Ausgewählte Literatur zu Umweltqualitätszielen, Umweltstandards und ökologischen Eckwerten (UBA-Texte 16/92) Berlin 1992

UVP-Förderverein (Hrsg.) (1990): UVP-report. Informationen zur Umweltverträglichkeitsprüfung, Hefte 3/90 u. 4/90 zum Schwerpunktthema Umweltqualitätsziele (UQZ)

Valentien, D. (1984): Landschaftsplanung in der Praxis, in: Bauen in der Landschaft, Hrsg. E. Andresen et al., Lamspringe 1984

VDI, Kommission Reinhaltung der Luft (Hrsg.) (1988): Stadtklima und Luftreinhaltung, Berlin 1988

Votsmeier, T. (1990): Umweltqualitätsziele (UQZ). Umsetzung in kommunale Konzepte. Wiesbaden, in: UVP-report 4 (1990) Heft 3, S. 75-78

Wagner, J. (1991): Überlegungen zur Einführung einer Umweltverträglichkeitsprüfung für Programme und Pläne in das deutsche Recht, in: UVP-report 5 (1991) Heft 3, S. 98ff.

Wagner, M. (1915): Das sanitäre Grün der Städte, Berlin 1915

Wahl, R. (1983): Zur Integration der Umweltplanungen in die raumordnerische Planung (Beiträge der Akademie für Raumforschung und Landesplanung 73) Hannover 1983, S. 43ff.

Weiland, J., Weiland, M. (1987): Luftbildinterpretation als Instrument der flächendeckenden Biotopkartierung für die Landschaftsrahmenplanung, unveröffentlichte Diplomarbeit am Institut für Landschaftspflege und Naturschutz der Universität Hannover 1987

Wöbse, H.H. (1993): Landschaftsbild und landschaftliche Schönheit, in: Landschaftsarchitektur (1993) Heft 3, S. 6-9

Wöbse, H.-H. (1994): Schutz historischer Kulturlandschaften, in: Beiträge zur räumlichen Planung (37), Schriftenreihe des Fachbereiches Landschaftsarchitektur und Umweltentwicklung der Universität Hannover

Wormbs, B. (1978): Über den Umgang mit Natur, München/Wien 1978

Ergänzende Literatur zum Themenkreis Raumordnung, Landesplanung und Städtebau/Stadtplanung – Integration mit Landschaftsplanung

1. Grundlegende Veröffentlichungen

Akademie für Raumforschung und Landesplanung (Hrsg.):
Daten zur Raumplanung, 1981/1983/1987/1989
Der Deutsche Planungsatlas, 1960-1982
Grundriß der Raumordnung (Handbuch), 1982
Grundriß der Stadtplanung (Handbuch), 1983
Handwörterbuch der Raumforschung und Raumordnung, 1970/1987/1994
Taschenbuch zur Raumplanung. 7 Bde., 1973-1976

Albers, G. (1978): Begriff, Rechtsgrundlagen und Organisation des Städtebaus, in: Handbuch für Planung, Gestaltung und Schutz der Umwelt, Hrsg. K. Buchwald/W. Engelhardt, München 1978

Albers, G. (1980): Ziele, Aufgaben, Methoden, Probleme der Stadtplanung, in: Handbuch für Planung, Gestaltung und Schutz der Umwelt, Hrsg. K. Buchwald/W. Engelhardt, München 1980

2. Ökologische Orientierung der Raumplanung / Integration mit Landschaftsplanung

Akademie für Raumforschung und Landesplanung (Hrsg.) (1994): Integration einer Umweltplanung in die Raumordnung, Hannover 1994

Bruns, E., Hoppenstedt, A. (1993): Landschaftsplanung auf kommunaler Ebene in Niedersachsen. Erfahrungen mit dem Landschaftsplan Edemissen (Beiträge zur räumlichen Planung) Hannover 1993

Buchwald, K. (1977): Die Bedeutung des Themenkreises Mehrfachnutzung, Risikoanalyse und Vorranggebiete, in: Mehrfachnutzung, Risikoanalyse und Vorrangebiete, Hrsg. Akademie für Raumforschung und Landesplanung. Sektion III Landschaft und natürliche Grundlagen (Arbeitsmaterial Nr. 2/1977) Hannover 1977

Buchwald, K. (1978): Folgerungen für eine ökologische Orientierung der Raumordnung, in: Handbuch für Planung, Gestaltung und Schutz der Umwelt. Bd. 3, Hrsg. K. Buchwald/W. Engelhardt, München 1978

Buchwald, K. (1979): Die ökologische Orientierung der Raumplanung, Thesenpapier und Diskussionsbericht zur 17. Wiss. Plenarsitzung der Akademie für Raumforschung und Landesplanung 1978

Buchwald, K. (1980): Konzept und Orientierungsmöglichkeit einer ökologisch orientierten Raumordnung, in: Geschieht genug für die räumliche Umwelt? 20 Jahre ‚Grüne Charta von der Mainau' (Schriftenreihe Deutscher Rat für Landespflege 34)

Finke, L. et al. (1993): Berücksichtigung ökologischer Belange in der Regionalplanung in der Bundesrepublik Deutschland (Beiträge der Akademie für Raumforschung und Landesplanung 124) Hannover 1993

Fürst, D. (1990): Umweltqualitätsstandards im System der Regionalplanung, in: Landschaft und Stadt 22 (1990) Heft 2

Fürst, D., Kiemstedt, H., Gustedt, E., Scholles, F. (1989): Umweltqualitätsziele für die ökologische Planung, UBA-Forschungsbericht 10901008

Gassner, E., Priest, R. (1988): Integration der Landschaftsrahmenplanungen in die Regionalplanung. Probleme bisheriger Regelungen und ihrer Umsetzung (Akademie für Raumforschung und Landesplanung. Forschungs- und Sitzungsberichte 180) Hannover 1988

Haber, W. (1978): Beitrag der Ökosystemforschung zur ökologischen Planung, Akademie für Raumforschung und Landesplanung. Wiss. Plenarsitzung 1978

Haber, W., Duhme, F., Pauleit, S., Schild, J., Stary, R. (1992): Quantifizierung raumspezifischer Entwicklungsziele des Naturschutzes, dargestellt am Beispiel des Kartenblattes 7435 Pfaffenhofen (Beiträge der Akademie für Raumforschung und Landesplanung 125) Hannover 1992

Hahn-Herse, G. (1991): Kommunale Landschaftsplanung nach dem rheinland-pfälzischen Modell, in: Landschaftplanung. Aufschwung für die Umwelt, Kongreßbericht, Mainz 1991

Hoppenstedt, A. (1994): Die querschnittsorientierte Landschaftsrahmenplanung. Inhaltlich-methodische Kongruenzen und Entwicklungsmöglichkeiten, in: Integration einer Umweltplanung in die Raumordnung, Hrsg. Akademie für Raumforschung und Landesplanung, Hannover 1994

Hoppenstedt, A., Luz, J., Olschowy, R. (1993): Ökologischer Beitrag zur Fortschreibung des Landesentwicklungsprogrammes Rheinland-Pfalz. LEP.III, in: Querschnittsorientierte Landschaftsplanung. Integrierter Naturschutz. Festschrift für Hans Langer (Beiträge zur räumlichen Planung 33) Hannover 1993

Kiemstedt, H. (1993): Perspektiven der Landschaftsplanung, in: Querschnittsorientierte Landschaftsplanung. Integrierter Naturschutz. Festschrift für Hans Langer (Beiträge zur räumlichen Planung 33) Hannover 1993

Kiemstedt, H., Horlitz, T., Ott, S. (1993): Umsetzung von Zielen des Naturschutzes auf regionaler Ebene. Aufgaben und Funktion von Landschaftsrahmenplanung (Beiträge der Akademie für Raumforschung und Landesplanung 123) Hannover 1993

Marx, D. (1992): Zur Umsetzung ökologischen Wissens in die regionalplanerische Praxis. Einführung in die Thematik, in: Zur Umsetzung ökologischen Wissens in die regionalplanerische Praxis. Sitzungsbericht Sektion I „Wirtschaft und Umwelt“ am 30./31.3.92 in Würzburg, Hrsg. Akademie für Raumforschung und Landesplanung (ARL-Arbeitsmaterial 192) Hannover 1992, S. 3ff.

Planungsgruppe Ökologie + Umwelt (1983): Landschaftsrahmenplan für den Landkreis Peine, Hannover 1983

Schemel, H.J., Langer, H., Albert, G., Baumann, J. (1990): Handbuch zur Umweltbewertung. Konzept und Arbeitshilfe für die kommunale Umweltplanung und Umweltverträglichkeitsprüfung (Dortmunder Beiträge zur Umweltplanung) Dortmund/München/Hannover 1990

Steinert, W., Grebe, R., Wirtssohn, E. (1991): Pilotprojekt Umsetzung der Landschaftsplanung in der Gemeinde Stephanskirchen/Oberbayern, Nürnberg 1991

Wahl, R. (1994): Umweltplanung als neuer Planungstyp oder Ausbau der Landschaftsplanung zur Umweltplanung oder Koordinierung der sektoralen Umweltplanungen durch die Raumordnung?, in: Integration einer Umweltplanung in die Raumordnung, Hrsg. Akademie für Raumforschung und Landesplanung, Hannover 1994

3. Dauerhafte und umweltgerechte Raumentwicklung – Umsetzungsmöglichkeiten in Raumordnung und Landesplanung

Akademie für Raumforschung und Landesplanung (Hrsg.) (1994): Dauerhafte, umweltgerechte Raumentwicklung (ARL-Arbeitsmaterial) Hannover 1994

Finke, L. (1994): Dauerhafte, umweltgerechte Raumentwicklung aus ökologisch-planerischer Sicht, insbesondere des Naturschutzes, in: Dauerhafte, umweltgerechte Raumentwicklung, Hrsg. Akademie für Raumforschung und Landesplanung (ARL-Arbeitsmaterial) Hannover 1994

Haber, W. (1994): „Sustainability" und „Sustainable Development" ökologisch kommentiert, in: Dauerhafte, umweltgerechte Raumentwicklung, Hrsg. Akademie für Raumforschung und Landesplanung (ARL-Arbeitsmaterial) Hannover 1994

Marx, D. (1994): Überlegungen zur Frage nach den Umsetzungsmöglichkeiten des allgemeinen umweltpolitischen Ziels „dauerhafte und umweltgerechte Entwicklung" in der Raumforschung, in: Dauerhafte, umweltgerechte Raumentwicklung, Hrsg. Akademie für Raumforschung und Landesplanung (ARL-Arbeitsmaterial) Hannover 1994

Schaller, J. (1994): Regionale Leitbilder für die nachhaltige Entwicklung von Teilräumen an zwei Projektbeispielen, in: Dauerhafte, umweltgerechte Raumentwicklung, Hrsg. Akademie für Raumforschung und Landesplanung (ARL-Arbeitsmaterial) Hannover 1994

zu Kap. 11. Eingriffsregelung und Landschaftspflegerische Begleitplanung

Arbeitsgruppe ‚Eingriffsregelung' der Landesanstalten/-ämter für Naturschutz und Landschaftspflege und der Bundesforschungsanstalt für Naturschutz und Landschaftsökologie (1988): Empfehlungen zum Vollzug der Eingriffsregelung, in: Natur und Landschaft 63 (1988) Heft 5, S. 15-17

Arum (1994a): Landschaftspflegerischer Begleitplan B3 Ortsumgehung Ihringshausen. Im Auftrag des Hess. Straßenbauamtes Kassel, unveröffentlicht, Hannover 1994

Arum (1994b): Leitfaden zum Vollzug der Eingriffsregelung in Rheinland-Pfalz. Erstellt im Auftrag des Landesamtes für Umweltschutz und Gewerbeaufsicht Rheinland-Pfalz, Oppenheim 1994b (die Zustimmung zur Veröffentlichung von Auszügen wurde am 25.8.1994 erteilt)

Blab, J. et al. (1992): Förderprogramm zur Errichtung und Sicherung schutzwürdiger Teile von Natur und Landschaft mit gesamtstaatlich repräsentativer Bedeutung. Naturschutzgroßprojekte und Gewässerrandstreifenprojekte, in: Natur und Landschaft 67 (1992) Heft 7/8, S. 323-327

BMV (Bundesministerium für Verkehr). Abteilung Straßenbau (1987): Hinweise zur Berücksichtigung des Naturschutzes und der Landschaftspflege beim Bundesfernstraßenbau (BNL-StB 87), in: VKBl 41 (1987) 4, S. 217-225

Brahms, M., Haaren, C. v., Janßen, U. (1989): Ansatz zur Ermittlung der Schutzwürdigkeit der Böden im Hinblick auf das Biotopentwicklungspotential, in: Landschaft und Stadt 21 (1989) Heft 3, S. 110-114

Breuer, W. (1991a): 10 Jahre Eingriffsregelung in Niedersachsen, in: Informationsdienst Naturschutz Niedersachsen 11 (1991) Heft 4, S. 43-59

Breuer, W. (1991b): Gegenüberstellung der naturschutzrechtlichen Standards nach dem Niedersächsischen Naturschutzgesetz und dem Niedersächsischen Wassergesetz, in: Informationsdienst Naturschutz Niedersachsen 11 (1991) Heft 4, S. 68-71

Dahl, H.-J. (1991): Der landschaftspflegerische Begleitplan beim Ausbau von Gewässern, in: Informationsdienst Naturschutz Niedersachsen 11 (1991) Heft 4, S. 72-79

Deutscher Rat für Landespflege (1988): Eingriffe in Natur und Landschaft-Vorsorge und Ausgleich. Gutachtliche Stellungnahme (Schriftenreihe Deutscher Rat für Landespflege 55), Meckenheim 1988

Drachenfels, O. v. (1992): Kartierschlüssel für Biotoptypen in Niedersachsen unter besonderer Berücksichtigung der nach § 28a NNatG geschützten Biotope (Stand Okt. 1992) (Naturschutz und Landschaftspflege in Niedersachsen A/4), Hannover 1992

Gaentzsch, G. (1986): Die naturschutzrechtliche Eingriffsregelung, in: Natur und Recht 8 (1986) Heft 3

Gareis-Grahmann, F.-J. (1993): Landschaftsbild und Umweltverträglichkeitsprüfung. Analyse, Prognose und Bewertung des Schutzgutes Landschaft nach dem UVPG, Berlin 1993

Gassner, E. (1988): Zur Verwirklichung des Integritätsinteresses in der naturschutzrechtlichen Eingriffsregelung, in: Natur und Recht 10 (1988) Heft 2

Gassner, E. (1990): Rechtliche Anforderungen an die landschaftspflegerische Begleitplanung (Laufener Seminarbeiträge 5), Laufen/Salzach 1990, S. 9-13

Haber, W. et al. (1988): Methoden zur Beurteilung von Eingriffen in Ökosysteme, Diskussionspapier des Lehrstuhls für Landschaftsökologie der TU München-Weihenstephan, November 1988

Haber, W., Riedel, B., Theurer, R. (1991): Ökologische Bilanzierung in der ländlichen Neuordnung (Materialien zur ländlichen Neuordnung 23), München 1991

Hammer, R. (1988): Vorliegende Ansätze und Handlungsanweisungen zur Eingriffsregelung. Verfahrensansätze der ökologischen Bilanzierung, in: Die Praxis der Eingriffsregelung. Eine Bilanz, Hrsg. Universität Hannover (Arbeitsmaterialien 6), Hannover 1988

Hempen, D., Krüger, R., Mönnecke, M. (1992): Die Eingriffsregelung. Ein ambitioniertes Instrument wird zum Alltagsgeschäft (Institut für Landschaftspflege und Naturschutz der Universität Hannover. Arbeitsmaterialien 22), Hannover 1992

Jansen, U. (1984): Die Praxis der Eingriffsregelung, dargestellt anhand von Erfahrungen aus niedersächsischen Naturschutzbehörden, Diplomarbeit am Institut für Landschaftspflege und Naturschutz der Universität Hannover, Hannover 1984

Kaule, G. (1986): Ausgleichbarkeit von Eingriffen in Natur und Landschaft (Angewandte Wissenschaft 314)

LfU (Landesanstalt für Umweltschutz B.-W.) (1992): Materialien zur landschaftspflegerischen Begleitplanung in Baden-Württemberg (Untersuchungen zur Landschaftsplanung 24), Karlsruhe 1992

Louis, H.W. (1990): Niedersächsisches Naturschutzgesetz. Kommentar. Bd. 1 §§1 bis 34. Naturschutzrecht in Deutschland. Bd. 1 Teil 1, Braunschweig 1990

Meier, H. (1987): Die Eingriffsregelung des Niedersächsischen Naturschutzgesetzes (Naturschutz und Landschaftspflege in Niedersachsen Beiheft 16) Hannover 1987

Meier, H. (1993): Die Umweltverträglichkeitsprüfung (UVP) und ihr Verhältnis zur Eingriffsregelung in Niedersachsen, in: Informationsdienst Naturschutz Niedersachsen 13 (1993) Heft 5

Nds. Landesamt für Ökologie. Abteilung Naturschutz (1993): Hinweise zur Anwendung der Eingriffsregelung in der Bauleitplanung. Vorentwurf, Hannover 1993

Nds. MELF (Niedersächsisches Ministerium für Ernährung, Landwirtschaft und Forsten) (Hrsg.) (1991): Leitlinie Naturschutz und Landschaftspflege in Verfahren nach dem Flurbereinigungsgesetz, Hannover 1991

Nds. MELF (Niedersächsisches Ministerium für Ernährung, Landwirtschaft und Forsten) (1993): Richtlinien für die Aufstellung und Feststellung des Plans über die gemeinschaftlichen und öffentlichen Anlagen nach §41 des Flurbereinigungsgesetzes (Planfeststellungsrichtlinien FlurbG – PlafeR FlurbG -), RdErl. d. ML v. 15.03.1993 – 304-61131-1/93, in: Nds. MBl. 16/1993, Hannover 1993

Nds. MU (Niedersächsisches Umweltministerium) (1990): Richtlinien über die Gewährung von Zuwendungen zur Förderung wasserwirtschaftlicher und abfallwirtschaftlicher Maßnahmen, RdErl. d. MU v. 19.04.1990, in: Nds. MBl. 18/1990, Hannover 1990

Nds. MU (Niedersächsisches Umweltministerium) (1993): UVP-Leitlinie Niedersachsen, Hannover 1993

Peters, W. (1993): Umweltwirksamkeit von Ausgleichs- und Ersatzmaßnahmen nach § 8 Bundesnaturschutzgesetz. Defizite und ergänzender Regelungsbedarf anhand exemplarischer Nachuntersuchungen, in: UBA-Berichte (1993) Heft 7

Wernick, M (1993): Erfolgskontrolle zu Ausgleich und Ersatz nach §8 BNatSchG bei Straßenbauvorhaben. Vorschläge für die Verwaltungspraxis, Diplomarbeit am Institut für Landschaftspflege und Naturschutz der Universität Hannover, Hannover 1993

zu Kap. 12. Umweltverträglichkeitsprüfung, Mediation

Bachfischer, R. (1978): Die ökologische Risikoanalyse, eine Methode zur Integration natürlicher Umweltfaktoren in der Raumplanung (Diss. TU München 1978)

Bechmann, A. (1978): Nutzwertanalyse, Bewertungstheorie und Planung, Bern 1978

Bechmann, A. (1981): Grundlagen der Planungstheorie und der Planungsmethodik, Bern/Stuttgart 1981

Bechmann, A. (1988): Grundlagen der Bewertung von Umweltauswirkungen, in: Handbuch Umweltverträglichkeitsprüfung, Berlin 1988, Zif. 3510

Bechmann, A. (1989): Umweltpolitik. Fortschritt als Sachzwang?, in: Festschrift für Konrad Buchwald zum 75. Geburtstag, Barsinghausen 1989

Bechmann, A., Baldauf, S., Poll, M. (1993): Leitfaden zum Einsatz ökologischer Instrumente für die Analyse der Umweltverträglichkeit von Produkten und Produktionsverfahren im Betrieb am Beispiel der Metallindustrie, Hrsg. Innovations- und Koordinierungsstelle für die Metallindustrie an der Ruhr, Bochum 1993

Bechmann, A., Hartlik, J. (1992a): Das UVP-Informations- und Beraternetz – Hauptstudie. Zweiter Zwischenbericht des noch nicht abgeschlossenen F+E-Forschungsprojektes im Auftrag des Umweltbundesamtes, unveröffentlicht Barsinghausen 1992

Bechmann, A., Hartlik, J. (1992b): Ratgeber kommunale Umweltverträglichkeitsprüfung (RkUVP) (SYNÖK-Report 17) Barsinghausen 1992

Bechmann, A., van Rijn, M., Winter, G. (1987): Gesetz zur Durchführung der Umweltverträglichkeitsprüfung. Entwurf mit Erläuterungen, Hrsg. Deutscher Naturschutzring, Freiburg 1987

BMU (Bundesminister für Umwelt, Naturschutz und Reaktorsicherheit) (1992): Allgemeine Verwaltungsvorschrift zur Ausführung des Gesetzes über die Umweltverträglichkeitsprüfung (UVPVwV). Referentenentwurf, Bonn 30.7.1992

BMU (Bundesminister für Umwelt, Naturschutz und Reaktorsicherheit) (1995): Allgemeine Verwaltungsvorschrift zur Ausführung des Gesetzes über die Umweltverträglichkeitsprüfung (UVPVwV). Bonn 18. 9. 1995.

Bohne, E. (1992): Grundprobleme des UVP-Gesetzes und seiner Ausführungsvorschriften, in: UVP am Wendepunkt. Wege zu einer vorsorgenden Umweltpolitik, Hrsg. K.-H. Hübler/M. Zimmermann, Bonn 1992

Bunge, T. (1986): Die Umweltverträglichkeitsprüfung im Verwaltungsverfahren, in: Bundesanzeiger, Köln 1986

Coenen, R., Jörissen, J. (1989): UVP in der Europäischen Gemeinschaft (Beiträge zur Umweltgestaltung A 115) Berlin 1989

Cupei, J. (1986): Umweltverträglichkeitsprüfung (UVP). Ein Beitrag zur Strukturierung der Diskussion. Zugleich eine Erläuterung der EG-Richtlinie, Köln/Berlin/Bonn/München 1986

Dornier-System GmbH (1980): Handbuch zur ökologischen Planung. Studie im Auftrag des Umweltbundesamtes, Friedrichshafen 1980

Erbguth, W., Schink, A. (1992): Gesetz über die Umweltverträglichkeitsprüfung. Kommentar, München 1992

Feldmann, F.-J. (1992): Geplante Vorschriften zur Ausführung des UVP-Gesetzes, in: UVP am Wendepunkt. Wege zu einer vorsorgenden Umweltpolitik, Hrsg. K.-H. Hübler/M. Zimmermann, Bonn 1992

Gaßner, H., Holznagel, B., Lahl, U. (1992): Mediation. Verhandlungen als Mittel der Konsensfindung bei Umweltstreitigkeiten, Bonn 1992

Gemeinsames Ministerialblatt vom 29. 9. 95. 46. Jahrgang, Nr. 32, S. 671

Halfar, P. (1992): Neue materielle Anforderungen durch die UVP im Planungsfeststellungsverfahren, in: UVP-report 6 (1992) Heft 2

Hartlik, J. (1990): Bewertungsverfahren im Rahmen der Umweltverträglichkeitsuntersuchung, in: UVP in der Praxis. Verarbeitung von Umweltdaten und Bewertung der Umweltverträglichkeit (UVP-Spezial 4) Hrsg. UVP-Förderverein, Dortmund 1990

Hartlik, J., Bechmann, A. (1993): UVP-Handreichung für den Bereich Bewässerungssysteme der GTZ (Entwurf), unveröffentlicht Barsinghausen 1993

Heusch/Boesefeld GmbH, Büro für Kommunal- und Regionalplanung (1991): Gutachten über die verkehrlichen, ökologischen und städtebaulichen Auswirkungen einer Mehrzweckhalle in Düsseldorf-Stockum, Aachen 1991

Hoffmann-Riem, W., Schmidt-Aßmann, E. (Hrsg.) (1990): Konfliktbewältigung durch Verhandlungen. Informelle mittlerunterstützte Verhandlungen in Verwaltungsverfahren, 2 Bde., Baden-Baden 1990

Jarass, H.D. (1987): Umweltverträglichkeitsprüfung bei Industrievorhaben (Schriftenreihe Recht Technik Wirtschaft 45) Köln 1987

Landeshauptstadt Wiesbaden. Umweltdezernat (Hrsg.) (1993): Umweltverträglichkeitsprüfung (UVP) in Bebauungsplanverfahren. Methodik, Verfahren, Beispiel (Umweltbericht 3) Wiesbaden 1993

Otto-Zimmermann, K. (1993): Beispiele angewandter Bewertungsverfahren, in: Bewertung der Umweltverträglichkeit. Bewertungsmaßstäbe und Bewertungsverfahren für die Umweltverträglichkeitsprüfung, Hrsg. K.-H. Hübler/K. Otto-Zimmermann, Taunusstein 1993, S. 143-196

Peters, H.-J. (1994): Die UVP-RL der EG und die Umsetzung in das deutsche Recht. Gesamthafter Ansatz und Bewertung der Umweltauswirkungen

(Schriften des Instituts für regionale Zusammenarbeit und europäische Verwaltung 2) Baden-Baden 1994

Planungsgruppe Ökologie + Umwelt et al. (1993): Neubau der Bundesautobahn A 82/140 Göttingen-Halle/Leipzig. Umweltverträglichkeitsstudie. Planungsablauf und Bewertungsmethodik. Grundlagen, Hannover 1993

Richtlinie des Rates vom 1.6.1990 über den freien Zugang zu Informationen über die Umwelt (90/313/EWG)

Richtlinie des Rates vom 21.5.1992 zum Schutz der natürlichen und naturnahen Lebensräume der wildlebenden Tier- und Pflanzenarten (92/43/EWG)

Richtlinie des Rates vom 27.6.1985 über die Umweltverträglichkeitsprüfung bei bestimmten öffentlichen und privaten Projekten (85/337/EWG)

Ruckert, K. (1993): Die Umsetzung der EG-Richtlinie über die Umweltverträglichkeitsprüfung, Diplomarbeit am Institut für Landschaftsökonomie der TU Berlin, Berlin 1993

Scharpf, H. (1982): Die ökologische Risikoanalyse als Beitrag zur Umweltverträglichkeitsprüfung in der Landwirtschaft (Diss. Hannover 1982)

Schneider, J.-P. (1991): Nachvollziehende Amtsermittlung bei der Umweltverträglichkeitsprüfung. Zum Verhältnis zwischen dem privaten Träger des Vorhabens und der zuständigen Behörde bei der Sachverhaltsermittlung nach dem UVPG, Berlin 1991

SRU (Rat von Sachverständigen für Umweltfragen) (1987): Stellungnahme zur Umsetzung der EG-Richtlinie in das nationale Recht, Wiesbaden 1987

Stich, R. (1980): Vorschriften zur Umweltverträglichkeitsprüfung in den Fachplanungen. Abschlußbericht zum F+E-Vorhaben Nr. 80-10101004 des Umweltbundesamtes, Berlin 1980

UVP-Förderverein, Arbeitsgemeinschaft Umweltqualitätsziele (1995): Aufstellung kommunaler Umweltqualitätsziele (UVP-Anforderungsprofil 2) Dortmund 1995

UVP-Förderverein, Arbeitsgemeinschaft UVP-Gütesicherung (Hrsg.) (1992): UVP-Gütesicherung. Qualitätskriterien zur Durchführung von Umweltverträglichkeitsprüfungen (UVP-Anforderungsprofil 1) Dortmund 1992

Verordnung der EG-Kommission Nr. 1836/93 vom 29.6.1993 über die freiwillige Beteiligung gewerblicher Unternehmen an einem Gemeinschaftssystem für das Umweltmanagement und die Umweltbetriebsprüfung

Vester, F., Hesler, A. v. (1980): Sensitivitätsmodell. Forschungsprojekt im Auftrag des Umweltbundesamtes, Frankfurt 1980

Vorschlag für eine Richtlinie über die Umweltverträglichkeitsprüfung für Planungen und Programme. Entwurf vom 1. 9. 1995

Vorschlag zur Änderung der Richtlinie 85/337/EWG des Rates über die Umweltverträglichkeitsprüfung bei bestimmten öffentlichen und privaten Projekten. Entwurf (Vorlage der Kommission an den Rat). XI/315/90-DE, Brüssel 17.8.1990

Werner, G. et al. (1975): Umweltbelastungsmodell einer Großstadtregion, dargestellt am Beispiel der Stadt Dortmund (BELADO) (Beiträge zur Umweltgestaltung 10) Berlin 1975

Zangemeister, C. (1971): Nutzwertanalyse von Projektalternativen, in: Industrielle Organisation 40 (1971) Heft 4, S. 159-168

Zilleßen, H., Barbian, T. (1992): Neue Formen der Konfliktregelung in der Umweltpolitik, in: APuZG 42 (1992) B39/40

15. Stichwortverzeichnis

Autoren

Albert, Gerhard, Dr.; geb. 1946
Umweltplaner, Teilhaber der „Planungsgruppe Ökologie + Umwelt", Hannover
Hauptarbeitsgebiete:
Landschaftsplanung, Umweltverträglichkeitsstudien, wissenschaftliche Gutachten, Vorbereitung und Durchführung von Mediationsverfahren, Moderation konsensorientierter Planungsprozesse, planungsbegleitende Öffentlichkeitsarbeit

Bechmann, Arnim, Univ.-Prof. Dr., geb. am 26. 11. 1943
Funktion:
Professor am Institut für Landschaftsökonomie, TU Berlin; Direktor des Instituts für Synergetik und Ökologie (SYNÖK-Institut) und des Instituts für ökologische Zukunftsperspektiven (Zukunfts-Institut), Barsinghausen
Hauptarbeitsgebiete:
Umweltverträglichkeitsprüfung; Planungstheorie und -methodik; Systemanalyse
Schriften:
Bechmann, A.: Nutzwertanalyse, Bewertungstheorie und Planung. Bern, Stuttgart 1978.
Bechmann, A.: Grundlagen der Planungstheorie und Planungsmethodik. Bern, Stuttgart 1981.
Arnim Bechmann, Monique van Rijn, Gerd Winter: Gesetz zur Durchführung der Umweltverträglichkeitsprüfung (UVP-Gesetz). Entwurf mit Erläuterungen, Barsinghausen 1986.
Bechmann, A.: Grundlagen der Bewertung von Umweltauswirkungen. In: P.-C. Storm, T. Bunge (Hrsg.): Handbuch der Umweltverträglichkeitsprüfung (HdUVP), Zif. 3510. Berlin 1988.
Bechmann, A.: Anregungen und Vorschläge zu Inhalten, Methodik und Verfahren der Umweltverträglichkeitsprüfung – Das UVP-Konzept Barsinghäuser Umweltforschungsinstitute. SYNÖK-Report 11, Barsinghausen 1988.
Bechmann, A.: Bewertungsverfahren – der handlungsbezogene Kern von Umweltverträglichkeitsprüfungen. In: K. H. Hübler, K. Otto-Zimmermann (Hrsg.): Bewertung der Umweltverträglichkeit. Taunusstein 1989.
Bechmann, A., Hartlik, J., Preising, A.: Leitfaden und Checksystem zur Umweltverträglichkeitsuntersuchung, Band I bis III. Barsinghausen 1991.
Arnim Bechmann: Mehrdimensionale Bewertungsverfahren auf nutzwertanalytischer Basis. Barsinghausen 1991.

Barragan, J., Bechmann, A., Botereo, L., Gomez, Gunreben, M., G., Hartlik, J., Manjarrez, G., Mendo, J., Palacio, J., Velez, J.: Estudio de Impacto Ambiental–Proyecto: Reapertura de Canales en el Delta Exterior Derecho del Rio Magdalena. Barsinghausen, Santa Marta 1994

Buchwald, Konrad, Univ.-Prof., Dr., geb. 1914
Direktor (em.) des Institutes für Landschaftspflege und Naturschutz der Universität Hannover (1960–79)
– 1954–60 Direktor der Landesstelle für Naturschutz und Landschaftspflege Baden-Württemberg
– 1961–68 Mitglied des Rates von Sachverständigen für Umweltfragen (bei der Bundesregierung)
– Seit 1960 Ordentliches Mitglied der Akademie für Raumforschung und Landesplanung
– Seit 1962 Mitglied des Deutschen Rates für Landespflege
– 1981–90 Vorsitzender des BUND, Landesverband Niedersachsen.
Hauptarbeitsgebiete:
Vegetationskunde und Synökologie (Heiden, Zwischenmoore, Bruchwälder). Beurteilung von Eingriffen
Sanierungsprogramme für Flußtäler (Illertal, Oberrhein, Hochrhein) und Seen (Bodensee). Umweltverträglichkeitsstudien für Autobahnen und Bundesstraßen, Häfen- und Industrieprojekte an Flüssen und am seeschifftiefen Wasser.
Schriften (Auszug):
Umweltprobleme der ostfriesischen Inseln, Borkum, 1985,
Nordsee-Lebensraum ohne Zukunft? Göttingen, 2. Aufl. 1991,
Zahlreiche Artikel zu Eingriffs- und Sanierungsfragen in Fachzeitschriften und Gutachten des Rates von Sachverständigen für Umweltfragen und des Deutschen Rates für Landespflege.
Herausgeber und Mitverfasser:
Handbuch für Landschaftspflege und Naturschutz (gemeinsam mit W. Engelhardt) München-Basel-Wien, Bd. 1 und 2 1968, Bd. 3 und 4 1969,
Landschaftspflege und Naturschutz in der Praxis (gemeinsam mit W. Engelhardt) München-Basel-Wien, 1973 (auch polnische Ausgabe),
Handbuch für Planung, Gestaltung und Schutz der Umwelt (gemeinsam mit W. Engelhardt). München-Basel-Wien 1979–80, 4 Bde.,
Umweltschutz – Grundlagen und Praxis (gemeinsam mit W. Engelhardt) Bonn 1993 ff. (17 Bde.),

Dunker, Gabriele, Dipl.-Geogr.; geb. 1955
Geographin, Mitarbeiterin bei der „Planungsgruppe Ökologie + Umwelt", Hannover

Hauptarbeitsgebiete:
Umweltverträglichkeitsstudien, wissenschaftliche Gutachten, Vorbereitung und Durchführung von Mediationsverfahren, Moderation konsensorientierter Planungsprozesse, planungsbegleitende Öffentlichkeitsarbeit

Finke, Lothar, Universitätsprofessor Dr. rer. nat., geb. 1939
Seit 1974 Professor für Landschaftsökologie und Landschaftsplanung in der Fakultät Raumplanung der Universität Dortmund.
1986 bis 1992 Vorsitzender der Landesgemeinschaft Naturschutz und Umwelt Nordrhein-Westfalen e. V. (LNU), größter Naturschutzverband in Nordrhein-Westfalen, seit 1991 Mitglied im „Beirat für Raumordnung“ beim BMBau, seit 1989 Mitglied im Lenkungsausschuß der Internationalen Bauausstellung Emscherpark (IBA), seit 1994 Vorsitzender der ABN, seit 1994 Mitglied des Wissenschaftlichen Rates der Akademie für Raumforschung und Landesplanung.
Hauptarbeitsgebiete:
Ökologische Grundlagen der räumlichen Planung, Landschaftsplanung im Verhältnis zur räumlichen Gesamtplanung und zu sektoralen Fachplanungen, Naturschutz.
Seit 1971 über 100 fachwissenschaftliche Veröffentlichungen.

Gassner, Erich, Dr. jur., geb. 1935
Ministerialrat a. D., Rechtsanwalt
bis 1994 im Bundesumweltministerium Leiter des Referats Landschaftsplanung, Eingriffe in Natur und Landschaft
Hauptarbeitsgebiete: Naturschutzrecht, Umwelt- und Planungsrecht
Schriften:
Treuhandklage zugunsten von Natur und Landschaft, Berlin 1984;
UVP für die Praxis, Hrsg. Gassner/Winkelbrandt, München 1990;
Die Genehmigung von Projekten, in: von Dörrberg/Gasser/Gassner, Umweltschäden, Hamburg und Berlin 1992;
Methoden und Maßstäbe für die planerische Abwägung, Köln 1993;
Die immissionsschutzrechtliche Steuerung der nutzungsbestimmten Flächenzuordnung, in: Kormann (Hrsg.), Konflikte baulicher Nutzungen, UPR-Spezial 4, München 1994

von Haaren, Christina, Dr., Dipl.-Ing. Landespflege, geb. 1954
Akademische Rätin am Institut für Landschaftspflege und Naturschutz der Universität Hannover, z. Zt. Vertretungsprofessur für das Fach Landschaftsplanung am Studienbereich Architektur, Stadtplanung und Landschaftsplanung der Universität Gesamthochschule Kassel; Gesellschafterin im Planungsbüro ARUM Hannover.

Hauptarbeitsgebiete:
Landschaftsplanung und ihre Umsetzung, Konzepte für eine umweltschonende Landwirtschaft, Landschaftspflegerische Begleitplanung und UVP, Erfassung und Bewertung von Naturraumpotentialen, Landschaftsgeschichte.

Schriften (Auszug):

v. Haaren, Ch. 1994: Planning For Rural Land Around Towns In The Hannover Region (Integrated Agricultural Environmental Planning). In: Farmland Use in Suburban Areas in the Developed Societies (Chapt. 8), Nishimura, H. (editor): 275–292, Fumin Press, Tokyo.

v. Haaren, Ch. 1994: Planung einer umweltschonenden Landwirtschaft im Großraum Hannover als Beitrag für ein regionales Freiraumsicherungskonzept. – Zentralinstitut für Raumplanung und Umweltforschung Technische Universität München, Arbeitsmaterialien 3:6, 44–52.

v. Haaren, Ch.; Horlitz, Th. 1993: Naturraumpotentiale für die Landschaftsplanung – Bilanz und Perspektiven – In: Querschnittsorientierte Landschaftsplanung – Integrierter Naturschutz –
Hans Langer zum 60sten Geburtstag, Beiträge zur räumlichen Planung (Schrr. des Fachbereichs Landschaftsarchitektur und Umweltentwicklung der Universität Hannover) 33:61–76.

v. Haaren, Ch.; Muncke, M. 1993: Umweltschonende Landwirtschaft im Großraum Hannover – Handreichung für die Regionalplanung. – Kommunalverband Großraum Hannover: Beiträge zur Regionalen Entwicklung Heft 27.

v. Haaren, Ch. 1992: Development of Landscape around the Maar Lakes. – Scharf, B. W.; Björk, S. (eds.) Limnology of Eifel Maars (Germany). – Arch. hydrobiol. Beih., Ergebn. Limnol. 38:11–32, Stuttgart; E. Schweizerbart.

v. Haaren, Ch. 1992: Stillegungsperspektiven unterschiedlicher Räume – ungesteuerte Entwicklung oder Chance der raumordnerischen Lenkung? – Informationen zur Raumentwicklung 7:549–560.

v. Haaren, Ch. 1991: Leitbilder oder Leitprinzipien? – In: Garten + Landschaft 101 (2):29–34.

v. Haaren, Ch.; Müller-Bartusch, Ch. 1990: Raumordnung und Extensivierung. – Forschungsprojekt im Auftrag des Bundesministers für Raumordnung, Bauwesen und Städtebau.

Brahms, M.; v. Haaren, Ch.; Janßen, U. 1989: Ansatz zur Ermittlung der Schutzwürdigkeit der Böden im Hinblick auf das Biotopentwicklungspotential. – Landschaft + Stadt, 21 (3):110–114.

Brahms, M.; v. Haaren, Ch.; Schomerus, Th. 1988: Vollzugsdefizite im Naturschutz und Strategien zur Durchsetzung von Naturschutzansprüchen. – Landschaft + Stadt, 20 (4):145–150.

v. Haaren, Ch. 1988: Eifelmaare – Landschaftsökologisch historische Betrachtung und Naturschutzplanung. – POLLICHIA-Buch Nr. 13, Bad Dürkheim.

Langer, H.; v. Haaren, Ch.; Hoppenstedt, A. 1985: Ökologische Landschaftsfunktionen als Planungsgrundlage. – Ein Verfahrensansatz zur räumlichen Erfassung. – Landschaft + Stadt, 17. Jg., H. 1, 1–9.

Hahn-Herse, Gerhard, Univ.-Prof., geb. 1940
Lehr- und Forschungsgebiet Landschaftsplanung des Institutes für Landschaftsarchitektur, Technische Universität Dresden
vorher Gartenbaudirektor im rheinland-pfälzischen Landesamt für Umweltschutz und Gewerbeaufsicht
Mitglied des Präsidiums Bund Deutscher Landschafts-Architekten
Hauptarbeitsgebiete:
Theorie und Methodik der regionalen und örtlichen Landschaftsplanung, der Umweltverträglichkeitsuntersuchungen und der Begleitplanung zu Fachplänen.
Schriften (Auszug):
Landschaftspflegerische Begleitplanung zum Flurbereinigungsverfahren Rehden-Wetschen/Niedersachsen, Modellvorhaben im Auftrag des Amtes für Agrarstruktur Osnabrück, 1977 (Arbeitsgemeinschaft Hahn-Herse/Kiemstedt)
Landschaftsrahmenplan Südpfalz, im Auftrag der Bezirksregierung Rheinhessen-Pfalz, Neustadt/Weinstraße, 1979 (Arbeitsgemeinschaft Hahn-Herse/Kiemstedt/Wirz)
Landschaftswandel durch Agrarstrukturwandel – Die Dezimierung der schleswig-holsteinischen Wallhecken durch Flurbereinigung, Lenné-Preis 1978, Garten und Landschaft, Heft 8, 1979 (in Zusammenarbeit mit M. Bäurle)
Landschaftsplanung zum Flächennutzungsplan in Baden-Württemberg, Anleitung für die Erarbeitung von Landschaftsplänen nach dem baden-württembergischen Naturschutzgesetz, im Auftrag der Landesanstalt für Umweltschutz in Karlsruhe, 1982 (in der Arbeitsgruppe Hahn-Herse/Kiemstedt/Wirz)
Landschaftsrahmenplanung und Regionalplanung – Gemeinsam gegen die sektorale Zersplitterung im Umweltschutz, Landschaft und Stadt, Heft 1/2, 1984 (Arbeitsgemeinschaft Hahn-Herse/Kiemstedt/Wirz)
Zur Kritik an der querschnittsorientierten Landschaftsplanung, Natur und Landschaft, Heft 12, 1984
Aufbau eines vernetzten Biotopsystems – Überlegung für Rheinland-Pfalz, in: Arten und Biotopschutz, Fachtagung 1984 – Ergebnis, Ministerium für Soziales, Gesundheit und Umwelt, Mainz, 1984
Ökologische Vorgaben für raumbezogene Planung in: Wechselseitige Beeinflussung von Umweltvorsorge und Raumordnung, Forschungs- und Sitzungsberichte Bd. 165 der ARL, Curt R. Vincentz Verlag, Hannover, 1987 (in Arbeitsgemeinschaft mit Koschwitz und Wahl)

Kommunale Landschaftsplanung nach dem rheinland-pfälzischen Modell in: Landschaftsplanung – Aufschwung für die Umwelt, Kongreßbericht, Gemeinde- und Städtebund Rheinland-Pfalz et al., Mainz, 1991
Modellprojekt Sachsen, in: Zeitschr. Garten und Landschaft, Heft 11/1993

Hartlik, Joachim, Dipl.-Ing. Landespflege, geb. am 10. 2. 1959
Funktion:
Leiter der Arbeitsgruppe Umweltverträglichkeitsprüfung am Institut für Synergetik und Ökologie (SYNÖK-Institut), Barsinghausen
Hauptarbeitsgebiete:
UVP für Vorhaben der Wirtschaftlichen Zusammenarbeit; Kommunale UVP; Standardisierung und Qualitätssicherung von UVP's; Fachinformationssysteme und EDV-Unterstützung der UVP; Bewertungsverfahren und Bewertungsmaßstäbe für die UVP
Schriften:
Die Umweltverträglichkeitsprüfung (UVP) von Entwicklungshilfemaßnahmen – Einschätzung vorliegender Ansätze vor dem Hintergrund entwicklungstheoretischer Forschung, entwicklungspolitischer Praxis und Schlußfolgerungen für eine praktikable UVP-Struktur. SYNÖK-Report 12, Barsinghausen 1989
Bechmann, A., Hartlik, J.: Bewertungsverfahren im Rahmen der Umweltverträglichkeitsuntersuchung. In: UVP-Förderverein/KFA Jülich (Hrsg.), UVP in der Praxis – Verarbeitung von Umweltdaten und Bewertung der Umweltverträglichkeit, S. 96–105, UVP-Spezial 4, Dortmund 1990
Hartlik, J.: Das UVP-Informations- und Beraternetz. In: Rechnerunterstützung für die Umweltverträglichkeitsprüfung – Stand und Perspektiven. Beiträge zur Umweltgestaltung, Band A 126. Berlin 1991.
Arnim Bechmann, Joachim Hartlik: Ratgeber kommunale Umweltverträglichkeitsprüfung (RkUVP). SYNÖK-Report 17. Barsinghausen 1992
Hartlik, J.: Environmental Impact Assessment of Irrigation Systems. In: Deutscher Verband für Wasserwirtschaft und Kulturbau e. V., Ecological Sound Resources Management in Irrigation. Bulletin 19, Hamburg/Berlin 1993
Hartlik, J.: Die Umweltverträglichkeitsprüfung (UVP) als Instrument des kommunalen Umweltschutzes. In: Band 2 „Instrumente der Freiraumentwicklung" der Reihe „Freiräume für die Stadt – Beiträge zu einem sozial und ökologisch orientierten Umbau von Stadt und Region", hrsg. von Dr. Stefan Bochnig und Prof. Dr. Klaus Selle, Wiesbaden, Berlin 1993
Barragan, J., Bechmann, A., Botereo, L., Gomez, Gunreben, M., G., Hartlik, J., Manjarrez, G., Mendo, J., Palacio, J., Velez, J.: Estudio de Impacto Ambiental–Proyecto: Reapertura de Canales en el Delta Exterior Derecho del Rio Magdalena. Barsinghausen, Santa Marta 1994

Jacob, Hartmut, Prof. (FHS), Dr., Dipl.-Ing. Landschaftspflege, geb. 1940
Baudirektor „Professor für Landschaftsökologie und Landschaftsplanung" a. D. an der Fachhochschule Hildesheim/Holzminden, Studiengangsleiter für Diplom-Ergänzungsstudium „Ökologische Umwelt- und Landschaftsplanung" in Göttingen.
Hauptarbeitsgebiete:
Umweltverträglichkeitsprüfungen, Eingriffsregelung, Berücksichtigung von Umweltbelangen in der Bauleitplanung, Landschaftsbildbewertung, Umweltschutzrecht.
Schriften (Auswahl):
Zum Erlebnispotential von Waldbeständen. In: Natur und Landschaft, Heft 6, 1972
Zur Messung der Erlebnisqualität von Erholungswaldbeständen. – Eine experimentalpsychologische Analyse als Beitrag zur Umweltgestaltung. Beiheft 4 zu Landschaft und Stadt, 1973
Aspekte künftiger Gestaltung von Erholungswäldern unter Berücksichtigung der von ihnen ausgelösten Erlebnisqualitäten. In: Allgemeine Forstzeitschrift, 1974
Städte aktiv für eine gesunde Umwelt. Tips und Hinweise für praktische Umweltmaßnahmen. In: Schriftenreihe des Niedersächsischen Städtetags Heft 14, 1986
Die naturschutzrechtliche Eingriffsregelung bei Bauleitungsplanungs- und Baugenehmigungsverfahren. In: Das Gartenamt, Heft 1, 1991
Belange der Grünverordnung und des Naturschutzes bei der Gewerbegebietsausweisung in der Bauleitplanung. In: Norddeutsche Naturschutzakademie. Berichte 4/1, 1992

Kappert, Gunter, Dipl.-Ing., geb. 1927
Staatssekretär a. D.
Honorarprofessor an der Universität Hannover, Institut für Landesplanung und Raumforschung
Mitglied der Deutschen Akademie für Städtebau und Landesplanung, Korrespondierendes Mitglied der Akademie für Raumforschung und Landesplanung (ARL)
Hauptarbeitsgebiete:
Regional- und Landesplanung, Entwicklungsplanung, Verkehrsplanung
Schriften (Auszug):
Die Region Hannover, mit H. Weyl und E. Riechels, Urbanistica, Turin 1967
Die Festlegung der Zentralen Orte im Großraum Hannover, mit E. Riechels, Archiv für Kommunalwissenschaften, Stuttgart 1967
Die Verkehrsplanung im Raumordnungsprogramm des Großraums Hannover, mit H. Schubert, Straße und Autobahn, Bad Godesberg 1967

Das Landes-Raumordnungsprogramm (Niedersachsen), Land und Gemeinde, Frankfurt/Main 1970
Methodische Probleme bei der Aufstellung von Entwicklungsplänen, Neues Archiv für Niedersachsen, Göttingen 1974
Entwicklungsachsen im Niedersächsischen Landes-Raumordnungsprogramm?, mit H. v. Hinüber, ARL, Hannover 1976
Ein Wandel in der Raumordnungspolitik?, Die Öffentliche Verwaltung, Stuttgart 1978
Stand und Methoden ressortübergreifender Planung in der Bundesrepublik Deutschland, Deutsche Sektion des Internationalen Instituts für Verwaltungswissenschaften, Bonn 1980
Landesentwicklungsprogramme, Grundriß der Raumordnung, ARL, Hannover 1982
Regionalschnellverkehr, mit W. Heinze, T. P. Koch und H. L. Schulz, ARL, Hannover 1986
Regionale Infrastrukturaufgaben und deren Organisation, ARL, Hannover 1993

Kiemstedt, Hans, 1934, Dr. rer. hort. Universitäts-Professor, Leiter des Institutes für Landschaftspflege und Naturschutz der Universität Hannover.
Schwerpunkt in Lehre und Forschung:
Naturschutz, Landschaftspflege und Erholungsvorsorge, Landschaftsplanung, Eingriffsregelung, Umweltverträglichkeitsprüfung.
Ordentliches Mitglied der Akademie für Raumforschung und Landesplanung, Mitglied in verschiedenen Arbeitsgruppen der Akademie. Mitglied des Beirates für Naturschutz und Landschaftspflege beim Bundesminister für Umwelt, Naturschutz und Reaktorsicherheit, des Umweltbeirates der Evangelischen Kirche Deutschlands, des Bundes Deutscher Landschaftsarchitekten und des Arbeitskreises der Landschaftsanwälte.
Schriften (Auszug):
Zus. m. Wirz, St.: Gutachten „Effektivierung der Landschaftsplanung", Texte des Umweltbundesamtes 11/1990, Berlin.
Zus. m. Fürst, D., Gustedt, E., Ratzbor, G., Scholles, F.: Umweltqualitätsziele für die ökologische Planung (UFOPLAN-Vorhaben 10901008 d. BMU i. A. d. UBA). Hannover 1989.
Zus. m. Hampicke, U., Tampe, K., Horlitz, T., Walters, M., Timp, D.: Kosten und Wertschätzungen des Arten- und Biotopschutzes, Berichte des Umweltbundesamtes Bd. 3. Berlin 1991.
Kein Platz für Menschen, Naturschutz – eine Sentimentalität? Studieneinheit 22 des Funkkollegs „Humanökologie". Weinheim und Basel 1992.
Zus. m. Horlitz, T., Ott, S.: Umsetzung von Zielen und Erfordernissen des Naturschutzes in der Regionalplanung, Akademie für Raumforschung und Landesplanung. Beiträge Bd. 123, Hannover 1993.

Landschaftsplanung – Inhalte und Verfahrensweisen. Informationsbroschüre des Bundesministers für Umwelt, Naturschutz und Reaktorsicherheit, Bonn 1992.
Perspektiven der Landschaftsplanung. In: Beiträge zur räumlichen Planung, Bd. 33: Querschnittsorientierte Landschaftsplanung – Integrierter Naturschutz. Schriftenr. d. Fachbereichs Landschaftsarchitektur und Umweltentwicklung der Universität Hannover, 1993.
Zus. m. Wirz, St.: Leitfaden zur Landschaftsplanung in der vorbereitenden Bauleitplanung. Landesamt für Umweltschutz und Gewerbeaufsicht Rheinland-Pfalz, Oppenheim, 1994.

Kopp, Dietrich, 1921, Dr. rer. silv. habil.
Ehemals Leiter der Forschungs- und Entwicklungsgruppe für die forstliche Standortserkundung im nordostdeutschen Tiefland im Rahmen der Forsteinrichtung, derzeit freiberuflich für die forstliche Standortserkundung und zweigübergreifende Naturraumerkundung tätig
Forstliche und zweigübergreifende Boden-, Standorts- und Naturraumerkundung
Kopp, D., Jäger, K. D., Succow, M. u. a.: Naturräumliche Grundlagen der Landnutzung. Berlin 1982
Kopp, D., Schwanecke, W.: Standörtlich-naturräumliche Grundlagen ökologiegerechter Forstwirtschaft. Grundzüge von Verfahren und Ergebnissen der forstlichen Standortserkundung in den fünf ostdeutschen Bundesländern. Deutscher Landwirtschaftsverlag Berlin, 1994
Kopp, D. u. a.: Die Waldstandorte des Tieflandes. Eigendruck Forstprojekt. Potsdam, 1. Lief. 1969, 2. Lief. 1974
Kopp, D.: Der standörtliche Weiserwert der Waldbodenvegetation im nordostdeutschen Tiefland. Wiss. Z. Techn. Univ. Dresden 18 (1969)
zusammen mit J. Lieberoth und W. Schwanecke: Zur Klassifikation der Mineralböden bei der land- und forstwirtschaftlichen Standortskartierung. Petermanns Geogr. Mitt. 135 (1991)

Kreimes, Kurt, Dipl.-Biol., geb. 1951
Oberbiologierat an der baden-württembergischen Landesanstalt für Umweltschutz, Leiter des Sachgebietes Ökotoxikologie
Hauptarbeitsgebiete
Bodenzoologische Untersuchungen, speziell Bodenmesofauna und Regenwürmer, Aufbau und Betrieb einer ökologischen Datenbank.
Schriften:
Kreimes, K. & U. Thielemann (1986): Der Einfluß von Walddüngungsmaßnahmen auf Vertreter der Bodenfauna von Waldökosystemen. – IMA - Quer-

schnittsseminar „Restabilisierungsmaßnahmen-Düngung", PEF-Bericht 1986, 34–49, Karlsruhe.
Umlauff-Zimmermann, R. & K. Kreimes (1987): Passives Monitoring in Wald-Ökosystemen. – Verh. Gesell. Ökol. XVI, 85–90.
Gebhardt, H., K. Kreimes & M. Linnenbach (1987): Untersuchungen zur Beeinträchtigung der Ei- und Larvalstadien von Amphibien in sauren Gewässern. – Natur und Landschaft, 62 (1), 20–23, Köln.
Kreimes, K. (1991): Immissionsökologisches Wirkungskataster Baden-Württemberg – Faunistische Untersuchungsmethoden. – Beih. Veröff. Naturschutz Landschaftspflege Bad.-Württ., 64, 186–195
Kreimes, K. (1992): Ökologische Zustandserfassung der Umwelt in Baden-Württemberg. – UWSF – Z. Umweltchem. Ökotox. 4 (6) 339–342.
Schick, H. & K. Kreimes (1993): Der Einsatz von Collembolen als Bioindikatoren. – In: Ehrnsberger, R. (Hrsg.): Bodenmesofauna und Naturschutz, Informationen zu Naturschutz und Landschaftspflege in Nordwestdeutschland, 6, 309–323

Kühl, Ulfried, Dipl. Biol. Dr. rer. nat., geb. 1941
Leitender Biologie Direktor an der Landesanstalt für Umweltschutz Baden-Württemberg, Karlsruhe.
Lehraufträge an der Universität Heidelberg und der Berufsakademie in Karlsruhe
Hauptarbeitsgebiet:
Ökologie, Natur- und Umweltschutz
Schriften:
Untersuchungen über die Wirkung von Photooxidantien auf Petunia hybrida. In: Staub-Reinhaltung Luft 30 (1970) 382–383.
Das Studium der Biologie-Dokumentation und Informationen (gemeinsam mit M. L. Zarnitz u. M. Kühl), Stuttgart 1969,
2. Aufl. (gemeinsam mit M. Kühl, L. Leute u. M. L. Zarnitz) 1971
Biologisch-ökologische Erkenntnisse im Verwaltungsvollzug
In: Daten und Dokumente zur Umweltschutz-Sonderreihe Umwelttagung Universität Hohenheim, Nr. 38, 41–50, 1985
Ziele und Aussagemöglichkeiten des Bodenmeßnetzes
In: Umweltschutz in Baden-Württemberg-Forum Bodenschutz 138–144, 1986
Spielen Naturschützer und Golfer auf derselben Bahn?
In: der gemeinderat Nr. 2, 1987
Wissenschaftliche Erkenntnisse aus dem Umweltbereich im Verwaltungsvollzug, In: Umweltpädagogik-Ansätze, Analysen, Ausblick hrsg. von F. Cube u. V. Storch, 44–52, Heidelberg 1988.
Bioindikatoren für Boden, Wasser, Luft, In: Bio Engineering 6/1989, 93–95

Umweltschutz, Versorgung und Entsorgung In: 40 Jahre Baden-Württemberg 277–329, Stuttgart 1992

Langer, Hans, Univ.-Prof. Dr., geb. 1933
Institut für Landschaftspflege und Naturschutz der Universität Hannover sowie Planungsgruppe Ökologie + Umwelt Hannover.
Lehrgebiete: Landschaftsökologie, Landschaftsplanung und Naturschutz.
Hauptarbeitsgebiete:
Ökosystemtheorie; Theorie und Methodik der Planung; Umsetzung in die Praxis der Landschaftsplanung, Umweltverträglichkeitsstudien und Naturschutzplanung.
Ausgewählte Literatur und Projekte:
Mensch-Umwelt als ökologisches System; in: Buchwald/Engelhardt, Handbuch für Planung, Schutz und Gestaltung der Umwelt, Bd. 1, 1978.
Verfahrenskonzept zur ökologischen Risikoeinschätzung der Bundesverkehrswegeplanung; Schrft. Forschung, Straßenbau und Straßentechnik, Hft. 465, 1986.
Ökologisches Gutachten zur räumlichen Entwicklung im Rheingraben zwischen Karlsruhe und Lahr; Gutachten im Auftrag des Landes Baden-Württemberg, Hannover 1988/1990.
Handbuch zur Umweltbewertung – Konzept und Arbeitshilfe für die kommunale Umweltplanung und Umweltverträglichkeitsprüfung; Dortmunder Beiträge zur Umweltplanung 1990.
Das Landschaftsschutzgebiet als Planungsinstrument eines umfassenden Landschaftsschutzes; Berichte des Umweltbundesamtes, 6/1993.
Regionales Entwicklungskonzept für die Metropolregion Hamburg – Bestandaufnahme zum aktuellen Zustand von Natur und Landschaft; Hamburg, Hannover, Kiel 1994
Studie zur Entwicklung und räumlichen Umsetzung von Umweltqualitätszielen und -standards für die Planung in Hamburg; Untersuchung im Auftrag der Stadtentwicklungsbehörde Hamburg, 1994.

Meier, Hans, Dipl. Ing. Landespflege, geb. 1951
Baudirektor im Niedersächsischen Umweltministerium, Hannover.
Hauptarbeitsgebiete:
Umweltverträglichkeitsprüfung (UVP), Verhältnis der UVP zur Eingriffsregelung des Naturschutzrechts, Beauftragter des Niedersächsischen Umweltministeriums für die EXPO 2000.
Schriften (Auszug):
Die Eingriffsregelung des Niedersächsischen Naturschutzgesetzes. Beiheft zur Schriftenreihe Naturschutz und Landschaftspflege in Niedersachsen, H. 16, S. 1–60, Hannover 1987;

Die Umweltverträglichkeitsprüfung und ihr Verhältnis zur Eingriffsregelung in Niedersachsen. Informationsdienst Naturschutz Niedersachsen, 5/93, hrsgg. v. Niedersächsischen Landesamt für Ökologie, Abt. Naturschutz, Hannover/Hildesheim 1993

Nagel, Günter, Univ.-Professor, Dipl.-Ing., geboren 1936 in Dresden
Nach der Gärtnerlehre und Berufspraxis Studium der Garten- und Landschaftsgestaltung
1961 Diplom an der TU Berlin
1974 Berufung als Professor an die Hochschule für Bildende Künste
1977 als o. Professor und Direktor des Instituts für Grünplanung und Gartenarchitektur an die TU Hannover
seit 1970 freies Planungsbüro: Landschaftsplanungen, Städtebauliche Planungen, Objektplanungen, zahlreiche Wettbewerbe und Gutachten
Mitglied u. a. der Akademie der Künste, Berlin, der Deutschen Akademie für Städtebau und Landesplanung

Schaller, Jörg, Dr. agr., Dipl.-Ing. Landespflege, Landschaftsarchitekt BDLA, geb. 1947
Inhaber des Planungsbüros Dr. Schaller und wissenschaftlicher Direktor der Fa. ESRI – Gesellschaft für Systemforschung und Umweltplanung mbH in Kranzberg.
Lehrbeauftragter an der Technischen Universität München-Weihenstephan, Lehrgebiet „Einführung in Methoden der Landschaftsplanung, EDV- Anwendung für Landespfleger".
Vereidigter Sachverständiger für Landschaftsökologie sowie Fachfragen des Naturschutzes und der Landschaftspflege.
Hauptarbeitsgebiete:
Landschaftsplanung, Landschaftspflegerische Begleitplanung, Umweltverträglichkeitsstudien, ökologische und landschaftsökologische Gutachten, GIS-Anwendung für räumliche Planung.
Schriften (Auszug):
Schaller, J., Sittard, M., 1976: Agrarleitplan und Biotopkartierung. Koordinationsmöglichkeiten bei der Datenbearbeitung für die flächenscharfe Darstellung und Aufbereitung der Erhebungsdaten für Planungszwecke. In: Garten und Landschaft 4/76, S. 203–209.
Schaller, J., 1978: Kartierung schutzwürdiger Biotope in Bayern als Beispiel eines flächenbedeckenden ökologischen Informationssystems. In: Inhaltliche Anforderungen an EDV-Dateien, Informationssysteme und Bewertungsverfahren als Grundlage ökologisch orientierter Raumplanung. Arbeitsmaterial der Akademie für Raumforschung und Landesplanung Nr. 13, Hannover, S. 49–71.

Schaller, J., 1978: Ziele, Methodik und Auswertung der Kartierung schutzwürdiger Biotope in Bayern. In: Ber. ANL, 2, 17–27, Dez. 1978.
Kaule, G., Schaller, J., Schober, M., 1979: Auswertung der Kartierung schutzwürdiger Biotope in Bayern. Allgemeiner Teil – Außeralpine Naturräume. – Schutzwürdige Biotope in Bayern, Heft 1. R. Oldenbourg.
Schaller, J., 1981: Grundlagenermittlung, Datenaufbereitung und Auswertung für die Landschaftsplanung am Beispiel der Landschaftsökologischen Modelluntersuchung Ingolstadt. In: Bayerisches Landwirtschaftliches Jahrbuch, 58. Jg., Sonderheft 1/81, S. 177–204.
Schaller, J., 1981: Computersysteme für ökologisch orientierte Planungen. – In: Datensammlungen Auskunftssysteme und Computeranwendungen in der Landwirtschaft, hrsg. v. A. Mangstl u. L. Reiner. – Informationsverarbeitung Agrarwissenschaft, Heft 1, S. 201–217, 1981 (Stuttgart: Ulmer).
Grossmann, W. D., Haber, W., Kerner, H., Kunz, A., Richter, U., Schaller, J., Sittard, M., Spandau, L., 1983: Ziele, Fragestellungen und Methoden (Teil 1 – A 1 – des Abschlußberichtes der Vorphase). – MAB Mitteilungen (Bonn) 16.
Schaller, J., 1983: Agrarleitplanung und Biotopkartierung. Auswertung, Bewertung und Verknüpfung der Erhebungsdaten am Beispiel des Landkreises Freyung-Grafenau und des Regierungsbezirkes Niederbayern. – Weihenstephan: Lehrstuhl für Landschaftsökologie 1983. Dissertation. 395 Seiten Text mit 172 Seiten Anhang, 69 Abb., 47 Tab. und 32 Karten (sowie 12 Karten im Anhang).
Schaller, J., 1984: Das Modellkonzept zum MAB-Projekt 6 Berchtesgaden. MAB-Mitteilungen, Bonn, 19, 95–112.
Schaller, J., 1985: Anwendung geographischer Informationssysteme an Beispielen landschaftsökologischer Forschung und Lehre. In: Verhandlungen der Gesellschaft für Ökologie, Bremen 1983, Band XIII, S. 443–464, Göttingen 1985.
Schaller, J., 1985: Der Einfluß des Menschen auf Hochgebirgsökosysteme – Integrierte Methoden und Auswertungsansätze zu den Ergebnissen der Ökosystemforschung Berchtesgaden. MAB-Mitteilungen (Bonn) 21, 42–47.
Schaller, J., 1989: Geographische Informationssysteme für die Ökosystemforschung und Umweltbeobachtung. In: GIS, Geo-Informations-Systeme, Jg. 2, Heft 4, S. 7–12.
Ashdown, M., Schaller, J., 1990: Geographische Informationssysteme und ihre Anwendung in MAB-Projekten, Ökosystemforschung und Umweltbeobachtung. MAB-Mitteilungen 34.
Schaller, J., 1991: GIS-Application in Environmental Planning and Assessment. IGU-UGI GIS Conference Brno, Chechoslovakia, April 22–25, 1991.
Schaller, J., 1992: Geographische Informationssysteme als Hilfsmittel der ökologischen Forschung und Planung. In: Festschrift: 25 Jahre Lehrstuhl für Landschaftsökologie in Weihenstephan mit Prof. Dr. Dr. h. c. Haber. Landschaftsökologie Weihenstephan 1992, S. 332–347.

Schaller, J., 1992: Untersuchung der Auswirkungen des geplanten Donauausbaus zwischen Straubing und Vilshofen auf die Auenökosysteme der Donau. In: Politische Studien, Heft 325, 43. Jg., September/Oktober 1992. S. 97–111. Hanns-Seidel-Stiftung e. V.
Schaller, J., 1994: Regionale Leitbilder für die nachhaltige Entwicklung von Teilräumen an zwei Projektbeispielen. Akademie für Raumforschung und Landesplanung, Hannover: Arbeitsmaterial. S. 250-288.

Scholles, Frank, Dipl.-Ing. Landespflege, geb. 1961
Wissenschaftlicher Mitarbeiter am Institut für Landesplanung und Raumforschung der Universität Hannover; Vorsitzender des Beirats und Leiter der Landesgruppe Niedersachsen/Bremen des UVP-Fördervereins
Hauptarbeitsgebiete:
Umweltverträglichkeitsprüfung, Methodik der Umweltplanung, Planungsbezogene Umweltinformatik
Wichtigste Veröffentlichungen:
Fürst, D.; Kiemstedt, H.; Gustedt, E.; Ratzbor, G.; Scholles, F.: Umweltqualitätsziele für die ökologische Planung. 1. Abschlußbericht. 2. Dokumentation der Fachgespräche am 24. 11. und 8. 12. 89 in Berlin, 351+45 S., Berlin 1989 (UBA-Texte, 34/92).
Fürst, D.; Roggendorf, W.; Scholles, F.; Stahl, R.: Umweltinformationssysteme – ein effektiver Beitrag zum vorsorgenden Umweltschutz oder Ausdruck symbolischer Politik? UVP-report 8 (1), 33–38, 1994.
Gustedt, E.; Knauer, P.; Scholles, F.: Umweltqualitätsziele und Umweltstandards für die Umweltverträglichkeitsprüfung. Landschaft + Stadt 21 (1):9–14, 1989.
Ratzbor, G.; Scholles, F.: Umweltqualitätsziele für Gewässer. UVP-report 4 (3), 67–74, 1990.
Scholles, F.: Bewertung der Umweltauswirkungen mit Umweltqualitätszielen und Risikoabschätzung. In: Spindler, E. A. (Hrsg.): Risiko-UVP. Die Umweltverträglichkeitsprüfung als Ansatz zur Risikoabschätzung für Unternehmen, Versicherungen und Banken, 173–189, Bonn 1992 (Unternehmenspraxis Umweltschutz, 3).
Scholles, F.: Anforderungen an die Verwaltungsvorschrift. In: Hübler, K.-H.; Zimmermann, M. (Hrsg.): UVP am Wendepunkt. Wege zu einer vorsorgenden Umweltpolitik, 101–118, Bonn 1992 (Planung und Praxis im Umweltschutz, 1).

Scholz, Gabriele, Dipl.-Ing., geboren 1957
Studium der Landespflege an der TU München-Weihenstephan
Städtebauliches Aufbaustudium an der TU München
1983–1988 wissenschaftliche Mitarbeiterin am Institut für Grünplanung und Gartenarchitektur Universität Hannover

Lehrauftrag an diesem Institut
seit 1988 Tätigkeit als freie Landschaftsarchitektin in Münster und Wiesbaden
1994 Mitarbeiterin der GrünGürtel Frankfurt GmbH
Wintersemester 1994/95 Professorenvertretung im Fach Umweltgestaltung am Fachbereich für Bildende Kunst der Johannes Gutenberg-Universität in Mainz.

Schonhoff, Christoph, Dipl.-Ing., geboren 1961, wohnhaft in Hannover
1988 Diplom im Studiengang Landespflege Universität Hannover
1988–90 freier Mitarbeiter in einem Stadtplanungsbüro
seit 1990-95 wissenschaftlicher Mitarbeiter am Institut für Grünplanung und Gartenarchitektur Universität Hannover
seit 1992 freies Planungsbüro in Hannover

Schulz, Hans Lothar, Dipl.-Ing., geb. 1929
Leitender Verbandsverwaltungsdirektor a. D., Kommunalverband Großraum Hannover.
Honorarprofessor am Institut für Städtebau, Landesplanung und Wohnungswesen an der Universität Hannover.
Mitglied der Deutschen Akademie für Städtebau und Landesplanung.
Korrespondierendes Mitglied der Akademie für Raumforschung und Landesplanung.
Hauptarbeitsgebiete:
Regional- und Landesplanung, Naherholung und Öffentlicher Nahverkehr.
Schriften (Auszug):
Hamburg – Stellungnahme der Unabhängigen Kommission für den Aufbauplan der Freien und Hansestadt Hamburg, Zusammenfassung, Hamburg 1967
Stadt- und Regionalplanung Braunschweig – Studie zur regionalen Entwicklung des Raumes Braunschweig, mit H. Habekost, F. Jelpke, H. Jensen, in Schriftenreihe: Informationen aus der Praxis – für die Praxis. Bundesminister für Städtebau und Wohnungswesen, Bonn 1970
Regionalplanung im Großraum Hannover – Bilanz und Ausblick, in: Neues Archiv für Niedersachsen, Bd. 18, 1979
Ökologisch orientierte Raumplanung, in: Beiträge der Akademie für Raumforschung und Landesplanung, Bd. 60, Hannover 1985
Der Verband Großraum Hannover – ein Modell zur Unterstützung regionaler Problembewältigung, in: Zukunftschancen solitärer zentraler Städte, Siegen 1988
Konzeption und Handlungsansätze zur Entwicklung der Stadt in der Region, in: Zukunft Stadt – Stadtentwicklung und Stadterneuerung in Niedersachsen, Hannover 1989
Regionale Raumordnung im Großraum Hannover für die 90er Jahre, mit H. Ganseforth in: Aktuelle Aspekte der Regionalplanung, Hannover 1990

Die Region Hannover, Dezentrale Konzentration – Siedlungsstrukturelle Modelle und ihre formale Umsetzung, in: Bericht zur Jahrestagung der DASL 1993

Succow, Michael, Univ.-Professor, Dr., geb. 1941
Direktor des Botanischen Instituts und Gartens der Ernst-Moritz-Arndt-Universität Greifswald; Vizepräsident des Naturschutzbund Deutschland; Mitglied des Sachverständigenrates für Umweltfragen der Bundesregierung; Vorsitzender des Ausschusses Biosphärenreservate beim Deutschen Nationalkomitee Man and Biosphere; Ordentliches Mitglied des Deutschen Rates für Landespflege; Mitglied des Hauptausschusses der AGU
Hauptarbeitsgebiete:
Landschaftsökologie, Moorkunde, umweltverträgliche Landnutzung, naturschutzorientierte Entwicklungszusammenarbeit
Schriften:
Landschaftsökologische Moorkunde, Jena/Stuttgart 1988
Moore in der Landschaft (gemeinsam mit L. Jeschke), Leipzig 1986/1990
Naturräumliche Grundlagen der Landnutzung (gemeinsam mit D. Kopp und K. D. Jäger), Berlin 1982
Succow, M., Kopp, D.: Seen als Naturraumtypen. Petermanns Geogr. Mitt. 129 (1985)
zusammen mit H. Knapp und L. Jeschke: Gefährdete Pflanzengesellschaften der DDR. Berlin 1986

Umlauff-Zimmermann, Rosemarie, Biol., Dr. rer. nat., geb. 1952
Oberbiologierätin an der Landesanstalt für Umweltschutz Baden-Württemberg, Referentin im Sachgebiet Ökotoxikologie
Hauptarbeitsgebiete:
Vegetationskunde im Rahmen der Immissionsökologie, spezielle Sukzessions- und Vitalitätsstudien, Aufbau und Betrieb eines ökologischen Wirkungskatasters.
Schriften:
– & U. Kühl (1989): Auswahlkriterien für Dauerbeobachtungsflächen bei einem immissionsökologischen Wirkungskataster – Beispiel Baden-Württemberg –. Natur und Landschaft 64 (7/8), 314–318.
–, L. Murmann-Kristen & R.-D. Zimmermann (1989): Beeinflussung der Vegetation von Wald-Ökosystemen durch Ballungsräume am Beispiel des Landes Baden-Württemberg. – Verh. Gesell. Ökol. XVIII, 461–467.
– & U. Kühl (1991): Wirkungserhebungen im Rahmen des passiven Monitorings – Einsatzmöglichkeiten und Grenzen –. Beih. Veröff. Naturschutz Landschaftspflege Bad.-Württ. 64, 11–14.
Zimmermann, R.-D. & R. Umlauff-Zimmermann (1994): Von der Bioindikation zum Wirkungskataster. – UWSF-Z. Umweltchem. Ökotox. 6 (1), 50–54.

L. Murmann-Kristen & R. Umlauff-Zimmermann (1994): Arteninventar und Mengenbestimmung.– In: Landesanstalt für Umweltschutz Bad.-Württ. (Hrsg.): Methoden zu Wirkungserhebungen, 10–11.
L. Murmann-Kristen & R. Umlauff-Zimmermann (1994): Phänologischer Zustand und Vitalität. – In: Landesanstalt für Umweltschutz Bad.-Württ. (Hrsg.): Methoden zu Wirkungserhebungen, 10–11.

Wöbse, Hans Hermann, Univ.-Prof. Dr. rer. hort., geb. 1940
am Institut für Landschaftspflege und Naturschutz der Universität Hannover
Hauptarbeitsgebiete:
Landschaftsplanung, Landschaftsästhetik, Landschaftsgestaltung, Kulturlandschaftsentwicklung, Dorferneuerung
Schriften (Auszug):
– Landschaftsästhetik – Gedanken zu einem zu einseitig verwendeten Begriff. In: Landschaft und Stadt 13, (4), 152–160, 1981.
– Die Einheit von Materie, Geist und Seele – Über die Sinnhaftigkeit einer Synthese natur- und geisteswissenschaftlicher Erkenntnisse für die Ethik-Diskussion. In: Landschaft und Stadt 19, (1), 1–12, 1987.
– Kritische Gedanken zur Dorferneuerung. In: Umwelt-Landschaft-Heimat, Info-Dienst des Deutschen Heimatbundes, S. 1–9, Bonn, 1990.
– Landschaftsästhetik und ihre Operationalisierungsmöglichkeiten bei der Anwendung des § 8 Bundesnaturschutzgesetz. In: BFANL (Hrsg.): Landschaftsbild – Eingriff – Ausgleich. Handhabung der naturschutzrechtlichen Eingriffsregelung für den Bereich Landschaftsbild. 31–35. Bonn-Bad Godesberg, 1991.
– Landschaftsästhetik – Eine Aufgabe für den Naturschutz? In: NNA-Berichte, 3–7, 1993.
– Schutz historischer Kulturlandschaften. Beiträge zur Räumlichen Planung, H. 37. Schriftenreihe des Fachbereichs Landschaftsarchitektur und Umweltentwicklung der Uni Hannover, 1994.